Nuclear Energy: An Introduction to the Concepts, Systems, and Applications of Nuclear Processes, Seventh Edition

Raymond L. Murray, Keith E. Holbert

Seventh Edition, 2015; Sixth Edition, 2009; Fifth Edition, 2001; Fourth Edition, 1993; Third Edition, 1988

ISBN: 9780124166547

Authorized Chinese translation published by China Science Publishing & Media Ltd.(Science Press).

核能——核过程的概念、系统及应用(原书第7版)(宋朝晖　张　侃　夏良斌　易义成　译)

ISBN: 9787030710352

本版仅限在中国大陆地区(不包括香港、澳门以及台湾地区)出版及标价销售。未经许可之出口，视为违反著作权法，将受民事及刑事法律之制裁。

本书封底贴有 Elsevier 防伪标签，无标签者不得销售。

核　能

——核过程的概念、系统及应用
(原书第 7 版)

Nuclear Energy

An Introduction to the Concepts，Systems，and Applications of
Nuclear Processes

(Seventh Edition)

〔美〕R. L. 默里(Raymond L. Murray)
〔美〕K. E. 霍尔伯特(Keith E. Holbert) 著

宋朝晖　张　侃　夏良斌　易义成　译

科学出版社

北　京

图字：01-2019-2149 号

内 容 简 介

本书是美国关于核物理、核系统和核能应用方面最流行的教材之一，先后出版了 7 次。全书共三个部分，第 1 部分介绍基本概念，包括原子和原子核、放射性、核反应、辐射与物质的相互作用等；第 2 部分介绍辐射及其应用，包括辐射生物效应、辐射标准和辐射探测方面的内容；第 3 部分介绍核动力，包括反应堆与核电厂理论、反应堆安全和安保、海上和航天核能推进、放射性废物存储、运输和处置等方面的内容。第 7 版的主要特色：一是将能源经济学融入合适的章节中；二是提供更多的工作实例和章节习题。

本书可作为核科学与技术相关专业本科生和研究生的入门教材，也可供从事核工程与核技术应用的相关工作人员参考。

图书在版编目（CIP）数据

核能：核过程的概念、系统及应用：原书第 7 版/(美)R.L.默里(Raymond L. Murray)，(美)K.E.霍尔伯特(Keith E. Holbert)著；宋朝晖等译. —北京：科学出版社，2022.3
书名原文: Nuclear Energy: An Introduction to the Concepts, Systems, and Applications of Nuclear Processes: Seventh Edition
ISBN 978-7-03-071035-2

Ⅰ. ①核… Ⅱ. ①R… ②K… ③宋… Ⅲ. ①核能 Ⅳ. ①TL

中国版本图书馆 CIP 数据核字（2021）第 273742 号

责任编辑：宋无汗 / 责任校对：崔向琳
责任印制：张 伟 / 封面设计：迷底书装

科 学 出 版 社 出版
北京东黄城根北街 16 号
邮政编码：100717
http://www.sciencep.com

北京中石油彩色印刷有限责任公司 印刷
科学出版社发行 各地新华书店经销

＊

2022 年 3 月第 一 版 开本：720×1000 1/16
2023 年 3 月第二次印刷 印张：33 1/2 插页：1
字数：675 000
定价：298.00 元
（如有印装质量问题，我社负责调换）

作 者 简 介

R.L. 默里
(Raymond L. Murray)

Raymond L. Murray(1950 年获田纳西大学哲学博士学位)曾在美国北卡罗来纳州立大学核工程系长期任教。Murray 教授曾在加利福尼亚大学伯克利分校的 J. Robert Oppenheimer 教授的指导下学习。在二战时期的"曼哈顿计划"中，他在伯克利和橡树岭从事铀同位素的分离工作。二十世纪五十年代初，他参与创建了大学里的第一个核工程计划和第一座核反应堆。在北卡罗来纳三十多年的反应堆分析的教学和科研工作期间，他培养了许多大学和工业领域的专家，他们遍及世界。他撰写了物理和核技术领域的许多教材，并获得了很多奖励，包括 1994 年美国核学会的尤金·维格纳反应堆物理学家奖。他是美国物理学会和核学会会员，还是几家科学和工程协会的会员。从大学退休后，Murray 曾担任三哩岛恢复计划风险评估顾问、北卡罗来纳辐射防护委员会主席、北卡罗来纳低放废物管理机构主席，每年到麻省理工学院给核动力运行研究所做一次年度讲座。

K.E. 霍尔伯特
(Keith E. Holbert)

Keith E. Holbert(1989 年获田纳西大学哲学博士学位)现为亚利桑那州立大学电气、计算机与能源工程学院副教授。他的研究专长是仪器仪表与系统诊断，包括传感器的辐射效应等。Holbert 博士完成了美国十几座核电站与安全相关的系统测试。他先后发表了 100 多篇论文，出版了一部教材并获得了一项发明专利。Holbert 博士是注册核工程师，美国核学会会员和 IEEE 高级会员。他还是洛斯·阿拉莫斯国家实验室的客座科学家。作为亚利桑那州立大学核能发电项目的负责人，他还给本科生和研究生讲授发电(利用各种形式的能源)、核反应堆理论与设计、核电站控制与诊断、反应堆安全分析、健康物理和辐射测量等工科课程，是多项教学奖的获得者。

译 者 序

本书是美国关于核物理、核系统和核能应用方面最流行、最经典的教材之一，1975 年至今已修订出版了 7 次。它以一种非常通俗易懂的方式全面概述放射性、辐射防护、辐射探测、反应堆与核电厂、核废物处理和核医学等方面的知识，对了解包括核电在内的核能开发和利用具有重要参考价值。本书是为想要了解核能在社会生活中的作用或学习核科学方面专业知识的研究人员而设计的，可作为核科学与技术相关专业本科生和研究生的入门教材，也可供从事核工程与核技术应用的相关工作人员参考。

在 2013 年的第 7 版中加入了大量重要的、最新的核数据，增加了本书作为参考书的实用性。另外，考虑到有关物理量的计算与分析可以提高学生的学习效果，在每章后面还提供了大量的习题(包括上机练习题)，并在附录中给出了答案。

本书的出版得到了国家自然科学基金重点项目"基于 Yb:YAG 晶体的超快脉冲辐射探测技术研究"(项目编号：11535010)的支持。

参与本书翻译的人员有易义成(第 1～7 章)、夏良斌(第 8～14 章)、宋朝晖(第 15～22 章)、张侃(第 23～27 章和附录)，由宋朝晖、张侃对全书进行统稿和校订。由于本书的篇幅较大，涉及的知识面较宽，翻译与统稿持续了较长时间。希望本书的出版能帮助读者更好地理解原著，尤其是对于核技术及应用专业的学生。

本书专业词汇的翻译以 2010 年 8 月出版的《英汉核电技术词典》为主要依据，同时参考了中国知网(CNKI)的相关论文。

非常感谢北京大学物理学院樊铁栓教授、中国核动力研究设计院夏榜样研究员在百忙之中抽出时间对译稿进行了仔细的审阅。西北核技术研究所张良博士、翁秀峰博士、张小东博士等对本书提出了宝贵的修改意见，马锋博士对翻译工作提供了重要的帮助。科学出版社和西北核技术研究所为本书的出版发行提供了大力支持。在此一并表示衷心的感谢！

由于译者水平有限，书中不妥之处在所难免，恳请读者不吝指正。

译 者

2021 年 2 月于西安

前　言

本教材的前 6 版主要由 Raymond L. Murray 教授(1920—2011 年)完成。在他工作的基础上，我不自量力地尝试在保留本书原稿内容的同时，努力扩展其覆盖范围和深度，形成了现在大家所看到的第 7 版。正如第 1 版(1975)前言中所述，本书是为想要了解核能在社会中的作用或从事专业工作所需要学习核过程相关知识的人而设计的。最后也希望本书对原子核专业人员和感兴趣的公众都有所帮助。

美国预计将在 2040 年左右实现能源独立，这在很大程度上归因于美国石油和天然气用量的增加。然而出于很多考虑，人类正站在十字路口上，由于人口增长和人类活动产生的气候变化，正在给人类自身造成压力。同时，通过经济清洁的能源使生活的质量得到提高。发展趋势显示，电力作为最终用途的能源形式，将被越来越多地开发利用。

另一个挑战是两种关键性资源之间的竞争性合作——能源与水的关系。核反应堆计划与全球变暖做斗争，保存核燃料，支持海水淡化，生产运输氢气。尽管 2011 年发生了福岛核事故，但世界范围内几座新的核电站继续在设计和建造。在所谓的核复兴运动中，美国很多公用工程向核管理委员会申请执照延期和新反应堆的建设许可。除核电站外，相关的核技术还被应用在核医学和烟雾探测器等许多不同的领域中。此外，自 2001 年恐怖袭击以来，核辐射探测器已被安装在全世界的入境港口以拦截核材料的非法运输。

长期以来，核能问题一直在一定的范围内饱受争议。因此，本书的一个目的是必须为这种讨论提供真实的信息。目前，关注最多的话题包括作用持久的核废料问题、核电站的安全、放射性和核武器等。为此，作者也被迫涉及这些(有时候是有争议的)领域。

熟悉早期版本的读者将很快发现教材最后三分之二的章节顺序发生了显著的变化。第 1 部分仍集中于介绍基本核概念；第 2 部分主要涉及辐射及其产生、效应和应用；而第 3 部分主要围绕核能发电，包括组织结构的变化。本版加入了大量重要的、最新的核数据(如附录 A)，因此增加了本书作为参考书的实用性。

通过完成核物理量的计算与分析，可以提高学生的学习效果。本版提供了用计算器就可以解决的习题，并在附录 B 中给出了最终的答案。另外，用于解答书中上机练习的 MATLAB 程序和 Excel 电子表格可以从网站(http://booksite.elsevier.com/9780124166547/)下载。

本书在适当的地方对提供了宝贵意见和资料的人进行了感谢。欢迎广大读者对本书提出建设性的评论和修改意见(作者邮箱：holbert@asu.edu)。

Keith E. Holbert
2013 年于亚利桑那州坦佩市

目　　录

第 3 部分　核　动　力

基 本 概 念

在核能的研究与应用中，不仅要从微观角度分析组成物质单个粒子的性质，还要考虑物质的宏观性质。粒子的微观性质包括原子和核子的质量、它们的有效半径和一定体积内的粒子数等，而大量粒子的集群行为则表现出如密度、电荷密度、电导率、热导率、弹性常量等宏观性质。人们一直在探寻物质微观性质和宏观性质之间的联系。

鉴于自然界中所有过程都包含粒子间的相互作用，因此有必要深入理解粒子相互作用的基本物理理论和定律。本书第 1 部分将详细说明核能的概念，解释原子和原子核的结构模型，论述放射性、核反应的基本原理及辐射产生的方式，并详细介绍两种重要的核反应过程：裂变和聚变。

能　　量

本章目录

　　物质世界是由许多有着不同化学、力学和电学性质的物质组成。它们在自然界中存在多种物理状态——常见的有固态、液态和气态，还有特殊的等离子体态等。一般认为物质的状态和性质的多样性取决于以下两点：①物质世界存在的100多种元素；②构成物质的原子间束缚力的强弱。

　　对上述两点需要进一步说明的是，元素之间的差异是由基本粒子(电子、质子、中子)的数量和排列方式不同造成的；从原子和核子的角度看，元素的结构由内部约束力和能量决定。

1.1　力 和 能 量

　　基本的力有以下几种：重力、电场力、电磁力、核相互作用力等。这几种力的共同特性是都可以做功。不同形式的能量通过做功可以被贮存、释放、转化、转移和使用，这些过程普遍发生在自然界和人造的装置中。依据两种基本实体(粒子和能量)解释各种做功过程更加直观,甚至这两种基本实体之间的差别也可以不用考虑,这是由于物质可以转化为能量,能量也可以转化为物质。

在研究核能是如何释放和转化为热能和电能之前,先学习几条物理定律。如果一个持续的力 F 推动一个物体移动了距离 s,那么所做的功为 $W=Fs$。举一个简单的例子,将一本书从地上捡起放到桌子上,人的肌肉提供的力量克服了书的重力将书捡起。当对物体做功时,物体拥有了一定的能量(势能),当书掉落到地上时,书也将对外做功。将力 F 作用在质量为 m 的物体上,根据牛顿定律 $F=ma$,这时物体有了加速度 a。从静止开始运动,使物体获得速度 v,在任一瞬时,物体的动能为

$$E_{\mathrm{K}} = \frac{1}{2}mv^2 \tag{1.1}$$

对于在重力作用下下落的物体,可以发现物体在势能减少的同时动能在增加,但是两种能量的和是一个定值。这也是能量守恒定律的一个示例。接下来将此定律应用到一个实际的场景进行计算。

众所周知,利用水的势能发电是获取电能的一种常用方式。在水电站中,河水被大坝收集,然后从高度 h(可认为是坝顶的高度)落下,水的势能因而被转变为动能。流动的水被引导去撞击水轮机的叶片,进而使发电机工作。

当质量为 m 的物体被放置在坝顶上时,其势能为 $E_{\mathrm{P}}=Fh$,重力为 $F=mg$,其中 g 为重力加速度。因而,势能的表达式为

$$E_{\mathrm{P}} = mgh \tag{1.2}$$

例 1.1　求解从 50m 高度的水坝落下的水的速度。忽略摩擦损失的影响,势能在水坝的底部全部转换为动能,即 $E_{\mathrm{P}} = E_{\mathrm{K}}$。考虑到地球的重力加速度 [1] 为 $g_0 = 9.81\mathrm{m/s}^2$,水的速度为

$$v = \sqrt{\frac{2E_{\mathrm{K}}}{m}} = \sqrt{\frac{2E_{\mathrm{P}}}{m}} = \sqrt{\frac{2mg_0h}{m}} = \sqrt{2(9.81\mathrm{m/s}^2)(50\mathrm{m})} \approx 31.3\mathrm{m/s}$$

能量根据作用力类型的不同呈现出多种形式。水电站的水受到重力的作用,拥有一定的重力势能,这些能量被转化成涡轮机的机械能,进而被发电机转化成电能。发电机与用电终端存在电势差,电势差提供了电子在供电系统中传输的动力,然后电能在供电系统中被转化成发动机的机械能、灯泡中的光能、电加热房屋中的热能、蓄电池中的化学能等。

1　重力加速度的标准值为 9.80665m/s²。为了讨论和计算的方便,类似的参数都做了保留几位有效数字的处理。只有当该参数的有效位数对结果的准确性有重要影响时,才会使用更多的有效位数。本书中的物理参数、转换因子、核物理参数均出自 *CRC Handbook of Chemistry and Physics*(Haynes et al., 2011)。

汽车中也存在着多种能量转换的过程。汽油的燃烧以热能的形式释放了燃料中的化学能，其中的一部分能量转化成了机械能，剩下的一部分能量通过排气系统转移到了大气中。汽车中的交流发电机给汽车的控制和照明系统提供电能。其中，热能转化为其他形式的能量应遵循两条定律：热力学第一定律和第二定律。第一定律说明能量是守恒的；第二定律说明热能转化为功的效率是有限的。

能量可以根据其来源进行分类。前文已经列举了两种能量的例子：水的势能和汽油(从石油中提纯出来的燃料是一种主要的化石燃料)的燃烧。另外，还有太阳能、风能、潮汐能、地热能和核能等。

1.2　测　量　单　位

基于各种目的，现在广泛使用的基本测量单位是公制单位，更准确地说是国际单位制(Systeme Internationale，SI)。在 SI 中(见本章参考文献中的 NIST)，质量的基本单位是千克(kg)，长度的基本单位是米(m)，时间的基本单位是秒(s)，物质的量的基本单位是摩尔(mol)，电流的基本单位是安培(A)，热力学温度的基本单位是开尔文(K)，发光强度的基本单位是坎德拉(cd)。表 1.1 给出了部分 SI 基本单位和导出单位。

表 1.1　SI 基本单位和导出单位

物理量	单位	单位符号	单位转换关系
长度	米	m	—
质量	千克	kg	—
时间	秒	s	—
电流	安培	A	—
热力学温度	开尔文	K	—
物质的量	摩尔	mol	—
发光强度	坎德拉	cd	—
频率	赫兹	Hz	$1/s$
力	牛顿	N	$kg \cdot m/s^2 = J/m$
压强	帕斯卡	Pa	$N/m^2 = kg/(m \cdot s^2)$
能量/功/热	焦耳	J	$N \cdot m = kg \cdot m^2/s^2$
功率	瓦特	W	$J/s = kg \cdot m^2/s^3$
电荷	库仑	C	$A \cdot s$
电压	伏特	V	$J/C = W/A = kg \cdot m^2/(s^3 \cdot A)$

续表

物理量	单位	单位符号	单位转换关系
电容	法拉	F	C/V
磁通量	韦伯	Wb	V·s
磁通量密度	特斯拉	T	Wb/m²
吸收剂量	格瑞	Gy	J/kg
剂量当量	希沃特	Sv	J/kg
放射性活度	贝可勒尔	Bq	1/s

另外，升(L)和吨(t)也是比较常用的单位($1L=10^{-3}m^3$；$1t=1000kg$)。为了方便理解早期文献，需要知道其他单位制的知识。附录 A 中的表 A.3 给出了英制单位与国际单位制的换算关系。

在美国，从英制单位转换到国际单位的进程比预想慢了很多。为了让读者更好地理解本书，两种单位均在本书中给出。例如，厘米(centimeter, cm)、靶恩(barn, b)、居里(curie，Ci)和雷姆(roentgen equivalent man, rem)等均在本书中大量使用。

为了方便在分子、原子和原子核尺度上分析力与能量的关系，需使用另外一种能量单位：电子伏特(eV)。该单位起源于电子能量的定义：一个电子(电荷为 $1.602\times10^{-19}C$)在 1V 的电势下加速所获得的动能为 1eV。因为在 1V 的电势下对 1C 的电荷做功为 1J，所以 $1eV=1.602\times10^{-19}J$。使用 eV 便于描述原子的能量，如从氢原子中移出一个电子需要 13.6eV 能量。然而，当涉及原子核作用力时，因其作用力比原子间的作用力大得多，可能要用兆电子伏特(MeV)作为能量单位。例如，把氘中的中子与质子分离所需的能量约为 $2.2MeV(2.2\times10^6eV)$。

1.3　热　　能

热能对人们的生存有着特殊的重要意义。易获得的热能形式包括太阳能、常规燃料的燃烧、核裂变过程。对温度最直接的概念是接触到物体温度测量装置(如温度计)的示数。如果有能量提供给物体，那么物体温度就会上升(如太阳光能让空气的温度升高)。每种物质对于能量的响应根据其分子或者原子结构的不同而不同，这种特征可以用比热容 c_p 宏观描述。如果能量 Q 传递给一个物质(但并没有使物质的状态发生改变)，物质上升的温度ΔT满足以下公式：

$$Q = mc_p\Delta T \tag{1.3}$$

例 1.2　恒压下，在 15℃和一个大气压下的水的比热容 c_p=4.186J/(g·℃)，因此将 1g 水的温度升高 1℃所需的能量为 4.186J。

现代原子理论认为，外界提供的能量能使物质中单个粒子的移动速度加快。因此，物质的温度与原子的平均动能相关。例如，在空气中分子的平均平动动能与温度成正比，两者的关系为

$$\bar{E} = \frac{3}{2}kT \tag{1.4}$$

式中，k 是玻尔兹曼常量，其值为 1.38×10^{-23} J/K(开尔文温度与摄氏温度有相同的温度梯度，但是开尔文温度的 0K 是摄氏温度的 -273.15℃)。

例 1.3 为了对分子运动有更好的理解，在 20℃或 293K 温度下计算氧分子(O_2)的移动速度。氧分子的分子量是 32，单位原子量为 1.66×10^{-27} kg，因此一个氧分子的质量为 5.30×10^{-26} kg。于是

$$\bar{E} = \frac{3}{2}kT = \frac{3}{2}(1.38 \times 10^{-23} \text{ J/K})(293\text{K}) \approx 6.07 \times 10^{-21} \text{ J}$$

结合式(1.1)可以得出速度为

$$v = \sqrt{2\bar{E}/m} = \sqrt{2(6.07 \times 10^{-21}\text{J})/(5.30 \times 10^{-26}\text{kg})} \approx 479\text{m/s}$$

与能量紧密相关的一个物理量是功率 P，是指能量做功的速率，可以表示为能量对时间的微分：

$$P = \frac{\text{d}}{\text{d}t}E \tag{1.5}$$

功率恒定的情况下，能量可以简单地表示为功率 P 与时间 T 的乘积，即 $E=PT$。

例 1.4 假设例 1.1 中水坝的水的质量流量 $m = 2 \times 10^6$ kg/s，因为功率是能量对于时间的变化率，所以功率可以表示为

$$P = \frac{\text{d}}{\text{d}t}E_P = mgh = (2 \times 10^6 \text{ kg/s})(9.81\text{m/s}^2)(50\text{m}) = 9.81 \times 10^8 \text{ J/s}$$

为了方便表述能量单位，焦每秒被定义为瓦特(W)。因此，水电站的功率为 9.81×10^8 W。在日常生活中，一般使用千瓦($1\text{kW}=10^3$W)或者兆瓦($1\text{MW}=10^6$W)的能量单位。这种使用方式是由于自然界中的物质和能量范围跨越若干数量级，可以从粒子尺度到天文学尺度。表 1.2 中给出了这类单位的前缀和缩写的标准写法。

表 1.2　单位的前缀和缩写

前缀	缩写	数量级	前缀	缩写	数量级
Yotta	Y	10^{24}	deci	d	10^{-1}
Zetta	Z	10^{21}	centi	c	10^{-2}
Exa	E	10^{18}	milli	m	10^{-3}
Peta	P	10^{15}	micro	μ	10^{-6}
Tera	T	10^{12}	nano	n	10^{-9}
Giga	G	10^{9}	pico	p	10^{-12}
Mega	M	10^{6}	femto	f	10^{-15}
Kilo	K	10^{3}	atto	a	10^{-18}
Hecto	H	10^{2}	zepto	z	10^{-21}
Deca	D	10^{1}	yocto	y	10^{-24}

1.4　辐　射　能

还有一种能量形式是电磁能或者辐射能。这种能量可能来自固体发热，如白炽灯中的金属丝发热发光；也可能来自电磁振荡，如收音机或者电视塔信号的接收和发射；还可能来自原子的相互作用，如太阳的发光。辐射依据所要研究的物理过程可分别用波或者粒子进行表述。从波的角度，辐射是在空间中振荡的电磁波；从粒子的角度，辐射是运动中的不带电粒子——光子，这种粒子实际上是一种能量，只有在运动时才具有一定的质量。任意辐射都能通过频率来对其进行描述，其频率与速度和波长有关。这里 c 表示光速，λ 表示波长，ν 表示频率，则有 [1]

$$c = \lambda \nu \tag{1.6}$$

例 1.5　已知黄光的波长为 5.89×10^{-7}m。光在真空中的速度 $c=3\times10^{8}$m/s，因此黄光的频率为

$$\nu = \frac{c}{\lambda} = \frac{3\times10^{8}\,\text{m/s}}{5.89\times10^{-7}\,\text{m}} \approx 5.09\times10^{14}\,\text{Hz}$$

X 射线和 γ 射线均是电磁辐射，分别来自原子与核子的相互作用，而且它们的能量和频率远远高于可见光。图 1.1 给出了不同波长和频率的电磁波谱，390～750nm 为可见光波段。然而，不同波之间的边界和范围并没有明确给出。其中需

---

1 书中使用的罗马和希腊文字，可通过其第一次使用时的名字，如 λ(lambda)和 ν(nu)，来识别其代表的含义。

要特别关注的是电离波长，单个光子能量在 10eV 以上，后续的章节将会解释这个能量值是紫外射线引起皮肤癌的原因。

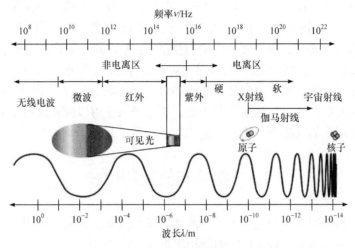

图 1.1 电磁波谱

为了理解物质、原子、原子核与能量间的关系，设想一个实验：给一份水提供足够多的能量，使水内部运动的程度逐渐提高并最终使水分离成一个个最基本的粒子。如图 1.2 所示，当水处在绝对零度时，水分子近乎处在静止状态，当提

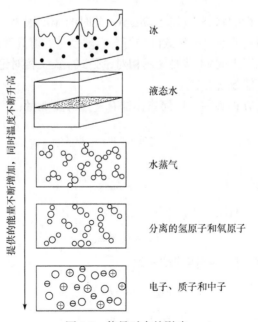

图 1.2 能量对水的影响

供热能让水升高到 0℃时，水分子的运动使得水的温度上升，固态水融化成了自由流动的水。水从固态变成液态需要一定的能量(称为融化热)。对水而言，融化热为 334J/g。当水在液相状态时，水分子的热扰动使得水的表面存在蒸发现象。

当温度升高到水的沸点(一个大气压下为 100℃或者 212℉)时，液态水变成了气态的水蒸气。此时，也需要一定的能量(蒸发热)才能引起这种变化，水的蒸发热为 2258J/g。通过特殊的加热装置继续对水进行加热，使水分子分离成氢原子和氧原子。通过电学方法，可以使氢原子和氧原子的电子脱离原子，变成带电粒子和电子的混合物。通过高速核子的轰击，氧原子核还可以破碎成更小的核子。如果置于数十亿度的高温下，水则分解成电子、质子和中子。

1.5 物质和能量的统一

爱因斯坦的狭义相对论给出了物质和能量的关系。相对论表明了物质的速度越快，其质量就越大。假设物体的静止质量为 m_0，在速度 v 下的质量为 m，光在真空中的速度为 c，那么物体的相对论质量为

$$m = \frac{m_0}{\sqrt{1-\left(\dfrac{v}{c}\right)^2}} \qquad (1.7)$$

物体在低速运行的状态下(如 500m/s)，此时的 v/c 很小，物体的相对论质量近似等于物体的静止质量。虽然式(1.7)符合自然规律，但高速运行的粒子(速度达到光速的百分之几以上时)才需要使用相对论公式。狭义相对论同时也表明了一个物体的最快速度不能超过光速 c。

爱因斯坦质能方程表明，任何物体都有一个静止能量：

$$E_0 = m_0 c^2 \qquad (1.8)$$

而物体总能量为

$$E_T = m c^2 \qquad (1.9)$$

两者的区别是物体拥有动能 E_K，有

$$E_T = E_0 + E_K \qquad (1.10)$$

根据爱因斯坦质能方程，物体的动能为

$$E_K = (m - m_0) c^2 \qquad (1.11)$$

在低速状态，$v \ll c$，E_K 近似等于 $\frac{1}{2}mv^2$(见习题 1.7)。

例 1.6 计算电子的静止能量(电子的静止质量为 9.109×10^{-31} kg):

$$E_0 = m_0 c^2 = (9.109 \times 10^{-31} \text{kg})(2.998 \times 10^8 \text{m/s})^2 \approx 8.19 \times 10^{-14} \text{J}$$

$$= (8.19 \times 10^{-14} \text{J}) / (1.602 \times 10^{-13} \text{J/MeV}) \approx 0.511 \text{ MeV}$$

单位原子质量(1.66×10^{-27} kg)接近于一个氢原子的质量,其相应的能量为 931.5MeV(见习题 1.14)。

能量和质量是等价的,它们之间存在着 c^2 的转换关系。这说明物质能够转化为能量,能量也能转化为物质。爱因斯坦质能方程是普遍适用的,并且它对于计算核反应的能量释放极其重要。1kg 核燃料燃烧释放的能量是同等质量的化石燃料燃烧释放能量的一百万倍以上。为了证明这个结论,先给出 1kg 物质转化的能量: $(1\text{kg})(3.0 \times 10^8 \text{m/s})^2 = 9 \times 10^{16}$ J。核裂变反应(将质量转化为能量的方式之一)的质能效率较低,燃烧 1kg 铀燃料,只有 0.87g 的质量转化成了能量,相当于铀燃料能释放 7.8×10^{13} J/kg 的能量。对比汽油燃烧释放的 5×10^7 J/kg 能量,可以看出铀燃料燃烧释放出了巨大的能量。两种燃料释放能量的比值 1.56×10^6 反映了核能和化学能之间巨大的差异。

爱因斯坦狭义相对论的理论计算采用的是 MATLAB 中的 ALBERT 程序,在计算机上机练习 1.A 中有所介绍。

1.6 能源与世界

当涉及世界能源问题时,人们意识到人类所有的活动都依赖于能量。食物高效地产出依赖于机器、化肥和水,这些生产要素的生产都利用了不同形式的能量。能源对交通状况、恶劣天气的防护、商品的生产也都极其重要。因而,长期有效的能源供给对人类的生存至关重要。当前世界存在许多方面的能源问题:当能源越来越稀少时,其获取成本会不断升高;化石燃料的燃烧带来了全球气候的变化;能源消耗产生的副产品对安全和健康的影响;国家和区域之间能源资源分配的不均衡;当前能源使用情况与全世界人类的期望不一致等。

1.7 小 结

能量是所有人类活动甚至是生存的基础,它将各种基本力联系起来。在实际应用中,能量通过做功从一种形式转换成另一种形式。能量还会从一个物体传递到另一个物体。将热能传递给一个物体时,物体的温度会升高,温度是衡量粒子运动的指标。由电子设备、原子、核子产生的电磁辐射可被认为是波或者光子组成的。根据爱因斯坦质能方程 $E=mc^2$，能量与物质之间可以相互转化。核反应与化学反应都会释放能量，裂变反应产生的能量比化学反应产生的能量高几百万倍。

1.8 习　　题

1.1　求一个体重为 75kg 的运动员以 8m/s 的速度下落时的动能。

1.2　回顾温度的转换公式：

$$C = \frac{5}{9}(F-32), \quad F = \frac{9}{5}(C-32)$$

式中，C 和 F 分别代表不同单位制下的温度。将下面的温度进行转换：
① 68℉；② 500℉；③ –273℃；④ 1000℃；⑤ –40℃。

1.3　铁的比热容为 450J/(kg·℃)，将 0.5kg 的铁从 0℃升高到 100℃需要多少能量？

1.4　求解氮气分子(分子量为 28)在室温下的平均动能。

1.5　求解一辆 200hp 汽车的功率(以千瓦表示)。汽车以 45mph 的速度行驶了 4h 需要消耗多少千瓦时的能量？ (1hp=0.7355kW，1mph=1.609km/h)

1.6　求解波长为 1.5×10^{-12}m 的 γ 光子的频率。

1.7　①用公式 $(1+x)^n=1+nx+\cdots$ 阐述处在超低速运动(相对于光速)物体的相对论动能近似为 $1/2m_0v^2$。②静止质量为 1000kg 的汽车以 20m/s 速度行驶时，其相对论质量增加多少？

1.8　$1eV=1.60\times10^{-19}$J，那么一个铀原子裂变释放的 190MeV 能量是多少焦耳？

1.9　根据爱因斯坦质能方程 $E=mc^2$，习题 1.8 中有多少千克的物质转变成了能量？

1.10　若 ^{235}U 的原子质量为 $(235\times1.66\times10^{-27})$kg，那么其等效能量为多少？

1.11　根据习题 1.8～1.10 的结果，求解 ^{235}U 裂变时有多少的质量转变成了能量？

1.12　假设每次裂变释放 190MeV 有效能量，证明从铀材料的裂变中获取 1W 的能量，需要发生 3.3×10^{10} 次/秒裂变。

1.13　根据下列物质的静止质量，计算其以兆电子伏特(MeV)表示的静止能量。
①质子；②中子。表 A.2 给出了其转换关系。

1.14　一个原子质量为 1.6605389×10^{-27}kg，计算其等效能量。以兆电子伏特(MeV)表示，保留 5 位有效数字。

1.15　① 相对论质量的提升比例为 $\Delta E/E_0$，证明：

$$v/c = \sqrt{1-(1+\Delta E/E_0)^{-2}}$$

② 如果一个物质的动质量比其静止质量高1%，其速度为光速的百分之

几？并分别计算高 10%、100%时的速度。

1.16 方程 $2H+O$=H_2O，每消耗 1g 氢释放 34.18kcal 能量。

①计算消耗了多少布脱(british thermal unit，Btu)每磅的能量(1Btu= 0.252kcal)。②计算消耗了多少焦耳每克的能量(1cal=4.184J)。③计算每个氢分子参与反应释放的能量，以电子伏特(eV)表示。每克氢原子的原子数为阿伏伽德罗常数，N_A=6.02×10^{23}。

1.17 根据相对论粒子的动能和静止能量给出其速度的表达式。

1.18 以图表的形式列出经典物理理论下物体的动能与相对论动能的相对误差 (以物体的速度与光速之比 v/c 来衡量)。

1.9　上 机 练 习

1.A 高速运动粒子的性质由爱因斯坦狭义相对论给出。为了方便获得答案，有一个简易的 MATLAB 程序 ALBERT 可以用来处理下列参数：速度、动量、总能量、动能、总质量与静止质量的比例。对于选定的粒子，给出其中的一个参数，ALBERT 可以计算得到其他的参数。使用不同的输入测试这个程序：①0.5c 光速的电子；②1000MeV 总能量的质子；③0.025eV 动能的中子；④m/m_0=1.01 的氘；⑤动量为 10^{-19}kg·m/s 的α粒子。

参 考 文 献

Haynes,W.M. et al., (Ed.), 2011.CRC Handbook of Chemistry and Physics, ninety second ed. CRC Press.A standard source of data on many subjects.

National Institute of Standards and Technology (NIST), The NIST Reference on Constants, Units, and Uncertainty.http://physics.nist.gov/cuu/. Information on SI units and fundamental physical constants.

延 伸 阅 读

Alsos Digital Library for Nuclear Issues. http://alsos.wlu.edu. Large collection of references.

American Institute of Physics, Center for History of Physics, Einstein.www.aip.org /history/einstein.

American Nuclear Society, 1986.Glossary of Terms in Nuclear Science and Technology. American Nuclear Society.

American Nuclear Society, www.ans.org: Nuclear News, Radwaste Solutions, Nuclear Technology, Nuclear Science and Engineering, Fusion Science and Technology, and Transactions of the American Nuclear Society. Online contents pages and selected articles or abstracts of technical papers.

American Nuclear Society public information. www.ans.org/pi. Essays on selected topics(e.g., radioisotope).

Asimov, I., 1982. Asimov's Biographical Encyclopedia of Science and Technology: The Lives and Achievements of 1510 Great Scientists from Ancient Times to the Present, second revised ed. Doubleday & Co.

Bloomfield, L., How Everything Works. www.howeverythingworks.org.

California Energy Commission, Energy Story. http://energyquest.ca.gov/story/index.html.

Ehmann, W. D., Vance, D.E., 1991. Radiochemistry and Nuclear Methods of Analysis.JohnWiley & Sons. Covers many of the topics of this book in greater length.

Encyclopedia Britannica online.www.britannica.com. Brief articles are free; full articles require paid membership.

Halliday, D., Walker, J., Resnick, R. E., 2007. Fundamentals of Physics Extended, seventh ed. JohnWiley & Sons.Textbook for college science and engineering students.

How Stuff Works.www.howstuffworks.com. Brief explanations of familiar devices and concepts, including many of the topics of this book.

Internet Detective. www.vts.intute.ac.uk/detective. A tutorial on browsing for quality information on the Internet.

Knief, R. A., 1992. Nuclear Engineering: Theory and Technology of Commercial Nuclear Power, second ed. Taylor & Francis.Comprehensive textbook that may be found in technical libraries.

Mayo, R. M., 1998.Introduction to Nuclear Concepts for Engineers.American Nuclear Society. College textbook emphasizing nuclear processes.

McGraw-Hill, 2004.McGraw-Hill Concise Encyclopedia of Physics.McGraw-Hill.

Murray, R. L., Cobb G. C., 1970. Physics: Concepts and Consequences. Prentice-Hall.Non-calculus text for liberalarts students.

Nave. C., HyperPhysics. http://hyperphysics.phy-astr.gsu.edu/hbase/hframe.html.

Particle Data Group of Lawrence Berkeley National Laboratory, The Particle Adventure: Fundamentals of Matter and Force. www.particleadventure.org.

PBS, 2005. Einstein's Big Idea. www.pbs.org/wgbh/nova/einstein.

Physical Science Resource Center. www.compadre.org/psrc. Links provided by American Association of Physics Teachers; select "browse resources."

PhysLink. www.physlink.com. Select Reference for links to sources of many physics constants, conversion factors, and other data.

Radiation Information Network. www.physics.isu.edu/radinf. Numerous links to sources.

Rahn, F.J., Adamantiades, A.G., Kenton, J.E., Braun, C., 1991. A Guide to Nuclear Power Technology: A Resource for Decision Making. Krieger Publishing Co (reprint of 1984 edition). A book for persons with some technical background; almost a thousand pages of fine print; a host of tables, diagrams, photographs, and references.

Tipler, P.A.,Mosca, G., 2007. Physics for Scientists and Engineers, sixth ed. W.H. Freeman. Calculus-based college textbook.

Wikipedia. http://en.wikipedia.org. Millions of articles in free encyclopedia. Subject to edit by anyone and thus may contain misinformation.

WWW Virtual Library.www.vlib.org. Links to virtual libraries in engineering, science, and other subjects.

原子和原子核

本章目录

　　目前，对物质的微观结构和力作用于物体的本质还没有完整的认识。因此，为了较准确地预测粒子的行为，在实际应用中发展了许多模型。有些模型是描述性的，有些模型是通过数学公式精确给出的，它们或基于对大量物理过程的类推，或来自大量的实验数据，或通过理论推导得出。

2.1　原　子　理　论

　　原子理论中最基本的概念为物质是由一个个原子组成的，并且这些原子在物理或化学的相互作用中均保持了元素的不变性。因此，构成氢气的所有氢原子的质量之和就是氢气的质量，而当两个元素形成化合物时(如一个碳原子和一个氧原子结合形成一氧化碳)，产生新物质的质量是构成该物质的所有原子的质量之和。

　　现在已知的元素有 100 多种，它们大多数是在自然界中发现的，另外还有一些元素是人工合成的。每一种元素在元素周期表中占有一个独有的位置，如氢是1、氦是2、氧是8、铀是92。符号 Z 表示原子序数，同时也是原子核外电子的数量，原子序数决定了它们的化学性质。元素周期表如图2.1所示。

标注说明：原子序数 / 化学符号 / 相对原子质量（$\begin{smallmatrix}Z\\X\\M\end{smallmatrix}$）

1 H 1.008																	2 He 4.003
3 Li 6.941	4 Be 9.012											5 B 10.81	6 C 12.01	7 N 14.01	8 O 16.00	9 F 19.00	10 Ne 20.18
11 Na 22.99	12 Mg 24.31											13 Al 26.98	14 Si 28.09	15 P 30.97	16 S 32.07	17 Cl 35.45	18 Ar 39.95
19 K 39.10	20 Ca 40.08	21 Sc 44.96	22 Ti 47.88	23 V 50.94	24 Cr 52.00	25 Mn 54.94	26 Fe 55.85	27 Co 58.83	28 Ni 58.69	29 Cu 63.55	30 Zn 65.39	31 Ga 69.75	32 Ge 72.64	33 As 74.92	34 Se 78.96	35 Br 79.90	36 Kr 83.79
37 Rb 85.47	38 Sr 87.62	39 Y 88.91	40 Zr 91.22	41 Nb 92.91	42 Mo 95.94	43 Tc (98)	44 Ru 101.1	45 Rh 102.9	46 Pd 106.4	47 Ag 107.9	48 Cd 112.4	49 In 114.8	50 Sn 118.7	51 Sb 121.8	52 Te 127.6	53 I 126.9	54 Xe 131.3
55 Cs 132.9	56 Ba 137.3	72 Hf 178.5	73 Ta 180.9	74 W 183.9	75 Re 186.2	76 Os 190.2	77 Ir 192.2	78 Pt 195.1	79 Au 197.0	80 Hg 200.5	81 Tl 204.4	82 Pb 207.2	83 Bi 209.0	84 Po (209)	85 At (210)	86 Rn (222)
87 Fr (223)	88 Ra (226)	104 Rf (261)	105 Db (262)	106 Sg (266)	107 Bh (264)	108 Hs (277)	109 Mt (268)	110 Ds (271)	111 Rg (272)	112 Cn (285)	113 Uut (286)	114 Fl (289)	115 Uup (289)	116 Lv (291)	117 Uus (294)	118 Uuo (294)

镧系：57 La 138.9 | 58 Ce 140.1 | 59 Pr 140.9 | 60 Nd 144.2 | 61 Pm (145) | 62 Sm 150.4 | 63 Eu 152.0 | 64 Gd 157.2 | 65 Tb 158.9 | 66 Dy 162.5 | 67 Ho 164.9 | 68 Er 167.3 | 69 Tm 169.9 | 70 Yb 173.0 | 71 Lu 175.0

锕系：89 Ac (227) | 90 Th 232.0 | 91 Pa 231 | 92 U 238 | 93 Np (237) | 94 Pu (244) | 95 Am (243) | 96 Cm (247) | 97 Bk (247) | 98 Cf (251) | 99 Es (252) | 100 Fm (257) | 101 Md (258) | 102 No (259) | 103 Lr (262)

图 2.1　元素周期表

一般来说，元素在元素周期表中的位置越靠右下方，其原子越重。相对原子质量表示某个元素的 N_A（6.02×10^{23}，阿伏伽德罗常数）个原子的总质量(以 g 表示)。虽然经常将原子质量和相对原子质量混淆使用，但实际上，原子质量表示的是元素的某个同位素原子的质量，而相对原子质量表示的是某个元素不同丰度的同位素集合的平均质量。刚才提到的元素中，氢的相对原子质量为1.008、氦的相对原子质量为4.003、氧的相对原子质量为16.00、铀的相对原子质量为238。相对原子质量通常用 g/mol 为单位，原子质量一般采用原子质量单位 u。附录 A 的表 A.4 中给出了所有元素的相对原子质量的精确值。

若一种元素的同位素丰度不是自然条件下的丰度(该物质可能被浓缩或者贫化过)，那么，其相对原子质量 M 的计算需要计算组成这个元素的所有同位素的相对原子质量加权 M_j，而不能直接查阅附录 A 的表 A.4。在这种情况下，同位素丰度可以理解为原子的丰度或是原子百分比(γ_j)，又或者是质量或质量分数(ω_j)。这样就有了两种不同的计算元素相对原子质量的公式：

$$M = \sum \gamma_j M_j$$
$$\frac{1}{M} = \sum \frac{\omega_j}{M_j} \tag{2.1}$$

如果给出了一个物质的密度 ρ ，就可以知道该物质每立方厘米的原子数。下面给出了如何计算任何物质 N(原子密度)的计算公式：

$$N = \frac{\rho N_A}{M} \tag{2.2}$$

如果 M 代表化合物的相对分子质量，那么式(2.2)也能求出化合物的分子密度。

例 2.1 天然铀的密度为 $19g/cm^3$ ，其原子密度为

$$N_U = \frac{\rho_U N_A}{M_U} = \frac{(19g/cm^3)(6.02 \times 10^{23}\,atoms/mol)}{238g/mol} \approx 0.048 \times 10^{24}\,atoms/cm^3$$

在后文中，数量级 10^{24} 有更方便的表述方式。

例 2.2 水(H_2O)是第一个被计算出相对分子质量的化合物：

$$M_{H_2O} = 2M_H + M_O = (2)(1.008) + 15.999 \approx 18.02g/mol$$

水的密度是 $1.0g/cm^3$ ，其分子密度是

$$N_{H_2O} = \frac{\rho_{H_2O} N_A}{M_{H_2O}} = \frac{(1.0g/cm^3)(6.02 \times 10^{23}\,molecules/mol)}{18.02g/mol} \approx 0.0334 \times 10^{24}\,molecules/cm^3$$

因为一个水分子中含有两个氢原子，所以氢原子的原子密度是水分子的两倍，即 $N_H = 2N_{H_2O} = 0.0668 \times 10^{24}\,atoms/cm^3$ ；而氧原子的原子密度与水分子的原子密度相等， $N_O = N_{H_2O}$ 。

2.2 气　　体

气态的物质一般遵循理想气体定律，即气体压强(p)、体积(V)和温度(T)之间满足：

$$pV = nkT \tag{2.3}$$

式中， n 为粒子的个数； k 为玻尔兹曼常量。

气体温度升高意味着分子运动更剧烈，这时会有更多的粒子碰撞在容器壁上，使容器的压强升高。

质量为 m 的气体分子，速度分布服从麦克斯韦气体理论，如图 2.2 所示。麦克斯韦方程给出了气体分子在不同速度下的分布：

$$n(v) = \frac{n_0 4\pi v^2}{(2\pi kT/m)^{3/2}} \exp(-mv^2/2kT) \tag{2.4}$$

式中, n_0 为总的气体分子数。v_p 为气体的最可几速率(图 2.2 中麦克斯韦曲线中的峰值处), 其大小取决于气体的温度 T(见习题 2.16):

$$v_p = \sqrt{2kT/m} \tag{2.5}$$

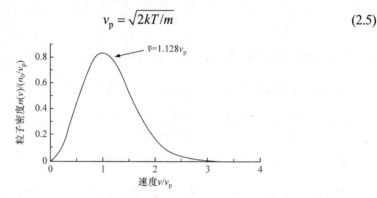

图 2.2   分子速度的麦克斯韦分布

气体的平均速度 $\bar{v}$ 为

$$\bar{v} = \sqrt{\frac{8kT}{\pi m}} = \frac{2}{\sqrt{\pi}} v_p \tag{2.6}$$

气体的动力学理论为气体物理参数的计算(如比热容等)提供了基础。根据 1.3 节中提到的气体分子的平均动能正比于温度, 即 $\bar{E} = \frac{3}{2}kT$, 可以推断单原子的比热容为 $C_V = \frac{3}{2}k/m$, 其中 m 为单个原子的质量。可以得到物质的热力学性质与运动学性质之间存在着紧密联系。

2.3   原 子 和 光

直到二十世纪初, 原子的内部结构仍是未知的, 人们只知道原子所带电荷与相对原子质量是统一的。Rutherford 开展了带电粒子轰击金原子的关键性实验, 他在 1911 年推断出原子的大部分质量和全部的电荷都集中在一个核子中, 这个核子的半径只有原子半径的 10^{-5} 倍, 约为原子体积的 10^{-15}(见习题 2.2 与习题 2.12)。这个实验加快了 Bohr 发现原子发光理论的进程。

当温度升高时, 固体或者气体的颜色会发生改变(一般会从红光慢慢变成蓝光, 即从长波长的光变成短波长的光)。一定温度下物体发射的光带有一定的分布, 这是由于光是由一个个不同频率的光子组成, 这些光子以特定的能量 E 发射和吸收, 而 E 正比于频率 ν:

$$E = h\nu \tag{2.7}$$

式中，h 表示普朗克常数，为 $6.63 \times 10^{-34} \mathrm{J} \cdot \mathrm{s}$。

例 2.3　一个黄光光子(频率为 $5.1 \times 10^{14} \mathrm{Hz}$)的能量为

$$E = h\nu = (6.63 \times 10^{-34} \mathrm{J} \cdot \mathrm{s})(5.1 \times 10^{14} \mathrm{Hz}) \approx 3.4 \times 10^{-19} \mathrm{J}$$

可以看到这个能量非常小。

Bohr 在 1913 年首先用一个新的氢原子模型解释了处在特殊炽热状态的氢气发光的吸收和发射机理。他假设氢原子中有一个电子围绕着原子核(质子)做匀速圆周运动(图 2.3)，电子和质子都带有 $1.6 \times 10^{-19} \mathrm{C}$ 的电量，但带正电的质子质量是带负电的电子质量的 1836 倍。两者之间的静电力提供了让电子保持在稳定圆形轨道上运行的向心力。如果从外部给氢原子一定的能量，那么电子会跃迁到一个更大的特定圆形轨道上。在一段时间后，电子会迅速掉落回原来的轨道，同时会以光子的形式释放出一定的能量。光子能量 $h\nu$ 为两个轨道的能量之差。离核子最近的轨道半径 $R_1 = 0.53 \times 10^{-10} \mathrm{m}$，其他的轨道半径与 R_1 之间存在 n^2 的正比关系，其中 $n\,(n = 1, 2, 3, \cdots, 7)$ 表示主量子数，n 轨道上的半径为

$$R_n = n^2 R_1 \tag{2.8}$$

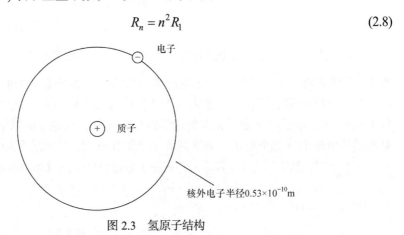

图 2.3　氢原子结构

图 2.4 给出了氢原子中的电子轨道，当电子处在第一个轨道上时，整个原子的能级 $E_1 = -13.6 \mathrm{eV}$。这里，负的能量意味着必须给原子系统提供能量才能让电子逃逸更远的距离，使氢原子成为一个正离子。

当电子处在 n 轨道上时，原子系统的能量为

$$E_n = E_1 / n^2 \tag{2.9}$$

图 2.5 给出了氢原子不同分立能级的能量值。

其他元素原子的电子结构也能用原子壳层模型加以解释，在这些元素的原子中，一定数目的电子占据了特定的轨道或者壳层。每种元素都有着特定的原子序

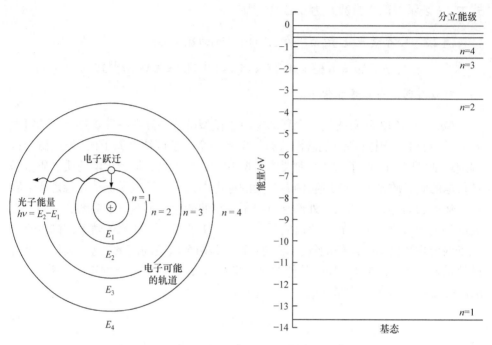

图 2.4　氢原子中的电子轨道(玻尔理论)　　　　图 2.5　氢原子不同分立能级的能量值

数 Z，其代表着元素原子核中带正电的粒子数和原子核外轨道的电子数。最接近原子核的几层轨道上能容纳的最大电子数依次为 2、8、18。壳层的最外层(又可称为价电子层)电子数决定了元素的化学性质。例如，氧原子的原子序数为 8，在最内层的轨道上有 2 个电子，剩下的 6 个电子在外层，因此，氧原子对价电子层有 2 个电子的元素有吸引力。氢原子和氧原子通过价电子的共享形成水分子(图 2.6)。

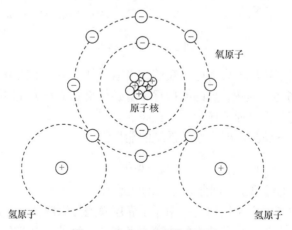

图 2.6　水分子中的共享电子

原子的玻尔模型对原子结构的解释非常直观，但量子力学提供了一个更科学的视角：氢原子外层轨道上的电子位置用概率来描述。量子力学的一个关键基础是 Heisenberg 测不准原理，它的主要理论是粒子的位置和瞬时速度不能被同时获得。

2.4 激 光

常见的可见光都是由不同频率、方向和相位的光组成，而由激光器(物质受激辐射发光)发出的光只有一种颜色，且相位是同步的。当能量提供给激光器中的物质时，物质中的原子被激发到更高的能态。这时引入一个特定频率的光子，该光子轰击激发态的原子会引起原子跃迁到低能态，同时迅速地发射出一个相同频率的光子，这两个光子同时轰击其他的激发态原子，产生 4 个相同频率的光子。这些光子打到激光器表面时，部分光子会反射回来，然后通过一系列反射和激励过程，光子不断地俘获和增殖，产生光子的雪崩形成强流光子束。出射方向不在激光器出射方向上的光子无法从激光器出射，因此从激光器中发射出来的光只有一个方向，激光器两端放置的反射镜也保证了光束的相干性。

多种物质能产生激光。最早的一台激光器(1960 年)是红宝石激光器，其他的激光器采用各种物质，如氦-氖混合气体、液体染料或者半导体等。外部能量供应可以是化学反应、高速电子的轰击、核反应产生的高能粒子或另外一束激光。一些激光的发射是连续的，但也有一部分激光是以脉冲形式发射的，它们甚至能在亚纳秒时间内产生太瓦级能量。由于激光具有高能量密度，直视激光对眼睛有害。

激光广泛应用在需要强定向光束的领域，如金属切割和焊接、眼科手术和其他的医学应用、精准测距等，现在最新的应用领域包括无噪留声机、激光全息照相、飞机与潜艇的通信等。

在之后的章节将介绍激光在核领域方面的一些应用：激光同位素分离(15.5 节)和惯性约束装置(26.4 节)。

2.5 原子核结构

大部分的元素是由不同质量的原子构成，这些不同质量的原子称为同位素。例如，氢元素有三种同位素，它们的相对原子质量分别为 1、2、3，分别对应氕、氘、氚。它们的原子序数 Z 都是 1，并且有着相同的化学性质，但是其原子核的构成不同。氕原子的原子核是一个带正电的质子，氘原子的原子核包含一个质子和一个中子，氚原子的原子核包含一个质子和两个中子。中子是一种不带电的粒子，而且质量与质子接近。为了分辨同位素，定义原子质量数 A 为原子核中核子的数量，即原子核中重粒子的数量。相对原子质量 M 与原子质量数 A(通常为整数)较为接近，$M \approx A$。一个元素完整的缩写符号是由化学符号 X、上标的字母 A 和下标的字母 Z 构成，$^A_Z X$。图 2.7 给出了三种氢元素的同位素($^1_1\mathrm{H}$，$^2_1\mathrm{H}$，$^3_1\mathrm{H}$)。每个原子核外都有一个电子，这与之前玻尔理论的解释相一致。

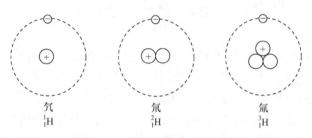

图 2.7　三种氢元素的同位素

图 2.8 给出了一些轻核元素及其同位素的原子和原子核结构示意图。

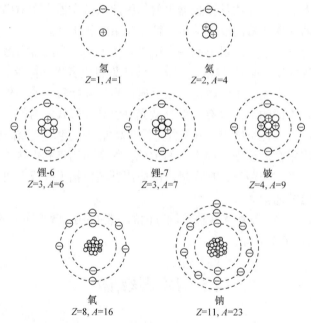

图 2.8　一些轻核元素及其同位素的原子和原子核结构

元素的原子整体呈现电中性，这是由于核外带负电的 Z 个电子平衡了核内带正电的 Z 个质子的电荷量，图 2.8 中给出的同位素为 $^1_1\mathrm{H}$、$^4_2\mathrm{He}$、$^6_3\mathrm{Li}$、$^7_3\mathrm{Li}$、$^9_4\mathrm{Be}$、$^{16}_8\mathrm{O}$、$^{23}_{11}\mathrm{Na}$。

除了原子序数 Z 和原子质量数 A，通常还需要给出中子数 N，中子数 N 满足关系 $N=A-Z$。对于图 2.8 中列出的同位素，N 分别为 0、2、3、4、5、8、12。

为了便于核反应的研究，将中子用符号 ${}_0^1 n$ 代替，其质量和氢原子(${}_1^1 H$)相似，但是不带电荷($Z=0$)。类似地，电子用 ${}_{-1}^0 e$ 代替，表示其带一个单位的负电荷，电子相对于氢原子几乎没有质量。同位素的一般写法均采用其元素名称和原子质量数 A，如 Na-23 或者 ${}^{23}Na$、U-235 或者 ${}^{235}U$。

2.6　核子的尺寸和质量

研究发现，核子的尺寸远远小于原子的尺寸。氢原子的直径约为 5×10^{-9}cm，其核子的半径仅有 10^{-13}cm，又因为质子质量比电子质量大得多，所以核子的密度相当大。其他同位素的核子可以看作是由一群紧靠的粒子(中子和质子)形成了一个体积为 $\frac{4}{3}\pi R^3$ 的球体。核子半径的计算公式为

$$R[\text{cm}] = 1.25\times10^{-13} A^{1/3} \tag{2.10}$$

因为原子质量数 A 在 1～250 变化，所以所有原子核的半径均小于 10^{-12}cm，整个原子的半径则大得多，大概是 10^{-8}cm 量级。

相对原子质量 M 和原子质量数 A 十分接近。对于 ${}_1^1 H$，其相对原子质量 $M_{\text{H-1}}=$ 1.007825，${}_1^2 H$ 的相对原子质量为 2.014102。质子的相对原子质量为 1.007276，中子的相对原子质量为 1.008665，两者相差约 0.1%，而电子的相对原子质量则只有 0.000549。表 A.5 给出了大部分原子的相对原子质量。

例 2.4　结合同位素丰度和 ${}^1 H$、${}^2 H$ 的原子质量给出氢元素的相对原子质量 M。结合式(2.1)和表 A.5 的数据，有

$$\begin{aligned}
M &= \gamma_{\text{H-1}} M_{\text{H-1}} + \gamma_{\text{H-2}} M_{\text{H-2}} \\
&= (0.999885)(1.007825)+(0.000115)(2.014102) \\
&= 1.00794
\end{aligned}$$

计算结果和表 A.5 中给出的氢元素的相对原子质量基本一致。

原子的质量单位(amu 或者简写为 u)定义为 ${}_6^{12} C$ 质量的十二分之一，为 1.660539×10^{-24}g($\approx 1.66\times10^{-24}$g)，近似等于 1g 除以阿伏伽德罗常数($6.022\times10^{23}$)。将原子的原子质量数 A 乘以原子质量单位 u 就能够计算出原子的真实质量。

例 2.5　中子的静止质量为

$$(1.008665\text{u})(1.660539\times10^{-24}\,\text{g/u}) \approx 1.674928\times10^{-24}\,\text{g}$$

根据爱因斯坦质能方程 $E=mc^2$ 和表 A.2 给出的常数值，在习题 1.14 中计算得到 $1u=931.494\text{MeV}(\approx 931.5\text{MeV})$。

2.7 结 合 能

同种电荷间静电斥力的大小与距离的平方成反比，对于核子而言，这种斥力非常大，以至于核子并不能结合形成原子核。但是原子核的存在说明核子间存在一种更大的引力作用。根据经验推断，这种核相互作用力只存在于很短的距离内。如习题 2.10 中所证，核子的半径仅有 1.25×10^{-13}cm，两个相邻的核子中心间距大概是这个距离的两倍，核相互作用力仅在两个核子靠得非常近时才会发挥作用，并将它们结合成一个整体。这种将两个核子结合在一起的能量就是结合能。

要将原子核拆分为组成它的核子，必须从外部提供能量，根据爱因斯坦质能方程，原子核的质量比组成它的核子的质量和要小，这种质量差被称为质量亏损。若一个原子(包含原子核和核外电子)的质量为 M，m_n 和 M_H 分别代表中子的质量和质子加上电子的质量。质量亏损表示为

$$\Delta m = \underbrace{N m_n + Z M_H}_{\substack{\text{单个核子状态下}\\\text{原子的总质量}}} - M \tag{2.11}$$

式(2.11)中忽略了原子键或者化学键的微小能量。原子结合能可简单表示为

$$\text{BE} = \Delta mc^2 \tag{2.12}$$

若单个核子的平均结合能(BE/A)升高，在结合的过程中将会释放出一部分能量。图 2.9 给出了单个核子的平均结合能曲线，其中在 ^{56}Fe 附近存在极大值。^{62}Ni 是束缚得最紧的原子核，这说明在核聚变和裂变中都会有能量的释放。

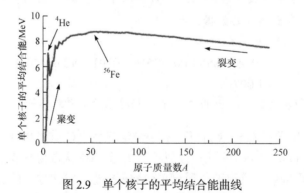

图 2.9 单个核子的平均结合能曲线

例 2.6 计算 $^3_1$H 的质量亏损和结合能。图 2.10 给出了当给予外部能量时，氚原子分裂的过程。已知 $Z_T=1$，$N_T=2$，$m_n=1.008665$，$M_H=1.007825$，$M_T=3.016049$，

质量亏损为

$$\Delta m_{\mathrm{T}} = N_{\mathrm{T}}m_{\mathrm{n}} + Z_{\mathrm{T}}M_{\mathrm{H}} - M_{\mathrm{T}}$$
$$= 2(1.008665) + 1(1.007825) - 3.016049 = 0.009106\mathrm{u}$$

根据关系式 $1\mathrm{u} = 931.5\mathrm{MeV}$，结合能 $\mathrm{BE} \approx 8.48\mathrm{MeV}$。

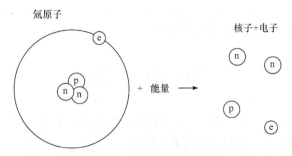

图 2.10　氚原子分裂的过程

例 2.6 说明了在计算质量亏损时，核子的质量有必要计算到小数点后 6 位甚至更多的有效数字。计算质量亏损的作用在于：①评价原子核的稳定性；②计算核反应过程中的能量释放；③评估原子核发生裂变的概率。

计算原子核结合一个中子时的结合能，假设原子的质量为 M_1，吸收了中子后的质量为 M_2，结合一个中子的结合能 $\mathrm{BE_n}$ 为

$$\mathrm{BE_n} = [(M_1 + m_{\mathrm{n}}) - M_2]c^2 \tag{2.13}$$

通过理论分析和测量的原子质量得到的结合能公式被称为半经验公式。任意核子的结合能 BE 可以近似用原子核的液滴模型来解释：①核子之间通过强相互作用结合在一起；②存在库仑斥力；③表面张力效应；④核子中存在质子和中子不平衡分布。Bethe-Weizsäcker 公式给出了一种结合能的计算方法：

$$\mathrm{BE[MeV]} = a_{\mathrm{v}}A - a_{\mathrm{s}}A^{2/3} - a_{\mathrm{c}}\frac{Z^2}{A^{1/3}} - a_{\mathrm{a}}\frac{(A-2Z)^2}{A} + \frac{a_{\mathrm{p}}}{A^{1/2}}\frac{[(-1)^Z + (-1)^{A-Z}]}{2} \tag{2.14}$$

式中，结合能的贡献项从左到右依次是体积能、表面能、库仑能、非对称能、奇偶能。一组适用的拟合系数是 $a_{\mathrm{v}}=15.56$、$a_{\mathrm{s}}=17.23$、$a_{\mathrm{c}}=0.697$、$a_{\mathrm{a}}=23.285$、$a_{\mathrm{p}}=12$。

例 2.7　通过 Bethe-Weizsäcker 公式计算 $^{235}\mathrm{U}$ 单个核子的平均结合能和质量。$^{235}\mathrm{U}$ 的 $Z=92$，$A=235$，总的结合能为

$$\mathrm{BE} = (15.56)(235) - (17.23)(235)^{2/3} - 0.697\frac{(92)^2}{(235)^{1/3}} - 23.285\frac{[235-2(92)]^2}{235}$$

$$+ \frac{12}{(235)^{1/2}}\frac{[(-1)^{92} + (-1)^{235-92}]}{2}$$

$$\approx 1786.8\mathrm{MeV}$$

单个核子的平均结合能 BE/A=(1786.8MeV)/(235)=7.60MeV/核子,结合式(2.11)和式(2.12)给出的相对原子质量为

$$M = (A - Z)m_n + ZM_H - BE/c^2$$
$$= (235 - 92)(1.008665u) + (92)(1.007825u) - (1789.8MeV)/(931.49MeV/u)$$
$$\approx 235.04u$$

计算结果和表 A.5 给出的结果一致。

2.8 小 结

所有的物质都由元素组成,这些元素的化学性质取决于其原子核外的电子数。原子中的电子在轨道跃迁时会吸收和发射光子。

同位素之间的差异在于原子质量数(A)的不同。原子核比原子的尺寸小得多,而且包含了原子的大多数质量。核子间存在核相互作用力,这种力克服了电荷力产生的强大斥力将核子约束在一起。因此,要将一个核子分裂成中子和质子需要外部提供能量。

2.9 习 题

2.1 计算 1cm³ 石墨中碳($_6^{12}C$)原子的个数(石墨密度为 1.65g/cm³)。

2.2 估算金原子的半径和体积(已知金的密度为 19.3g/cm³,假设原子是一个球体,放置在立方体的角上并且体积之和近似等于整个立方体的体积)。

2.3 计算中子气体的最可几运动速率(温度为 20℃,中子质量为 1.675×10⁻²⁷kg)。

2.4 使用分子平均能量方程(1.4)和热能与温度的关系式 $Q = mc_V \Delta T$,证明恒定体积的气体的比热容 $c_V = \frac{3}{2}k/m$。

2.5 通过习题 2.4 中推导出的公式计算氦气(高温气冷堆中一种常用的冷却剂)的比热容。

2.6 计算黄光光子的能量(用电子伏特表示)。

2.7 计算一个电子从无穷远跃迁到氢原子的最小能级时释放光子的频率。

2.8 计算氢原子中处在第三能级的电子能量(用电子伏特表示)和半径(用厘米表示)。电子从最里面的能级跃迁到第三能级需要多少能量?如果电子从第三能级跃迁回最里面的能级会释放多少频率的光?

2.9 画出 ¹⁴C 的原子核结构,标出 Z、A 及电子、质子、中子的数目。

2.10 假设一个原子质量数为 A 的原子核是由半径为 r 的核子紧密无缝隙地压紧

在一起形成的一个半径为 R 的球体，根据书中给出的 A 和 R 的数据，求证 $r=1.25\times10^{-13}$cm。

2.11　计算 ^{238}U 的原子核半径。

2.12　计算 ^{197}Au 中原子核所占体积的百分比(使用原子核半径 R 与 A 之间的关系式)，习题 2.2 中金原子的半径为 1.59×10^{-8}cm。

2.13　计算 ^{4}He 的质量亏损(u)和结合能(MeV)。

2.14　若将 ^{235}U 分裂成其组成的一个个中子和质子，需要提供多少能量(MeV)?

2.15　假设 ^{235}U 中原子核、电子、原子都是球形的且有如下数据，求它们的密度。

^{235}U 参数	值
原子半径	1.7×10^{-10}m
原子核半径	8.6×10^{-15}m
电子半径	2.8×10^{-15}m
1u 单位的质量	1.66×10^{-27}kg
电子质量	9.11×10^{-31}kg

2.16　①结合麦克斯韦方程(2.4)，证明粒子速度分布曲线峰值的积分为方程(2.5)中的 v_p。②证明气体的平均速度如方程(2.6)所示。提示：令 $mv^2/2kT=x$。

2.17　太阳表面温度为 5800K，求其发光的波长和频率。

2.18　电离电磁辐射与非电离电磁辐射的能量差异约为 10eV，求其对应的频率和波长。

2.19　结合 Bethe-Weizsäcker 公式给出下列原子的质量①^{16}O；②^{17}O；③^{92}Rb；④^{140}Cs；⑤^{238}U，并与表 A.5 的结果进行比较。

2.20　结合式(2.8)和式(2.9)，绘制能级能量 $|E_n|$ 与轨道半径 R_n 的对数图($n=1,2,\cdots$，6)，并描述画出的曲线的形状。

2.21　使用液滴模型近似计算图 2.9 所示核素的单个核子的平均结合能。计算时可使用稳定核素原子质量数 A 与原子序数 Z 之间的关系式 $A=1.47Z^{1.123}$(Paar et al., 2002)(该关系式计算结果需四舍五入成整数后方可代入式(2.14)中进行计算)。

2.10　上机练习

2.A　采用 ALBERT 软件(第 1 章已做介绍)计算能量为 1MeV 的电子、质子和中子的表中列出的基本参数。

粒子类型	总能量/MeV	速度/(m/s)	质量与静止质量的比	动量/(kg·m/s)
电子				
质子				
中子				

2.B 结合式(2.14)，采用 BINDING 程序计算下列核子的近似结合能 BE 和相对原子质量 M：

$$^{2}_{1}\text{H}、^{12}_{6}\text{C}、^{23}_{11}\text{Na}、^{60}_{27}\text{Co}、^{144}_{56}\text{Ba}、^{235}_{92}\text{U}$$

将计算结果与表 A.5 中的结果进行比较，有何差别？为了得到 Bethe-Weizsäcker 公式中前四项对 BE/A 的贡献程度，BINDING 程序给出了公式中体积项、表面积项、电量项和非对称能项随着 A 变化对 BE/A 的贡献曲线，可以明显看到 BE/A 是 A 的函数。

参 考 文 献

Bohr, N., 1913. On the constitution of atoms and molecules. Philosophical Magazine Series 6, 26(151), 1–25.

Paar, V., Pavin, N., Rubčić, A., Rubčić, J., 2002.Power laws and fractal behavior in nuclear stability, atomic weights and molecular weights.Chaos, Solitons and Fractals. 14, 901–916.

Rutherford, E., 1911. LXXIX. The scattering of α and β particles by matter and the structure of the atom.Philosophical Magazine Series 6, 21 (125), 669–688.

延 伸 阅 读

Evans, R.D., 1982. The Atomic Nucleus. Krieger Publishing Co. Reprint of the McGraw-Hill 1955 classic advanced textbook; contains a wealth of information on nuclei, radioactivity, radiation, and nuclear processes.

General Chemistry Online, http://antoine.frostburg.edu/chem/senese/101. One of several good interactive chemistry courses.

Greenwood, N.N., Earnshaw, A., 1997. Chemistry of the Elements, 2nd ed Butterworth-Heinemann. Structures, properties, and reactions.

How Stuff Works. www.howstuffworks.com (search for "relativity").

Kinetic Theory of Gases: A Brief Review. www.phys.virginia.edu/classes/252/kinetic_theory.html. Derivations of pressure, the gas law, Maxwell's equation, etc. by Michael Fowler.

Mayo, R.M., 1998. Introduction to Nuclear Concepts for Engineers.American Nuclear Society. Thorough discussion of the atomic nucleus.

Nuclear Data. http://ie.lbl.gov/toi.html. Comprehensive source of isotopic data by Lawrence Berkeley National Laboratory and Lunds Universitet (Sweden).

WebElements Periodic Table of the Elements.www.webelements.com. Provides information about each element.

放 射 性

本章目录

　　许多天然或人造元素拥有放射性(即原子核自发地衰变并释放出一个或多个粒子)。这个过程可能发生在地层的矿物质中、植物纤维里、动物组织中，也可能发生在空气和水中，所有这些物体中都含有微量的放射性元素。

3.1　核的稳定性

　　虽然电荷间的排斥力可能会使核子分裂，但是强大的核相互作用力将核子维持为一个整体。稳定的原子核中产生排斥力的质子数目与提供核相互作用力的中子数目之间存在一个平衡。图 3.1 给出了已知原子核中质子数(Z)与中子数(N)之间的关系。当 Z 较小时，稳定核素的中子数 $N \approx Z$，随着 Z 的升高，需要比质子数更多的中子数来保持核素稳定。一般来说，拥有偶数个质子或者中子的原子核更加稳定。

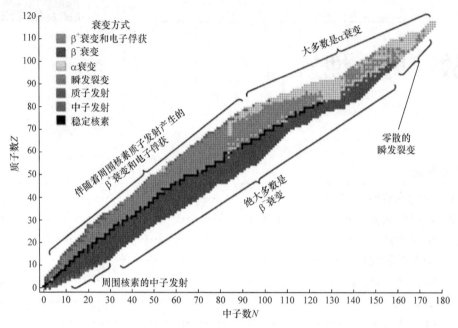

图 3.1 核素的稳定性与其衰变方式(后附彩图)

例 3.1 对比一个轻稳定核和一个重稳定核的 N/Z 比值，随机选择 ^9_4Be 和 $^{208}_{82}Pb$，对于 ^9_4Be，$N/Z=(9-4)/4=1.25$，对于 $^{208}_{82}Pb$ (最重的稳定元素)，$N/Z=(208-82)/82 \approx 1.54$。

偏离稳定核素带的同位素通过放射性衰变降低其不稳定性。一般而言，距离稳定核素带越远的放射性核素，衰变时间(一般用半衰期表征)越短。在稳定核素带上部的核素缺少中子，而在稳定核素带下部的核素中子却很富余，核反应衰变的趋势是通过一系列复杂的衰变机制使原子核的 N/Z 比值重新回到平衡状态(表 3.1)。有时在衰变发生后，原子核可能处在一个受激发的状态，通过发射γ射线或者内转换(internal conversion，IC)电子的形式回到稳定态。

表 3.1 放射性衰变分类

N/Z 的比值	衰变类型	衰变机理
中子过剩	β 衰变(也称为 β⁻衰变)	中子→质子+电子发射
	中子	从核子中射出中子
中子不足	α 衰变	发射一个氦核
	β⁺衰变(也称为正电子发射)	质子→中子+正电子发射

续表

N/Z 的比值	衰变类型	衰变机理
中子不足	电子俘获	轨道电子+质子→中子
	质子	核子放出质子

放射性衰变过程中的粒子发射形成了辐射。图 3.1 表明重核更容易发生 α 衰变，另外，重放射性核素还存在另一种转化方式：自发裂变。图中还可以看出，中子发射更倾向于发生在相对较轻的原子核中。总的来说，电子俘获(electron capture，EC)、β 衰变和正电子发射是主要的衰变类型。

3.2 放射性衰变

很多重核具有放射性，如铀元素丰度最高的同位素 ^{238}U 的衰变：

$$^{238}_{92}U \longrightarrow {}^{234}_{90}Th + {}^{4}_{2}He \tag{3.1}$$

^{238}U 衰变时释放出一个 α 粒子，也就是一个氦核。形成的新元素钍也具有放射性：

$$^{234}_{90}Th \longrightarrow {}^{234}_{91}Pa + {}^{0}_{-1}e + \bar{v} \tag{3.2}$$

式中，第一个产物是元素镤(Pa)；第二个产物是一个电子(在核反应过程中产生时被称为 β 粒子)，原子核中并不包含电子，后面将介绍电子在核反应过程中是如何产生的；第三个产物是反中微子，符号为 $\bar{v}$，这是一个天然的粒子，在反应过程中与 β 粒子一起带走了核反应释放的能量。一个反中微子平均带走了 2/3 的裂变能量，一个电子平均带走了 1/3 的裂变能量。反中微子的质量几乎为 0，而且能穿透极大厚度的物质。可以看到，释放出一个α粒子时，原子质量数 A 减少了 4，原子序数 Z 减少了 2；释放出一个β粒子时，原子质量数 A 不变，原子序数 Z 增加 1。这两个衰变过程是产生镭、钋、铋等同位素的一系列裂变反应的开端，并最终形成了稳定的核素 $^{206}_{82}Pb$。在自然界中还存在着以 $^{235}_{92}U$ 和 $^{232}_{90}Th$ 开始的裂变。人造放射性同位素一方面是通过带电粒子或者中子轰击核子而生成；另一方面则是从裂变过程的裂变产物中分离出来。

表 3.2 给出了部分放射性同位素的衰变特征。β 粒子给出的是释放的最大能量，其释放的平均能量大约是最大能量的 1/3。表中给出的元素包括天然和人造的放射性同位素。需要注意一个特例：中子的衰变。

$$\underset{\text{中子}}{^{1}_{0}n} \longrightarrow \underset{\text{质子}}{^{1}_{1}p} + \underset{\text{电子}}{^{0}_{-1}e} \tag{3.3}$$

表 3.2　部分放射性同位素的衰变特征

元素	半衰期	典型衰变(类型、能量、概率)
中子(n)	614s	β⁻, 0.782(100%)
氚(T)	12.32a	β⁻, 0.01859(100%)
碳-14(^{14}C)	5700a	β⁻, 0.156(100%)
氮-13(^{13}N)	9.965min	β⁺, 1.199(99.8%); γ, 0.511(199.6%)
氮-16(^{16}N)	7.13s	β⁻, 4.289(66.2%), 10.42(28%); γ, 6.129(67%), 7.115(4.9%)
钠-24(^{24}Na)	15.0h	β⁻, 1.393(99.9%); γ,1.369(100%), 2.754(99.9%)
磷-32(^{32}P)	14.268d	β⁻, 1.711(100%)
硫-35(^{35}S)	87.37d	β⁻, 0.167(100%)
氩-41(^{41}Ar)	1.827h	β⁻, 1.198(99.2%); γ, 1.294(99.2%)
钾-40(^{40}K)	1.248×10⁹a	β⁻, 1.311(89.1%); EC γ, 1.461(10.7%)
钴-60(^{60}Co)	5.271a	β⁻, 0.318(99.9%); γ, 1.173(99.85%), 1.332(99.98%)
氪-85(^{85}Kr)	10.76a	β⁻, 0.687(99.6%); γ, 0.514(0.4%)
锶-90(^{90}Sr)	28.79a	β⁻, 0.546(100%)
钇-90(^{90}Y)	64.0h	β⁻, 2.280(~100%)
钼-99(^{99}Mo)	65.98h	β⁻, 0.436(16.4%), 1.214(82.2%); γ, 0.740(12.3%)
锝-99m(^{99m}Tc)	6.01h	IT(~100%); γ, 0.141(89%)
碘-129(^{129}I)	1.57×10⁷a	β⁻, 0.154(100%); X, 0.0295(20%), 0.0298(37%)
碘-131(^{131}I)	8.025d	β⁻, 0.248(2.1%), 0.334(7.2%), 0.606(89.6%); γ, 0.284(6.1%), 0.364(81.5%), 0.637(7.2%)
氙-135(^{135}Xe)	9.14h	β⁻, 0.915(96%); γ, 0.250(90%)
铯-137(^{137}Cs)	30.08a	β⁻, 0.514(94.7%), 1.176(5.3%); γ, 0.662(85.1%)
铱-192(^{192}Ir)	73.827d	β⁻, 0.259(5.6%), 0.539(41.4%), 0.675(48.0%); γ, 0.296(28.7%), 0.308(30.0%), 0.317(82.7%), 0.468(47.8%); EC(4.9%)
钋-210(^{210}Po)	138.4d	α, 5.304(100%)
氡-222(^{222}Rn)	3.8235d	α, 5.489(99.9%); γ, 0.511(0.08%)
镭-226(^{226}Rn)	1600a	α, 4.601(6.2%), 4.784(93.8%); γ,0.186(3.6%)
钍-232(^{232}Th)	1.405×10¹⁰a	α, 3.947(21.7%), 4.012(78.2%);
铀-235(^{235}U)	7.038×10⁸a	α, 4.366(17%), 4.398(55%); X, 0.013(37%); γ, 0.144(11%), 0.186(57%)
铀-238(^{238}U)	4.468×10⁹a	α, 4.151(21%), 4.198(79%); X, 0.013 (7%)
钚-238(^{238}Pu)	87.7a	α, 5.456(29%), 5.499(70.9%)

续表

元素	半衰期	典型衰变(类型、能量、概率)
钚-239(^{239}Pu)	2.411×10^4a	α, 5.106(11.9%), 5.144(17.1%), 5.157(70.8%)
镅-241(^{241}Am)	432.6a	α, 5.443(13.1%), 5.486(84.8%); γ, 0.0595(35.9%)
锎-252(^{252}Cf)	2.645a	α, 6.076(15.2%), 6.118(81.6%); SF(3.1%)

注: β 衰变给出的电子能量是最大能量; EC: 电子俘获; IT: 同质异能跃迁; SF: 自发裂变。

一个自由中子的半衰期为 10.3min, 中子转变为质子的衰变可以认为是放射性核素 β 衰变的起源。自然界中大多数的天然放射性同位素是重核素, 有一个例外是 ^{40}K, 其半衰期为 1.25×10^9 年, 天然 K 的丰度为 0.0117%, 另外天然核素的衰变反应会持续产生少量的 ^{14}C 和氚, 这三种放射性同位素广泛地存在于植物和动物体内。

放射性同位素除了 β 衰变和 α 衰变外, 还存在着一种 β$^+$衰变, 即释放出一个质量和电子相同, 但电荷为正的正电子, 如 ^{22}Na(半衰期为 2.6 年)通过 β$^+$衰变生成氖:

$$^{22}_{11}\text{Na} \longrightarrow ^{22}_{10}\text{Ne} + ^{0}_{+1}\text{e} + \text{v} \tag{3.4}$$

电子(有时也被称为负电子)是原子的重要组成部分, 而正电子不是。正电子是反粒子存在的一个例子, 反粒子的性质与正常粒子的性质相反, 粒子组成了物质, 而反粒子组成了反物质。

^{22}Na 的 β$^+$衰变使原子核的一个质子转变为一个中子的同时, 释放出一个正电子和中微子, 并带走了母核的剩余能量。这个反应是能量转化为质量的一个例子, 由能量转化成的质量通常是以一对带有相反电荷的粒子形式出现, 如正负电子对。在5.4.3 小节中将会提到, 一个正电子与负电子相遇时会发生湮灭并释放出两条γ射线。

原子核通过释放γ射线来放出自身的剩余能量, 还有一种可选择的释放能量的过程: 内转换。能量被直接传递给原子核外的一个电子, 使它从原子中发射出来。另外一种相反的过程被称为电子俘获:原子核俘获其原子核外轨道上的一个电子。这两种过程产生的内壳层电子空位被填补时都伴随有特征 X 射线的发射。

3.3 衰 变 定 律

放射性物质的衰变速率(即粒子的释放速率)取决于物质核素的种类, 衰变过程存在一个确定的衰变定律:在一定的时间内, 给定核素的每一个核子具有相同的衰变概率。观察一个原子核, 它可能在下一个瞬间发生衰变, 也可能在几天之后发生衰变, 甚至是几年之后才会衰变, 而衰变常数(λ)则表征每单位时间内一个原子核发生衰变的概率。

想要知道任意时刻放射性核素的数量，需做如下推导：如果 λ 代表 1s 内一个原子核发生衰变的概率，那么在 dt 时间内发生衰变的原子核数为 $\lambda\,dt$，对于 N 个原子核，发生衰变的原子核数为

$$\mathrm{d}N = -\lambda N \mathrm{d}t \tag{3.5}$$

对式(3.5)进行积分，令初始时刻的原子核数量为 N_0，描述任一时刻放射性同位素原子核数量的公式为

$$N(t) = N_0 e^{-\lambda t} \tag{3.6}$$

衰变常数不因温度、压强、化学状态、物理状态(气体、液体或固体)的改变而改变。

这种衰变特性也可以用原子的半衰期来表述。半衰期 t_H 表示原子核数衰减一半所需要的时间，若初始时刻的原子核数为 N_0，在 t_H 时间后，剩余原子核数为 $N_0/2$，在 $2t_H$ 时间后，剩余原子核数为 $N_0/4$。图 3.2 给出了剩余原子核数与时间的关系曲线。对于任意时刻 t，剩余原子核数与初始时刻原子核数的关系为

$$N(t) = N_0\left(\frac{1}{2}\right)^{\frac{t}{t_H}} \tag{3.7}$$

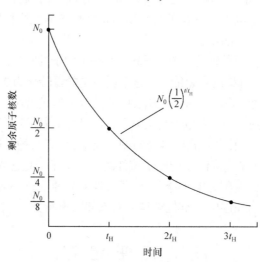

图 3.2　放射性衰变规律

每一种放射性同位素都有一个确定的半衰期，半衰期的范围是从极短的瞬时到数十亿年。

衰变常数 λ 和半衰期 t_H 之间的关系表述为

$$\frac{N(t_{\mathrm{H}})}{N_0} = \frac{1}{2} = \exp(-\lambda t_{\mathrm{H}}) \tag{3.8}$$

经推导可以得到

$$\lambda = \ln 2/t_{\mathrm{H}} \tag{3.9}$$

例 3.2 ^{60}Co 的半衰期为 5.27 年，计算 2 年后 $N(t)/N_0$ 的值。

人工合成的放射性同位素 ^{60}Co 在医学和工业方面有较多的应用，其反应式为

$$^{60}_{27}\mathrm{Co} \longrightarrow {}^{60}_{28}\mathrm{Ni} + {}^{0}_{-1}\mathrm{e} + 2\gamma \tag{3.10}$$

两条 γ 射线的能量分别为 1.17MeV 和 1.33MeV，最大电子能量为 0.315MeV。可通过式(3.6)和式(3.7)计算 $N(t)/N_0$ 的值为

$$\frac{N(t)}{N_0} = \left(\frac{1}{2}\right)^{\frac{t}{t_{\mathrm{H}}}} = 0.5^{(2a)/(5.27a)} \approx 0.769$$

放射性活度 A 定义为每秒发生衰变的放射性核素的个数。因衰变常数 λ 表示一个原子核每秒发生衰变的概率，对于 N 个原子核，放射性活度 A 表示为

$$A = \lambda N \tag{3.11}$$

放射性活度单位为贝可勒尔(Bq)，用以纪念发现放射现象的科学家 Henri Becquerel。另一个更早使用的放射性活度单位是居里(Ci)，是以研究镭元素的 Pierre 和 Marie Curie 来命名的。1Ci=3.7×10^{10}Bq，定义为 1g ^{226}Ra 的放射性活度。

因为放射性核素的个数随时间变化，所以放射性活度也随时间发生变化：

$$A(t) = \lambda N(t) = \lambda N_0 e^{-\lambda t} = A_0 e^{-\lambda t} \tag{3.12}$$

式中，A_0 表示初始放射性活度。

例 3.3 计算 1μg ^{60}Co 样品的放射性活度。

首先，计算 ^{60}Co 的原子数为

$$N = \frac{m N_{\mathrm{A}}}{M} = \frac{(10^{-6}\,\mathrm{g})(6.022 \times 10^{23}\,\mathrm{atoms/mol})}{59.93\,\mathrm{g/mol}} \approx 1.005 \times 10^{16}\,\mathrm{atoms}$$

其次，通过半衰期计算 ^{60}Co 的衰变常数 λ：

$$\lambda = \frac{\ln 2}{t_{\mathrm{H}}} = \frac{\ln 2}{(5.27\mathrm{a})} \left(\frac{1\mathrm{a}}{365\mathrm{d}}\right) \left(\frac{1\mathrm{d}}{24\mathrm{h}}\right) \left(\frac{1\mathrm{h}}{3600\mathrm{s}}\right) \approx 4.17 \times 10^{-9}\,\mathrm{s}^{-1}$$

最后，计算 ^{60}Co 样品的放射性活度：

$$A = \lambda N = (4.17 \times 10^{-9}\,\mathrm{s}^{-1})(1.005 \times 10^{16}\,\mathrm{atoms}) \approx 4.19 \times 10^{7}\,\mathrm{Bq}$$

$$= (4.19 \times 10^{7}\,\mathrm{Bq})(1\mathrm{Ci}/3.7 \times 10^{10}\,\mathrm{Bq}) \approx 0.0011\mathrm{Ci} = 1.1\mathrm{mCi}$$

半衰期表示原子核数衰变一半数量所花费的时间。一个与半衰期相关的量：平均寿命 τ，表示每一个原子核衰变所需的平均时间(见习题 3.9)：

$$\tau = \frac{1}{\lambda} = \frac{t_{\mathrm{H}}}{\ln 2} \tag{3.13}$$

比活度提供了另外一种比较不同放射性核素间放射性程度的方法，其含义是每单位质量的放射性活度：

$$\mathrm{SA} = \lambda N_{\mathrm{A}}/M \tag{3.14}$$

例 3.4 计算 ^{60}Co 的平均寿命和比活度。这两个量可以通过下面的公式求出

$$\tau = t_{\mathrm{H}}/\ln 2 = (5.27\mathrm{a})/\ln 2 \approx 7.60\mathrm{a}$$

$$\mathrm{SA} = \frac{\lambda N_{\mathrm{A}}}{M} = \frac{(4.17 \times 10^{-9}\,\mathrm{s}^{-1})(6.022 \times 10^{23}\,\mathrm{atoms/mol})}{59.93\mathrm{g/mol}} \approx 4.19 \times 10^{13}\mathrm{Bq/g}$$

3.4 放射性衰变链

放射性核素的生成有以下几种途径：加速器中产生的带电粒子轰击稳定原子核；核反应堆中的中子与稳定原子核发生核反应；其他放射性核素衰变时产生的子放射性核素。更普遍的情况是，在若干放射性核素之间存在一系列的衰变过程，最终衰变成一个稳定的原子核，这个衰变过程被称为放射性衰变链。

3.4.1 产生和衰变

回顾之前计算衰变产额的方法，当放射性核素的产生率恒定时，如 ^{59}Co 吸收一个中子产生 ^{60}Co 的速率为 g，那么 ^{60}Co 原子产生的净速率为

$$净速率=产生速率-衰变速率 \tag{3.15}$$

可以用一个微分方程表示为

$$\mathrm{d}N/\mathrm{d}t = g - \lambda N \tag{3.16}$$

若放射性核素初始数量为 0，则方程的解为

$$N(t) = (g/\lambda)(1 - e^{-\lambda t}) \tag{3.17}$$

该函数刚开始时是线性递增的，之后慢慢趋于平坦，在足够长的时间之后，指数项趋近于 0，$N \approx g/\lambda$。

图 3.3 给出当放射性核素的生产过程在 6 个半衰期后突然停止时，放射性核素数随时间的变化情况。在放射性核素生产过程停止前，放射性核素的生成与衰减过程同时存在，当生产过程停止后，只存在如式(3.6)所示的衰变过程。

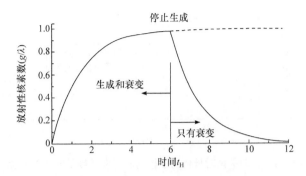

图 3.3   放射性核素数随时间的变化

3.4.2   复合衰变

在复合衰变中，母核 P 和子核 D 均有放射性，若 D 的子核 G 是稳定核素，那么反应历程可以描述为

$$P \xrightarrow{\lambda_P} D \xrightarrow{\lambda_D} G(\text{稳定核素}) \tag{3.18}$$

首先给出母核衰变成子核的动力学过程。假设母核的初始数目为 N_{P0}，任意时刻母核的数量可以参考式(3.6)给出：

$$N_P(t) = N_{P0} \exp(-\lambda_P t) \tag{3.19}$$

放射性核素存在多重衰变过程，设 f 是母核衰变为某个特定子核的比例，那么子核的产生率为

$$g = f N_P \lambda_P \tag{3.20}$$

将产生率代入式(3.16)中可以得到：

$$dN_D/dt = f N_P \lambda_P - \lambda_D N_D \tag{3.21}$$

此微分方程的解为

$$N_D(t) = \frac{f \lambda_P N_{P0}}{\lambda_D - \lambda_P} \left[\exp(-\lambda_P t) - \exp(-\lambda_D t) \right] \tag{3.22}$$

根据母核与子核半衰期的不同给出三种特例。

(1) 长期平衡发生在母核半衰期远远大于子核半衰期时($\lambda_P \ll \lambda_D$)，子核的放射性活度在大约 7 个子核半衰期后上升到与母核的放射性活度相同($A_P \approx A_D$)，如图 3.4 所示。

(2) 瞬时平衡发生在当母核半衰期大于子核半衰期时($\lambda_P < \lambda_D$)，母核和子核的放射性活度可以表示为

$$A_D = A_P \lambda_D / (\lambda_D - \lambda_P) \tag{3.23}$$

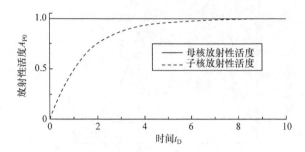

图 3.4 长期平衡时母核与子核的放射性活度随时间的变化

(3) 更一般的情况是不存在瞬时平衡，即当 $\lambda_P > \lambda_D$ 时，总的放射性活度最终取决于子核的放射性活度，结果如图 3.5 所示。

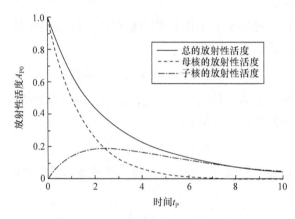

图 3.5 一般情况($\lambda_P > \lambda_D$)下母核与子核的放射性活度变化情况

3.4.3 衰变链

天然的放射性核素，如 ^{238}U(半衰期为 4.47×10^9a)和 ^{232}Th(半衰期为 1.4×10^{10}a)在数十亿年前已产生，但由于其半衰期长，现在仍然存在。它们通过 α 衰变和 β 衰变产生的放射性产物组成了一组放射性衰变链：

$$^{238}_{92}\text{U} \xrightarrow{\alpha} {}^{234}_{90}\text{Th} \xrightarrow{\beta} {}^{234}_{91}\text{Pa} \xrightarrow{\beta} {}^{234}_{92}\text{U} \xrightarrow{\alpha} {}^{230}_{90}\text{Th} \xrightarrow{\alpha} {}^{226}_{88}\text{Ra}$$

$$^{226}_{88}\text{Ra} \xrightarrow{\alpha} {}^{222}_{86}\text{Rn} \xrightarrow{\alpha} {}^{218}_{84}\text{Po} \xrightarrow{\alpha} {}^{214}_{82}\text{Pb} \xrightarrow{\beta} {}^{214}_{83}\text{Bi} \xrightarrow{\beta} {}^{214}_{84}\text{Po} \quad (3.24)$$

$$^{214}_{84}\text{Po} \xrightarrow{\alpha} {}^{210}_{82}\text{Po} \xrightarrow{\beta} {}^{210}_{83}\text{Bi} \xrightarrow{\beta} {}^{214}_{84}\text{Po} \xrightarrow{\alpha} {}^{206}_{82}\text{Pb}$$

值得注意的是，^{226}Ra(半衰期为 1600a)在链中的半衰期相对较长，反应链最终的产物是稳定的核素 ^{206}Pb。因为 ^{238}U 的半衰期特别长，所以其裂变产物的产生率几乎是恒定的。设 ^{238}U 的衰变速率 $g \approx N_{238}\lambda_{238}$，在相当长的一段时间后，^{226}Ra 的原子数 $N_{226} \approx g / \lambda_{226}$，可以看到这两种核素的放射性活度基本相同：

$$A_{238} \approx A_{226} \tag{3.25}$$

这种平衡被称为长期平衡。

^{238}U 衰变链前七个衰变过程如图 3.6 中所示，图中也给出了 α 衰变和 β 衰变的区别。在式(3.24)中，^{210}Po 的 α 衰变的半衰期为 138d，这种核素是一种剧毒物质，导致了 2006 年俄罗斯克格勃特工 Litvinenko 的死亡；巴勒斯坦总理阿拉法特的死因也被怀疑与该核素有关。

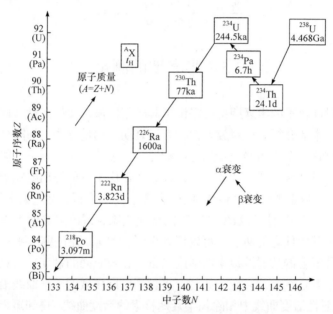

图 3.6 ^{238}U 衰变链前七个衰变过程

Bateman(1910)给出了衰变链的普适公式：

$$N_1 \xrightarrow{\lambda_1} N_2 \xrightarrow{\lambda} \cdots \xrightarrow{\lambda_{i-1}} N_i \xrightarrow{\lambda_i} \cdots \tag{3.26}$$

假设初始时刻原子的数量均为 0(即 $N_i(0)=0$，$i>1$)，那么 t 时刻放射性核素的数量为

$$N_i(t) = \lambda_1 \lambda_2 \cdots \lambda_{i-1} N_1(0) \sum_{j=1}^{i} \frac{\exp(-\lambda_j t)}{\prod\limits_{\substack{k=1 \\ k \neq j}}^{i} (\lambda_k - \lambda_j)} \tag{3.27}$$

例 3.5 图 3.6 中显示 ^{238}U 的前三个放射性产物的半衰期比 ^{238}U 的小得多，因而在 ^{234}U 和 ^{238}U 之间存在着长期平衡，这样可以计算得到 ^{234}U 的放射性活度以及 ^{238}U 和 ^{234}U 的丰度比，令 ^{238}U 和 ^{234}U 的放射性活度相等，则有

$$A_{\text{U-234}} = A_{\text{U-238}}$$

$$(\lambda N)_{\text{U-234}} = (\lambda N)_{\text{U-238}}$$

根据图 3.6 给出的半衰期数据：

$$\frac{N_{\text{U-238}}}{N_{\text{U-234}}} = \frac{\lambda_{\text{U-234}}}{\lambda_{\text{U-238}}} = \frac{t_{\text{H}}^{238}}{t_{\text{H}}^{234}} = \frac{4.468 \times 10^9 \, \text{a}}{244.5 \times 10^3 \, \text{a}} \approx 18274$$

这个数据的正确性在表 A.5 中给出的天然核素同位素丰度 γ 得到了验证

$$\frac{\gamma_{\text{U-234}}}{\gamma_{\text{U-238}}} = \frac{0.992742}{0.000054} \approx 18384$$

3.5 半衰期的测量

一个放射性核素的半衰期特征提供了其应用价值以及如何对其进行辐射危害防护的信息。本节介绍一种对放射性核素半衰期的测量方法，如图 3.7 所示，在放射源附近放置一个探测器记录到达探测器的粒子数，通过测量一段时间内探测到的粒子数，得到探测器的计数率。该计数率正比于放射源出射粒子或射线的发射率，也正比于放射源的放射性活度 A。随着衰变的进行，上述关系仍保持不变。

图 3.8 给出了探测器计数率随时间的变化关系，观测点之间可以近似连成一条直线。通过其中任意的两点，可以计算得到 λ 和 t_{H} 的值(见习题 3.10)。这个规律可用于两种混合的放射性核素的活度测量。在长时间的衰变后，只有半衰期较长的放射性核素还在继续衰变，此时，将长半衰期核素的活度曲线沿时间回推到 0，从总的放射性活度曲线中扣除长半衰期核素的活度曲线，得到短半衰期核素的活度曲线，这也是一条沿指数下降的曲线。放射性活度曲线不能用于半衰期时间很长的核素(如 ^{90}Sr 的半衰期为 29.1a)的半衰期测量，这是由于在有限的测量时间内，放射性活度曲线的斜率几乎为 0，如果知道了样品中的原子数和放射性活度，那么衰变常数能通过公式 $\lambda = A/N$ 计算得到，半衰期 t_{H} 也能求出。

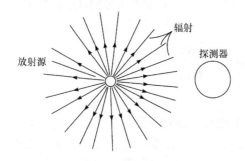

图 3.7 放射源活度的测量

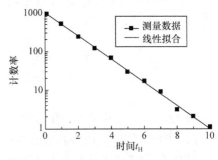

图 3.8 探测器计数率随时间的变化关系

放射性核素的活度测量容易受到本底辐射的干扰，干扰可能来自宇宙射线的辐射，也可能来自建筑物或者地层矿物质中放射性核素的衰变。因此，在实验中有必要测量环境的本底辐射并将其从测量结果中扣除。

3.6　小　结

许多天然或者人工合成的元素带有放射性，它们可能释放 α 粒子、β 粒子和 γ 射线，这些衰变过程可以用指数关系表示。放射性核素衰变一半数量所需的时间定义为半衰期 t_H，已知的几百种放射性核素的 t_H 值可能是一瞬间，也可能是数十亿年。放射性活度，即放射性核素衰变速率的测量，对辐射应用与防护有很重要的作用。

3.7　习　题

3.1 求解 ^{137}Cs 的衰变常数，已知其半衰期为 30.1a；然后计算 $3×10^{19}$ 个原子的放射性活度，分别用 Bq 和 Ci 表示。

3.2 计算现行半衰期标准下的 1g ^{226}Ra 的放射性活度，并与 1Ci 的值进行比较。

3.3 ^{24}Na 的半衰期为 15h，通常用来测量海水的流量。假设通过中子与稳定核素 ^{23}Na 反应，每秒产生 5μg ^{24}Na，在 24h 后一共有多少 ^{24}Na？

3.4 求解 1mg ^{24}Na 的初始放射性活度和 24h 后的放射性活度，分别用 Bq 和 Ci 表示(参考习题 3.3)。

3.5 $^{232}_{90}$Th 通过衰变依次得到 $^{228}_{88}$Ra 、$^{228}_{89}$Ac 、$^{228}_{90}$Th 、$^{224}_{88}$Ra，最终形成稳定核素 $^{220}_{86}$Rn。在这五个衰变过程中分别释放了什么粒子？将此衰变链在坐标图中画出，分别以中子数 N 和原子序数 Z 为横坐标和纵坐标。

3.6 ^{137}Cs 的半衰期为 30.1a，通常被用来检定测量放射性的探测器。画出 10a 内 ^{137}Cs 的放射性活度随时间变化的对数图，假设初始活度为 1mCi，并解释结果。

3.7 人体内存在约 140g 钾，通过 ^{40}K 的丰度和阿伏伽德罗常数计算得到 ^{40}K 的原子数；计算 ^{40}K 的衰变常数；计算体内每秒发生的衰变数，分别用 Bq 和 Ci 表示。

3.8 通过式(3.9)，从式(3.6)推导出式(3.7)。

3.9 通过积分运算，证明平均寿命是衰变常数的倒数。

3.10 ① 放射性活度 $A=\lambda N_0 e^{-\lambda t}$，证明衰变速率与时间的半对数图是一条直线，且

$$\lambda = \frac{\ln(C_1/C_2)}{t_2 - t_1}$$

式中，(t_1, C_1) 和 (t_2, C_2) 为曲线上的任意两点。

② 通过下表给出的数据，求解未知的放射性核素的半衰期，并给出其可能是什么核素(参考表 3.2)?

时间/s	计数率/(个/秒)
0	200
1000	182
2000	162
3000	144
4000	131

3.11 通过化学方法将 10^{-8}mol 的一种放射性核素沉积在一个表面上，并测定其放射性活度为 82000Bq。求解该物质的半衰期，并判断是何种放射性核素(参考表 3.2)。

3.12 求解下列元素的比活度：①^{3}H；②^{32}P；③^{238}Pu。

3.8 上 机 练 习

3.A 程序 DECAY1.xls 可用于计算给定时间内放射性核素样品的衰变数量。DECAY1 自带原始放射性活度和半衰期的输入，可以计算最终的放射性活度。加载此程序，检查表格，查看活度为 2Ci 的 ^{137}Cs(半衰期为 30.1a)经过 100a 后的衰变情况。①计算 10 个半衰期后 ^{137}Cs 的放射性活度；②活度为 2Ci 的 ^{60}Co(半衰期为 5.27a)经过 100a 后的放射性活度；③活度为 2 Ci 的 ^{14}C 经过 100a 后的放射性活度。

3.B 图 3.1 是由 Nucleus-Amdc(http://amdc.in2p3.fr/web/nubdisp_en.html)生成的。应用此程序生成如下几个简单的图：①平均每个核子的结合能；②核素半衰期。这两个图的变化趋势各是如何？

3.C 程序 RADIOGEN 利用式(3.19)和式(3.22)计算衰变链中母核和子核的数量，以及放射性活度随时间的变化关系。应用该程序计算反应堆产生的活度为 10Ci 的 ^{241}Pu(半衰期为 14.4a)通过 β 衰变成 ^{241}Am(半衰期为 432a)的衰变情况，令 f=1。

参 考 文 献

Bateman, H., 1910. The solution of a system of differential equations occurring in the theory of radio-active transformations. Proc. Camb. Phil. Soc. 15, 423.

延 伸 阅 读

ABCs of Nuclear Science. www.lbl.gov/abc. Radioactivity, radiations, and much more.

L'Annunziata, M.F., 1998. Handbook of Radioactivity Analysis.Academic Press. An advanced reference of 771pages; many of the contributors are from commercial instrument companies.

L'Annunziata, M.F., 2007. Radioactivity: Introduction and History. Elsevier. Answers questions on origins, properties, detection, measurement, and applications.

Eisenbud, M., Gesell, T.F., 1987. Environmental Radioactivity: From Natural, Industrial, and Military Sources, 4th ed Academic Press. Includes information on the Chernobyl reactor accident.

Environmental Radiation and Uranium: A Radioactive Clock. http://scifun.chem.wisc.edu/chemweek/ Radiation/Radiation. html.Briefings on radiation and its effect; uranium decay series.

Evans, R.D., 1982. The Atomic Nucleus. Krieger Publishing Co. Classic advanced textbook.

Firestone, R.B., Shirley, V.S., 1998. Table of Isotopes, 8th ed John Wiley & Sons. Two volumes with nuclear structure and decay data for more than 3100 isotopes; available online *www.wiley-vch.de/books/info/0-471-35633-6/toi99/toi99cd.pdf*.

History of Radioactivity. www.accessexcellence.com/AE/AEC/CC. Biographies of scientists responsible for discoveries.

Mann, W.B., Ayres, R.L., Garfinkel, S.B., 1980. Radioactivity and Its Measurement, 2nd ed Pergamon Press. History, fundamentals, interactions, and detectors.

Radiation and Health Physics. www.umich.edu/~radinfo(select "Introduction").

Radioactive Decay Series. www.ead.anl.gov/pub/doc/natural-decay-series.pdf. Diagrams of U-238, U-235, and Th-232 series.

Radioactivity in Nature. www.physics.isu.edu/radinf/natural.htm. Facts and data on natural and man-made radioactivity and on radiation.

Romer, A. (Ed.), 1964.The Discovery of Radioactivity and Transmutation.Dover Publications. A collection of essays and articles of historical interest; researchers represented are Becquerel, Rutherford, Crookes, Soddy,the Curies, and others.

Romer, A. (Ed.), 1970.Radioactivity and the Discovery of Isotopes.Dover Publications. Selected original papers, with a thorough historical essay by the editor entitled "The science of radioactivity 1896–1913; rays, particles, transmutations, nuclei, and isotopes."

WebElements Periodic Table.www.webelements.com. Probably the best example of its kind.

核 反 应

本章目录

核反应(有原子核参加的反应)可能自发发生,如核衰变;也可能通过粒子或射线的轰击而诱发。相对于化学反应,核反应的能量高得多,但是两者遵循相同的物理定律:动量、能量、粒子数和电荷的守恒定律。

核反应的种类极其繁杂,目前已知的有 2000 多种核素,它们中的许多粒子可能是母核,也可能是核反应产物:光子、电子、质子、中子、α 粒子、氘,或是重带电粒子等。本章将重点分析如何诱发核反应,特别是中子诱发的核反应。

4.1　物质的嬗变

核反应可以通过下面的通式表示

$$_{Z_1}^{A_1}a + {}_{Z_2}^{A_2}X \longrightarrow {}_{Z_3}^{A_3}Y + {}_{Z_4}^{A_4}b \tag{4.1}$$

所有的核反应遵循下列四条基本定律。

(1) 核子数守恒：$A_1+A_2=A_3+A_4$；

(2) 电荷守恒：$Z_1+Z_2=Z_3+Z_4$；

(3) 动量守恒；

(4) 能量守恒。

一种元素通过核反应转化为一种或几种其他元素的过程称为嬗变，该过程最初是由英国的 Rutherford 在 1919 年发现的，他用一个放射源产生的 α 粒子轰击氮原子产生了一个氧同位素和一个质子，核反应方程式为

$$\,^4_2\mathrm{He} + \,^{14}_7\mathrm{N} \longrightarrow \,^{17}_8\mathrm{O} + \,^1_1\mathrm{H} \tag{4.2}$$

可以注意到方程左右两边的相对原子质量的和均为 18，原子序数的和均为 9。图 4.1 给出了 Rutherford 的实验过程。因为带电粒子表面存在电荷斥力，α 粒子很难进入氮原子中，所以 α 粒子需要具备 MeV 级的能量才能诱发核反应的发生。

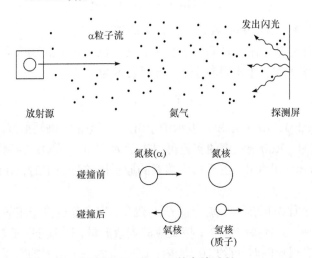

图 4.1 Rutherford 的实验过程

当带电粒子被加速器加速到很快的速度时，轰击靶核也可能引发核嬗变，第一个被发现的反应是

$$\,^1_1\mathrm{H} + \,^7_3\mathrm{Li} \longrightarrow 2\,^4_2\mathrm{He} \tag{4.3}$$

另一个反应是

$$\,^1_1\mathrm{H} + \,^{12}_6\mathrm{C} \longrightarrow \,^{13}_7\mathrm{N} + \gamma \tag{4.4}$$

该核反应产生了一个 γ 光子和一个氮的同位素原子 ^{13}N，后者以 10min 的半

衰期发生衰变，释放出一个正电子变成 ^{14}N。

中子是中性粒子，它不会受到电荷斥力的影响，能轻松地穿过靶核，因此中子是一种很好的诱发核反应的粒子。下面列举几种以中子诱发核反应的例子，如术士的梦想——汞变成金，可通过中子实现：

$$\ce{_0^1 n + _{80}^{198} Hg \longrightarrow _{79}^{198} Au + _1^1 H} \tag{4.5}$$

^{60}Co 的生成反应：

$$\ce{_0^1 n + _{27}^{59} Co \longrightarrow _{27}^{60} Co + \gamma} \tag{4.6}$$

该反应产生了一个俘获 γ 光子和一个 ^{60}Co 原子，^{60}Co 可以被认为是中子活化的产物。中子在镉元素中的俘获反应常被用在核反应堆的控制棒中：

$$\ce{_0^1 n + _{48}^{113} Cd \longrightarrow _{48}^{114} Cd + \gamma} \tag{4.7}$$

如式(4.8)所示的产生氚的核反应，未来可能被用来生产可控核聚变燃料：

$$\ce{_0^1 n + _3^6 Li \longrightarrow _1^3 H + _2^4 He} \tag{4.8}$$

在 6.1 节中将会介绍铀吸收热中子发生的裂变反应。

核反应过程通常采用一种简化的表示方法：粒子 a 撞击目标原子核 X 产生了一个剩余原子核 Y 和一个出射粒子 b，方程表示为

$$a + X \longrightarrow Y + b \tag{4.9}$$

也可缩写为 $X(a,b)Y$，其中 a 和 b 表示中子(n)、氦核(α)、伽马射线(γ)、质子(p)、氘核(d)等。例如，Rutherford 的实验可以表示为 ^{14}N(α,p)^{17}O，控制棒中的反应可以表示为 ^{113}Cd(n, γ)^{114}Cd。由于每个核素的原子序数是确定的，在缩写中原子序数 Z 可省略。

在核反应过程中存在一个复合核 C^* 的概念，这个起过渡作用的核由出射粒子和靶核组合而成。复合核中包含了核反应的剩余能量，这部分能量被称为激发能，用星号标出。在很短的时间(约 10^{-14}s)内，C^* 分裂成一个出射的粒子 b 或者 γ 射线和一个剩余原子核 Y，完整的方程式如下：

$$a + X \longrightarrow C^* \longrightarrow Y + b \tag{4.10}$$

图 4.2 展示了一个完整的核反应过程。对于能量低于 10MeV 的低能反应而言，复合核可能由几种不同的核子组成，并可能衰变成几种不同的最终产物。

核反应方程式可将核反应过程公式化，用于计算核反应过程中的平衡关系，如质能守恒关系。一般使用相对原子质量作为核素质量，严格来说应该使用核子的质量，但是在大多数反应中，相同数量的电子出现在方程式的两端可以被忽略。因此，可以使用相对原子质量作为核素质量，但存在一个特殊情况是，当核反应

图 4.2 一个完整的核反应过程

产生正电子时，伴随着正负电子对的产生，0.0011u 的质量转变为 1.02MeV 的能量，此时应该使用原子核的质量作为核素质量。

4.2 能量守恒

能量守恒是任何核反应都必须满足的必要条件，即所有反应物的总能量必须和产物的总能量相等：

$$\sum_{\text{反应物}} E_{\text{T}} = \sum_{\text{产物}} E_{\text{T}} \tag{4.11}$$

对于一个 $X(a,b)Y$ 反应，能量守恒定律可以简单表示为

$$E_{\text{T}}^X + E_{\text{T}}^a = E_{\text{T}}^b + E_{\text{T}}^Y \tag{4.12}$$

式中，E_{T}^X 和 E_{T}^a 分别表示反应物 X 和 a 的能量；E_{T}^Y 和 E_{T}^b 分别表示产物 Y 和 b 的能量。

回顾 1.5 节中所述的反应总能量是静止质量能量 E_0 和动能 E_{K} 的和，用方程可以表示为

$$E_0^X + E_{\text{K}}^X + E_0^a + E_{\text{K}}^a = E_0^b + E_{\text{K}}^b + E_0^Y + E_{\text{K}}^Y \tag{4.13}$$

或者用质能守恒定律表示为

$$M_X c^2 + E_{\text{K}}^X + m_a c^2 + E_{\text{K}}^a = m_b c^2 + E_{\text{K}}^b + M_Y c^2 + E_{\text{K}}^Y \tag{4.14}$$

式中，M_X 和 m_a 分别表示反应物 X 和 a 的质量；M_Y 和 m_b 分别表示产物 Y 和 b 的质量。一般情况下，靶核 X 是静止的，其动能 E_{K}^X 为 0。

能量守恒定律可以计算一个核反应释放的能量或引发一个核反应所需的能量，将这个能量定义为反应 Q 值，式(4.15)给出了 Q 值的定义：

$$Q = [(M_X + m_a) - (M_Y + m_b)]c^2 = (E_{\text{K}}^b + E_{\text{K}}^Y) - (E_{\text{K}}^a + E_{\text{K}}^X) \tag{4.15}$$

式(4.15)可以更一般性地表示为

$$Q = \sum_{\text{反应物}} Mc^2 = (E_{\text{K}}^b + E_{\text{K}}^Y) - (E_{\text{K}}^a + E_{\text{K}}^X) \tag{4.16}$$

当反应物的质量已知时，式(4.15)和式(4.16)可以用来直接计算 Q 值。产物的动能之和也能被随之求出。产生能量的反应是放热的，需要额外注入能量的反应是吸热的。Q 值的正、负有助于判断反应类型：

$$Q \begin{cases} <0, & \text{反应是吸热(吸能)的} \\ >0, & \text{反应是放热(放能)的} \end{cases} \tag{4.17}$$

放能反应，如裂变和聚变反应，可以作为能源。因为放射性衰变是自发的过程，并不需要额外的能量输入，所以所有的衰变反应都是放能的。

对于吸热的反应，所需能量必须通过反应物的动能代入反应中，并且入射粒子的动能需要超过反应阈能 E_{th}：

$$E_{\text{th}} \approx -Q(1 + m_a / M_X) \tag{4.18}$$

因而，入射粒子必须携有超过 Q 值的能量，若入射粒子的能量与 Q 值相同，核反应也能发生，但是会违反动量守恒定律，此时产物的动能(和速度)将会是 0；若入射粒子的能量太低，粒子将会被靶核散射出去。

另外，当入射粒子带正电时，靶核将会排斥带电粒子，因而，入射粒子动能必须超过库仑阈值：

$$E_C = \frac{(1.2\text{MeV})Z_a Z_X}{A_a^{1/3} + A_X^{1/3}} \tag{4.19}$$

因此，核反应的发生需要满足 $E_a > E_{\text{th}}$ 和 $E_a > E_C$，如表 4.1 所示。

表 4.1　核反应阈能

入射粒子种类	反应总阈能	
	$Q<0$(吸热)	$Q>0$(放热)
中性粒子(n,γ)	动能	无要求
带电粒子(p,α)	动能和库仑阈值中的较大值	库仑阈值

例 4.1　计算慢中子被氢原子俘获的核反应释放的能量：

$$_0^1\text{n} + _1^1\text{H} \longrightarrow _1^2\text{H} + \gamma \tag{4.20}$$

这个(n,γ)反应发生在使用轻水的反应堆中。

使用附录 A 的表 A.5 给出的核子精确质量，以及 1amu=931.49MeV 的质能转换式来计算反应放能的 Q 值。因为伽马射线没有静止质量，所以有

$$Q = [(m_n + M_{\text{H-1}}) - M_{\text{H-2}}]c^2$$
$$= (1.008665 + 1.007825 - 2.014102)\text{amu}(931.49\text{MeV/amu})$$
$$\approx 2.22\text{MeV}$$

参与反应的中子和氢原子的动能几乎为 0，反应放出的能量被氘原子和伽马射线以动能的方式传递出去。

例 4.2 对式(4.3)中的 ^{7}Li(p,2α)反应进行如下计算：假设靶核是静止的，入射的质子能量为 2MeV。可以得到这个反应是放能的：

$$
\begin{aligned}
Q &= [(M_{\text{H-1}} + M_{\text{Li-7}}) - 2M_{\text{He-4}}]c^2 \\
&= [1.007825 + 7.016004 - 2(4.002603)](931.49\ \text{MeV}) \\
&\approx 17.3\text{MeV}
\end{aligned}
$$

需注意这里使用的是 He-4 的原子质量，而不是 α 粒子的质量，不然氢原子外的四个电子质量会被忽略。对于此反应，质子的质量要超过库仑阈值才能发生：

$$
E_C = \frac{(1.2\ \text{MeV})Z_{\text{H-1}}Z_{\text{Li-7}}}{A_{\text{H-1}}^{1/3} + A_{\text{Li-7}}^{1/3}} = \frac{(1.2\text{MeV})(1)(3)}{(1)^{1/3} + (7)^{1/3}} \approx 1.2\text{eV}
$$

质子的能量为 2MeV，使用式(4.16)计算产物的动能为

$$
E_K^{\text{prod}} = Q + E_K^{\text{react}} = 17.3\ \text{MeV} + 2\ \text{MeV} = 19.3\text{MeV}
$$

这部分的动能被两个 α 粒子所共享。

4.3 动 量 守 恒

能量守恒定律可以得到产物粒子的总动能，但不能计算出每种粒子的动能或者速度，为了得到这些信息，必须应用动量守恒定律，即物质粒子的动量 p 与质量 m 和速度 v 的关系为

$$
p = mv \tag{4.21}
$$

动量守恒定律适用于经典物理和相对论物理，碰撞前后的总动量满足：

$$
\vec{p}_a + \vec{p}_X = \vec{p}_Y + \vec{p}_b \tag{4.22}
$$

例 4.1 给出了一个超慢中子撞击处在静止状态的氢核的例子，可以认为该反应的初始动量为 0，反应后粒子的总动量也为 0，那么氘核和 γ 射线必须是动量相同，即 $p_D = p_\gamma$，并且朝着相反的方向飞出。如果将 γ 射线的质量看作是相对论质量，那么 γ 射线的动量为 $p_\gamma = mc$，结合爱因斯坦质能方程 $E = mc^2$，有

$$
p_\gamma = \frac{E_\gamma}{c} \tag{4.23}
$$

中子俘获反应释放的 2.22MeV 能量大多数以 γ 射线的形式被释放，在习题 4.5 中有相关计算。假设这个结论是正确的，那么 γ 射线的相对论质量为

$$m_\gamma = E_\gamma / c^2 = (2.22\text{MeV})/(931.5\text{MeV/u}) \approx 0.00238\text{u}$$

γ射线的质量相对于氘核的质量(2.014u)非常小。根据动量守恒定律，反冲氘核的速度比光速要小得多。

例4.2中对两个出射α粒子的动能计算相对复杂，即使当α粒子的出射方向与质子入射方向一致时也一样复杂。这里认为出射α粒子的速度很低，以至于相对论质量的变化很小，因此可以使用经典动能公式 $E_K = m_0 v^2/2$ 计算。令α粒子质量为 m，速度为 v_1 和 v_2，质子的动量为 p_H，那么存在下述的两个方程：

$$mv_1 + mv_2 = p_H$$
$$\frac{1}{2}mv_1^2 + \frac{1}{2}mv_2^2 = E_K^{\text{prod}} \tag{4.24}$$

4.4 反 应 率

当任意两个粒子相互靠近时，它们之间的相互作用取决于相互作用力的性质。两种带电粒子之间的作用力遵循库仑定律：

$$F_C = \frac{q_1 q_2}{4\pi\varepsilon_0 r^2} \tag{4.25}$$

式中，q 表示粒子的电荷量；ε_0 表示自由空间中的介电常数；r 表示两个粒子之间的距离。

不论两个带电粒子相距多远，均存在库仑力。对于两个电中性的原子，当距离较远时，两者间将不会存在库仑相互作用，只有当核子的距离在 10^{-15}m 以内时，核相互作用力才会发生。

虽然看不到原子核，但是可以想象它是一个被约束在一定半径内的球。为了评估这个半径，需要用另外一个粒子去探测，这个粒子可以是质子、电子或者γ光子。实验的结果取决于入射粒子的种类和速度，需要对每一种核反应的碰撞发生概率做一个评定，因此引入了反应截面的概念作为碰撞发生概率的测量参数。

可以假想一个实验来理解反应截面的概念。如图 4.3(a)所示，底面积为 1cm² 的圆柱内有一个靶核，一个入射粒子沿着圆柱的轴线方向入射，但是其入射的位置不是特定的，可以知道碰撞的概率 σ (也可称为微观截面)是靶核的面积与圆柱的底面积 1cm² 之比。现将一束粒子以速度 v 沿着轴线方向入射到圆柱中，如图 4.3(b)所示，在 1s 内粒子移动了 1cm 的距离，那么可以看到圆柱中的某个面在 1s 内有 v cm³ 体积的粒子穿过，如图 4.3(c)所示。若每立方厘米的粒子数为 n，那么单位时间内穿过单位面积的粒子数(定义为面流密度 j)为 nv。

定义每单位体积中的靶核数量为 N，在图 4.3(d)中，假设靶核之间互不遮挡，每一个靶核均有 σ 的面积能被入射粒子看到，在一单位体积内，靶核的总面积为 $N\sigma$，这一概念被称为宏观截面，用 Σ 表示为

$$\Sigma = N\sigma \tag{4.26}$$

当一束粒子入射时，在 1s 的时间内，穿过靶材料的粒子数量为 nv，单个粒子与靶核原子的碰撞概率为 σ，发生的碰撞数为 $N\sigma$，因此可以得到单位体积内的反应率为

$$R = nvN\sigma \tag{4.27}$$

反应率公式可以简写为 $R=j\Sigma$，能够推算出 j 的单位为 $cm^{-2} \cdot s^{-1}$，Σ 的单位为 cm^{-1}，R 的单位为 $cm^{-3} \cdot s^{-1}$。

在另外一个假想实验中，粒子在一个空间中运动并与靶核发生多次碰撞，在短时间内，粒子移动的方向是随机的，如图 4.4 所示。

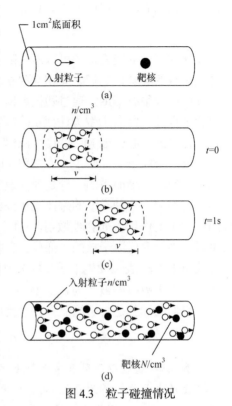

图 4.3　粒子碰撞情况

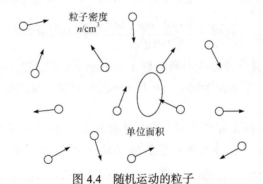

图 4.4　随机运动的粒子

对于速度为 v 的粒子，假定其单位体积内的粒子数为 n，那么 nv 的定义不是面流密度而是流量(flux)，用 ϕ 表示。如果在其中选中任意一个单位面积的区域，那么每个面上都会有粒子进入和穿出，但是其面流密度明显小于 nv，已经被证明是 $nv/4$，总的面流密度为 $nv/2$。那么在这个空间中，核反应的发生率是单个粒子与靶核作用之和的叠加，在不考虑粒子移动方向的前提下，每个粒子与靶核的作

用方式是相同的，反应发生率是 $nvN\sigma$，或者可以表示为

$$R = \phi\Sigma \tag{4.28}$$

这种粒子的随机运动可以通过随机数从数学上模拟出来。随机数是一系列十进制小数的集合，它们之间相互独立，在 0～1 均匀分布，对于理解中子和γ射线的反应历程很有帮助。通过随机数模拟，这两个粒子的反应过程可以采用统计学概念来描述。蒙特卡罗方法(用摩纳哥的一个赌场的名字命名)是很多辐射输运计算机程序的核心，如 MCNP(蒙特卡罗中子光子输运程序)。

当一个粒子，如中子，撞击靶核时，每种可能发生的相互作用都有一个确定的发生概率，最简单的一种是弹性散射，中子被靶核弹出并以新的速度朝一个新的方向移动。这种类型的碰撞服从经典物理的规律，在轻核元素与中子的相互作用中占主要作用。非弹性散射(一种主要发生在快中子与重核之间的相互作用)发生时，中子变成原子核的一部分，它携带的能量激发了原子核，然后从原子核中释放出来。σ_s 表示发生中子弹性散射的碰撞概率，另外，中子还有可能被原子核吸收，发生吸收的概率为 σ_a。因为 σ_s 和 σ_a 均表示中子与靶核相互作用的概率，所以它们的和就是总碰撞概率或总反应截面：

$$\sigma_t = \sigma_a + \sigma_s \tag{4.29}$$

例 4.3 通过以下计算来理解上述的概念。大学教学和研究中常用的一种核反应堆会产生大量能量为 0.0253eV 的中子，这个能量的中子在室温 293K 下对应的速度为 2200m/s，假设中子的流量为 $2\times10^{12}\text{cm}^{-2}\cdot\text{s}^{-1}$，那么中子的密度为

$$n = \frac{\phi}{v} = \frac{2\times10^{12}\text{cm}^{-2}\cdot\text{s}^{-1}}{2.2\times10^5\text{cm/s}} \approx 9\times10^6\text{cm}^{-3}$$

虽然这看起来是一个很大的数，但是与水分子的密度($3.3\times10^{22}\text{cm}^{-3}$)甚至是空气分子的密度($2.7\times10^{19}\text{cm}^{-3}$)相比，却是一个很小的量，因此核反应堆中的"中子气体"相当于真空。

若让这些中子与反应堆中的 ^{235}U 进行反应，其微观吸收截面 σ_a 为 $681\times10^{-24}\text{cm}^2$。如果铀金属燃料的原子密度 $N=0.048\times10^{24}\text{cm}^{-3}$，那么宏观吸收截面为

$$\Sigma_a = N\sigma_a = (0.048\times10^{24}\text{cm}^{-3})(681\times10^{-24}\text{cm}^2) \approx 32.7\text{cm}^{-1}$$

10^{-24}cm^2 可以简单地定义为靶恩(barn)，这是由于早期的原子科学家发现，核反应中 10^{-24}cm^2 的核反应截面非常大，如同一个仓库(barn)一样。若将靶核的密度用 10^{24} 的单位表示，微观吸收截面的单位为靶恩，那么宏观吸收截面 $\Sigma_a=(0.048)(681)=32.7\text{cm}^{-1}$。考虑到中子的流量 $\Phi=2\times10^{12}\text{cm}^{-2}\cdot\text{s}^{-1}$，那么中子吸收反应的发生率为

$$R = \Sigma_a\phi = (32.7\text{cm}^{-1})(2\times10^{12}\text{cm}^{-2}\cdot\text{s}^{-1}) = 6.54\times10^{13}\text{cm}^{-3}\cdot\text{s}^{-1}$$

这个反应速率也是 ^{235}U 的消耗速率。

发电反应堆中的中子平均能量为 0.1eV,接近本例中子能量的 4 倍,这是由于发电反应堆中的高温(接近 600℉)和中子吸收过程使其平均能量比本例更高。

4.5 粒子衰减

如图 4.5 所示,一束具有相同速度和方向的粒子从靶物质的表面入射,粒子与靶核的碰撞将会使粒子从束流中消失,随着距离的增加,束流强度逐渐减小,这一过程称为粒子衰减。若在 $z=0$ 处的面流密度定义为 j,那么在距离为 z 处的密度为

$$j = j_0 e^{-\Sigma_t x} \tag{4.30}$$

式中,Σ_t 表示总的宏观截面。类似于放射性衰变半衰期的概念,这里提出一个半厚度 z_H 的概念,即 j 减小到最初强度的一半所需要的距离:

$$z_H = \ln 2 / \Sigma_t \tag{4.31}$$

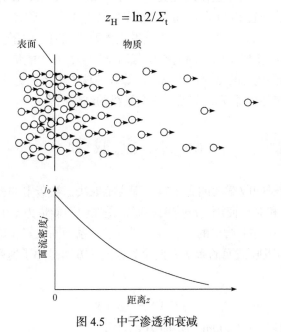

图 4.5 中子渗透和衰减

另外一个经常使用的概念是平均自由程 λ,指粒子在发生碰撞前飞行的平均距离。与放射性核素平均寿命的概念类似,可以知道:

$$\lambda_k = 1 / \Sigma_k \tag{4.32}$$

式中,平均自由程参数 λ_k 中的 k 表示某种特定的反应类型,如 λ_a 表示吸收平均自

由程。通常来说，中子的散射和吸收均是由宏观截面Σ_s和Σ_a决定的，但对于一个给定的中子，其在被吸收前发生散射的次数却有很大差异。

式(4.32)同样适用于在空间中任意方向移动的粒子，对于一个刚发生碰撞并朝着另外一个方向移动的粒子而言，它在下次发生碰撞前移动的平均距离为λ。

例4.4　计算1eV中子在水中的平均自由程。假设中子与氢原子的散射是反应的主要过程，其反应截面为20b。水中氢原子的密度由例2.2给出，为$N_H=0.0688\times10^{24}\mathrm{cm}^{-3}$。散射截面$\sigma_s$为$20\times10^{-24}\mathrm{cm}^2$，其相应的宏观截面为

$$\Sigma_s^H = (0.0668\times10^{24}\,\mathrm{cm}^{-3})(20\times10^{-24}\,\mathrm{cm}^2)=1.34\mathrm{cm}^{-1}$$

那么，对应于散射的平均自由程λ_s为

$$\lambda_s^H = 1/\Sigma_s^H = 1/(1.34\mathrm{cm}^{-1})=0.75\mathrm{cm}$$

若散射是占主要作用的相互作用过程，那么可以推断总的平均自由程$\lambda_t\approx\lambda_s$。

在室温下，原子间相互作用截面约为$10^{-15}\mathrm{cm}^2$。如果将该作用截面视为圆，那么等效的原子半径约为$10^{-8}\mathrm{cm}$。这与氢原子中电子移动的理论半径$0.53\times10^{-8}\mathrm{cm}$近似相等。然而，中子与原子核发生散射碰撞时，中子发生了转向并损失能量，其作用截面相比于原子间的作用截面小得多，对于能量为1eV的中子与氢作用的散射截面约为20b($20\times10^{-24}\mathrm{cm}^2$)，等效的核子半径约为$2.5\times10^{-12}\mathrm{cm}$。这与2.6节中核子的半径比原子的半径小三个量级的结论吻合。

4.6　反应截面

不同物质中子吸收截面的大小很大程度上取决于被轰击的核素和中子自身的能量，为了统一和对比使用，反应截面通常是在中子能量为0.0253eV，也就是速度为2200m/s的条件下给出的。表4.2列出了一系列同位素在该能量的俘获截面数据σ_γ。能量对吸收截面的影响有两个方面，一方面是中子速度v，σ_a与中子速度v成反比：

$$\sigma_a(v) = \sigma_{a0}v_0/v \tag{4.33}$$

式中，σ_{a0}表示速度为2200m/s时的吸收截面。

表4.2　部分核素的热中子反应截面(中子能量为0.0253eV)

元素	σ_a/b	σ_γ/b	其他反应截面/b
氕(^{1}H)	20.49	0.3326	—
氘(^{2}H)	3.39	0.000519	—

续表

元素	σ_a/b	σ_γ/b	其他反应截面/b
锂-6(^{6}Li)	0.75	0.0385	σ_α=940
锂-7(^{7}Li)	0.97	0.0454	—
铍-9(^{9}Be)	6.151	0.0076	—
硼-10(^{10}B)	2.23	0.5	σ_α=3837.5
硼-11(^{11}B)	4.84	0.0055	—
碳-12(^{12}C)	4.746	0.00353	—
碳-13(^{13}C)	4.19	0.00137	—
氮-14(^{14}N)	10.05	0.075	σ_p=1.83
氮-15(^{15}N)	4.59	2.4×10^{-5}	—
氧-16(^{16}O)	3.761	0.00019	—
氧-17(^{17}O)	3.61	0.000538	σ_α=0.235
氧-18(^{18}O)	—	0.00016	—
钠-23(^{23}Na)	3.025	0.53	—
铝-27(^{27}Al)	1.413	0.231	—
锰-55(^{55}Mn)	2.2	13.3	—
钴-60(^{60}Co)	6.0	20.4	—
铌-93(^{93}Nb)	6.37	1.15	—
氙-135(^{135}Xe)	—	2.65×10^6	—
金-197(^{197}Au)	7.84	98.65	—
钍-232(^{232}Th)	—	7.37	$\sigma_f<2.5\times10^{-6}$
铀-233(^{233}U)	12.8	45.5	σ_f=529.1
铀-235(^{235}U)	14.3	98.3	σ_f=582.6
铀-238(^{238}U)	9.38	2.68	$\sigma_f=4\times10^{-6}$,$\sigma_\alpha=1.3\times10^{-6}$
钚-239(^{239}Pu)	7.6	269.3	σ_f=748.1
钚-241(^{241}Pu)	9.0	358.2	σ_f=1011.1

另一方面是中子共振。在一定的中子能量下，中子与核子之间存在很强的共振吸收。许多物质存在上述两种情况。图4.6给出了 ^{10}B 的微观吸收截面，$10^{-5}\sim10^5$eV 表现出的是 $1/v$ 的比例关系而没有出现共振吸收。使用对数坐标能表示出较大范围内能量对应的微观吸收截面的变化情况。

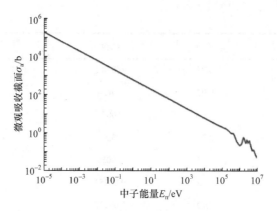

图 4.6　^{10}B 的微观吸收截面

例4.5　计算 ^{10}B 对应 1keV 中子的微观吸收截面。表 4.2 中给出了中子能量为 0.0253eV 时 σ_a =3837.5b，根据式(4.33)，将其中的速度用动能进行换算，给出了另一个一般性的公式：

$$\sigma_a(E) = \sigma_{a0}\frac{v_0}{v} = \sigma_{a0}\sqrt{\frac{E_0}{E}} \tag{4.34}$$

结合式(4.34)和给出的数据，计算得到：

$$\sigma_a^{B-10}(1keV) = \sigma_{a0}\sqrt{\frac{E_0}{E}} = (3837.5b)\sqrt{\frac{0.0253eV}{1000eV}} \approx 19.3b$$

计算结果与图 4.6 中给出的结果一致。

中子散射截面对于所有元素都是类似的，而且与中子能量的关系不大。图 4.7 给出了水中氢元素的散射截面 σ_s 的变化情况。对于能量在 0.1eV～10keV 的中子，散射截面几乎是一个定值，当能量上升到 MeV 时才开始降低。高能部分的情况值得格外的注意，这是由于裂变过程中产生的中子具有很高的能量。

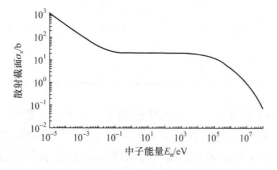

图 4.7　水中氢元素的散射截面 σ_s 的变化情况

介质中的中子发生散射和吸收的情况在本质上具有统计性，中子在被吸收前发生散射碰撞的次数可能是 0 次，也可能是几次或者多次，甚至在发生散射和吸收时也会存在相互竞争的现象。例如，散射可能是弹性散射，粒子的动能加入总能量中并被保存下来；散射也可能是非弹性散射，粒子的动能传递给靶核，使靶核达到激发态。相似地，吸收也包括辐射俘获，如(n,γ)反应、裂变反应或者其他中子参与又发射了另一种粒子的反应，如(n,p)、(n,d)、(n,t)和(n,α)反应。图 4.8 给出了中子反应的分类，这种分类适用于微观截面与宏观截面：

$$\sigma_t = \sigma_s + \sigma_a = (\sigma_e + \sigma_i) + (\sigma_\gamma + \sigma_f + \cdots) \tag{4.35}$$

式中，σ_γ 和 σ_f 分别表示辐射俘获截面和裂变截面；σ_e 和 σ_i 分别表示弹性散射截面和非弹性散射截面。

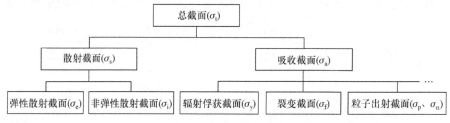

图 4.8　中子反应的分类

图 4.9 给出了 ^{238}U 的 4 个微观截面：①总截面 σ_t；②弹性散射截面 σ_e；③辐射俘获截面 σ_γ；④裂变截面 σ_f。如图所示，弹性散射截面和辐射俘获截面在 $10^{-5}\sim$ 0.02MeV 能量区间的某些特定能量存在共振现象，另外值得注意的是裂变截面在中子能量高于 1MeV 时才变得显著。

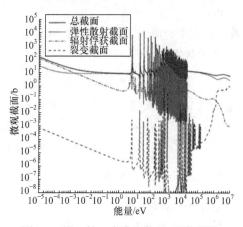

图 4.9　^{238}U 的 4 个微观截面(后附彩图)

例4.6 计算空气的总宏观截面。假设空气由氮和氧简单组合而成，成分如表4.3所示。为了计算宏观截面 Σ，需要知道氮原子和氧原子的密度。另外，若已知混合物的密度 ρ_{mix} 及混合物中某种成分的质量分数 ω_k，那么式(2.2)可改写成：

$$N_k = \frac{\rho_k N_A}{M_k} = \frac{(\omega_k \rho_{mix}) N_A}{M_k} \tag{4.36}$$

表4.3 空气的基本成分

成分	体积分数	质量分数
氮气(N_2)	0.788	0.765
氧气(O_2)	0.212	0.235

因而，密度为 $1.205 \times 10^{-3} g/cm^3$ 的空气中，氧原子和氮原子的原子数密度分别为

$$N_O = \frac{(\omega_O \rho_{air}) N_A}{M_O} = \frac{\left(0.235 \frac{\text{g-O}}{\text{g-air}}\right)\left(1.205 \times 10^{-3} \frac{\text{g-air}}{cm^3}\right)\left(6.022 \times 10^{23} \frac{\text{atoms}}{\text{mol}}\right)}{15.9994 \frac{\text{g}}{\text{mol}}}$$

$$\approx 1.07 \times 10^{19} \frac{\text{O-atoms}}{cm^3}$$

$$N_N = \frac{(\omega_N \rho_{air}) N_A}{M_N} = \frac{\left(0.765 \frac{\text{g-N}}{\text{g-air}}\right)\left(1.205 \times 10^{-3} \frac{\text{g-air}}{cm^3}\right)\left(6.022 \times 10^{23} \frac{\text{atoms}}{\text{mol}}\right)}{14.0067 \frac{\text{g}}{\text{mol}}}$$

$$\approx 3.96 \times 10^{19} \frac{\text{N-atoms}}{cm^3}$$

另一个难点是将每一种元素的同位素反应截面都计算出来，需要每一种同位素的丰度 γ_i 和元素 N_{elem} 的原子数密度：

$$N_i = \gamma_i N_{elem} \tag{4.37}$$

这样，每一种元素的总宏观截面可以写成如下的一般性关系：

$$\Sigma_{elem} = \sum_i^{isotopes} N_i \sigma_i = \sum_i^{isotopes} \gamma_i N_{elem} \sigma_i = N_{elem} \sum_i^{isotopes} \gamma_i \sigma_i \tag{4.38}$$

那么多种元素构成的混合物的总宏观截面为

$$\Sigma_t^{air} = \Sigma_t^N + \Sigma_t^O = N_N \sigma_t^N + N_O \sigma_t^O$$

$$= N_N (\gamma_{N-14} \sigma_t^{N-14} + \gamma_{N-15} \sigma_t^{N-15}) + N_O (\gamma_{O-16} \sigma_t^{O-16} + \gamma_{O-17} \sigma_t^{O-17})$$

$$= (3.96 \times 10^{19})[(0.9964)(11.96) + (0.0036)(4.59)](10^{-24})$$

$$+ (1.07 \times 10^{19})[(0.99757)(3.76) + (0.00038)(3.61) + (0.00205)(0)](10^{-24})$$

$$\approx 0.000513 \mathrm{cm}^{-1}$$

式中，σ_t 可以由表 4.2 查表得到，同位素丰度由表 A.5 给出，在本例中，Σ_t 可以近似由 $^{14}\mathrm{N}$ 和 $^{16}\mathrm{O}$ 给出。

虽然这部分的内容主要讲述的是中子的反应截面，但反应截面的概念也适用于其他引起核反应的粒子。例如，环绕地球的著名的范艾伦辐射带就是由高能质子引起的。这些质子可能与外太空物质相互作用，引发如(p, γ)和(p, α)等反应。

4.7 中 子 迁 移

当能量为 2MeV 以上的快中子入射到介质中时，它们会与物质靶核发生弹性或者非弹性碰撞，在每一次碰撞中，中子失去部分能量并偏离入射路径。每一个中子都有其独特的历程，很难追踪到所有粒子的轨迹，因此只能演绎出粒子的平均行为。首先，假设中子撞击原子质量数为 A 的静止靶核时发生了弹性碰撞，中子的速度由 E_0 变为了 E，并与入射方向成 θ 的角度飞出，如图 4.10 所示。线的长度代表了速度的大小。图中所示的只是众多可能的碰撞结果中的一种，对于每一个中子碰撞后的能量，都有一个散射角度与之对应，但是对于一组特定的 E 和 θ，会有特定的发生概率。中子也有可能被完全反弹回去，此时 $\theta=180°$，能量为撞击后的最小能量 αE_0，其中，

$$\alpha = \frac{(A-1)^2}{(A+1)^2} \tag{4.39}$$

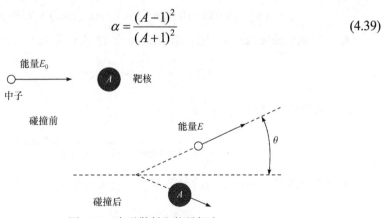

图 4.10 中子散射和能量损失

若未发生碰撞，则 $\theta=0°$，速度为初始速度 E_0；或者发生了碰撞且以一个任意

的角度 θ 出射，并有相应的能量损失。散射后的中子能量满足如下关系：

$$\begin{cases} E_{\min} = \alpha E_0 \\ \bar{E} = E_0(1+\alpha)/2 \\ E_{\max} = E_0 \end{cases} \tag{4.40}$$

因而，发生弹性碰撞时，中子的能量损失为 $0 \sim E_0(1-\alpha)$，当靶核为氢核时，$A=1$，$\alpha=0$，中子在弹性碰撞过程中完全损失了其能量，这个特性使水成为核反应堆中一种常用的物质。

弹性碰撞的平均效应取决于两个因素，这两个因素仅与原子核有关，与中子能量无关。第一个因素是 $\bar{\mu}$，表示散射角度的平均余弦角：

$$\bar{\mu} = \overline{\cos(\theta)} = \frac{2}{3A} \tag{4.41}$$

对于氢核而言，$\bar{\mu}$ 为 2/3，意味着中子更多地被前向性散射，而对于质量较大的靶核，$\bar{\mu}$ 接近为 0，此时在任一方向上的散射情况几乎是类似的。前向性散射的结果是中子在介质中有了一个更远距离的位移，它们的自由程会更远，此时用输运自由程表征更为方便：

$$\lambda_{\text{tr}} = \frac{\lambda_s}{1-\bar{\mu}} \tag{4.42}$$

可以知道 λ_{tr} 总是比 λ_s 长。

例 4.7 计算慢中子轰击碳原子的情况，其吸收截面为 4.7b，碳原子数密度为 $0.083 \times 10^{24}/\text{cm}^3$(如习题 2.1 所示)，因此有

$$\Sigma_s = N\sigma_s = (0.083 \times 10^{24}\,\text{cm}^{-3})(4.7 \times 10^{-24}\,\text{cm}^2) \approx 0.39\,\text{cm}^{-1}$$

又由于 99%的碳原子是 ^{12}C，取 A 的值为 12 来计算散射角的平均余弦：

$$\bar{\mu} = \frac{2}{3A} = \frac{2}{3(12)} \approx 0.056$$

因而碳的输运平均自由程为

$$\lambda_{\text{tr}} = \frac{1}{\Sigma_s(1-\bar{\mu})} = \frac{1}{(0.39\,\text{cm}^{-1})(1-0.056)} \approx 2.7\,\text{cm}$$

另一个描述平均碰撞效应的参数是 ξ，它表征能量自然对数的平均变化量为

$$\xi = 1 + \frac{\alpha \ln \alpha}{1-\alpha} \tag{4.43}$$

对于氢核，ξ 的值近似为 1，这个最大的可能取值意味着氢核是很好的中子

慢化剂，它能使中子有最大的能量损失；对于重核，$\xi \approx 2/(A+2/3)$，其值远小于 1。

例 4.8 计算碳-12 的 ξ 值，首先，通过式(4.39)可以计算得到：

$$\alpha = (A-1)^2/(A+1)^2 = (12-1)^2/(12+1)^2 \approx 0.716$$

因而，碳-12 的 ξ 值为

$$\xi = 1 + \alpha \ln \alpha/(1-\alpha) = 1 + (0.716) \ln 0.716/(1-0.716) \approx 0.158$$

为了计算得到碰撞次数 C，还需要知道慢中子的初始能量 E_0 和最终能量 E_F，碰撞次数的表达式为

$$C = \frac{\ln(E_0/E_F)}{\xi} \tag{4.44}$$

式中，$\ln(E_0/E_F)$ 为对数能降。

例 4.9 对比在氢核和碳核中发生碰撞的中子数(中子的能量均是从 2MeV 下降到热中子能量 0.025eV)。对数能降为

$$u = \ln(E_0/E_F) = \ln(2 \times 10^6 \text{eV}/0.025\text{eV}) \approx 18.2$$

可以看到，在这两种不同的靶核中将中子慢化下来需要不同的碰撞次数。

$$氢: C = u/\xi = 18.2/1 \approx 18$$
$$碳: C = u/\xi = 18.2/0.158 \approx 115$$

通过例 4.9 可以看出氢核作为慢化剂的优点。事实上，氢核的散射截面在很大的能量范围内接近于 20b，相比之下，碳核的散射截面只有 4.8b。由此可知氢核与中子发生弹性散射的概率更高，慢化中子的效果更好。唯一的劣势在于氢核的吸收截面为 0.332b，比碳核的 0.0035b 的吸收截面要大。

单个中子在慢化剂中的慢化过程是一段段的自由飞行过程，其间不断地发生碰撞损失能量。图 4.11 给出了一个快中子从一个点开始入射，最后从介质中出射的慢化轨迹。在移动了距离 r 后，快中子能量减小到了热中子的能量。每个中子都有自己独特的运动轨迹，在移动了不同的距离之后变成了热中子。如果测量所有 r 的值，并求出 r^2 的平均值，结果表示为 $\overline{r^2} = 6\tau$，其中 τ 表示中子的费米寿命。表 4.4 中给出了常用中子慢化剂的性质，包括实验测得的费米寿命 τ 的近似值。可以注意到，水比石墨有更大的中子散射截面和能降，是更好的中子慢化介质。

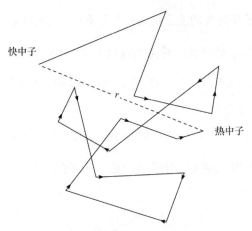

图 4.11　快中子的慢化轨迹

表 4.4　常用中子慢化剂的性质

中子慢化剂	费米寿命 τ/cm^2	扩散长度 L/cm
水(H_2O)	26	2.85
重水(D_2O)	125	116
石墨(C)	364	54

　　当中子慢化到与介质原子的热移动能量相当的能量区间时，中子在每次碰撞中可能失去或者增加能量。当中子群在任一瞬时拥有不同的速度时，其速度分布服从麦克斯韦速度分布律，在 2.2 节中有相应的讨论(图 2.2)。中子群的温度 T 近似于介质的温度。因此，若慢化剂的温度保持在 20℃ 或 293K 时，中子的最可几速率为 2200m/s，对应的中子动能为 0.0253eV，这些中子被称为热中子，并与快中子和中能中子相区别。

　　另一个描述热中子移动的特征参数是扩散长度 L。类似于中子慢化过程，从出射点到吸收点的平均平方距离为 $\overline{r^2} = 6L^2$，表 4.4 给出了三种中子慢化剂的扩散长度 L 的近似值。

　　根据扩散理论(第 19.1 节)，扩散长度为

$$L = \sqrt{D / \Sigma_a} \tag{4.45}$$

其中，扩散系数为

$$D = \lambda_{\mathrm{tr}}/3 \tag{4.46}$$

这就表明了在慢化剂中添加吸收剂会减小中子的移动距离。

　　气体分子的扩散过程非常好理解。如果打开一瓶香水，很快就能闻到一股香

味，这是由于气体分子从瓶中扩散出来。大量的中子行为类似于气体扩散，因此可以用气体扩散理论进行解释。中子在不同位置的流量与中子在路径上的浓度变化成正比，与中子数密度的变化率成反比。因此，当中子速度 v 更大，输运平均自由程 λ_{tr} 更长时，中子流量可能会更大。理论和测量数据表明，如果 n 在 z 方向上变化(图 4.5)，则中子每秒通过单位面积的中子净流量密度为

$$j = \frac{-\lambda_{tr}v}{3}\frac{dn}{dz} \tag{4.47}$$

式(4.47)被称为 Fick 扩散定律，很早前为解释气体扩散时被提出。考虑到流量 $\Phi=nv$，扩散系数 $D=\lambda_{tr}/3$，式(4.47)也可写成 $j=-D\Phi'$，其中 Φ' 为中子流量在 z 方向的变化率。

4.8 小 结

核反应和化学反应一样有反应方程，并且遵守粒子和电荷守恒定律。带电粒子或者中子轰击原子核时会产生新的核子和粒子，反应能取决于反应前后粒子和原子核的质量差异，速度遵守动量守恒方程。中子核反应截面是碰撞概率的评价参数，反应速率取决于中子流量和宏观反应截面。当一个粒子流穿过介质时，未发生碰撞的粒子流密度呈指数衰减。中子吸收截面因靶核同位素和中子能量的差别会有很大的变化，而散射截面的大小则相对恒定。中子与轻核发生碰撞更容易慢化，从而偏离当前的运动路径。当中子能量降低到热中子能量时，它们会继续扩散，其净流量密度取决于空间中的中子流量变化率。

4.9 习 题

4.1 已知由水的单质气体(氢气和氧气)反应生成水所需的能量为 54.5kcal/mol，将其通过换算转化为生成每个水分子所需的能量为 2.4eV。

4.2 完成下列的核反应方程：

① $^1_1n+^{14}_7N \longrightarrow ^{()}_{()}() + ^1_1H$

② $^2_1H+^9_4Be \longrightarrow ^{()}_{()}() + ^1_0n$

③ $^1_1n+^{10}_5B \longrightarrow ^{()}_{()}() + ^4_2He$

4.3 通过表 A.5 中给出的精确原子质量，计算将 ^{14}N 转变为 ^{17}O 所需要的 α 粒子的最低能量。

4.4 计算反应 $^6Li(n,\alpha)^3H$ 的放能。

4.5 如例 4.1 所示，一个慢中子被氢核俘获后生成了一个氘核并放出一个 γ 光子，

放能为 2.22MeV，如果 γ 光子分走了反应放能的绝大部分能量，试问 γ 光子的有效质量为多少(用 kg 表示)？氘核的速度是多少(用 m/s 表示)？氘核的能量是多少(用 MeV 表示)？这个能量与总的放能之比是多少？γ 光子带走了全部能量的假设是否合理？

4.6 计算在 $^7\text{Li}(p,2\alpha)$ 中 α 粒子的速度和能量，假设它们的飞行方向与 2MeV 质子的飞行方向对称，如例 4.2 所示。

4.7 计算下述核反应的放能：

$$^{13}_{7}\text{N} \longrightarrow {}^{13}_{6}\text{C} + {}^{0}_{+1}\text{e}$$

①使用核子质量数据，从原子质量中剔除相当数量的电子质量。②使用原子质量数据，考虑电子对效应的能量。

4.8 计算 1eV 能量的中子在水中的宏观散射截面，水分子密度 N 的取值为 $0.0344\times10^{24}\text{cm}^{-3}$，氢核的散射截面为 20b，氧核的散射截面为 3.8b；并计算散射平均自由程 λ_s。

4.9 计算流量为 $7\times10^{13}\text{cm}^{-2}\cdot\text{s}^{-1}$ 的 1.5MeV 中子的速度和粒子数密度。

4.10 根据下列数据计算流量、宏观反应截面、反应率：

$n=2\times10^5\text{cm}^{-3}$，$v=3\times10^8\text{cm/s}$，$N=0.04\times10^{24}\text{cm}^{-3}$，$\sigma=0.5\times10^{-24}\text{cm}^2$。

4.11 计算中子在铍($A=9$)中的平均对数能降 ξ 和散射角 $\bar{\mu}$ 的平均余弦值。计算在铍-9 中的中子能量由 2MeV 下降到 0.025eV 所需的碰撞数。若 Σ_s 为 0.90cm^{-1}，计算 0.025eV 中子的扩散系数 D。

4.12 ①验证速度为 2200m/s 的中子能量为 0.0253eV。②若能量为 0.0253eV 的中子在 ^{10}B 中的吸收截面为 3842b，那么能量为 0.1eV 的中子的吸收截面为多少？计算结果与图 4.6 的结果一致吗？

4.13 计算 ^{235}U 和 ^{238}U 的消耗率，并对计算结果进行分析。其中，流量为 $2.5\times10^{13}\text{cm}^{-2}\cdot\text{s}^{-1}$，铀原子数密度为 $0.0223\times10^{24}\text{cm}^{-3}$，两种同位素的分支比分别为 0.0072 和 0.9928，反应截面分别为 681b 和 2.68b。

4.14 若使石墨对中子的宏观吸收截面增大 50%，需要加入多少 ^{10}B 原子(分别以每个 ^{12}C 原子和每百万个 ^{12}C 原子为单位表示)？

4.15 使用下表所示同位素的丰度和反应截面数据计算元素锆的吸收截面。

相对原子质量	丰度(原子百分数)/%	吸收截面/b
90	51.45	0.014
91	11.22	1.2
92	17.15	0.2
94	17.38	0.049
96	2.80	0.02

4.16 密度为 $10g/cm^3$ 的氧化铀的总反应截面可以通过透射法测量得到。为了避免多次中子散射对于结果准确度的影响，样品厚度必须比中子在样品中的平均自由程小得多。已知氧化铀的散射截面 σ_s 为 15b，吸收截面 σ_a 为 7.6b，计算总的宏观截面 Σ_t。令 $t/\lambda_t=0.05$，计算靶材料的厚度，并给出在此厚度下中子的衰减。

4.17 通过活化法计算不锈钢中的锰质量分数。体积为 V 的样品通过中子俘获作用在 t 时刻的活度为

$$A = \phi \Sigma_a V[1 - \exp(-\lambda t)]$$

一块面积为 $1cm^2$，厚度为 2mm 的薄不锈钢片在一个流量为 $3\times10^{12}cm^{-2} \cdot s^{-1}$ 热中子流中辐照 2h，立即检测其中锰-56(半衰期为 2.58h)的活度为 150mCi。已知不锈钢合金的原子数密度为 $0.087\times10^{24}cm^{-3}$，锰-55 的俘获截面为 13.3b，求解样品中锰的质量分数。

4.18 计算铀-235 的密度 ρ、原子数密度 N、中子的宏观吸收截面 Σ_a 和输运截面 Σ_{tr}、平均输运自由程 λ_{tr}、扩散系数 D 与扩散长度 L。其中，天然铀(铀-239 的质量分数为 99.3%)的密度接近于 $19.605g/cm^3$，铀-235 的 $\sigma_\gamma=0.25b$，$\sigma_f=0.25b$，$\sigma_{tr}=0.25b$(Reactor Rhysics Constants，1963)。

4.19 若质量为 m_1 的物质以速度 u_1 入射，与质量为 m_2 的靶材料发生弹性碰撞。设碰撞前靶材料的速度为 u_2，则碰撞后的速度为

$$\begin{cases} v_1 = [2m_2 u_2 + (m_1 - m_2)u_1]/(m_1 + m_2) \\ v_2 = [2m_1 u_1 + (m_2 - m_1)u_2]/(m_1 + m_2) \end{cases} \tag{4.48}$$

求解 $u_2=0$ 和 $m_2 \gg m_1$ 条件下的速度 v_1、v_2，并讨论结果。

4.20 能量为 E_0 的中子与一个原子质量数为 A 的重核发生正碰，使用习题 4.19 中的公式计算碰撞后的最小能量 $E_1=\alpha E_0$，其中 $\alpha=[(A-1)/(A+1)]2$。计算铀-238 的 α 和 ξ。

4.21 验证习题 4.19 中 $u_2=0$ 条件下动能是守恒的。

4.22 库仑阈值可以通过对式(4.25)定积分得到：

$$E_C = \int F_C dr = \int_\infty^d \frac{q_1 q_2}{4\pi\varepsilon_0 r^2} dr = \frac{q_1 q_2}{4\pi\varepsilon_0 d} \tag{4.49}$$

式中，d 表示核子半径，可通过式(2.10)推导得到，$d=1.25\times10^{-13}cm(A_1^{1/3} + A_2^{1/3})$。对于 $q_1=eZ_1$ 和 $q_2=eZ_2$ 的粒子，证明式(4.19)中的系数为 1.2MeV。

4.23 计算下列核反应方程的放能值 Q，并判断每个反应是放能反应还是吸能反应？

$$① \ _2^4\mathrm{He} + _7^{14}\mathrm{N} \longrightarrow _8^{17}\mathrm{O} + _1^1\mathrm{H}$$

$$② \ _1^1\mathrm{H} + _6^{12}\mathrm{C} \longrightarrow _7^{13}\mathrm{N} + \gamma$$

$$③ \ _1^1\mathrm{n} + _3^6\mathrm{Li} \longrightarrow _1^3\mathrm{H} + _2^4\mathrm{He}$$

4.24 例4.6中，原子数密度是根据空气中氮气和氧气的质量分数计算出来的。下面使用表4.3中的体积分数计算原子数密度 N_N 和 N_O。注意到对于气体而言，体积分数和原子比是相同的。

4.10 上 机 练 习

4.A 网上(如www.nndc.bnl.gov/exfor/endf00.jsp)可以搜索到核反应截面表(在评价核数据库文件ENDF中)。使用这个网站上的信息，绘制以下核素：①钍-232；②铀-233；③铀-235；④钚-239的微观反应截面，类似于图4.9。

参 考 文 献

Mughabghab, S.F., Divadeenam, M., Holden, N.E., 1981.Neutron Cross Sections from Neutron Resonance Parameters and Thermal Cross Sections.Academic Press.

Reactor Physics Constants, ANL-5800, seconded. Argonne National Laboratory, July 1963, p. 581.

Rutherford, E., 1919. LIV. Collision of α particles with light atoms. IV. An anomalous effect in nitrogen. Phil.Mag. Series 6, 37 (122), 581–587.

延 伸 阅 读

Atomic Mass Data Center. http://amdc.in2p3.fr. Select AME; mirror site to BNL's.

Bertulani, C.A., Danielewicz, P., 2004. Introduction to Nuclear Reactions.Taylor and Francis.

Bethe, H.A., Bacher, R.F., Livingston, M.S., 1986. Basic Bethe: Seminal Articles on Nuclear Physics, 1936–1937. American Institute of Physics.Reprints of classic literature on nuclear processes.

Bodansky, D., 2003. Nuclear Energy: Principles, Practices, and Prospects, second ed Springer/AIP Press.

Duderstadt, J.J., Hamilton, L.J., 1976. Nuclear Reactor Analysis.John Wiley & Sons. A thorough treatment.

Faw, R.E., Shultis, J.K., 2008. Fundamentals of Nuclear Science and Engineering, second ed CRC Press.

Lamarsh, J.R., 1972. Introduction to Nuclear Reactor Theory. Addison-Wesley.Widely used textbook (paperback reprint by American Nuclear Society, La Grange Park, IL, 2002).

Lamarsh, J.R., Baratta, A.J., 2001. Introduction to Nuclear Engineering, third ed Prentice-Hall. Classic textbook.

Lawrence Berkeley National Laboratory, The Isotope Project. http://isotopes.lbl.gov. Data centers and links to websites.

McLane, V., Dunford, C.L., Rose, P.F., 1988. *Neutron Cross Sections*, Vol. 2, *Neutron Cross Section Curves*. Academic Press.

Mughabghab, S.F., 1981. *Neutron Cross Sections, Vol. 1, Neutron Resonance Parameters and Thermal Cross Sections*, Part B, Z=61–100. Academic Press.

Mughabghab, S.F., 2006. *Atlas of Neutron Resonances: Resonance Parameters and Thermal Cross Sections*, Z=1–100, fifth ed. Elsevier Science. Explanations, theory, and cross section data; an updated version of *Neutron Cross Sections*.

Mughabghab, S.F., Divadeenam, M., Holden, N.E., 1984. *Neutron Cross Sections*, Vol. 1, *Neutron Resonance Parameters and Thermal Cross* Sections, Part A, Z=1–60. Academic Press.

Murray, R.L., 1957. Nuclear Reactor Physics. Prentice-Hall. Elementary theory, analysis, and calculations.

National Nuclear Data Center (NNDC), Atomic Mass Evaluation. www.nndc.bnl.gov/masses.

Stacey, W.M., 2001. Nuclear Reactor Physics.John Wiley & Sons. Advanced textbook.

辐射与物质

在本章中,"辐射"这个词涵盖了所有的粒子发射类型,它们来源于物质或是电磁辐射。辐射可以由原子自发裂变或者核反应过程产生,也可以由粒子加速过程产生。例如,原子间碰撞产生的 X 射线与核子衰变产生的 γ 射线之间没有本质区别;质子可以由粒子加速器产生,也可以由宇宙射线或者核反应堆中的核反应产生。本章提到的"物质"是指广义的物质,它们可能来自矿物质或者生物体,也可能是合成这些物质的粒子,如分子、原子、电子和原子核。

将辐射与物质结合起来,就会有一系列可能的情况需要考虑:碰撞粒子可能具有较低或较高的能量,它们可能带电或不带电;也可能是轻核、重核或者是光子。靶物质也是类似的情况,但是靶物质略微不同的是具有能级的特征:①自由粒子，无能级；②分子中的原子和原子中的电子，微弱的能级特征；③原子核中的核子，强能级特征。在绝大多数的相互作用中，碰撞粒子的能量较靶核的结合能越高，这种能级特性就表现得越明显。

本章将选择一些对于核能领域较为重要的反应进行研究讨论。需要理解放射性衰变或者其他的核反应过程产生的粒子或射线的辐射效应。被辐射的物质可能是构成反应堆的物质；可能是放进反应堆中被辐照的实验材料；可能来自生物体，包括人体；还有可能是用来做辐射屏蔽的材料。本章不会详细地解释整个作用过程，但会类比粒子碰撞过程，并给出定性的分析。

5.1　电　离　辐　射

电离辐射分为带电粒子辐射和中性辐射。带电粒子辐射包含种类繁多的粒子，如电子、质子和离子(失去了一个或者多个电子的原子核)等；中性辐射指的是光子(如 γ 射线或 X 射线等)或者中子。5.2 和 5.3 节将按照带电粒子的质量大小分类讨论带电粒子与物质的相互作用。

带电粒子在物质中可能历经一系列的相互作用，如激发、电离、散射、核反应和韧致辐射等。不同于中性辐射的是，带电粒子辐射还受到它们穿过物质中的电子和核子库仑力的影响，因此分析核相互作用时(包括重带电粒子和中子)，需要同时考虑动能阈值和库仑阈值。中性粒子入射物质的射程可以用一个指数衰减函数来描述，带电粒子由于与入射物质间复杂的相互作用关系，只能通过(半)经验公式来描述其渗透长度。

辐射可能来自入射粒子与原子核外电子或者原子核(也可能两者同时参与)的相互作用。当一个带电粒子穿过物质时，粒子减速并损失能量。带电粒子在物质中的能量损失根据能量转移方式可分为两个方面：碰撞损失和辐射能/核能损失，如图 5.1 所示，根据带电粒子非碰撞能量损失方式不同，电子的非碰撞能量损失为辐射能损失，重带电粒子的非碰撞能量损失为核能损失。

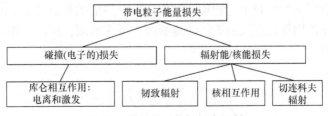

图 5.1　带电粒子能量损失机制

虽然带电粒子可能发生弹性碰撞，但激发和电离等非弹性碰撞占主要作用。

如图 5.2 所示，激发使原子核外的电子移动到更高的能级的壳层，而电离使电子完全脱离原子的束缚。电离作用产生了一个离子对：一个自由电子和一个带正电的原子。被电离的电子动能等于入射粒子的动能减去电子在原子中的电离势能。释放出的电子具有较高的动能，能够引起二次或者更多的电离事件，二次电离经常产生比初级电离更多的电子，但其能量比初级电离的电子能量要低得多。

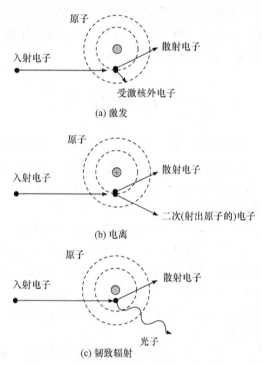

图 5.2　三种电子相互作用方式(其他带电粒子也能引起激发和电离)

　　每产生一个离子对所需要的能量取决于被辐射物质的性质。实验结果表明，产生一对离子对所需的能量是电离势能的 2～3 倍。例如，氧原子和氢原子的电离势能分别为 13.6eV 和 14.5eV，而在空气中产生一对离子对所需的平均能量为 34eV。
　　下面章节将从带电粒子与物质相互作用的一般情况开始讨论。因为所有粒子与物质的相互作用都是直接或者间接地通过电子来实现，所以首先研究电子与物质的相互作用。

5.2　轻带电粒子与物质的相互作用

　　在本节中，轻带电粒子指的是电子、正电子和 β 粒子。当电子穿过物质时，将发生电离、激发和韧致辐射等作用。前两个过程可能发生在日光灯、X 射线发

生器和 β 粒子照射的物质中。当一个低能电子入射到物质中，它将不会对物质产生影响。当电子能量很高时，它的能量将会传递给原子核外电子(如 2.3 节的玻尔理论所述)，将电子激发到更高的能级，或者直接将核外电子电离，这两个过程都伴随有光子的出射。当重核元素原子的内层轨道上的电子被电离时，将会伴随高能 X 射线的出射，这些高能 X 射线可在真空腔中通过高压加速后的电子撞击重靶核(如钨靶)产生。

X 射线由原子核外电子轨道跃迁产生，而另一种类似的辐射方式被称为韧致辐射(又可称为刹车辐射)，它是由电子撞击靶核时，速度的大小和方向发生快速变化而产生的。当带负电的电子经过原子核附近时，高速电子受到了原子核径向的加速度，由经典电磁理论可知，当电子损失能量时，会伴随有光子的发射，其发射关系正比于加速度的平方。在原子序数为 Z 的物质中，β 粒子或者准单能电子传递给 X 射线的能量为

$$f_\beta = 3.5 \times 10^{-4} Z E_\beta$$
$$f_e = 10^{-3} Z E_e \tag{5.1}$$

式中，E_β 和 E_e 分别是 β 粒子和准单能电子的最大能量，用 MeV 表示。另外一种快电子的能量损失辐射机制是切连科夫辐射，这是核反应堆中的水发蓝光的原因。

核反应中产生的电子能量通常在 0.01～1MeV，因此它在穿过物质时会引起大量的电离。电子的质量和电荷都很小，在物质中很容易被散射，其运动轨迹是非线性的。在每次碰撞时，β 粒子损失能量并最终停下来。正电子的轨迹和相互作用与负电子类似，唯一不同的是正电子在轨迹的末端会发生湮没现象。对于能量为 1MeV 的电子而言，其射程(即在物质中的衰减长度)在液体和固体中为几毫米，在空气中为几米。最大射程 R_{max} 可通过文献 Katz 和 Penfold(1952)中的公式计算给出：

$$R_{max}[\text{g/cm}^2] = \begin{cases} 0.412 E^{1.265 - 0.0954 \ln E}, & 0.01 \leqslant E \leqslant 2.5(\text{MeV}) \\ 0.530 E - 0.106, & 2.5 < E \leqslant 20(\text{MeV}) \end{cases} \tag{5.2}$$

式中，E 是 β 粒子和准单能电子的最大能量，用 MeV 表示；R_{max} 采用 g/cm² 作为单位的好处是可以用于不同密度的物质之间的相互比较计算。最大射程求出后，衰减距离可以通过 R_{max}/ρ 计算得到，其中 ρ 表示物质的密度。一块很薄的金属片或者玻璃就能很轻易地阻挡天然放射性核素发射的 β 粒子。

例 5.1　计算阻止钴-60 出射的 β 粒子所需要的铜片厚度。钴-60 出射的 β 粒子的最大能量为 0.3179MeV，因此这些粒子的最大射程为

$$R_{max} = (0.412)(0.3179)^{1.265 - 0.0954 \ln 0.3179} \approx 0.08529 \text{ g/cm}^2$$

铜的密度为 8.933g/cm^3，因此屏蔽材料的厚度为

$$\frac{R_{\max}}{\rho} = \frac{0.08529\text{g/cm}^2}{8.933\text{g/cm}^3} \approx 0.00955\text{cm}$$

图 5.3 给出了 β 粒子在几种常见物质中的最大射程。

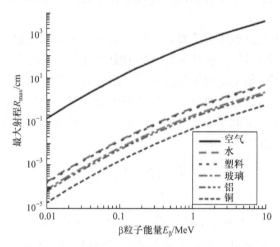

图 5.3   β 粒子在几种常见物质中的最大射程

5.3   重带电粒子与物质的相互作用

带电粒子，如质子、α 粒子和裂变碎片离子被分类为重带电粒子，它们的质量比电子的质量大得多。对于一个给定能量的重带电粒子，它们的速度通常比电子的速度要低，但动量更高，因此在每次碰撞中偏离入射轨迹的程度比电子小。重带电粒子在物质中减速的主要原因是与原子核外电子或者核子的静电相互作用。根据库仑定律，碰撞的能量损失取决于重带电粒子与靶核的距离 r，图 5.4 给出了重带电粒子与原子核外电子相互作用的轨迹。一个核外电子获得了一个比其结合能大得多的能量并逃逸出原子核，剩下一个带正电的原子。根据式(4.48)可以计算得到，重核的质量为 m_H，能量为 E_0，与一个电子发生正碰时，其能量变化约为 $4(m_e/m_H)E_0$(见习题 5.15)。例如，对于一个能量为 5MeV 的 α 粒子，其与电子碰撞时失去的能量和电子增加的能量均为 $4\times(0.000549/4.00)\times5\text{MeV}=0.002745\text{MeV}$。电子的能量足够高，能够引起物质中的二次电离。将 α 粒子的能量降低 1MeV 需要几百次这样的碰撞。重带电粒子通过初级和次级过程，在穿过物质的轨迹上产生了大量的电子。

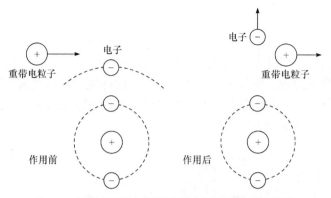

图 5.4　重带电粒子与原子核外电子相互作用的轨迹

当一个重带电粒子靠近靶核时，静电力作用使其沿双曲线的轨迹运动，如图 5.5 所示。带电粒子的散射角大小取决于碰撞的性质，包括初始能量、相对于靶核的运动方向和入射粒子所带的电荷量，这个过程比带电粒子与核外电子的碰撞损失更多的能量。另外，虽然原子核被核相互作用力束缚在一个很小的范围，但其结合能非常高，因此重带电粒子还是有很小的概率可以进入原子核中引起核反应。

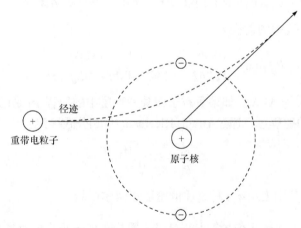

图 5.5　重带电粒子与原子核的相互作用

重带电粒子比电子重得多，因此，与核外电子发生碰撞时，其速度和角度的变化程度很小，重带电粒子在穿过物质时的轨迹几乎是一条直线。每次碰撞传递给物质的能量很小，因此重离子的轨迹可以看作是一个缓慢连续的减速过程。在其轨迹末端，重带电粒子与物质原子之间发生电荷交换，重带电粒子吸收物质原子中的电子变为一个中性原子。在给定能量下，重带电粒子的射程最小。

在穿过物质的距离 x 上的能量损失率被称为物质的阻止本领，也被称为线能量转移(linear energy transfer，LET)：

$$\text{LET} = -\mathrm{d}E/\mathrm{d}x \tag{5.3}$$

在 NIST 网站上给出了不同物质对原子和核子的阻止本领(Berger et al.，2005)。Mayo(1998)给出了阻止本领与电荷、质量和能量之间的关系。另一个与阻止本领相关的参数是射程，即粒子在物质中经历多次碰撞后穿行的最大距离。图 5.6 给出了α粒子、β粒子和质子在铝中的连续减速近似(continuous slowing down approximation，CSDA)射程。

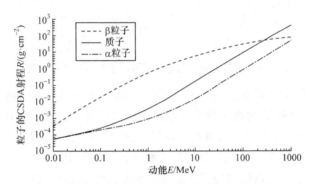

图 5.6 α 粒子、β 粒子和质子在铝中的 CSDA 射程

α 粒子在空气中的射程为

$$R_{\text{air}}[\text{cm}] = \begin{cases} 0.56E_\alpha, & E_\alpha < 4\text{MeV} \\ 1.24E_\alpha - 2.62, & 4\text{MeV} \leqslant E_\alpha < 8\text{MeV} \end{cases} \tag{5.4}$$

式中，E_α 的单位为 MeV。如果重粒子在某种物质中的射程 R_1 是已知的，那么在第二种物质中的射程可以通过 Bragg-Kleeman(1905)公式确定：

$$\frac{R_1}{R_2} = \frac{\rho_2}{\rho_1}\sqrt{\frac{M_1}{M_2}} \tag{5.5}$$

式中，ρ_i 和 M_i 分别表示第 i 种物质的密度和摩尔质量。

例 5.2 通过重离子在空气中的射程计算其在任一物质中的射程。空气的密度为 $1.205 \times 10^{-3}\text{g/cm}^3$，其有效的摩尔质量为

$$\sqrt{M_{\text{eff}}} = \sum_i \gamma_i \sqrt{M_i} \quad \text{或} \quad \frac{1}{\sqrt{M_{\text{eff}}}} = \sum_i \frac{\omega_i}{\sqrt{M_i}} \tag{5.6}$$

式中，ω_i 和 γ_i 分别表示第 i 种成分的质量分数和原子百分比。使用表 4.3 中给出的空气中氮气和氧气的质量分数可以计算得到：

$$\frac{1}{\sqrt{M_{\text{air}}}} = \frac{\omega_{\text{N}}}{\sqrt{M_{\text{N}}}} + \frac{\omega_{\text{O}}}{\sqrt{M_{\text{O}}}} = \frac{0.765}{\sqrt{14.007}} + \frac{0.235}{\sqrt{15.999}} \approx 0.2632$$

$$M_{\text{air}} = 14.4\text{g/mol}$$

将计算结果代入式(5.5)中可以得到：

$$R = R_{\text{air}} \frac{\rho_{\text{air}}}{\rho} \sqrt{\frac{M}{M_{\text{air}}}} = R_{\text{air}} \frac{1.205 \times 10^{-3}}{\rho} \sqrt{\frac{M}{14.4}} = 3.2 \times 10^{-4} \frac{\sqrt{M}}{\rho} R_{\text{air}} \tag{5.7}$$

例 5.3 计算阻止能量为 2MeV 的 α 粒子所需的空气或者铝的厚度。根据式(5.4)计算得到，α 粒子在空气中的射程为

$$R_{\text{air}} = (0.56\text{cm/MeV})(2\text{MeV}) = 1.12\text{cm}$$

根据 Bragg-Kleeman 公式计算得到所需的铝的厚度为

$$R_{\text{Al}} = 3.2 \times 10^{-4} \frac{\sqrt{26.98}}{2.70}(1.12\text{cm}) \approx 0.00069\text{cm=}6.9\mu\text{m}$$

α 粒子在固体中的射程很短，一张纸就能很轻易地挡住，人体皮肤表层就能为这种重离子辐射屏蔽提供很好的防护。

5.4 γ 射线与物质的相互作用

本节介绍核反应产生的γ射线与物质相互作用的三种方式。相互作用过程包括光子的散射、电离和一种特殊的反应过程，即电子对效应。γ射线往往被认为具有比 X 射线更高的能量，但实际上并不一定，韧致辐射及在上述三种方式中产生的γ射线的能量均为 keV 量级到 MeV 量级范围。

5.4.1 光电散射

光子与物质间相互作用的一种最简单方式是能量为 $E=h\nu$ 的光子与静止质量为 m_e 的电子相互作用。虽然物质原子核外的电子被认为是围绕原子核运动的，但其能量为 eV 量级，相对于入射γ射线的能量(其能量在 keV 量级到 MeV 量级范围)很小，这些电子较入射γ射线可被认为是静止的。经典物理理论中的能量与动量守恒定律适用于此类碰撞。

光电散射(康普顿效应)示意图如图 5.7 所示，入射光子在发生碰撞后改变了运动方向并损失了部分能量，变成了量为 $E' = h\nu'$ 的散射光子，散射光子的能量大小与散射角 θ 有关，其表达式为

$$\frac{1}{E'} - \frac{1}{E} = \frac{1}{m_e c^2}(1 - \cos\theta) \tag{5.8}$$

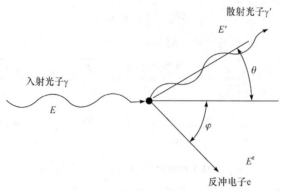

图 5.7   光电散射(康普顿效应)示意图

由能量守恒定律可以得到，散射电子的能量等于光子损失的能量：

$$E_K^e = E - E' \tag{5.9}$$

电子获得能量并以一个极高的速度 v 和总质量能量 mc^2 飞出，留下一个被电离的原子。

例 5.4   计算能量为 1MeV 的光子与电子碰撞后，散射角为 45°对应的电子能量。结合式(5.8)和式(5.9)可以计算得到：

$$
\begin{aligned}
E_K^e = E - E' &= \frac{(E^2/m_ec^2)(1-\cos\theta)}{1+(E/m_ec^2)(1-\cos\theta)} \\
&= \frac{[(1\mathrm{MeV})^2/0.511\mathrm{MeV}](1-\cos 45°)}{1+(1\mathrm{MeV}/0.511\mathrm{MeV})(1-\cos 45°)} \approx 0.36\mathrm{MeV}
\end{aligned}
\tag{5.10}
$$

被散射的电子是一个以 81%光速运动的相对论电子。

光子与电子发生碰撞后散射的相互作用也被称为康普顿效应，是以其发现者来命名的。当光子与电子碰撞的散射角为 180°时，其能量损失最大。如果入射粒子的能量远大于电子的静止能量 $E_0=m_ec^2=0.511\mathrm{MeV}$，那么碰撞后的光子能量等于 $E_0/2$；如果入射粒子的能量远小于 E_0，那么碰撞后的光子能量损失为 $2E/E_0$(见习题 5.3)。一般能量下，光子能量损失的推导需要用到相对论，是比较复杂的推导。另外，Klein-Nishina 公式给出了光子散射角的分布。康普顿散射的发生概率由截面表征，图 5.8 给出 X 射线和 γ 射线屏蔽中常用到的铅元素的 γ 相互作用截面。

可以发现，γ 射线能量越高，相互作用截面越小。另外，可以推断的是光子每次与铅碰撞后会损失一部分能量，同时发生下一次碰撞的概率增大，直到光子消失。

5.4.2   光电效应

光电效应是一个与光电散射相互竞争的过程，在低能部分占主要作用。一个

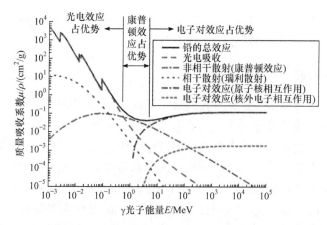

图 5.8 铅元素的 γ 相互作用截面(数据来自 NIST XCOM 光子截面库)

高能的入射光子使原子核外的电子脱离原子，留下一个带正电的离子，入射光子被原子核吸收并消失，过程如图 5.9 所示。脱离原子核的电子被称为光电子，其能量为

$$E_{\mathrm{K}}^{\mathrm{e}} = E_{\gamma} - I \tag{5.11}$$

式中，E_{γ} 为入射电子的能量；I 为电子所在壳层的电离势能(电子在原子中的结合能)。

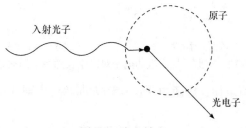

图 5.9 光电效应
典型特点是需要原子内部壳层电子的参与

图 5.8 中可以看到铅的光电效应截面随着 γ 光子能量的增加而减小。γ 光子能量为 2.5keV、13keV 和 88keV 时，铅元素的 μ/ρ 出现了峰值点，分别对应铅元素 M、L 和 K 层的能量(K、L、M、…、Q 层分别对应于 2.3 节量子数 $n=1, 2, 3, …,$ 7 的原子轨道)。这些吸收边表明光子能量存在特征能量值，当入射光子能量低于特征能量值时，不足以激发该层电子使其从原子核中逃逸。

康普顿效应和光电效应虽然都会使原子电离，但通常看作是两种不同的过程。在康普顿效应中，入射光子变成一个能量更低的光子；而在光电效应中，光子被原子吸收。这两种相互作用释放出的电子都具有足够的能量使其他的原子发生电离或者激发。另外，电子出射后，原子还会伴有光子或者 X 射线的出射，这取决于出射电子位于原子核外的内壳层还是外壳层。

5.4.3 电子对效应

电子对效应可以认为是光子转换成了物质，这一过程符合爱因斯坦质能方程。如图 5.10 所示，由于原子核附近存在强电磁场，一个高能的光子在原子核附近消失并伴随有一个负电子和一个正电子的产生。因为正负电子的电荷量相同，极性相反，而光子不带电，所以反应前后的电荷量没有变化，符合电荷守恒定律。正负电子的总质量对应的能量为 2×0.511MeV=1.022MeV，说明只有当 γ 光子的能量大于此能量时，该反应才可能会发生。超过 1.022MeV 部分的 γ 光子能量以动能的形式被正负电子对平分：

$$E_K^{\text{pair}} = E_K^{\text{e+}} + E_K^{\text{e-}} = E_\gamma - 2E_0^{\text{e}} \tag{5.12}$$

式中，E_K 表示电子的动能；E_γ 表示 γ 光子的动能；E_0^{e} 表示电子的静止质量能量。

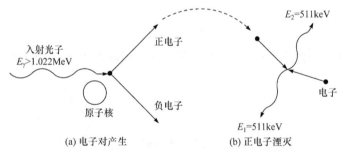

(a) 电子对产生   (b) 正电子湮灭

图 5.10　在原子核附近的电子对产生及随后的湮灭过程

考虑到动量守恒定律，正负电子的运动方向参考入射光子的运动方向前向性发射。

从图 5.8 给出的铅元素的 γ 相互作用截面中可以看到，铅的电子对效应对应的截面是从 0 开始逐渐变大。另外，图 5.10 也表明了电子对效应更多地发生在原子核的附近而不是原子核外电子的库仑场中。如图 5.10 所示，当正电子失去动能后，在很短的时间内就会与一个电子结合，当正电子与负电子结合时，将会发生物质的湮灭现象，产生两条新的 γ 射线，并且按照动量守恒规律，这两个 γ 光子携带相同的能量并朝两个相反的方向发射。

在宇宙大爆炸后的早期，高能的 γ 光子相互碰撞形成正负电子对的过程普遍存在。

5.4.4 光子衰减

不同于 α 粒子、β 粒子在物质中具有固定的射程，γ 射线能够穿透任意厚度的物质。在中子衰减中的指数衰减 $e^{-\Sigma z}$，在光子衰减中同样适用。在光子衰减中，通常将相互作用的发生概率用线性衰减系数 μ 来表示，这和中子宏观反应截面 Σ_a 类似。但光子衰减通常给出的是 μ/ρ 的值，表示在物质中的衰减系数，其中 ρ 指的是物质的密度。因而，当在物质中穿过距离 x 后未衰减的光子流量为

$$\phi(x) = \phi_0 e^{-\mu x} \tag{5.13}$$

描述光子射程的参数有平均自由程 $\lambda = 1/\mu$ 和半衰减厚度 $\ln2/\lambda$（γ 光子的通量密度衰减到入射通量密度一半时所需的距离）。

类似于中子截面，光子的衰减系数与入射物质和光子能量相关。在 NIST 网站(Hubbell et al.，2004)上给出了光子与大多数元素相互作用的衰减系数。对于一种混合物，若已知其质量分数 ω_i，则混合物的质量衰减系数为

$$(\mu/\rho)_{\text{mix}} = \Sigma \omega_i (\mu/\rho)_i \tag{5.14}$$

图 5.8 给出了铅元素的 γ 光子相互作用截面，是康普顿效应、光电效应和电子对效应三种相互作用之和。总相互作用截面在 γ 光子能量为 3MeV 时是极小值，这表明在能量 3MeV 左右的 γ 光子穿透铅的能力最强。

例 5.5 计算将钴-60 发射的 γ 射线强度降低到 1/10 所需的铅的厚度。根据表 3.2，钴-60 发射 1.173MeV 和 1.332MeV 两种能量的光子。γ 光子能量的平均值为 1.25MeV，图 5.8 给出了在此能量下的衰减系数为 0.059cm^2/g，铅的密度为 11.35g/cm^3，铅的厚度为

$$\phi(d)/\phi_0 = \exp[-(\mu/\rho)\rho d]$$

$$d = \frac{-\ln[\phi(d)/\phi_0]}{(\mu/\rho)\rho} = \frac{-\ln 0.1}{(0.059\text{cm}^2/\text{g})(11.35\text{g/cm}^3)} \approx 3.4\text{cm}$$

通过 11.3 节将会知道本例忽略了一个问题，那就是散射并不是使原来的光子消失，而只是改变了它们的方向。

既然光子衰减并不能说明所有的光子都被物质吸收，如康普顿散射中光子只是将一部分能量传递给了电子，那么就有必要引入另外一个参数，能量吸收系数 μ_{en}。在计算射线的强度衰减时，使用线性衰减系数 μ；在计算辐射剂量时，使用能量吸收系数 μ_{en}。在第 11 章中还会详细介绍这几个系数的区别，对比线性衰减系数和能量吸收系数的定义可以发现 $\mu \geqslant \mu_{\text{en}}$。

5.5   中子核反应

为了本章的完整性，本节再一次讨论中子与物质的相互作用。不同于光子主

要与原子核外的电子发生相互作用，中子主要与原子核发生相互作用。中子可能与靶核发生弹性散射或非弹性散射，也可能被靶核俘获同时发射一个 γ 光子，还可能引起裂变反应。如果中子的能量足够高，那么有可能引起(n,p)和(n,α)反应。因为光子和中子的直接电离作用相对于它们的次级带电粒子引起的电离作用要小得多，所以它们也被称为非直接电离辐射。值得注意的是，中性辐射通常是通过测量它们与物质相互作用产生的次级带电粒子来探测的。

继续分析中子反应与原子性质变化之间的关系。当一个高速中子轰击水分子中的一个氢原子时，一个质子被抛出，水分子的化学性质发生改变，同样的过程发生在任何生物体的细胞中。被抛出的质子相对于电子是重带电粒子，它在穿过物质时不断减速，并在其路径上引起了物质的电离。因而中子辐射损伤分为以下两个过程，初级损伤和次级损伤。

在多次碰撞后，中子降低到一个很低的能量，然后被吸收。如果中子被水分子中的质子或者其他碳氢化合物吸收，会释放一个 γ 光子(如第 4 章所述)，那么产生的氘元素能量虽然比 γ 光子的能量低得多，但远大于水分子原子间的结合能，因此氘核会脱离水分子，这一过程也被认为是辐射损伤的一种方式。

5.6 辐射效应与辐射损伤

根据本章介绍的几种粒子与物质原子间的相互作用，可推断出辐射对物质的宏观影响。辐射的影响可能是有益的或有害的。例如，电离作用可能影响电子设备与电路的性能和可操作性；光子辐照后光纤的光传输性能可能发生退化。对辐射机制的应用可以引领新工艺方法的发展，如利用中子嬗变对半导体进行掺杂(见14.8 节)。

电离辐射主要对下列几种分子键有损伤作用：

(1) 金属键(损伤最小)；

(2) 离子键；

(3) 共价键(损伤最大)。

生物组织存在大量的共价键，因而比金属键构成的物质更容易被辐射损伤。

例 5.6 以盐(NaCl)为例，钠将其受原子束缚较轻的电子给了氯元素，形成了 Na^+Cl^- 离子键。钠离子电离可能形成一个 Na^{2+} 的粒子，而这个粒子将会再吸引一个 Cl^-，形成 $Na^{2+}2Cl^-$ 离子键。但是 Cl^- 电离会将 Cl^- 变成一个中性粒子，而不再被 Na^+ 吸引，此时离子键会被破坏。

另一种区别于分子键损伤的辐射损伤被称为位移损伤，通常是由于散射等核相互作用引起的，会使被辐照物质出现晶格缺陷。散射过程可以使用动力学方法或蒙特卡罗方法进行分析。中子更容易引起原子的位移损伤。

除了电离和能量损失，辐射也可能引入有害的或者有用的杂质。例如，当一个重离子减速时，它会俘获一个电子形成一个中性原子(如质子变为氢核、α 粒子变为氦核)；中子被俘获后可能会形成一个新的放射性核素，该核素可能衰变成一个新的核素。从例 5.7 中可以看到，电离作用也会在物质中引入杂质。

例 5.7　β 粒子和 γ 辐射可引起水分子的辐射分解，使水分子电离出一个电子：

$$H_2O \xrightarrow{\text{电离}} H_2O^+ + e^- \tag{5.15}$$

然后，电离出的自由电子和水离子会与其他的水分子发生相互作用：

$$H_2O^+ + H_2O \longrightarrow H_3O^+ + OH$$
$$e^- + H_2O \longrightarrow OH^- + H \tag{5.16}$$

式中，OH^- 带负电；H_3O^+ 带正电。它们会发生相互作用生成氢气和过氧化氢，其中过氧化氢是一种强氧化物。

从宏观角度看，辐射能改变物质的一系列性质，包括化学性质、电学性质、磁性质、机械性能和光学性质等。辐射对于机械性能的影响是能改变物质的强度和延展性。中子辐射能提升大多数金属的屈服强度，但降低了其延展性；中子辐射也会降低高分子聚合物的抗张强度。

5.7　小　　结

人们感兴趣的辐射粒子包括电子、重带电粒子、光子和中子。它们在与物质中的核外电子或核子相互作用时损失能量。每种粒子的电离能力各不相同。β 粒子和 α 粒子的射程很短，γ 光子和中子的衰减遵守指数衰减定律。高能 γ 光子还能产生正负电子对。高能或低能中子都能对物质分子造成辐射损伤。

5.8　习　　题

5.1　将氢气电离产生质子和电子，假设两种粒子具有相同的能量，质量比 $m_p/m_e=1836$，计算速度比 v_p/v_e 和动量比 p_p/p_e。

5.2　某中子俘获反应产生了一个 γ 光子，能量为 6MeV，求光子频率和波长。

5.3　对于被电子 180° 散射的光子或 X 射线，其最终能量为

$$E' = \left(\frac{1}{E} + \frac{2}{E_0}\right)^{-1}$$

①习题 5.2 中 6MeV 光子的最终能量是多少？②证明若 $E \gg E_0$，则 $E' \approx E_0/2$，若 $E \ll E_0$，则 $(E-E')/E \approx 2E/E_0$；③从数学上证明 6MeV 光子的计算可以采用哪种近似。

5.4 一个 2.26MeV 的 γ 光子产生了一对正负电子对，求正电子和负电子的动能。

5.5 计算阻止 2MeV 的 α 粒子所需的纸(密度为 1.29g/cm³)的厚度。若纸的密度和空气的密度(1.29×10^{-3}g/cm³)相同且具有相同的电子组成(如 $M_{air} \approx M_{paper}$)，所需的厚度为多少。

5.6 铅的相对原子质量 $M=207.2$，密度为 11.35g/cm³，计算每立方厘米的原子数。若能量为 3MeV 的 γ 光子的总反应截面为 14b，求光子的线性衰减系数和半衰减厚度。

5.7 能量高于 0.8MeV 的 β 粒子的最大射程满足下列关系式：

$$R[cm] = \frac{0.55E[MeV] - 0.16}{\rho[g/cm^3]}$$

①求解阻止由磷-32 出射的 β 粒子(能量由表 3.2 给出)所需的铝制薄板(密度为 2.7g/cm³)的厚度；②使用式(5.2)(Katz-Penfold 公式)重新计算①。

5.8 一个辐射工作人员的手暴露在面流密度为 3×10^8cm⁻²·s⁻¹ 的 β 粒子中 5s，求解 β 粒子在手组织(密度为 1g/cm³)中的射程；求解产生的电荷量(C/cm³)和能量沉积(J/g)；对于人体组织，β 粒子的最大射程可使用习题 5.7 的公式进行计算。

5.9 计算一个能量为 4MeV 的 α 粒子与电子发生对心碰撞后电子增加的能量；计算将 α 粒子的能量下降到 1MeV 需要多少次这样的碰撞(参考习题 4.19)？

5.10 在宇宙大爆炸后的某个时间，大量的高速光子相互碰撞形成负电子和正电子，假设每个电子的能量为 0.511MeV，求此时的温度。

5.11 计算铯-137 产生的 γ 射线穿过 1.5cm 的铅板衰减的百分比。

5.12 计算 50keV 的 X 射线穿过一个很薄的铝板后的最大能量与最小能量(铝板厚度使 X 射线在薄铝板中最多发生一次碰撞)。

5.13 分别计算 10keV 和 10MeV 光子在康普顿散射角为 90°时损失能量的百分比。计算结果表明了什么问题？

5.14 ①计算一个能量为 20keV 的 X 射线被电子散射时，散射角为 180°的能量损失，并与 $2E/E_0$ 做比较；②计算能量为 10MeV 的 γ 光子被电子散射时，散射角为 180°的最终能量，并与 $E_0/2$ 做比较。

5.15 回顾习题 4.19，令 $u_2=0$，$m_2 \ll m_1$，证明 m_2 的最终能量为 $E_2=4E_1m_2/m_1$，其

中 E_1 表示 m_1 的最初能量。

5.16 计算下列几种粒子需要考虑的相对论效应对应的动能：①电子；②质子；③中子；④氘。

5.9　上机练习

5.A NIST[1] 提供了 ESTAR、PSTAR 和 ASTAR(Berger et al.，2005)分别计算电子、质子和 α 粒子的阻止能力和射程的程序。类似于图 5.6，做一个图比较下列几种粒子的连续慢化射程：①石墨；②硅；③空气；④派热克斯玻璃；⑤聚乙烯；⑥生物组织。

5.B 根据 NIST[2] 提供的 X 射线质量衰减系数和能量吸收系数用图示给出下列物质的 μ/ρ 和 μ_{en}/ρ：①铅；②铅玻璃；③碲化镉；④水；⑤二氧化硅(图 11.2 给出了生物组织的示例)。

5.C NIST[3] 提供的 XCOM 程序(Berger et al.，2010)可以用来计算光子散射、光电效应和电子对效应的反应截面。给出下列几种物质的质量衰减系数：①铁；②水；③空气；④混凝土；⑤软组织。后三种混合物的元素组成在 http://physics.nist.gov/PhysRefData/XrayMassCoef/tab2.html 中可以查到。

参 考 文 献

Berger, M.J., Coursey, J.S., Zucker, M.A., Chang, J., 2005. Stopping-Power and Range Tables for Electrons, Protons, and Helium Ions, NISTIR 4999. National Institute of Standards and Technology.

Berger, M.J., Hubbell, J.H., Seltzer, S.M., Chang, J., Coursey, J.S., Sukumar, R., Zucker, D.S., Olsen, K., 2010. XCOM: Photon Cross Sections Database. NBSIR 87-3597, National Institute of Standards and Technology.

Bragg, W.H., Kleeman, R., 1905. Phil. Mag. 10, 358.

Hubbell, J.H., Seltzer, S.M., 2004. Tables of X-Ray Mass Attenuation Coefficients and Mass Energy-Absorption Coefficients. National Institute of Standards and Technology, Gaithersburg, MD. http://physics.nist.gov/xaamdi.

Katz, L., Penfold, A.S., 1952. Rev. Mod. Phys. 24, 28.

Mayo, R.M., 1998. Introduction to Nuclear Concepts for Engineers. American Nuclear Society. Chapter 6 is devoted to the interaction of radiation with matter.

---

1 http://physics.nist.gov/Star。

2 http://physics.nist.gov/xaamdi。

3 http://physics.nist.gov/xcom。

延 伸 阅 读

Bethe, H.A., Bacher, R.F., Livingston, M.S., 1986. Basic Bethe, Seminal Articles on Nuclear Physics, 1936–1937. American Institute of Physics and Springer Verlag. Reprints of classic literature on nuclear processes; discussion of stopping power, p. 347 ff.

Choppin, G., Liljenzin, J.-O., Rydberg, J., 2002. Radiochemistry and Nuclear Chemistry, third ed. Butterworth Heinemann.

Faw, R.E., Shultis, J.K., 1999. Radiological Assessment: Sources and Doses. American Nuclear Society. Includes fundamentals of radiation interactions.

Segrè, E., 1977.Nuclei and Particles, second ed. Benjamin-Cummings.Classic book on nuclear theory and experiments for undergraduate physics students written by a Nobel Prize winner.

Shultis, J.K., Faw, E.R., 1996. Radiation Shielding. Prentice-Hall. Basics and modern analysis techniques.

Turner, J.E., 1986. Atoms, Radiation, and Radiation Protection. Pergamon Press.

Van Vlack, L.H., 1985. Elements of Materials Science and Engineering, fifth ed. Addison-Wesley Publishing Co.

Was, G.S., 2007. Fundamentals of Radiation Materials Science.Springer.

裂　　变

本章目录

　　不同于其他类型的核反应，裂变反应具有非常重要的应用价值。本章将讨论裂变反应的机制，分析裂变反应的副产物，介绍链式反应的概念，并关注核燃料的燃烧放能。

6.1　裂　变　过　程

　　中子被大多数核素吸收后会发生俘获反应，以 γ 光子的形式将激发能释放出来。但对于一些重核元素，如在铀和钍元素中，可能会发生另一种反应：核素极快地分裂为两个质量相近的核素，这个过程被称为裂变。图 6.1 给出了 ^{235}U 裂变过程。在 A 阶段，中子到达 ^{235}U 原子核。B 阶段中，复合的 ^{236}U 原子核能量跃迁到激发态。在裂变反应中，激发态的能量通过 γ 光子释放出去，但在大多数情况下，这部分能量会使原子核变形，形成如 C 阶段所示的哑铃型结构。这两部分原子核的运动方式类似于液滴的运动方式。当静电斥力相对于核相互作用力占主要作用时，两部分的原子核分离，如 D 阶段所示，它们被称为裂变碎片，裂变碎片带走了反应中释放的大部分能量，并以很高的速度运动，其动能之和接近于166MeV，而整个裂变过程的放能为200MeV。当碎片分开后，它们失去了原子核外的电子变成离子碎片，高速运动的离子碎片通过与周围介质中的原子和分子间的相互作用损失能量。当裂变过程发生在核反应堆中时，这个过程产生的热能是可以回收利用的。在 D 阶段中还能看到在核裂开的瞬间，瞬发 γ 射线和快中子被释放出来。整个裂变过程持续时间约为 10^{-15}s(Gozani, 1981)。

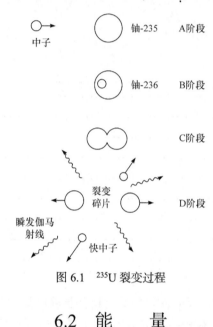

图 6.1 ^{235}U 裂变过程

6.2 能   量

重核 ^{235}U 吸收一个中子后能量升高，这是由于 ^{235}U 与中子的静止质量的和远远高于一个 ^{236}U 的静止质量，第一阶段的反应如下：

$$^{235}_{92}\text{U}+^{1}_{0}\text{n}\longrightarrow(^{236}_{92}\text{U})^{*} \tag{6.1}$$

式中，星号*表示铀-236 处于激发态。U-236*的相对原子质量为

$$M_{\text{U-236}^*} = M_{\text{U-235}} + m_{\text{n}} = 235.043930 + 1.008665 = 236.052595$$

然而，处于基态的 ^{236}U 的相对原子质量仅为 236.045568，比激发态的相对原子质量小 0.007027，换算成能量为 6.55MeV，这部分多余的能量足以引发裂变反应。图 6.2 给出了量之间的关系，为了得到精确的结果，这里使用了比一般情况更多数位的有效数字。

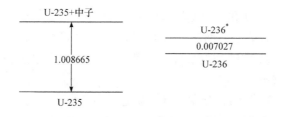

图 6.2　^{235}U 与中子反应的激发能

　　引入 6.55MeV 激发能就能引发 200MeV 的放能反应是十分令人震惊的,这是由于激发能的引入使两个裂变碎片分开,然后强大的静电斥力给碎片提供了大量的动能。由爱因斯坦质能方程可知,裂变产物的质量小于它们未裂变前复合核的质量。

　　之前的计算并未考虑中子的动能给反应引入的能量,这是由于 ^{235}U 能与很低能量的慢中子发生俘获反应,天然元素中仅有 ^{235}U、人工合成元素 ^{239}Pu 和 ^{233}U 可以这样近似处理。对于其他大多数的重核,引发裂变反应需要外部提供大量的激发能,而这部分能量只能由入射中子的动能提供,如引发 ^{238}U 的裂变需要中子能量达到 0.9MeV,其他核素可能需要更高的能量。因此可以做如下分类,可裂变核素指的是能发生裂变的核素,易裂变核素指的是能由慢(热)中子引发裂变的核素。常见的可裂变核素是 ^{232}Th 和 ^{238}U,易裂变核素是 ^{233}U、^{235}U 和 ^{239}Pu。图 6.3

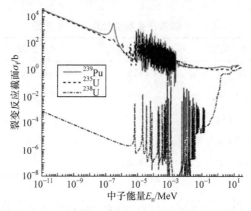

图 6.3　可裂变核素 ^{238}U 和易裂变核素 ^{235}U、^{239}Pu 的微观裂变截面(后附彩图)

给出了可裂变核素 ^{238}U 和易裂变核素 ^{235}U、^{239}Pu 的微观裂变截面。可以看到，^{238}U 在热中子能区的微观裂变截面比 ^{235}U 和 ^{239}Pu 小 7 个量级，因此用能量高于 1MeV 的快中子有利于引发 ^{238}U 裂变反应，在第 25 章中也将讨论到这一点，即快中子堆的燃料会发生增殖。

有一些元素，如 ^{252}Cf，会发生自发裂变。^{252}Cf(由一系列中子吸收反应人工合成的核素)具有 2.645a 的半衰期，衰变模式为 α 粒子出射(96.9%)和自发裂变(3.1%)，中间产物 ^{240}Pu 衰变时有一小部分 ^{240}Pu 发生了自发裂变，另外大部分发生 α 衰变。

例 6.1 计算每克 ^{252}Cf 的中子发射率。已知 ^{252}Cf 的比活度为

$$SA = \frac{\lambda N_A}{M} = \frac{\ln 2(6.022 \times 10^{23} \text{atoms/mol})}{(3.1558 \times 10^7 \text{s/a})(2.645a)(252 \text{g/mol})} \approx 1.98 \times 10^{13} \text{Bq/g}$$

只有 3.1%的衰变反应属于自发裂变，每次自发裂变发射 3.757 个中子，因此自发裂变中子产额为

$$Y = (1.98 \times 10^{13} \text{decay/g} \cdot \text{s})(0.031)(3.757 \text{n/decay}) \approx 2.31 \times 10^{12} \text{n/(g} \cdot \text{s)}$$

6.3 裂变副产物

裂变过程中伴随有中子的出射过程，这些中子对自持裂变反应极为重要。根据同位素和轰击靶核的中子能量不同，出射中子产额的可能范围为 1~7，平均值在 2~3(表 6.1)。^{235}U 与慢中子反应的中子平均产额为 2.44，大部分的中子会瞬间释放，也被称为瞬发中子，但是大约有 0.65%的中子在裂变碎片的放射性衰变中释放出来，这部分缓发中子为核反应堆提供了自有安全性和可控性，将会在第 21 章中介绍。

表 6.1 核素发生裂变反应的中子产额

核素	裂变类型	瞬发中子产额 v_p	缓发中子产额 v_d	中子总产额 v
钍-232	快中子裂变	2.406	0.0499	2.4559
铀-233	热中子裂变	2.490	0.0067	2.4967
铀-235	热中子裂变	2.419	0.0162	2.4352
铀-238	快中子裂变	2.773	0.0465	2.8195
钚-239	热中子裂变	2.877	0.0065	2.8835

^{235}U 吸收中子后的裂变反应可以表示成一般的核反应方程式。放能以 Q 表示，裂变碎片的化学符号以 F_1 和 F_2 表示，代表着多种可能的分裂方式：

$${}^{235}_{92}\mathrm{U}+{}^{1}_{0}\mathrm{n}\longrightarrow{}^{A_1}_{Z_1}F_1+{}^{A_2}_{Z_2}F_2+\nu{}^{1}_{0}\mathrm{n}+Q \tag{6.2}$$

可根据反应的不同添加多种元素，如某裂变反应的产物为氪(Kr)和钡(Ba)：

$${}^{235}_{92}\mathrm{U}+{}^{1}_{0}\mathrm{n}\longrightarrow{}^{90}_{36}\mathrm{Kr}+{}^{144}_{56}\mathrm{Ba}+2{}^{1}_{0}\mathrm{n}+Q \tag{6.3}$$

例 6.2　计算上述方程式中的放能 Q。根据式(4.16)和附录 A 中的表 A.5 可以计算得到：

$$Q=[(M_{\mathrm{U\text{-}235}}+m_\mathrm{n})-(M_{\mathrm{Kr\text{-}90}}+M_{\mathrm{Ba\text{-}144}}+2m_\mathrm{n})]c^2$$
$$=[(235.04392992)-(89.91951656+143.92295285+1.00866492)](931.5)$$
$$\approx179.6\,\mathrm{MeV}$$

如图 6.4 所示，^{235}U 裂变产物的原子质量数可能在 70～164，最可几的裂变产物的原子质量数接近于 95 和 134。图中纵坐标表示的是每种原子质量数对应的产物的裂变产额，如对于原子质量数为 92 和 143 的裂变产物的裂变产额为 6%。若总裂变产物的裂变产额为 1，那么这些产物的数量最大为 0.06。

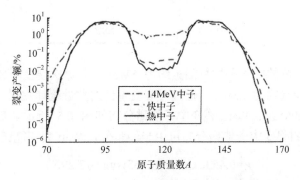

图 6.4　^{235}U 裂变产额随原子质量数的分布

图 6.4 也表明初始反应的中子能量会影响反应产物的裂变产额。另外，图 6.4 未给出三分裂(产生三种产物的裂变反应)产生的一些低质量数的核素。例如，由热中子引起的 ^{235}U 裂变反应中约有 0.17% 的原子质量数为 4 的产物产生。

对于裂变产物 $^{144}_{56}$Ba，自然界丰度最高的钡元素是 $^{138}_{56}$Ba，另外还有一种典型的原子质量数为 144 的元素是 $^{144}_{60}$Nd，裂变反应中生成的 $^{144}_{56}$Ba 比稳定的 $^{138}_{56}$Ba 多了 6 个额外的中子或质子，其状态是极不稳定的，经过一系列的链式衰变反应释放若干个 β 粒子和缓发 γ 光子，最终生成稳定的核素 $^{138}_{56}$Ba；对于裂变产物 $^{90}_{36}$Kr，经过一系列的 β 衰变，释放多种能量的 γ 光子，最终生成稳定的核素：

$$^{90}_{36}\mathrm{Kr}\xrightarrow{32.3\mathrm{s}}{}^{90}_{37}\mathrm{Rb}\xrightarrow{2.6\mathrm{min}}{}^{90}_{38}\mathrm{Rb}\xrightarrow{29.1\mathrm{a}}{}^{90}_{39}\mathrm{Y}\xrightarrow{2.67\mathrm{d}}{}^{90}_{40}\mathrm{Zr} \tag{6.4}$$

考虑到裂变产物的高放射性及短半衰期，其放射性危害是显而易见的。

裂变的总放能接近 200MeV，包含多种过程，如表 6.2 所示。平均能量为 1MeV 的瞬发 γ 射线作为裂变过程的一部分被发射出来，还有一部分 γ 射线在裂变产物衰变过程中被释放。β 衰变过程伴随发射的中微子由于具有高穿透性，其能量不能转化为可以利用的热能。因此，裂变放能中大约有 190MeV 的能量能被有效利用。另外，原子核发生中子俘获反应会释放出几兆电子伏特能量的 γ 光子，这部分能量也能被利用。

表 6.2　裂变释放的平均能量　　　　　　　　　　（单位：MeV）

裂变能量类型	U-233	U-235	Pu-239
裂变碎片动能	168.2	169.1	175.8
瞬发中子动能	4.9	4.8	5.9
瞬发 γ 射线能量	7.7	7.0	7.8
缓发 γ 射线能量	5.0	6.3	5.2
缓发 β 射线	5.2	6.5	5.3
缓发中子	6.9	8.8	7.1
总能量	197.9	202.5	207.1

每次裂变释放的中子平均总能量约为 5MeV，若每次裂变释放 2.5 个中子，则中子的平均能量约为 2MeV。通过对裂变事件的大量统计发现，释放中子的能量分布为 0～10MeV，Watt 裂变中子能谱分布如图 6.5 所示。最可几能量约为 0.7MeV。^{235}U 的裂变中子能谱分布可由半经验公式 Watt 裂变能谱表示：

$$\chi = 0.453\exp(-E/0.965)\sinh(\sqrt{2.29E}) \tag{6.5}$$

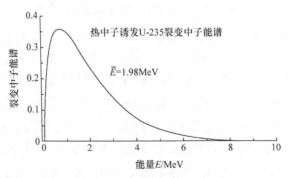

图 6.5　Watt 裂变中子能谱分布

从图 6.3 中可以看到慢中子引发裂变反应的反应截面很高，但裂变反应产生的中子却是快中子，因此通常在核反应堆慢化剂中加入一些轻元素并通过一系列的碰撞使快中子慢化，从而使中子能量降低到更容易引发裂变的能区。

虽然裂变反应是 ^{235}U 吸收中子后发生的主要反应，但还有一部分吸收中子后的 ^{235}U 发生了辐射俘获反应：

$$^{235}_{92}U + ^1_0n \longrightarrow ^{236}_{92}U + \gamma \tag{6.6}$$

^{236}U 是一种相对稳定的核素，其半衰期为 $2.34 \times 10^7 a$。从表 6.3 中可以看到，约有 14% 的复合核发生了 (n,γ) 反应，其余 86% 的复合核发生裂变反应。这说明每个复合核出射的中子数 η 比每次裂变产生的中子数 ν 小，实际上 η 是增殖因子，其定义为

$$\eta = \nu\sigma_f/\sigma_a \tag{6.7}$$

式中，σ_f 表示核素的裂变截面；σ_a 表示核素的吸收截面。

表 6.3　部分核素的热中子反应截面

核素	俘获截面 σ_γ	裂变截面 σ_f
钍-232	7.35	—
铀-233	45.5	529.1
铀-234	99.8	—
铀-235	98.8	582.6
铀-238	2.683	—
钚-238	540	17.9
钚-239	269.3	748.1
钚-240	289.5	—
钚-241	362.1	1011.1
钚-242	18.5	—

核燃料的效率与 ν 值的相关性很高，一般快中子引发裂变的增殖因子比慢中子的高(见 25.1 节)。

例 6.3　依据表 6.1 和表 6.3 计算铀-235 热中子裂变的增殖系数：

$$\eta = \frac{\nu\sigma_f}{\sigma_a} = \frac{\nu\sigma_f}{\sigma_\gamma + \sigma_f} = \frac{(2.4355)(582.6)}{98.8 + 582.6} \approx 2.082$$

如果一个中子被 ^{235}U 原子核吸收后再释放出一个中子，这个中子再被下一个核吸收，如此循环往复下去，就形成了链式反应。考虑到存在其他物质对中子的吸收和中子逃逸的影响，为了维持这种在反应堆和核武器中常见的链式反应，增

殖因子 η 必须大于 1。增殖因子 η 提供了两个重要信息：一是给出了中子随时间的增殖系数，若考虑到其他物质的吸收和中子逃逸的损失，^{235}U 每吸收 1 个中子，复合核便释放出 1.1 个中子，那么第二次裂变单位时间内会产生 1.1×1.1=1.21 个中子，第三次则是 1.331 个中子，依次随时间的增加迅速增加；二是利用额外产生的中子产生新的裂变物质的可能性，可以看到裂变方程中包含一些新的裂变燃料的生成反应，若产生的裂变燃料比损耗多，那么核燃料可以实现增殖。

在自然界中发现的成百上千种核素及其同位素中，只有 ^{235}U 是易裂变核素，也是铀同位素中丰度最低的元素，在天然铀材料中，^{235}U 只占约 0.7%，其余 99.3% 为更重的 ^{238}U。另外两种常用的核素 ^{239}Pu 和 ^{233}U 分别通过中子辐照 ^{238}U 和 ^{232}Th 人工合成，其中 ^{239}Pu 的合成反应如下：

$$_{92}^{238}\text{U} + _0^1\text{n} \longrightarrow _{92}^{239}\text{U}$$
$$_{92}^{239}\text{U} \xrightarrow{23.5\text{min}} _{93}^{239}\text{Np} + _{-1}^0\text{e}$$
$$_{93}^{239}\text{Np} \xrightarrow{2.355\text{d}} _{94}^{239}\text{Pu} + _{-1}^0\text{e} \tag{6.8}$$

^{233}U 的合成反应如下：

$$_{90}^{232}\text{Th} + _0^1\text{n} \longrightarrow _{90}^{233}\text{Th}$$
$$_{90}^{233}\text{Th} \xrightarrow{22.3\text{min}} _{91}^{233}\text{Pa} + _{-1}^0\text{e}$$
$$_{91}^{233}\text{Pa} \xrightarrow{27.0\text{d}} _{92}^{233}\text{U} + _{-1}^0\text{e} \tag{6.9}$$

中间产物的半衰期相对于最终产物的半衰期较短，因此，中间产物的衰变过程在很多应用中可以被忽略。虽然 ^{238}U 是不易裂变的同位素，但是其在 ^{239}Pu 的生产中得到了很好的应用。

6.4　核燃料的放能

裂变反应最有应用价值的地方在于其巨大的放能，^{235}U 的每次裂变能释放出 190 MeV 可供使用的能量，因此，获得 1W 功率需要的每秒裂变数为

$$\frac{1}{w} = \left(\frac{1\text{fission}}{190\text{MeV}}\right)\left(\frac{1\text{MeV}}{1.602\times10^{-13}\text{J}}\right) \approx 3.29\times10^{10}\frac{\text{fissions}}{\text{W}\cdot\text{s}} \tag{6.10}$$

每发生一次裂变需要燃烧一个 ^{235}U 原子，在一个百万瓦级的反应堆中，一天通过裂变消耗掉的 ^{235}U 原子数为

$$\left(\frac{10^6\text{W}}{\text{MW}}\right)\left(\frac{3.29\times10^{10}\text{fissions}}{\text{W}\cdot\text{s}}\right)\left(\frac{86400\text{s}}{\text{d}}\right) \approx 2.84\times10^{21}\frac{\text{atoms}}{\text{MW}\cdot\text{d}} \tag{6.11}$$

然而，反应堆中实际消耗的 ^{235}U 比式(6.11)的结果要高，这是由于一部分 ^{235}U 发生了辐射俘获反应。燃烧和消耗的核燃料之间的差异对于反应堆生成废料的研究很有意义，将会在第 23 章讨论。

例 6.4　为了得到 1MW·d 的热能，需要消耗的 ^{235}U 的原子数为

$$\left(2.84\times10^{21}\frac{atoms}{MW\cdot d}\right)\frac{\sigma_a}{\sigma_f}=(2.84\times10^{21})\left(\frac{582.6+98.3}{582.6}\right)\approx3.32\times10^{21}\frac{atoms}{MW\cdot d}$$

通过上面计算的数据，可以依据不同核燃料的反应截面计算出其消耗的原子数，另外，依据 ^{235}U 的摩尔质量，可以计算出消耗的 ^{235}U 的质量为

$$\frac{(3.32\times10^{21}\,atoms/MW\cdot d)(235g/mol)}{6.022\times10^{23}\,atoms/mol}\approx1.30g/MW\cdot d \tag{6.12}$$

发生裂变的 ^{235}U 的质量为

$$\frac{(2.84\times10^{21}\,atoms/MW\cdot d)(235g/mol)}{6.022\times10^{23}\,atoms/mol}\approx1.11g/MW\cdot d \tag{6.13}$$

换句话说，释放每百万瓦一天的可利用能量需要消耗 1.3g 的 ^{235}U 燃料，那么在一个总功率为 3000MW 的核反应堆中，^{235}U 的消耗量为

$$m_C=(1.30g/MW\cdot d)P_{th}=(1.30g/MW\cdot d)(3000MW)=3.9kg/d$$

若采用化石燃料，如煤、油或者天然气，释放相同的能量需要消耗相当于几百万倍 ^{235}U 的质量。

6.5　小　结

重核元素吸收中子引发裂变反应，释放出裂变碎片、快中子及其他粒子。易裂变的核素有天然的 ^{235}U 与人工合成的元素 ^{239}Pu 和 ^{233}U。裂变反应会释放出多种放射性同位素。裂变产生的中子数大于消耗的中子数，使得链式反应得以维持，在一定的条件下，裂变也能实现核燃料的转化与增殖。^{235}U 每次裂变释放出 190MeV 可利用能量，为获得 1MW 的热能，只需要消耗 1.3g 的 ^{235}U。

6.6　习　题

6.1　计算铢-239 吸收一个中子生成的激发态铢-240 的质量。计算其与稳态铢-240 的质量差，并换算为以 MeV 表示的能量。

6.2 若一个 ^{235}U 被一个中子撞击后生成了三个中子和一个 ^{133}Xe，求另一个裂变产物。

6.3 若两个裂变碎片的总动能为 166MeV，①令两者的质量比为 3/2，计算每个碎片的动能；②若在 ^{235}U 的裂变反应中释放出了三个中子，计算这两个核素的质量数；③计算这两个碎片的动能。

6.4 计算下列反应的放能：

$$^{235}_{92}U + ^{1}_{0}n \longrightarrow ^{92}_{37}Rb + ^{140}_{55}Cs + 4^{1}_{0}n + Q$$

6.5 计算下列两种核素的增殖因子：①铀-233；②钚-239。

6.6 一个功率为 2000MW 的核反应堆中有 8000kg 的轻富集铀(2%的铀-235，98%的铀-238)，满功率运行 30 天后，忽略铀-238 的损耗，计算最终的铀-235 富集度。

6.7 美国每人的电能消耗接近 35kWh/d，若这些能量采用裂变反应方式提供，假设 2/3 的能量被损耗，计算每天每人需要多少克铀-235？

6.8 计算为满足一个功率为 3000MW 的热电站运行分别需要多少千克的煤、石油和天然气？三种燃料的比热容分别为 32kJ/g、44kJ/g 和 50kJ/g。

6.9 表 6.4 中给出了下列元素的瞬发裂变半衰期和瞬发裂变中子产额，分别计算其瞬发裂变速率(n/(g·s))：①铀-232；②铀-238；③钚-238；④钚-239；⑤镅-241。

表 6.4　部分核素的瞬发裂变数据

核素	总半衰期 /a	瞬发裂变半衰期 /a	瞬发裂变中子产额 ν/(n/fission)
铀-232	71.7	540	17.9
铀-238	4.47×10^9	269.3	748.1
钚-238	87.74	289.5	—
钚-239	2.41×10^4	362.1	1011.1
镅-241	433.6	18.5	—

6.10 计算下列核燃料的消耗率(g/(MW·d))：①铀-233；②钚-239。

6.11 计算同位素 k 的原子数占比 γ_k 和质量数占比 ω_k，其中，

$$\gamma_k / M = \omega_k / M_k$$

式中，M 和 M_k 分别表示元素的原子质量和同位素 k 的原子质量。

6.12 给出放射性钡-144 衰变的最终稳定核素。

6.7　上 机 练 习

6.A　蒙特卡罗分析经常被用来模拟辐射粒子输运及裂变等核反应过程。
　　　MONTEPI 程序是一个用来计算常数 π 的蒙特卡罗模拟程序，在该程序的说
　　　明中介绍了计算的基本原理。运行这个程序，注意随着计算次数的增加，π 的
　　　值及其计算误差是怎么变化的。

参 考 文 献

Gozani, T., 1981.Active Nondestructive Assay of Nuclear Materials, NUREG/CR-0602.Referred to as
　　ANDA. International Atomic Energy Agency (IAEA), August 2008. Handbook of Nuclear Data
　　for Safeguards: Database Extensions. IAEA, INDC(NDS)-0534.

Reilly, D., Ensslin, N., Smith Jr., H., 1991. Passive Nondestructive Assay of Nuclear Materials,
　　NUREG/CR-5550, 339.Referred to as PANDA.

Sher, R., 1981. Fission energy release for 16 fissioning nuclides. In: Proceedings of the Conference on
　　Nuclear Data Evaluation Methods and Procedures, held at Brookhaven National Laboratory, Sept.
　　22–25, 1980, BNL-NCS-51363, vol. II, pp. 835–860.

延 伸 阅 读

American Institute of Physics (AIP), Discovery of Fission. http://aip.org/history/mod/fission/fission1/
　　03.html. Includes quotations from the scientists.

Bodansky, D., 2003. Nuclear Energy: Principles, Practices, and Prospects, second ed. Springer/AIP
　　Press.

Bohr, N., 1939. Disintegration of heavy nuclei.Nature, 143, 330.

Institute for Energy and Environmental Research (IEER), Basics of Nuclear Physics and F=Fission.
　　http://ieer.org/ resource/factsheets/basics-nuclear-physics-fission/. Decay, binding energy, fission.

Lamarsh, J.R., Baratta, A.J., 2001. Introduction to Nuclear Engineering, third ed. Prentice-Hall.
　　Classic textbook.

Lawrence Berkeley National Laboratory, The Isotope Project. http://isotopes.lbl.gov. Select Fission
　　Home Page for data on fission product yields and spontaneous fission.

National Nuclear Data Center (NNDC), Atomic Mass Evaluation. www.nndc.bnl.gov/masses.

Segrè, E., 1998. The discovery of nuclear fission. Phys. Today, July, 38.

Sime, R.L., 1998. Lise Meitner and the discovery of nuclear fission. Sci. Am. January, 80.
　　Contributions of the scientist who should have received the Nobel Prize.

聚　变

本章目录

当两个轻核元素结合在一起成为新核素时，由于新核素的质量小于两个轻核元素的质量，结合过程会伴随能量的释放。这类聚变反应可以通过加速器加速后的带电粒子轰击靶核引发，也可以将气体加热到非常高的温度引发。本章将从微观角度解释聚变中的相互作用，以及现在大规模使用聚变能源的限制因素。

7.1　聚　变　反　应

对比轻核元素的原子质量可以发现，聚变反应能释放出大量的能量。假定两个氢元素和两个中子结合成一个氦核，其反应式为

$$2{}_1^1\mathrm{H} + 2{}_0^1\mathrm{n} \longrightarrow {}_2^4\mathrm{He} \tag{7.1}$$

其质量差为

$$\begin{aligned}
\Delta m &= \sum M_{\mathrm{react}} - M_{\mathrm{prod}} = 2M_{\mathrm{H\text{-}1}} + 2m_{\mathrm{n}} - M_{\mathrm{He\text{-}4}} \\
&= 2(1.007825) + 2(1.008665) - 4.002603 = 0.030377\mathrm{u}
\end{aligned} \tag{7.2}$$

这相当于 28.3MeV 的能量。若将 4 个氢原子合成一个氦核和两个正电子，此反应将会释放更大的能量：

$$4{}_1^1\mathrm{H} \longrightarrow {}_2^4\mathrm{He} + 2{}_{+1}^0\mathrm{e} \tag{7.3}$$

反应(7.3)在太阳和其他恒星中大量发生，恒星通过氢元素和碳、氧、氮元素经过一系列复杂的链式反应完成碳循环。这种循环过程极缓慢，目前该过程还不能在地球上重现。

另外，氢弹爆炸的过程中，裂变产生的高温使得聚变反应以一个高速无序的状态大量发生。在这两个极端例子中间，存在着一种可以达到的可控核聚变反应来使用这种廉价且丰富的核燃料的可能性。然而，到目前为止还没有一种实际投入应用的核聚变反应堆，这方面还需要更多的研究。由当前的研究结果来分析上述的聚变反应方程，似乎没有一种可以将四个单个原子核融合起来的方法，因此，如今主要探索两个粒子的融合方法。

目前，最有前景的聚变反应采用的是氢的同位素氘($_1^2$H)，缩写为 D。根据附录 A 中表 A.5 的数据，氘存在氢元素中，其丰度为 0.0115%，大约每 8700 个氢元素中有一个氘元素。地球上存在丰富的水资源，因此这种核素取之不竭。下列四种反应是氘参与的比较重要的聚变反应：

$$
\text{D-D:} \quad _1^2\text{H} + _1^2\text{H} \longrightarrow \begin{cases} _1^3\text{H} + _1^1\text{H} + 4.03\ \text{MeV} \\ _2^3\text{He} + _0^1\text{n} + 3.27\ \text{MeV} \end{cases}
$$

$$
\text{D-T:} \quad _1^2\text{H} + _1^3\text{H} \longrightarrow _2^4\text{He} + _0^1\text{n} + 17.59\ \text{MeV} \tag{7.4}
$$

$$
\text{D-}^3\text{He:} \quad _1^2\text{H} + _2^3\text{He} \longrightarrow _2^4\text{He} + _1^1\text{H} + 18.35\ \text{MeV}
$$

两个氘核的聚变反应，即 D-D 反应有两种反应过程，每种反应过程的概率几乎相等，其他两个反应的放能较 D-D 反应要大，但是反应需要氢的同位素氚 $_1^3$H (简写为 T)和稀有元素氦-3($_2^3$He)的参与。可以看到第一个和第二个反应的产物是第三个和第四个反应的反应物，这说明设计一种 D-T 的复合聚变过程是可能的。假设每种反应的反应速率相同，同时伴随有氢元素的中子俘获反应：

$$
_1^1\text{H} + _0^1\text{n} \longrightarrow _1^2\text{He} + 2.22\ \text{MeV} \tag{7.5}
$$

将式(7.5)代入式(7.4)中，可发现该聚变反应的净效果是将氘核转化为氦核：

$$
4_1^2\text{H} \longrightarrow 2_2^4\text{He} + 47.7\text{MeV} \tag{7.6}
$$

氘燃料每个原子质量的能量产额接近于 6MeV，相比之下，铀-235 每个原子质量的能量产额只有 $190/235 \approx 0.81\text{MeV/u}$。

例 7.1 验证 D-T 聚变的放能为 17.59MeV。结合表 A.5 和式(4.16)可知：

$$
\begin{aligned}
Q &= [(M_\text{D} + M_\text{T}) - (m_\text{n} + M_{\text{He-4}})]c^2 \\
&= [(2.01410178 + 3.01604928) - (1.00866492 + 4.00260325)](913.5) \\
&\approx 17.25\ \text{MeV}
\end{aligned}
$$

7.2　静电力和核力

7.1 节所述的聚变反应中,若仅仅是将几种反应物混合在一起,反应很难发生,其原因是核子间存在着非常强的静电斥力。只有通过将一个或者两个粒子加速到很高的速度,它们的距离才可能足够近,通过核相互作用力克服静电力使两者结合在一起。这种静电斥力的存在使发生聚变反应的难度和中子与原子核的相互作用形成鲜明的对比。两个分别带有 Z_1 和 Z_2 电荷的粒子,距离为 R,其静电斥力为

$$F_C = \frac{Z_1 e Z_2 e}{4\pi\varepsilon_0 R^2} \tag{7.7}$$

式中,e 表示电子电荷量为 1.602×10^{-19}C。关于此方程有两个推论:一是低 Z 元素更有可能发生聚变反应;二是核相互作用力存在的距离为 10^{-15}m,在此距离下,静电斥力和电势非常大,需要入射粒子具有 keV 量级的能量,聚变反应才有可能发生。图 7.1 中给出了四种聚变反应的反应截面。可以看到,反应截面随能量变化明显,其中氘核的能量从 10keV 变化到 75keV,σ_{DD} 的截面增大了 1000 倍。

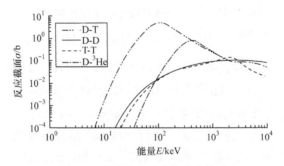

图 7.1　四种聚变反应的反应截面

例 7.2　克服 D-T 反应的库仑势垒所需的能量可通过式(4.19)计算得到:

$$E_C = \frac{(1.2\text{MeV})Z_D Z_T}{A_D^{1/3} + A_T^{1/3}} = \frac{(1.2\text{MeV})(1)(1)}{(2)^{1/3} + (3)^{1/3}} \approx 0.44\text{MeV}$$

通过该公式可以对聚变反应所需能量进行初步估算。

要将粒子加速到 keV~MeV 量级,一般可以通过粒子加速器实现。通过高速氘离子轰击一个固态或者气态的氚靶可以引发聚变反应,大部分的粒子能量用来克服静电斥力,而靶的能量几乎不会升高。对于一个聚变系统,可利用的聚变能必须大于加速器加速粒子所需的能量才有应用价值,为达到这一效果,需使用多种特殊的装置经过复杂的物理过程才能实现。

7.3　等离子体中的热核反应

等离子体是一种高能粒子聚集的物质状态，它是一种高度电离的气体，可以在高能电子的放电过程中产生。等离子体中存在相同电荷量的电子和正离子，处于电中性状态。等离子体通常也被称为物质的第四种状态。给等离子体中注入足够的能量，其温度升高，其中的离子，如氘离子，可以达到聚变反应的温度。通过热能引发的核反应通常被称为热核反应，参考 2.2 节气体的速度公式，粒子通过热能获得的速度也满足此关系。

产生等离子体需要的温度非常高，等离子体平均能量和温度的关系可以通过动力学关系式(7.8)来表征：

$$\overline{E} = \frac{3}{2}kT \tag{7.8}$$

例 7.3　当粒子的动能为 10keV 时，其温度为

$$T = \frac{2\overline{E}}{3k} = \frac{2(10^4\,\mathrm{eV})(1.60 \times 10^{-19}\,\mathrm{J/eV})}{3(1.38 \times 10^{-23}\,\mathrm{J/K})} \approx 7.7 \times 10^7\,\mathrm{K}$$

这个量级的温度远远超过了太阳表面温度以及各种物质的熔点和沸点，因此，等离子体必须约束在一个空间内进行加热。对于恒星而言，重力提供了约束力，但是在地球上却不可行。目前有两种约束方法：通过惯性进行的约束称为惯性约束；通过电磁场进行的约束称为磁约束。在第 26 章中将具体讨论这些方法，约束并保证等离子体的温度不会过早的散失。另外，等离子体状态必须保持足够长的时间使核反应得以充分发生，但是高度带电的粒子团固有的不稳定性使其显得极其困难。由 2.2 节介绍的关系式 $pV = nkT$ 可知，即使需要的粒子温度 T 非常高，可通过适当设置气压 p 的值使得粒子密度 n/V 较低来增加其稳定性。

聚变能量利用的另一个受限因素是辐射损失，在 5.2 节中讨论了电子加速后引起的韧致辐射。在等离子体中，高速电子在超高温度下与其他带电粒子间会不断地发生相互作用而加速或者减速，满足了产生电磁辐射的条件。而且由于等离子体的粒子密度很小，如电子和氘的粒子密度为 $10^{15}\mathrm{cm}^{-3}$，近似于稀薄气体的密度，辐射很容易从这个区域逃逸出来。这种辐射损失随温度的变化率相对于聚变能的变化率更低，如图 7.2 所示。当温度升高到点火温度时，两条线相交。当温度超过点火温度(D-D 聚变的点火温度为 $4 \times 10^8\mathrm{K}$)时，等离子体才会有净能量产出。在第 26 章中将会介绍探索聚变反应堆可能性的核聚变装置。

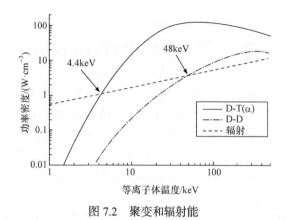

图 7.2　聚变和辐射能

7.4　小　　结

当两个轻核元素的原子核结合时会释放核能，最有应用前景的核聚变反应为氘参与的聚变反应，其是组成水分子的一种天然核素，因此是一种非常丰富的燃料。当原子核加速到能够克服它们之间电荷斥力的速度时，聚变才可能发生。温度高于 4×10^8K 的高度电离的电介质(如等离子体)发生聚变反应的放能才可能超过辐射损失的能量。

7.5　习　　题

7.1 计算四个质子结合成一个氦核和两个正电子(0.000549u)释放的能量(分别用 u 和 MeV 表示)。

7.2 计算下列核反应的放能：①D-^{3}He 反应；②D-D 反应。

7.3 为获得 3000MW 能量，一个核聚变反应堆一天需要多少克的氘？反应堆的聚变反应为 $2{}_1^2\text{H} \longrightarrow {}_2^4\text{He} + 23.85\text{MeV}$，若氘都是从水中提取出来的，那么一天需要处理多少千克的水？

7.4 反应速率 $nvN\sigma$ 可以用来评价聚变等离子体的功率密度。①计算 100keV 氘核的速度 v_D；②假设氘核既是靶材料也是抛射体，那么有效速度 $v=v_D/2$，计算需要多大的粒子密度才能达到 1kW/cm^3 的功率密度。

7.5 计算在 120V 电灯泡中电子电荷的温度。

7.6 计算相距三个核子半径的氘核的势能(用 MeV 表示)。

$$E_P = E_C = \int_\infty^a F_C \mathrm{d}R$$

7.7 计算下列反应克服电荷斥力所需的能量：①D-D；②D-³He；③T-T。

7.8 计算发生 D-T 聚变反应所需的温度。

延 伸 阅 读

Duderstadt, J.J., Moses, G.A., 1982. InertialConfinementFusion. JohnWiley&Sons. An excellent complement tothe book by Gross.

Eastman, T.E., Perspectives on Plasmas. www.plasmas.org. All aspects of plasma science and technology.

European Fusion Development Agreement (EFDA), www.efda.org. About the Joint European Torus (JET).

Freidberg, J.P., 2007. Plasma Physics and Fusion Energy. Cambridge University Press.

Fusion Power Associates, http://fusionpower. org. A foundation that is a valuable source of information on currentfusion research and political status, with links tomany other websites; Fusion Program Notes appear frequently as email messages.

General Atomics, Fusion Education. http://fusioned.gat.com.

Gross, R.A., 1985. Fusion Energy. John Wiley & Sons. A readable textbook; main emphasis is on magnetic confinement fusion.

Harms, A.A., Schoepf, K.F., Miley, G.H., Kingdon, D.R., 2000. Principles of Fusion Energy: An Introduction to Fusion Energy for Students of Science and Engineering. World Scientific.

Heppenheimer, T.A., 1984. The Man-Made Sun, The Quest for Fusion Power. Little, Brown & Co. A narrativeaccount of the fusion program of the United States, including personalities, politics, and progress to the date of publication; good descriptions of equipment and processes.

Miyamoto, K., 2005. Plasma Physics and Controlled Nuclear Fusion. Springer-Verlag.

Pfalzner, S., 2006. An Introduction to Inertial Confinement Fusion. CRC Press.

Princeton Plasma Physics Laboratory, FusEdWeb. http://fusedweb.pppl.gov. Fusion energy education website.

Robin, H., 1990. Fusion: The Search for Endless Energy. Cambridge University Press.A well-written and interesting account.

Smid, T., Theoretical Principles of Plasma Physics. www.plasmaphysics.org.uk. Highly technical but comprehensive.

辐射及其应用

本书第 2 部分论述了辐射的产生与应用。建立起基本的原子核概念后，先回顾一下核能的历史，该历史源于原子结构与辐射的发现。粒子加速器是最早发展的辐射产生装置之一，目前仍然是引领研究和生产医用同位素的基本方法。

具备电离辐射生物效应的相关知识后，进一步研究保护人员免受辐射的相关技术。辐射剂量可通过外部或内部放射源产生，放射源来自人工或天然过程。为了探测和测量辐射，需要使用专用的仪器和探测器，这些仪器采用了本书第 1 部分介绍的原子和核反应的相关原理。

接下来，介绍放射性核素的各种有益应用，包括放射性照相、放射性药物和放射性年代测定等。第 2 部分的最后介绍辐射的一般应用，如昆虫控制和食物保存，这些也是人类生活追求的目标。

核能的历史

本章目录

　　核能的发展是科学研究、技术发展和商业应用相结合的成功典范。基于核能的文化背景，本书将回顾这段包含人类不懈的努力的历史。本书作者认为，现在的认识是建立在过去的经验之上的，虽然人们不能消除失误，但能够在将来去避免它。树立正确的态度并建立相关的概念和原理，有助于将来的实践。最终，能够从获取的知识中汲取信心和灵感。

8.1　核物理的兴起

　　核能应用的科学基础可以被归类为经典物理学和现代物理学。其中，经典物理学在近几个世纪中由化学和物理学的研究发展而来；而现代物理学则与过去一百年来对原子和原子核结构的研究息息相关。物理学的现代纪元始于 1879 年 Crooke 对放电气体开展的电离研究。1897 年，Thomson 识别出了作为带电粒子的电子是形成电流的原因。1895 年，Roentgen 在放电管中发现了贯穿性的 X 射线。

1896 年，Becquerel 从完全不同的来源(铀元素)中也发现了相似的射线(现已知为γ 射线)，铀元素表现出放射性。1898 年，居里夫妇分离出了放射性元素镭。1905 年，爱因斯坦在他革命性的运动理论中提出任何物体的质量随着其速度的增加而增加，并且提出了著名的爱因斯坦质能方程 $E=mc^2$，该方程表达了质量与能量的等价关系。那时，由于缺乏验证性的实验，爱因斯坦未能预见他提出的方程所蕴含的意义。

在 20 世纪的前 30 多年内，人们利用来自放射性材料中的各种粒子开展了一系列实验，从而对原子和原子核的结构有了更加清楚的了解。从 Rutherford 和 Bohr 的工作中可知，电中性的原子是由负电性的电子围绕着中央正电性的原子核所构成，原子大部分的质量集中于原子核。Rutherford 于 1919 年左右在英格兰的进一步研究工作揭示了即使原子核是由结合力极强的粒子构成，也能够引发核嬗变(如用氦轰击氮产生氧和氢，见式(4.2))。

1930 年，Bothe 和 Becker 用来自钋的 α 粒子轰击铍发现了他们所认为的 γ 射线，之后于 1932 年被 Chadwick 证实为中子(见习题 8.3)。如今在反应堆中，用类似的反应来提供中子源。1934 年，Curies 和 Joliot 报道了最早的人工放射性理论。粒子射入硼、镁和铝的原子核可得到几种新的放射性同位素。将带电粒子加速到高速状态设备的发展为研究核反应提供了新机遇。1932 年，Lawrence 发明了回旋加速器，这也是后续一系列性能不断提高的设备中最早的一件。

8.2　裂变的发现

20 世纪 30 年代，意大利的 Fermi 及其合作者用新发现的中子开展了许多实验。他分析认为，不带电的中子在穿透原子核方面特别有效。在他的众多发现中，最具影响力的是许多元素和多种放射性同位素可通过中子俘获产生慢中子。1936 年，Breit 和 Wigner 为慢中子的产生过程进行了理论解释。Fermi 对快中子和热中子的分布进行了测量，并利用靶分子中的弹性散射、化学键效应和热运动等解释相关行为。这一时期，人们对许多种中子反应的截面进行了测量，包括铀的中子反应截面，但是尚未识别出裂变过程。

1939 年，德国的 Hahn 和 Strassmann 发现钡元素是中子轰击铀的产物之一。Frisch 和 Meitner 猜测，裂变(借用生物科学的术语)是导致仅有铀元素质量一半的元素出现的原因，并且这些碎片应当具有相当高的动能。之后，Fermi 推测这一过程可能会发射出中子，因此释放出大量能量的链式反应的概念诞生了。表述这一概念的出版物以及诸多轰动性的文章相继出版和发表。丹麦访问学者 Bohr 将裂变的相关信息带到了美国，在几所大学里迅速掀起了一阵研究热潮，截至 1940 年，有近一百篇论文出现在技术性文献中。很快人们就获得了链式反应的所有定量特征——轻元素对中子的慢化、热俘获和共振俘获、热中子在 ^{235}U 中引起的裂变、裂变碎片的巨大能量、中子的释放，以及生产元素周期表中位于铀元素之后的超铀元素的可行性等。

8.3 核武器的发展

可释放巨大能量的裂变链式反应的发现，在这一特殊历史时期显得尤其重要，这是由于第二次世界大战在 1939 年爆发了。由于裂变过程所具有的军事潜力，1940 年，科学家们自发建立了一个关于这一主题的出版物审查机构。关于裂变材料 ^{235}U 的研究表明，Seaborg 于 1941 年发现的新元素钚也可能是易裂变的，因而也可作为武器材料。早在 1939 年 7 月，四位著名的科学家——Szilard、Wigner、Sachs 和 Einstein 就已经与 Roosevelt 总统联系，解释了一种基于铀材料制造原子弹的可能性。最终，军方给予少量拨款(6000 美元)用于生产相关材料，以及进行链式反应的实验测试。第二次世界大战结束前，总共花费了 20 亿美元，在那个年代几乎是不可想象的。经过一系列的研究、报告和决策后，在 Groves 将军领导下的美国军方工程师启动了一项重要的工作，代号名称为"曼哈顿计划"，其所有信息均被列为军事机密。

虽然关于单个核反应的大量信息已被揭晓，但对实际核材料的核反应行为仍有巨大的不确定性。真的能实现一个链式反应吗？如果是这样，能生产出来足够数量的 ^{239}Pu 吗？核爆炸能发生吗？^{235}U 能被大规模分离吗？多个研究机构提出了这些问题，并且几乎同时开始了生产反应堆的设计。1941 年 12 月日本偷袭珍珠港之后，这些研究机构获得了美国财政的大力支持。由于德国极有可能已经积极投入了原子武器的开发，这一点强烈刺激了美国科学家的工作，这些科学家大部分在大学里，他们及其学生放下正常的工作而加入原子弹工程的各个环节中。

正如 Alsos 任务(GoudSmit，1947；Pash，1970)所披露的军事研究工程，德国实际上在原子弹方面并没有取得什么进展。关于其失败的原因也有各种推测，一种推测是研究人员过高估计了浓缩铀的临界质量为吨而不是千克，因而得出结论：这样的数量是不可能实现的；另一种推测是，负责德国原子弹工程的科学家 Heisenberg 曾故意拖延该项目，以阻止希特勒用核武器来对付盟国。

"曼哈顿计划"由几个平行的项目组成，主要的工作在美国进行，同时也有来自英国、加拿大和法国的合作。

芝加哥大学的一项实验对于"曼哈顿计划"的成功起到了关键性的作用，同时也为将来核能开发奠定了基础。Fermi 领导的团队将石墨块组装在一起，并且将球状的氧化铀和铀金属埋入所谓的反应堆(pile)中。主控制棒是一根用镉箔片包裹的木棍。在高强度中子的条件下，一根安全棒会自动落下；另一根安全棒绑在一根重的绳索上，必要时可用斧头砍断这根绳索。含有镉盐溶液的中子吸收体随时准备在紧急情况时投放到装置中。1942 年 12 月 2 日，整个实验系统准备就绪，一名艺术家重现了研究团队为了这次关键实验聚集在一起的场景，如图 8.1 所示。Fermi 沉着地用计算尺进行计算，并要求主控制棒按步骤抽出。计数器的嘀嗒声变得越来越快，直到有必要切换到记录仪器，记录仪器的笔一直保持上升。最后，Fermi 放下他的计算尺说："反应已经自持下去了，这条曲线是指数型的"。2002 年举行了芝加哥反应堆启动 60 周年庆祝活动，同时发布了原子能新闻，列出了该重要事件(Allardice et al.，2002)，著名的原子能研究工作的领导们也做了相关评论。

图 8.1　1942 年 12 月 2 日第一次人工链式反应
资料来源：原子时代的诞生，Gary Sheahan，承蒙芝加哥历史学会提供

首次人工链式反应的成功为生产武器材料的可行性提供了支持，并且成为 Hanford 地区数座核反应堆建造的基础。到 1944 年，这些反应堆共生产了千克量级的钚材料。

在加州大学伯克利分校 Lawrence 领导下，完成了分离 ^{235}U 的同位素电磁分离器建造，并于 1934 年在田纳西州的橡树岭建造了生产反应堆。在哥伦比亚大学，研究人员开展了同位素分离的气体扩散法研究，为这类生产系统打下了基础，并在橡树岭建造了该方法的第一个生产基地。在新墨西哥州的洛斯·阿拉莫斯 Oppenheimer 领导建立起开展核武器理论和实验研究的实验室。1945 年 7 月 16 日首次在新墨西哥州阿拉莫戈多进行了测试，并且在同年夏天，核武器被用于轰炸日本的广岛和长崎。

本节这些简短的论述并没有充分地描述出科学家、工程师和其他人员在完成国家目标或美国工业在设计和建造方面做出的重要贡献。有两个问题不可回避：

原子弹应该被开发吗？应该被使用吗？一些参与"曼哈顿计划"的科学家们表达了他们对参与此计划的内疚感；一些人坚持认为，应该安排少量用于验证武器破坏威力的试验，这样足以结束冲突；其他多数人认为美国的安全受到了威胁，核武器的使用极大地缩短了第二次世界大战的进程，因而挽救了作战双方的大量生命；许多进入日本作战的幸存军人也表达了对原子弹投放的态度。

在接下来的几年里，尽管国际社会为裁军作出了努力，但核武器的数量仍在继续增长。拆除多余的武器将需要很多年。几十年来，核武器的存在一直是大国之间避免直接冲突的威慑力量，这还是让人感到些许安慰，尽管这种安慰很小。

核能的发现有助于改善人类生活，主要是通过裂变和聚变提供能源，以及通过放射性同位素及其辐射进行研究和医疗应用。如果人类有足够的智慧不再使用核武器，核能对于人类的影响将利大于弊。

8.4　原子能法

第二次世界大战后，美国国会提出了以和平为目的开发新能源的问题。美国第一个关于核能控制的法律是 1946 年的《原子能法》，该法案于 1954 年进行了扩充。那个年代面临的问题是军队的参与、信息的安全，以及科学家研究的自由 (DOE，1946)。

在政策声明中，该法案称："原子能的开发和利用，只要是切实可行的，应以改善公共福利、提高生活水平、加强私营企业的自由竞争，以及促进世界和平为宗旨。"该法案的目的是通过私人和联邦的研究和开发执行政策，控制信息和裂变材料，并向国会提供定期的报告。该法案特别提到了副产物材料的分布，包括用于医疗和研究的放射性物质，并且创建了美国原子能委员会(United States Atomic Energy Commission，AEC)，该委员会由五名委员和一名主管组成。在推进核领域的同时，AEC 获得了维护国家安全的广泛权力。原子能联合委员会(Joint Committee on Atomic Energy，JCAE)则对 AEC 进行监督。原子能联合委员会包括参议院和众议院的各 9 名成员。民事综合顾问委员会(General Advisory Committee，GAC)和军事联络委员会(Military Liaison Committee，MLC)则为 AEC 提供建议。

1954 年修订了《原子能法》，并放宽了以前的立法限制，扩大了 AEC 在保持对武器数据控制的同时，传播非保密信息的作用。AEC 与工业部门，包括一些私有企业的合作，为反应堆研发的国家计划奠定了基础。该法案授权美国与其他国家分享原子技术，阐明了使用核材料的许可手续，并澄清了专利和发明的地位。

强大的 AEC 完成了其使命，包括为国防提供材料、促进有益应用、管理公共健康与安全方面的应用。AEC 管理着美国约 50 个场地，其中包括 7 个国家实验室，每个实验室都进行着许多研发项目。AEC 拥有这些设施，但由承包商经营。

例如，联合碳化物公司负责经营橡树岭国家实验室。20世纪40年代末至50年代初的冷战时期，新建的钚和浓缩铀工厂，在南太平洋进行了武器试验，并开始了一项重大的铀矿勘查工作。在 AEC 赞助下，一项成功的动力堆研发计划得到顺利实施。美国和苏联都开发了氢弹，之后，美苏之间的军备竞赛愈演愈烈。

批评者指出，AEC 的推广和管制职能是冲突的，尽管在管理上试图将二者分开。1974年，AEC 最终被拆分为两个新的机构：能源研究与发展管理局(Energy Research and Development Administration，ERDA)和核管理委员会(Nuclear Regulatory Commission，NRC)。1977年，包括能源研究与发展管理局在内的几个组织组成了美国能源部(Department of Energy，DOE)。

DOE 支持科学和工程的基础研究，致力于能源技术的发展，还管理核武器设计、开发和测试等国防项目。DOE 在美国各地运行着数个综合性实验室和许多小型设施，如阿贡国家实验室、布鲁克海文国家实验室、爱达荷国家实验室、劳伦斯·伯克利国家实验室、劳伦斯·利弗莫尔国家实验室、洛斯·阿拉莫斯国家实验室、橡树岭国家实验室、太平洋西北实验室和圣地亚国家实验室。

8.5　国际原子能机构

1953年，Eisenhower 总统发表了题为"原子能为和平服务"的演讲，对核能的各个方面都产生重要的影响。在描述了核战争的危险之后，他提议成立原子能机构(Atomic Energy Agency，AEA)，负责接收捐助的裂变材料，储存并进行和平利用，他希望这样能防止核武器扩散(参见一份演讲稿复印件，Eisenhower，2003)。

作为对该演讲的回应，联合国于1957年通过一项法规设立了国际原子能机构(International Atomic Energy Agency，IAEA)，并获得超过130个国家的支持和参与。IAEA 总部设在维也纳，其目标是加速和扩大原子能对世界和平、健康和繁荣的贡献。IAEA 主办的国际会议分别于1955年、1958年、1964年和1971年在日内瓦举行，邀请世界各国参加。第一次国际会议披露了苏联在核研发中取得的进展。IAEA 的主要职能如下：

(1) 帮助其成员国发展农业、医药、科学和工业方面的核应用。相关机制包括会议、专家顾问访问、出版物、学术奖金，以及核材料和设备供应，重点是同位素和辐射。鼓励各成员国对该国核应用问题进行研究。IAEA 赞助的核项目有助于在发展中国家加强基础科学，即使这些国家还没有为核能源做好准备。

(2) 管理国际保障体系，防止核材料向军事目的转移。这一职能涉及 IAEA 关于个别国家裂变材料清单和设施实地核查的评论报告。这些设施包括反应堆、燃料制造厂和核燃料回收设施。这种监测是针对签署了1968年《不扩散条约》(Non-proliferation Treaty，NPT)的无核武器国家。监测的形式由协议约定，如果没发现有严重的违规行为，这个国家可能失去来自 IAEA 的各项利益。

IAEA 是世界上最大的科学出版商之一，它每年都赞助一些关于核学科的研讨会，并出版各自的进展报告。IAEA 还促进国际规则的制定，如在运输安全领域。

IAEA 近期的倡议包括建立各国之间关于安保应用方面的协议。每年都有大量的研讨会讨论安保措施。核相关信息的年度报告可在网上获得。

8.6　反应堆研究与开发

IAEA 负责管理美国的核项目，包括军事保护与原子能的和平开发利用。AEC 还在橡树岭、阿贡(芝加哥附近)、洛斯·阿拉莫斯和布鲁克海文(在长岛)等地建立了国家实验室进行核方面的研究，一个主要的目标是通过研究和开发实现实用的商业核能源。橡树岭国家实验室首先研究了气冷反应堆，后来又规划了一个高通量反应堆，该反应堆采用高浓度铀合金燃料，并且使用铝包覆，用水作慢化剂和冷却剂。最终在爱达荷州的国家反应堆测试站(National Reactor Testing Station, NRTS)建造了一个反应堆作为材料测试反应堆。西屋电气公司(Westinghouse Electric Corporation)将潜艇反应堆(22.1 节中描述)改装为宾夕法尼亚州希平港(Shippingport Pennsylvania)的第一个商业发电厂，1957 开始运行，输出电功率为 60MW，在发电厂的压水堆设计中首次使用 UO_2 芯块燃料(图 8.2)。

图 8.2　希平港反应堆容器，1956 年 10 月 10 日

资料来源: 美国国会图书馆印刷与图片部, HAER, 复制品编号: HAER PA, 4-SHIP, 1-87

在 20 世纪 50 年代，研究人员对几种反应堆的概念先后进行了测试，但由于各种原因而未能成功(Murray, 2007；Simpson, 1995；Dawson, 1976)。有一种反应堆使用了高沸点的有机液体联苯作为冷却剂。不过，辐射导致化合物的性能退化。另一种是均匀水性反应堆，在水溶液中使用了铀盐，水溶液通过堆芯和热交换器进行循环，铀的沉积导致壁材料过热与腐蚀。钠-石墨反应堆具有液态金属冷却剂和石墨慢化剂，这种类型的商业反应堆只建造了一个。由通用原子(General Atomics)公司开发的高温气冷反应堆尚未被广泛采用，但因为其具有石墨慢化剂、氦冷却剂和铀钍燃料循环的特点，使其有潜力成为替代轻水反应堆的一种新堆型。

同一时期，在阿贡进行着另外两个反应堆的研发计划。第一个计划的目标是通过使用液钠冷却剂的快堆概念来实现钚的增殖以获得输出功率。1951 年末，在实验增殖反应堆中首次产生了来自核能的电力，并证明了增殖的可能性。第二个计划包括对反应堆中水沸腾并直接产生蒸汽的可行性研究，主要关注与沸腾有关的波动和不稳定性。实验表明沸水堆可以安全运行，该工作进展顺利，并于 1955 年实现了发电。通用电器公司随后着手开发沸水堆概念，1960 年，在伊利诺伊州的德累斯顿投入运行了第一个该类型的商用反应堆。

在压水堆和沸水堆初步成功的基础上，随着商业设计和建造知识的应用，西屋公司和通用电气公司在 20 世纪 60 年代初就能够建造电功率约为 500MW 的大规模核电厂，这种核电厂在电力价格上可与化石燃料的电厂相竞争。紧接着，核电厂的订单快速增加，在 20 世纪 60 年代后期显著增长。1965~1970 年，核电蒸汽供应系统的订单共计约为 88GW，占包括化石燃料电厂在内的总订单的三分之一以上。在快速增长期结束时，核电容量约占美国总产能的四分之一。

1970 年以后，美国核电站的安装建造速度下降，主要有以下几种原因：①设计、许可和建造核设施所需的时间非常漫长，往往超过了 10 年；②为应对 1973~1974 年阿拉伯国家的石油禁运，美国采取了节能措施，导致电力需求的增长率较低；③一些地区的公众反对。20 世纪核电厂的最后一个订单是在 1978 年，许多订单被取消，还有一些核电厂处于停工状态。截至 2013 年，全美国运行的 103 个核反应堆的总核电功率容量为 103198MW。尽管核电厂仅占全国容量的 9.6%，但它们占了全国总发电量的 20%。在世界其他地区，还有 330 个反应堆在运行，容量为 268260MW。

这种大型的新能源是在第二次世界大战后相对较短暂的 40 年时间内实现的。这一努力揭示了一个新的理念：大规模的国家技术性项目可以通过大量资金的投入以及社会多部门的有效组织来实施并成功完成。核项目在很多方面可作为 20 世纪 60 年代美国太空项目的典范。核能发展历史给出的重要经验是，紧迫的国家和世界难题可以通过智慧、奉献和合作来解决。

由于经济和政治原因，美国和许多其他国家的核能发展前景具有相当大的不确定性。8.7 节将讨论核争议，随后(在第 24 章)描述千年之交到来之前核能发展的停滞以及下一个十年中核能的前景。

8.7　核　争　议

在 20 世纪 70～80 年代的 20 年中，核能的普及性下降，负面的公众舆论威胁并阻止了新反应堆的建造。下面将分析这种情况，解释其中的原因并评估影响。

在 20 世纪 50 年代，正如美国原子能委员会和媒体所宣称的，核能价格低廉，取之不尽，用之不竭，并且安全。美国国会高度支持核反应堆的发展，公众似乎觉得这些巨大的进步正在推动着更美好的生活。然而，在 20 世纪 60 年代，一系列事件和发展趋势引起了公众的关注，原本赞同的意见逐渐开始扭转。

第一是反抗权威和约束的青年运动。这一代人寻找更简单、更原生或更自然的生活方式，因此更倾向于使用木材和太阳能这些基于"正统"高技术的能源。另一个遭反对的是军事-工业复合体，主要是由于普遍不受欢迎的越南战争而被谴责。20 世纪 80 年代一种反主流派的哲学观点倡导政府和工业的分散化，更支持基于可再生资源的小型、局部可控的发电单元。

第二是 20 世纪 60 年代的环境运动。这场运动披露了工业污染正在对野生动物和人类产生严重的影响。相关的问题是从核反应堆意外排放的放射性物质对空气、水和土地可能造成污染。危险化学品废物管理不当的持续披露，对放射性废物负面观点的产生也起了推波助澜的作用。

第三是公众逐渐丧失了对政府的信任。水门事件(Watergate Affair)的严重后果就是公众意识的觉醒。政治观察家们引用了一些由 AEC 或 DOE 采取的行动，但这些行动并没有通知或询问那些受影响的人。一种普遍的观点认为，没有人知道如何处理核废料。

第四是科学家之间关于核能发展观点的巨大分歧所造成的混乱。辩论双方均有诺贝尔奖得主，因此公众很容易迷惑，不知道真相究竟在哪一边。

第五是对反应堆、放射性和辐射所带来的未知危险的恐惧。人们可以认同，一个人在汽车事故中死亡的概率远大于暴露在反应堆事故沉降物中的死亡概率。但是因为道路的危害是众所周知的，并且被认为是在个人的控制范围之内，所以它并不像核事件那样引起人们的极大关注。

第六是核能和核武器之间的联系。这在一定程度上是不可避免的，由于两者都涉及钚，利用中子裂变的物理过程，并有放射性副产物。因此，核能的反对者们更多强调的是二者的相似性而不是差异性。

与任何话题一样，不同的人群有不同的观点。一部分坚定的拥护者相信核能是安全的、急需的，大部分物理科学家和工程师属于这一类，他们相信大多数问题可以通过技术来解决。另外一部分人拥有渊博的技术知识，但对人们在避免反应堆事故方面的能力，或者是在设计和建造安全的废物设施方面能力表示担忧。根据关注的程度，他们可能会认为弊大于利。还有一部分人是怀疑政府和相信墨菲定律的普通公民。他们关注各种失败的例子，如爱河、三哩岛、挑战者号航天飞机、切尔诺贝利和福岛核事故，也受到强烈的反核主张的影响，他们认识到需要连续发电，但倾向于反对进一步开发核电。最后一部分人是强烈反对者，他们积极发言、撰写论战、干预授权听证会、领导示威活动，或采取行动来试图阻止核电厂的建造。

以报纸、杂志、广播、电视和电影为代表的新闻和娱乐媒体对核能技术有不同的态度，但有明显的怀疑倾向。核倡导者们确信，任何涉及反应堆或辐射的事件都被媒体过分强调了。他们相信，如果人们得到全面的信息就会发现核能是可以接受的。这一观点仅是部分正确的，原因有两个：①一些技术知识渊博的人是强烈反核的；②非理性的恐惧不能被其他事实所消除。许多人试图分析核恐慌现象，Weart(1988)是这方面的顶尖学者之一。

尽管如此，近年来美国公众对核能的接受程度越来越高，有以下几个原因：①通过 NRC 和核电运行研究所(Institute of Nuclear Power Operations，INPO)的一系列措施，核工业行业保持了优秀的核安全记录；②对能源需求认识的增加，认识到对国外石油的需求是持久的，但同时也是昂贵和充满不确定因素的；③认识到裂变发电不会释放导致全球变暖的温室气体。一份民意调查显示，三分之二的公众赞成建造新的核电站，一些社区对核电站表示欢迎。

8.8 小　结

1879～1939 年，一系列关于原子与核物理学研究促成了裂变的发现，人们不断挖掘出有关粒子和射线、放射性和原子及原子结构的新知识。裂变的存在表明，中子的链式反应是可能的，并且这个过程具有军事意义。在第二次世界大战期间，美国为此开始了一项重大的国家计划。铀同位素分离方法被用于生产钚材料的核反应堆，以及武器技术等的发展，在用原子弹来结束战争时达到了顶峰。

第二次世界大战后，核防护以及在美国原子能委员会主导下的核过程和平应用成了人们关注的重点。美国国家实验室和工业部门研究了四种反应堆概念(压水堆、沸水堆、快堆和气冷堆)。前两个概念在 20 世纪 60 年代已进入商用状态，美国原子能委员会已有 28 年的推广和监管职能，而现在分别由美国能源部和核管理委员会承担着这些角色。国际上，国际原子能机构帮助发展中国家并监测核库存。

　　20 世纪后期，公众对核能的支持因种种原因而减弱，但近年来表现出明显增加的趋势。

8.9　习　　题

8.1　进入一个互联网搜索引擎，查询"nuclear age timeline(原子核时代时间线)"，并查阅相关资源，列出每十年内最重要的事件清单。

8.2　使用短语"Einstein letter Roosevelt"进行互联网搜索，阅读 1939 年 8 月 2 日的信。

8.3　利用附录 A 的核数据，确定下面中子发射反应的 Q 值和库仑阈值能量：

$$\,_{2}^{4}\alpha + \,_{4}^{9}\mathrm{Be} \longrightarrow \,_{6}^{12}\mathrm{C} + \,_{0}^{1}\mathrm{n}$$

Po-210 衰变所发射的 α 粒子具有足够的能量来引发这种反应吗？

参 考 文 献

Allardice, C., Trapnell, E.R., 2002. The first pile. Nuclear News 45 (12), 34.

Bohr, N., 1913. On the constitution of atoms and molecules. Phil. Mag. Series 6, 26 (151), 1–25.

Chadwick, J., 1932. The existence of a neutron. Proc. Roy. Soc. Lond. A 136 (830), 692–708.

Dawson, F.G., 1976. Nuclear Power: Development and Management of a Technology. University of Washington Press. Covers nuclear power development and regulations from 1946 to around 1975.

Einstein, A., 1905. On the electrodynamics of moving bodies. Ann. Phys. 17, 891.

Eisenhower, D.D., 2003. Atoms for peace. Nuclear News 46 (12), 38.

Goudsmit, S.A., 1947. Alsos. (reprinted in 1983 by Tomash Publishers and American Institute of Physics, with a new introduction by R. V. Jones and supplemental photographs). The technical leader of the Alsos mission describes his experiences and assessment of the German atom bomb program.

Meitner, L., Frisch, O.R., 1939. Disintegration of uranium by neutrons: a new type of nuclear reaction. Nature 143(3615), 239–240.

Murray, R.L., 2007. Nuclear reactors. In: Ohmer, K. (Ed.), Kirk-Othmer Encyclopedia of Chemical Technology. John Wiley & Sons.

Pash, B.T., 1970. The Alsos Mission. Universal Publishing & Distribution Corp. This book, long out of print, describes the adventures of the military unit that entered Germany in World War II to find out about the atom bomb effort.

Roentgen, W.C., 1895. On a new kind of rays. Nature 53 (1369), 274–276.

Rutherford, E., 1911. LXXIX. The scattering of α and β particles by matter and the structure of the atom. Phil. Mag. Series 6, 21 (125), 669–688.

Rutherford, E., 1919. LIV. Collision of a particles with light atoms. IV. An anomalous effect in nitrogen. Phil. Mag. Series 6, 37 (122), 581–587.

Simpson, J.W., 1995. Nuclear Power from Underseas to Outer Space. American Nuclear Society. Personalized technical history of nuclear submarine, early nuclear power, and nuclear rocket by a Westinghouse executive.

Thomson, J.J., 1897. XL. Cathode rays. Phil. Mag. Series 5, 44 (269), 293–316.

U.S. Department of Energy, Office of Scientific and Technical Information (OSTI), Atomic Energy Act of 1946. www.osti.gov/atomicenergyact.pdf. Excerpts from its legislative history.

Weart, S.R., 1988. Nuclear Fear: A History of Images. Harvard University Press. An analysis of attitudes toward nuclear power.

延 伸 阅 读

2013. Reference special section. Nuclear News 56 (3), 45–77.

Atomic Heritage Foundation. http://childrenofthemanhattanproject.org. Information on the nuclear effort of WWII.

Bird, K., Sherwin, M.J., 2005. American Prometheus: The Triumph and Tragedy of J. Robert Oppenheimer. Knopf. The best book on the subject.

Charles, F., 1993. Operation Epsilon: The Farm Hall Transcripts. University of California Press. Recorded conversations among German scientists captured at the end of World War II.

Cohen, B.L., 1983. Before It's Too Late: A Scientist's Case FOR Nuclear Energy. Plenum Press. Discusses risks on nuclear power and public perception of them.

Davis, N.P., 1968. Lawrence and Oppenheimer. Simon & Schuster (also available in paperback from Fawcett Publications). The roles of the two atomic leaders, Ernest O. Lawrence and J. Robert Oppenheimer, and their conflict are described; the book presents an accurate portrayal of the two men.

De Wolfe Smyth, H., 1945. Atomic Energy for Military Purposes. Princeton University Press (reprinted by AMS Press, 1978 and reprinted with additional commentary by Stanford University Press, 1989). The first unclassified account of the nuclear effort of World War II. Chapters I, II, IX–XIII, and Appendices available online at http://nuclearweaponarchive.org/Smyth.

Goldschmidt, B., 1982. The Atomic Complex. American Nuclear Society. A technical and political history of nuclear weapons and nuclear power; the author participated in developments in the United States and France.

Gosling, F.G., 2010. The Manhattan Project: Making the Atomic Bomb. DOE/MA-0002, http://energy.gov/management/downloads/ gosling-manhattan-project-making-atomic-bomb.

Groueff, S., 1967. Manhattan Project: The Untold Story of the Making of the Atomic Bomb. Little, Brown & Co. The author benefited from material published right after WWII and interviews with participants; the book was praised by both General Leslie Groves and AEC Commissioner Glenn Seaborg.

Groves, Lt. General L.R, 1962. Now It Can Be Told. Harper & Row. The account of the Manhattan Project by the person in charge.

Hewlett, R.G., Anderson Jr., O.E., 1972. The History of the United States Atomic Energy Commission, The New World, vol. I, 1939/1946. United States Atomic Energy Commission. Starts with the discovery of fission and covers the Manhattan Project in great detail.

Hewlett, R.G., Duncan, F., 1972. The History of the United States Atomic Energy Commission, Atomic Shield, vol. II, 1947/1952. United States Atomic Energy Commission.

Hilgartner, S., Bell, R.C., O'Connor, R., 1982. Nukespeak: Nuclear Language, Visions, and Mindset. Sierra Club Books.

Jungk, R., 1958. Brighter Than a Thousand Suns. Harcourt Brace & Co. A very readable history of nuclear developments from 1918 to 1955, with emphasis on the atomic bomb; based on conversations with many participants.

Kelly, C.C. (Ed.), 2007. The Manhattan Project: The Birth of the Atomic Bomb in the Words of Its Creators, Eyewitnesses, and Historians. Blackdog & Leventhal.

Manhattan Project Resources, U.S. Department of Energy, https://www.osti.gov/opennet/manhattan_resources.jsp. Comprehensive account of WWII project.

Michal, R., 2004. Atoms for Peace—Updating the Vision. Nuclear News (1), 55. Report on a topical meeting assessing the realization of Eisenhower's vision 47 (1), 55–57.

Murray, R.L., 1988. The etymology of 'Scram'. Nuclear News 8, 105–107. An article on the origin of the word based on correspondence with Norman Hilberry, the Safety Control Rod Axe Man in the Chicago experiment, 31 (9).

National Health Museum, Access Exellence. Radioactivity: Historical Figures. www.accessexcellence.org/AE/AEC/CC/historical_background.html. Biographies of Roentgen, Becquerel, the Curies, and Rutherford.

Rhodes, R., 1986. The Making of the Atomic Bomb. Simon & Schuster. A detailed, fascinating account of the Manhattan Project.

Rhodes, R., 1995. Dark Sun: The Making of the Hydrogen Bomb. Simon & Schuster. Research and development by both the United States and U.S.S.R.; describes espionage.

Rose, P.L., 1998. Heisenberg and the Nazi Atomic Bomb Project: A Study in German Culture. University of California Press. Thorough investigation with voluminous bibliography; believes that the critical mass was overestimated by error.

The Virtual Nuclear Tourist, www.nucleartourist.com. A wealth of information with links to history sites.

U.S. Department of Energy, Office of Scientific and Technical Information (OSTI). History of the Department of Energy's National Laboratories. www.osti.gov/accomplishments/nuggets/ historynatlabs. html. Histories of 13 individual national nuclear laboratories.

U.S. Department of Energy, Energy Information Administration, 2013. Electric Power Annual 2011. www.eia.gov/electricity/annual/.

U.S. Department of Energy. The History of Nuclear Energy, DOE/NE-0088, www.ne.doe.gov/pdfFiles/History.pdf. Includes timeline.

U.S. Department of Energy. History Publications. http://energy.gov/management/history-publications.

U.S. Department of Energy. Nuclear Age Timeline, www.em.doe.gov/Publications/timeline.aspx. Events from the pre-1940s to 1993, with sources of additional information.

U.S. Department of Energy. The History of Nuclear Energy, DOE/NE-0088. www.ne.doe.gov/pdfFiles/ History.pdf. Brief (28 pages) pamphlet; chronology to 1992, references, and glossary.

Walker, M., 1989. German National Socialism and the Quest for Nuclear Power, 1939–1949. Cambridge University Press.

Walker, M., 1990. Heisenberg, Goudsmit, and the German atomic bomb. Physics Today 43 (1), 52–60. This article prompted a series of letters to the editor in the issues of May 1991 and February 1992.

粒子加速器

本章目录

电场和磁场的组合为带电粒子提供作用力，并将离子变成具有很高速度和动能的装置称为加速器。为了研究核反应和基本原子核结构，人们研发了多种类型的加速器，并且一直在追求将粒子加速到更高的能量。本章将回顾电荷力的性质并描述几种重要的粒子加速器的组成和工作原理。后续的几个章节将进一步描述其中的一些应用。

9.1　电场力和磁场力

回顾一下带电粒子是如何受到电场和磁场的影响。首先，设想一对相隔距离为 d 的平行金属板，如图 9.1 中所示的电容器。一个直流电压源，如一个电池，在低气压区域提供电势差 V，由此，在两个平行板之间产生的电场为

$$\varepsilon = V/d \tag{9.1}$$

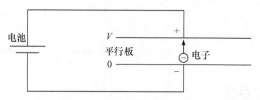

图 9.1 电容器作为加速器

如果质量为 m，电荷为 $q=e$ 的电子在负极板上被释放，它将承受的力为

$$F = \varepsilon e \tag{9.2}$$

其加速度为

$$a = F/m = \varepsilon e/m \tag{9.3}$$

在电场作用下，电子获得速度，到达正极板时，获得的动能为

$$\frac{1}{2}mv^2 = Ve \tag{9.4}$$

因此它的速度为

$$v = \sqrt{2Ve/m} \tag{9.5}$$

例 9.1 如果电压 $V=100\text{V}$，则一个电子(电量 $e=1.602\times10^{-19}\text{C}$)被加速获得的速度为

$$v = \sqrt{\frac{2Ve}{m_{\text{e}}}} = \sqrt{\frac{(2)(100\text{V})(1.602\times10^{-19}\text{C})[(\text{J}/\text{C})/\text{V}]}{(9.109\times10^{-31}\text{kg})[(\text{kg}\cdot\text{m}^2/\text{s}^2)/\text{J}]}} \approx 5.93\times10^{-6}\,\text{m/s}$$

其次，将一个质量为 m，电荷为 e，速度为 v 的带电粒子引入到具有均匀磁场 B 的区域中，如图 9.2 所示。如果电荷沿着磁力线的方向进入，它将不受磁场的影响。但是如果它垂直于磁场方向进入，将在一个圆上以恒定速率运动，其运动半径(称为回转半径)为

$$r = mv/eB \tag{9.6}$$

可见，磁场越强或速度越低，其运动半径就越小。注意，角速度 ω 为

$$\omega = v/r \tag{9.7}$$

应用式(9.6)和式(9.7)可以求出：

$$\omega = v/r = eB/m \tag{9.8}$$

如果电荷从其他角度进入，它将以螺旋线形式运动，其轨迹就像一个金属门的弹簧。

最后，在随时间变化的磁场(B)区域释放一个电荷。如果电子在面积为 A 的圆环形金属丝内，如图 9.3 所示，它将受到由磁通量 $\Phi=BA$ 变化产生的电场力。当然，如果没有金属线存在，也会产生同样的效果。如果磁场随位置变化，则有额

外的力作用在带电粒子上。

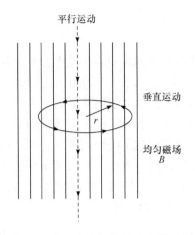

图 9.2　电荷在均匀磁场 B 中的运动

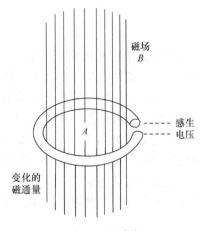

图 9.3　磁感应

9.2　高 压 设 备

　　在电荷源和靶目标之间提供一个大的电势差是一种可将离子加速到高速的方法。实际上，闪电是从带电云层到地球之间发生的一种放电现象，该现象在实验室中也可以产生。有两种常用装置，一种是如图 9.4 所示的高压倍加器，即 Cockroft-Walton 加速器，它有一个给电容器并联充电并串联放电的电路。

　　另一种是静电加速器，即范德格拉夫加速器，其原理如图 9.5 所示。通过一个运动的输电带对一个绝缘金属罩进行充电并将其提升到高电位，从而对质子或氘核等正电荷进行加速。这种形式可获得 5MeV 量级的粒子能量，并且能量分散性非常小。

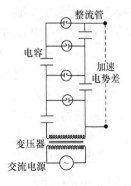

图 9.4　Cockroft-Walton 加速器电路

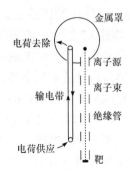

图 9.5　范德格拉夫加速器

9.3 直线加速器

除了用高压将电荷加速到高速，也可以通过一系列相对较小的电势差将粒子加速到高速，如图 9.6 所示的直线加速器(linear accelerator，LINAC)。正如图 9.6 所示，加速器由一系列管状形式的加速电极构成，加速管之间施加有交变的电势差。一个电子或粒子在加速管之间间隙的电场中获得能量，其在加速管内漂移时能量不变化，因为加速管内的电场几乎为零。电荷到达下一个间隙时，再次调整进行电压加速。由于离子途经一系列加速管获得速度，加速管的长度 l 必须依次变长以确保在每节加速管内漂移的时间保持不变。飞行距离 l 所需时间为 l/v，这一时间等于电压变化的半周期 $T/2$(电压变化频率 $f=1/T$)，即

$$t = l/v = T/2 \tag{9.9}$$

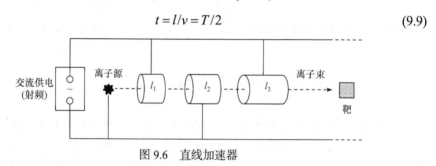

图 9.6 直线加速器

位于斯坦福直线加速器中心(Stanford Linear Accelerator Center，SLAC)的直线加速器长度为 2mi，它可将电子和正电子束加速到的最大能量为 50GeV(Rees，1989)。

9.4 回旋加速器和电子感应加速器

Lawrence 发明的回旋加速器可通过电极和磁场内的环形运动进行连续的电场加速。如图 9.7 所示，离子如质子、氘核或 α 粒子，由真空室中心的离子源提供。该真空室位于巨大的电磁铁两极中间。两个称为 "dees" (以字母 D 的形状)的空心金属盒以合适的频率和相反极性施加交变电压。在 D 形盒中间的间隙内，离子与在直线加速器中同样的方式获得能量，然后在无电场的区域内由磁场引导以圆周形式运动，每一次穿过电势差为 V 的间隙，离子就获得新增能量 Vq，并且运动半径按照 $r=v/\omega$ 增加，其中 $\omega=qB/m$ 是角速度。回旋加速器的特点是一个回旋周期所需的时间 $T=2\pi/\omega$ 与离子的运动半径无关。因此，有可能利用一个同步的恒定频率 f(角频率 $\omega=2\pi f$)的交变电势差在合适的时刻提供加速。

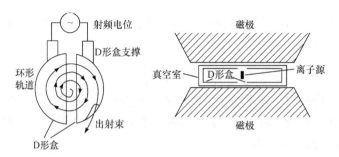

图 9.7　回旋加速器

例 9.2　在一个磁感应强度 $B=0.5\text{Wb/m}^2(\text{T})$ 的磁场中，质量 m 和电荷 q 分别为 $3.3\times10^{-27}\text{kg}$ 和 $q=e=1.6\times10^{-19}\text{kg}$ 的氘核粒子角速度为

$$\omega = \frac{qB}{m} = \frac{(1.6\times10^{-19}\text{C})(0.5\text{T})}{3.3\times10^{-27}\text{kg}} \approx 2.4\times10^7\,\text{rad/s}$$

令这一角速度与电源的角频率相对应，$\omega=2\pi f$，可以得到：

$$f = \omega/2\pi = (2.4\times10^7\,\text{rad/s})/(2\pi) \approx 3.8\times10^6\,\text{Hz}$$

根据图 1.1，这一频率位于射频范围。

离子的路径近似为螺旋形。达到最外层半径且离子具有足够的能量时，通过特殊的电场和磁场从 D 形盒中提取束流，并允许束流撞击靶目标，在其中发生核反应。与新装置相比，回旋加速器更原始，但在医院其仍然被广泛用于生产放射性同位素。

在感应加速的电子感应加速器中，电子被加速到非常高的速度。变化的磁通产生电场，为电荷提供电场力，电荷被引导在恒定半径的圆环中运动。图 9.8 显示了一个甜甜圈形状的真空室被放置在特殊形状的磁极之间。电荷为 e 的电子受到的电场力方向沿着半径为 r 的圆周轨道的切线方向。电子圆周运动环内平均磁场的变化率为 $\text{d}B/\text{d}t$，通过改变电磁铁线圈中的电流来提供磁场。注意到，圆周路径内的面积 $A=\pi r^2$，磁通量 $\varPhi=BA$。根据法拉第电磁感应定律，如果在 Δt 时

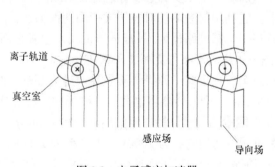

图 9.8　电子感应加速器

间内磁通变化量为 $\Delta\Phi$，则围绕圆周一圈产生的电势差 $V = \mathrm{d}\Phi/\mathrm{d}t$，对应的电场强度 $E = V/2\pi r$，电场力为 eE，结合上述关系，力的大小为

$$F = \frac{er}{2}\frac{\Delta B}{\Delta t} \tag{9.10}$$

当电荷保持运动半径不变时，如果该位置处的磁场是环内平均磁场的一半，则电荷继续获得能量。将电子加速到 MeV 量级能量仅需几分之一秒，交变磁场电流仅经过四分之一周期。

电子感应加速器中，因为电子达到的速度足够高，所以需使用爱因斯坦质能方程。

例 9.3 计算具有动能 $E_K=1\mathrm{MeV}$ 的电子质量 m 和速度 v。考虑到电子的静止质量 $E_0=m_0c^2$ 是 0.511MeV，对动能方程(1.11)重新进行整理，可以得到质量 m 和静止质量 m_0 的比率为

$$\frac{m}{m_0} = 1 + \frac{E_K}{m_0 c^2} = 1 + \frac{1\,\mathrm{MeV}}{0.511\,\mathrm{MeV}} \approx 2.96$$

求解关于速度的爱因斯坦质能方程，$m/m_0 = 1/\sqrt{1-(v/c)^2}$，可以得到：

$$v = c\sqrt{1-(m_0/m)^2} = c\sqrt{1-(1/2.96)^2} \approx 0.94c$$

因此，1 MeV 电子的速度接近光速，$c=3.0\times10^8\mathrm{m/s}$(即 $v=2.8\times10^8\mathrm{m/s}$)。如果给予电子 100 MeV 的动能，那么它的质量增长系数为 197，并且其速度变为 0.999987c (注：原文误写成 297、0.999995c)。

这种类型的计算可用第 1 章习题中介绍的计算机程序 ALBERT 来完成。上机练习 9.A 和 9.B 中介绍了在现代加速器中的其他离子运动的应用。

9.5 同步加速器与对撞机

在过去的 50 多年中，加速器科学和工程发生了引人注目的变化，带电粒子束流强度和能量不断增加。一个主要的进步标志是由 McMillan 和 Veksler 各自独立发明的同步加速器。它利用射频电场对粒子进行周期性加速，同时用随时间变化的磁场将粒子保持在一个圆周路径上。脱离同步的离子会被重新带回同步状态(即它们是同步的)。图 9.9 显示了布鲁克海文国家实验室于 1953～1966 年运行的质子同步加速器的示意图。一个离子源提供质子并通过范德格拉夫加速器以 4MeV 能量注入一个真空室，由一个偏转器将电荷送入磁场中，磁场强度在 1s 时间内上升到 1.4T，质子获得能量的同时保持恒定的运动半径 $r=mv/qB$，磁场形状要确保合适的聚焦。射频单元以初始电压为 2000V，重复率为 2000Hz 对粒子进行加速，离子以 3GeV 的最终能量撞击内靶进而产生中子或亚原子的介子。

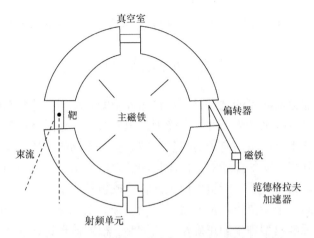

图 9.9　布鲁克海文国家实验室的质子同步加速器

在更现代的同步加速器中，将粒子约束在圆周轨道的磁场是由一系列分立的磁场所提供的，就像一条项链上的珠子。两个磁铁之间用四极(两个南极和两个北极)磁铁进行束流聚焦，并进行空间电荷分散的补偿。

早期大多数的加速器采用对固定靶的轰击方式。近年来，可以通过两个相反方向循环的束流在存储环内碰撞来获得更大的能量。对撞机中使用的粒子对是①电子和正电子；②质子和反质子；③质子和质子。Thomas Jefferson 加速器实验室(Thomas Jefferson Acceleartor Laboratory)正负电子对撞机的加速腔是用超导性的铌建造的，可将能量损失减到最小，提供的总能量为 4GeV。位于欧洲核子研究组织(European Organization for Nuclear Research，CERN)的大型电子对撞机(large electron positron，LEP)在 2000 年关闭之前实现的粒子能量为 209GeV。

可以使用不同类型的加速器组合来获得更高的粒子能量。例如，位于芝加哥附近的费米国家加速器实验室(Fermi National Accelerator Laboratory，Fermilab)的粒子加速器 Tevatron(万亿电子伏特加速器)。2011 年关闭的 Tevatron 有一个直径为 3m、长度为 6.3km 的圆形地下隧道，包含束流管和数百个提供离子弯曲的磁铁。负氢离子先通过 Cockroft-Walton 加速器(9.2 节)加速到 0.75MeV，然后通过一个直线加速器(第 9.3 节)升高到 200MeV。利用碳箔将电子从离子中剥离，剩下为质子，这些质子由一个小的初级同步加速器加速到 8GeV，然后被注入主环同步加速器，能量达到 150GeV。质子被聚焦成短脉冲，提取束流后击中铜靶，产生大量的反质子，这些反质子被引入储存环，在其中循环的同时束流被压缩，然后转移到一个积蓄环，最后引入 Tevatron 环。同时，主环上的一批质子也被放在 Tevatron 环中。沿着该环的路径排列有 1000 个使用液氮和液氦冷却的超导磁体。最后，两束方向相反、直径约为 0.1mm 的束流被加速至峰值能量接近 1TeV。碰撞产物的探测由费米国家加速器实验室对撞机探测器(collider detector Fermilab，CDF)来完成，这是一个复杂的粒子跟踪装置，在费米国家加速器实验室网站上可以找到该探测器大量的照片信息。

9.6 加速器应用

人们制造加速器的目的之一是寻找自然界中的新粒子，这些新粒子只能通过加速电荷的能量变换来产生，并符合爱因斯坦相对论。通过高能粒子和反粒子束流的对撞可以产生比简单的离子轰击静止靶远多得多的核物质，其中原因是高能电荷消耗大部分能量来加速新粒子以满足动量守恒要求，相反，当粒子与反粒子碰撞时，总动量为零，所有能量可以全部转化成新的质量。

高能装置的一个主要成就是发现了"顶"夸克(Liss et al.，1997)。夸克是否存在对于检验标准模型理论的正确性至关重要。根据该理论，物质由轻子(电子、中微子等)和夸克(类型为上、下、粲、奇、顶、底)以及它们的反粒子所构成。上夸克的电荷为2/3，而下夸克的电荷为–1/3。夸克标准模型认为，在刚刚发生宇宙大爆炸之后夸克是自由的，形成了被视为完美的液体，在胶子的帮助下，夸克聚集形成质子和中子。质子由两个上夸克和一个下夸克组成，而中子是两个下夸克和一个上夸克组成。质子和反质子的碰撞实际上是夸克的碰撞。人们相信，在自然界中顶夸克只存在于宇宙大爆炸最初的10^{-16}s内。在实验室中，夸克可以通过能量非常高的金原子碰撞而被艰难地释放出来。布鲁克海文国家实验室的相对论重离子对撞机(relativistic heavy ion collider，RHIC)已经探测到夸克组合的产物。

电磁力的本质被认为是通过交换玻色子实现的，光子是玻色子的一个例子。还有另外三种力：弱相互作用力(涉及放射性)、强相互作用力(用于原子核的结合)和万有引力。电磁力和弱相互作用力被认为是电弱力(electroweak force)的不同表现形式。

高能粒子碰撞的研究旨在获得关于质量起源的信息，以及寻求为什么宇宙中有这么多看不见的物质(暗物质)和宇宙加速膨胀的原因(暗能量)的答案。研究中要解决的问题是中微子的质量、反物质的稀缺性和空间的额外维度。

20世纪90年代初，美国开始在得克萨斯州建造大型超导超级对撞机(superconducting super collider，SSC)来获得20TeV的束流，但由于成本过高，该项目被美国国会取消。随着超导超级对撞机的消亡，美国物理学家对高能粒子研究的很大一部分工作转移到欧洲核子研究中心。美国能源部拨出资金来建造大型强子对撞机(large hadron collider，LHC)和ATLAS探测器，用于分析质子-质子碰撞的产物。大型强子对撞机利用了法国和瑞士边境一条27km长的环形隧道，使用了超导磁体和先进的加速器技术，利用两个均为7TeV的质子进行对撞。此外，它还可以处理重离子束，如总能量为1250TeV的铅离子束。2012年7月，研究人员宣布在该设施中检测到了以前假设的被称为希格斯玻色子的重粒子，该玻色子被认为可将空间真空与粒子的存在联系起来。

粒子加速器的两个扩展方向为科学研究和工业应用开辟了新的机会。第一个扩展方向是同步辐射(synchrotron radiation，SR)。同步辐射基于如下事实：如果一个电荷获得加速度，它就会辐射出光。在同步加速器或存储环的每个偏转磁体中，可获得 X 射线的实验束流。该束流非常窄，角度可以通过静止能量和动能之比 E_0/E_K 给出。同步辐射设施的一个例子是位于布鲁克海文国家实验室的国家同步加速器光源(national synchrotron light source，NSLS)。第二个扩展方向是自由电子激光(free electron laser，FEL)。电子在直线加速器中被加速到很高的速度并被注入一个在长度方向设置有磁体的管道，由加速器提供一个交变场，加速这些电子并辐射光子。光在管道的末端被反射镜来回反射，并与循环电子相互作用，而不是与常规激光器中的原子相互作用。自由电子激光的频率可以覆盖从红外线到γ射线的范围。http://sbfel3.ucsb.edu/www/vl_fel.html 网站列出了世界各地的自由电子激光设施。

9.7 散 裂 反 应

高能带电粒子会破坏靶材料的原子核。在加利福尼亚辐射实验室的实验表明，能量为几百兆电子伏特的氘核或质子等带电粒子轰击靶核时获得了很高的中子产额。这里涉及了几个新的引人注目的核反应。第一个是剥裂反应(stripping reaction)，如图 9.10(a)所示，氘核撞击靶核而破裂成一个质子和一个中子。第二个是散裂过程，原子核在高能粒子轰击下分解成碎片。图 9.10(b)显示了散裂是如何产生核子级联的。第三个是蒸发，中子从具有约 100MeV 内部激发能量的激发核中飞出，如图 9.10(c)所示。蒸发中子的平均能量约为 3MeV。激发核可能通过裂变释放中子，并且裂变碎片可能进一步蒸发。

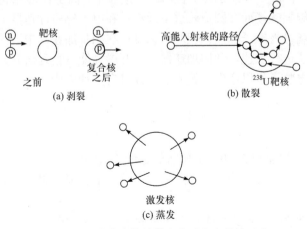

图 9.10　由非常高能的带电粒子产生的核反应

据理论预测，一个高能(500MeV)氘核可以产生多达 50 个中子。产生的大量中子可用于许多方面：①物理和化学研究；②生产新的核燃料、有益的放射性同位素或武器氚；③燃烧无用的钚或某些放射性同位素废料。这些应用的部分内容将在后面的章节中讨论。

在橡树岭国家实验室，散裂中子源(spallation neutron source，SNS)于 2006 年投入运行。美国能源部设施的设计和建造是由六个实验室(阿贡国家实验室、布鲁克海文国家实验室、Lawrence Berkeley 国家实验室、洛斯·阿拉莫斯国家实验室、橡树岭国家实验室和 Jefferson 国家实验室)共同合作完成的。大型直线加速器产生高速质子轰击液态汞靶，质子能量为 1GeV，束流功率为 1.4MW。中子能量由水和液态氢来调节，采用飞行时间装置来选择所需能量的中子。散裂中子源服务于数百位来自美国与其他国家和地区的中子科学研究人员，促进各项研究项目，这一点将在 14.9 节中讨论。

例 9.4　SNS 束流功率可用于确定电荷流或束流：

$$\frac{dq}{dt}=I=\frac{P}{V}=\frac{P}{E_K/e}=\frac{[(1.4\times10^6\,W)/(1.602\times10^{-19}\,J/eV)](A\cdot s/C)}{[(1\times10^9\,eV/p)/(1.602\times10^{-19}\,C/p)](W\cdot s/J)}\approx0.0014A$$

单位时间对应的加速质子数量则是

$$I/e=(0.0014C/s)/(1.6\times10^{-19}\,C/p)\approx8.7\times10^{-15}\,p/s$$

9.8　小　　结

利用各种方式的电场和磁场粒子加速器，可将电子和轻离子等带电粒子加速到很高的速度。在高压装置中，用电势差对一束离子直接进行加速，该电势差可由特殊的倍压电路产生或者通过将电荷引入正电极产生；在直线加速器中，离子在加速管之间的间隙中连续加速；在回旋加速器中，离子在 D 形盒电极间隙中被加速，但由于施加磁场而在圆形轨道中运动；在电子感应加速器中，通过变化的磁场产生的电场可将电子加速到相对论速度；在同步加速器中，同时使用射频和时变磁场对粒子进行加速。利用加速器可以开展高能核物理研究，通过几种散裂过程，高能带电粒子可以产生大量中子，并具有多种应用。

9.9　习　　题

9.1　计算使电子加速到 2×10^5 m/s 所需的电势差(电压)。

9.2　求出将①一个质子；②一个电子；③一个氘核加速到相对论速度(即 0.1c)所需的电压。

9.3　如果在长度为 0.6m 的加速管中质子的速度为 3×10^6 m/s，那么该直线加速器的电压源适合的频率是多少?

9.4 在 1Wb/m² 的均匀磁场中,求氘核回旋一次的时间。

9.5 在磁感应强度为 B 的磁场中,列出离子最终能量的计算公式。设回旋离子质量为 m、电荷量为 q、出口半径为 R(使用非相对论能量关系)。

9.6 在半径为 2.5m 的回旋加速器中将氘核加速到能量为 5MeV,需要多大的磁感应强度(Wb/m²)?

9.7 伊利诺伊州巴达维亚费米实验室的主环质子同步加速器的性能数据如下:环的直径为 2km,每脉冲质子数为 6×10^{12} 个,磁体数量为 954 个,初始质子能量为 8GeV,最终质子能量为 400GeV,回旋次数为 200000。①求出质子每次回旋的能量增益值;②利用 1.5 节和 9.4 节的相对论公式求出质子达到最终能量时的速度;③计算质子达到最终速度时的磁场。

9.8 导致质量增加的因素是什么? 200GeV 的质子速度是光速的多少倍?

9.9 利用中子轰击 U-238 的方式是在一个 500GeV 加速器上每天生产 4kg 的 Pu-239,计算稳定的氘核束流强度和所需的电功率。保守假设每个氘核产生 25 个中子。

9.10 利用 1.5 节的相对论公式可以得出:对于非常大的粒子能量,其速度与光速的相对差异,即 $f_c = (c-v)/c$,可以非常精确地用 $f_c = (1/2)(m_0/m)^2$ 来近似。试求出静止能量为 0.511MeV 的电子能量达到 50GeV 时的 f_c 值。

9.11 质子和反质子在 2km 直径的 Tevatron 环中的速度几乎与光速相同。求出最终能量为 1TeV 的粒子穿越整个圆周的时间,在这个近似中有多大的误差?

9.12 电荷为 e、静止质量为 m_0、运动半径为 R 的粒子,其同步辐射损失(以焦耳为单位)可由 Cohen(1995)推导的以下公式给出:

$$\Delta E = e^2 \gamma (\gamma^2 - 1)^{3/2} / (3\varepsilon_0 R)$$

其中,$\gamma = E/m_0 c^2$; $E = mc^2$; $\varepsilon_0 \approx 8.8542 \times 10^{-12}$ F/m。

①当电子速度非常接近光速时,试推导出 ΔE 的近似表达式,ΔE 的单位为 keV,能量 E 和半径 R 分别采用 GeV 和 m 为单位;②和电子相比,具有相同运动半径和能量的质子,其辐射能量比电子的辐射能量低多少? ③对于速度比光速低得多的圆周运动电子,试推导出计算辐射功率的公式,用电子运动的加速度来表示。

9.10　上 机 练 习

9.A 用计算机程序 ALBERT 验证:1TeV 质子拥有的速度几乎是光速。用习题 9.10 中的公式计算 v 和 c 之间的相对差异。

9.B 德国汉堡的正负电子对撞机产生 23 TeV 的粒子。①电子的总能量与其静止能量的比值是多少？用计算机程序 ALBERT 检查结果。②如果 23TeV 的电子可以被引导围绕着地球(半径为 6378km)运动，那么它们到达时会在一个光束后面落后多远？请参见习题 9.10 中用的公式。

参 考 文 献

Cohen, E.R., 1995. The Physics Quick Reference Guide. American Institute of Physics.

Liss, T.M., Tipton, P.L., 1997. The discovery of the top quark. Sci. Am. 277 (3), 54–59.

Rees, J.R., 1989. The Stanford linear collider. Sci. Am. 261 (4), 58–65.

延 伸 阅 读

American Institute of Physics. Early Particle Accelerators (Lawrence and the Cyclotron). www.aip.org/history/lawrence/epa.htm. New systems, from the 1930s.

Brookhaven National Laborartory. National Synchrotron Light Sources. www.bnl.gov/ps/. Select "News & Events/Multimedia" to take an online tour.

European Organization for Nuclear Research (CERN). www.cern.ch. Large Hadron Collider.

European Organization for Nuclear Research (CERN), The ATLAS Experiment. www.atlas.ch/etours. html –eTours.

Fermi National Accelerator Laboratory. www.fnal.gov. Select "About Fermilab/Virtual Tour."

Humphries Jr., S., 1986. Principles of Charged Particle Acceleration. John Wiley & Sons.

Lightsources. www.lightsources.org/. News, information, and educational materials about the world's synchrotron and free electron laser light source facilities.

Mason, T.E., Gabriel, T.A., Crawford, R.K., Herwig, K.W., Klose, F., Ankener, J.F., 2000. The spallation neutron source: a powerful tool for materials research. http://arxiv.org/abs/physics/0007068. Frequently cited article describing the equipment used in research.

Scharf, W.H., 1997. Biomedical Particle Accelerators. AIP Press.

Sessler, A., Wilson, E., 2007. Engines of Discovery: A Century of Particle Accelerators. World Scientific Publishing Co. Accelerators for research, medicine, and industry.

Shafroth, S.M., Austin, J.C. (Eds.), 1997. Accelerator-Based Atomic Physics Techniques and Applications. AIP Press.

University of Bonn, Physics Institute, Electron Stretcher Accelerator (ELSA). Particle Accelerators Around the World. www-elsa.physik.uni-bonn.de/ accelerator_list.html. Links to facilities sorted by location and by accelerator type.

U.S. Department of Energy, Fermilab National Accelerator Laboratory. Fermilab History and Archives Project. http://history.fnal.gov. Features Robert R. Wilson, first director.

U.S. Department of Energy, Oak Ridge National Laboratory. Spallation Neutron Source. http://neutrons.ornl.gov. Extensive information about features of the system and prospective applications.

WWW Virtual Library, Free Electron Laser. http://sbfel3.ucsb.edu/www/vl_fel.html. Select "Jefferson Lab" or "University of California at Santa Barbara."

辐射生物效应

　　所有生物都暴露在具有一定强度的自然辐射中，这些辐射以粒子或射线的形式存在。除了生命赖以生存的太阳光之外，所有生物都经历着来自地球以外的宇宙辐射和地球上各种材料的自然本底辐射。不同地区的辐射水平差别非常大，取决于地面矿物的含量和海拔。尽管辐射对生物组织有破坏作用，但人类和其他物种已在这样的环境中生存并且进化。随着各种产生高能辐射装置的发明，如 X 射线仪、粒子加速器和核反应堆等，情况已经有所改变。在评估新的人工辐射的潜在危害时，经常与自然本底辐射水平进行比较。

　　本章将描述辐射对细胞、组织、器官和个体的生物学效应；确定辐射测量及其效应的单位；并回顾设置照射限值的思想与实践；特别关注与核电工业有关的规章制度。

　　现代生物信息的简要概述将有助于读者理解辐射效应。众所周知，生物包括大量多样的植物和动物，它们都是由细胞组成的，进行着生存所必需的各种过程。最简单的生物，如藻类和原生动物，仅由一个细胞构成，然而人类等复杂生物是由含有大量细胞的特殊器官和组织组成，如神经、肌肉、上皮、血液、骨骼和结缔组织等。细胞的主要成分包括作为控制中心的细胞核、含有生命物质的细胞质和作为多孔细胞壁的周围细胞膜。细胞核内的染色体是含有遗传物质的长螺旋链。细胞生长过程涉及细胞增殖的一种形式，称为有丝分裂，其中染色体分离形成两个与原始细胞相同的新细胞。生殖过程涉及细胞分裂，称为减数分裂，其中生殖细胞仅产生必要的染色体补体的一半，这样精子和卵子的结合就形成了一个完整的新实体。遗传法也是基于上述过程。基因是染色体上的特定区域，负责遗传某些身体特征。基因由脱氧核糖核酸(deoxyribonucleic acid, DNA)通用分子构成，具有非常长的螺旋楼梯状结构，"楼梯台阶"则由四种类型的成对分子组成。细胞的复制涉及 DNA 分子沿其长度方向的分裂，然后从细胞中积累必要的材料以形成两个新的细胞。人类共存在 23 对染色体，其中包含大约 40 亿的 DNA 分子序列用于描述每个独特的个体。

10.1　生　理　效　应

前面章节中讨论的运动粒子和射线与物质相互作用的各种方式可以从生物效应的角度重新审视。本书前面章节着重强调的是辐射发生了什么。本章主要介绍辐射对介质的影响，通常是通过电离破坏原先的结构，从这个意义上可以视为损伤。高能电子和光子能够从原子中剥离出电子以产生离子；重带电粒子通过连续的电离在材料中减速；快中子在减速过程中将能量传递给靶核，靶核相应地充当了电离剂；慢中子被俘获产生γ射线和一个新的靶核。在 5.3 节中定义了传能线密度或线能量转移(LET)，并对呈现低 LET(电子和 γ 射线)和高 LET(α 粒子和中子)的辐射进行了区分。

通常，在软组织和空气中产生一个离子对所需要的平均能量(W)为 34eV。对于气体，这个数值基本上与电离辐射的类型及其能量无关。沉积的部分能量用于分子激发和新的化学物质的形成。细胞内的水可以转化为自由基，如 H、OH、H_2O_2 和 HO_2。因为人体的主要成分是水，所以许多间接的辐射效应可以归因于这些产物的化学反应。此外，也可能发生直接损伤，在这种情况下，辐射撞击细胞的特定分子，特别是控制所有生长和繁殖的 DNA。Turner(2007)展示了计算机生成的电离效应图。

例 10.1　确定 4MeV 的α粒子在组织中的电荷沉积。由于产生每一个离子对需要 34eV 的能量，α粒子在停止运动前产生大量的离子对，数量为

$$N_{IP} = E_K/W = (4\times10^6\,eV)/(34eV/ip) \approx 1.2\times10^5 \text{ 离子对}$$

每一个离子对释放的电荷为一个基本电荷单位，因此释放的电荷累积为

$$Q = eN_{IP} = (1.6 \times 10^{-19} \text{C/ip})(1.2 \times 10^5 \text{ip}) = 1.92 \times 10^{-14} \text{C}$$

从生物学的观点来看，最重要的一点是轰击粒子具有能量，能量可以传递到活细胞的原子和分子，进而扰乱其正常功能。由于有机体由大量的细胞、组织和器官组成，一个原子的扰乱很可能是不可察觉的，但是暴露于大量粒子或射线中能改变一群细胞的功能，从而影响整个系统。通常假设损伤是累积的，当然，适应和修复过程也会同时发生。

辐射的生理效应可分类为躯体效应(指身体及其健康状态)、遗传效应(涉及传递遗传特征的基因)和致畸效应(与胚胎或胎儿发育有关)。躯体效应包括身体表面照射时皮肤暂时变红，照射个体由于身体功能的一般损害而造成的寿命缩短，某些器官发生癌变或白血病等血液病等。用辐射病这个术语来表征非常强辐射下的即时效应。辐射病的症状包括恶心、脱发、出血和疲劳。遗传效应包括突变，这种情况下后代在某些方面与父母显著不同，通常以降低生存机会的方式进行，这种效应可能会延续很多代。致畸效应包括小头畸形和智力迟钝。

虽然由某一能量的辐射产生的电离量相同，但不同组织类型的生物效应差别非常大。对于低穿透性的辐射，如粒子，外部皮肤可以接受照射而不会产生严重的危险，但是对于容易穿透组织的辐射，如 X 射线、γ射线和中子，需要考虑的身体关键部分包括作为血液形成组织的骨髓、生殖器官和眼睛晶状体。甲状腺由于对裂变产物碘具有浓集作用而显得十分重要，胃肠道和肺则对通过进食或呼吸进入人体的放射性物质的辐射比较敏感。

放射性物质一旦进入人体，就会对器官和组织产生辐射照射。然而，由于有一部分放射性物质已被消除，外来物质不会将其全部能量传递给身体，特别是身体能排出吸入和摄入的物质。如果有 N 个原子，物理(放射性)衰变率为 λN，生物清除率为 $\lambda_B N$，体内放射性核素的总清除率则是二者之和：

$$dN/dt = -\lambda_E N = -\lambda N - \lambda_B N \tag{10.1}$$

其中，有效衰变常数定义为

$$\lambda_E = \lambda + \lambda_B \tag{10.2}$$

因此，放射性核素在衰变之前被身体清除出去的份额是 λ_B/λ_E，而体内衰变的份额是 λ/λ_E。半衰期之间的对应关系是

$$1/t_E = 1/t_H + 1/t_B \tag{10.3}$$

半衰期与它的衰变常数关系为 $t_k = \ln 2/\lambda_k$。

例 10.2 I-131 具有 8 天的物理半衰期和 4 天的生物半衰期(对于甲状腺)，因此，其有效半衰期为

$$t_E = (1/t_H + 1/t_B)^{-1} = [1/(8\,d) + 1/(4\,d)]^{-1} = 2.67\,d$$

10.2　辐射剂量单位

为了讨论辐射的生物学效应，需要定义一些专业术语。首先是吸收剂量(D)，它是单位质量的受照射物质(m)所接收的能量(ΔE)：

$$D = \Delta E / m \tag{10.4}$$

沉积的能量表现为介质分子或原子的激发或电离。剂量的标准国际(SI)单位为戈瑞(Gy)，即 1J/kg。较早的能量吸收单位采用拉德(radiation absorbed dose, rad, 辐射吸收剂量)，1 rad=0.01J/kg(即 1Gy=100rad)。

例 10.3　假定一个成人的胃肠道质量为 2kg，摄入一些放射性材料导致接受的辐照能量为 6×10^{-5}J，那么剂量将为

$$D = \frac{\Delta E}{m} = \frac{6\times10^{-5}\,\text{J}}{2\,\text{kg}} = 3\times10^{-5}\ \text{J/kg} = 3\times10^{-5}\ \text{Gy}$$

上述胃肠道剂量为 0.003rad 或 3mrad。

能量沉积产生生物效应的大小取决于辐射类型。例如，由快中子或 α 粒子产生的辐射剂量比 X 射线或γ射线产生的辐射剂量造成的损伤要大得多。通常重粒子比光子产生更严重的影响，重粒子在相同距离上产生更大的能量损失，也就是产生更高的电离浓度。剂量当量(H)作为生物学的重要量值，通过将吸收剂量与品质因子(QF)相乘来考虑不同类型辐射的差异。品质因子的值如表 10.1 所示。因此有

$$H = D \cdot \text{QF} \tag{10.5}$$

表 10.1　辐射品质因子*

辐射类型	品质因子(QF)
X 射线、γ射线、β 粒子	1
低能中子(<1keV)	2
能量未知的中子	10
高能质子	10
重离子，包括 α 粒子	20

*资料来源：NRC 10CFR20.1004, www.nrc.gov/reading-rm/doc-collections/cfr/part020。

如果吸收剂量 D 用 Gy 表示，则剂量当量 H 为希沃特(Sv)；如果 D 用 rad 表示，则 H 为雷姆(radiation equivalent man，rem，辐射当量人)。在科学研究和辐射的生物效应分析中，使用 SI 单位戈瑞(Gy)和希沃特(Sv)；在核电站操作中，拉德(rad)和雷姆(rem)更为常用。因此，品质因子具有 Sv/Gy 或 rem/rad 的隐式单位。概括起来，通常需要的转换因子是

$$1gray(Gy)=100rad \qquad 1sievert(Sv)=100rem$$

放射性和辐射单位的种类繁多，容易令人混淆。虽然人们希望完全转换到更新的单位，但却是不现实的，至少美国将继续使用双重单位制。下文将在括号中注明较新的 SI 单位。

例 10.4　假定例 10.3 中胃肠道的剂量是由发射α粒子的 Pu 材料所导致。根据表 10.1，α粒子的品质因子为 20，那么剂量当量将为

$$H = D \cdot QF = (3 \times 10^{-5} Gy)(20Sv/Gy)=6 \times 10^{-4}Sv=0.6mSv$$

对应地，H 为(20rem/rad)(0.003rad)=0.06rem 或 60mrem。

辐射对生物的长期影响还取决于能量沉积的速率。因此，需用合适的单位表示剂量率，如 rad/h($\dot{D}$)或 mrem/a($\dot{H}$)。注意，如果剂量是能量，则剂量率是功率。

本书第 11 章将介绍计算剂量的方法。为了方便，这里引用一些典型值。在单次的急性照射中，个人全身遭受 20rem(0.2Sv)的剂量时不会表现出明显的临床症状，但在 400rem(4Sv)的剂量下，如果没有进行医学治疗，则可能致命。NRC 定义了致死剂量，即预期在 30 天内导致 50%的受照射人群死亡的剂量，简称 LD50/30。美国居民平均每年受到的天然背景辐射照射(包括氡)约为 300mrem。表 10.2 详细列出了美国公众接受辐射的有效年剂量，并比较了 20 世纪 80 年代早期和 2006 年的剂量。最近的评估揭示，来自医学诊断和治疗过程所产生的剂量明显增加，主要是由于计算机断层扫描的使用。消费类的剂量包括各种来源，如吸烟、建筑材料、商务航空旅行、化石燃料燃烧、采矿和农业。由于给定的职业剂量是在全国人口中进行平均，因此，仅考察在辐射环境中工作的个体平均剂量可能更有指导性。表 10.3 显示，航空领域的员工接受的剂量要比商业核电站领域的员工平均高出近 50%。

表 10.2　美国公众接受辐射的有效年剂量*

照射类别	20 世纪 80 年代早期剂量/mrem	2006 年剂量/mrem
普遍存在的天然本底	300	311
氡和钍	200	228
其他	100	83
医疗	53	300

续表

照射类别	20 世纪 80 年代早期剂量/mrem	2006 年剂量/mrem
计算机断层扫描	—	147
传统 X 射线照相和透视	—	33
所有的诊断	39	—
核医学	14	77
介入荧光透视	—	43
消费	5~13	13
工业、安保、医学、教育与研究	0.1	0.3
职业	0.9	0.5

*资料来源：NCRP Report 160, 2009。

表 10.3　职业辐射年剂量*

职业领域	照射人员数量	剂量 /mrem
医疗	735000	80
航空	173000	310
商业核电站	59000	190
工商业	134000	80
教育与研究	84000	70
政府、能源部、军队	31000	60

*资料来源：NCRP Report 160, 2009。

年剂量存在很大的变化。世界上许多地区的辐射水平大于美国每年 620mrem(6.2mSv)的统计值，并且大大超过了 NRC 制定的公众成员 0.1 mrem/a 的限值及核领域工人 5mrem/a 的限值。根据 Eisenbud 和 Gesell 于 1987 年的调查，在印度等国家，钍的存在导致了大约 600mrem/a 的剂量。在许多健康 SPAS 机构中，水的剂量率值甚至比正常水高出几个数量级，这主要是由于镭和氡的存在。例如，巴西的年剂量为 17500mrem(175mSv)；伊朗拉姆萨尔的温泉含有 Ra-226，年剂量数值高达 26000mrem(260mSv)，但该地区癌症的发病率和寿命与其他人群没有显著差异。

导致生物损伤所需的能量值非常小。对于生物危害，400rem 的 γ 剂量(相当于 4 J/kg)是非常大，却不足以使 1kg 水温度升高 0.001℃。这一事实表明，辐射通过作用于特定分子影响细胞的功能，而不是通过一般的加热过程。

10.3　照射限基础

一瓶阿司匹林规定每 4h 服用药片不超过两片，这意味着更大剂量或更频繁的给药可能是有害的。这种限制是建立在多年积累大量患者经验的基础上。虽然辐射仅在某些特定的治疗中有医疗益处，但需要进行限制的想法是相似的。

当人们试图通过控制来自工业工厂、城市和农场废物的排放来净化环境时，有必要指定水或空气中一些物质的浓度，如硫或者一氧化碳，这些物质含量应低于对生命达到危险的水平。理想的情况是零污染，但一般认为，在工业化世界中，污染物的排放是不可避免的。

同样，在生物效应知识的基础上必须设立一些限值。

为了建立辐射照射的限值，相关机构已经工作了多年，如国际辐射防护委员会(International Commission on Radiological Protection，ICRP)和美国国家辐射防护与测量委员会(National Council on Radiation Protection and Measurements，NCRPM)。这些机构的一般工作程序是研究辐射效应的数据，兼顾考虑使用核设施和工艺所带来的风险与效益，在此基础上建立实用的限值。

通过对辐射照射下细胞群落生存情况的深入研究，研究人员已经得出结论，DNA 中的双链断裂是细胞损伤的原因。Hall(1984)展示了各种类型的断裂示意图。大量研究工作被推动，是因为需要知道将辐射用于治疗癌症的最好方式。DNA 双链断裂数 N 作为剂量 D 的函数公式为

$$N = aD + bD^2 \tag{10.6}$$

式中，等号右边第一项是单个粒子的效应；第二项是两个连续粒子的作用。这就是所谓的线性-平方模型(linear-quadratic model，LQM)。可以推断，在剂量 D 条件下，细胞存活的分数 S 为

$$S = \exp(-pN) \tag{10.7}$$

式中，p 是一个断裂导致细胞死亡的概率。式(10.7)类似于放射性衰变或同位素的燃耗。细胞存活数据拟合到接近零剂量的曲线，整条曲线是线性的。

从对果蝇遗传效应的早期观察开始，有许多关于动物而不是人类的辐射效应研究。对小型哺乳动物，如老鼠的研究提供了大量的数据。因为对人类的控制实验是不可接受的，所以大多数关于躯体效应的可用信息来自不当的实践或意外。例如，在夜光表刻度盘上涂抹镭材料的工人或未采用适当的预防措施使用 X 射线的医生，可获得这些人的疾病和死亡的发生率数据。

核工业中受到严重辐射照射情形的数量很小，因而不能在统计基础上使用。主要信息来源于对 1945 年日本原子弹爆炸受害者的广泛研究。效应的连续研究一直在进行，将死亡发生率作为剂量的函数绘制在图 10.1 的曲线图上，其中现有的数据仅处于高剂量范围内。在低于 10rad 的剂量范围内，和未照射的人群相比，死亡率并没有任何统计学指标上的增加。

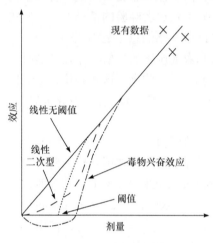

图 10.1　辐射危害分析

低剂量范围内的效应-剂量特性是未知的。人们可以画出各种曲线，其中一种是基于线性-平方模型的曲线；另一种曲线引入阈值，低于此阈值没有效应产生。为了保守起见(即为了提供保护而高估影响)，国家辐射防护与测量委员会和 NRC 等组织支持将曲线线性外推到零，如图 10.1 所示。这个假设首字母缩写为 LNT(linear no-threshold，线性无阈值)。其他组织，如美国核学会(ANS，2001)和低水平照射生物效应(biological effect of low level exposure，BELLE)组织，则认为 LNT 曲线没有足够的证据。例如，辐射、科学与健康等组织的批评者则相信，坚持保守主义和采纳 NRC 的 LNT 建议会导致辐射防护上产生不合理的花费。Jaworowski (1999)提出了使用 LNT 的伦理问题。

有相当多的证据支持"毒物兴奋效应(hormesis)"过程的存在，这一过程中少量的物质，如阿司匹林是有益的，而过量的物质则可以导致出血甚至死亡。把这一概念应用于辐射时，可以看到图 10.1 中标有"毒物兴奋效应"的剂量-效应曲线在剂量接近零时在水平轴下形成一个小坑。这意味着少量的辐射有利于健康。目前，对这种现象还没有一个明确的生理解释，人们认为小剂量的辐射可以刺激机体免疫系统的细胞效应，也可能存在涉及 DNA 修复或自由基消除的分子反应。Luckey(1991)撰写的著作就是关于"毒物兴奋效应"这一主题的。

美国国家科学院(National Academies)赞助了一项旨在解决这一问题的研究。在国家研究委员会的 BEIR Ⅶ 美国国家科学院电离辐射生物学效应(biological effects of ionizing radiation，BEIR)报告中(2006)，保留了线性无阈值理论。该报告指出，在剂量-效应关系中不一定存在阈值。BEIR Ⅶ 报告的作者们反驳支持兴奋效应的报道，他们是基于生态学的研究给出的结论。这一课题的研究引人注目。报告中没有对美国部分辐射剂量远高于平均值的地区的癌症发病率反而低这一现象进行解释。

辐射效应模型之间的区别具有显著的经济意义。从 LNT 模型推导出对放射性污染场地所需的清洁度和核设施工人的剂量限值规定。

短期大剂量急性照射的后果不同于长期低剂量的慢性照射。有证据表明，瞬间给予一定剂量的生物效应比长时间给予相同总剂量的生物效应更大。换句话说，低剂量率照射所产生的危害较小，大概是由于生物体具有恢复或调节辐射效应的能力。如果效应按照剂量的平方关系变化，线性曲线会在 1rem 剂量附近将效应高估约 100 倍(参见习题 10.2)。虽然低剂量率的危害小，并且没有造成永久损伤的临床证据，但它并没有假设阈剂量(即低于该阈值没有生物损伤发生)。相反，模型中的假设总是存在风险。尽管线性模型可能过于保守，但仍保留这一假设。标准制定机构面临的基本问题是"最大可接受的照射上限是什么？"答案是零，理由是任何辐射都是有害的。有观点认为，由于应用辐射或应用可能产生辐射的设备所带来的好处，将零作为最大值和最小值都是不合理的。

NRC 采用的和 10CFR20 中颁布的对于成人职业照射的全身剂量限值是 5rem/a(0.05Sv/a)。对于工作人员，所有单个器官或组织(除了眼睛)的剂量限值是 50rem/a(0.5Sv/a)，眼睛的剂量限值是 15rem/a(0.15Sv/a)，皮肤或任何肢体的剂量限值是 50rem/a(0.5Sv/a)。相比之下，作为公众的个体剂量限值被设置为 0.1rem/a (1mSv/a)(即工作人员剂量的 2%)和 2mrem/h。出于对未出生孩子的关注，女性工作人员的限值在怀孕期间为 0.5rem。这些数字考虑到了所有的辐射源和所有受影响的器官。必须指出的是，NRC 对病人出于医疗目的而进行辐射照射不做限制，医疗照射的益处应该大于风险。

对于低放射性废物处置设施场地边界的特殊情况，NRC 规定了较低的公众限值，根据 10CFR61.41 报告的限值为 25mrem/a(0.25mSv/a)，而对于核电站，10CFR50 报告附录 I 给出的限值仍然较低，为 3mrem/a(0.03mSv/a)。

职业剂量限值明显高于美国公众的 0.31rem/a 的本底剂量，公众剂量仅为职业剂量的一小部分。美国国家科学院电离辐射生物学效应委员会分析了新的数据并准备了报告，如 BEIR V 和 BEIR Ⅶ(National Research Council，2006)。在 BEIR 委员会的判断中，当使用官方的剂量限值时，随着受照人员年龄的增长，辐射诱发癌症致死概率为 8×10^{-4}/rem，而 NRC 和其他组织假定的值为该数值的一半，即 4×10^{-4}/rem。然而，由于在核设施的操作实践中采用了合理可行尽量低(as low as reasonably achievable，ALARA)原则，使得实际剂量远远低于限值，罹患癌症的概率仅增加百分之几。据 NRC 报道，多年来测量的剂量数据已经大大减少。图 10.2 显示了变化趋势。

对于公众而言，来自核电站的辐射照射与其他危险相比是微不足道的。国家辐射防护委员会的 160 号报告(NCRP，2009)估计，来自所有工业、安保、医疗、教育和研究活动的 0.003mSv 剂量中，只有 15%来源于核电站，即 0.00045mSv(0.045mrem)。

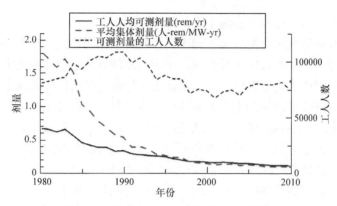

图 10.2　美国商用轻水反应堆工人的剂量

资料来源：NUREHG-0713(NRC2000,2000)

　　有人说，关于辐射起源和影响的知识比任何关于化学污染物的知识都要多。几十年来的研究导致可接受限值发生变化。在早期，即在发现放射性和 X 射线后不久，并没有采取任何预防措施，而且人们确实认为辐射是有益健康的，因此可能会以健康为目的而频繁地出入含有放射性物质的洞穴和饮用含有放射性物质的泉水。皮肤变红是辐射照射的一个粗略的迹象。近几十年来，辐射限值降低了很多，早期的文献已经过时。辐射限值的发展周期很复杂：研究和分析效应；国际辐射防护委员会和美国国家辐射防护委员会组织讨论、协议、公布结论；由一个机构，如 NRC 来建议、审查，并采纳规则。这个周期需要非常长的时间。例如，1977 提出的建议直到 1994 才生效，并且留下一些后续的修改建议。各种应用的时间延迟有时可能不同，从而导致采用的限值明显不一致。

10.4　辐射剂量的来源

　　"辐射"这个术语已经暗示了神秘和有害的意思。本节将尝试提供一个更现实的视角。关键要点是①人们对辐射的熟悉程度比他们所相信的要高；②有天然辐射源，与人造源并列；③辐射既有益又有害。

　　首先，太阳辐射是地球上支持植物和动物生命的热和光的来源。可见光线用于观察世界；紫外线提供维生素 D，晒黑皮肤，并导致晒伤；红外线给人类带来温暖；太阳辐射是所有天气的起源。人造设备产生与太阳辐射物理本质上相同的电磁辐射，并具有相同的生物效应。熟悉的设备包括微波炉、广播和电视发射机、红外线热灯、普通灯泡和荧光灯、紫外线源和 X 射线机等。核过程产生的γ射线具有比 X 射线更高的频率和更大的穿透力，但与其他电磁波在种类上没有什么区别。

　　近年来,由于诸如输电线或家用电路与电器等 60 Hz 的电磁场(electromagnetic

fields，EMF)的存在，人们开始关注电磁场潜在的癌症危害。非电离电磁场对较低等生物的生物学效应已被证实，但对人类生理效应的研究尚不明确，并且仍在继续。最近，人们对使用手机引起脑瘤的可能性产生了担忧。

广泛存在的辐射本底有多种来源，包括氡；陆地放射性核素，如铀、钍及其子代；宇宙辐射；甚至还有在身体内的放射性核素。人类持续地暴露于γ射线、β粒子、氡及其子代粒子的环境中。氡气作为天然铀的衰变产物存在于家庭和其他建筑物中，铀是一种在多种类型土壤中存在的矿物。中子是轰击所有生物的宇宙辐射的一部分。人体内的放射性核素包括 ^{14}C 和 ^{40}K。

例 10.5　一个重 70kg 的人含有 C-14 约 22ng。对应的活度为

$$A = \lambda n = \frac{\ln 2}{t_H} \frac{mN_A}{M} = \frac{\ln 2 (22 \times 10^{-9}\,\text{g})(6.02 \times 10^{-23}\,\text{atom/mol})}{(5700\text{a})(3.156 \times 10^7\,\text{s/a})(14\text{g/mol})(37000\text{dps/}\mu\text{Ci})} \approx 0.1\mu\text{Ci}$$

人们常认为，所有的核辐射对生物有机体都是有害的。然而，有证据表明，这一说法并不完全正确。第一，在自然辐射背景高的地理区域，癌症发病率似乎没有增加。第二，在辐射治疗癌症等疾病的应用中，就是利用了正常和异常组织对辐射反应有差异的特点，在许多情况下，净效应对患者是有益的。第三，有可能发生小剂量辐射的兴奋现象，即毒物兴奋效应，这一现象在 10.3 节已有讨论。

第 11 章将讨论辐射防护措施和照射限值的应用。

10.5　辐射与恐怖主义

恐怖分子可能使用的一种武器是脏弹(dirty bomb)或技术上可实现的放射性分散装置(radiological dispersal device，RDD)。这种弹可以由某种放射性物质，如Co-60(半衰期为 5.26a)或 Cs-137(半衰期为 30.1a)组成，并与某种爆炸物，如炸药结合。爆炸会杀死或重创附近的人，但分散辐射伤害的人相对较少。

与核弹相比，脏弹造成的损伤非常小，主要的影响是制造恐慌，造成严重的财产损失，并要求对一个区域，如一个城市街区，进行广泛的净化。出于公众对辐射心理上的恐惧，它可以称为一种"大规模杀伤性武器"。同样，如 Hart(2002)所指出的，放射性分散装置的有效性可以被专业人士和政府官员无意地增强。新闻媒体不恰当的报道有时也会助长恐怖活动。借助公众的恐慌，恐怖分子的意图将得以实现。

为了减少恐怖活动的可能性，必须严格管控研究、处理和医疗中使用的辐射源。NRC 指出了脏弹的主要特征。

10.6 小 结

辐射与生物组织相互作用时，在能量沉积过程中发生电离，从而对细胞造成损伤。对生物体的影响包括与身体健康有关的躯体性效应，以及与遗传特性有关的遗传性效应。辐射剂量当量是单位质量的生物中有效的能量沉积，通常用 rem 表示，在美国天然本底约为 0.31 rem/a。利用高剂量辐射效应的数据设定照射限值，保守的线性假设来预测低剂量率下的效应，但是这样的假设已受到质疑。恐怖分子使用的放射性分散装置(脏弹)造成的潜在危害令人担忧。

10.7 习 题

10.1 一束 2MeV 的 α 粒子(电流密度为 $10^6 cm^{-2} \cdot s^{-1}$)在空气中的阻止长度为 1cm，粒子数密度为 $2.7 \times 10^{19} cm^{-3}$。每秒钟每立方厘米产生多少离子对？在靶实验中每秒电离的比例是多少？

10.2 如果 400rem 辐射剂量下的致死概率为 0.5，效应与剂量的关系是平方关系而不是线性关系，那么什么因素将导致 2rem 时的致死概率被高估？

10.3 核实验室的一名工人接受了热中子束流全身照射 5min，剂量率为 20mrad/h。那么他接受了多少剂量(单位用 mrad)和剂量当量(单位用 mrem)？这种情况下对于个人年剂量限值 5000mrem/a 的系数是多少？

10.4 一个人在一年内接受了下列照射(单位 mrem)：一次医疗 X 射线照射产生剂量：100；饮用水产生剂量：50；宇宙射线产生剂量：30；房屋中的氡产生剂量：150；K-40 和其他同位素产生剂量：25；飞机旅行产生剂量：10。如果他同时还居住在一个核电站边界附近，求出他可能导致的照射增加的百分数，假定采用 NRC 辐射水平的最大值。

10.5 一个工厂的工人意外吸入一些储存的气态氚，氚核素是 β 放射性材料，最大粒子能量为 0.0186MeV。总质量为 1kg 的肺所吸收的能量为 $4 \times 10^{-3} J$，那么他接受的剂量当量是多少 mrem？多少 mSv？

10.6 如果一种放射性核素的物理半衰期为 t_H，生物半衰期为 t_B，这种物质在体内衰变的份额是多少？计算 I-131(放射性半衰期为 8d，生物半衰期为 4d) 在体内的衰变份额。

10.7 有一些高天然剂量(Ahmed, 1991)的例子：①世界平均放射性照射水平，2.4mSv/a；②印度西南地区平均放射性照射水平，10mGy/a；③伊朗的高户外剂量，9mrem/h；④伊朗高海拔地区的氡浓度，37kBq/m³；⑤捷克室内氡浓度，10kBq/m³；⑥波兰的高户外剂量，190nGy/h。将上面的数值转换成传统的单位 mrad/a、mrem/a 或 pCi/L。

10.8 一名员工正在寻找关于慢性职业照射的伤害补偿资料。Cohen(1991)汇编的数据显示，18~65 岁的个体如果照射水平为 1mrem/a，则预期寿命要减小 51 天。如果人的寿命价值为 100\$/h，估计每 mrem 照射剂量的赔偿金额。

10.9 应用积分方法显示，数量为 N_0 的初始放射性核素在放射性衰变之前被人体排出的量为 $\lambda_B N_0/\lambda_E$。

10.10 ①执行一项火星任务接受的剂量率估计包括：出发和返航各 180d，剂量率为 1.9mSv/d，在火星停留近 2a，剂量率为 0.7mSv/d。宇航员在整个往返航行内以及在火星上探索期间，每一年接受的年度 NRC 剂量限值分数或系数是多少？②在剂量率近似为 0.25mSv/d 的国际空间站内，达到职业剂量限值之前大概需要多少天？

10.8　上 机 练 习

10.A 进行文献检索，确定公众日常消耗食物中的天然放射性核素浓度。如确定香蕉中的 K-40 浓度。

参 考 文 献

Ahmed, J.U., 1991. High levels of natural radiation: report of an international conference in Ramsar. IAEA Bulletin 33 (2), 36–38.

American Nuclear Society, 2001. Health Effects of Low-Level Radiation. Position Statement No. 41, American Nuclear Society.www.ans.org/pi/ps.

Cohen, B.L., 1991. Catalog of risks extended and updated. Health Phys. 61 (3; Sept), 317–335.

Eisenbud, M., Gesell, T.F., 1987. Environmental Radioactivity: From Natural, Industrial, and Military Sources, fourth ed. Academic Press.

Hall, E.J., 1984. Radiation and Life, second ed Pergamon Press. Discusses natural background, beneficial uses of radiation, and nuclear power; the author urges greater control of medical and dental X-rays.

Hart, M.M., 2002. Disabling Radiological Dispersal Terror. Lawrence Livermore National Laboratory, UCRL-JC-150849.

Jaworowski, Z., 1999. Radiation risk and ethics. Phys. Today. 52 (9), 58. The article prompted a number of Letters in the April 2000 issue, p. 11.

Luckey, T.D., 1991. Radiation Hormesis. CRC Press.

National Council on Radiation Protection, Measurements (NCRP), 2009. Ionizing radiation exposure of the population of the United States, NCRP Report No. 160.

National Research Council, 2006. Health Risks from Exposure to Low Levels of Ionizing Radiation

(BEIR VII –Phase 2). National Academy Press, Washington, DC, 2006 (an update to BEIR V from 1990).

Turner, J.E., 2007. Atoms, Radiation, and Radiation Protection. John Wiley & Sons. Shows Monte Carlo electron tracks in water to illustrate radiation effects.

U.S. Nuclear Regulatory Commission (NRC). Standards for protection against radiation, Part 20 of the Code of Federal Regulations—Energy, 10CFR20. www.nrc.gov/reading-rm/doc-collections/cfr/part020.

U.S. Nuclear Regulatory Commission. Occupational Radiation Exposure at Commercial Nuclear Power Reactors and Other Facilities, NUREG-0713, vol. 22, 2000; 32, 2010.

延 伸 阅 读

Alberts, B., Bray, D., Johnson, A., Lewis, J., Raff, M., Roberts, K., Walter, P., 1997. Essential Cell Biology: An Introduction to the Molecular Biology of the Cell. Garland Publishing. Highly recommended; stunning diagrams and readable text.

Biological Effects of Low Level Exposures (BELLE). www.belleonline.com (select "Newsletters" for commentary on hormesis).

Cember, H., 1996. Introduction to Health Physics, third ed. McGraw-Hill. Thorough and up-to-date information and instruction; contains many illustrative calculations and tables of data.

Cember, H., Johnson, T.E., 1999. The Health Physics Solutions Manual. PS&E Publications.

Centers for Disease Control and Prevention (CDC). Frequently asked questions (FAQs) about dirty bombs.www.bt.cdc.gov/radiation/dirtybombs.asp.

Hall, E.J., 2005. Radiobiology for the Radiologist, fifth ed. J. B. Lippincott Co. Authoritative work that explains DNA damage, cell survival curves, and radiotherapy techniques.

Health Physics Society. Radiation Dose and Biological Effects. www.hps.org (select "Radiation Terms" and "Position Statements").

Mettler, F.A., Upton, A.C., Moseley, R.D., 1995. Medical Effects of Ionizing Radiation. Elsevier.

National Council on Radiation Protection and Measurements (NCRP). www.ncrp.com. Provides summaries of reports.

National Health Museum. DNA structure. www.accessexcellence.org/AE/AEC/CC. Explains the role of radioactive labeling and displays the structure of DNA.

Pochin, E., 1985. Nuclear Radiation: Risks and Benefits. Clarendon Press, Oxford University Press. Sources of radiation and biological effects, including cancer and damage to cells and genes.

Radiation and Health Physics, University of Michigan Student Chapter of the Health Physics Society. www.umich.edu/_radinfo. Contains many useful links.

Radiation Effects Research Foundation (RERF). www.rerf.or.jp/index_e.html. Conducts studies of health effects of atomic bomb radiation.

Radiation, Science, and Health (RSH). www.radscihealth.org/rsh. Advocates use of scientific information on radiation matters.

Shapiro, J., 2002. Radiation Protection: A Guide for Scientists, Regulators and Physicians, fourth ed. Harvard University Press. A very readable textbook.

Shleien, B., Slayback Jr., L.A., Birky, B.K. (Eds.), 1998. Handbook of Health Physics and Radiological Health, third ed. Williams & Wilkins. A greatly expanded version of a classic document of 1970.

U.S. Environmental Protection Agency (EPA). Health effects of radiation. www.epa.gov/rpdweb00/ understand/health_effects.html. Questions and answers from the EPA.

U.S. Nuclear Regulatory Commission (NRC). Fact sheet on biological effects of radiation. www.nrc.gov/readingrm/ doc-collections/fact-sheets/. Extensive discussion.

U.S. Nuclear Regulatory Commission (NRC). Fact sheet on dirty bombs. www.nrc.gov/reading-rm/ doc-collections/fact-sheets.

Wilson, R., 1999. Resource letter EIRLD-1: Effects of ionizing radiation at low doses. Am. J. Phys. 67 (5), 372–377. Puts radiation risks into perspective.

Wilson, R., Crouch, E.A.C., 2001. Risk-Benefit Analysis. Harvard University Press.

辐 射 防 护[1]

本章目录

保护生物体免受辐射危害是核能应用的基本要求。可以通过使用一种或多种常规方法来提供安全性，这些方法涉及控制辐射源或其影响生物体的能力，本章将确定这些方法，并描述在辐射防护领域中的一些相关计算。

11.1 保 护 措 施

辐射和放射性材料是源(一个装置或过程)与被保护免受危害的人员之间的联系环节。人们可以通过消除源、人员远离，或者在两者之间插入一些屏障等方法确保人们的安全。

---

1 感谢 James E. Watson, Jr. 博士对本章提出的宝贵建议。

　　第一是避免使用会产生辐射的同位素。例如，通过控制建筑材料和冷却剂中的杂质来尽量减少反应堆运行中产生的不良排放物。第二是确保放射性物质保存在容器内或设置多个屏障以防止扩散。同位素源和产生的废物通常被密封在一个或多个独立的金属层或其他不可渗透的物质中，核反应堆和化学处理设备被设置在密闭的建筑物内。第三是在辐射源和人员之间设置多个屏蔽材料层，并选择有利的地质介质来填埋放射性废物。第四是利用辐射强度随距离减小这一特点，限制进入危险辐射水平的区域。第五是用大量的空气或水来稀释排放的放射性物质，以降低有害物质的浓度。第六是限制人员在辐射区域内的活动时间，以减少所接收的剂量。因此，放射性物质可以用几种不同的方式来处理：保留、隔离和分散；而辐射暴露可以通过距离、屏蔽和时间的方法来避免。图 11.1 所示的三叶形符号标识用于某一区域或包装中的辐射危害警告。

　　辐射危害、防护分析和安全操作的建立是辐射防护或健康物理学功能的一部分。每个辐射使用者都必须遵循相关程序，健康物理学家应提供专业的技术建议并监督使用者的使用方法。在涉及辐射的研究规划或流程的设计和操作中，必须进行辐射源与生物体的相关辐射计算，并参考监管机构提供的照射限值。在评估中应包括对已知源采取必要的防护措施，或者是必须对辐射源制定限值，限制放射性物质的释放率，或者是限制空气、水和其他材料中放射性同位素的浓度等。

图 11.1　国际辐射危害警告
(三叶形)符号

　　辐射防护的详细计算非常复杂，要考虑各种情况，包括反应堆操作和同位素的使用。需要利用到许多科学和工程知识：物理、化学、生物学、地质学、气象学及其他若干工程领域。利用计算机可以开发更复杂的计算方法，同时更加便利。辐射与物质相互作用的新实验数据，以及剂量与效应之间关系的资料收集，使相关建议和法规不断变化。最后，公众辐射意识的增强以及对安全的关注更加强化了保守主义，这就需要改进方法，并需要更充分的理由证明方法和结果的正确性。

　　在核电厂的运行和放射性同位素的使用中，政府规章的遵守是强制性的，需要相关许可证。美国 NRC 的主要文件是联邦法规第 10 章(能源)的第 20 部分"辐射防护标准"，其名称缩写为 10CFR20。

　　法规的建立是一个漫长的过程，始于对咨询机构，如国际辐射防护委员会和美国国家辐射防护与测量委员会的信息研究；剂量限值与防护政策的推荐；监管机构对来自公众、机构和工业的输入审查；强制性要求和指导文件的最终发布。因此，对于不同的情况，限值和方法可能是不一致的，但从根本上都是安全的。

一个很好的例子是关键器官和放射性核素最大容许浓度的旧标准以及参照身体各种效应总和的待积有效剂量当量的新标准。1986 年 1 月 9 日，NRC 对 10CFR20 规章进行了讨论，并对比了新、旧标准，早期的一些规定仍然适用。下文将介绍这两种方法的例子，原因有两个：①帮助读者利用部分的辐射防护文献；②说明在辐射防护中，更高精度和更注重实际的发展趋势。

接下来讨论剂量与注量的关系、距离和屏蔽材料的影响、内照射、环境评估，以及工作人员和公众的剂量限值。

11.2　剂　量　计　算

一些简单的理想化情况可帮助读者理解概念而不涉及复杂计算。辐射剂量或剂量率的估计是辐射防护的核心。剂量是单位质量所吸收的能量，正如 10.2 节所讨论的，它取决于辐射类型、能量和强度，以及目标的物理特征。

考虑一种情况，辐射场由一束具有单一能量 E_γ 的γ射线组成，射线束可能来自核电站的一个放射性设备，该束流穿过某种物质的衰减可忽略不计。位于所关注材料外部的辐射源产生的剂量称为外照射剂量(external dose)。可应用第 4 章的原理来计算能量沉积，对于该束流，其注量(flux)和流强(current)是相同的(即 j 和 Φ 都等于 nv)。5.4 节介绍了光子的线性衰减系数 μ 和能量吸收系数 μ_{en}，二者分别用于屏蔽和辐射剂量计算。图 11.2 比较了组织中的光子质量衰减和能量吸收系数，显示了 $\mu \geqslant \mu_{en}$。反应速率为 $\Phi\mu_{en}$，如果γ射线能量为 E_γ，那么单位体积内的能量沉积速率为 $\Phi E_\gamma \mu_{en}$，如果目标的密度为 ρ，则外照射剂量率为

$$\dot{D} = \Phi E_\gamma \mu_{en}/\rho \tag{11.1}$$

这一关系可用于计算给定条件下的剂量或求出注量或照射时间的限值。

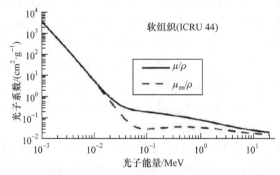

图 11.2　组织中的光子质量衰减(μ/ρ)和能量吸收(μ_{en}/ρ)系数

例 11.1　根据 10CFR20(10.2 节)公众的限值，求解 1a 时间内连续照射产生外

照射剂量为 0.1rem 时对应的γ射线注量。假设γ射线能量为 1MeV，对于密度为 1g/cm³ 的软组织，该射线的能量吸收系数为 0.03074cm⁻¹。光子辐射的品质因子为 1，吸收剂量(D)在数值上等于剂量当量(H)，因此：

$$D = H / \mathrm{QF} = (0.1\mathrm{rad})(1\times10^{-5}\mathrm{J/g\cdot rad}) = 1\times10^{-6}\,\mathrm{J/g}$$

另外，E_γ=1MeV=1.60×10⁻¹³J。注意到对于时间 t 内的恒定剂量率，剂量为 $D = \dot{D}t$，可以解出射线注量为

$$\phi = \frac{D\rho}{\mu_{en}E_\gamma t} = \frac{(1.0\times10^{-6}\mathrm{J/g})(1\mathrm{g/cm^3})}{(0.03074\mathrm{cm^{-1}})(1.602\times10^{-13}\mathrm{J})(3.1558\times10^{7}\mathrm{s})} \approx 6.43\,\mathrm{cm^{-2}\cdot s^{-1}}$$

可用γ射线注量值来换算其他剂量限值对应的注量。在缺少软组织的质量系数情况下，用水的质量系数是一个合理的近似。对应于 0.1mrem/a 的典型辐射注量率列于表 11.1 中。

表 11.1　典型的辐射注量率(0.1rem/a)

辐射类型	注量率/(cm⁻² · s⁻¹)
X 射线或γ射线	6.4
β 粒子	0.10
热中子	3.1
快中子	0.085
α 粒子	10^{-5}

另一种情况是人暴露于含有放射性污染物的空气中。下面推导并应用公式来反映工作时间内连续暴露的情况，希望将剂量当量 H 与单位体积的放射性活度 A 联系起来，照射时间为 t 秒。用一个简单的假设来进行粗略估计：人处于一个巨大的放射性烟云中，空气中的能量吸收 ΔE_a 与在人体中的相同，也与放射性核素衰变释放的能量 ΔE_r 相同，写成表达式为

$$\Delta E_a = Hm / \mathrm{QF} \tag{11.2}$$

$$\Delta E_r = AtE_d \tag{11.3}$$

式中，E_d 是每次衰变的能量。令式(11.2)和式(11.3)相等，可以求解出剂量：

$$H = AtE_d\mathrm{QF} / m = (A/V)t E_d \mathrm{QF}/\rho \tag{11.4}$$

如果人在地面上，这个剂量应该除以 2，因为云只占据一半的空间，也就是说，用地面以下没有携带放射性核素的空气来充当辐射源。

例 11.2　求解当一个工人达到年照射剂量当量限值 H=5rem 时，对应的惰性气体 Kr-85 的活度。Kr-85 的半衰期为 10.76a，发射 β 粒子的平均能量为 0.251MeV。假设连续照射时间为 40h/wk、50wk/a、3600s/h，因此 t=7.2×10⁶s，将 E_d=0.251MeV

代入式(11.4)，即可求出活度：

$$\frac{A}{V}=\frac{2H\rho}{tE_dQF}=\frac{(2)(5\text{rem})(1.293\times10^{-3}\text{g/cm}^3)(10^{-5}\text{J/g}\cdot\text{rad})(1\mu\text{Ci}/3.7\times10^4\text{dps})}{(7.2\times10^6\text{s})(0.251\text{MeV/decay})(1\text{rem/rad})(1.6\times10^{-13}\text{J/MeV})}$$

$$\approx1.2\times10^{-5}\ \mu\text{Ci/cm}^3$$

该值与 1993 年旧版本的 NRC10CFR20 报告中列出的数值 1×10^{-5} 基本吻合。本书 11.8 节中列出了采用最新方法产生的更大剂量限值。

11.3　距离和屏蔽效应

可以利用辐射强度随距离的平方成反比变化这一特点来进行防护。这里通过一个理想点源的情况来说明，点源可被视为一个数学上的点，源的强度为每秒发射出 S 个粒子。如图 11.3 所示，穿过半径为 r 的球面上单位面积的注量标记为 $\Phi(\text{cm}^{-2}\cdot\text{s}^{-1})$，穿过面积为 $4\pi r^2$ 的整个球面的注量标记为 $\Phi4\pi r^2$，如果没有中间材料的衰减，这一值就等于源强度 S。那么真空中点源产生的注量是

$$\Phi=\frac{S}{4\pi r^2}\tag{11.5}$$

这一关系表达了平方反比分布的效果。如果有一个覆盖着放射性物质的表面或者一个在其整个体积中发射辐射的物体，那么在测量点上的注量可以通过将各个小单元放射源产生的注量进行相加给出。

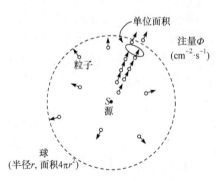

图 11.3　辐射的平方反比分布

例 11.3　考虑一个未加反射层和未屏蔽的反应堆以 1MW 功率水平运行时，距离反应堆很远处的中子辐射情况。因为 1W 功率对应每秒 3.3×10^{10} 次裂变(6.4 节)，每次裂变的中子数量为 2.42 个(6.3 节)，则该反应堆每秒产生 8.0×10^{16} 个中子。假设有 20% 的快中子逃出堆芯，故 $S=1.6\times10^{16}\text{s}^{-1}$。应用平方反比关系，忽略空气中的衰减，该假定对于位于开发的航天器中的反应堆是正确的。先求出表 11.1 中保持剂量率在 100rem/a 以下时到反应堆表面的最近距离。快中子注量限值为 0.085cm$^{-2}\cdot$s^{-1}。求解平方反比公式，得到：

$$R=\sqrt{\frac{S}{4\pi\phi}}=\sqrt{\frac{1.6\times10^{16}\text{s}^{-1}}{4\pi(0.085\text{cm}^{-2}\cdot\text{s}^{-1})}}\approx1.22\times10^8\text{cm}$$

这个距离令人吃惊，约为 760mi。如果相同的反应堆位于地球上，空气对中子的衰减将显著减少，但其计算可以明显地显示出采用固体或液体材料进行屏蔽的必要性。

例 11.4 另一个例子，求出距离核反应堆 1mi 时还能接收到多大的辐射量。假设在反应堆边界范围(半径为 0.25mi)处的剂量率为 5mrem/a。忽略空气中的衰减，根据下式，平方反比的减小系数为 1/16：

$$\frac{\phi_2}{\phi_1}=\frac{S/(4\pi r_2^2)}{S/(4\pi r_1^2)}=\frac{r_1^2}{r_2^2}=\frac{(0.25\text{mi})^2}{(1\text{mi})^2}=\frac{1}{16}$$

由于剂量直接正比于注量，距离反应堆 1mi 处的剂量率为

$$\dot D_2=\dot D_1(r_1/r_2)^2=(5\text{mrem/a})/16\approx0.31\text{mrem/a}$$

空气的衰减将会使剂量减小到一个可忽略的值。

进行辐射防护评估要用到第 4 章和第 5 章中描述的基本概念，以及辐射与物质的相互作用。因为带电粒子(电子、α 粒子、质子等)在材料中的射程很短，所以主要关注的是穿透辐射：γ射线(或 X 射线)和中子。光子和中子不同穿透距离的衰减因子可以用指数形式 $\exp(-\Sigma r)$ 来表示，其中 r 是从源到观察者的距离，Σ 是中子的宏观截面。如 5.4 节中所指出的，对于光子，使用线性衰减系数 μ。Σ 和 μ 都依赖于靶核的数目和微观截面，它们也取决于辐射的类型、能量以及靶核的化学和原子核性质。

对于快中子屏蔽，优先使用轻元素，这是因为中子与轻元素每次碰撞产生的能量损失较大。所以，诸如水、混凝土或土等含氢材料都是有效的屏蔽物，目标是在短距离内将中子慢化，并允许中子在热能时被吸收。热中子很容易被多种材料捕获，其中硼是优选的，因为其伴随的γ射线非常弱。

例 11.5 计算例 11.3 中水屏蔽层对快中子的屏蔽效果。此时，出现在指数公式 $\exp(-\Sigma_r r)$ 中的宏观截面被称为移出截面，这是由于许多快中子通过与氢原子的一次碰撞而从高能量区移出，最终成为热中子被吸收。对于水中的裂变中子，Σ_r 约为 0.10cm^{-1}。作为距离函数，注量的衰减等于距离平方反比衰减系数与指数衰减系数的乘积，即

$$\phi=\frac{S\exp(-\Sigma_r r)}{4\pi r^2} \tag{11.6}$$

2.5m 的屏蔽层将使注量率衰减到：

$$\phi=\frac{S\exp(-\Sigma_r r)}{4\pi r^2}=\frac{(1.6\times10^{16}\text{n/s})\exp[-(0.10\text{cm}^{-1})(250\text{cm})]}{4\pi(250\text{cm})^2}\approx0.28\text{n/(cm}^2\cdot\text{s)}$$

这一注量率比表 11.1 中的安全水平值 0.085n/(cm^2 · s)稍微高一些。至少对于

稳态的反应堆操作而言，增加几厘米的水屏蔽层就能提供充分的防护。上机练习 11.B 利用程序 NEUTSHLD 求解距裂变点源或面源一定距离的快中子注量。

对于γ射线屏蔽，γ射线与材料的相互作用主要发生于原子的电子上，因此需要采用高原子序数的物质。各种作用截面随原子序数 Z 的变化规律如下：康普顿散射随 Z 变化，电子对生成为 Z^2，光电效应为 Z^5。铁和铅等元素特别适用于γ屏蔽。衰减量取决于屏蔽材料种类、厚度和光子能量。文献给出了质量衰减系数 μ/ρ 的值，即线性衰减系数 μ（宏观截面 Σ）与材料密度 ρ 的比值，单位为 cm^2/g。表 11.2 中显示了几种元素在不同能量下的光子质量衰减系数典型值，附录 A 中的表 A.6 列出了更详细的数值。

表 11.2　光子质量衰减系数* μ/ρ

能量/MeV	H/(cm²/g)	O/(cm²/g)	Al/(cm²/g)	Fe/(cm²/g)	Pb/(cm²/g)	U/(cm²/g)
0.01	0.3854	5.952	26.23	170.6	130.6	179.1
0.1	0.2944	0.1551	0.1704	0.3717	5.549	1.954
1	0.1263	0.0672	0.016146	0.05995	0.07102	0.07896
2	0.08769	0.04459	0.04324	0.04265	0.04606	0.04878
10	0.03254	0.02089	0.02318	0.02994	0.04972	0.05195

*资料来源：NISTIR 5632 (Hubbell et al., 1995)。

例 11.6　对于 1MeV 的γ射线，在铁材料(密度为 $7.878g/cm^3$)中的线性衰减系数为

$$\mu = (\mu/\rho)\rho = (0.05995cm^2/g)(7.874g/cm^3) \approx 0.472cm^{-1}$$

与之对比，对于水材料，式(5.14)必须重新用依据原子百分数换算成的质量分数来计算；如水的摩尔质量为 $2(1.008)+15.999 \approx 18.015\ g/mol$。利用表 11.2 中的数值和质量分数 M_i/M_{water} 得到的平均质量衰减系数为

$$(\mu/\rho)_{water} = \omega_H(\mu/\rho)_H + \omega_O(\mu/\rho)_O$$
$$= [2(1.008)(0.1263cm^2/g) + (15.999)(0.0672cm^2/g)]/18.015$$
$$\approx 0.0738cm^2/g$$

这也是 μ 的值，因为 $\rho=1g/cm^3$，所以为了获得与在水中相同的衰减，铁的厚度仅仅约为水厚度的 16%(0.0738/0.472 ≈ 16%)。

对于γ屏蔽计算，可以求出从点源出发未碰撞的直达光子注量。这种未碰撞注量(uncollided flux)是三部分的乘积：源强度 S、指数衰减因子 $\exp(-\mu r)$ 和平方反比分布因子 $1/(4\pi r^2)$，即

$$\phi_u = \frac{S\exp(-\mu r)}{4\pi r^2} \tag{11.7}$$

其并不是在给定距离上到达传感器的全部注量，这是由于康普顿散射的光子

还可以返回到束流中并对注量作出贡献，如图 11.4 所示。为了考虑辐射的累积效应，引入一个依赖于 μr 的乘数累积因子 B。图 11.5 显示了屏蔽材料铅、铁、铝、铀和水对于 1MeV γ射线的累积因子 B，总注量为

$$\phi = B\phi_{\mathrm{u}} \tag{11.8}$$

这表明，累积因子是实际注量与未碰撞注量的比值。

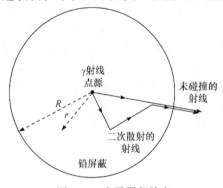

图 11.4 光子累积效应

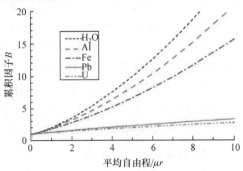

图 11.5 累积因子(1MeV 伽马射线)
混凝土和铝的 B 值基本相等，空气和水的 B 值基本相等
来源: ORNL/RSI-49(Trubey, 1988)

例 11.7 求解 1mCi 的源($S=3.7\times10^{7}$/s)发射 1MeV γ射线穿过 10cmPb 之后未碰撞的射线注量率。对于铅材料，质量衰减系数 $\mu/\rho=0.0684\mathrm{cm}^{2}/\mathrm{g}$，密度 $\rho=11.3\mathrm{g/cm}^{3}$，很容易计算出线性衰减系数为 $0.773\mathrm{cm}^{-1}$。将各种数值代入式(11.7)，可得

$$\phi_{\mathrm{u}} = \frac{S\exp(-\mu r)}{4\pi r^{2}} = \frac{(3.7\times10^{7}\,\mathrm{s}^{-1})\exp[-(0.773\mathrm{cm}^{-1})(10\mathrm{cm})]}{4\pi(10\mathrm{cm})^{2}} \approx 12.9\mathrm{cm}^{-2}\cdot\mathrm{s}^{-1}$$

从图 11.5 或其他表格中得到 B 值为 3.04，故总的注量率为

$$\phi = B\phi_{\mathrm{u}} = (3.04)(12.9\mathrm{cm}^{-2}\cdot\mathrm{s}^{-1}) = 39.2\mathrm{cm}^{-2}\cdot\mathrm{s}^{-1}$$

这一计算结果直观明了，但是如果想要求出将注量率减小到一个特定值所需要的距离，也就是屏蔽厚度，则要困难得多。注意到，r 参数在注量公式中出现在三个地方，因此，需要用迭代法或试探法来求解。这一单调乏味的过程可通过计算机程序 EXPOSO 来辅助(参见上机练习 11.A)。将照射量减少至 5mrem/a，r 的值约为 15cm。

虽然在涉及辐射的设备或实验的设计中进行了计算，但辐射环境的表征最终需要通过测量得到。市场上可以购买到用于测量的便携式探测器，这些探测器利用了第 12 章中描述的各种探测器原理，其中 Geiger Muller 计数器应用最广泛。安装专门的探测器来监测废水中的总辐射水平或放射性总量。虽然采取了各种预防措施，但在实验室或工厂中仍存在人员意外接触辐射的可能性。为了即时获得

信息，人员需要佩戴可检测和测量剂量并且直接读出数据的剂量计，如今可使用的仪器包括 12.5 节中将讨论的热释光剂量计，加热时释放出与监测期间接收的剂量成正比的光子。

核设备的操作、维护和修理可能会接触一些辐射照射。即使假定没有任何辐射，但在实际操作上必须允许一定量的照射，因为将辐射水平降低到零的代价非常昂贵。应采取什么样的措施，其体现出的哲学可用下面短语来表达"合理可行尽量低"(as low as is reasonably achievable，ALARA)，规划、设计和操作都是按照这一原则来完成的。例如，在对辐射水平进行仔细调查之后，才可制定污染设备的修理计划。维修工作将由一小批训练有素的人员来完成，他们迅速地完成工作，与辐射源的接触最少。为了最大限度地减少辐射剂量，根据需要使用临时屏蔽、特殊衣物、面具和口罩。考虑以下因素：

(1) 对于个人和整个工人群体的最大辐射量；

(2) 其他非放射性风险；

(3) 技术状况；

(4) 所执行操作的经济性。

如果该群体的预期总剂量超过了所允许的季度剂量，则进行正式的 ALARA 评估，同时考虑经济成本和剂量成本。

11.4　内　照　射

本节研究摄入放射性物质导致某个器官内部受到的辐射照射。本书特别关注人的身体，类似的方法也适用于其他动物甚至植物。放射性物质可以通过饮水、呼吸或进食等方式进入人体，一定程度上还可以通过毛孔或伤口吸收。最终摄入的剂量取决于以下因素：

(1) 辐射进入的数量，取决于摄入的速度和经历的时间；

(2) 材料的化学性质，它影响与身体组织特定类型分子的亲和性，并决定了消除率，在这里使用术语"生物半衰期(biological half-life)"，指初始量去除一半所需的时间；

(3) 颗粒大小，与材料通过身体的过程相关；

(4) 放射性半衰期、能量和辐射种类，这决定了辐射的活性、能量沉积速率和辐射持续的时间；

(5) 组织的辐射敏感性，胃肠道、生殖器官和骨髓最为重要。

在旧的规章制度中，空气或水中放射性核素的浓度限值是用关键器官(critical organ)的概念来计算的，关键器官是指从摄入一定的放射性核素中接收到最大有效剂量的器官。因此，所选择的器官代表了对身体的危害，并且忽略了对其他器官的影响。

例 11.8 应用上述方法来计算工厂的工人摄入水中 I-131 的最大容许浓度 (maximum permissible concentration, MPC)，采用单位为 μCi/cm³。I-131 的半衰期为 8.0d，每次衰变释放出 0.23MeV 的 β-γ 能量。将质量为 20g 的甲状腺作为关键器官，这是由于其与碘摄入有密切的关系。根据 ICRP 2(1960)，允许的年剂量是 30rad。再次应用 11.2 节中的方法，对式(11.4)稍做修改：

$$D = At E_d / m \tag{11.9}$$

先求出产生该剂量所对应的活度 A：

$$A = \frac{Dm}{tE_d} = \frac{(30\,\text{rad})(20\text{g})(10^{-5}\,\text{J/g} \cdot \text{rad})(1\mu\text{Ci} / 3.7 \times 10^4\,\text{decay/s})}{(3.16 \times 10^4\,\text{s})(0.23\text{MeV/decay})(1.60 \times 10^{-13}\,\text{J/MeV})} \approx 0.139\mu\text{Ci}$$

然后求出供应并且富集至甲状腺器官的速率，假定进入稳态平衡状态。利用 10.1 节中的公式可知，生物半衰期为 138d，有效半衰期为 7.56d，衰变常数 λ_E 为 0.0917d⁻¹。因此，富集率正比于 $\lambda_E A = (0.0917)(0.139)$。一个标准成年男性每天水的消耗量为 2200cm³，但是这里假设工人在 8h 工作时间内饮水量为标准值的 1.5 倍，并且他们仅以 40h/wk 的工作强度工作 50 周。因此，平均每天的污染水摄入率为

$$(1.5)(2200\text{cm}^3/\text{d})\frac{(40\text{h/wk})(50\text{wk/a})}{(24\text{h/d})(365\text{d/a})} \approx 753\text{cm}^3/\text{d}$$

如果有 30%的碘进入甲状腺，则 I-131 的供应速率为(0.3)(753)(MPC)。由此求出

$$\text{MPC} = \frac{(0.0917\text{d}^{-1})(0.139\mu\text{Ci})}{(0.3)(753\text{cm}^3/\text{d})} \approx 5.6 \times 10^{-5}\mu\text{Ci/cm}^3$$

对所得数值求整，约为 6×10⁻⁵μCi/cm³，这一值出现在旧版本(1993)的 10CFR20 中。

生物半衰期的存在主导了在碘摄入情况下的辐射防护策略。当放射性碘存在于空气、食物或水中时，可采取服用由稳定的(非放射性)碘组成的碘化钾(KI)。碘化钾药片并不能阻止接受辐射，而是令甲状腺摄入饱和的非放射性碘元素，从而抑制放射性碘的摄入，但这种治疗只是暂时的。

当存在一种以上的放射性同位素时，允许的浓度必须受到限制。使用的准则是

$$\sum_i \frac{C_i}{(\text{MPC})_i} \leqslant 1 \tag{11.10}$$

式中，i 是同位素的下标。式(11.10)表示各放射性核素实际浓度除以最大允许浓度 (maximum permissible concentrations)的商的总和必须不大于 1。

11.5 环境中的放射性核素

1969 年的美国国家环境政策法案(National Environmental Policy Act，NEPA)要求设立隶属于行政部门的环境质量委员会(Council on Environmental Quality，CEQ)，并要求所有的联邦项目出具环境影响报告。美国环境保护局(Environmental Protection Agency，EPA)随后成立。环境保护局的一个重要工作是管理有毒废物污染清除基金来清理旧废料场地，并负责制定危险、固体和放射性废物的标准。环境保护局与核能最相关的工作是辐射防护，特别地，环境保护局制定了辐射防护标准，该标准由 NRC 批准和管理。

美国环境保护局制定了关键的核规章制度。在联邦法规的条款(标题 40 的第 61 部分)中，经计算放射性核素的释放量限制在 10mrem/a 以内，条款也指定了使用的计算机代码。在关于高放废物和废燃料的文件 40CFR191 中，要求在第一个 10000 年期间不会出现公众成员每年接受大于 15mrem(150mSv)剂量的情况。此外，给出了几种放射性核素的释放限值，用居里每千吨(Ci/kt)重金属(U、Pu 等)来表示。限值最低的数值是 Th-230 或 Th-232 核素，为 10Ci/kt；大多数同位素在 100Ci/kt；最高的数值是 Tc-99，为 10000Ci/kt。

对环境中的各种天然放射性核素的来源进行分类。原始放射性同位素(primordial radioisotopes)在地球形成之前就已经存在，如 Th-232、U-235 和 U-238 的重衰变链，以及 K-40 和 Rb-77；宇生放射性核素(cosmogenic radionuclides)是高能宇宙射线与陆地核素相互作用的产物，如 H-3 和 C-14 分别通过与 N-14 的(n, t)和(n, p)反应所形成；环境放射性(environmental radioactivity)包括人工(anthropogenic)起源的放射性同位素(人工放射性同位素)，如核武器试验、工业排放和事故。所有来自放射性核素的辐射都对生物圈中的自然和人造背景辐射水平产生影响。

放射性核素可以成为食物和水中的污染物。因此，环境保护局制定了饮用水标准来降低癌症的发病率。表 11.3 中列出的限值采用活度或剂量来表示，铀的限值采用质量来表示，因为其最大污染水平(maximum contamination level，MCL)是基于对肾脏的化学毒性。

表 11.3 饮用水中的放射性核素污染限值*

污染物	最大污染水平
α 发射体(不包括 Ra-226、Rn 和 U)	15pCi/L
Ra-226 和 Ra-228	5pCi/L
β 发射体和光子发射体	4mrem/a
U	30μg/L

*资料来源：U.S. EPA, 40CFR141.66。

11.6 氡 问 题

人们早已认识到在通风不良的铀矿中呼吸空气的危害性，矿工的死亡率在历史上一直高于一般人群。疑似来源是 ^{238}U 衰变链中放射性同位素的辐射，该衰变链通过一系列粒子的发射最终形成 ^{206}Pb。有一个事实是铀矿中的不少矿工是重度吸烟者，在矿内吸烟的过程中会吸进大量带放射性物质的空气。

衰变链之下是 ^{226}Ra，半衰期为 1600a。如图 3.6 所示，^{226}Ra 衰变为 ^{222}Rn，半衰期为 3.82d。虽然 ^{222}Rn 是 α 发射体，但其短寿命的子体提供了大部分辐射剂量：

$$^{222}_{86}\text{Rn} \xrightarrow{3.82\text{d}} {}^{218}_{84}\text{Po} \xrightarrow{3.05\text{m}} {}^{214}_{82}\text{Pb} \xrightarrow{26.8\text{m}} {}^{214}_{83}\text{Bi} \xrightarrow{19.9\text{m}} {}^{214}_{84}\text{Po} \xrightarrow{164\mu\text{s}} {}^{210}_{82}\text{Pb} \xrightarrow{22.3\text{a}}$$

(11.11)

氡为惰性气体，其悬浮颗粒的衰变产物在空气中被人吸入。一些放射性粒子将沉积在肺表面，氡及其子体的衰变释放出电离辐射。

矿山尾矿堆渣附近的氡问题已为人们所熟知，并且采取了一些防护措施。例如，采取土层覆盖来抑制氡释放以及尾矿在填充或施工方面的使用规则等。最近发现，大量美国家庭室内的氡浓度高于正常值。这种过高的水平是由于房屋建造采用了特定类型的岩石所造成的。许多家庭的氡浓度为 20pCi/L，明显高于平均浓度 1.5pCi/L，也超过了 4pCi/L 的环境保护局规定的限值。近年来，环境保护局已对此给予了大量的关注。

利用剂量-效应关系对氡效应导致的大量癌症死亡进行估计，在美国每年可高达 20000 例。这一数值取决于 10.3 节中讨论的剂量和效应线性关系的有效性。如果有阈值或者毒物兴奋效应，危害将小得多，并且能大大降低花费。请参阅 Lewis(2006)，可了解矿山、温泉和家庭中氡的历史。

最初人们认为节能措施减少了通风，导致房屋中的氡浓度很高。调查显示，氡来自地下并被气流带入家中，比如通过壁炉。房屋内空气和地下空气之间的温差引起压力差，导致了空气流动。人们认为用塑料覆盖房子下面的泥土会解决这个问题，但即使是轻微的泄漏也会让氡气通过。在氡水平明显高的地区，房主购买氡测试包是明智之举，测试包也非常便宜。如果发现氡浓度高于 4 pCi/L，建议采取相关措施。最好的解决办法是设置一个通风空间，或者在地下室放置一个小鼓风机以提高气压并防止氡进入。上机练习 11.D 对没有通风的密闭空间中氡的累积进行了研究。

氡问题尚未得到全国性的充分重视，需要继续研究以确定国家层面的适当行动方针。

11.7　环境放射学评估

NRC 要求将"合理可行尽量低"原则(11.3 节中讨论)应用于核电站的放射性物质排放。需要努力保持在规定的限值以下，适用于工厂之外的非限制区域内的任何人(见 21.11 节)。根据 10CFR50 文件的附录 I，液态污水的年剂量对于个人全身必须小于 3mrem 或者对于任何器官小于 10mrem；对于空气污染物的剂量，来自 γ 射线的剂量必须小于 10mrem，来自 β 粒子的剂量必须小于 20mrem。为了符合"合理可行尽量低"原则，工厂有必要设定污染水的排放量限值，或者对于最敏感的人群设定空气的放射性核素浓度。1977 年 10 月发布的 NRC 监管指南 1.109 中，给出了一种可接受的用于计算排放量和剂量的方法。该监管指南讨论了需要考虑的因素，给出了有用的公式，并提供了基本数据。指南使用了以前的保健物理学方法，但由于所寻求的剂量限值非常小，结果偏保守。其中的重要因素如下：

(1) 废水中每种放射性同位素的量，特别关注 ^{137}Cs、^{14}C、^{3}H、I 和惰性气体；

(2) 材料的转移方式，接受放射性物质的媒介可以是饮用水、水生食物、海岸线沉积物或灌溉食物(包括肉类和牛奶)，如介质是空气，人类可能通过呼吸空气的方式摄入放射性，或者放射性物质可以沉积在蔬菜上；

(3) 放射性源与受影响者之间的距离以及传播的稀释程度；

(4) 运输时间，考虑通过空气或河流流动时的衰变，或者对于食物需要考虑收割、处理和运输期间的衰变；

(5) 危险年龄组为婴儿(0~1 岁)、儿童(1~11 岁)、青少年(11~17 岁)、成人(17 岁以上)，辐射敏感性随年龄变化很大；

(6) 剂量因子，可根据同位素、年龄组、吸入或摄取和器官(骨、肝、全身、甲状腺、肾、肺和胃肠道)列出。

例 11.9 下面做一个近似计算，计算核电站连续向附近的河流排放放射性废水导致的剂量。假定每天排放 1000gal 的废水，水中含有单一的放射性同位素 Cs-137，其半衰期为 30a。同时假定水中的放射性强度为 10^5pCi/L，该放射性活度被强度为 2×10^4gal/min 的水流稀释，稀释后放射性活度为

$$\frac{A}{V} = (10^5 \text{pCi/L}) \frac{(1000 \text{gal/d})(1\text{d}/1440 \text{min})}{(2 \times 10^4 \text{gal/min})} \approx 3.47 \text{pCi/L}$$

对下游居民潜在的放射性危害主要通过两种摄入方式：饮用水或者吃水里的鱼。风险群组为婴儿、儿童、青少年和成人。消耗数据显示在表 11.4 中。表格中关于鱼的数据必须乘以一个生物累积因子 2000(单位是 pCi/[kg · (pCi/L)])。在一个

器官中，当一种物质(通常是一种毒素)的富集超出身体清除该物质的能力时，会发生生物累积。考虑对于一个成人的剂量，水的消耗速率必须加到吃鱼的效果中，给出总的速率为

$$730L/a+(21kg/a)(2000L/kg)=42730L/a$$

应用表 11.5 中 Cs-137 的 mrem 和 pCi 单位之间的剂量关系进行换算。由于表中的每个数值都应乘上系数 10^{-5}，成人总的体剂量转换系数为 7.14×10^{-5}mrem/pCi。因此，年剂量为

$$D=(3.47pCi/L)(42700L/a)(7.14\times10^{-5}mrem/pCi)\approx10.6mrem$$

因为这一数值明显高于 3mrem 的限值，所以需要降低释放速率。

表 11.4　不同年龄组的消耗量*

类别	婴儿	儿童	青少年	成人
水(L/a)	330	510	510	730
鱼(kg/a)	0	6.9	16	21

*资料来源：Table E-5, Reg. Guide 1.109 (NRC, 1977a)。

表 11.5　Cs-137 的摄入剂量转换因子* 　　　　　(单位：10^{-5}mrem/pCi)

群组	骨	肝	全身	肾	肺	胃肠道
婴儿	52.2	61.1	4.33	16.4	6.64	0.191
儿童	32.7	31.3	4.62	10.2	3.67	0.196
青少年	11.2	14.9	5.19	5.07	1.897	0.212
成人	7.97	10.9	7.14	3.70	1.23	0.211

*资料来源：Tables E-11 to E-14, Reg. Guide 1.109, (NRC, 1977a)。

核燃料循环支撑部分的一般环境效应必须在动力反应堆的建造许可证申请中描述。在 10CFR51.51 文件的"铀燃料循环环境数据表"中列出了 NRC 可接受的数据。

11.8　现行辐射标准

《辐射防护条例》的主要修订版是由 NRC 在 1986 年提出的，最终于 1991 年公布，并于 1994 年 1 月起使用。基于国际辐射防护委员会建议的新的规则文件 10CFR20，旨在为工人和公众提供更广泛的保护。

改进的法规在危害方面更为现实，法规中也积累了关于辐射风险的知识。利

用计算机可以推算各种复杂的剂量。传统的剂量限值是基于关键器官的概念，新的 10CFR20 则考虑全身的剂量，无论是影响器官还是组织。总的剂量由来自外部源和内部源的辐射相加得出。此外，固定在体内的放射性核素的长期效应被添加到所有的短期辐照效应中。限值选择的基础是大多数器官和组织受照情况下罹患癌症的风险，以及性腺受照情况下后代遗传性疾病的风险。

这里引入了一个新的概念：积有效剂量当量(committed effective dose equivalent)。回顾一下 10.2 节，剂量当量是吸收剂量和品质因子的乘积。"积"一词意味着考虑到摄入放射性物质后未来一段时间的辐射照射，时间长度取典型的工作寿命为 50a(如年龄为 20~70 岁)。假设某种放射性核素沉积在人体的器官中，此后随着时间的流逝，核素发生衰变并被消除，但给该器官提供了一定的辐射剂量。标记为 H_{50} 的总剂量被称为待积剂量当量。假设剂量是在核素沉积的一年内产生的，核素在体内的有效寿命越短，越接近真实情形。

为了计算 H_{50}，假设在一个密度为 ρ 的器官或组织中，沉积的放射性核素数量为 N_0 atoms/cm^3。经过时间 t 后剩余的数量为

$$N = N_0 \left(\frac{1}{2}\right)^{t/t_E} \tag{11.12}$$

式中，t_E 是有效半衰期，如 10.1 节所讨论的。被消除的数目是 $N_E=N_0-N$，并且衰变所占的比例是 t_E/t_H，如在习题 11.6 中所示。因此，衰变的数量是

$$N_D = N_E(t_E/t_H) \tag{11.13}$$

随着每个原子核衰变并提供能量 E_d，待积剂量当量为

$$H_{50} = N_D E_d / \rho \tag{11.14}$$

例 11.10 下面应用上述关系来考虑一些核素。半衰期为 12.3a 的氚具有非常大的分母，为 12.3a(≈4500d)，但是生物半衰期仅为 $t_B=10$d，t_E 也近似为 10d。因此，50a 之后仅有非常少量的初始氚核素留在体内。器官内衰减的份额为

$$N_D/N_E = t_E/t_H = (10\text{d})/(4500\text{d}) \approx 0.0022$$

而离开组织的份额基本上是 1：

$$(N_E - N_D)/N_E = 1 - N_D/N_E = 1 - 0.0022 = 0.9978$$

与之形成对比，对于 Pu-239 核素，$t_H=2.4\times10^4$a，$t_B=100$a(对于骨头而言)，且 $t_E=99.6$a。50a 后剩余的份额为

$$N/N_0 = \left(\frac{1}{2}\right)^{t/t_E} = \left(\frac{1}{2}\right)^{(50a)/(100a)} \approx 0.707$$

对应地，排出体外的份额为 $N_E/N_D=1-0.707=0.293$。对于 Pu-239，衰变的贡献仅为

$$N_D / N_E = t_E / t_H = (99.6a) / (24000a) \approx 0.0042$$

最后，"有效"一词考虑了不同器官和组织的相对风险。表 11.6 给出了器官与组织的辐射权重因子。

表 11.6　器官与组织的辐射权重因子(10CFR20)

器官或组织	权重因子
生殖腺	0.25
乳房	0.15
红骨髓	0.12
肺	0.12
甲状腺	0.03
骨表面	0.03
剩余的器官*	0.30
整个身体	1.00

*五个器官每个权重为 0.06。

通过使用表 11.6 中列出的权重因子 ω_T 形成一个加权和。如果 $(H_{50})_T$ 代表器官或组织 T 的待积剂量当量，则有效剂量是 T 的总和：

$$(H_{50})_E = \sum_T \omega_T (H_{50})_T \tag{11.15}$$

如果只有一个重要器官，如甲状腺中 I-131 的情况，当全身接受了相同的剂量，全身的有效剂量仅为单独器官接受剂量的 3%。

根据表 11.6 中的权重因子和关于化学性质、半衰期、辐射、器官和组织数据的知识，NRC 推导出了特定放射性核素的浓度限值，采用吸入或摄入放射性核素的年摄入限值(annual limit of intake，ALI)来表征，该限值下放射性核素对核电站工人产生 5rem/a(或 50g 总剂量为 50rem)的剂量。通过呼吸污染空气，在一个工作年(2000h)中产生的剂量达到一倍的年摄入量限值时对应的空气浓度称为导出空气浓度(derived air concentration，DAC)。新的 10CFR20 文件详细提供了数百种放射性同位素的年摄入限值和导出空气浓度值，可以在同位素混合物照射情况下进行计算。表 11.7 中给出了职业照射中几种放射性核素的年摄入限值(ALIs)和导出空气浓度值(DACs)。

表 11.7 职业照射中几种放射性核素的年摄入限值(ALIs)和导出空气浓度值(DACs)

放射性核素	类别	口服摄入 ALI /μCi	吸入	
			ALI /μCi	DAC/(μCi/mL)
Kr-85	完全浸没	—	—	1×10^{-4}
I-131	半浸没	30	50	2×10^{-8}
Xe-133	完全浸没	—	—	1×10^{-4}
Cs-137	半浸没	100	200	6×10^{-8}

年摄入限值和导出空气浓度之间的联系为

$$DAC[\mu Ci/mL]=ALI[\mu Ci/a]/(2.4\times10^{9}) \qquad (11.16)$$

式中，数值系数是四个数值的乘积：50wk/a；40h/wk；60min/h 和 2×10^{4}mL/min(空气呼吸率)。

有两种剂量效应情形：第一种是随机的，它与概率相同，定义为与癌症或遗传效应的概率相关的剂量，健康效应的数值与剂量成正比，对于随机效应的工人剂量限值是 5rem/a；第二种是非随机的或确定性的，这是对于有阈值剂量效应的剂量，因此可以在年剂量(如 50rem)上设定一个确定的限值。以皮肤和眼睛晶状体为例说明这两种效应。图 11.6 区分了辐射效应术语之间的联系。

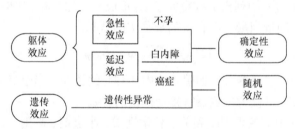

图 11.6 辐射效应术语之间的联系

接下来重新审视例 11.2 中的放射性 Kr-85 的情况。对所有器官的详细计算可得出结论，只有皮肤受到显著影响，因此采用非随机限值。年摄入限值和导出空气浓度值相应较高，后者为 1×10^{-4}μCi/mL，是旧版本 10CFR20 中数值的 10 倍。对于其他放射性核素和照射模式，新版本计算的浓度值可以比旧版本的更小、相同或更大。

例 11.11 改编自 NRC 材料的一个例子将有助于理解新的规则。假定核电站的一名工人接受了 1rem 的外部照射，并且也照射了超过 10 个工作日，导致富集空气中的 I-131 浓度达 9×10^{-9}μCi/mL，Cs-137 浓度达 6×10^{-8}μCi/mL(这些数值对应旧的 MPCs)。那么，年度有效剂量当量限值分数(或倍数)是多少呢？每一种照射的分数相加的年度限值是 5rem。外照射贡献的比例是(1rem)/(5rem)=0.2。考虑不同器官 ICRP 权重因子的年度摄入限值，这两种同位素分别是 I-131 为 50μCi 和 Cs-137 为 200μCi(表 11.7)。接下来需要求出实际进入体内的放射性。采用标准呼吸率 1.2m^3/h，80h 内吸入空气为 96m^3，则摄入的放射性为

$$\text{I-131：}(9\times10^9\mu\text{Ci/mL})(96\text{m}^3)(10^6\text{mL/m}^3)=0.864\mu\text{Ci}$$

$$\text{Cs-137：}(6\times10^8\mu\text{Ci/mL})(96\text{m}^3)(10^6\text{mL/m}^3)=5.76\mu\text{Ci}$$

对应的 I 和 Cs 的分数分别为 0.86/50 和 5.8/200。总的外照射和内照射分数为

$$\frac{1\text{rem}}{5\text{rem}}+\frac{0.86\mu\text{Ci}}{50\mu\text{Ci}}+\frac{5.8\mu\text{Ci}}{200\mu\text{Ci}}=0.246$$

也就是近似为限值的四分之一。在这一特殊的情形中，预期的危害比旧方法的低。

新规则的其他特征是对①肢体(手、前臂、脚、小腿)；②眼睛晶状体；③胚胎和胎儿等采用了单独的限值。每 1rem 全身剂量产生的风险为 1/6000，5rem 限值的年风险为 8×10^{-4}，约为安全工业中可接受风险概率的 8 倍，这个数值与生命全过程中所有因素产生的癌症风险相比，约为后者的 1/6。

公众个体成员的剂量限值(0.1rem/a)比从事放射性核素工作人员的剂量限值(5rem/a)要低一些。在计算释放到非限制区域的空气中的放射性核素浓度时，考虑了照射时间、呼吸速率和平均年龄的差异，通过将工人的导出空气浓度值除以 300(吸入)或 219(浸没)来计算。

例 11.12 确定 Xe-133 和 Cs-137 这两种核素对于公众的浓度排放限值。根据表 11.7 中气态 Xe-133 和 Cs-137 的 DAC 值，采用合适的除数可以给出：

$$\text{Xe-133：}(1\times10^{-4}\mu\text{Ci/mL})/219\approx5\times10^{-7}\mu\text{Ci/mL}$$

$$\text{Cs-137：}(6\times10^{-8}\mu\text{Ci/mL})/300=2\times10^{-10}\mu\text{Ci/mL}$$

11.9 小 结

生物体的辐射防护需要控制源、源与生物之间的屏蔽，或清除目标实体。评估外照射危害所需的计算包括剂量(取决于注量和能量、材料和时间)、射线强度的平方反比几何衰减效应和屏蔽材料中的指数衰减。内照射危害取决于物理学和生物学因素。空气和水中放射性同位素的最大容许浓度可以由放射性核素的性质和剂量限值推导出。"合理可行尽量低(ALARA)"原则旨在将照射减少至合理可行的水平。有许多输运放射性物质的生物途径。新的剂量限值规则是基于对身体所有部位的外部和内部辐射总效应而制定的。

11.10 习 题

11.1 注量率为 $100 cm^{-2} \cdot s^{-1}$ 连续的 $0.5 MeV$ γ 射线，对应的剂量率是多少(以 mrem/a 为单位)? 在此注量下以 $40\ h/wk$ 的工作强度连续工作一年的人员接受的剂量当量是多少?

11.2 选择一个 Co-60 源来测试辐射探测器的性能。假设源可以保持距离身体至少 1m，为了确保照射率低于 $500 mrem/a$，可接受的最大源强度是多少(以 mCi 为单位)? (注意 ^{60}Co 发射能量为 $1.17 MeV$ 和 $1.33 MeV$ 两种γ射线。)

11.3 类似于 Kr-85 的分析，估计氚核素(平均β粒子能量为 $0.006 MeV$)在空气中的 MPC 值。

11.4 硼和镉材料吸收热中子产生的核反应如下：

$$_{5}^{10}B + _{0}^{1}n \longrightarrow _{3}^{7}Li + _{2}^{4}He ; \quad _{48}^{113}Cd + _{0}^{1}n \longrightarrow _{48}^{114}Cd + \gamma[5MeV]$$

你会选择哪种材料作为辐射屏蔽材料? 为什么?

11.5 半径为 12cm 的球形铅屏蔽层包围着一个非常小的放射源，活度为 200mCi，发出的γ射线能量为 1MeV，试计算屏蔽层表面未经碰撞的γ射线注量。

11.6 根据 10CFR20 的新版本和旧版本，下表列出了针对公众的水中放射性核素排放浓度限值。计算对每一种放射性核素的新/旧比例。

放射性核素	浓度限值/(μCi/mL)	
	旧版本	新版本
氚(H-3)	3×10^{-3}	1×10^{-3}
Co-60	3×10^{-5}	3×10^{-6}
Sr-90	3×10^{-7}	5×10^{-7}
I-131	3×10^{-7}	1×10^{-6}
Cs-137	2×10^{-5}	1×10^{-6}

11.7 从核电厂排放的水中含有 Sr-90、Ce-144 和 Cs-137 等核素。假定每一种同位素的浓度正比于其裂变产额，求出每毫升溶液中每一种核素所允许的活度。以下数据提供参考：

核素	半衰期	产额	限值/(μCi/mL)
^{90}Sr	29.1a	0.0575	5×10^{-7}
^{144}Ce	284.6d	0.0545	3×10^{-6}
^{137}Cs	30.1a	0.0611	1×10^{-6}

11.8   11.8 节中列出的剂量因子是由假定 50a 的照射时间推导出的。这些值考虑了放射性核素的物理半衰期 t_H 和其生物半衰期 t_B。①求出下表中三种情形的有效半衰期 t_E(Eichholz，1985)；②如果 t_H 和 t_B 值差别非常大，对于 t_E 值的大小有什么影响？

放射性核素	t_H	t_B
I-131	8.04d	138d
Co-60	5.27a	99.5d
Cs-137	30.1a	70d

11.9   在一个封闭体系中，U-238、Ra-226 和 Rn-222 的活度近似相等，符合长期平衡原理。假设土壤中的天然铀含量为 10ppm(百万分之一)，计算土壤中同位素的比活度，以 μCi/g 为单位(表 3.2 给出了所需的半衰期)。

11.10   对于例 11.9 中的条件，确定下列情形的年度剂量值：①婴儿肾脏；②儿童骨骼；③青少年的肝脏。

11.11   在 6 个 10h 工作日中，一个雇员接受了 200mrem 的外部剂量，并吸入了含有 1.3×10^{-8}μCi/mL 的 I-131 和 7.3×10^{-8}μCi/mL 的 Cs-137 的空气。计算接收到的剂量与年有效剂量当量限值的比值。

11.12   对公众,气态 Kr-85 和气态 I-131 的释放限值(以 Bq/mL 为单位)分别是多少？

11.13   利用第 5 章的射程关系，分别计算下列射线产生 0.1mrem/a 剂量所对应的注量率是多少？①最大能量为 1MeV 的β射线；②1MeV 的电子；③1MeV 的 α 粒子。注意到 β 射线的平均能量大约是最大能量的三分之一。

11.11   上 机 练 习

11.A   程序 EXPOSO 可以用数据表格的形式给出几种屏蔽材料的γ射线衰减系数和累积因子，以及求出相隔点源一定距离的辐射强度。
①确认在铅材料中距离一个源强为 1mCi，能量为 1MeV 的γ射线点源 10cm 处的注量率为 39.2/(cm^2 · s)；②对于用 1mm 的铅材料封装源强为 1mCi，能量为 1MeV 的γ射线点源，利用该程序求出产生 5mrem/a 剂量率所需的距离；③确定对于空间反应堆(例 11.3)屏蔽选项为 7(无屏蔽)时的中子注量；④计算反应堆产生的γ剂量，假设每次裂变产生 7 个 1MeV 的光子，并且逃脱率为 20%。

11.B   一个小型的反应堆堆芯位于一个深水池底部附近。水作为减速剂、冷却剂和屏蔽材料。

①功率为 10MW，裂变中子泄漏分数为 0.3，用点源版本的计算机程序 NEUTSHLD 估计，距堆芯 20mi 处，未经碰撞的直达快中子注量。②待辐照样品放置在堆芯附近，堆芯尺寸为 30cm×30cm×60cm(高)。假设每单位面积的中子源强度是均匀的，用平面源版本的 NEUTSHLD 程序计算距离堆芯大面中心 10cm 处的快中子注量。③利用 NEUTSHLD 程序分别计算 H 的散射截面和裂变谱图，并与图 4.7 和图 6.5 进行比较。

11.C 为了改善水池中大型物体的辐照均匀性，一组包含 5 个 Co-60 点源(平均能量为 1.25 MeV)的射线源布置在平面内的五处位置，以 cm 为单位的坐标分别为(0, 0)、(20, 20)、(20, −20)、(−20, −20)和(−20, 20)。①用计算机程序 EXPOSO 研究平行于源平面且相距 10cm 的平面上总γ注量的变化，计算每个点源的贡献。②与五个点源集中在点(0, 0)附近的情况下的结果进行比较。

11.D 一个房间的混凝土墙用含少量铀的砂建造，使得 Ra-226(半衰期为 1600a)的浓度为 10^6atoms/cm^3。通常情况下，房间通风良好，气态的 Rn-222(半衰期为 3.82d)不断被移除，但在假日期间，房间被关闭。利用父代–子代的计算机程序 RADIOGEN(第 3 章)，计算 1 周内空气中 Rn-222 的活度变化趋势，假设有一半的 Rn 进入室内。房间数据：10mi×10mi×10mi，墙厚 3mi。依据 EPA 标准，Rn 浓度是否适合活动？

参 考 文 献

Eichholz, G.G., 1985. Environmental Aspects of Nuclear Power. Lewis Publishers.

Hubbell, J.H., Seltzer, S.M., 1995. Tables of X-Ray Mass Attenuation Coefficients and Mass Energy-Absorption Coefficients, NISTIR 5632, National Institute of Standards and Technology. Gaithersburg, MD.

International Committee on Radiological Protection (ICRP), 1960. ICRP publication 2: Recommendations of the International Commission on Radiological Protection. Health Physics 3, Pergamon Press.

Lewis, R.K., 2006. A history of radon-1470 to 1984. In: National Radon Meeting, Council of Radiation Control Protection Directors. Frankford, KY.

Trubey, D.K., 1988, New Gamma-Ray Buildup Factor Data for Point Kernel Calculations: ANS-6.4.3 Standard Reference Data, Oak Ridge National Laboratory, ORNL/RSIC-49.

U.S. Nuclear Regulatory Commission (NRC), 1977a. Regulatory Guide 1.109 Calculation of Annual Doses to Man from Routine Releases of Reactor Effluents for the Purpose of Evaluating Compliance with 10CFR Part 50 Appendix I, October.

U.S. Nuclear Regulatory Commission (NRC), Standards for Protection Against Radiation, Part 20 of the Code of Federal Regulations—Energy, 10CFR20. www.nrc.gov/reading-rm/doc-collections/cfr/part020. Links to each subpart (e.g., C: Occupational Dose Limits, and D: Radiation Dose Limits for IndividualMembers of the Public).

延 伸 阅 读

Bevelacqua, J.J., 1995. Contemporary Health Physics: Problems and Solutions. John Wiley & Sons.

Bevelacqua, J.J., 1999. Basic Health Physics: Problems and Solutions. John Wiley&Sons. Helpful in preparing for the Certified Health Physicist (CHP) exam.

Bogen, K.T., Layton, D.W., Risk Management for Plausibly Hormetic Environmental Carcinogens: The Case of Radon. www.belleonline.com/newsletters/volume7/vol7-1/riskmanagement.html. Radon and hormesis.

Cember, H., Johnson, T.E., 1999. The Health Physics Solutions Manual. PS&E Publications.

Cember, H., Johnson, T.E., 2008. Introduction to Health Physics, fourth ed. McGraw-Hill. Thorough and easily understood textbook.

Dowd, S.B., Tilson, E.R. (Eds.), 1999. Practical Radiation Protection and Applied Radiobiology. W. B. Saunders. All about radiation, its effects, and protection from a nuclear medicine viewpoint.

Faw, R.E., Shultis, J.K., 1999. Radiological Assessment: Sources and Doses. American Nuclear Society. Fundamentals and extensive data; reprint with a few changes of a 1991 book published by Prentice-Hall.

International Atomic Energy Agency, 2004. International Basic Safety Standards for Protection Against Ionizing Radiation and for the Safety of Radiation Sources. International Atomic Energy Agency, Safety Series No. 115.

Miller, K.L., Weidner, W.A. (Eds.), 1986. CRC Handbook of Management of Radiation Protection Programs. CRC Press. An assortment of material not found conveniently elsewhere, including radiation lawsuit history, the responsibilities of health physics professionals, information about state radiological protection agencies, and emergency planning.

National Council of Radiation Protection and Measurements (NCRP), 1991. Radon Exposure of the United States Population—Status of the Problem. NCRP commentary No. 6, National Council of Radiation Protection and Measurements.

National Research Council, 1988. Health Risks of Radon and Other Internally Deposited Alpha-Emitters, BEIRIV. Committee on the Biological Effects of Ionizing Radiations, National Research Council. National Academy Press. Emphasizes lung cancer and the relationship of smoking and radon.

National Research Council, 1999. Health Effects of Exposure to Radon (BEIR VI). Committee on Health Effects of Exposure to Radon, National Research Council. National Academy Press. Conclusion: New information needs to be considered and improved models developed.

Radiation Information Network, www.physics.isu.edu/radinf. Numerous links to sources.

Radiation, Science, and Health. www.radscihealth.org/rsh. Organization criticizes conservatism of standards advisory bodies and government regulators.

Rockwell III., T., 1956. Reactor Shielding Design Manual. McGraw-Hill. Classic book on shielding calculations that remains a valuable reference.

Shleien, B., Slayback Jr., L.A., Birky, B.K. (Eds.), 1998. Handbook of Health Physics and Radiological Health, third ed. Williams & Wilkins. A greatly expanded version of a classic document of 1970.

Shultis, J.K., Faw,R.E., 1996. Radiation Shielding. Prentice-Hall. Includes transport theory and Monte Carlo methods.

SNM Committee on Radiobiological Effects of Ionizing Radiation, Radon Update: Facts Concerning Environmental Radon. www.physics.isu.edu/radinf/radon.htm. Based on an article by Dr. A.B. Brill, et al. in The Journal of Nuclear Medicine, 35 (2) 368–385, February 1994.

Till, J.E., Meyer, H.R. (Eds.), 1983. Radiological Assessment, A Textbook on Environmental Dose Analysis. Nuclear Regulatory Commission, NUREG/CR-3332.

Turner, J.E., 1995. Atoms, Radiation, and Radiation Protection. John Wiley & Sons.

U.S. Environmental Protection Agency (EPA), EPA Radiation Protection. www.epa.gov/radiation. Select from a variety of links.

U.S. Government Printing Office, Code of Federal Regulations, Energy 10, Office of the Federal Register, National Archives and Records Administration. Government Printing Office (annual issuance).

U.S. Nuclear Regulatory Commission (NRC), NRC Regulatory Guides. www.nrc.gov/reading-rm/doc-collections/reg-guides. Issued in 10 broad divisions.

U.S. Nuclear Regulatory Commission (NRC), 1977b. 1.111 Methods for Estimation of Atmospheric Transport and Dispersion of Gaseous Effluents in Routine Releases from Light-Water-Cooled Reactors, July.

U.S. Nuclear Regulatory Commission (NRC), 1978. Select division 8, Occupational Health, 8.8 Information Relevant to Ensuring that Occupational Radiation Exposures at Nuclear Power Stations Will Be as Low as is Reasonably Achievable, June.

Wood, J., 1982. Computational Methods in Reactor Shielding. Pergamon Press.

辐射探测器

本章目录

核能应用的各个方面都需要进行辐射测量：科学研究、生产电力的反应堆运行和辐射危害的防护。用探测器来识别核反应中的放射性产物以及测量中子注量，确定呼吸空气中的放射性同位素的量，以及饮用水中或者基于诊断目的而摄取的放射性物质的量。近年来，在阻止恐怖主义活动中，探测器也发挥越来越重要的作用。

应用哪一类探测器取决于需要关注的粒子(电子、γ射线、中子、离子，如裂变碎片，或是这些粒子的组合)及其能量，以及使用探测器的辐射环境(小到一个放射性物质的微小轨迹，大到一个大型的辐射源)。在所有的应用中，测量装置的类型都是为了达到预期的目的和所需的精度而选择的。

应用何种探测器取决于所需关注的粒子：

(1) 是否存在辐射场；

(2) 每秒钟或某一特定时间段内到达表面的粒子数；

(3) 存在的粒子类型，如果有几种类型，则进一步关注每种粒子的相对数量；

(4) 单个粒子的能量；

(5) 粒子到达探测器的时刻。

从辐射的测量中可以推断出辐射的性质，如穿透物质和产生电离的能力；还可以确定放射性源的性质，包括衰变率、半衰期和材料的量。

本章描述了一些常见类型探测器的重要特征，大部分的探测器是基于辐射电离作用。探测器有两种工作模式：①电流模式，该模式测量的是平均电流，探测器需要结合使用安培计；②脉冲模式，将单个粒子或射线产生电信号放大并计数。第二种模式下运行的探测器称为计数器。

人类的五种感官中没有一种能感知核辐射，因此探测器提供了第六种感觉。在物质的量远小于常规化学测试方法的测量限值时，用辐射探测器还有可能探测出物质的存在。

12.1　探测器特性

辐射探测器利用多种物理效应将辐射转换成可读的输出，转换方法包括电、化学和光的方法。不管转换机制如何，都可以采用特定的物理量来描述辐射测量仪器的性能。一个关键指标是辐射探测效率 ε：

$$\varepsilon = \frac{\text{探测器记录的辐射量}}{\text{源发出的辐射量}} = \frac{R}{S} = \varepsilon_g \varepsilon_i \tag{12.1}$$

探测效率是几何因素和辐射探测限制的结果，分别表现在几何效率(ε_g)和本征效率(ε_i)方面。

第一，几何结构应有利于使足够数量的辐射到达探测器。图 12.1 描述了辐射测量的两种典型情况：①使用手持仪器测量；②用固定设备进行的实验室测量。

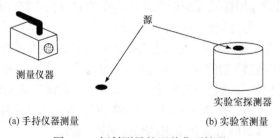

(a) 手持仪器测量　　　　　　　　　(b) 实验室测量

图 12.1　辐射测量的两种典型情况

测量仪器的辐射灵敏度受到源强和测量仪器与源的距离的限制。在实验室中，样品直接放置在探测器附近，如果样品是一个薄圆盘，大约一半样品发射的射线将进入探测器材料。完全包围样品的探测器布设称为 4π 几何。

第二，探测器必须以某种方式与辐射相互作用；否则，辐射可以轻易地通过探测器的灵敏区域而不受任何影响。此外，如果发生了相互作用，效果必须显著，并且具有足够长的持续时间来产生期望的信号。

例 12.1 一名健康物理学家正在寻找一个掉落在 15m×15m 房间内活度为 1μCi 的密封 Cs 源。在测量中可能遇到几何效率最差的情形是测量仪器和丢失源分别位于房间的相对角落，这时，源到探测器的距离为 $15\sqrt{2}$m。表 3.2 中显示，Cs-137 发射一个 0.662MeVγ光子，每次衰变发射γ光子的概率为 85.1%，故源强为

$$S = fA = (0.815\gamma/\text{decay})(1\mu\text{Ci})(3.7\times10^4\,\text{Bq}/\mu\text{Ci}) \approx 3.02\times10^4\,\gamma/s$$

式(11.5)表明，源强为 S 的点源发射，入射到达探测器的射线注量为

$$\phi = S/(4\pi r^2) = (3.02\times10^4\,\gamma/s)/[4\pi(15\sqrt{2}\times100\text{cm})^2] \approx 5.3\times10^{-4}\,\gamma/(\text{cm}^2\cdot s)$$

如果探测器垂直于γ射线方向的表面面积为 $A_d=10\text{cm}^2$，那么几何效率为

$$\varepsilon_g = \phi A_d / S = (5.3\times10^{-4}\,\gamma/(\text{cm}^2\cdot s))(10\text{cm}^2)/(3.02\times10^4\,\gamma/s) \approx 1.8\times10^{-7}$$

假定探测器拥有完美的本征探测效率($\varepsilon_i=1$)，则计数率为

$$R = \varepsilon_g\varepsilon_i S = (1.8\times10^{-7}\,\text{count}/\gamma)(1)(3.02\times10^4\,\gamma/s) \approx 0.0054\text{counts}/s$$

这一不利的几何条件导致了接近于零的计数率，因此该健康物理学家必须在房间里移动以减小源到测量仪器的距离，从而获得可测量的计数率，尤其是本底辐射已给出了非零读数的情况。

12.2 气体计数器

可用中心电极(阳极、电正极)和导电壁(阴极、负极)来描述一个充气探测器。充气探测器工作在不同的电压下，如图 12.2 所示，带电粒子或γ射线进入气体腔室，在气体中产生一定程度的电离，产生的正离子和电子分别被吸引到负极和正极表面。电荷在局部电场 E 中以漂移速度 $v_D=\mu E$ 移动，其中迁移率 μ 取决于两次碰撞之间的时间和平均自由程(见 4.5 节和 4.7 节)。如果存在磁场，电荷趋向于圆形路径，被不断发生的碰撞所中断。当正负两极

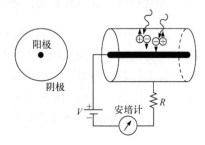

图 12.2 基本的充气探测器

施加的电压较低时，电荷仅在气体之间迁移，之后被收集，并且通过电阻 R 和安培计形成一个短持续时间的脉冲电流信号。更一般的情况下，需要放大电路。电流脉冲的数量可表征进入探测器的入射粒子数量，在这种模式下工作的探测器被称为电离室。

如果两极之间的电压继续增加，电离产生的电子能够获得足够的速度，从而在气体中进一步引发次级电离。大部分的次级电离发生在中心电极附近，因为附近的电场最高(参见习题 12.4)。由于放大效应，电流脉冲比电离室大得多。电流与入射辐射产生电子的初始数量成正比，这种情况下探测器被称为正比计数器。这种探测器可以区分β粒子和α粒子，因为二者具有明显不同的电离能力。正比计数器的电荷收集的时间很短，为微秒量级。

如果充气管的电压上升得更高，任何能量的粒子或射线都会引起放电，其中次级电荷的数量足够大以至于它们主导了整个过程。阳极附近产生正离子，使得附近的电场减小，电子不能进一步电离，最终放电终止。不管触发事件如何，输出电流脉冲的幅度相同。工作在这种模式下的探测器也被称为 Geiger-Mueller 计数器，即 GM 计数器。与正比计数器不同，GM 计数器产生的脉冲幅度与电离辐射产生的初始电子数无关。因此，GM 计数器无法提供关于辐射类型或能量的信息，并且存在一个短暂的死时间，这段时间内探测器无法对入射辐射进行计数。如果辐射水平非常高，由于死时间 τ 的存在，必须对观测记录到的计数进行修正以获得真实的计数。测量计数率为 R_M 时，真实的计数率为

$$R_C = R_M / (1 - R_M\tau) \tag{12.2}$$

有一些气体，如氩气，存在持续放电的趋势，必须要掺入少量的外来气体或蒸气(如酒精)来淬灭放电，所添加的分子影响光子的产生以及它们产生的电离。

例 12.2 假设一只死时间为 75μs 的 GM 计数器每分钟记录 25000 个计数，实际的计数率为

$$R_C = \frac{R_M}{1 - R_M\tau} = \frac{25000\text{cpm}}{1 - (25000\text{cpm})(75\times10^{-6}\text{s})(1\text{m} / 60\text{s})} \approx 25800\text{cpm}$$

这一修正后的计数率比仪器测量的计数率高3%左右。

图 12.3 中以图形方式定性地显示了上述三种计数器之间的区别，该图是收集电荷作为施加电压函数的半对数图，注意到电流存在几个数量级的变化。

许多仪器，特别是使用气体室的仪器，用经典的照射量单位伦琴(R)来表示辐射场，其定义为 2.58×10^{-4} C/kg。在这种情况下，光子在质量为 m 的空气中产生电荷(ΔQ)，照射量的数学表达式与剂量非常相似：

$$X = \Delta Q / m \tag{12.3}$$

由于照射量单位的适用性较窄，科学界更倾向于使用单位 rad、rem 及其标准

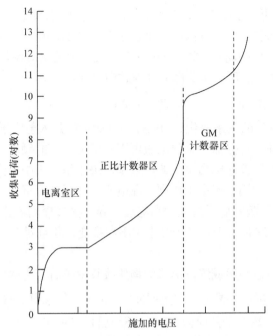

图 12.3　气体计数器中的电荷收集

国际等价单位，而本书中仍然继续使用伦琴(R)这一单位。

例 12.3　为方便，先来确定 1R 照射量对应的等效能量沉积。由于空气中产生一对离子对(ip)大约需要 34eV，那么有

$$1R = \frac{(2.58 \times 10^{-4} \, \text{C/kg})(34 \text{eV/ip})}{(1.602 \times 10^{-19} \, \text{C/ip})(10^6 \, \text{eV/MeV})} \approx 5.48 \times 10^{10} \, \text{MeV/kg}$$

对于品质因子为 1 的光子，一个测量仪器读数为 15mR/h 时等效于

$$\dot{H} = \dot{D}\text{QF} = \frac{(15 \text{mR/h})(1 \text{rad} / 0.01 \text{J/kg})(1 \text{rem/rad})}{(1R / 5.48 \times 10^{10} \, \text{MeV/kg})(1 \text{MeV}/1.602 \times 10^{-19} \, \text{J})} \approx 13 \text{mrem/h}$$

粗略地讲，当测量γ射线和 X 射线时，$1R \approx 1 \text{rad} = 1 \text{rem}$。

12.3　中子探测器

为了探测不直接产生电离的中子，有必要采用转换方法来产生能够电离气体的电荷。硼吸收中子发生的核反应有许多优势可以采用：

$$_0^1 \text{n} + {}_5^{10}\text{B} \longrightarrow {}_2^4\text{He} + {}_3^7\text{Li} \tag{12.4}$$

式中，氦原子和锂原子以离子形式被释放。硼计数器的一种形式是填充三氟化硼

(BF₃)气体,并作为电离室或正比计数器工作,特别适用于探测热中子,由于0.0253 eV的B-10的反应截面非常大,可以达到3837b,如表4.2所示。核反应释放的2.8 MeV能量大部分是产物核的动能。中子与硼在BF₃气体中的反应率与中子速度无关(参见习题12.10),这一点可以从下面的乘积式中得到:

$$R_a = nvN\sigma_a \tag{12.5}$$

式中,截面 σ_a 以 $1/v$ 的关系变化。因而探测器测量的是入射中子束流的数密度 n,而不是注量。另外,计数器的金属电极可以涂覆足够薄的硼层,以允许产生的 α 粒子逃逸到气体中,硼衬电离室中的计数率取决于暴露于中子注量中的表面积。

裂变电离室通常用于慢中子探测。在电离室的阴极上沉积一层热中子裂变截面高的U-235薄层。吸收中子产生的高能裂变碎片穿过探测器并提供必要的电离。避免使用U-238,这是由于它对于慢中子不易裂变,并且对U-235产生的裂变碎片具有阻止作用。

热中子可以通过小箔或细丝形式的物质吸收中子后产生的放射性来检测。例如,$_{25}^{55}$Mn 对于 2200m/s 速度的中子截面为 13.3b,吸收中子后形成的 $_{25}^{56}$Mn 半衰期为 2.58h;$_{66}^{164}$Dy 热中子截面为 1700b,形成的 $_{66}^{165}$Dy 半衰期为 2.33h。对于稍微比热能高一些的中子探测,使用具有高的共振截面的材料(如 In),其共振吸收峰位于 1.45eV 能量附近。为了分离出热中子俘获和共振俘获的影响,可以对采用薄铟活化箔和有镉盖的铟活化箔两种情况的测量结果进行比较,镉盖可以屏蔽低能量中子(低于0.5eV),并通过较高能量的中子。

例12.4 铟的热截面和共振活化截面分别为145b和2640b。如果两个完全相同的铟箔片(一个有镉盖,一个没有)处于低能中子束流中,接受足够时间的辐照以达到饱和放射性的水平(式(3.17)),那么箔片的活度分别为

$$A_{\text{In-bare}} = N_{\text{In}}(\sigma_{\text{therm}}^{\text{In}}\phi_{\text{therm}} + \sigma_{\text{reson}}^{\text{In}}\phi_{\text{reson}})$$

$$A_{\text{In-Cd}} = N_{\text{In}}\sigma_{\text{reson}}^{\text{In}}\phi_{\text{reson}}$$

计数率正比于活度,$R=\varepsilon A$。如果对于裸铟箔片和镉盖铟箔片测量记录到的计数率分别为1800cps和1500cps,则热中子和共振中子的注量比率如下:

$$\frac{\phi_{\text{therm}}}{\phi_{\text{reson}}} = \frac{\sigma_{\text{reson}}}{\sigma_{\text{therm}}}\left(\frac{R_{\text{In-bare}}}{R_{\text{In-Cd}}} - 1\right) = \frac{2640\text{b}}{145\text{b}}\left(\frac{1800\text{cps}}{1500\text{cps}} - 1\right) \approx 3.6$$

为了检测 MeV 级能量的快中子,可以使用反冲质子法。4.7节中已介绍氢原子与中子的散射导致中子能量损失和质子能量增加。因此,含氢材料,如甲烷或氢气,本身可以用作计数器的工作气体。高能质子在前面讨论的计数器中起着与α粒子和裂变碎片相同的作用。也可利用核反应,如 ³He(n,p)³H 和 ⁶Li(n,α)³H,来

产生可检测的带电粒子。图 12.4 给出了常用中子探测材料的截面，^{3}He 和 ^{10}B 在 100keV 以下具有相似的中子截面，而 ^{6}Li 的中子截面约小一个数量级。为了利用在较低能量下较大的截面，探测器可以用氢介质，如聚乙烯包围(Bonner 球)，以使快中子热化。

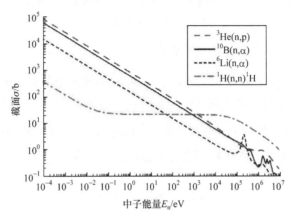

图 12.4　常用中子探测材料的截面

12.4　闪烁计数器

闪烁计数器的名称来源于这样一个事实，即粒子与某些材料相互作用会引起闪烁或闪光。有许多熟悉的发光现象：物质在紫外线照射下明显受激发光，在阴极射线管显示器上的图像是电子轰击的结果。荧光体材料分子被带电粒子等辐射激发后发出光脉冲。闪烁计数器中使用的材料是无机物(如碘化钠、碘化锂)或有机物，有各种形式：晶体、塑料、液体或气体。

荧光体释放的光强度通常与沉积的能量成比例，特别适用于测定粒子能量。因为带电粒子射程短，大部分能量沉积在物质中。γ射线通过光电效应和康普顿散射的电子反冲以及电子对产生-湮灭过程产生能量沉积。闪烁探测系统的示意图如图 12.5 所示。闪烁体中发出的光有一部分被光电倍增管收集，该光电倍增管由一组具有光敏表面的电极组成，当光子照射电极表面时，通过光电效应发射出一个电子，电子被加速到下一个表面，并撞击出更多的次级电子，以此类推，从而获得电流倍增。最后，放大器将电信号放大到便于计数或记录的水平。

想象一束光子入射到图 12.5 的闪烁体表面。对于理想的光电信号转换，可以从探测器中发生作用的γ射线的占比来估计本征效率：

$$\varepsilon_i = 1 - e^{-\mu d} \tag{12.6}$$

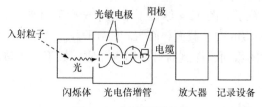

图 12.5　闪烁探测系统

式中，d 是与光束平行方向的探测器厚度。

例 12.5　考虑碘化铯(CsI)晶体对于 0.1MeV 射线的质量衰减系数为 $2.035\text{cm}^2/\text{g}$ ($\rho=4.51\text{g/cm}^3$)，则 1cm 厚度探测器对应的本征效率为

$$\varepsilon_i = 1 - \text{e}^{-\mu d} = 1 - \exp[-(2.035\text{cm}^2/\text{g})(4.51\text{g}/\text{cm}^3)(1\text{cm})] \approx 0.9999$$

使用固体探测器比气体探测器有更高的本征效率。

12.5　个人剂量计

辐射工作者佩戴的个人探测器，即剂量计，可用于确定 X 射线或γ射线、β粒子和中子的照射量。传统的剂量计包括图 12.6(a)所示的笔形尺寸的自读出电离室。现代的固体仪器由硅二极管探测器组成，通常具有液晶显示器(liquid crystal display，LCD)。有一些仪器是基于累积剂量和剂量率，并可发出警告声音信号。对于更长时间的记录，可以佩戴胶片式剂量计或热释光剂量计(thermoluminescent dosimeter，TLD)，如图 12.6(b)所示。胶片剂量计由几个不同灵敏度的感光胶片组成，用特定的屏蔽结构来选择某种类型的辐射。应定期对剂量计进行检查，如果发现有显著的照射，人员于一定的时间内在潜在辐射危害区域将不能从事与辐射相关的工作。

在众多的个人剂量计中，最可靠和准确的是热释光剂量计，它采用 CaF_2 或 LiF 等晶体材料，可以在晶格的激发态中存储能量，这些激发态称为势阱(traps)。当材料被加热时，以图 12.7 中典型的发光曲线释放出光子。剂量计的读出器由一个圆柱体的小真空管构成，接入电源时，真空管可以被内置的灯丝加热。利用一只光电倍增管读取发光曲线的峰值并给出吸收的累积能量(即剂量)值。该剂量计在很宽照射剂量范围内的响应是线性的，它可以重复使用且性能变化不大。

例 12.6　最早的如图 12.6(b)中显示的热释光剂量计使用一个质量衰减系数为 14mg/cm^2 的薄塑料窗透过射线用于记录皮肤剂量。应用式(5.2)中的 Katz-Penfold 公式，也就是

$$0.014\text{g/cm}^2 = 0.412E^{1.265-0.0954\ln E}$$

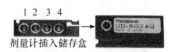

(a) 电离型自读出便携式剂量计　目镜

剂量计插入储存盒

(b) 四单元热释光剂量计
1、2单元由$^{n}Li_2B_4O_7$组成，3、4单元由$CaSO_4$组成

图 12.6　普通个人剂量计

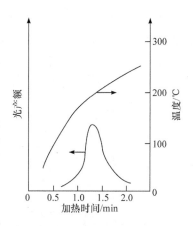

图 12.7　热释光材料 CaF_2 的加热发光曲线

同时采用数值求解技术表明，能量低于 84keV 的β粒子被阻止而无法到达热释光材料。

12.6　固体探测器

　　因为带电粒子的射程短，使用固体探测器具有紧凑性的优点。当固体是半导体时，对能量和到达时刻的测量均可以达到很高的精度。固体探测器中离子运动的机理很特殊。设想一个晶体半导体(如硅或锗)具有一个固定原子及其互补电子的规则阵列。带电粒子可以移开电子并使其离开到原先位置的附近，留下一个行为等效于一个正电荷的空位或空穴。固体中电离产生的电子空穴对类似于气体中电离产生的负离子和正离子。电子可以在材料中进行迁移或被电场引导着运动，当电子与邻近原子进行连续交换时，相当于空穴也跟着移动。因此，电子和空穴分别为负电荷载流子和正电荷载流子。

　　半导体的导电性对于某些杂质非常敏感。以硅为例，其化学价为 4(外壳层中有 4 个电子)，见图 2.1。当引入少量的 5 价材料，如磷或砷时，会产生过量的负载流子，这种新材料被称为 n 型硅；相反，如果添加了硼或镓等 3 价材料，则存在过量的正载流子，该物质被称为 p 型硅。当两层 n 型和 p 型材料接触在一起并施加电压时，如图 12.8 所示，电子从一个方向被电场移走，而空穴从另一个方向被移走，留下一个中性或耗尽的区域。大部分电压降位于该区域，这一区域对辐射非常敏感。入射粒子在其中产生电子空穴对，被内部电场收集并形成一个电流脉冲。由于产生一个电子空穴对所需的能量(W)较低，n-p 结半导体探测器可达到高的测量精度。相比于气体中产生一个离子电子对所需的能量 $W=34eV$，77K 温度下的 Si 和 Ge，W 值分别仅是 3.86eV 和 2.97eV。因此，一个 100keV 的光子可以产生大量的电子空穴对，从而给出了很高的统计精度。半导体探测器的收集时间非常短，大约为十亿分之一秒(纳秒)，允许进行精确的时间测量。

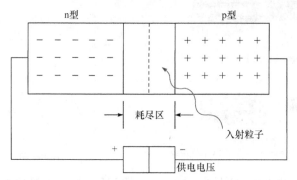

图 12.8　固态 n-p 结探测器

探测器系统中的统计涨落表现为记录粒子能量的变化。应用于能谱仪的固态探测器和闪烁计数器，表征其统计涨落的指标是能量分辨率，定义为

$$E_R = \Delta E / E \tag{12.7}$$

式中，ΔE 是在能量峰值 E 的一半处的全宽度，即半高全宽。更小的分辨率表现为更窄的谱线(图 13.4)，从而允许进行更高精度的放射性核素识别。

例 12.7　一个锗探测器的能量分辨率为 0.2%(1MeV)。该能量峰的半高全宽为 ΔE=(0.2%/100%)(1000keV)=2keV。

一种制备具有灵敏体积半导体探测器的方法是在加热晶体的表面上添加锂并施加电场。这使锂元素漂移并补偿灵敏区内残余的 p 型杂质。该探测器必须长久保持在液氮温度下(-195.8℃)，以防止锂的再分配；具体应用实例包括分别用于 X 射线和γ射线测量的 Si(Li)探测器和 Ge(Li)探测器。由高纯度(本征)锗(HPGe)制作而成的探测器性能更好，大约 10^{12} 个锗原子中仅有 1 个杂质原子，一个简单的二极管可以给出几厘米的耗竭深度，这样的高纯锗探测器工作时仍然需要液氮，但是可以在室温下储存。

12.7　计数统计学

辐射测量都有不确定性，这是由于基本过程(如放射性衰变)本质上是随机的。3.3 节中的放射性衰变规律指出，在时间间隔 t 内，大量原子集合中某个给定的原子不发生衰变的概率为 $\exp(-\lambda t)$，因此它的衰变概率为 $p=1-\exp(-\lambda t)$。然而，由于放射性的统计性质，在一个特定的时间间隔内，实际观察到的计数或多或少会有些变化。实际上，小概率会出现所有粒子都衰变或都不衰变的情形，在一系列条件完全相同的测量中，计数的数量会有分散性。对数据采用统计方法来估计不确定度或误差。可以应用概率分布定律，如在关于统计和辐射探测的书中所讨论的(Tsoulfanidis，1995；Knoll，1989)，最严格的表达式是二项式分布(参见习题 12.6)，用这种分布来解释半衰期非常短的同位素衰变。在群体数量为 n(代表试验次数)的原子中的放射性衰变，时间 t 内的平均衰变数为 $\bar{x}=pn$。

在低放射水平的环境中，发生衰变的概率很小($p \ll 1$)，此时二项式分布的一个简单近似是泊松分布(Poisson distribution，见习题 12.7)。当记录的数值比较大时($\bar{x} \geqslant 20$)，更进一步的近似是广泛应用的正态分布或高斯分布(Gaussian distribution)，如图 12.9 所示。在重复性试验中，计数 x 的测量值趋向于式(12.8)：

$$P(x)=(1/\sqrt{2\pi\sigma^2})\exp[-(x-\bar{x})^2/(2\sigma^2)] \tag{12.8}$$

式中，$P(x)$ 是在 x 处单位范围内的概率；$\bar{x}$ 是计数的平均值。用标准偏差 σ 度量曲线宽度，在 $\bar{x}-\sigma$ 和 $\bar{x}+\sigma$ 之间曲线下的面积是总面积的 68%，这表明一次给定的测量值落在该范围内的概率是 0.68。总面积的 95% 对应的数值是 $\pm 2\sigma$。

对于泊松分布，$\sigma=\sqrt{\bar{x}}$，因此，对于一个样本的辐射计数结果是 $x_S \pm \sqrt{x_S}$ (计数)。由于样本是在一个特定的时间间隔 T 内计数的，相应的计数率为

$$R_S=\frac{\bar{x}_S}{T}\pm\frac{\sqrt{x_S}}{T} \tag{12.9}$$

报告的结果以时间的倒数为单位，如每分钟的计数(counts per minute，cpm)。可以看出(习题 12.14)计数率的相对误差与计数

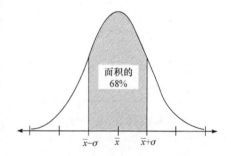

图 12.9　高斯分布
$\bar{x}\pm\sigma$ 之间曲线下的面积为总面积的 68%

总数的平方根成反比。当本底辐射水平不可忽略时，需要进行本底计数，并从总的样本计数中扣除，从而得到样本的净计数率：

$$R_N=\frac{\bar{x}_S-\bar{x}_B}{T}\pm\frac{\sqrt{\bar{x}_S+\bar{x}_B}}{T} \tag{12.10}$$

在低水平辐射计数中，常有这样的需求：为了定性判断样品中是否存在放射性，需要指定置信水平，如果存在放射性，则需要进一步判断辐射是否可以定量测量。考虑样本和本底计数的分布，建立了基于本底辐射水平的探测阈值。在实验室测量系统中，通过应用屏蔽等措施来减小本底计数率。

上机练习 12.A～12.D 中使用的程序 STAT，可提供用于计算二项式、泊松和高斯等分布的统计量。此外，程序 EXPOIS 可生成用于研究模拟泊松分布的计数数据。

例 12.8 一个效率为 32% 的探测器用于测量放射性样品，时间为 20min，共产生 3050 个计数，之后记录到的本底为 2000 个计数。净样品计数率为

$$R_N = [(\overline{x}_S - \overline{x}_B) \pm \sqrt{\overline{x}_S + \overline{x}_B}] / T$$
$$= [(3050 - 2000) \pm \sqrt{3050 + 2000}] \text{counts} / (200 \text{min})$$
$$\approx 5.25 \pm 0.36 \text{cpm}$$

利用探测效率可计算出样品的活度为

$$A = R_N / \varepsilon = (5.25 \pm 0.36 \text{cpm})(1\text{m}/60\text{s})/(0.32\text{count/decay}) \approx (0.27 \pm 0.02)\text{Bq}$$

12.8 脉冲幅度分析

确定粒子和射线的能量分布或谱分布对于识别放射性物质是很重要的。如果入射粒子将其全部能量沉积在探测器中，则图 12.10(a) 中的外部电路产生的电压信号可用于衡量粒子能量。粒子电离介质，产生电荷 Q 和电流，从而产生随时间变化的电压。如果电路的时间常数 $\tau = RC$ 比收集时间短，则电压迅速上升并最终下降到零，如图 12.10(b) 所示。然而，如果 τ 值较大，则电压上升到峰值 $V_m = Q/C$，其中 C 是电路的电容，然后由于电路特性电压缓慢下降，如图 12.10(c) 所示。因此，通过电压测量获得与电荷成比例的粒子能量。

假设有两种类型的粒子进入探测器，如 4MeV 的 α粒子和 1MeV 的 β粒子。通过施加偏置电压，可以消除由 β粒子引起的脉冲，其余的计数代表α粒子的数目，执行这种分离的电路称为粒子鉴别器。

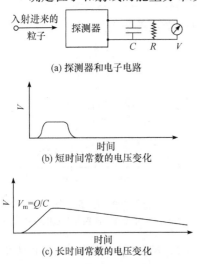

(a) 探测器和电子电路

(b) 短时间常数的电压变化

(c) 长时间常数的电压变化

图 12.10 电路对于脉冲的影响
来源：Knoll, 1989

例 12.9 前文所述的α粒子和β粒子沿途电离的电荷 $Q = E_K / W$，W 是每产生一对离子对所需能量。在空气中，每种粒子沉积的电荷为

$$Q_\alpha = [(4 \times 10^6 \text{eV}) / (34 \text{eV/ip})](1.6 \times 10^{-19} \text{C/ip}) \approx 1.9 \times 10^{-14} \text{C}$$
$$Q_\beta = [(1 \times 10^6 \text{eV}) / (34 \text{eV/ip})](1.6 \times 10^{-19} \text{C/ip}) \approx 0.5 \times 10^{-14} \text{C}$$

由于探测器的电容与入射粒子无关，α粒子产生的探测器输出电压($V = Q/C$)是 β粒子产生的 4 倍。

如果粒子具有不同能量，产生的一系列脉冲将具有各种幅度。为了得到能量分布，可以使用一个单道分析器，该分析器包括两个可调鉴别器和一个在一定能量范围内传输脉冲的电路。多道分析器(multichannel analyzer, MCA)是一种在短时间内评估整个能谱的更高效和精确的装置，连续脉冲由电子器件控制，不同能量的信号存储在计算机存储器中，辐射的能量分布以图形化形式显示在计算机上，通常还包括用于核素识别和定量化的自动能谱分析处理软件。图 12.11 给出了谱仪系统组成模块示意图，描述了谱仪的设备连接方式。

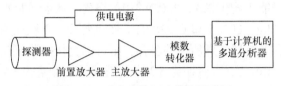

图 12.11　谱仪系统组成模块示意图

例 12.10　一个 4096 通道的γ谱仪系统具有的能量分辨率为 50keV。如果多道分析器的量程是 0～3MeV，每一道宽为(3000keV)/(4096channels)≈0.73keV。

12.9　先进探测器

除了基本的探测器外，还开发了一些专门的仪器用于精确测量高能的核碰撞产物。①核乳胶径迹探测器，最初用于宇宙射线研究。应用能量损失公式(参见第 5.3 节)可以获得关于粒子能量、质量和电荷等信息，探测介质使用了特殊的蚀刻技术，并利用显微镜对径迹进行自动化计数。②Cherenkov 计数器，测量粒子在速度高于介质中的光速时所产生的光。池式反应堆堆芯附近的蓝光就是由 Cherenkov 辐射产生的(参见习题 12.17)。③强子量热计，测量 GeV 范围内的粒子轰击材料时产生的强子(介子和核子)、质子和中子簇射。④中微子探测器，由体积非常大的液体或金属组成，在其中可发生罕见的碰撞并产生闪烁光。Kleinknecht(1999)的书中对这些专门的设备进行了讨论。

12.10　探测器与反恐

辐射探测器在防止恐怖分子的行动中起着至关重要的作用。最重要的一种应用是在其出货地点和到达国内港口时对货物进行筛查。利用 X 射线找出大型集装箱中的隐藏物品，从而进行进一步的检查。由蓄电池供电的便携式 X 射线发生器产生的 150 keV 射线可以穿透半英寸的钢铁。

可以使用多种技术来检查裂变材料，如富集铀或钚是否存在。其中一种方法利用 D-T 发生器产生的 14MeV 强中子束流。持续时间非常短的中子脉冲引发裂变和中子释放，并用碳化硅(SiC)半导体探测器迅速地测量裂变中子，研究中使用的设备已适合于商业生产。

另一种检测裂变材料的方法是使用脉冲光核中子探测器。它由一个可产生高能光子的便携式加速器组成，光子引起核裂变，释放出中子并可在外部探测到。在试验中，用木材、聚乙烯和铅屏蔽的样品瓶子可以被迅速且轻易地鉴定出来。利用不同的光子能量来实现对铀或裂变元素的识别。

根据国际原子能机构(IAEA，2002)的相关报告，武器核材料的典型数量是高浓缩铀 25kg、钚 8kg。U-235 和 U-238 的半衰期太长，不能检测到它们固有的辐射。对于放射性分散装置，即所谓的脏弹，则可以直接探测其辐射。脏弹可能使用的同位素包括：Co-60，半衰期为 5.27a，γ 射线平均能量为 1.25MeV；Cs-137，半衰期为 30.1a，γ 射线平均能量为 0.662MeV。其他可能使用的放射性同位素，如 Am-241、Cf-252、Ir-192 和 Sr-90。Cf-252 是半衰期为 2.65a 的中子发射体。Sr-90 产生 β 粒子很容易被屏蔽，但是在材料中减速的电子所产生的韧致辐射可以被探测到。所有同位素都有商业用途，这使得它们容易被盗。

核取证技术涉及一种签名方法，确定放射性来源于脏弹还是核装置的爆炸。利用特殊的搜索算法将同位素的衰变时间反应类型及中子辐照历史这几个要素关联起来。

紧急情况下确定个人辐射剂量这一难题的研究仍在继续进行，处理大量被辐照或被污染的人的相关计划也在制定中。

曼哈顿计划的示踪物研究可用于开发城市中的放射性散布模型，模型中考虑了城市摩天大厦之间的各种街道(Kiess，2006)。

在使用或产生中子的方法中，必须考虑一种特殊情形：当宇宙射线中的 μ 介子轰击桥梁或船只中的钢铁时，会释放出中子，这些中子构成测量中的本底干扰。

2001 年 9 月 11 日恐怖袭击之后成立的美国国土安全部(Department of Homeland Security，DHS)赞助和支持许多研发探测器的项目。国土安全部国内核探测办公室(Domestic Nuclear Detection Office，DNDO)的目标是提高美国反对恐怖分子利用核材料或放射性材料来对抗美国的能力，首要的重点是可降低攻击性的辐射探测。该机构为 1205 个海港和机场提供辐射探测设备，这一任务非常艰巨。美国政府问责局报告了关于这一任务缓慢的进展(GAO，2006)。

12.11　小　结

核领域的各个方面都需要进行辐射的检测并掌握其特性。气体计数器收集由入射辐射产生的电离电荷，依赖于电极之间的电压，计数器可检测所有粒子或区分出不同类型的粒子。中子则通过核反应产物间接地探测到(慢中子通过在硼或铀-235中的吸收，快中子则通过与氢的散射)。闪烁计数器在带电粒子或γ射线的轰击下释放出可测量的光。固态探测器从电离辐射产生的电子空穴对的运动中产生信号。脉冲幅度分析粒子的能量分布。用统计方法可以估计所测量计数率的不确定性。高能物理研究中，采用了先进的专用探测器核辐射探测器在反恐项目中起着至关重要的作用。

12.12　习　　题

12.1　①一个 BF_3 探测器的直径为 2.54cm，为了确保沿着直径方向入射的 90%的热中子被俘获(天然硼的吸收截面 σ_a=760b)，试求出所需要的 BF_3 分子数密度。②这一分子数密度与该气体在标准大气压力下的分子数密度相比如何？标准大气压下的密度为 $3.0 \times 10^{-3} g/cm^3$。③试给出获得所需的高探测效率的方法。

12.2　一个入射粒子将位于两个平行板中间的氦原子电离产生一个电子和一个 He^+，平行板之间具有一定的电势差。如果气体压力非常低，计算这两种电荷被收集所需要的时间之比。讨论碰撞对于收集时间的影响。

12.3　现收集了一份疑似含有少量放射性碘的气体样品，半衰期为 8d。如果 1d 内观测到一个计数器中的总计数为 50000，假设该计数器能探测到所有发出的辐射，则最初存在的原子有多少个？

12.4　在一个气体计数器中，中心丝半径为 r_1，与其同轴的壁半径为 r_2，则距离中轴线 r 的任意一点的电势差如下：

$$V = V_0 \frac{\ln(r / r_1)}{\ln(r_2 / r_1)}$$

式中，V_0 是计数器管间电压。如果 r_1=1mm，r_2=1cm，距离金属丝 1mm 范围内的电势差所占的比例是多少？

12.5　如果每个电极上能够释放出四个电子，那么光电倍增管需要多少个电极来实现 100 万的倍增？

12.6　假设每次试验的成功概率为 p，则在 n 次试验中成功 x 次的概率由下面的二项式分布公式给出：

$$P(x) = n! p^x (1-p)^{n-x} / ((n-x)! x!) \tag{12.11}$$

①将该公式应用于抛硬币的情形，分别抛 1 次、2 次和 3 次，找出硬币头面朝上的次数，包括 0 次的情况，并用简单的逻辑检查结果；②应用于掷一

个骰子的情形，掷 1 次或 2 次骰子，求出点数均为 6 的次数，并检查分析结果；③用程序 STAT(见上机练习 12.A)重复研究前面两种计算结果。

12.7 对于成功概率 p 远小于 1 的情况，在习题 12.6 的二项式公式中，n 次试验成功 x 次的概率能用泊松公式来很好地近似表示：

$$P(x) \approx (\bar{x}^x / x!) \exp(-\bar{x}) \tag{12.12}$$

式中，$\bar{x} = pn$ 是 x 的平均值。p 在掷一个骰子时的值是多少？对于掷骰子 1 次或 2 次，计算每一种情况下的 $P(x)$ 值。

12.8 对源强为 1μCi 的 ^{137}Cs(30.1a)进行 1min 计数。①假设每 50 次衰变有 1 个计数，求出计数率的期望值以及在 1min 计数期间内的计数；②求出计数率的标准偏差；③求出对于一个给定的气色原子在 1min 时间间隔内衰变的概率。

12.9 将一对骰子抛掷 n=10 次。①证明一次抛掷得到点数之和为 7 的概率 p 为 1/6；②使用二项式分布公式，求出抛掷 10 次(n=10)中正好有 2 次(x=2)得到点数之和为 7 的概率；③用泊松分布重新进行计算。

12.10 如 4.6 节所讨论的，B-10 等核素对于低能中子的吸收截面以 1/v 规律变化。形式上可以写成

$$\sigma_a = \sigma_{a0} v_0 / v$$

式中，σ_{a0} 是速度 v_0=2200 m/s 时的吸收截面。一个硼中子探测器放置在中子场中，中子的速度分布为 $n(v)$，每立方厘米内的中子总数和硼原子总数分别为 n_0 和 N，通过对速度分布进行积分得到每立方厘米内总的反应率，正如式(12.5)中所描述的，用探测器所测量的内容对这一结果进行讨论。

12.11 如果将例 12.5 中的 CsI 晶体替换成下面的材料，确定对于光子，新的本征效率是多少？①高纯锗(HPGe)探测器；②基于气体的空气探测器。对于 Ge 材料，0.1MeV 光子对应的迁移率 μ=2.95cm^{-1}。

12.12 ①例 12.1 中的距离为 1m 时，重新对其进行计算。②同时确定在这个距离下该健康物理学家所接受照射的剂量率。

12.13 计算下面中子探测反应的 Q 值：①^{10}B(n,α)^{7}Li；②^{3}He(n,p)^{3}H。根据 Q 值确定这些反应是什么类型？

12.14 利用式(12.9)证明计数率的相对误差反比于总计数的平方根。

12.15 一个 NaI 探测器在 Cs-137 的γ射线能量处的半高全宽为 80keV，确定其能量分辨率。

12.16 图 12.6(b)中所示的热释光剂量计的第二和第三元件能阻止多少电子能量？该元件被质量密度为 160mg/cm^2 的塑料所封装。

12.17 在水中以 0.75 倍光速运动的带电粒子能够产生切连科夫辐射。确定在池式反应堆中产生浅蓝发光所需要的最小电子能量。

12.13　上 机 练 习

12.A 程序 STAT 可计算二项式分布、泊松分布和高斯分布的概率分布 $P(x)$。①用一个骰子抛出 "6" 的概率值 p 是多少？②以 $n=1,2,5,\cdots,10$ 分别运行程序并记录给出成功次数为 $0,1,2,\cdots,6$ 的概率；③假定二项式分布是精确的，试分析另外两种方法的准确程度。

12.B 一个表面掺杂的 α 粒子探测器进行了 30 次时长为 1min 的计数，总计数为 225。① p 值是多少？②在计算机程序 STAT 中，用二项式分布和泊松分布计算 $P(x)$ 值，$x=0,1,2,\cdots,30$；③泊松公式的精确程度如何？

12.C ①任意指定一个人的生日恰好是今天的概率为多大？②如果随机选取 1000 个人，在程序 STAT 中采用泊松分布进行分析，今天没有一个人过生日的概率是多大？③分别计算 x 从 0 到 10 的概率值 $P(x)$，并将结果用柱状图绘制出来。今天过生日人数最可能的数字以及平均值分别是多少？④用二项式分布模型运行 STAT 程序，计算并显示：在一个 23 人的聚会中，两个人是同一天生日的概率大约是 1/2。

12.D 计算机程序 EXPOIS 模拟能用泊松统计进行分析的粒子计数数据。①运行程序模拟 10~30 次 1min 时长的计数；②用图形将结果与程序 STAT(上机练习 12.A)产生的泊松数据进行比较。

12.E 为了更好地从背景中区分出低水平的放射性，使用 COMPDIST 程序来添加两个高斯分布的总样品计数和背景计数。特别地，比较三种总计数测量情形：①200；②150；③120。在上述所有情形中，假定平均背景计数为 100。

参 考 文 献

International Atomic Energy Agency (IAEA), 2002. IAEA Safeguards Glossary. International Nuclear Verification Series No. 3, International Atomic Energy Agency, p. 23.

Kiess, T.E., 2006. Results and characteristics of the homeland security office of research and development radiological and nuclear countermeasures program. Trans. Am. Nucl. Soc. 95, 9.

Kleinknecht, K., 1999. Detectors for Particle Radiation, second ed. Cambridge University Press.

Knoll, G.F., 1989. Radiation Detection and Measurement, second ed. John Wiley & Sons. A very comprehensive, modern, and readable text that should be in every nuclear engineer's library.

Srdoč, D., Inokuti, M., Krajcar-Bronic´, I., 1995. Yields of ionization and excitation in irradiated matter. In: Atomic and Molecular Data for Radiotherapy and Radiation Research, IAEA-TECDOC-799.

Tsoulfanidis, N., 1995. Measurement and Detection of Radiation, second ed. Taylor & Francis.

U.S. Government Accountability Office (GAO), 2006. Combating Nuclear Terrorism. GAO-06–1015, www.gao.gov/new.items/d061015.pdf. Challenge of providing protection.

延 伸 阅 读

Bevington, P.R., Robinson, D.K., 1992. Data Reduction and Error Analysis for the Physical Sciences, second ed. McGraw-Hill. Update of a classic text on statistical methods, illustrated with examples from technology; includes computer diskette.

De Wolf Smyth, H., 1945. Atomic Energy for Military Purposes: The Official Report on the Development of the Atomic Bomb Under the Auspices of the United States Government (the Smyth Report). http://nuclearweaponarchive.org/Smyth. Appendix 1 on detectors.

Eichholz, G.G., Poston, J.W., 1979. Principles of Nuclear Radiation Detection. Ann Arbor Science. A laboratory manual is also available.

Evans, R.D., 1982. The Atomic Nucleus. Krieger. Excellent treatment of statistical distributions; reprint of 1955 classic book.

Federal Emergency Management Agency (FEMA), Terrorist Hazards. www.ready.gov/terrorism. FEMA and Homeland Security advisory and information source.

Fleischer, R.L., 1998. Tracks to Innovation: Nuclear Tracks in Science and Technology. Springer-Verlag.

Institute of Electrical and Electronics Engineers (IEEE), 2006. Nuclear Science Symposium, San Diego.

Ku, H.H. (Ed.), 1969. Precision Measurement and Calibration—Statistical Concepts and Procedures, vol. 1. U.S. Government Printing Office, National Bureau of Standards Publication 300.

L'Annunziata, M.F. (Ed.), 2003. Handbook of Radioactivity Analysis. second ed. Academic Press.

Oak Ridge Associated Universities (ORAU), Decontamination and Decommissioning Science Consortium. Commercial suppliers of nuclear radiation detectors. www.orau.gov/DDSC/instrument/instsuppliers.htm. Companies providing survey instrumentation.

Wackerly, D.D., Mendenhall III., W., Schaeffer, R.L., 2001. Mathematical Statistics with Applications, sixth ed. Cengage Learning.

Wolfram Research Inc., Wolfram Mathematica Online Integrator. http://integrals.wolfram.com. Interactive integration of math functions.

来自同位素的信息

本章目录

　　核过程的应用可分为军事、电力和辐射三个基本类别。第二次世界大战结束后不久的一次会议上，著名物理学家 Fermi 讨论了放射性同位素的潜在应用(Fermi，1946)。他指出，"这些新技术对科学刺激带来的成果会比一个经济又方便的能源或原子弹的可怕破坏性更为壮观。"也许 Fermi 会惊奇地看到，放射性同位素今天已经成为研究、医学和工业的一部分，正如下面的章节所描述的。

　　同位素和辐射的使用已产生了许多重要的经济效益和社会效益。现代核物理学的发现为观察和测量物理、化学与生物过程提供了新的途径，为人类生存和进步提供了必要而有深度的理解。分离和鉴别同位素的能力还提供了其他多方面的应用，包括电、光学和机械装置的相关技术。

在 2001 年 9 月 11 日的恐怖事件之后,对放射性同位素的关注变得更加突出。对潜在危害的检测已成为美国国土安全部工作的重中之重。

某些元素的特殊同位素是可区分的,可以通过独特的质量或放射性来追踪同位素(同位素的化学行为是一样的),人们有可能测量到元素或其化合物的量并跟踪运动和反应。

考虑到可获得的稳定同位素和放射性同位素数以千计,而且许多科技领域需要工艺细节知识,有大量的关于同位素应用的书籍。这里仅比较稳定同位素和放射性同位素的优点,并描述其特殊技术,同时提到一些有趣的或重要的同位素应用。

13.1　稳定同位素和放射性同位素

稳定同位素,顾名思义,不会发生放射性衰变。自然界中发现的大多数同位素属于这一类,以混合物的形式出现在元素中。根据同位素质量,主要的分离方法有电磁法(如在大型质谱仪中)和热-力学法(如在蒸馏或气体扩散过程中)。一个重要的例子是生物过程中所涉及元素的同位素(如氘和氧-18)。稳定同位素的主要优点是样品中没有辐射效应,不需要考虑测量速度,因为同位素不会随时间衰变。它们的缺点是检测困难。

放射性同位素或放射性核素具有多种半衰期、辐射类型和能量。放射性同位素主要有三个来源:加速器中的带电粒子反应、反应堆中的中子轰击和分离的裂变产物。稳定和长寿命同位素的主要供应来源是美国能源部、加拿大诺迪安公司(MDS Nordion)和俄罗斯。许多用于生产放射性同位素的回旋加速器在医院。使用放射性同位素的主要优点是通过发射产物和检测半衰期及辐射特性的唯一性很容易检测到它们的存在,潜在缺点是放射性同位素的长期性、稳定性难题,生产放射性同位素的反应堆数量有限并且一些正在关闭。在美国核学会的一份立场声明(ANS,2004)中提出了一个强烈的建议"目前美国还没有可确保维持可靠的放射性同位素供应源的相关政策,这对医疗和工业应用都是至关重要的。"

13.2　示　踪　技　术

本节描述几种应用放射性同位素的特殊方法,并说明用途。示踪剂方法是引入少量同位素,并随着时间的推移观察其进程。例如,一种将含磷肥料应用到植物中的最佳方法是引入少量的放射性同位素 ^{32}P。该同位素半衰期为 14.28d,发射 1.7MeV 的 β 粒子,用探测器或胶片测量植物在不同时间和位置的辐射,可以准确地提供关于磷的吸收和沉积速率的信息。同样,人体血液循环可通过注射一种无害的含有半衰期为 14.96h 的放射性 ^{24}Na 的钠溶液来追踪。出于医学诊断的目的，需要给予足够但不至于损害患者的放射性物质以提供所需的数据。

通过对混杂的放射性同位素的迁移情况进行监测，可以获得一些材料的流速信息。这一概念对于身体中的血液、管道中的油或排放到河流中的污染物是相同的。如图 13.1 所示，少量的放射性物质从起始点注入，放射性同位素随流体一起迁移运动，经过时间 t 后，在距离为 d 处被记录。最简单的情况下，平均流体速度是

$$v = d/t \tag{13.1}$$

很明显，示踪剂的半衰期必须足够长以确保在观测点出现的量足够多，便于测量，但是半衰期也不能太长以至于流体始终保持被放射性物质污染的状态。

图 13.1   示踪剂测量流速

例 13.1   为了确定下水道污水的流量，在下水道进口管道内添加了一种半衰期为 20min 的同位素。污水以 0.1～0.5m/s 的速度移动了 0.5km。探测器位于污水管道出口处，其探测效率为 5%，并且需要的最小计数率为 60cpm，以区分本底辐射。目标是确定进行这项测试所需要的最小放射性活度。为了确保实验只需进行一次，必须采用最小流速来处理，所预期的最大延迟时间为

$$t = d/v = (500\text{m})/(0.1\text{m/s}) = 5000\text{s} \approx 83.3\text{min}$$

为了达到可探测水平，到达出口探测器位置的放射性活度至少为

$$A(t) = R/\varepsilon = (1\text{count/s})/(0.05) = 20\text{Bq}$$

投放到下水管的活度至少需要：

$$A(0) = A(t) \left/ \left(\frac{1}{2}\right)^{t/t_{\mathrm{H}}}\right. = (20\text{Bq})/(0.5)^{(83.3\text{min})/(20\text{min})} \approx 359\text{Bq}$$

从实际操作上，考虑到污水的混合以及流速的不均匀性，投放的放射性活度也许需要比这一数值更大一些。

在许多生物或工程的示踪剂测量中，必须考虑除放射性衰变之外的其他因素对消除同位素的影响。如图 13.2 所示，假设流体以速率 $G(\text{cm}^3/\text{s})$ 流入和流出体积为 $V(\text{cm}^3)$ 的容器。初始注入包含 N_0 个原子的示踪剂，并假定其与所容纳之物均匀混合。每秒钟从池中排出的流体(和同位素)比例为 G/V，其可以作为同位素的流

动衰减常数 λ_F。如果放射性衰变很小，则探测器的计数率随时间以指数规律 $\exp(-\lambda_F t)$ 降低。如果其他参数是已知的，那么从这个趋势可以推断出流速或流体的体积。如果同时发生放射性衰变(λ)和流动衰减(λ_F)，也可以使用指数公式，但要采用有效衰减常数 $\lambda_E = \lambda + \lambda_F$。合成有效半衰期如下：

$$1/t_E = 1/t_H + 1/t_F \tag{13.2}$$

式(13.2)形式上与 10.1 节中推导的体内放射性物质半衰期方程式(10.3)一样。在这里，流动半衰期取代了生物半衰期。

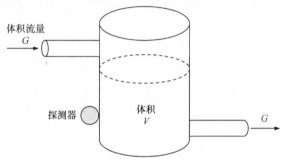

图 13.2　流动衰减

　　Watson 和 Crick 在 1951 年解释了 DNA 结构后不久，示踪剂 P-31 和 S-35 就被用来证明基因与 DNA 分子相关。参与细胞循环的用氚标记的胸苷也被人工成功合成了。从那时起，分子生物学的领域大大扩展，并催生了人类基因组计划，这是一项旨在绘制人类完整遗传结构，包括染色体、DNA、基因和蛋白质分子的国际性工作。其目的是找出哪些基因引起各种疾病，并使基因疗法得以应用。复杂绘制工作的很大一部分是杂交，将 DNA 分子上的特定点用放射性或荧光标签物来标记。

　　DNA 指纹图谱是一项基因研究成果，这是一种识别个体的方法，每个人(除了稀有嵌合体)都具有独特的 DNA 结构，即使同卵双胞胎的 DNA 也会随着年龄的增长而偏离。这里用到一种称为限制性片段长度多态性(restriction fragment length polymorphism，RFLP)的技术，该技术流程中需要用一种酶来处理血液、皮肤或毛发等样品，这种酶可以将 DNA 分割成片段。含有这些物质的膜暴露于放射性探针中，在 X 射线胶片上出现一系列暗带。该方法很准确，但需要大量样本和长时间的胶片曝光。另一种替代方法聚合酶链反应-短串联重复序列(polymerase chain reaction-short tandem repeat，PCR-STR)则更受欢迎，该方法涉及 DNA 的多拷贝技术。在刑事案件侦查和法院案件中运用这些方法有助于判定有罪与否以及确证亲子关系。

13.3　放射性药物

用于医学诊断和治疗的放射性核素被称为放射性药物，包括各种化学物质和同位素，其半衰期从几分钟到几周不等，主要取决于具体应用。放射性药物通常是β射线或γ射线发射体，突出的例子是锝-99m(6.01h)、碘-131(8.04d)和磷-32(14.28d)。表13.1对所用放射性核素、化合物和所研究的器官进行了说明。

表13.1　医学诊断中使用的放射性药品

放射性核素	化合物	应用
Tc-99m	高锝酸钠	大脑扫描
H-3	氚化水	体内水检查
I-131	碘化钠	甲状腺扫描
Au-198	胶体金	肝扫描
Cr-51	血清白蛋白	肠胃检查
Hg-203	氯汞丙脲	肾扫描
Se-75	硒代蛋氨酸	胰腺扫描
Sr-85	硝酸锶	骨扫描

放射性核素产生器是一种长寿命同位素，可衰变生成用于诊断的短寿命核素。直接使用短寿命同位素的优点在于，核素产生的速度很稳定且可靠，可根据需要从母体同位素中提取子同位素。这种产生器最早的例子是Ra-226(1600a)，衰变成Rn-222(3.82d)。使用最广泛的核素产生器是Mo-99(65.98h)，衰变到Tc-99m(6.01h)。也可以形象地说，从Mo-99"奶牛"中"挤奶"得到Tc-99m。由于Tc-99m具有良好的辐射特性和半衰期，是核医学中使用最广泛的放射性同位素之一。母代同位素Mo-99来自加拿大及其他国家，如果出于某些原因，美国边境停止了放射性物质的进口，在美国无数的医学试验将会停止。

有几种碘同位素被广泛使用。用回旋加速器产生I-123(13.2h)，而伴随产生的同位素I-124(4.18d)和I-126(13d)是需要排除的杂质，因为它们会产生高能γ射线。两种裂变的产物是I-125(59.4d)和I-131(8.04d)。

从事放射性药物方面研究的专家被称为放射性药剂师，他们关注于所制备放射性药物的纯度、适用性、毒性和辐射特性。

例13.2　从图6.4中的数据可知，U-235核素裂变会产生Mo-99核素，产额系数 y=6.1%，生产1μg的Mo-99所需的裂变数为

$$n_f = \frac{m_{99}N_A}{yM_{99}} = \frac{(10^{-6}\,\text{g})(6.02\times10^{23}\,\text{atom/mol})}{(0.061\text{atom/fission})(99\text{g/mol})} \approx 1.0\times10^{17}\,\text{fissions}$$

考虑中子俘获导致的材料损失，所需的 U-235 质量为

$$m_{235} = \frac{n_f M_{235}}{N_A}\frac{\sigma_a}{\sigma_f} = \frac{(10^{17}\,\text{fissions})(235\text{g/mol})(582.6+98.9)}{(6.02\times10^{23}\,\text{atom/mol})(582.6)} \approx 46\mu\text{g}$$

13.4 医 学 成 像

给患者服用合适的放射性药物可以让放射性核素在某些组织或器官中实现选择性沉积。使用放射性核素来诊断功能障碍或疾病的方法被称为医学成像。在美国，每年大约进行 2000 万次诊断性的核医学研究。在成像中，用一个荧光屏或探测器检查身体的邻近区域并接收器官的图像，从而可以揭示一些医疗问题的本质。扫描仪由一个可在两个方向移动的碘化钠晶体探测器、一个限制辐射的准直器和一个记录逐点位置计数数据的记录仪组成。与此相反，Anger 闪烁相机则是固定位置，拥有大量的光电倍增管并通过多孔准直器接收γ射线，还有一个电子数据处理电路。

Anger 相机提供了一种平面形式的放射性活动视图。计算机技术的引入使其可以显示更加复杂的三维图像。这样的过程称为断层扫描，有几种类型：第一种是单光子发射计算机断层扫描(single photon emission computed tomography，SPECT)，用一个旋转相机来拍摄一系列包含放射性核素区域的平面图像。用碘化钠晶体探测来自辐射源的未经碰撞的光子并产生电信号，利用计算机处理来自 180 个不同角度的数据并给出器官的二维和三维视图。SPECT 主要用于心脏、肝脏和脑的诊断。第二种是正电子发射断层扫描(positron emission tomography，PET)，使用一种正电子发射的放射性药物。三个重要的例子是 ^{15}O(2min)、^{13}N(10min)和 ^{11}C(20min)。这些是在所有有机分子中都能发现的元素的同位素，可用于许多生物学研究和医学应用，尤其是心脏病。第四个例子是 ^{18}F(110min)，在脑研究中尤为重要。由于在脑研究中，大多数化学物质难以穿过所谓的血脑屏障(blood-brain barrier，BBB)。相反，^{18}F 形成一种类似葡萄糖的化合物，可以穿透脑组织并显示疾病的位置，如中风或癌症。同位素由医院的回旋加速器产生，并且目标核素被快速地化学处理以获得所需的标记化合物。探测器探测到正电子和电子湮灭所产生的γ射线，是利用了γ射线同时发射(符合)且运动方向相反的特点。通过计算机对数据进行分析，并给出高分辨率的显示。PET 类似于 X 射线的计算机轴向断层扫描(CT)，但在某些诊断方面 PET 性能优于 CT。图 13.3 比较了 CT 和 PET 定位脑瘤的能力。

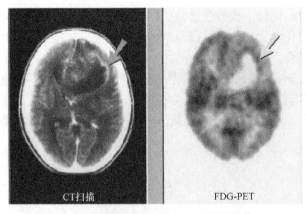

图 13.3　脑瘤的 CT 和 PET 的扫描图像
来源: 劳伦斯·伯克利国家实验室

例 13.3　SPECT 中应用的血流放射性示踪剂 ^{99m}Tc(半衰期 t_{H}=6h)的生物半衰期为 11h, 其有效半衰期为

$$t_{\mathrm{E}} = (1/t_{\mathrm{H}} + 1/t_{\mathrm{B}})^{-1} = [1/(6\mathrm{h}) + 1/(11\mathrm{h})]^{-1} \approx 3.9\mathrm{h}$$

应用式(11.12)计算, 仅有 1% 的放射性核素滞留在身体中所需的时间为

$$t = \frac{-t_{\mathrm{E}}}{\ln 2} \ln \frac{N(t)}{N_0} = \frac{-3.9\mathrm{h}}{\ln 2} \ln 0.01 \approx 26\mathrm{h}$$

另一种非常流行且不涉及放射性的诊断方法是磁共振成像(magnetic resonance imaging, MRI), 该方法利用了细胞中原子具有磁性的特点。以前, 该方法被称为核磁共振(nuclear magnetic resonance, NMR), 但医生采用了新的名称以避免与任何"核"的关联(感兴趣的读者参考本章的延伸阅读), 以减轻公众的焦虑。

13.5　放射性免疫分析

1960 年, Yalow 和 Berson 发明了放射性免疫分析法, 这是一种化学工艺, 利用放射性核素可以非常精确地发现十亿分之几(十亿分之一为 1ppb)甚至更低浓度的生物材料。它是结合人体免疫系统的研究而发展起来的。在免疫系统中, 当引入外源蛋白(抗原)时, 会产生保护物质(抗体)。该方法利用了抗原和抗体也发生反应的事实, 其反应涉及疫苗接种、免疫和所有过敏性皮肤试验。

放射性免疫分析的目的是测量含有抗体的样品中存在抗原的量, 抗体是事先通过反复地免疫家兔或豚鼠并提取抗血清而产生的。少量用放射性标记的抗原被添加到溶液中。已知和未知的两种抗原之间在与抗体反应方面存在竞争, 由于这个原因, 该方法也被称为竞争结合试验。化学分离后将产物中的放射性与标准反应中的放射性进行比较。该方法已被扩展应用到其他物质测量，包括激素、酶和药物。几乎任何化学物质的量可以非常精确的测量，这是由于它几乎可以与任何抗原进行化学结合。

放射性免疫分析方法已扩展到用于对身体组织和器官的医学成像。放射性标记的抗体进入特定类型的身体组织并作为辐射源。如 14.1 节所述，同样的概念可以应用于放射性治疗。该领域已扩展到包括许多其他不涉及放射性的诊断技术(参见本章的延伸阅读)。

13.6 辐 射 测 年

核能和人文科学(如历史、考古和人类学)之间似乎没有任何关系。然而，有几个有趣的例子，如利用核方法确定一些事件的日期。研究人员用碳-14 年代测定技术确定古代文物的年代。这项技术是基于 ^{14}C 核素是由宇宙射线在大气层中产生这一事实。宇宙射线产生中子，中子又与氮反应：

$$\,^{1}_{0}n + \,^{14}_{7}N \longrightarrow \,^{14}_{6}C + \,^{1}_{1}p \tag{13.3}$$

植物吸收 CO_2 并沉积 ^{14}C 核素，而动物以植物为食。在平衡条件下，$^{14}C/^{12}C$ 的比值约为 10^{-12}。动物或植物死亡时，放射性碳核素的供应明显停止，并且 ^{14}C 以 5700a 的半衰期进行衰变。通过测量放射性确定年代的精度约为 50a。研究人员曾用这种方法来确定死海古卷(the Dead Sea Scrolls)的年代，对亚麻布进行测量得到的年龄约为 2000a；确定在英国巨石阵发现的使用木炭画文件的年代；通过测定俄勒冈一个洞穴中发现的凉鞋绳索的 ^{14}C 含量，证明史前人类在美国居住了 9000a 之久。碳-14 年代测定技术还证明了著名的都灵裹尸布(Shroud of Turin)是在十四世纪由亚麻制成的，而不是从基督时代开始的。

例 13.4 测量得到某骨骼中的两种核素 C^{14} 和 C^{12} 的比值为 $R=10^{-13}$。应用放射性衰变规律，这一比值随时间的变化为

$$R(t) = N_{C\text{-}14}(t) / N_{C\text{-}12} = R(0)\left(\frac{1}{2}\right)^{t/t_H}$$

由此，推算出死亡时间为

$$t = t_H \frac{\ln[R(t)/R(0)]}{\ln 0.5} = (5700a)\frac{\ln(10^{-13}/10^{-12})}{\ln 0.5} \approx 19000a$$

通过直接探测生物学样品中的 C-14 原子来进行年代测定，可以获得更高的准确度。^{14}C 形成的离子在电磁场中加速，然后通过薄层材料进行减速。这个处理

过程可以实现从 10^{16} 个 ^{12}C 原子中测量出三个 ^{14}C 原子。世界各地运行着多个加速器质谱仪(University of Utrecht, n. d.)。

　　地球、陨石或月球矿物的年龄可以通过比较铀和铅的含量来获得。该方法基于 Pb-206 是 U-238 衰变链的最终产物,半衰期为 $4.47×10^9a$。因此,现在存在的铅原子数目等于铀原子的损失,即

$$N_{Pb}(t) = N_U(0) - N_U(t) \tag{13.4}$$

其中,

$$N_U(t) = N_U(0)e^{-\lambda t} \tag{13.5}$$

从式(13.4)和式(13.5)中消除铀原子的初始原子数 $N_U(0)$,则可以给出时间与铅铀比值 N_{Pb}/N_U 之间的关系:

$$t = \ln[1 + N_{Pb}(t) / N_U(t)] / \lambda \tag{13.6}$$

该测年法测得的地球年龄的最新估计值为 45.5 亿年。

　　对于中间年龄,使用热释光(热和光)方法。辐射令原子中的电子跃迁转移到更高的轨道(见 2.3 节),而加热则使电子退回至原来的轨道。因此,从古代陶器中烧黏土开始计时。经过多年后,放射性铀和钍的电子轨道踪迹引起了累积的偏移,通过加热并观察所发射的光来测量这些偏移。Jespersen 和 Fitz-Randolph (1996)对这一技术的应用提供了一个基本而形象的解释。

　　对于 5 万年到几百万年区间内年龄的测定,可以使用氩气法。这种方法的理论依据是放射性同位素 ^{40}K(半衰期为 $1.25×10^9a$)在火山物质中结晶并衰变成稳定的 ^{40}Ar。一种改进的技术是利用中子轰击样品,将钾的稳定同位素 ^{39}K 转化为 ^{39}Ar,其提供了测量钾含量的替代物。Taylor 和 Aitken(1997)所描述的技术可用于判断小行星与地球 6500 万年前发生碰撞的可能性以及人类首次出现的日期等。年代测定方法通常与 13.7 节中描述的活化分析结合使用。

13.7　中子活化分析

　　中子活化分析(neutron activation analysis,NAA)是一种揭示微量杂质的存在和数量的分析方法。用中子对一种可能含有微量元素的样品进行辐照,如在反应堆中进行。中子辐照产生的放射性同位素发射的γ射线具有独特的能量和相对强度,类似于来自发光气体的光谱线。测量和理解这些γ射线能谱,并与标准样品数据进行比较就可以给出初始杂质的量。

　　考虑一个实际的例子。反应堆设计工程师可能关心的是在反应堆的移动部件中使用的不锈钢含有微量的钴,如果被中子辐照,生成的 Co-60 会产生不利的长寿命放射性。为了检验这种可能性,将一个不锈钢小样品置于试验反应堆中辐照

来产生 ^{60}Co，并将来自 ^{60}Co 的γ射线与已知含有放射性同位素的样品进行比较。"未知"的样品被放置在 Pb 屏蔽的大体积锂漂移 Ge(Li)探测器中，如 12.6 节所述，Ge(Li)探测器用于测量γ射线能谱。^{60}Co 以 5.27a 的半衰期发生衰变并产生γ射线，射线通过光电吸收、康普顿散射和电子对效应等作用产生电子。由光电吸收产生的电子在探测器中产生与γ射线能量近似成正比的电信号。如果单能γ射线产生的所有信号脉冲在幅度上相等，则观察到的计数率谱线将由能量 1.17MeV 和 1.33MeV 的两个完全尖锐的峰组成。如图 13.4 所示，各种效应导致响应有所展宽。谱峰的位置清楚地显示了同位素 ^{60}Co 的存在，并且谱线的幅度表明样品中存在多少同位素。现代电子电路可以同时处理大量的数据。多通道分析器接受由所有能量光子引起的计数，并以图形方式显示出整个能谱。当应用中子活化分析处理材料的混合物时，有必要在辐照之后经过一段时间来使某些同位素进行衰变，这些同位素的辐射可能与所关注的同位素的辐射产生竞争。在某些情况下，需要事先进行化学分离以消除干扰同位素的影响。

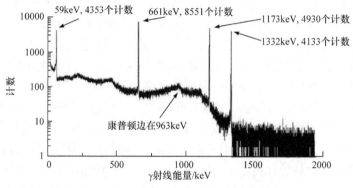

图 13.4　一个含有 ^{60}Co 样品的γ射线能谱

采用一个固态的锗探测器测量 15min

在能谱测量探测器中发生的康普顿散射能给出除了光电峰之外的其他附加特征。利用式(5.8)，背散射($\theta=180°$)光子的最终能量为

$$E' = \frac{E}{1 + 2E / (m_e c^2)} \tag{13.7}$$

因此，康普顿电子的最大能量是

$$E_{K,\max}^e = E - E' = E\{1 - 1/[1 + 2E/(m_e c^2)]\} \tag{13.8}$$

这一能量在能谱图中产生一个康普顿边(Compton edge)，这是γ射线能谱中康普顿连续谱中的最大能量。能谱中其他峰还包括在产生电子对后的探测器内正负电子湮没的单逃逸峰和双逃逸峰。

例 13.5　对于 ^{60}Co 产生的 1173keVγ射线，其康普顿边发生在

$$E_{K,max}^{e} = (1173keV)\{1-1/[1+2(1173keV)/(511keV)]\} \approx 963keV$$

这一值显示在图 13.4 中。

　　活化分析方法对于识别具有足够中子吸收截面且产物具有合适辐射类型和能量的化学元素特别有价值。当然，并不是所有的元素都符合这些要求，这也意味着活化分析方法是其他技术的补充。例如，天然核素碳、氢、氧和氮吸收中子后形成稳定的同位素。幸运的是，包括生物组织在内的有机材料恰好是由这些元素构成的，没有竞争辐射的存在使得样品的测试变得更容易。对于许多元素，活化分析的灵敏度非常高。有 76 种元素的探测限低至 1μg，53 种元素的探测限为 1ng，11 种元素甚至可低至 1pg。

　　例 13.6　一个质量为 5g 的钢样本在注量为 10^{15}n/cm^2 的热堆中接受辐照。辐照后立即进行测量，用探测效率为 3%的探测器测量 1min，得到 Co-60 中一个光电峰下的净计数为 140。由于 ^{60}Co 核素在每个能量发出一个光子，其活度为

$$A_{\text{Co-60}}=R/\varepsilon=(140count)/[(60s)(0.03count/decay)] \approx 78Bq$$

由 ^{59}Co(n,γ)反应生成 ^{60}Co 的产量为 $n_{\text{Co-60}}= n_{\text{Co-59}}\sigma_{\gamma}^{\text{Co-59}}\Phi$。依据测量的活度，样品中 ^{59}Co 原子的初始数目为

$$n_{\text{Co-59}} = \frac{A_{\text{Co-60}}}{\lambda_{\text{Co-60}}\sigma_{\gamma}^{\text{Co-59}}\Phi} = \frac{A_{\text{Co-60}}t_{\text{H}}^{\text{Co-60}}}{\ln2\,\sigma_{\gamma}^{\text{Co-59}}\Phi}$$

$$= \frac{(78decay/s)(5.271a)(3.1558\times10^{7}\,s/a)}{\ln2(20.4\times10^{-24}\,cm^2)(10^{15}\,n/cm^2)} \approx 9.2\times10^{7}\,atom$$

暂且假设所有的钢样品全是铁，则样品中初始的铁原子数为

$$n_{\text{Fe}}=\frac{mN_{\text{A}}}{M} = \frac{(5g)(6.022\times10^{23}\,atom/mol)}{55.85g/mol} \approx 5.39\times10^{22}\,atom$$

可以给出材料中 Co 的含量约为 $n_{\text{Co-59}}/n_{\text{Fe}}$=17ppm。

　　瞬发γ中子活化分析(prompt gamma neutron activation analysis, PGNAA)是一种特殊的中子活化分析方法。图 13.5 给出了瞬发γ中子活化分析中涉及的核反应。中子活化分析和瞬发γ中子活化分析之间的区别如图 13.5 所示，显示了由一个中子产生的一系列反应。瞬发γ中子活化分析测量来源于所关注元素或同位素中子吸收的(n,γ)反应的俘获γ射线，代替来自反应中形成的新的放射性物质的γ测量。

　　因为反应率取决于中子截面，所以只有相对很少的元素可以从痕量样品中检测到。用 ppm(百万分之一)表示的检出限值最小的为 B、Cd、Sm 和 Gd(0.01～0.1ppm)；稍高一些的，如 Cl、Mn、In、Nd、Hg(1～10ppm)。大量存在的元素容

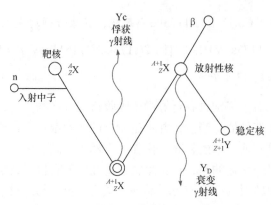

图 13.5　瞬发γ中子活化分析中涉及的核反应

易被检出，如 N、Na、Al、Si、Ca、K 和 Fe。该方法取决于每种元素独特的瞬发γ射线谱。瞬发γ中子活化分析的优点为它是无损的，具有低的剩余放射性，并且结果是即时的。

这里列举了中子活化分析中的一些典型应用：

(1) 纺织制造业。在合成纤维的生产中，应用氟之类的化学物质来改善纺织品的特性，如防水或污渍的能力。通过比较氟或其他有意添加的微量元素含量，用中子活化分析法检查劣质仿制品。

(2) 石油加工。精炼油的裂解过程涉及昂贵的催化剂，该催化剂容易被少量原油的天然成分钒所污染，中子活化分析法为验证原油的初始蒸馏的有效性提供了手段。

(3) 犯罪调查。将嫌疑犯与犯罪联系起来的过程涉及物证，这些物证常常可以采用中子活化分析法准确获得。法医应用的例子，如在汽车事故现场发现的油漆碎片与肇事逃逸司机车的油漆比较；通过微量元素含量与种植植物的土壤比较来确定药物的地理来源；通过利用不同厂家的电线元素含量的差异来验证铜线的失窃；通过测量手上的钡或锑来区分谋杀和自杀；对受害者体内的毒物进行测试，毒物测试的经典例子是通过对拿破仑毛发样品中砷的中子活化分析来验证中毒的假设。

(4) 艺术品认证。通过测试一小块油漆可以分析出一幅画可能的年代。几个世纪以来，颜料中的元素，如铬和锌等的比例发生了变化，因此可以检测出过去一些大师作品的赝品。另一种检查方法用反应堆中子快速地辐照一幅画，产生的放射性γ射线在照相胶片上产生显影，这样可以揭示出隐藏的底色。人们需要确定一些金属医疗仪器的真实性,据说这些仪器是来自公元 79 年被维苏威火山爆发埋葬的庞贝古城。通过应用瞬发γ中子活化分析技术，同时结合了真实罗马文物的锌含量低的事实，证明这些仪器是现代起源的。

(5) 疾病的诊断。医学应用(Wagner，1969)包括精确测量血液和组织中微量元素的正常量和异常量作为特定疾病的指标。其他例子，如儿童指甲中钠含量的测定和甲状腺对于碘摄取的测量。

(6) 农药调查。通过分析溴和氯的含量，可以发现在作物、食品和动物中的农药，如滴滴涕(DDT)或溴甲烷的残留量。

(7) 环境中的汞测量。重金属元素汞对于动物和人类都是严重的毒物，即使低浓度也是如此。由于某些制造废物的排放，汞出现在河流中。通过应用中子活化分析技术，可以测量水中或者鱼类及陆地动物组织中的汞污染，从而有助于建立良好的生态环境。

(8) 天文研究。用中子活化分析技术测量地质沉积物中极其微量的铱(十亿分之一)的变化，得出了关于 6500 万年前恐龙灭绝的一些令人吃惊的结论(Alvarez et al.，1980)。研究人员分析认为，一颗直径为 6km 的大型陨石撞击了地球，造成的大气尘埃减少了恐龙所吃植物生长所需的阳光。该理论基于陨石具有比地球更高的铱含量这一事实。中子活化分析技术对于铱的高灵敏度可以通过这个发现来生动地说明：检验人员的结婚戒指与样本接触仅 2s 就足以使结果无效。表明陨石撞击地球这一观点正确性的证据越来越多，Yucatan 和 Iowa 发现了大的撞击坑和埋藏构造，它们被地质碎片所包围，这些碎片的年龄可以通过 K-Ar 方法测量(见 13.6 节)。

(9) 瞬发γ中子活化分析的地质应用。浅地表、大吨位、低品位矿床的石油和矿产勘查已发现比提取小样本产生更好的结果。在另一个例子中，对 1980 年圣海伦火山喷发在地面上的灰烬和大气中的颗粒进行了测量。测量发现元素组成随着地面距离和高度的变化而变化。在文献中可以发现许多应用瞬发γ中子活化分析技术的例子(Malnar，2004；Alfassi et al.，1995)。

X 射线荧光光谱法是中子活化分析法和瞬发γ中子活化分析法的替代和补充。X 射线荧光光谱法在测定痕量的某些物质方面更为准确。该方法用强 X 射线束照射样品以使目标元素发射特征线光谱(即荧光)。通过下列方法之一可完成识别：①用单晶衍射测量波长，与标准比较并通过计算机分析；②使用低能光子光谱仪和半导体探测器。该方法的灵敏度随辐照的元素而变化，对于原子序数大于 15 的所有元素，该方法的灵敏度低于 20ppm。所需的时间比湿法化学分析短得多，这使得该方法在需要大量测量时显得十分有用。

13.8　辐射照相术

辐射应用中最古老和最常见的有益用途是通过 X 射线进行医学诊断。通过电子轰击重金属靶产生高频的电磁辐射，众所周知，X 射线穿透身体组织的程度取决于材料密度，骨骼和其他致密物质的阴影出现在摄影胶片上。"辐射照相"这一术语包括使用 X 射线、γ射线或中子来研究生物体或无生命物体的内部组成。

图 13.6 说明了 X 射线的产生，使用低电压将阴极灯丝加热到 2200℃以上来启动热电子发射，电极之间的高电压(kV 级)将真空中的电子吸引到钨(W)阳极，X射线通过轫致辐射和特征 X 射线发射方式产生，后者是由高能电子从钨阳极中移开内壳电子导致的能级跃迁所产生。高原子序数(Z)的钨不仅能更有效地产生 X 射线，而且也具有高熔点(3420℃)。

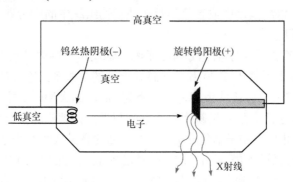

图 13.6　X 射线的产生

例 13.7　考虑一个 X 射线管工作在 100mA 和 75kV 条件下，功率 $P=IV=(0.1A)(75kV)=7.5kW$。式(5.1)显示，不到 1%的电子束能量在钨阳极处转化为 X 射线：

$$f_e = 10^{-3} ZE_e = (10^{-3})(74)(0.075\text{MeV}) \approx 0.0056$$

电子束剩余的能量在阳极内转化为热能。假定束流焦点体积为 1mm³。将式(1.3)稍做修改，可给出阳极 W 金属的温升速率为

$$\frac{\mathrm{d}T}{\mathrm{d}t} = \frac{\dot{Q}}{mc_p} = \frac{(1-f_e)P}{\rho V c_p} = \frac{(1-0.0056)(7.5\times10^3\,\text{J/s})}{(19.3\text{g/cm}^3)(10^{-3}\,\text{cm}^3)(0.134\text{J/g}\cdot\text{K})} \approx 2.9\times10^6\,\text{K/s}$$

即使考虑热量传递到阳极其他区域，这些温升结果也提示人们需要采取一些手段来防止过度的温升。例如，限制照射次数(即束流轰击靶的次数)和快速旋转靶(如几千转每分钟)等。

对于医疗和工业两种用途，由 Co-59 通过中子吸收产生的同位素 Co-60，是X 射线管的一种重要替代源。Co-60 发射能量为 1.17 MeV 和 1.33 MeV 的γ射线，这两种射线对于检查金属中的缺陷特别有用。用钴射线成像装置扫描物体，可以揭示内部裂纹、焊缝缺陷和非金属杂质。其优点为体积小、便携性好、不受电源要求的限制。一方面，5.27a 的半衰期允许长时间使用该装置而不需要补充放射源；另一方面，射线的能量是固定的，测试期间强度也基本不会改变。

其他用于γ射线成像的同位素包括：①¹⁹²Ir，半衰期为 73.8d，光子能量约为0.4MeV，适用于薄的样品；②¹³⁷Cs，半衰期长，为 30.1a，发射 0.662MeVγ射线；③¹⁷⁰Tm，半衰期为 128.6d，发射低能 γ 射线(0.052MeV，0.084MeV，0.16MeV)，

因为低能射线具有高的截面，所以对薄钢和轻合金有用。

使用中子辐射照相的目的与使用 X 射线相同，即检查不透明物体的内部。然而，在机制方面有一些重要的区别。X 射线主要与原子和分子中的电子相互作用，因此重的高 Z 元素的散射最好。中子与原子核相互作用，并根据靶的同位素组成不同产生不同的散射。氢原子具有特别高的散射截面。此外，一些同位素具有非常高的俘获截面(如 Cd、B 和 Gd)，这些材料在探测器中也是有用的。图 13.7 显示了热中子成像装置示意图，中子源可以是核反应堆、粒子加速器或放射性同位素。由于反应堆中子强度大，所需辐照时间最短，采用同位素源的辐照时间最长。典型加速器产生中子的反应是利用氚或铍的(d, n)反应。

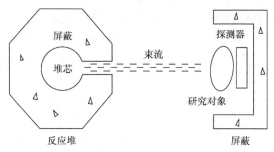

图 13.7　热中子成像装置示意图

许多放射性同位素中子源利用 ^{9}Be 的(γ, n)反应，其中γ射线来自 ^{124}Sb(半衰期为 60.20d)；或者是利用(α, n)反应，α粒子来自 ^{241}Am(半衰期为 432a)或 ^{242}Cm(半衰期为 163d)。一种人造的 98 号元素 ^{252}Cf 是非常有用的中子源，^{252}Cf 衰变一部分是(96.9%)产生α粒子发射，另一部分(3.1%)是瞬发裂变，每次裂变平均释放出 3.76 个中子。这两个过程的半衰期分别是 2.73a 和 85.6a。非常少量的 ^{252}Cf 就可以作为充足的中子源。这些快中子源须用轻元素的减速材料包裹以便对中子进行慢化。

通过少数具有高的热中子截面的元素进行中子的探测，这些核素与中子反应产生的次级辐射较容易影响胶片并记录影像，如硼、铟、镝、钆和锂等。有多个能区可以利用(热中子、快中子、超热中子和冷中子等)，冷中子可以通过将中子束流穿过一个带有反射壁的导管来获得，该导管可以选择热分布中子中能量最低的部分。中子成像照相使用的例子有①在反应堆运行前检查反应堆燃料组件是否存在富集浓度差异、奇异形状的颗粒和裂纹等缺陷。②检查使用的燃料棒以确定辐射和热损伤。③对美国航天计划中使用的爆炸装置缺陷进行检查。该装置用于分离助推器并触发降落伞的释放。只要存在 10 种不同类型缺陷中的任何一种，部件将被拒绝或返工。④土壤中植物种子萌发和根系生长的研究。该方法允许对根系连续研究而不受干扰。可以分辨出直径低至 1/3mm 的根，但观察根毛需要更好的分辨率。⑤罗尔斯-罗伊斯公司(Rolls-Royce, Ltd)的直升机燃气涡轮发动机的实时观测。使用冷中子成像可观察到燃油流动模式，气泡、油滴和空隙可以与正常密度的油区分开的。

13.9 辐 射 计

材料的某些物理性质很难用普通的方法来确定，但可以通过观察辐射与物质的相互作用来测量。例如，一层塑料或纸的厚度可以通过测量从放射源发射并穿透β粒子的数量来获得。分离的裂变产物同位素 Sr-90(29.1a，0.566MeVβ 粒子)和 Cs-137(30.1a，0.514MeVβ 粒子)被广泛用于这样的测量。

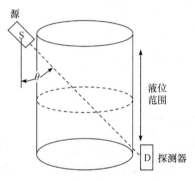

图 13.8 用于液位测量的辐射测量仪器

在管道中流动的液体或浆料的密度可以通过检测穿透物质的γ射线而在外部进行测量。管中的液体作为辐射屏蔽材料，束流的衰减依赖于 μ 值，从而与粒子数密度相关。

不透明容器中液体的液位很容易测量，而不需要视镜或电接触。容器外的探测器测量漂浮于液体上方的放射源发出的辐射。另一种方式，如图 13.8 所示，外部源发出的辐射通过罐壁和液体介质传输到探测器。这种固定的测量仪器与一种称为快门(shutter)的可移动辐射屏蔽体相结合，用于在维护过程中保护人员。

例 13.8 利用一个外置 50mCi 的 ^{137}Cs 源测量高度 H=0.5m，直径 D=0.25m 的水箱水位，根据图 13.8 可知，这种情况下夹角 θ= arctan(1/2)≈26.6°，源的发射率为

$$S = (50\text{mCi})(3.7\times10^7\,\text{Bq/mCi})(0.851\text{gamma/decay}) \approx 1.6\times10^9\,\gamma/\text{s}$$

0.662MeVγ射线总是被两个 d=0.5cm 的水箱壁衰减，用平均自由程表示为

$$(\mu r)_{\text{Fe}} = \mu 2d / \sin\theta = (0.07392\text{cm}^2/\text{g})(7.874\text{g/cm}^3)(2)(0.5\text{cm}) / \sin 26.6° \approx 1.30\text{mfp}$$

当水箱为空时，未经碰撞(忽略空气衰减)到达探测器的注量为

$$\phi_\text{u} = \frac{S\exp[-(\mu r)_{\text{Fe}}]}{4\pi[H^2+(D+2d)^2]} = \frac{(1.6\times10^9\,\gamma/\text{s})\exp(-1.3)}{4\pi[(50\text{cm})^2+(25\text{cm}+1\text{cm})^2]} \approx 1.1\times10^4\,\gamma/(\text{cm}^2\cdot\text{s})$$

水引起的最大衰减为

$$(\mu r)_\text{W} = \mu D / \sin\theta = (0.08618\text{cm}^2/\text{g})(1\text{g/cm}^3)(25\text{cm}) / \sin 26.6° \approx 4.8\text{mfp}$$

当水箱中水满时，探测器处测量的未经碰撞的注量仅为

$$\phi_u = \frac{S\exp[-(\mu r)_{Fe}-(\mu r)_W]}{4\pi[H^2+(D+2d)^2]} = \frac{(1.6\times10^9\,\gamma/s)\exp(-1.3-4.8)}{4\pi[(50\text{cm})^2+(25\text{cm}+1\text{cm})^2]} \approx 90\gamma/(\text{cm}^2\cdot s)$$

没有照射装置，由于计数率低，现有的源可能达不到足够的水位测量精度。

市场上可以购买到商用便携式水分计和密度测量计。可充电电池为包括微处理器在内的电子器件提供能量。土壤或沥青铺面等材料中进行密度测量的γ射线可由 Cs-137 提供。对于直接穿透模式的仪器操作，在被测试材料中钻一个孔，并且插入一个末端带有放射源的探杆。在仪器的基底部有一个 Geiger-Muller γ射线探测器，如图 13.9 所示。图中还显示出了该仪器的典型校准曲线。用不同含量的镁和铝建立标准材料测试块来确定一个经验公式中的常数，该经验公式将密度与计数率联系起来。如果放射源被拉回到表面，则可以进行背散射模式的测量。密度测量精度可优于 0.4%。

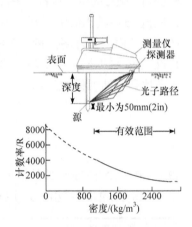

图 13.9　测量土壤密度的直接
穿透型辐射测量仪
来源: 由 Troxler 电子实验室公司提供

对于湿度测量，用镅铍中子源提供平均能量为 4.5MeV 的中子。^{241}Am(半衰期为 432a)衰变产生能量约为 5MeV 的α粒子轰击 ^{9}Be 发生的反应为 ^{9}Be(α, n)^{12}C，见式(8.1)。中子源产生的中子位于辐射计中心，中子在材料中迁移并减速，与水分中的氢原子发生碰撞。存在的水越多，仪器附近的热中子注量就越大。用一个 ^{3}He 正比计数器构成的热中子探测器进行中子注量测量，通过 ^{3}He(n, p)^{3}H 反应(σ_a=5330 b)产生电离产物质子和氚(H-3 离子)来进行测量。测量仪器利用碳氢化合物聚乙烯和镁的系列薄片来校准刻度。在正常土壤中，可测量到的水分含量约为 5%。如果地面中有大量的吸收体，如铁、氯或硼，或者存在除水以外的含氢物质，则需要进行校正。

一种测量密度和水分含量的新型便携式核测量仪有如下几个特征：用一个手持个人数字助理(personal digital assistant，PDA)进行遥控、全球定位系统(global positioning system，GPS)记录位置，以及将数据传输到个人计算机的软件。它的放射源是一个 8mCi 用于提供γ射线的 ^{137}Cs 源和一个 40mCi 用于提供中子的 ^{241}Am-Be 源。

在石油工业中使用了多种核技术。在钻井中，记录过程涉及地质特征的研究。其中一种方法为测量天然γ辐射，当探测器从普通放射性岩石的区域移动到含有石油或其他液体的区域时，信号会减弱；中子湿度计用于确定含有氢元素的石油是否存在；确定化学成分的中子活化分析是通过将一个中子源和一个γ射线探测器深入到井中进行的。

13.10 小 结

放射性同位素为服务人类提供了大量的信息。利用特征辐射可以对诸如流体流动之类的过程进行跟踪。放射性药物是用于医院诊断的放射性标记化学物质。扫描仪探测人体内放射性同位素的分布，并形成病变组织的图像。放射性免疫分析法测定微量的生物材料。考古文物和岩层的年代可以从 C-14 的衰变数据以及铀/铅比值和钾/氩比值中得到。中子辐照材料会产生独特的瞬发γ射线和放射性衰变产物，从而用于许多微量元素的测量。辐射成像可使用来自 Co-60 的 γ 射线或来自反应堆、加速器、Cf-252 的中子。辐射计可测量密度、厚度、地面湿度、水/水泥比和石油沉积物。

13.11 习 题

13.1 在一个 800 km 长的输油管道中选择添加一种放射性核素，用于提供一种新品种石油的到达信号，该输油管道中，流体速度为 1.5m/s，一些候选核素如下：

同位素	半衰期	粒子，能量/MeV
Na-24	14.96 h	β，1.389；γ，1.369、2.754
S-35	87.2 d	β，0.167
Co-60	5.27 a	β，0.315；γ，1.173、1.332
Fe-59	44.5 d	β，0.273、0.466；γ，1.099、1.292

你会选择哪一种？基于什么原因排除其他的核素？

13.2 半衰期为 1.83h 的放射性同位素 F-18 用于肿瘤诊断。这种核素由中子轰击碳酸锂(Li_2CO_3)产生，用氖作为中间粒子，试给出这两种核反应。

13.3 已知能量为 0.53MeV 的β粒子在金属中的射程为 $170mg/cm^2$。用 Sr-90 或 Cs-137 作为测量的仪器，其探测器铝窗层(密度为 $2.7g/cm^3$)最大厚度是多少？

13.4 汞引起的环境污染程度可用中子活化分析法进行测量。汞的同位素 Hg-196 丰度为 0.15%，中子吸收活化截面为 $3×10^3$ b，产生放射性同位素 Hg-197，半衰期为 2.67d。河水样本中产生的光子能够进行精确分析对应的最小活度为 10dps。如果一个反应堆可获得的中子注量为 $10^{12}cm^{-2} \cdot s^{-1}$，在一个测试用的 4mL 水样品中汞含量为 20ppm(μg/g)，为了能够进行测量，需要用中子辐照多长时间?

13.5　在一个特定的月球岩石中测得 Pb-206 和 U-238 的原子数比为 0.05。样品的大概年龄是多少?

13.6　在一个洞穴发现的木制雕像中测得的 C-14 活度是当今活度值的 3/4,估计该雕像雕刻的日期。

13.7　考查采用 K-Ar 方法代替 U-Pb 测年法的可行性。如果沉积物有 1 百万年之久,其 Ar-40 和 K-40 的比率是多少? 注意仅有 10.72% 的 K-40 衰变产生 Ar-40,其余的转化为 Ca-40。

13.8　含有 Rb 元素的矿物年龄可通过放射性核素 Rb-87 和其代 Sr-87 的比率求出,推导出这一比率随时间变化的相关公式。

13.9　半衰期为 10.76a 的放射性气体 Kr-85 结合薄膜状材料可用于探测材料中的细小裂缝。讨论这一概念,包括可能的技术、优点和缺点。

13.10　半衰期为 13.1s 的 Kr 同位素 $^{81m}_{36}$Kr 可采用带电粒子轰击的方法制备。该核素放出一个 0.19MeV 的光子。试讨论该同位素在肺气肿和黑肺病诊断方面的应用,需考虑生产、运输、危害以及其他因素。

13.11　氚(^{3}H)的物理半衰期为 12.32a,但当其作为水被人体摄入时,其生物半衰期为 12.0d。计算氚的有效半衰期,并对结果进行评论。

13.12　利用 13.8 节中的半衰期关系,计算 Cf-252 核素包含自发裂变和 α 衰变过程的总的有效半衰期。

13.13　核素 Cf-252 自发裂变的半衰期为 85.6a。假设其每次裂变放出 3.76 个中子,那么为了提供 10^7n/s 的源强需要多少毫克 Cf-252? 如果 Cf-252 纯金属的密度为 20g/cm^3,那么球状源的直径为多少?

13.14　舰船的钢铁中使用如下三种不同的同位素用于放射线照相:

同位素	半衰期	γ能量/MeV
Co-60	5.27a	1.25(平均)
Ir-192	73.8d	0.4(平均)
Cs-137	30.1a	0.66

对于直径小和壁厚的管道添加哪一种同位素最好? 对于大件铸造物的裂缝查找呢? 对于更长久使用的建筑物呢? 并对其进行解释。

13.15　在一个同位素发生器,如 Mo-Tc 发生器中,父代同位素数目的变化由公式 $N_P = N_{P0} \exp(-\lambda_P t)$ 给出,N_{P0} 是初始的原子数目。初始量为零的子代原子数目为

$$N_D = f \lambda_P N_{P0} [\exp(-\lambda_P t) - \exp(-\lambda_D t)] / (\lambda_D - \lambda_P)$$

式中，f 是父代转变为子代的分数。

①求出经历非常长的时间后，Tc-99m 原子转变为 Mo-99 原子的比例，f=0.87；②如果在实验室中生产新的同位素需要经过一个父代半衰期的时间，则使用①中求出的比例值，其百分比误差是多大？

13.16 在生物研究实验室中，含有 C-14(半衰期为 5700a)和 T(半衰期为 12.32a) 的药物都被使用。为了避免 C-14 样品被 H-3 意外污染造成 β 粒子计数时的误差大于 10%，样品中氚原子的分数上限是多少？假设所有的 β 粒子都能被计数，且不考虑能量因素。

13.17 在轰击测试前，碳元素中 C-14 的原子分数近似为 1.2×10^{-12}。对于 1g 碳样品，每分钟期望的计数是多少？讨论这一数值的含义。

13.18 确定身体内对于正电子湮灭产生γ射线的半衰减厚度。

13.19 利用表 3.2 中数据确定图 13.4 中放射性核素产生的前两个光电峰。

13.20 计算 661keV 光子的康普顿边能量。用图 13.4 证实所得结果。

13.21 由于例 13.8 中的 Cs-137 在水箱很满时产生的射线注量很低，有人建议采用 50 mCi 的 Co-60 来替代，因为 Co-60 比 Cs-137 更易获得，并且 Co-60 发射的γ射线能量高于 Cs-137 发射的γ射线。①确定当水箱满时，在探测器处未经碰撞的射线注量；②当包含累积因子时的总注量；③分析采用 Co-60 时和 Cs-137 相比较的不利因素。

13.12 上 机 练 习

13.A 回顾一下能给出父代和子代同位素活度的计算机程序 RADIOGEN(见上机练习 3.C)。①应用 13.3 节中的放射性核素发生器，Mo-99 的半衰期为 65.98 h，Tc-99m 的半衰期为 6.01 h，比例系数 f=0.87；②从习题 13.15 中的公式，推导出经过相当长时间后子代和父代的活度之比为 $A_D/A_P = f/(1 - \lambda_P/\lambda_D)$；③如果正好利用一个 Mo-99 半衰期的时间在实验室生产同位素，计算出应用②中公式的误差有多大，并与 RADIOGEN 计算的比值相比。

13.B 应用 EXPOSO 程序继续计算例 13.8，确定在铁和水中的累积因子。然后根据光子累积效应计算探测器处总的射线注量，考虑水箱是空的和注满水这两种情形，探测器处最大的剂量率是多少？

参 考 文 献

Alfassi, Z., Chung, C. (Eds.), 1995. Prompt Gamma Neutron Activation Analysis. CRC Press. Includes *in vivo* measurements of elements in the human body and *in situ* well-logging in the petroleum industry.

Alvarez, L.W., Alvarez, W., Asaro, F., Michel, H.V., 1980. Extraterrestrial cause for the Cretaceous-Tertiary extinction. Science 208 (4448), 1095–1108.

American Nuclear Society (ANS), 2004. United States Radioisotope Supply. ANS Position Statement 30, www.ans.org/pi/ps/docs/ps30.pdf.

Fermi, E., 1946. Atomic energy for power. In: Hill, A.V. (Ed.), Science and Civilization, The Future of Atomic Energy. McGraw-Hill.

Jespersen, J., Fitz-Randolph, J., 1996. Mummies, Dinosaurs, Moon Rocks: How We Know How Old Things Are.Atheneum Books for Young Readers.

Molnar, G. (Ed.), 2004. Handbook of Prompt Gamma Activation Analysis with Neutron Beams. Kluwer.

Taylor,R.E., Aitken, M.J. (Eds.), 1997. Chronometric Dating in Archaeology. Plenum Press. Principle, history, and current research for a number of dating techniques; articles are written by experts in the methods.

University of Utrecht, Accelerator Mass Spectrometry. www.phys.uu.nl/ams. Principle, method, and applications.

Wagner Jr., H.N. (Ed.), 1969. Principles of Nuclear Medicine. W. B. Sanders, Philadelphia.

Yalow, R.S., Berson, S.A., 1960. Immunoassay of endogenous plasma insulin in man. J. Clin. Invest. 39, 1157–1175.

延 伸 阅 读

Adelstein, S.J., Manning, F.J. (Eds.), 1995. Isotopes for Medicine and the Life Sciences. National Academy Press. Describes sources of stable and radioactive isotopes and recommends a national dedicated accelerator.

Ballinger, R., Introduction to MRI. http://mritutor.org/mritutor/index.html. Elementary tutorial.

Bowman, S. (Ed.), 1991. Science and the Past. University of Toronto Press. Qualitative technical treatment of dating with emphasis on the artifacts.

Brucer, M., 1990. A Chronology of Nuclear Medicine 1600–1989. Heritage Publications. Interesting and informative discussion with abundant references.

Chandra, R., 2004. Nuclear Medicine Physics: The Basics. Lippincott Williams & Wilkins. Intended for resident physicians; covers scintillation cameras and computed tomography.

Chard, T., 1995. An Introduction to Radioimmunoassay and Related Techniques. Elsevier. Concept, principles, and laboratory techniques; immunoassays in general, labeling techniques, and commercial services.

Choppin, G., Rydberg, J., Liljenzin, J.O., 2001. Radiochemistry and Nuclear Chemistry, third ed. Butterworth-Heinemann. Includes chapters on isotope uses in chemistry and on nuclear energy.

D'Amico, K.L., Terminello, L.J., Shuh, D.K., 1996. Synchrotron Radiation Techniques in Industrial, Chemical, and Materials, Science. Plenum Press. Selected papers from two conferences.

Domanus, J.C. (Ed.), 1992. Practical Neutron Radiography. Kluwer. Sources, collimation, imaging, and applications (e.g., nuclear fuel).

Farabee, M.J., 2007. DNA and Molecular Genetics. www.emc.maricopa.edu/faculty/farabee/biobk/

biobookdnamolgen.html.

Halmshaw, R., 1995. Industrial Radiology, Theory and Practice, second ed. Chapman & Hall. Principles and equipment using X-rays, gamma-rays, neutrons, and other particles; computers and automation in quality control and nondestructive testing.

Harbert, J., da Rocha, A.F.G., 1984. Textbook of Nuclear Medicine, second ed. Volume I : Basic Science, Volume II : Clinical Applications. Lea & Febiger. Volume I contains good descriptions of radionuclide production, imaging, radionuclide generators, radiopharmaceutical chemistry, and other subjects; Volume II gives applications to organs.

Harms, A.A., Wyman, D.R., 1986. Mathematics and Physics of Neutron Radiography. D. Reidel. Highly technical reference.

Hendee, W.R., Ritenour, E.R., 2002. Medical Imaging Physics, fourth ed. Wiley-Liss.

Heydorn, K., 1984. Neutron Activation Analysis for Clinical Trace Element Research. CRC Press, Vols. I & II .

Higham, T., 1999. Radiocarbon Web-info. www.c14dating.com. Links to many applications of C-14 dating.

Hornak, J.P., The Basics of MRI. www.cis.rit.edu/htbooks/mri. Comprehensive treatment.

Idaho National Laboratory (INL), Gamma-ray Spectrometry Center. www.inl.gov/gammaray/ spectrometry. Display of spectra and decay schemes.

International Atomic Energy Agency (IAEA), 1990. Guidebook on Radioisotope Tracers in Industry. International Atomic Energy Agency. Methodology, case studies, and trends.

Jones, P., 2004. DNA forensics: from RFLP and PCR-STR and beyond. Forensic Magazine. Sept, www.forensicmag.com/article/dna-forensics-rflp-pcr-str-and-beyond. Comparison of DNA fingerprinting methods.

Knoche, H.W., 1991. Radioisotopic Methods for Biological and Medical Research. Oxford University Press. Includes mathematics of radioimmunoassay and isotope dilution.

Krawczak, M., Schmidtke, J., 1998. DNA Fingerprinting, second ed Springer Verlag. Genetics background, applications to forensics, and legal and ethical aspects.

Mettler Jr., F.A., Guiberteau, M.J., 2005. Essentials of Nuclear Medicine Imaging, fifth ed. W.B. Saunders Co. After presenting background on radioactivity, instruments, and computers, the book describes the methods used to diagnose and treat different tissues, organs, and systems of the body.

National Health Museum, Access Excellence. Classical Collection, "A Visit with Dr. Francis Crick", "DNA Structure", and "Restriction Nucleases." www.accessexcellence.com/AE/AEC/CC.

North Carolina State University's Nuclear Reactor Program, www.ne.ncsu.edu/NRP/reactor_ program.html (select "User Facilities").

Price, C.P., Newman, D.J. (Eds.), 1991. Principles and Practices of Immunoassay. Stockton Press. A great variety of immunoassay techniques.

Saha, G.B., 2005. Fundamentals of Nuclear Pharmacy, fifth ed. Springer. Instruments, isotope production, and diagnostic and therapeutic uses of radiopharmaceuticals. Reflects the continued growth of the field.

Troxler, Nuclear Gauges. http://troxlerlabs.com. Details on Troxler's products.

University College London, Department of Medical Physics and Bioengineering, Resources. www.medphys.ucl.ac.uk/inset/resource.htm. List of textbooks and multimedia.

U.S. Department of Energy, National Isotope Development Center (NIDC). www.isotopes.gov/. Catalog of stable and radioactive isotopes.

U.S. Department of Energy, Office of Science, Human Genome Project Information. http://genomics. energy.gov/. Comprehensive information.

U.S. Department of Energy, Office of Scientific and Technical Information (OSTI), 1997. A Vital Legacy: Biological and Environmental Research in the Atomic Age. Sept, www.osti.gov.

Wilson, M.A., 1998. Textbook of Nuclear Medicine. Lippincott Williams & Wilkins.

辐射效应的应用

本章目录

γ射线、β粒子和中子等形式的辐射在科学研究和工业中有许多出色的应用。用一定的辐射剂量来控制包括癌细胞和有害细菌等不好的生物体，以及控制昆虫生育。局部能量沉积还可以刺激化学反应以及改变塑料和半导体的结构。利用中子和 X 射线可研究基本的物理和生物过程。本章将简要描述一些有趣和重要的辐射应用。有关世界范围内辐射应用的更多信息，可以查阅相关国际会议文集。感谢 Wiley 博士在核医学主题方面给出的建议。

14.1　医　学　治　疗

近年来，辐射在医学治疗方面的应用迅猛增加，每年有数百万计的病人接受辐射治疗。辐射来源于远距离放射治疗仪器(源与靶相距一定距离)，植入体内的密封容器封装的同位素，或者放射性核素的可吸收溶液。表 14.1 显示了治疗中使用的放射性同位素。人们已经定量了解了辐射效应的机制，分裂和增殖迅速的异常细胞比正常细胞对辐射更加敏感，虽然这两种细胞都会被辐射损伤，但异常细胞的恢复效率更低。辐射剂量如果分次给予，辐射作用更有效(即在不同的时间将辐射剂量分次给予，从而允许正常组织的恢复)。

表 14.1　治疗中使用的放射性同位素

放射性同位素	治疗的疾病
P-32	白血病
Y-90	癌症
I-131	甲亢、甲状腺癌
Sm-153 和 Re-186	骨癌疼痛
Re-188 和 Au-198	卵巢癌

过剩氧量(富氧)的使用是有益的。放疗、化疗和手术的结合适用于受影响的特定器官或系统。多年来，控制癌症的能力有所提高，但基于细胞生物学知识的更好治疗方法还未完全实现。辐射剂量在治疗癌症等疾病中是有效的，早期使用 X 射线进行治疗，但后来逐渐被钴-60 的γ射线取代，因为高能(1.17MeV 和 1.33MeV)光子能更好地穿透组织，并且可以在身体深处提供剂量，使皮肤反应最小。在现代核医学中，越来越多地使用加速器产生的 4～35MeV 能量范围的辐射来进行癌症治疗。

通过临时或永久植入放射性核素来治疗疾病被称为间质近距治疗。一个微小的放射性胶囊或"种子"被人工植入器官中，产生局部γ射线照射。选择放射性核素以提供合适的剂量。早期可用的唯一植入材料是放射性 ^{226}Ra(1600a)，目前最常用的是 ^{192}Ir(73.8d)、^{125}I(59.4d)和 ^{103}Pd(17d)。这种方法成功应用于肿瘤部位，包括头颈部、乳腺、肺和前列腺。有时使用的其他同位素是 ^{60}Co、^{137}Cs、^{182}Ta 和 ^{198}Au。^{252}Cf 提供强的快中子源。对于前列腺的治疗，40～100 粒大米大小的种子(长 4.5mm、直径为 0.81mm)含有可发射低能γ射线的 ^{103}Pd 材料，用一种薄壁的空心针进行植入操作(Garnick et al.，1998)，植入中需借助计算机断层扫描和超声波的辅助。

一种治疗癌症的复杂装置是使用气动控制含有 ^{137}Cs 的玻璃珠串，将放射性核素封装在直径仅为 2.5mm 的不锈钢管中，再将含珠子的管插入支气管、喉和宫颈中。

通过加速器中的带电粒子可成功地治疗异常垂体腺瘤，用慢中子轰击事先注射硼溶液的肿瘤可以获得良好效果。利用化学药物的选择性吸收这一特点，可以通过给予适当的放射性核素来治疗某些类型的癌症，如 ^{125}I 或 ^{131}I 用于甲状腺癌治疗以及 ^{32}P 核素用于骨癌治疗。然而，医学界担心使用 ^{131}I 治疗甲状腺功能亢进，可能导致甲状腺癌，尤其是儿童患者。

例 14.1 一位病人摄入 155mCi 的 I-131 用于甲状腺外科手术切除后杀死剩余肿瘤组织。病人出院前，依据附录 U(Howe et al., 2008)中的 NUREG-1556 文件，距离病人 1m 处测量的剂量率必须小于 7mrem/h。考虑多种因素，如表 3.2 中列出的γ射线在 1m 处产生的剂量率为

$$\dot{H} = \frac{S}{4\pi r^2}[E_1(\mu_{en}/\rho) + E_2(\mu_{en}/\rho) + E_3(\mu_{en}/\rho)]\text{QF}$$

$$= \frac{(155\text{mCi})(3.7\times10^7\text{decay/s/mCi})}{4\pi(100\text{cm})^2}[(0.284\text{MeV})(0.061\gamma/\text{decay})(0.03156\text{cm}^2/\text{g})$$

$$+ (0.364\text{MeV})(0.815\gamma/\text{decay})(0.03248\text{cm}^2/\text{g}) + (0.637\text{MeV})(0.072\gamma/\text{decay})$$

$$(0.03270\text{cm}^2/\text{g})](1.602\times10^7\text{J/MeV})(1000\text{g/kg})(10^5\text{mrad}/(\text{J/kg}))$$

$$(3600\text{s/h})(1\text{mrem/mrad}) \approx 31\text{mrem/h}$$

上面的表达式保守地忽略了身体对射线的衰减。该核素的有效半衰期为 0.76d，根据指数衰减规律，病人所需的延迟出院时间为

$$t = \frac{-t_E}{\ln 2}\ln\frac{\dot{H}(t)}{\dot{H}_0} = \frac{-0.76\text{d}}{\ln 2}\ln\frac{7\text{mrem/h}}{31\text{mrem/h}} \approx 1.6\text{d} \approx 39\text{h}$$

注意到这一计算没有考虑占有系数(occupancy factor)，考虑到与病人的接触时间和距离，则对他人造成的估计剂量值要小一些。

通过β粒子照射可以缓解类风湿性关节炎。放射性核素 Dy-165(2.33h)与作为载体的氢氧化铁混合。注射到体内的放射性核素辐射可以减轻关节的炎症。

大量的医学研究与放射性免疫分析相关(见 13.5 节)。它涉及单克隆抗体，这是一种放射性标记的物质，对特定类型的癌症，如皮肤和淋巴结具有亲和力。病变细胞受到辐照而不损伤邻近的正常组织。这一复杂过程的步骤：首先，将人的癌细胞作为抗原注射到小鼠体内，小鼠的脾脏是免疫系统的一部分，在脾脏内通过淋巴细胞产生抗体；其次，将这些细胞去除并与骨髓瘤细胞混合，形成的新细

胞称为杂交瘤；再次，在培养皿中，杂交瘤自身克隆产生单克隆抗体；最后，将 β 放射性的核素，如 Y-90 与抗体进行化学键合。

硼中子俘获治疗(boron neutron capture therapy，BNCT)是一种很有发展前途的癌症治疗方法。注射对病变组织具有亲和力的硼化合物，并用反应堆的中子辐照患者。B-10 在天然硼中的丰度为 20%，该核素强烈地吸收热中子并释放出 Li-7 和 He-4 离子，由于粒子射程短，2MeV 以上的能量在局部沉积。这项技术于 20 世纪 50 年代由布鲁克海文国家实验室首创，但该项目从 1961 年暂停至 1994 年，最终于 1999 年终止。然而，这项研究正在其他地方继续进行(Barth et al.，2005)。化合物双酚 A(BPA)被发现具有更好的硼局域化能力，并且热中子也被具有更好治疗效果的中能中子所取代。单一的硼中子俘获治疗与许多常规放疗、化疗方案一样有效。该方法已被有效应用于治疗黑色素瘤(皮肤)和多形性胶质细胞瘤(脑)等疾病。单克隆抗体的发现为 BNCT 的大规模应用开辟了新的可能性。

14.2　食品辐射保鲜

很早人们就知道了辐射处理在消灭食物中的病虫和微生物方面的能力。随着许多国家建立辐照设施，对于世界粮食供应的重大益处开始显现。由于人们担心与辐射相关的东西，在美国这种应用一直很缓慢。

食物到达餐桌前的变质是由于各种各样因素的影响，如马铃薯发芽、水果中细菌引起的腐烂，以及小麦和面粉中的虫害等。某些疾病来源于污染食物中的微生物。例如，在许多家禽产品中发现的沙门氏菌、寄生于猪肉中的旋毛虫等寄生虫。美国国家疾病控制和预防中心(National Centers for Disease Control and Prevention，NCDCP)指出，美国每年食源性疾病影响数百万人，并且有数千人死亡。

有各种各样的传统处理方法用于保存食品，包括干燥、腌制、盐渍、冷冻、罐头包装、加热杀菌、灭菌、使用食品添加剂，如亚硝酸盐，以及目前被禁止使用的熏蒸剂，如二溴乙烯(EDB)等，每种处理方法都有其优点，但亚硝酸盐和二溴乙烯被认为具有有害的生理效应。

研究表明，γ射线处理是经济、安全、有效的，是现有处理方法的替代和补充。某些食物的保质期可以延长几天到几周不等，从而允许有足够的时间来运输和配送。据估计，供应到某些国家的食物有 20%～50%的比例因变质而被浪费，但其实可以通过辐射处理来阻止食物变质。实现特定目标所需的辐射剂量列于表 14.2 中。适用于食品加工的电离辐射的主要来源是 X 射线、来自加速器的电子和来自放射性核素的γ射线。许多辐射处理经验来自 ^{60}Co 的使用，该核素半衰期为 5.27a，发出的两个γ射线能量为 1.17MeV 和 1.33MeV。最大的 ^{60}Co 供应商是加拿大的诺迪安(MDS Nordon)有限公司，该公司的前身是加拿大原子能公司(Atomic Energy of Canada，AEC)的一部分。该同位素是通过在安大略省的坎杜(CANDU)反应堆(见 18.5 节)中用中子辐照纯 ^{59}Co 靶核而制备。辐照后的靶核被分解和制备成具有两层包装、每个活度约 10Ci 的囊丸。另一种引人注目的同位素是 ^{137}Cs，γ射线能量约为 0.662MeV，半衰期较长为 30.1a，并且可以作为裂变产物而获得。在华盛顿州的汉福德，已分离出数量可观的 ^{137}Cs，该工作是放射性废物管理战略的一部分。目前，美国已制定了相关的部署，可以从能源部租赁放射性材料给工业公司。另外，^{137}Cs 可以通过有限的反应堆废燃料的再处理过程获得。

表 14.2　达到有益效果的剂量值

效果	剂量/Gy
抑制马铃薯和洋葱发芽	60～150
消除猪肉中的旋毛虫	200～300
杀死水果中的昆虫与虫卵	200～500
谷物消毒，延长保质期	200～1000
延迟水果成熟	250～350
消灭来自家禽的沙门氏菌	1000～3000

　　由于与核过程相关联，人们会对辐照产品有以下顾虑。第一个顾虑是食物可能会有放射性。这种担心是没有根据的，因为在使用电子、X 射线或γ射线的剂量和能量水平上并没有可检测到的放射性增加，所以即使在比设计的剂量更高的情形下，诱导产生的放射性也会低于食物中的 K-40 或 C-14 产生的天然放射性水平。第二个顾虑是可能通过辐射降解产生有害的化学物质。研究表明，特异辐解产物(unique radiolytic products，URP)的量很小，比烹饪或罐头制造生产的少，并且类似于天然食品成分。没有发现危害健康的迹象，但科学家建议继续监测这一过程。第三个顾虑是营养价值的损失。维生素含量会出现损失，就像普通烹饪中发生的一样。辐射对营养价值影响的相关研究仍在继续进行。目前结果表明，在低剂量水平情形下损失是轻微的。在各种食品中，存在感官效应(味觉、嗅觉、颜色、质地)，但这些都是个人反应，不涉及健康。甚至可以通过在更低的温度下操作来消除这些影响。航天飞机的宇航员在飞行轨道上定期

吃辐照处理过的食物，他们对辐照过的面包和肉类很感兴趣。许多年前，印度的科学家报告说，吃辐照过的小麦会产生多倍体，在细胞染色体中多倍体会增加，然而，其他地方的深入研究反驳了这一发现。

最后，有人认为辐射可能诱导生物体的抵抗力下降，就像杀虫剂和抗生素一样，但这种效应似乎不会发生。

图 14.1 中显示出了典型的商用多功能食品辐照设备的主要部件，重要部分如下：

(1) 传送设备，包括托盘输送机，是可装载食品盒的便携式平台。

(2) 一个强度约 100 万 Ci 的强γ射线源，由双层封装的 Co-60 颗粒组成。

(3) 存储放射源的水箱，设有冷却和净化系统。

(4) 一个约 2m 厚的混凝土生物屏蔽层。

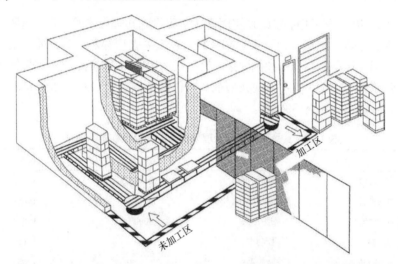

图 14.1　北卡罗来纳州 Haw River 的 Sterigenics 国际公司的伽马辐照装置
含有产品包装盒的传送平台在计算机控制下穿过一个混凝土迷宫并通过一个伽马射线发射屏

设备运行时，钴源棒架被提升出水池，食品盒通过γ射线源时接受辐射照射。提供辐照设备并进行辐照(主要用于医疗用品的消毒)的商业公司有加拿大安大略的诺迪安公司(MDS Nordion)、佛罗里达州 Mulberry 的食品技术服务公司、新泽西惠帕尼的 STERIS Isomedix 服务公司、伊利诺伊州(Illinois)Oak Brook 的 Sterigenics International 公司，该公司在世界各地有辐照设施，所提供的服务是用γ射线对书籍、文件和记录进行修复。

例 14.2　为了理解 2m 厚混凝土对一个 2MCi 的 Co-60 源的屏蔽效果，计算了屏蔽层外的辐射剂量。保守地假定源直接封闭在混凝土中，未经碰撞的注量可由式(11.7)给出：

$$\phi_\mathrm{u} = \frac{S\exp(-\mu r)}{4\pi r^2} = \frac{(10^6\mathrm{Ci})\exp[-(0.05807\mathrm{cm}^2/\mathrm{g})(2.3\mathrm{g/cm}^3)(200\mathrm{cm})]}{4\pi(200\mathrm{cm})^2(1\mathrm{Ci}/3.7\times10^{10}\mathrm{Bq})(1\mathrm{decay}/2\mathrm{photons})}$$

$$\approx 0.37\mathrm{photons}/(\mathrm{cm}^2\cdot\mathrm{s})$$

然而对于 μr 值等于 27 个平均自由程的情形，混凝土的累积因子约为 70，因此实际的注量 $\varPhi=B\varPhi_\mathrm{u}=(70)(0.37\gamma/\mathrm{cm}^2\cdot\mathrm{s})\approx26\gamma/(\mathrm{cm}^2\cdot\mathrm{s})$，剂量率为

$$\dot{D} = \phi E_\gamma \mu_\mathrm{en}/\rho = \frac{(26\gamma/\mathrm{cm}^2\cdot\mathrm{s})(1.25\mathrm{MeV}/\gamma)(0.02965\mathrm{cm}^2/\mathrm{g})}{(1\mathrm{MeV}/1.6\times10^{-13}\mathrm{J})(1\mathrm{kg}/1000\mathrm{g})}$$

$$= (1.5\times10^{-13}\mathrm{Gy/s})(3.1558\times10^7\mathrm{s/a})(10^5\mathrm{mrad/Gy}) \approx 490\ \mathrm{mrad/a}$$

实际的剂量率更低，这是由于受辐照材料同时也会吸收γ射线能量，此外混凝土与源之间必须有足够的距离用于通行。

在大约 70 个国家中，建成并使用许多实验设施和辐射实验工厂。辐照的食品包括谷物、洋葱、土豆、鱼、水果和香料。在发展大型辐照设备方面，最活跃的国家是美国、加拿大、日本和俄罗斯。表 14.3 列出了美国食品药品监督管理局批准的受辐照物质的使用。食品的典型剂量限值通常设置为 1kGy(100krad)，干香料例外，其限值为 30kGy(3Mrad)。

表 14.3　食品药品监督管理局批准的受辐照物质的使用

产品	辐照目的	剂量/krad	日期
小麦和面粉	驱除昆虫	20~50	1963
白马铃薯	延长保存期限	5~15	1965
香料、调味品	排除污染	3000	1983
食物酶	控制虫	1000	1985
猪肉制品	控制旋毛虫	30~100	1985
新鲜水果	延迟腐烂	100	1986
酶	排除污染	1000	1986
干菜	排除污染	3000	1986
家禽	控制沙门氏菌	300	1990
牛肉、羊肉、猪肉	控制病原体	450	1997
带壳的蛋	控制沙门氏菌	300	2000
贝类	控制细菌	550	2005
种子	控制病原体	800	2005

注：1krad=10Gy。

资料来源：食品药品监督管理局，辐照食品与包装材料，www.fda.gov/food/ingredientspackaginglabeling/irradiatedfoodpackaging/default.htm。

　　包装外需要采用标签来表示其经过特殊处理，如采用一个短语"已经过辐照处理(treated with radiation)"，此外，包装上将显示辐射杀菌(radura)的国际标志，如图 14.2 所示。符号的实心圆代表一个能量源；两个花瓣表示食物；外圆周上的断裂意味着来自能量源的射线。装运给最初购置者时需要用 radura 标签，而不是给餐馆的消费者。辐照处理食品的标签是为公众所接受的一个因素。食品药品监督管理局正在计划允许"巴氏灭菌(pasteurized)"一词用于保质期内不变质的产品，还寻求不同于"辐照过的(irradiated)"的标签。

图 14.2　辐照食品上出现的国际标志(radura)
美国农业部版本

　　1997 年 12 月，美国食品药品监督管理局发布了关于红肉辐照作为一种食品添加剂的最终规定，美国农业部于 1999 年 12 月发布。该行为的推动是由于在阿肯色州供应商提供的汉堡中发现了大肠杆菌，导致大约有 25 吨肉被召回并销毁。新规定引用了疾病暴发和因牛肉导致死亡人数的统计数据。肉类的最大允许辐照剂量为 4.5kGy(450krad)，冷冻肉为 7kGy(700krad)。这些结论引用了超过 80 篇的技术性参考文献。

　　SureBeam 公司制备的辐照过的新鲜绞细牛肉可在美国的数千家食品杂货店买到。用电子束处理后的牛肉价格与未经辐照的牛肉相当。

　　然而，批准辐照并不保证一定会被辐照。许多大型食品加工厂和食品连锁店往往会回避使用辐照食品，认为公众会因此害怕他们的产品。显然，如果市场上只有很少的产品，人们将没有太多的机会去发现处理过的食品是可接受的。反辐射激进主义分子们则声称核辐射过程不安全。相比之下，世界卫生组织、美国医学协会、美国饮食协会、国际原子能机构、美国食品加工产业协会(Grocery Manufacturers of America，GMA)及其他许多组织则十分支持食品辐照技术。

在 2003 年举办的首届世界食品辐照大会上，报道了一系列的事实。2002 年的食品法案(Food Bill)提出全国校园午餐计划(National School Lunch Program，NSLP)可包括辐照食品；国际食品辐照咨询小组(International Consultative Group on Food Irradiation，ICGFI)负责制定了设施的管理规章，并在全世界采用；消费者普遍知道(68%)辐照牛肉并支持购买(78%)辐照牛肉。

一家水果公司(夏威夷的 Pa'ina)已经开始在檀香山机场建造 ^{60}Co 辐照装置，用于处理进口水果，如番木瓜。更早些时候已收到核管理委员会(NRC)的批准文件。2006 年发生的菠菜和莴苣的大肠杆菌污染，激发了人们对于食品辐照新的兴趣。

14.3 医疗用品灭菌消毒

自从发现疾病的微生物理论，人们就一直在寻求有效的医疗用品消毒方法，如医疗器械、塑料手套、缝线、敷料、针和注射器等。过去杀灭细菌的方法包括干热、加压蒸汽、强化学物质，如石炭酸和气态环氧乙烷等。有些化学物质对于需要重复使用的设备过于苛刻，而且通常这些物质本身是有害的。大多数以前的方法是成批处理的，难以扩大规模。近年来，加速器产生的电子束已开始应用，并且对于某些应用是首选方案。

Co-60γ射线灭菌的特殊优点是射线的物质穿透性非常好，将需要辐照的材料密封在塑料中进行照射，以确保在医院需要使用时没有微生物。虽然放射性材料昂贵，但系统简单可靠，主要由源、屏蔽材料和传送机构组成，一个典型的自动化工厂需要大约 1MCi 的放射源。

用十分之一减小剂量或十进制减小剂量(decimal reduction dose)D_{10}来量化表征微生物的耐辐射特性。D_{10}定义为将微生物种群减少到 1/10 所需的吸收剂量。例如，沙门氏菌和链球菌的 D_{10} 分别为 1.0kGy 和 5.5kGy，而耐辐射球菌的 D_{10} 为 13kGy。灭菌保证水平(sterility assurance level, SAL)描述了灭菌后产品存在微生物的概率。

例 14.3 对于初始浓度为每毫升 1000 个微生物的情形，为了达到 10^{-6} 的灭菌保证水平，需要 9(=3+6)个量级的数量减小幅度。对于 D_{10}=2.8kGy 情形，所需的灭菌剂量为

$$D = 9D_{10} = 9 \times (2.8\text{kGy}) = 25.2\text{kGy}$$

14.4　病原体抑制

在公共污水处理系统的运行中，会产生大量的固体残留物。仅在美国，1998 年的污水污泥就达 700 万吨。典型的处置方法是焚烧、大海中填埋、放置在垃圾填埋场，以及应用在农田中。在所有处理方法中，有一些由病原体引起的危害，致病微生物有寄生虫、真菌、细菌和病毒等。在德国和美国开展了用 Co-60 或 Cs-137 的γ射线辐照来减少病原体的实验测试。美国的项目是能源部关于裂变废物有益用途研究项目的一部分，由圣地亚国家实验室和新墨西哥大学开展研究。对辐照的有效性进行了试验，研究发现，处理后的污泥适合作为牲畜的饲料添加剂，具有良好的经济性。然而，在美国这些成果并没有得到应用。唯一的污水污泥辐照大规模应用是在阿根廷的图库曼(IAEA，1997)。在美国和欧洲，这种辐照应用的时机尚未成熟。人们接受生活垃圾的回收就花费了几年的时间。

14.5　作 物 变 异

通过辐照引起农产品变异可获得有益的变化。用带电粒子、X 射线、γ射线或中子对植物的种子或剪枝进行辐照，或者应用化学诱变剂。在许多国家，大量的农作物产生了遗传效应。作物育种科学已有多年的实践，选择不寻常的植物并与其他植物杂交，获得永久的和可繁殖的杂交种。然而，更广泛的精选工作是由突变物种提供的。在生物学方面，需要遗传变异性。可增强改善的特征包括更高的产量、更高的营养含量、更好的抗病性，以及对新环境更好的适应性，如可耐受更高或更低的温度。还可以培育出新品种，开辟新的收入来源，并提高健康水平。

已开发的主要粮食作物变异品种数量如下：水稻，28 种；大麦，25 种；小麦，12 种；甘蔗，8 种；大豆，6 种。观赏植物和花卉也产生了许多变异，提高了发展中国家的小农户和园艺家的收入。例如，通过变异的菊花有 98 个品种。国际原子能机构自 1957 成立以来，通过培训、研究支持和信息传播等方式促进了突变育种。在世界人口不断增长的情况下，粮食生产的改善已被国际原子能机构视为一项高度优先级的任务。

在改善农作物和粮食方面，基因工程遭受到了极大的批评，尤其是在欧洲，与美国在生物技术应用上的深层冲突将难以解决。

14.6　昆　虫　控　制

为了抑制某些害虫的数量，成功地应用了昆虫不育技术(sterile insect technique，SIT)。这种技术的标准方法是在实验室培育大量雄性昆虫，用γ射线令其失去生育能力，并在感染的区域释放它们与雌性昆虫交配，不育雄性与天然雄性的竞争导致种群数量迅速减少。

经典的例子是消灭来自库拉索岛、波多黎各和美国西南部的苍蝇幼虫。苍蝇在动物的伤口上产卵，其幼虫以动物肉为食，如果不进行治疗，这些幼虫就会杀死动物。20世纪60年代初期，每周有多达3亿5千万只绝育的苍蝇从墨西哥被放飞，使虫害从10万只降到零，每年可为畜牧业挽回损失约1亿美元。

大量苍蝇的饲养是一个复杂的过程，涉及食物选择、卵的处理以及令苍蝇绝育而不引起身体损伤的辐照过程控制。通常用Co-60的γ射线来提供辐射剂量(如5krad)，这是人类致死剂量的数倍。剂量必须进一步优化，这是由于雄性不育昆虫的交配竞争能力一般低于天然可育雄性。

例14.4　人的LD50/30值约为4Gy(参见10.2节)，然而杀灭95%雄性舌蝇的剂量约为90Gy。

在美国和印度，昆虫不育技术曾用来对付多种类型的蚊子，并在1980年阻止了加利福尼亚地中海果蝇的侵扰。

1988年在利比亚发现的苍蝇幼虫肆虐促使联合国粮农组织、国际原子能机构和其他组织开展了一项国际紧急行动(Lindquist et al.，1992，以及延伸阅读)。墨西哥的工厂为利比亚提供了数百万只被辐射过的绝育雄性苍蝇。在那里，从1990年开始的5个月内铲除了苍蝇幼虫，从而保护了整个利比亚野生动物。这项技术在消灭坦桑尼亚桑给巴尔岛上的舌蝇(FAO，1998)也是有效的。舌蝇是一种家畜疾病锥虫病，也是影响人类昏睡病的携带者。

在控制实夜蛾属(害虫包括美国棉铃虫、烟草蚜虫和玉米耳虫等)、蜱和吉普赛蛾等其他害虫方面，昆虫不育技术也十分有用。其他相关技术包括自动繁殖雄性不育的遗传育种。

目前，一些提供γ射线进行昆虫辐射的组织已停止运行，原因是害怕恐怖活动。另一种替代的方法是使用X射线。

14.7　化　学　应　用

辐射化学是指高能辐射对物质的作用，特别关注的是化学反应，如离子-分子反应、电子捕获导致的离解，以及当离子撞击分子时没有化学反应的电荷转移。在实验室中已经研究了许多反应，有一些已经开始大规模应用。多年来，陶氏化学(Dow Chemical)公司用 Co-60 辐射生产乙基溴(CH_3CH_2Br)，这是一种挥发性有机液体，用作合成有机材料的中间化合物。出于成本和安全原因，该应用已终止。作为催化剂，已被发现在许多情况下γ射线优于化学品，也优于紫外线和电子轰击。

利用电子或γ射线辐照可以改变聚合物，如聚乙烯的多种性能。图 14.3 演示了辐照引起长链聚乙烯的交联(cross-linking)。原始材料由两条长的平行分子链组成，辐照打碎原来的化学键，如图 14.3(a)所示。之后，辐射损伤导致分子链通过一个交联的过程连接起来，如图 14.3(b)所示。辐照后的聚乙烯具有较好的耐热性，是一种良好的电线绝缘外套。还有一个例子是通过合适的聚合物与纤维基底的辐照连接作用来制成耐脏性的织物。

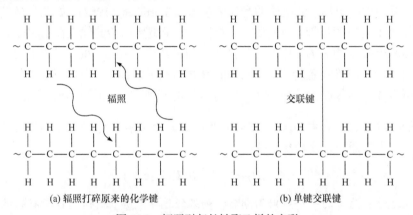

(a) 辐照打碎原来的化学键   (b) 单键交联键

图 14.3　辐照引起长链聚乙烯的交联

通过γ射线辐照来生产高度耐磨的木地板。木材浸泡在单体塑料中，用铝包裹并放置在含有 Cs-137 源(发射 662keV 的光子)的水池中。在整个木材中发生聚合过程，分子结构被改变，使其表面不易被划伤或烧毁。

在法国，已用相关的处理流程来保存木头或石头材质的艺术品或历史文物，将物品浸泡在液态单体中并转移到含有 Co-60 的处理池中，在其中单体被聚合成固体树脂。

14.8　半导体嬗变掺杂

大量的现代电子和电气设备中用到半导体材料，其功能取决于在基本的硅晶体中存在的少量杂质，如磷。添加杂质的过程称为掺杂(doping)，对于一些半导体，可以利用中子辐照产生同位素，并由这些同位素进一步经衰变生成所需的物质，以此方式将杂质按所需的数量和位置掺入。

整个过程相对简单：将一个纯的硅单晶放在功率为几兆瓦水平的研究或实验反应堆中，样品用预先标定过的热中子注量照射一段时间，通过下面的反应将硅同位素转化为稳定的磷同位素：

$$\begin{aligned} {}_0^1 n + {}_{14}^{30} Si &\longrightarrow {}_{14}^{31} Si + \gamma \\ {}_{14}^{31} Si &\longrightarrow {}_{15}^{31} P + {}_{-1}^0 e \end{aligned}$$

(14.1)

其中，Si-30 的丰度为 3.1%；Si-31 的半衰期为 2.62 h。辐照后，束流中的快中子引起辐射损伤，使得硅的电阻率过高，因而在制造之前需要进行热处理，通过退火将缺陷减小。

中子嬗变掺杂(neutron transmutation doping, NTD)的主要应用是制造功率晶闸管，这是一种高电压、大电流的半导体整流器(Larrabee, 1982)，如此命名是由于它们替代了真空闸流管。与其他方法相比，中子嬗变掺杂的优点在于它能够在器件大面积上提供均匀的电阻率。该产品材料的年产量超过 50t，有相当大的一部分是提供给反应堆设备所用。在未来的家庭和汽车设备中，中子嬗变掺杂技术将变得更重要。该掺杂方法也适用于除硅以外的其他物质(如锗和砷化镓)。

例 14.5　在一束中子流中，Si-31 以 $g=\Sigma_\gamma \Phi$ 的速率生成，式(3.17)描述了硅材料受照时 ^{31}Si 原子密度的变化情况：

$$N_{Si-31}(t) = (\Sigma_\gamma^{Si-30} \Phi / \lambda)(1 - e^{-\lambda t})$$

经过时长为 t_I 的一个照射周期后，如果经过了足够长的时间让所有的放射性 ^{31}Si 原子进行衰变，则总的掺杂浓度简单地等于俘获中子的数目：

$$N_P = \Sigma_\gamma^{Si-30} \Phi t_I$$

14.9　基础物理研究中的中子

在反应堆中产生的强中子束是物理学研究的有力工具。在这项工作中应用了中子的三个重要特性：①不带电荷，使得中子容易穿透原子物质直到它与原子核碰撞；②有磁矩，使得中子能与磁性材料产生特殊相互作用；③波动特性，使得中子束可以产生衍射和干涉效应。

反应堆分析、设计和操作需要进行中子的散射、俘获和裂变截面的测量。有一个研究领域称为非弹性中子散射，它是基于热中子能量(0.0253eV)与固体或液体中晶格振动的能量相当的事实。通过观测对轰击中子能量的变化可提供关于材料间原子力的信息，包括晶体中杂质的影响，这是半导体研究中所关注的信息。此外，非弹性中子散射能够加深对微观磁性现象和分子气体性质的理解。

磁棒的磁矩是其长度 s 和磁极强度 p 的乘积，对于以半径 r 做圆周运动的电荷，磁矩是面积 πr^2 和电流 i 的乘积。原子和分子中的电子运动和自旋也产生磁矩，不带电的中子也有其本征的磁矩。因此，中子与磁性特征不同的材料相互作用会产生不同的效果。如果材料是顺磁性的，具有随机取向的原子磁矩，则不会产生特殊的效应。铁磁材料，如铁和锰具有不成对的电子，并且磁矩都在一个方向上排列。反铁磁材料在两个方向都有排列整齐的磁矩，散射中子的观测可以了解这种材料的微观结构。

根据波动力学理论，质量为 m、速度为 v 的粒子，其波长为

$$\lambda = h/(mv) \tag{14.2}$$

式中，h 为普朗克常数，$h=6.64\times10^{-34}$J·s。

例 14.6　中子的质量为 1.67×10^{-27}kg，热中子能量为 0.0253eV，速度为 2200m/s，波长很容易由下式计算得到：

$$\lambda = h/(mv) = (6.64\times10^{-34}\text{J}\cdot\text{s})/[(1.67\times10^{-27}\text{kg})(2200\text{m/s})] \approx 1.8\times10^{-10}\,\text{m}$$

这一数值非常接近晶格中的原子间距 d，如在 Si 晶体中，$d=3.135\times10^{-10}$m。

中子衍射涉及中子的波动性质，与 X 射线和光学衍射相类似，但所看到的材料性质差别相当大。X 射线与原子中的电子相互作用，衍射强烈依赖于原子序数 Z。中子根据其散射长度与原子核相互作用，这是同位素所特有的，并且与原子序数 Z 无关。散射长度(标记为 a)类似于原子核半径，但具有大小和符号。对于邻近的同位素，a 的值和相应的截面 $\sigma=\pi r^2$ 可以相差很大。例如，对于镍的三个同位素截面 σ 的近似值为 Ni-58，26b；Ni-59，1b；Ni-60，10b。在中子衍射中，可以应用布拉格公式 $\lambda=2d\sin\theta$，其中 d 是晶格间距，θ 是散射角。利用中子衍射已研究了大量同位素、元素和化合物，如 Bacon(1975)所讨论的。

一个更现代和复杂的中子应用是干涉测量，来自核反应堆的中子波束被分裂然后重组。这里描述一下所需的基本设备。完美的硅晶体以字母 E 的形式进行精确加工，确保平面是平行的，进入分束器的中子波束穿过镜面和分析器，发生反射、折射和干涉，产生可观察的强度周期变化。测试样本的插入会导致模式的改变。该方法已被用于精确测量许多材料的散射长度。物体的图像以相位分布图(phase topography)形式获得，如此命名是因为测试样品的插入导致中子波束的相位变化，变化依赖于厚度，这使得可以对表面特征进行观察。已经观察到中子在地球磁场中通过轻微不同路径时的干涉条纹。这意味着有可能利用此方法研究重力、

相对论和宇宙学之间的关系。

在散裂中子源(9.7 节)中,产生的中子波长和能量与许多材料的尺寸和能量尺度相匹配。增强的中子束可以获得更高分辨率的生物材料图像。散裂中子源的特殊优点是在复杂分子中定位氢原子的能力。晶体学研究将促进研发出更有效的药物。

散裂中子源有广泛的研究范围,从橡树岭国家实验室网站中列出的一系列应用可窥一斑:

(1) 化学。利用中子散射研究化学产品中的微观结构。

(2) 复杂流体。靶向人体特定部位的新型释药系统的研究。

(3) 晶体材料。研究新材料结构和性能的方法。

(4) 无序材料。生物产业感兴趣的蛋白质研究。

(5) 工程学。了解材料失效和替代品。

(6) 磁性和超导性。用于改进设备的知识。

(7) 聚合物。小角度散射揭示分子链的行为。

(8) 结构生物学。中子作为 X 射线的补充物,用于研究重要的化学物质。

14.10　生物学研究中的中子

分子生物学的研究目的之一是通过物理和化学规律来描述生物体。因此,找出生物结构组分的大小、形状和位置是理解的第一步。中子散射是一种十分有用的、不破坏样品的方法。在 X 射线的情形中,对于所关注的材料,截面大小都是相同的量级,使得重元素的干扰不大;研究大生物实体所需的长波长中子很容易从反应堆中获得。特别重要的是,氢的散射长度(3.8×10^{-15}m)和氘的散射长度(6.5×10^{-15}m)完全不同,因此可以很容易地分辨出来源于两个同位素的中子散射图案。

一个例子是核糖体的研究。核糖体直径约为 25nm,是细胞的一部分并且帮助制造蛋白质。埃希菌的核糖体由两个亚基组成,一个亚基含有 34 个蛋白质分子和 2 个 RNA 分子;另一个亚基含有 21 个蛋白质分子和 1 个 RNA 分子,蛋白质分子相当大,分子量高达 65000。由于核糖体非常小,用 X 射线或电子显微镜很难进行研究。对于中子实验,将 21 个蛋白质分子中的 2 个用氘标记(即它们是通过在重水(D_2O)中,而不是在普通水(H_2O)中生长细菌来制备的)。

在布鲁克海文国家实验室高通量束流反应堆(现已关闭)中进行了核糖体的早期研究。一束中子从石墨晶体中散射出来,选择波长为 2.37×10^{-10}m、很窄能量范围的中子，将要研究的样品置于 He-3 探测器前面的束流中，探测器计数中子的数量作为散射角的函数。图 14.4 给出了细胞中核糖体的干涉模式。其中，图 14.4(a) 给出了蛋白质对的几何排列；图 14.4(b)则给出了其相对应的干涉曲线。

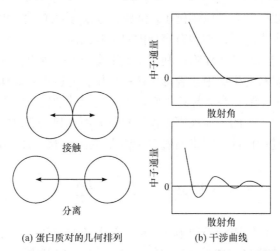

(a) 蛋白质对的几何排列　　(b) 干涉曲线

图 14.4　细胞中核糖体的干涉模式(对大小和距离的估计是了解生物结构的开始)

中子束被蛋白质分子散射时，表现出类似于普通光的干涉图样。根据两个分子是否接触或分离，预期的干涉模式将有明显差异，如图 14.4 所示。对于核糖体，测定分子中心之间的距离为 35×10^{-10}m。研究人员通过中子干涉的方法，初步测定了核糖体亚基的图谱。

14.11　同步辐射 X 射线研究

由于同步辐射 X 射线具有高强度和极好的聚焦性能，有可能用来获取分子结构知识。与传统 X 射线相比，同步辐射 X 射线的研究速度更快、损伤更小。用光子轰击晶体形式的材料，在灵敏的屏幕上产生衍射图案，通过计算机分析，利用傅里叶变换确定电子密度，从而确定原子的位置，通过适当的操作可以产生 3D 数据。分子结构知识提供了有关化学过程如何进行的信息，并有助于找到更好的药物和治疗疾病的方法。利用同步辐射 X 射线研究结果的一个经典例子是确定鼻病毒 HRV14 的结构，其是引起普通感冒的原因。晶体对辐射非常敏感，用 X 射线获得了衍射数据。利用这种技术也研究了许多其他大分子，如蛋白质、酶、激素和病毒等，可以观察到它们发生的化学过程(如碳氢化合物和臭氧的光解)。同步辐射 X 射线还可以提供用于改进工业过程和产品的相关信息。

14.12 小　　结

本章列举了辐射的有益应用例子。例如，通过γ射线来治疗癌症等疾病；辐照使食品腐败变质大大降低；在塑料容器内对医疗用品进行灭菌消毒；利用辐射变异技术来产生新的和改良的作物；利用昆虫不育技术控制世界许多地区的害虫；辐射在某些化学材料的生产中起着催化剂的作用；通过辐射处理增强了纤维和木材的性能；通过中子轰击在半导体材料中产生理想的杂质；中子的散射提供了磁性材料的信息，中子束的干涉被用来检查材料表面；利用散射中子对微小生物结构的位置和大小进行估计；同步辐射 X 射线是生物分子详细研究所必需的。

14.13 习　　题

14.1　使用 I-131 可以成功治疗甲状腺癌，该核素半衰期为 8.04d，能量释放约 0.5MeV，生物半衰期为 4d。对于质量为 20g 的甲状腺，为获得 25000rad 的剂量，试估算应给予的同位素用量是多少 mCi？

14.2　真性红细胞增多症的特征为红细胞过多。化疗和放疗往往是成功的。在后者中，患者注射含有 P-32 同位素的磷酸钠溶液，P-32 核素的半衰期为 14.28d，β射线的平均能量为 0.69MeV。假设 P-32 的初始给药量为 10mCi，并且其中有 10%进入 3kg 的骨髓中，估计给药后的剂量(以 rad 为单位)。建议：忽略同位素的生物排出。

14.3　一家公司利用热中子通量为 $10^{14}/(cm^2 \cdot s)$ 的反应堆来生产Co-60用于建造和补充食物处理的放射性源。为了满足每月 100 万居里的需求，需要在反应堆中加入多少千克 Co-59？已知 Co-59 的密度为 $8.9g/cm^3$，中子俘获截面为 37b。

14.4　钴源可用于辐照马铃薯抑制其发芽。为了每天处理 250000kg 马铃薯，为其提供 10000rad 的剂量，需要多少居里的源强？已知 Co-60 每次衰变发出两个γ射线，总能量为 2.5MeV。那么该同位素源的功率是多少？讨论γ射线能量全部吸收在马铃薯内的实际情况。

14.5　可通过一个研究型反应堆实现硅嬗变成磷光体。Si-30 的丰度为 3.1%，俘获截面为 0.108b。在一天的辐照时间内产生纯度为 10ppb 的材料需要多大的热中子注量？

14.6　天然硅包含三种稳定同位素：^{28}Si、^{29}Si 和 ^{30}Si。式(14.1)显示了从 $^{30}Si(n,\gamma)$ 反应制备 n-型(负型)掺杂硅的方法。另外两种 Si 同位素相应的(n, γ)反应是如何影响掺杂材料生产的？

14.7 一名病人通过用 4MeV 单能电子束照射鼻子的方法来处理皮肤癌。为了保护病人的眼睛，用一块铝片放置在眼睛上。计算阻止所有电子所需要的铝片最小厚度。

14.8 在一个食品辐照工厂中，一个传送系统沿着 250m 长的蛇形轨迹运行，平均剂量率为 3.5Gy/min。计算为了获得 300Gy 的剂量，传送速度是多少？

14.9 葡萄球菌的实验研究发现，15kGy 的剂量可使初始细菌种群从 100 万个减少到 500 个，确定 D_{10} 值。

14.14　上机练习

14.A 在经典的捕食者-被捕食者平衡方程模拟群体之间,如狐狸和兔子的相互作用，运行 PREDPREY 程序观察随时间变化的趋势。改变 Lotka-Volterra 方程中的参数(α、β、γ 和 δ),研究其影响。

14.B 修正后的捕食者-被捕食者平衡方程可用于分析雄性不育技术对于苍蝇幼虫的控制。使用 ERADIC 程序，研究不同初始条件和雄性不育率条件下群体数量的变化趋势。特别是，找出将苍蝇种群数量减少到零所需的代数。

参 考 文 献

Bacon, G.E., 1975. Neutron Diffraction, third ed. Clarendon Press. A classical reference on the subject.

Barth, R.F., Coderre, J.A., Vicente, M.G.H., Blue, T.E., 2005. Boron neutron capture therapy of cancer: current status and future prospects. Clin. Cancer Res. 11 (6), 3987–4002.

Garnick, M.B., Fair, W.R., 1998. Combating prostate cancer. Sci. Am. 279 (6), 74–83.

Howe, D.B., Beardsley, M., Bakhsh, S., 2008. Consolidated Guidance About Material Licenses: Program-Specific Guidance about Medical Use Licenses, NUREG-1556, vol. 9, rev. 2. U.S. NRC.

International Atomic Energy Agency (IAEA), 1997. Argentina Irradiates Urban Sludge. INSIDE Technical Cooperation, IAEA. March, www.iaea.org/Publications/Magazines/Bulletin/ Bull391/ argentina.html.

Larrabee, R.D. (Ed.), 1982. Neutron Transmutation Doping of Semiconductor Materials. Proceedings of the Fourth Neutron Transmutation Doping Conference. Plenum Press, NY.

Lindquist, D.A., Abusowa, M., 1992. Eradicating the new world screwworm from the Libyan Arab Jamahiriya. IAEA Bulletin. 34 (4), 9. Describes the success of the international program; with 12,000 cases in 1990, the number dropped to zero by May 1991.

Food and Agriculture Organization of the United Nations (FAO), 1998. Eradication of Tsetse Fly in Zanzibar. http://www-tc.iaea.org/tcweb/Publications/factsheets/tsetse2.pdf.

延 伸 阅 读

2007. FDA seeks to ease labeling requirements. Nucl. News. 50 (6), 61.

Altarelli, M., Schlacter, F., Cross, J., 1998. Ultrabright X-ray machines. Sci. Am.. 279 (6), 66.

American Nuclear Society (ANS), Major Advances in Nuclear Medicine Diagnosis and Treatment. www.ans.org/pi/np/diagnosis. Data on remission rates with cell-targeted therapy.

Anderson, L.L., et al., Interstitial Collaborative Working Group, 1990. Interstitial Brachytherapy: Physical, Biological, and Clinical Considerations. Raven Press.

Daly, M.J., 2009. A new perspective on radiation resistance based on *Deinococcus radiodurans*. Nat. Rev. 7 (3), 237–245.

D'Amico, K.L., Terminello, L.J., Shuh, D.K., 1996. Synchrotron Radiation Techniques in Industrial, Chemical, and Materials Science. Plenum Press. Emphasis on structural biology and environmental science.

Ehmann, W.D., Vance, D.E., 1991. Radiochemistry and Nuclear Methods of Analysis. John Wiley &Sons. Covers many of the topics of this chapter.

Flander, K.L., Arneson, P.A., The Sterile Insect Release Method – A Simulation Exercise. University of Minnesota.http://ipmworld.umn.edu/chapters/SirSimul.htm. Computer program "Curac¸ao."

Foldiak, G. (Ed.), 1986. Industrial Applications of Radioisotopes. Elsevier.

Food Safety Consortium, Iowa State University. www.extension.iastate.edu/foodsafety. Select "Food Safety Links."

Hatanaka, H., Sweet, W.H., Sano, K., Ellis, F., 1991. The present status of boron-neutron capture therapy for tumors. Pure Appl. Chem. 63, 373.www.iupac.org/publications/pac/1991/pdf/ 6303x0373.pdf.

Helliwell, J.R., Rentzepis, P.M. (Eds.), 1997. Time-resolved Diffraction. Oxford University Press. Research on time-dependent structural changes by use of X-rays (including synchrotron radiation), electrons, and neutrons.

Henkel, J., 1998. Irradiation: A safe measure for safer food. FDA Consum. 32 (May–June), 12–17. Excellent article, not being updated.

Hofmann, A., 2004. The Physics of Synchrotron Radiation. Cambridge University Press.

Idaho State University, Radiation Information Network, Food irradiation. www.physics.isu.edu/ radinf/food.htm. Extensive discussion, references, and links.

International Atomic Energy Agency (IAEA), 1991. IAEA Bulletin. 33 (1). The issue features nuclear medicine.

International Atomic Energy Agency (IAEA), 2008. Trends in Radiation Sterilization of Health Care Products. IAEA, Publication 1313.

International Atomic Energy Agency (IAEA), Nuclear Medicine Resource Manual. http://www-pub.iaea.org/mtcd/publications/pdf/pub1198_web.pdf. IAEA guide for establishing nuclear medicine service.

Joint FAO/IAEA Division of Nuclear Techniques in Food and Agriculture, Insect Pest Control. www-naweb.iaea.org/nafa/ipc/index.html.

Mason, T.E., Gabriel, T.A., Crawford, R.K., Herwig, K.W., Klose, F., Ankner, J.F., 2000. The Spallation Neutron Source: A Powerful Tool for Materials Research. http://arxiv.org/abs/physics/ 0007068. A frequently cited article describing the equipment used in research.

Michal, R.A., 2003. Irradiated food, good; foodborne pathogens, bad. Nucl. News. 46 (8), 62.

Morehouse, K.M., Komolprasert, V., 2004. Irradiation of food and packaging: an overview. In: Irradiation of Food and Packaging. ACS Symposium Series 875, pp. 1–11. http://www.fda. gov/food/ ingredientspackaginglabeling/ irradiatedfoodpackaging/ucm081050. htm.

Murano, E.A. (Ed.), 1995. Food Irradiation: A Sourcebook. Iowa State University Press. Processing, microbiology, food quality, consumer acceptance, and economics.

Oak Ridge National Laboratory (ORNL), 2001. SNS and biological research. ORNL Review. 34 (1). www.ornl.gov/info/ornlreview/v34_1_01/sns.htm. Drug studies.

Oak Ridge National Laboratory (ORNL), Neutron Sciences. Spallation Neutron Source. http://neutrons.ornl.gov. Also includes information on the High Flux Isotope Reactor.

The Basis of Boron Neutron Capture Therapy. http://web.mit.edu/nrl/www/bnct/info/description/ description.html. Explanation of effect on tumor. Massachusetts Institute of Technology, Nuclear Reactor Laboratory.

Theragenics Corporation, Brachytherapy. www.theragenics.com. Commercial supplier of radioactive particles; select "Products."

U.S. Department of Agriculture, Food Safety and Inspection Service, Irradiation Resources. www. fsis. usda.gov/wps/portal/fsis/topics/food-safety-education/get-answers/food-safety-fact-sheets/production-and-inspection/irradiation-resources/irradiation-resources. Links to many documents.

U.S. Department of Agriculture, National Agricultural Library, STOP Screwworms. http:// specialcollections.nal.usda.gov/screwworm/index. History of screwworm eradication; discovery and application of sterile male technique.

U.S. Food and Drug Administration (FDA), Irradiated Food & Packaging. www.fda.gov/food/ ingredientspackaginglabeling/irradiatedfoodpackaging/default.htm. Also see 21CFR179.26.

Wilkinson, V.M., Gould, G.W., 1996. Food Irradiation: A Reference Guide. Butterworth-Heinemann. Topics, definitions, and discussion with references to all relevant terms.

Woods, R.J., Pikaev, A.K., 1994. Applied Radiation Chemistry: Radiation Processing. John Wiley & Sons. Includes synthesis, polymerization, sterilization, and food irradiation.

第 3 部分

核 动 力

　　本书剩余部分主要研究裂变反应堆发电。如今的核电厂主要利用同位素分离方法来产生低浓度的铀。反应堆的运行需要理解中子物理学和热处理过程。反应堆理论描述了反应堆静态和动态行为。核电厂在建造上采用了不同的反应堆，如沸水堆和压水堆。核安全是首要的。三哩岛、切尔诺贝利和福岛核事故有很多的经验教训。完整的燃料循环包含核燃料利用以及对反应堆中取出的放射性废物的最终处置。除了发电外，核能利用也包括核推进和小规模的放射性能源。核动力的未来应用包括海水淡化，但最终的能源来自增殖反应堆或聚变反应堆。本书最后一部分以对原子武器(尽管都是从原子核中开发能量，但与核反应堆显著不同)的分析作为结束。

同位素分离器

本章目录

　　所有的分离技术都基于不同形态的物质：元素、化合物、合金和混合物。普通的化学和机械过程能够将许多物质进行分离。然而在核领域，将单一核素，如 ^{235}U 和 ^{2}H(氘)，从它们的同位素中分离出来，则是必需的。因为给定元素的同位素具有相同的原子序数 Z，它们本质上具有同样的化学特性，所以必须寻找一种基于质量数 A 的物理方法将粒子予以区分。在本章中，将描述几种将铀元素和其他元素分离的方法。四种利用质量数 A 的不同方法：①离子在磁场中的运动；②通过薄膜进行离子扩散；③离心运动；④原子对激光束的响应。本章还将计算为获得核燃料必须处理的物质总量并估算其成本。

15.1　质　谱　仪

　　第 9.1 节中已经提到，当质量为 m，电荷量为 q，速度为 v 的粒子垂直入射到磁场强度为 B 的磁场中，将做半径为 r 的圆周运动。变量之间的关系可由式(15.1)给出：

$$r = mv/qB \tag{15.1}$$

在质谱仪(图 15.1)中，放电过程将被分离的同位素剥离成离子，再通过电势差加速离子，为其提供动能。离子获得的动能由式(15.2)给出：

$$\frac{1}{2}mv^2 = qV \tag{15.2}$$

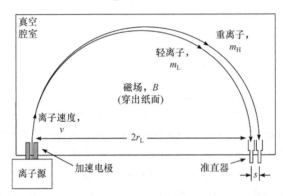

图 15.1　质谱仪

带电粒子在气压非常低的腔室中自由运动，在磁场的引导下形成半圆形路径。重离子比轻离子的运动半径大，因而它们可以分开收集(参见习题 15.1)。被收集离子的各收集点之间的距离 s 正比于质量平方根的差。质谱仪既能用来测量质量且具有一定的精度，又可以用来决定样品中同位素的丰度或使特定的同位素富集。

在第二次世界大战中为了获得核武器材料，发明了电磁卡留管(一种用大型电磁铁将铀同位素从铀矿石分离的装置，卡留管诞生在位于伯克利的加利福尼亚大学)。在美国橡树岭 Y-12 核武器工厂，α衰变和β衰变过程中共有 1152 个单元进行分离处理工作，1945 年生产制造了一枚核弹所需的浓缩铀。由于处理过程所耗费的电能巨大，随后开发了另外的替代方法，如气体扩散和离心机，就被用来生产核反应堆燃料。然而，50 多年来，橡树岭只有几个卡留管在维持使用。这些被分离出来的、轻的、稳定的同位素，只有少量被用作研究以及利用加速器产生放射性同位素的靶材料。1999 年，橡树岭的系统被永久性关闭(ORNL, 1999)。有报道称，在海湾战争前，伊拉克就已经开发了自己的质谱仪(Gsponer, 2001)。

15.2　气体扩散分离器

气体扩散分离的原理可以用一个简单的实验来演示(图 15.2)。

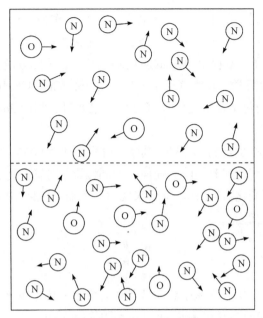

图 15.2　氮和氧的气体扩散分离

一个容器被多孔薄膜分成两半，在其两边都引入空气。空气是由 79%的氮气 (A=14)和 21%的氧气(A=16)组成的混合物。如果一边的压强增加，则另一边氮的相对份额就会提高。这种分离效应可以根据粒子的速度来解释。混合气体中，重分子(H)和轻分子(L)的平均动能相同，即 $E_H = E_L$，但是它们的质量不同，经典的粒子速度之比可表示为

$$\frac{v_L}{v_H} = \sqrt{\frac{m_H}{m_L}} \qquad (15.3)$$

类似于 4.4 节中讨论的中子运动，每秒碰撞到薄膜的给定类型的分子数正比于 nv(分子数与其速度的乘积)，具有较高速度的分子通过多孔薄膜(被称为隔板)的概率较大。

提高 U-235 丰度比的气体扩散过程如图 15.3 所示，一个薄的镍合金作为隔

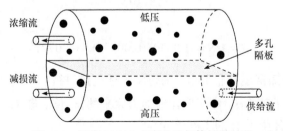

图 15.3　提高 U-235 丰度比的气体扩散过程

板材料，泵入铀的同位素化合物六氟化铀(UF₆)气体作为进料。然后，UF₆ 气体被分离成两股气流，相对于 $^{238}UF_6$ 的变化，一股是浓缩的 $^{235}UF_6$；另一股则是减损的 $^{235}UF_6$。由于分子量 349 和 352 的质量差非常小，因此分离量小，需要很多个这样的步骤，称为级联。在大气压下，UF₆ 在 56.5°C(134°F)升华(直接从固态变化到气态)。UF₆ 的化学反应特性使其可采用聚四氟乙烯(teflon)作为压缩机的密封材料。

天然铀中还含有少量的 U-234，其摩尔分数为 0.000055。为简单起见，除了在习题 15.11 中，将忽略其影响。任何一种同位素的分离过程都将造成两类核素分子数比例的相对变化。若用 n_H 和 n_L 来代表一个简单气体中两类核素的分子数，则其丰度比可以定义为

$$R = \frac{n_L}{n_H} \tag{15.4}$$

例 15.1 对于气体，体积分数和摩尔分数完全一致，因此在正常的空气中，氮气(N₂)和氧气(O₂)的丰度比是 $R = n_N/n_O = 79/21 \approx 3.76$。

同位素分离过程的效率取决于分离因子 α。如果提供的气体丰度比为 R，则隔板低气压一边的气体的丰度比 R' 可以表示为

$$R' = \alpha R \tag{15.5}$$

如果只允许非常少量的气体通过隔板，那么该过程的理论分离因子可表示为

$$\alpha = \sqrt{m_H/m_L} \tag{15.6}$$

对于 UF₆，$\alpha =1.0043$。然而，在实际情况下，有一半的气体要通过隔板，分离因子更小，$\alpha =1.0030$(参见习题 15.2)。

例 15.2 计算天然铀单次扩散过程的分离效果。^{235}U 的天然丰度为 0.711%，对应 ^{235}U 的摩尔分数为 0.00720。假若只考虑 ^{235}U 和 ^{238}U，丰度比为

$$R = n_{235}/n_{238} = 0.00720/0.99274 \approx 0.00725$$

于是

$$R' = \alpha R = (1.0030)(0.00725) \approx 0.00727$$

由例 15.2 可知富集量非常小。通过将上述气体进行一系列处理，重复 S 步，每一步的分离因子都为 α，则丰度比增加为原来的 α^S 倍。若 R_F 和 R_P 分别代表注入气体和产出气体中 ^{235}U 的丰度比，则

$$R_P = \alpha^S R_F \tag{15.7}$$

例 15.3　对于 $\alpha = 1.0030$，很容易计算出：要将 U-235 由初始注入时的丰度比 $R_F = 0.00725$ 提高到 90% 的高浓缩铀，需要 2378 步浓缩过程。首先产物的丰度比是

$$R_P = \frac{n_{235}}{n_{238}} = \frac{0.9}{1-0.9} = 9$$

将式(15.7)进行变换，得到需要的步骤为

$$S = \frac{\lg(R_P/R_F)}{\lg(\alpha)} = \frac{\lg(9/0.00725)}{\lg(1.0030)} \approx 2378$$

图 15.4 演示了气体级联扩散链中的几步，并标注了不同节点处的丰度比 R。注入的是天然铀，产物是富含 U-235 的浓缩铀，废弃物是 U-235 含量极低的贫铀。

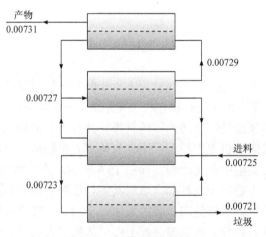

图 15.4　气体级联扩散链

图 15.5 展示了一个铀同位素气体扩散分离工厂。因为尺寸庞大、组件(如分离器、泵、阀门和控制部件等)众多，这样一套装置非常昂贵，约为 10 亿美元。但其过程在本质上很简单，工厂只需少量的操作人员就能够连续运行。其主要的运行成本是电力，用以提供压差和使气体工作。位于俄亥俄州的帕杜卡(Paducah)工厂由美国铀浓缩公司(United States Enrichment Corporation, USEC)管理，这是一家由政府所有，设施设备私有化的企业。这家工厂占有一半以上的美国市场。美国铀浓缩公司与俄罗斯 Tenex 公司一起参与了"兆吨到兆瓦"计划，包括将高浓缩铀稀释至堆用水平。

图 15.5　铀同位素气体扩散分离工厂
照片来源：感谢美国铀浓缩公司提供

15.3　气体离心机

离心机是一种 19 世纪 40 年代就为人所知的分离同位素的设备，因其具有非常高的速度，又被称为超速离心机。第二次世界大战期间该设备经试验后被放弃，这是由于难以获得能经受高旋转速度的材料，并且当时的轴承功率消耗非常大。此后的技术发展使离心机更加经济实用。气体离心机包括一个圆柱形的腔室，中间是旋转体，能在真空中高速旋转，如图 15.6 所示。旋转体由磁场驱动和支持。输入气体后，离心力趋向于在外部区域对其进行压缩。但是热振动趋向于在整个空间内对气体分子进行重新分布。轻的气体分子对这一效应有利，它们在中心轴附近的浓度高。通过各种方法，建立起 UF_6 气体的逆流换热，将重的和轻的同位素逐渐带到旋转体相对的两端。减损和浓缩的气流通过不同的吸气管回收，其原理如图 15.6 所示。

更详细的图纸可在文献 Olander(1978)中找到。

引力分离的理论源于引力场中的气体密度分布公式：

$$N = N_0 \exp(-mgh) \tag{15.8}$$

式中，势能是 mgh。对于旋转的气体，半径 r 处气体的动能为

$$E_K = \frac{1}{2}mv^2 = \frac{1}{2}m\omega^2 r^2 \tag{15.9}$$

式中，$\omega = v/r$，为角速度。

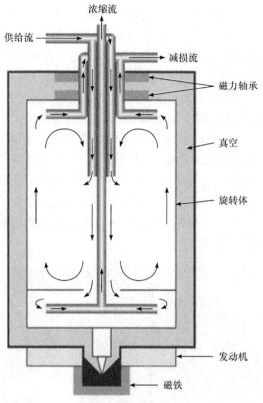

图 15.6   气体离心机

将轻、重两种气体的质量 m_L、m_H 代入式(15.8)和式(15.9)，就可以得到它们的丰度比随距离 r 变化的函数关系：

$$R = R_0 \exp[(m_H - m_L)\omega^2 r^2/(2kT)] \tag{15.10}$$

注意：分离的效果取决于质量差，不同于气体扩散法是取决于质量的平方根。

当用长约 30cm 的离心机，旋转体表面速度为 350m/s 时，其分离因子能达到 1.1 或更好。离心机每一级的流速比气体扩散法低，因而需要并行使用大量的单元。

例 15.4   复合材料组成的旋转体允许有更高的旋转速度。碳纤维化合物的圆周速度可达 600m/s，此时的分离因子为

$$\alpha = R/R_0 = \exp[(m_H - m_L)v^2/(2kT)]$$

$$= \exp\left[\frac{(352u - 349u)(1.66\times10^{-27}\,\text{kg/u})(600\,\text{m/s})^2}{2(1.38\times10^{-23}\,\text{J/K})(57 + 273)\,\text{K}}\right] \approx 1.22$$

对于一个给定容量的离心机，其电能消耗较低。但是，为了使运营成本更低，还需再降低一个数量级。另外，离心机工厂的成本费用比气体扩散工厂低。欧洲国家已利用离心机分离的低成本优势来打破美国之前在铀浓缩业务上的垄断。事实上，美国的公用工程已经从欧洲购买燃料。具体设施主要包括法国高杰马公司(Cogema)运营的欧洲气体扩散公司(Eurodif)，欧洲铀浓缩公司(Urenco)运营的三座工厂，即位于英国卡本赫斯特(Capenhurst)、荷兰阿尔默洛(Almelo)(图 15.7)和西德格罗瑙(Gronau)的工厂。基于离心机的浓缩铀工厂为欧洲铀浓缩美国公司(Urenco USA)，位于新墨西哥州尤尼斯(Eunice)附近。该工厂由路易斯安那能源服务处(路易斯安那一个被中止的项目)管理，2010 年 6 月开始运行。目前，又修建了额外的容量。另外，USEC 正在俄亥俄州派克顿(Piketon)部署美国本土研发的离心机浓缩装置，先前那里已经有一个气体扩散工厂在运行，关于这个离心机浓缩装置最先一级的测试始于 2007 年 8 月。

图 15.7　荷兰阿尔默洛(Almelo)工厂的离心机浓缩大厅

照片来源：感谢欧洲铀浓缩有限公司提供

15.4　铀　浓　缩

气体扩散分离器和气体离心机的分离过程都需要多个单元的设备并联和串联

来完成。UF_6 以及由此导致的铀在单级或整个工厂的流动都可以通过物质守恒来分析。由于流动是连续的，人们可以了解粒子数、分子数或千克数。用每日千克数作为三类气流中铀流量的单位较为方便。这三类气流分别是进料(F)、产物(P)和垃圾(W)，W 也被称为尾气，于是可得

$$F = P + W \tag{15.11}$$

$$x_F F = x_P P + x_W W \tag{15.12}$$

设 x 代表 ^{235}U 在流动中的质量分数，轻同位素和 ^{238}U 有同样的守恒方程，但却没有包含额外的信息。在进料和产物的质量比已知时可以求解式(15.11)和式(15.12)。消掉 W，得到：

$$\frac{F}{P} = \frac{x_P - x_W}{x_F - x_W} \tag{15.13}$$

在本节的公式中使用质量分数，导致从 U-235 方面，浓缩的定义用质量分数比用摩尔分数更合常规。质量分数的缩写符号为 w/o。

例 15.5 计算 1kg/d、丰度比为 3w/o 的 U-235 产物需要供给的天然铀。假设尾料的丰度比为 0.3w/o，则

$$\frac{F}{P} = \frac{x_P - x_W}{x_F - x_W} = \frac{3\% - 0.3\%}{0.711\% - 0.3\%} \approx 6.57$$

因此，若产物 P=1kg/d，则进料 F=6.57kg/d，那么尾料 W=$F-P$=5.57kg/d。由此看出，每生产 1kg U-235，就必须存储大量的贫化铀尾气。由于贫化铀密度比铅大，其被应用于反坦克武器，但是这一应用却饱受争议。尾气中的 U-235 含量太低，难以在常规的反应堆中使用。但是增殖反应堆能将 U-238 转换成钚，将在第 25 章中讨论。

浓缩的成本在某种程度上取决于能源的花费，可以用分离功单位(separative work units，SWU)来测算。天然气体扩散过程所消耗的能量可以用它的用电量来表示，约为 2500kWh/kg-SWU。气体离心机的效率很高，为 95%以上。不考虑工艺，气体离心机所需的分离功单位为

$$SWU = PV(x_P) + WV(x_W) - FV(x_F) \tag{15.14}$$

分离功的典型单位为 kg-SWU，其对应的数值函数为

$$V(x) = (1 - 2x)\ln[(1 - x)/x] \tag{15.15}$$

将这些关系式编写成代码，开发出一个名为 ENRICH 的程序，计算给出的核燃料浓缩数据如表 15.1 所示。

表 15.1 核燃料浓缩数据*

产物(P)U-235 的质量分数	进料与产物比(F/P)	每千克产物分离功单位(SWU/P)/SWU
0.711	1.000	0
0.8	1.217	0.070
1.0	1.703	0.269
2.0	4.136	1.697
3.0	6.569	3.425
4.0	9.002	5.276
5.0	11.436	7.198
10.0	23.601	17.284
20.0	47.932	38.315
90.0	218.248	192.938

*进料中 U-235 的丰度比为 0.711w/o，对应摩尔分数为 0.720；尾气中 U-235 的丰度比设为 0.3w/o。

例 15.6 计算一个核电厂需要的铀燃料总量及其成本。假设铀燃料被浓缩至 3w/o，即每千克燃料(产物 P)包含 30gU-235 和 970gU-238。从表 15.1 可知，进料与产物比(F/P)为 6.569，因此用于同位素分离的进料为 6.569kg 天然铀。地球上典型的铀矿石为 U_3O_8(铀的氧化物)。很容易计算出(习题 15.8)U_3O_8 中铀的质量分数为 0.848，因此原料为 6.569/0.848≈7.75kg U_3O_8。U_3O_8 的价格是变化的，假设每千克 44 美元，因此铀原料本身的成本为 341 美元。除了铀矿石的成本，还有一项成本就是铀浓缩过程中需要将 U_3O_8 转换成气态的 UF_6。假设转换成本为每千克 10 美元，总额就是 66 美元。表 15.1 第三列给出了每千克产物分离功单位 SWU/P 的值为 3.425SWU，若用一个合理的浓缩费用\$100/kg-SWU，成本约为 343 美元。假定燃料元件造价为每千克 275 美元，那么 1kg 的金额就是 275 美元。不包括运输成本，表 15.2 给出了前面的总成本为每千克 1025 美元。

若核反应堆的功率为 1000MW，则一个电厂每年需要燃料约 27200kg，其每年的燃料费(Fc)为 2788 万美元。然而，一年 8760 小时中，设备的利用率(CF)为 85%(设备利用率定义将在 18.3 节中给出)，该装置总的年发电量为

$$E = P \cdot \mathrm{CF} \cdot T = (1000 \times 10^3\,\mathrm{kW})(0.85)(8760\mathrm{h}) \approx 7.45 \times 10^9\,\mathrm{kWh}$$

基本的燃料成本为 Fc/E=0.37cents/kWh(每千瓦时 0.37 美分)。电力生产的总成本还应包括资本支出、运行和管理(operating and maintenance, O&M)费。

表 15.2　核燃料成本概算

项目说明	单位成本	数量	项目成本
矿石	$44/kg-$U_3O_8$	7.75kg-U_3O_8	$341
转换	$10/kg-U	6.569kg-U	$66
浓缩	$100/kg-SWU	3.425kg-SWU	$343
制作	$275/kg-U	1kg-U	$275
小计	—	—	$1025
反应堆燃料需求	$1025/kg-U	27200kg/a	$27.88million

随着更多供应商的出现，并且美国电力公司扩大了核燃料来源的范围，近年来世界铀浓缩的局面已经发生了改变。美国使用的很大一部分天然铀来自其他国家，如加拿大、俄罗斯和澳大利亚。大约一半的浓缩服务由 USEC 提供，其余则来自海外，如欧洲气体扩散公司、欧洲铀浓缩有限公司和俄罗斯技术装备出口公司。一个使未来的形势变得不确定的因素是美国和独联体(Commonwealth of Independent States, CIS)大量贮备用于生产核武器的武器级铀的数量和速度降低。将高浓缩铀(highly enriched uranium, HEU)转换成适合的堆用燃料，即低浓缩铀(low enriched uranium, LEU)，对铀的供应状况包括采矿、精炼工业和同位素分离等都有重大影响。

15.5　激光同位素分离[1]

另外一种分离铀同位素的技术是用激光选择性地激发 ^{235}U 原子，使其与 ^{238}U 原子分离。在劳伦斯·利弗莫尔国家实验室与橡树岭国家实验室合作开展的一个项目中，对这一过程进行了研究和开发，称为原子蒸气激光同位素分离(atomic vapor laser isotope separation, AVLIS)。AVLIS 被视为很有发展前途的分离技术，但 USEC 认定其与气体扩散分离器和气体离心机相比，在经济上并不合算。因此，1999 年中止了这个研发项目。法国用 SILVA 工艺(AVLIS 技术的法国版本)完成了测试，得到了 200kg 低浓缩铀和 1t 贫化铀。然而，他们得出的结论是这种方法只在将来某些时候有用。

一些元素，如铀，其核外电子有明确定义的电子轨道，类似于 2.3 节中所描述的。但是由于其核外有 92 个电子，电子轨道结构变得更加复杂。

^{235}U 和 ^{238}U 在核质量上的差异导致它们在电子轨道结构以及相应的激发或电

---

1 感谢劳伦斯·利弗莫尔国家实验室 Davis 和能源部 Haberman 为本节提供的资料。

离能上存在细微的差异。激光能够提供频率精确的强光，精密可调的激光束能提供光子使 ^{235}U 电离，而使 ^{238}U 不发生任何改变。^{235}U 的电离电位是 6.1eV。这一方法使原子实现分步的共振激发。在 AVLIS 技术中，大约 3 个 2eV 的光子就能实现电离。这一方法的优势是可以近乎完美地挑选出期望的同位素。在被激光束电离的 10 万个原子中，只有 1 个不是 ^{235}U。这就允许只通过单独的一级分离就可以将 ^{235}U 的浓度从 0.7%提高到 3%，而不是同气体扩散法一样需要数千级。采取这种方法，1kg 浓缩铀需要 6kg 天然铀。

在图 15.8 所示的原子蒸发激光同位素分离过程中，金属铀通过电子束蒸发。一个黄-绿激光器("泵浦")给一个次级的橙-红激光器供能。它照射铀蒸汽，使要挑选的 ^{235}U 原子电离。电场将离子拉出并凝结到产物收集板上。^{238}U 原子穿过激光束凝结到腔室壁上，然后作为尾气被除掉。

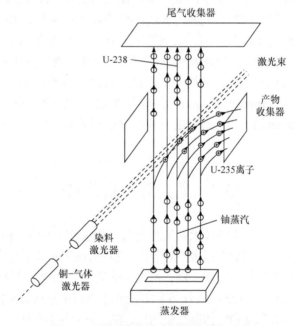

图 15.8　原子蒸发激光同位素分离过程

二十世纪九十年代中期，澳大利亚 Silex 公司开发了一个在浓缩过程中使用 UF_6 的激光器。2008 年以来，通用电气的子公司继续开发并成功实现了一个测试回路。2012 年 9 月，NRC 颁发了一个许可，可以在北卡罗来纳州的威尔明顿建造一个试验性的工厂。激光激发的同位素分离方法被私人(秘密)使用一直存在争议，一些人表达了对于铀合法扩散的关注。值得注意的是，这种继气体扩散分离器和气体离心机之后的第三代分离技术很有可能使用现有库存的贫化铀来作为供给的原料。

15.6　氘　的　分　离

氢的重同位素氘(^{2}H)，有两个重要的核应用：①作为反应堆的一种低吸收慢化剂，尤其是使用天然铀的反应堆；②在聚变反应中作为核反应材料。虽然轻水和重水之间的化学性质差异非常小(表 15.3)，但是足以允许通过几种不同的方法将 ^{1}H 和 ^{2}H 分离开。在这些方法中，电解法更容易使 H_2O 趋于解离；分馏法充分利用了 D_2O 的沸点比 H_2O 大约高 1℃的优势。在化学交换法中，涉及 HD 的过渡，通过 H_2O 生成 HDO 和轻氢气。

表 15.3　轻水和重水的性质比较

性质	轻水(H_2O)	重水(D_2O)
密度/(g/cm³)	1.0	1.105
熔点/℃	0	3.82
沸点/℃	100.0	101.42

15.7　小　　结

同位素分离需要基于质量的物理方法。在电磁方法中，使用了质谱仪，离子通过在不同路径上运动而分离开来。在气体扩散法中，气体中的轻分子较重分子更容易通过隔膜。气体扩散的浓缩量取决于质量的平方根，且每一级的量很小，因而需要很多级的分离。可供替代的分离设备是气体离心机。在气体离心机中，气体在高速旋转产生的离心力作用下扩散。根据物质守恒方程，可以计算出供入量。通过使用分离工作表，可以得到反应堆燃料浓缩铀的成本。激光同位素分离涉及用激光将铀原子进行选择性激发以产生化学反应。本章还介绍了几种从普通氢中分离出氘的方法。

15.8　习　　题

15.1　① 证明质谱仪中离子的运动半径可由下式给出：

$$r = \sqrt{\frac{2mV}{qB^2}}$$

② 如果重离子(H)和轻离子(L)的质量分别为 m_H 和 m_L，证明它们在质谱仪

收集板上的分隔距离正比于 $\sqrt{m_H} - \sqrt{m_L}$。

15.2 一级气体扩散理想的分离因子为

$$\alpha = 1 + \ln 2(\sqrt{m_H/m_L} - 1)$$

计算 $^{235}UF_6$ 和 $^{238}UF_6$ 分离因子 α 的值。注意氟的原子量 $A=19$。

15.3 ① 证明质量分别为 m_H 和 m_L 的粒子,其轻粒子的摩尔分数 γ_L 与它们质量分数 ω_H 和质量 m_L 之间有如下关系:

$$\gamma_L = \frac{n_L}{n_H + n_L} = \frac{1}{1 + \omega_H m_L/(\omega_L m_H)}$$

② 证明粒子的丰度比可以表示为

$$R = \frac{n_L}{n_H} = \frac{\gamma_L}{1 - \gamma_L} \text{ 或 } \frac{\omega_L/m_L}{\omega_H/m_H}$$

③ 金属铀中 ^{235}U 的质量分数为 3%时,试计算其摩尔分数和丰度比。

15.4 一个新的研究堆,其总燃料为 2000kg、丰度比为 20w/o 的 ^{235}U。从表 15.1 中找出需要供入天然铀的量以及用作反应堆燃料所需的分离功单位 SWU。假设尾气中 ^{235}U 的丰度比为 0.3w/o。

15.5 一个典型的反应堆使用从同位素分离器中得到的质量分数为 3%的浓缩铀,燃烧了 75%的 ^{235}U 和 2.5%的 ^{238}U,实际用于发电的铀元素占铀矿石质量的百分比是多少?

15.6 计算每天生产 1kg 高纯铀(质量分数为 90%)需要供入天然铀(质量分数为 0.711%)的量。假设尾料中 U-235 的含量为 0.25%(质量分数)且天然铀以 UF_6 形式存在。

15.7 采用气体扩散法浓缩铀,如果供入的是天然 UF_6,要生产质量分数为 3%的铀,需要浓缩多少级?

15.8 利用附表 A.4 中给出的铀和氧的原子量,证明 U_3O_8 中 U 的质量分数为 0.848。

15.9 由于通过隔板造成损失,分子数密度可以表示为 $n = n_0 \exp(-cvt)$,其中 c 为常数,v 为粒子速度,t 为通过时间,n_0 和 n 分别表示通过隔板前、后的分子数密度。如果允许通过一半的重元素,证明浓缩气体中的丰度比 $R'/R = \alpha$ 是分子量之比的函数。用铀的同位素分离对得到的公式进行检验。

15.10 贫化铀(0.3%的 ^{235}U)可以通过激光同位素分离来生产天然铀(0.711%)。如果供入量为每天 1kg 且所有的 ^{235}U 都进入产物,那么每天的产物和尾料的量各为多少?

15.11 利用附表 A.5 中给出的天然铀中 ^{238}U、^{235}U 和 ^{234}U 的同位素丰度和原子量,计算天然铀的原子量和每种核素的质量分数。建议:对这些数据作一个表。

15.12 一个公用工程计划增加核燃料的丰度比，从 3w/o 增加到 4w/o 或 5w/o，将利用率从 0.70 分别提高到 0.80 或 0.90，作为一个长的使用周期。使用例 15.6 中的数据，评估两种情况下的燃料成本并分析净经济效益相较于参考事例是盈利还是亏损？假设电价为 4cents/kWh。

15.13 某国偷偷摸摸地建造质谱仪来进行铀的同位素分离，其目标是在 1a 的连续运行中获得 50kg 高纯铀以生产核武器。

① 如果乐观地假定分离是理想的，需要的 U^+ 电流量是多少？

② 忽略加热和磁铁所需能量，50kV 电压下所需要的电能总量是多少？

③ 这样大的能源消耗是否能够隐藏？

15.14 ① 当离心机的半径 $r=0.1m$，角速度为 5000rad/s 时，计算离心加速度 $a=v^2/r$。试问此时的离心加速度比地球的重力加速度 g_0 大几倍？

② 计算温度为 330K 时，UF_6 的分离因子 α。$^{235}UF_6$、$^{238}UF_6$ 的分子量分别为 349、352。

15.15 对于一个分离因子为 1.1 的气体离心机，试确定从天然铀富集为高浓缩铀需要的级数。

15.16 一个 1000MW 的核电装置，其利用率为 90%，每年需约 10 万 kg-SWU 的燃料。如果采用气体扩散法进行浓缩，试问通过这种方式，核电厂输出的电量中百分之几是需要被有效地用来生产其燃料？

15.9　上机练习

15.A 气体扩散法中典型的尾气的丰度比为 0.3w/o。对于一个固定的产物(如 1kg 丰度比为 3w/o 的燃料)，通过下述方法作图给出供料、浓缩以及它们的总成本随尾气丰度比在 0.1～0.65w/o 的变化曲线。

① 熟悉计算机程序 ENRICH 并开展一些关于浓缩方面的计算；

② 采用计算机程序 ENRICH 来计算成本。

15.B 采用计算机程序 ENRICH 计算除流动和分离功单位以外的成本。然后，绘图给出产物丰度比在 1～10w/o，每克 U-235 和每千克 U 的成本。尾气的丰度比保持不变，始终为 0.3w/o。

参 考 文 献

Gsponer, A.A., 2001. Iraq's Calutrons: 1991–2001. http://nuclearweaponarchive.org/Iraq/Calutron.html. Includes report ISRI-95-03.

Oak Ridge National Laboratory, 1999. ORNL's Calutrons Wrap Up Historic Half-Century of Isotopes.

www.ornl.gov/reporter/no1/calutron.htm. Final shutdown of machines.

Olander, D.R., 1978.The gas centrifuge. Sci. Am. 239 (2), 37–43.

延 伸 阅 读

Enrichment Technology, Urenco-Areva.*www.enritec.com*. Select"Centrifuge Technology"for gascentrifuge information.

Parkins, W.E., 2005.The uranium bomb, the Calutron, and the space charge problem.Physics Today.58 (5), 45.

Smyth, H., 1945. Atomic Energy for Military Purposes (Also Known as the"Smyth Report"). http://nuclearweaponarchive. org/Smyth/index.html. Reproduction of Chapters IX–XI about uranium separation.

U.S. Department of Energy (DOE), U.S. Energy Information Administration (EIA), Nuclear &Uranium.www.eia.gov/nuclear/.Links to reports with data.

United States Enrichment Corporation (USEC), www.usec.com (select "The American Centrifuge").

Villani, S., 1976.Isotope Separation.American Nuclear Society.Monograph that describes most of the techniques for separating isotopes, including theory, equipment, and data.

Wise Uranium Project, Uranium Enrichment Calculator. www.wise-uranium.org/nfcue.html. Reproduces calculations in Section 15.4.

Zare, R.N., 1977. Laser separation of isotopes. Sci. Am. 236 (2), 86–98.

中子链式反应

本章目录

在大量核燃料(如铀)中进行的中子链式反应，其发生的概率取决于：①核特性，如反应截面以及每次吸收能够产生的中子数(6.3 节)；②材料的尺寸、形状和布置。

16.1　临界和增殖

为了获得自持的中子链式反应，若不提供外中子源，则必须提供临界质量的核燃料。为了深入理解这种要求的必要性，设想一个最简单的反应堆：包含 ^{235}U 的一个金属球。假设这个金属球仅由一个 ^{235}U 原子组成，它吸收一个中子并发生裂变，裂变产生的中子由于没有更多的核燃料而不会有任何进一步的反应。如果这个金属球是一小块铀，如只有几克，则一个中子的引入可能会引起一连串的裂变反应，产生更多的中子。但它们中的绝大多数中子会通过铀块的表面逃逸出去——这个过程称为泄漏。这样一个量的核燃料是次临界的。如果将约 50kg 的 ^{235}U 金属放在一起，此时中子的产生和泄漏达到平衡，系统处于自持或临界状态。物理尺寸就是临界体积，燃料的总量就是临界质量。链式反应的开始必须引入中子，并且如果没有其他条件，中子数能保持不变。术语临界质量很常用，被用来描述任何大到能够独立维持链式反应的实体装置。

图 16.1 给出了高浓缩的 ^{235}U 快金属装置——Godiva 装置，之所以这样命名是因为它是裸露的(也就是没有包裹金属)。多年来，Godiva 装置在洛斯·阿拉莫斯国家实验室一直被用作测试。如果在保持临界状态所必需的 50kg 的基础上增加更多的铀，那么产生的中子会比消失的中子更多，中子总数增加了，则反应堆超临界。早期的核武器需要用到 50kg 的质量，中子在其中快速增加，产生大量的裂变热，导致剧烈的爆炸。

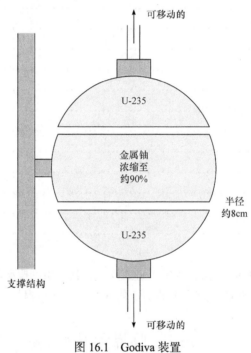

图 16.1 Godiva 装置

反应器的上、下三分之一都可以拉开以达到次临界状态

16.2 增 殖 因 数

反应堆中的中子行为可以通过生物(如人类)种群数的类推来理解。有两种方式看待人口数量的变化：个体和群体。一个人出生后在他的一生中会有各种各样的致命疾病或者事故。根据统计数据，人类的平均预期寿命为 75 岁。一个人死后

可能没有、有一个或者多个孩子。如果平均刚好有 1 个后代，那么人口是常数。从另外一个角度看，如果一群人中出生率和死亡率相同，那么人口是稳定不变的。如果每年的出生率比死亡率高 1%，那么人口就会相应的增长。这种方法强调了出生率与死亡率的竞争。

同样的方法可以应用于分析中子在装置中的增殖。将重点放在裂变中生成的特有中子，由于泄漏以及在除核燃料外其他材料中的吸收，它有各种不同的退出循环的机会。另外，可以通过比较中子吸收、裂变和泄漏等过程的反应率来确定中子数是增加、不变还是减少。每一种方法在讨论、分析和计算等方面都有不同的优点。

对于任意核燃料和其他材料的布置，可以用一个单独的数字 k 来代表每一个初始中子产生的净中子数，用来解释裂变中所有的损耗和再生。系统的状态可以通过增殖因数 k 来概括：

$$k \begin{cases} >1, & 超临界 \\ =1, & 临界 \\ <1, & 次临界 \end{cases} \tag{16.1}$$

所有反应堆的设计和运行都基于 k 或与之相关的量，如 $\delta k = k-1$，或 $\delta k/k$，称为反应性，用符号表示为

$$\rho = \frac{\delta k}{k} = \frac{k-1}{k} \tag{16.2}$$

原料及其尺寸的选择就是要确保 k 达到期望值。对于裂变材料的安全存储，k 必须远小于 1。在次临界实验中，将材料和一个中子源放在一起——通过对中子通量水平的观测来进行 k 值的评估。在运行中，是通过中子吸收棒或弥散的化学毒物来调整，以达到需要的 k 值。最终，反应堆在长时间运行后，过度的燃耗会使得 k 小于 1，因此必须添加新的核燃料。在添加新的核燃料时，反应堆需要停止运行。

通常用两个不同的增殖因数来评估系统的临界性。无限增殖因数 k_∞，用来评估无限大反应堆核材料达到临界的可能性。一旦核燃料被置于一个有限的空间时，有效增殖因数 k_{eff} 被用来描述中子数的增长，包括中子从系统中泄露出去的影响：

$$k_{\text{eff}} = \frac{中子产生率}{中子吸收率 + 中子泄漏率} \tag{16.3}$$

前面提到的增殖因数 k 是不同的，但由于 k_∞ 和 k_{eff} 对式(16.1)和式(16.2)都适用，因此没有具体指出是哪个 k。

例 16.1 一个装置产生的中子为 5.2×10^5n/s,同时 4.9×10^5n/s 被吸收,6×10^4n/s 从反应堆中泄漏出去, 则无限增殖因数为

$$k_\infty = \frac{\text{产生的中子}}{\text{吸收的中子}} = \frac{5.2\times10^5\,\text{n/s}}{4.9\times10^5\,\text{n/s}} \approx 1.06$$

这意味着单独这块材料是超临界的, 但有效增殖因数指出总体上处于次临界状态:

$$k_{\text{eff}} = \frac{\text{产生的中子}}{\text{吸收和泄漏的中子}} = \frac{5.2\times10^5\,\text{n/s}}{(4.9\times10^5 + 6\times10^4)\,\text{n/s}} \approx 0.95$$

该反应堆对应的反应性为

$$\rho = (k_{\text{eff}} - 1)/k_{\text{eff}} = (0.95-1)/0.95 \approx -0.05 \text{ (没有单位)}$$

16.3 快 堆 临 界

对于一个金属铀装置,可以用统计方法来推导出增殖因数 k 的公式。如图 16.2(a) 所示,因为快中子的平均自由程非常长,一个中子可能在其第一次飞行中就逃逸出球体;另外一个中子可能参与一次碰撞, 然后逃逸出球体, 如图 16.2(b) 所示;其他的中子可能经碰撞后被吸收, 或者形成 U-236, 如图 16.2(c) 所示; 或者引起裂变, 如图 16.2(d) 所示。最后一种情况产生 2~3 个新的中子。其他的中子在泄

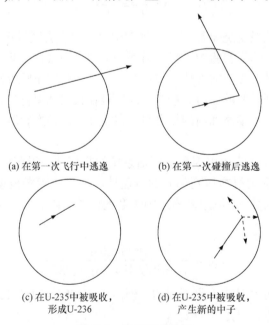

(a) 在第一次飞行中逃逸   (b) 在第一次碰撞后逃逸

(c) 在U-235中被吸收,   (d) 在U-235中被吸收,
　　形成U-236　　　　　　　　产生新的中子

图 16.2　中子运动轨迹

漏或被吸收前依然可能发生几次碰撞。通过上机练习 16.B 的实际运用，揭示了这一过程的统计性特征。上机练习中会涉及程序 SLOWINGS，该程序采用 Monte Carlo 技术对散射、吸收和逃逸进行了模拟。

　　快金属反应堆中的中子循环流程图如图 16.3 所示，对描述中子不同作用和循环过程很有帮助。方框代表作用过程，圆圈代表每一步的中子数。被吸收的中子形成 U-236 以及引起裂变的概率，分别是俘获截面 σ_γ 和裂变截面 σ_f 与吸收截面 σ_a 之比。

　　设每次裂变平均产生的中子数为 ν。燃料中每次裂变放出的中子数又称为有效裂变中子数 η，则有

$$\eta = \nu\sigma_f/\sigma_a \qquad (16.4)$$

　　设 $\mathcal{L}$ 为中子没有通过泄漏而逃逸的概率，于是有

$$k_{\text{eff}} = \eta\mathcal{L} \qquad (16.5)$$

例 16.2　如果一个系统的 $k_{\text{eff}}=1$ 或 $\eta\mathcal{L}=1$，则系统是临界的。测量显示，对于快中子引起的裂变，η 约为 2.2。于是，$\mathcal{L}=1/\eta=1/(2.2)\approx0.45$，说明为了维持临

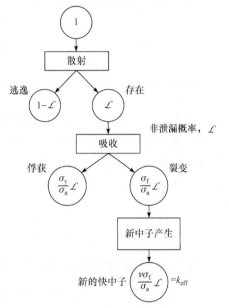

图 16.3　快金属反应堆中的中子循环流程图

界状态，45%的中子一定留在球内，而不超过 55%的中子则逃出了边界。

　　下面更加细致地分析非泄漏概率 $\mathcal{L}$。它的定义源自中子通过没有反射层的反应堆堆芯表面而造成的损失。泄漏是由于散射碰撞，与堆芯的形状和尺寸有关。因为中子的产生发生在堆芯内部而损失发生在边界，所以中子泄漏的数量取决于堆芯的表面积与体积之比。例如，对于一个球体，其体积为 $V=(4/3)\pi R^3$，表面积为 $S=4\pi R^2$，因此比值就是 $S/V=3/R$。这个结果来自中子扩散理论(参考第 19 章)，实际上应用的参数是 $B_g=\pi/R$，它的平方 B_g^2 被称为几何曲率。中子迁移的平均自由程越大，则吸收截面就越小，因此泄漏多一些也是合乎逻辑的。中子迁移涉及 4.7 节中介绍过的扩散长度 L 的应用，$L=\sqrt{D/\Sigma_a}$，只不过这里是快中子。在裸堆中，对于一组不同能量的中子，其非泄漏概率可以表示为

$$\mathcal{L}=1/(1+L^2B_g^2) \qquad (16.6)$$

表 16.1 列出了三种重要形状的几何曲率。

表 16.1 几何曲率

几何形状	尺寸参数	几何曲率(B_g^2)
球体	半径，R	$(\pi/R)^2$
圆柱体	半径，R；高，H	$(\pi/H)^2+(j_0/R)^2$，其中 j_0=2.40483
平行六面体	长(L)×宽(W)×高(L)	$(\pi/L)^2+(\pi/W)^2+(\pi/H)^2$

例 16.3 如果 Godiva 装置完全由密度为 19g/cm^3 的 U-235 组成，则燃料的分子密度很容易计算得到：$N = \rho N_A/M = 4.87\times10^{22}\,\text{atom/cm}^3$。为了估算装置的扩散面积 L^2，将式(4.45)和式(4.46)联立并用表 16.2 中给出的 U-235 的截面数据代入其中，于是有

$$L^2 = D/\Sigma_a = 1/(3\Sigma_{tr}\Sigma_a) = 1/(3N^2\sigma_{tr}\sigma_a) = 1/[3N^2\sigma_{tr}(\sigma_f + \sigma_\gamma)]$$

$$= 1/[(3)(4.87\times10^{22}/\text{cm}^3)^2(6.8b)(1.4b + 0.25b)(10^{-24}\,\text{cm}^2/b)^2] \approx 12.5\text{cm}^2$$

根据图 16.1，装置的半径约为 8cm。这样，其几何曲率为

$$B_g^2 = (\pi/R)^2 = [\pi/(8\text{cm})]^2 \approx 0.15/\text{cm}^2$$

因此，非泄漏概率为

$$\mathcal{L} = 1/(1 + L^2 B_g^2) = 1/[1 + (12.5\text{cm}^2)(0.15/\text{cm}^2)] \approx 0.35$$

表 16.2 反应堆快中子群常用参数

材料	ν	σ_f/b	σ_γ/b	σ_{tr}/b
U-235	2.6	1.4	0.25	6.8
U-238	2.6	0.095	0.16	6.9
Pu-239	2.98	1.85	0.26	6.8
Na	—	—	0.0008	3.3

来源: ANL-5800, Reactor Physics Constants, 1963, p. 421。

对于燃料为混合物等更为复杂的情况，其临界条件可以使用 CRITICAL 程序进行分析。在上机练习 16.A 中，将对此进行探讨。分析计算中经常需要使用一些参数，反应堆快中子群常用参数如表 16.2 所示。

16.4　热堆临界

反应堆中大量中子慢化物质(如水)的存在,极大地改变了中子的能谱分布。快中子通过与轻核的碰撞而慢化,导致反应堆中绝大多数的裂变是由低能中子(热中子)引起的。与没有慢化剂,主要靠快中子运行的快堆相比,这样的系统被称为热堆。从图 16.4 中可以看出,热中子和快中子这两个不同能量范围的中子,其反应截面有很大的不同。而且,中子在慢化过程中,在核素(如 ^{238}U)中发生了强烈的共振吸收,导致其从增殖循环过程中被去除。最终,中子在燃料、冷却剂、结构材料、裂变产物和控制棒(吸收体)之间存在着竞争。

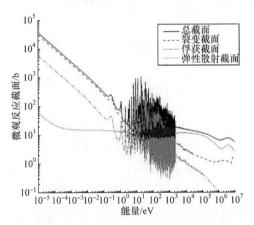

图 16.4　^{235}U 的微观反应截面(后附彩图)

热堆中的中子增殖循环过程的描述如图 16.5 所示,比快金属装置更复杂一些。描述反应堆的参数如下。

(1) 快中子增殖因子 ε, 代表由于高能中子引起裂变导致的直接增殖,主要发生在 U-238 中。

(2) 快中子非泄漏概率 $\mathcal{L}_f$, 在中子慢化中留在堆芯的份额。

(3) 共振逃脱概率 $\wp$, 中子慢化期间未被俘获的份额。

(4) 热中子非泄漏概率 $\mathcal{L}_t$, 中子扩散期间留在堆芯的热中子份额。

(5) 热中子利用率 f, 燃料中被吸收的热中子份额。

(6) 有效裂变中子数 η, 燃料中每次吸收放出的裂变中子数。

从裂变中子开始到循环的最后,可以看出产生的快中子数为 $\varepsilon \wp f \eta \mathcal{L}_f \mathcal{L}_t$, 也可以标记为 k_{eff}, 即有效增殖因数。可以很方便地将其中的四个因子组成一组,即无限增殖因数 k_∞:

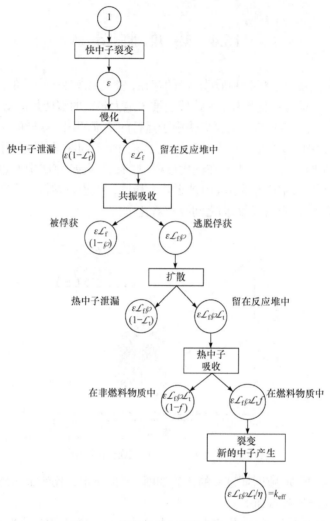

图 16.5　热堆中的中子增殖循环过程

$$k_\infty = \eta f \varepsilon \wp \tag{16.7}$$

式(16.7)就是著名的四因子公式。如果介质无限大，没有泄漏，那么 k_∞ 与 k_{eff} 是完全等同的。如果将 $\mathcal{L}_{\mathrm{f}}$、$\mathcal{L}_{\mathrm{t}}$ 组成一个复合泄漏概率 $\mathcal{L}$，即 $\mathcal{L} = \mathcal{L}_{\mathrm{f}}\mathcal{L}_{\mathrm{t}}$，那么可以写为

$$k_{\mathrm{eff}} = k_\infty \mathcal{L} \tag{16.8}$$

如前所述，当反应堆处于临界时，k_{eff} 一定等于 1。

例 16.4　为了对各种不同因子的大小有所了解，计算一个热堆复合量的值。

ε=1.03，$\wp$=0.71，$\mathcal{L}_f$=0.97，$\mathcal{L}_t$=0.99，f=0.79，η=1.8。利用这些值可以得到：

$$k_{\infty} = \eta f \varepsilon \wp = (1.8)(0.79)(1.03)(0.71) \approx 1.04$$

$$\mathcal{L} = \mathcal{L}_f \mathcal{L}_t = (0.97)(0.99) \approx 0.96$$

$$k_{\text{eff}} = k_{\infty} \mathcal{L} = (1.04)(0.96) \approx 1.00$$

对于这个例子，各种不同的参数产生了一个临界系统。在 18.1 节中，将描述典型热堆的物理构造。

16.5　四因子公式

实际的反应堆由多种材料组成，由此需要具备在多种情况下计算式(16.7)中四个因子的能力。通过将中子寿命期内一系列行为叠加在截面图上，如图 16.6 所示，可以对四因子公式有进一步的认识。

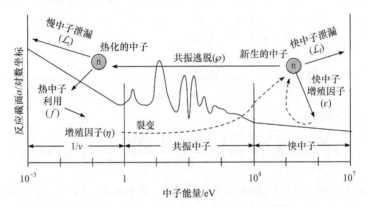

图 16.6　叠加在截面图上的中子寿命周期图

在一个低浓缩度堆芯中，产生的中子能量约为 2MeV，导致中子与充足的 U-238 原子之间发生相互作用的概率非常高；然而，正如表 16.2 所示，其裂变截面很小(0.095b)。尽管快中子增殖因子很容易按字面定义为

$$\varepsilon = \frac{\text{热中子裂变和快中子裂变产生的总中子数}}{\text{热中子裂变产生的中子数}} \tag{16.9}$$

但是ε的计算却极其复杂。对于实际应用，只简单地认为$\varepsilon \approx 1.04$。

在慢化剂试图将一个中子慢化到热中子的同时，燃料(F)由于存在很大的共振截面，也试图吸收这个中子。共振俘获的竞争机制主要通过 U-238 和慢化剂(M)热能化来体现，其共振逃脱概率$\wp$可以表示为

$$\wp = \exp[-(NI)_F/(\xi\Sigma_{S,epi})_M] \tag{16.10}$$

式中，I 为燃料共振吸收的积分；乘积 $\xi\Sigma_{S,epi}$ 为在超热能能量范围依靠散射截面的慢化能力；ξ 与式(4.43)中的定义相同；$\wp$ 的值通常在 0.6～0.9 变动。

没有从系统中泄漏的热中子，将被系统内包含的某种材料所吸收。反应堆不仅包含燃料和慢化剂，而且包含结构(S)材料，如不锈钢和包壳，还有用于控制(C)中子的吸收体。中子在燃料中的吸收与在所有物质(T)中的吸收之比就是热中子或燃料的利用率。中子的竞争关系可以定量地表示为

$$f = \frac{\Sigma_a^F}{\Sigma_a^T} = \frac{\Sigma_a^F}{\Sigma_a^F + \Sigma_a^M + \Sigma_a^S + \Sigma_a^C + \cdots} \tag{16.11}$$

尽管燃料的利用率可以从 0 到 1，f 却近似为 1。

例 16.5　一个以 U-235 为燃料的快堆，用钠作为冷却剂。为了克服泄漏，维持临界状态，k_∞ 必须大于 1.2。为了确定钠与燃料比例(N_{Na}/N_{235})的最大值，对于这个快堆，乘积 $\wp\varepsilon$ 不适用，因此 $k_\infty = \eta f$。例 16.2 中，$\eta=2.2$。这样 $f = k_\infty/\eta = 1.2/(2.2) \approx 0.55$。燃料的利用率可以表示为

$$f = \frac{\Sigma_a^{235}}{\Sigma_a^{235} + \Sigma_a^{Na}} = \frac{N_{235}\sigma_a^{235}}{N_{235}\sigma_a^{235} + N_{Na}\sigma_a^{Na}} = \frac{\sigma_a^{235}}{\sigma_a^{235} + (N_{Na}/N_{235})\sigma_a^{Na}}$$

将上式重新整理，得到

$$\frac{N_{Na}}{N_{235}} = \frac{\sigma_a^{235}}{\sigma_a^{Na}}\left(\frac{1}{f} - 1\right) = \frac{(1.4b + 0.25b)}{0.0008b}\left(\frac{1}{0.55} - 1\right) \approx 1700$$

计算结果表明，燃料所占份额可以非常小，虽然如此，临界状态依然可以达到。

有效裂变中子数表征的是燃料吸收一个中子产生更多中子的效能。如果燃料由多种核素组成，η 由每一种成分产生的中子构成：

$$\eta = \frac{\nu_1\Sigma_f^1 + \nu_2\Sigma_f^2 + \nu_3\Sigma_f^3 + \cdots}{\Sigma_a^1 + \Sigma_a^2 + \Sigma_a^3 + \cdots} \tag{16.12}$$

对于 η 和 f，只要能够保持一致性，燃料的划分是随分析师的意愿而定的——燃料可以是二氧化铀(UO_2)、铀，或者仅是 U-235。

例 16.6　确定由天然铀组成的 UO_2 在热能时的 η 值。燃料的原子密度通过 $N_O = 2N_U$、$N_{235} = 0.0072N_U$ 和 $N_{238} = 0.9927N_U$ 关联起来。截面数据来自表 4.2 并假设所有的氧均为 O-16。

$$\eta = \frac{v_{235}\Sigma_{\mathrm{f}}^{235}}{\Sigma_{\mathrm{a}}^{235}+\Sigma_{\mathrm{a}}^{238}+\Sigma_{\mathrm{a}}^{\mathrm{O}}} = \frac{v_{235}N_{235}\sigma_{\mathrm{f}}^{235}}{N_{235}\sigma_{\mathrm{a}}^{235}+N_{238}\sigma_{\mathrm{a}}^{238}+N_{\mathrm{O}}\sigma_{\mathrm{a}}^{\mathrm{O}}}$$

$$= \frac{(2.4355)(0.0072)(582.6\mathrm{b})}{(0.0072)(98.3\mathrm{b}+582.6\mathrm{b})+(0.9927)(2.683\mathrm{b})+(2)(0.00019\mathrm{b})} \approx 1.35$$

这里，v_{235} 的值取自表 6.1。

16.6　中子通量和反应堆功率

由于实际需求的原因，反应堆能够提供的热功率是人们非常关心的量。反应堆功率与中子数和存在的裂变材料质量有关。$1\mathrm{cm}^3$ 的反应堆包含 N 种燃料核，每个核对应反应堆典型中子能量的裂变截面为 σ_{f}，相应中子的速度为 v，假设整个体积中有 n 个中子。于是，裂变反应率(每立方厘米每秒裂变数)为

$$R_{\mathrm{f}}=nvN\sigma_{\mathrm{f}} \tag{16.13}$$

如果每次裂变产生的能量为 w，那么每单位体积的功率为 $q^m = wR_{\mathrm{f}}$。对于整个反应堆，其体积为 V，热能的产生率 $P=q^m V$。如果中子的平均通量率 $\overline{\phi}=nv$，燃料总的核子数为 $N_{\mathrm{F}}=NV$，则反应堆的总功率为

$$P=\overline{\phi} N_{\mathrm{F}}\sigma_{\mathrm{f}} w \tag{16.14}$$

从 6.4 节中可知，$w=190\mathrm{MeV/fissions}$ 或 $1/w=3.29\times10^{16}\mathrm{fissions}/(\mathrm{MW}\cdot\mathrm{s})$。

于是，可知功率决定于中子数与燃料核子数的乘积。如果反应堆包含少量的燃料，那么相反地，则需要高的通量。所有其他的情况都是相同的，一个裂变截面大而燃料较少的反应堆与一个裂变截面 σ_{f} 小而燃料较多的反应堆都能产生必需的功率。回顾一下，σ_{f} 随着中子能量的增加而减少。因此，如果要输出同样的功率 P，中子能量主要在 $1\mathrm{MeV}$ 附近的快堆，与中子能量低于 $0.1\mathrm{eV}$ 的热堆相比，运行时需要大得多的通量水平或较大的可裂变燃料质量。

大多数常见的装置产生的功率与燃耗(燃料消耗量)密切相关。例如，一个大轿车通常比小轿车的汽油消耗率高，高速运行比低速运行需要更多的汽油。在反应堆中，需要频繁地添加燃料，这是由于每单位质量有非常大的能量输出且燃料含量基本上一直是常数。从式(16.14)可以看出，通量和燃料与功率密切相关，注意到功率可以很容易地通过改变通量而增加或降低。通过操纵控制棒，中子数被允许增加或减少到合适的水平。

用于发电的动力堆产生约 $3000\mathrm{MW}$ 的热能，其效率近似为三分之一(33%)，因此供应的电能约为 $1000\mathrm{MW}$。

例 16.7 一个 1000MW 核电厂里的反应堆由 100MTU(公吨铀)、丰度比为 3w/o 的燃料组成。因此，燃料 U-235 的原子数为

$$N_F = \frac{m_{235}N_A}{M_{235}} = \frac{(100\times10^6\,\text{g})(0.03)(6.022\times10^{23}\,\text{atom/mol})}{(235\text{g/mol})} \approx 7.69\times10^{27}\,\text{atom}$$

为了产生需要的热功率，需要的热中子通量为

$$\bar{\phi} = \frac{P}{N_F \sigma_f w} = \frac{(3000\text{MW})[3.29\times10^{16}\,\text{fissions/(MW·s)}]}{(7.69\times10^{27}\,\text{atom})(582.6\times10^{-24}\,\text{cm}^2)} \approx 2.2\times10^{13}\,\text{n/(cm}^2\cdot\text{s)}$$

中子通量和临界是描述反应堆状态两个不同的、互不相联的参数。其差别可用汽车来比拟说明。倍增因子与车辆加速相似，而通量则与汽车速度类似。因此，临界堆可以运行在高通量或等效功率水平。

16.7 天然反应堆

直到 20 世纪 70 年代，人们一直认为是费米和他的同事于 1942 年运行了世界上第一座核反应堆。然而，约二十亿年前在非洲加蓬奥克洛附近发生了涉及中子和铀的、天然的链式反应(Cowan, 1976)。那时，天然铀中 U-235 的浓度比现在高，这是由于 U-235 和 U-238 的半衰期不同。U-235 的半衰期为 7.04×10^8a，U-238 的半衰期为 4.47×10^9a。丰富的矿脉中所包含的水，足够将中子慢化成热中子。这座天然的反应堆被认为断断续续地运行了数千年，其功率水平大约为千瓦量级。观测到铀矿中 U-235 丰度比异乎寻常的低，导致奥克洛现象被发现。这一结果被裂变产物的存在所证实。

16.8 小   结

如果核燃料达到了临界质量，中子自持链式裂变反应就有可能发生。增殖因数 k 的值表征反应堆是处于次临界(<1)、临界(=1)或是超临界(>1)状态。反应堆的功率与中子通量和燃料的核子数密切相关，很容易调整。热堆包含慢化剂，其运行依赖于慢化中子。大约二十亿前，非洲铀矿藏中含有浓度足够高的 U-235，以至于成为天然的链式裂变反应堆。

16.9 习   题

16.1 计算三种核素中快中子的增殖因数 η：①U-235；②U-238；③Pu-239。

16.2 若 50kg Godiva 型反应堆的功率为 100W，其平均通量是多少？

16.3 ①已知 $\varepsilon=1.05$，$\wp=0.75$，$\mathscr{L}_f=0.90$，$\mathscr{L}_t=0.98$，$f=0.85$，$\eta=1.75$，计算一个热堆的倍增因数 k_∞ 与 k_{eff}；②估算反应性 ρ。

16.4 包含 ^{235}U(用 1 表示)和 ^{238}U(用 2 表示)的铀，其增殖因数可以由下式给出：

$$\eta = \frac{v_1 N_1 \sigma_f^1 + v_2 N_2 \sigma_f^2}{N_1 \sigma_a^1 + N_2 \sigma_a^2}$$

请针对下述三类反应堆，计算 η 的值：①热堆，含 3% 的 U-235，$N_1/N_2=0.0315$；②快堆，燃料相同；③快堆，纯 U-235。请对结果进行评述。相关物理常数可以参考表 6.1 和表 6.3。

16.5 ①用热中子值计算二氧化铀中 η 的值。二氧化铀中 U-235 的摩尔分数为 0.2，被看作是实用的核武器材料的下限。②上述燃料适合研究堆吗？

16.6 试计算对应于超临界、临界和次临界时反应性的值。

16.7 假设 ^{235}U 和 ^{238}U 的质量比为 0.711/99.3，求它们在 19 亿年前的质量比。

16.8 一个球形快 ^{235}U 金属装置的参数如下：扩散系数 $D=1.02$cm，宏观吸收截面 $\Sigma_a=0.0795$cm^{-1}，有效半径 $R=10$cm。计算：①扩散长度 L；②曲率 B^2；③非泄漏概率 $\mathscr{L}$。

16.9 实际的 Godiva 装置规范是 ^{235}U 的浓度为 93.9%，质量为 48.8kg，铀的密度为 18.75g/cm^3。请采用上述参数确定：①扩散面积；②非泄漏概率。

16.10 计算下述几何体的几何曲率：①25cm×35cm×40cm 的平行六面体；②半径为 25cm、高为 50cm 的圆柱体。如果这些几何体都是裸露的金属反应堆，密度都为 19g/cm^3 的浓缩铀，那么每个堆的非泄漏概率是多少？

16.11 试计算一个均匀的铀-石墨混合堆的共振逃脱概率，堆慢化剂与燃料的原子比为 450。铀的共振积分截面为 277b，石墨的超热中子散射截面为 4.66b。

16.10   上 机 练 习

16.A 程序 CRITICAL 可以评价多种球形金属装置的临界状态。该程序采用一组中子模型，其截面由早期与武器相关的临界实验推导出来。CRITICAL 可以处理铀和钚的任意组合体。选择铀的浓度和钚的含量，运行这个程序。建议的配置如下：①纯 ^{235}U；②Godiva(93.9% 的 ^{235}U，实验的 ^{235}U 质量为 48.8kg)；③Jezebel (纯钚，实验的质量为 16.28kg)；④天然铀(^{235}U 的摩尔分数为 0.0072，不可能达到临界状态)；⑤贫化铀(^{235}U 的摩尔分数为 0.003)；⑥简单的增殖反应堆(^{239}Pu 占总体积的 10%，其余为贫化铀)。

16.B 程序 SLOWINGS 演示了三种中子作用过程——散射、吸收和泄漏之间的竞争。它模拟了一系列中子从一个碳球的中心释放出来，通过运用慢化理论和随机数，计算被吸收和逃逸的中子数。①运行程序几次，注意其统计涨落；②将吸收截面增加为原来的 200 倍，如同非常多的硼加入到球中一样，注意观察其效果。

参 考 文 献

Cowan, G.A., 1976. A natural fission reactor. Sci. Am. 234 (1), 36–47.

延 伸 阅 读

Glasstone, S., Sesonske, A., 1994. Nuclear Reactor Engineering, fourth ed. vol. 1, Reactor Design Basics, vol. 2,Reactor Systems Engineering. Chapman and Hall.

Karam, A., 2005. The Natural Reactor at Oklo.www.physics.isu.edu/radinf/Files/Okloreactor.pdf. A comparison with modern nuclear reactors.

Murray, R.L., 2007. Nuclear Reactors.Kirk-Othmer Encyclopedia of Chemical Technology.John Wiley & Sons.

Peterson, R.E., Newby, G.A., 1956. An unreflected U-235 critical assembly.Nucl. Sci. Eng..1, 112. Description of Godiva.

第 17 章

核 热 能

本章目录

　　裂变释放的绝大部分能量体现为高速粒子的动能。当这些粒子穿过物质时，就会通过与物质的原子核多次碰撞而减速，并将热能传递给周围的物质。本章的目的是探讨如何将这种能量转移给冷却剂并传输到能够将机械能转换为电能的设备上。同时，还详细介绍对产生的大量废热进行处理的方法。

17.1 传 热 方 法

　　由基本的科学知识可知，热作为能量的一种形式，有三种传播方式：热传导、热对流和热辐射。这三种方式的物理过程是不同的。在热传导中，如果物质中某一点处的温度高，其分子运动会引起相邻分子的运动，能量就会向低温区流动，能量流动的速率正比于温度的斜率(也就是温度梯度)；在热对流中，冷却剂(如空气或水)的分子撞击热源表面获得能量，然后返回提高冷却剂的整体温度，传热的速率正比于热源表面温度和环境介质温度的差，同时也决定于表面附近冷却剂的流通量；在热辐射中，加热物体的分子发射并接收电磁辐射，能量的净转移决定于物体和周围区域的温度，具体来说，就是正比于绝对温差的四次方。对反应堆而言，最后一种传热方式通常不如前两种方式重要。

在考察反应堆堆芯的热产生和热传导之前，建立描述热传递作用过程的一些常用术语是很有必要的。定义 q 为热流动，单位为 W，这一物理量有三种变形。

(1) q'：线功率密度──每单位长度产生的热量(W/cm)。

(2) q''：热流密度──每单位面积流动的热量(W/cm²)。

(3) q'''：体积释热率(功率密度)──每单位体积的热产生率(W/cm³)。

注意以上四个热学术语的基本符号，其单位在分母上按长度单位的幂指数依次增加。

17.2　燃料组件的热传导与对流

首先回顾一个圆盘(其边沿绝热)的热传导。假设圆盘的厚度为 Δx，截面积为 A，两个面的温度差为 ΔT，那么，通过这个圆盘的热流动 q 由傅里叶热传导定律给出：

$$q = kA\frac{\Delta T}{\Delta x} \tag{17.1}$$

式中，k 为导热系数，典型单位为 W/(cm·℃)。对于圆盘，温度的斜率处处相同。在更为一般的情况下，斜率应随着位置的变化而变化。每单位面积流动的热量 $q'' = q/A$ 正比于温度的斜率或梯度(写作 $\mathrm{d}T/\mathrm{d}x$)。

导热系数 k 随温度的不同稍微有些变化，但在下面关于反应堆的单根燃料棒的导热分析中可以将 k 当常数处理。假设整个燃料棒裂变产生的热量是均匀的。如果燃料棒的长度相对其半径 R 较长，或者是由很多小的燃料芯块组成，那么绝大部分热传导发生在径向方向。如果表面温度由于冷却剂的循环保持为 T_s，燃料棒的中心为一个较高的温度 T_0。对于一个单位长度的燃料棒，其体积为 πr^2，热产生率为 $\pi r^2 q'''$。半径为 r 的区域内产生的总热能一定会以 $-k(\mathrm{d}T/\mathrm{d}r)2\pi r$ 的速率通过边沿面积 $2\pi r$ 流出，也就是

$$\pi r^2 q''' = -k2\pi r \, \mathrm{d}T/\mathrm{d}r \tag{17.2}$$

可以将式(17.2)从 $r=0$(此处 $T=T_0$)开始积分到任意径向位置，得到燃料棒的温度分布曲线：

$$T_{\mathrm{F}}(r) = T_0 - q''' r^2 / (4k) \tag{17.3}$$

这样，燃料棒内的温度分布 T_{F} 是一条抛物线，如图 17.1 所示。

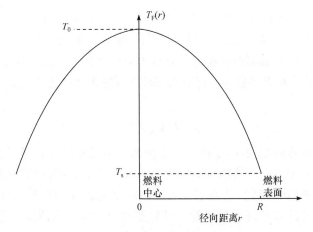

图 17.1　燃料棒内的温度分布

表面温度 $T_R = T_F(R) = T_0 - q''' R^2/(4k)$，通过燃料棒径向的温度变化为

$$\Delta T_F = T_0 - T_s = \frac{q'}{4\pi k} \tag{17.4}$$

如同所期望的那样，如果单位体积热量的产生率 q''' 大或每单位长度产生的热量 q' 大，那么温差就大。对于一根高度为 H 的燃料棒，产生的总热量为

$$q = q'H = q''2\pi RH = q'''\pi R^2 H \tag{17.5}$$

例 17.1　对于一个半径为 0.5cm 的反应堆燃料棒，计算其在功率密度 $q''' = 200\mathrm{W/cm^3}$ 时的温度差。对应的线功率密度为

$$q' = \pi R^2 q''' = \pi(0.5\mathrm{cm})^2(200\mathrm{W/cm^3}) \approx 157\mathrm{W/cm}(\text{或}4.8\mathrm{kW/ft})$$

设 UO_2 的导热系数 $k = 0.062\mathrm{W/(cm \cdot ℃)}$，可得

$$\Delta T_F = \frac{q'}{4\pi k} = \frac{157\mathrm{W/cm}}{4\pi(0.062\mathrm{W/cm \cdot ℃})} \approx 200℃ = 360℉$$

如果希望沿燃料棒中心线保持较低的温度，以避免结构变化或熔化，则导热系数 k 必须大，燃料棒的尺寸小，或者反应堆的功率水平低。陶瓷燃料在 5080℉ (2800℃)时开始熔化，但是在核燃料燃耗增大时，熔点温度会降低。典型的反应堆中，在燃料芯块和包壳内表面之间有一个小间隙。在反应堆运行时，间隙会包含气体(如氦气和气体裂变产物)，而气体是热的不良导体，因此在通过间隙时会导致温差较大。包壳比较薄且具有很高的导热系数，因此在通过包壳时温差较小。迄今为止，一直假设导热系数为常数。但实际上它是随温度和在燃料棒中的位置而变化的。更多关于 k 值的计算可利用上机练习 17.A 中的 CONDUCT 程序获得，

而温度分布可通过上机练习 17.B 中的 TEMPPLOT 程序获得。

对流冷却由很多因素决定。例如，流体的速度、流通通道的大小和形状、冷却剂的热性能，还有暴露的面积以及元件表面与冷却剂之间的膜温差 $\Delta T_S = T_S - T_C$。实验测量给出传热系数 h，它出现在计算通过表面积为 S 的热流动 q 的一个有效公式中：

$$q = hS(T_S - T_C) \tag{17.6}$$

式中，燃料棒的表面积为 $S = 2\pi RH$。热流密度最常见的用途是描述包壳表面的状态，因为 $q'' = h\Delta T_S$。h 的典型单位为 $W/(cm^2 \cdot ℃)$。为保持表面较低的温度以避免燃料的金属包壳熔化，或是当其为液体时避免沸腾，需要较大的表面积或传热系数，还需要具有良好的导热性、低黏度的冷却剂，且流速一定要高。

例 17.2　使用例 17.1 数据，可以估算出一根燃料棒的典型表面传热系数。如果膜温差 ΔT_S 为 15℃，那么

$$h = \frac{q}{S(T_S - T_C)} = \frac{q'''R}{2\Delta T_S} = \frac{(200W/cm^3)(0.5cm)}{2(15℃)} \approx 3.3W/(cm^2 \cdot ℃)$$

17.3　通过反应堆的温度分布

在反应堆中，冷却剂沿着环绕燃料棒的许多通道流动时，会吸收热量而使温度升高。由于这部分能量是从反应堆中引出的，可应用能量守恒定律。如果比热为 c_p 的冷却剂进入堆芯时的温度为 $T_{C,in}$，流出堆芯时的温度为 $T_{C,out}$，质量流量为 $\dot{m}_R$，则反应堆热功率 Q_R 为

$$Q_R = \dot{m}_R c_p (T_{C,in} - T_{C,out}) = \dot{m}_R c_p \Delta T_C \tag{17.7}$$

只要冷却剂状态不改变(如在压水堆和高温气冷堆内)，上述关系成立。然而，如果发生整体沸腾，则必须用焓的变化来正确地描述这种状况。

例 17.3　假设冷却反应堆的循环水总共产生的热功率为 3000MW，水进入时的温度为 300℃(572℉)，流出时的温度为 325℃(617℉)，水在压力为 2000psi(磅力/平方英寸)、温度为 600℉ 时的比热容为 $6.06×10^3 J/(kg \cdot ℃)$，密度为 $687kg/m^3$，则质量流量为

$$\dot{m}_R = \frac{Q_R}{c_p(T_{C,in} - T_{C,out})} = \frac{3000×10^6 W}{6.06×10^3 J/(kg \cdot ℃)(325℃ - 300℃)} \approx 19800kg/s$$

对应的体积流量为

$$\dot{V} = \frac{\dot{m}_{\text{R}}}{\rho} = \frac{19800\text{kg/s}}{687\text{kg/m}^3} \approx 28.8\,\text{m}^3/\text{s} = 1.73 \times 10^6\,\text{L/min}$$

为了想象这一流量的巨大，将其与花园浇水软管的流量相比较，后者仅为 40L/min。当然，冷却反应堆的水不会浪费，这是由于它在一个闭环中循环。

冷却剂沿反应堆的任意通道流动时的温度都可以应用能量守恒定律获得。一般而言，由于中子通量的变化程度不同，燃料棒每单位长度产生的功率也随其在反应堆中的位置而变化。尤其是单位体积的释热率与核裂变过程通过式(17.8)联系起来：

$$q''' = w\Sigma_{\text{f}}\phi \tag{17.8}$$

可以考虑整个堆芯，或者也可以简单地用一个代表性的燃料棒和冷却剂通道来进行反应堆的热分析。在后一种情况下，热产生和冷却剂流动与燃料棒的数量 N_{R} 有关。例如，冷却剂质量流量与每根燃料棒的关系式是 $\dot{m} = \dot{m}_{\text{R}}/N_{\text{R}}$。

如图 17.2 中的(A)所示，对于一个起点在堆芯入口、功率沿 Z 轴均匀分布的特殊情况。每单位长度产生的热量是 $q' = (Q_{\text{R}}/N_{\text{R}})/H$。于是，冷却剂在 z 点处的温升为

$$T_{\text{C}}(z) = T_{\text{C,in}} + \frac{q'z}{\dot{m}c_{\text{p}}} \tag{17.9}$$

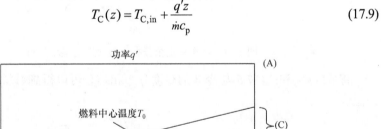

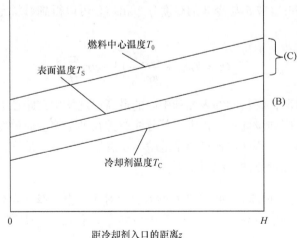

图 17.2　功率均匀时反应堆的轴向温度分布

这表明温度沿通道距离线性增加，如图 17.2 中的(B)所示。

对于均匀的功率分布，冷却剂与燃料棒之间的温差在沿通道上的所有点都是相同的，燃料元件中心与其表面的温度差也是相同的，如图 17.2 中的(C)所示。这种情况下，最高温度位于反应堆冷却剂出口处。

如果轴向功率分布以正弦函数取代，如图 17.3(a)所示，即 $q'(z) = q'_{\max} \sin(\pi z / H)$。应用热传导和热对流的关系式得到的温度曲线如图 17.3(b)所示。

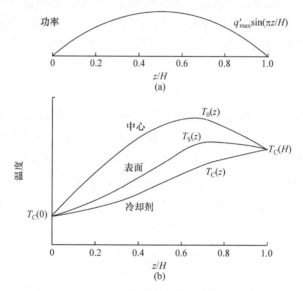

图 17.3　功率呈正弦分布时沿通道的温度分布

将式(17.4)和式(17.6)与冷却剂温度分布相结合可以得到燃料元件表面和中心的温度：

$$T_{\mathrm{C}}(z) = T_{\mathrm{C,in}} + \frac{q'_{\max} H}{\pi \dot{m} c_{\mathrm{p}}} \left(1 - \cos \frac{\pi z}{H} \right) \tag{17.10}$$

对于这种情况，燃料元件表面和中心的最高温度发生在路径中点与冷却剂出口处之间。在反应堆设计中，很大一部分注意力在确定哪些通道冷却剂会出现最高温度，燃料棒上的哪些位置点会是危险容易发生的区域。最终，反应堆的功率会因这些通道和位置点的工况而受限。

例 17.4　运用例 17.1～例 17.3 中的数据，对于一个正弦功率分布，计算在四分之三高度处燃料中心线的温度。如果平均热产生率 q'_{avg} 为 157W/cm，那么其最大值(参见习题 17.12)为

$$q'_{\max} = q'_{\mathrm{avg}} \, \pi/2 = (157 \, \mathrm{W/cm})(\pi/2) \approx 247 \, \mathrm{W/cm}$$

若堆芯高度为 3.6m，那么燃料棒的数量为

$$N_R = \frac{Q_R}{q} = \frac{Q_R}{q'_{avg}H} = \frac{(3000 \times 10^6 \text{ W})}{(157 \text{ W/cm})(360 \text{ cm})} \approx 53079 \text{rods}$$

因此，通过每一通道的冷却剂流量为

$$\dot{m} = \dot{m}_R / N_R = (19800 \text{kg/s})/(53079) \approx 0.373 \text{kg/s}$$

在感兴趣位置处 $z = 3H/4$，冷却剂的温度为

$$T_C\left(\frac{3H}{4}\right) = T_{C,\text{in}} + \frac{q'_{max}H}{\pi \dot{m} c_p}\left(1 - \cos\frac{3\pi}{4}\right)$$

$$= 300°C + \frac{(240 \text{W/cm})(360 \text{cm})(1.707)}{\pi(0.373 \text{kg/s})[6.06 \times 10^3 \text{ J/(kg} \cdot °C)]} \approx 321°C$$

在这个轴向位置，冷却剂的线功率密度为

$$q'(z) = q'_{max} \sin(\pi z/H) = (247 \text{ W/cm})\sin(3\pi/4) \approx 175 \text{ W/cm}$$

这样，燃料元件表面温差为

$$\Delta T_S = \frac{q''(z)}{h} = \frac{q'(z)}{2\pi Rh} = \frac{175 \text{W/cm}}{2\pi(0.5 \text{cm})[3.3 \text{W/(cm}^2 \cdot °C)]} \approx 17°C$$

通过燃料芯块的温升为

$$\Delta T_F = \frac{q'(z)}{4\pi k} = \frac{175 \text{W/cm}}{4\pi[0.062 \text{W/(cm} \cdot °C)]} \approx 225°C$$

总的来说，该位置燃料中心的温度为

$$T_0 = T_C + \Delta T_S + \Delta T_F = 321°C + 17°C + 225°C = 563°C$$

相比之下，功率均匀分布时，该位置燃料中心线产生的温度较低，为 534°C (参见习题 17.13)。

从金属表面向水中传热的机制对膜温差非常敏感。当膜温差 ΔT_S 增加时，平常的对流让步于泡核沸腾，在泡核沸腾中，气泡在表面点形成，并最终发生膜态沸腾。在膜态沸腾中，一层蒸汽创建了一个绝缘层，因而降低了传热性并引起危险的熔化事故。膜态沸腾开始时对应的热流密度 q'' 的值称为临界热流密度。可用一个称为偏离泡核沸腾比(departure from nucleate boiling ratio，DNBR)的参数来表明热流密度与临界值的距离。例如，DNBR=1.3，表明有 30%的安全裕度。图 17.4 指出了一个典型压水反应堆的最高温度值。

水温达到 620°F(约 327°C)时,需要对冷却水-慢化剂施加非常大的压力。图 17.5 展示了水在汽、液两相的行为表现，分隔两个相域的曲线描述了达到饱和状态需要的条件。

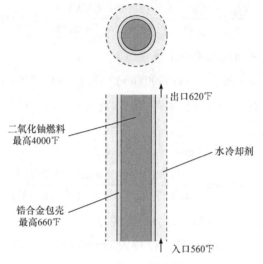

图 17.4　反应堆通道热量排出

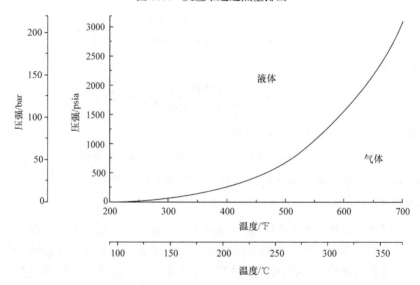

图 17.5　饱和水压与温度的关系

　　假设反应堆压力容器(reactor pressure vessel，RPV)包含的水压为 2000psia(磅力/平方英寸，绝对压力)[1]，温度就从 600℉升至 650℉。结果是在液体内部形成非常多的蒸汽(急骤蒸发)。两相状态将导致反应堆燃料冷却得不充分。如果允许压强下降，如降低至 1200psia，再次进入气相会发生急骤蒸发。然而，应当注意的是在沸水堆中，故意使用两相流状态提供高效安全的冷却。

──────────

1　1bar = 1.0×10^5Pa, 1psia = 6.895×10^3Pa, 1torr = 133.322Pa。译者注。

17.4　蒸汽产生与发电

　　起初开发核电站就充分审慎地利用了先前火力发电站已经获得的经验，其基本策略就是用反应堆代替以燃烧为基础的热源。因此，反应堆冷却剂吸收的热量被转换成蒸汽，用于驱动传统的汽轮机。汽轮机通过轴连接到发电机产生交流电。交流电通过高压传输线将电能传输到电力负载，如城市和大型工业企业生产设备。

　　沸水堆直接将蒸汽传送至汽轮机，但是压水堆是利用蒸汽发生器来产生水蒸气。通常，对于不直接使水汽化的反应堆，都是依靠热交换器或蒸汽发生器将反应堆循环流动的冷却剂中的热能转移给单独的工作流体，如蒸汽。为避免混淆，将流经反应堆系统的水称为一次冷却剂，而转换蒸汽的水则归为二回路系统的一部分。对于沸水堆，一回路的放射性水允许通过涡轮机，但是这种情况在压水堆中则是不行的。

　　压水堆生产商使用了两种类型的蒸汽发生器。图 17.6(a)描述了一种再循环或称为 U 形管的蒸汽发生器。在最简单的结构中，蒸汽发生器包含一个部分装满液态水的容器，通过它将数千条倒置的 U 形管中包含的、来自反应堆的热水传送出去。汽水分离器和蒸汽干燥器用来确保只有蒸汽才能离开蒸汽发生器。在一次冷却剂返回到反应堆的同时，来自蒸汽发生器的蒸汽流向汽轮机。图 17.6(b)演示了一次通过的蒸汽发生器具有的特性——能够产生过热蒸汽，但只有很少的水含量以适应某些临时的状况。

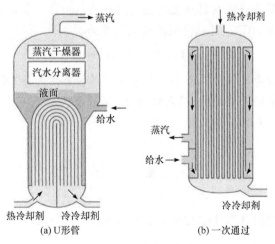

图 17.6　热交换器或蒸汽发生器

在很多核电站，蒸汽发生器腐蚀造成管道上的漏洞而过早坏掉，需要堵漏或维修。在一些情况下，需要更换蒸汽发生器，相应地还会造成断电停机、维修成本高和收入损失。该问题的具体细节发表在 NRC 出版的技术论文上[1]。

从蒸汽的热能到汽轮机转动的机械能，再到发电机的电能，这些转换都是采用常规方法实现的。高温高压蒸汽推动汽轮机的叶片驱动发电机。废气通过另外一个热交换器，这里用作冷凝器，冷凝水返回到核蒸汽供应系统中作为给水。冷凝器是一个管壳式热交换器。在这个热交换器中，蒸汽在管外冷凝，同时管内运送液态水。冷凝器的冷却水是从附近的贮水池或冷却塔用泵抽送来的，17.5 节将对此进行讨论。冷凝器的冷却水仍然构成另外一个单独的液体回路，与一回路或二回路的闭环隔离开。后面闭环中的水是在连续不断地循环。有相当大的精力都花费在维护水的化学组成和性质，使其与冷却系统的材料相容。

热效率 η_{th} 可由反应堆热功率 Q_R 计算出核电站的电力输出功率 P_e：

$$P_e = \eta_{th} Q_R \tag{17.11}$$

因此，热效率 η_{th} 是电力输出功率与反应堆热功率之比。对任何热转换过程，该效率都受限于系统运行的温度。根据热力学第二定律，理想循环(卡诺循环)具有最高的效率值：

$$\eta_C = 1 - T_L / T_H \tag{17.12}$$

式中，T_L 和 T_H 分别是最低绝对温度和最高绝对温度，单位是开尔文(K)，其值为摄氏温度值加 273；或是由兰(金)氏温标下的华氏度数加 460。对于核电站，热循环的最高绝对温度和最低绝对温度分别由蒸汽和冷凝水的温度得到。

例 17.5 如果蒸汽发生器产生的蒸汽温度为 300℃，来自水源，用作冷凝器的冷却水的温度为 20℃，可以得到其最大效率为

$$\eta_C = 1 - 293\text{K} / 573\text{K} \approx 0.49$$

核电厂的总效率比该值低是由于在管件、泵和其他设备上的热损耗。一个典型核电厂的热效率约为 0.33。烧煤炭的火力发电厂能够运行在更高的蒸汽温度下，使得其总效率约为 0.40。

17.5 废 热 排 出

消耗任何燃料发电都伴随着大量废热的排放。火力发电厂可以通过大量废气

---

1 www.nrc.gov/reading-rm/doc-collections/fact-sheets/steam-gen.html。

排热，但核电厂必须且仅能通过冷凝器的冷却水来散热。根据能量守恒定律并参考图 17.7，核电厂的冷凝器必须排出的废热功率为

$$Q_W = Q_R - P_e \tag{17.13}$$

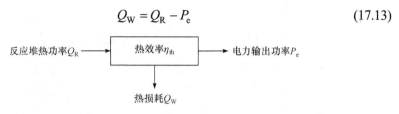

图 17.7　发电厂能量平衡

由于核电站的热效率为 33%，浪费的能量大约是转换为有用电能的两倍。

例 17.6　一个核电站运行的电功率为 1000MW，那么反应堆热功率为

$$Q_R = P_e / \eta_{th} = 1000MW / 0.33 \approx 3030\,MW$$

这说明 η_{th} 默认的单位为 MW/MW，浪费的功率为

$$Q_W = Q_R - P_e = 3030 - 1000 = 2030\,MW$$

当比热容 $c_p = 4.18 \times 10^3 J/(kg \cdot {}^\circ\!C)$ 时，为了限制周围环境的温升到一个典型的数值($\Delta T = 12\,{}^\circ\!C$)，可以计算出所需要冷凝器冷却水的质量流量 $\dot{m}_C$ 为

$$\dot{m}_C = \frac{Q_W}{c_p \Delta T} = \frac{2.03 \times 10^9\,W}{4.18 \times 10^3\,J/(kg \cdot {}^\circ\!C)(12\,{}^\circ\!C)} \approx 4.05 \times 10^4\,kg/s$$

这相当于每天 $9.25 \times 10^8 gal$ 的流量[1]。

在过去，小型核电厂能运用河中的流水(也就是从河中取水，使其经过冷凝器并将热水排放在下游)。一天约 $1 \times 10^9 gal$ 的流量是罕见的，因此大型核电厂必须利用大的湖泊或冷却塔来散热。任意一种方法都会涉及环境影响。

如果使用湖泊，排水口的水温对于某些有机生物也许太高了。然而，众所周知，凡热水出现的地方就有利于捕鱼。从湖面散热的方法是蒸发、辐射以及因气流引起的对流。环境保护局的规章中限制了贮水池的温升。显然，湖泊越大，则热水的散布越宽，也就越容易达到要求。当排放的热水流入湖中时，出现的生态影响尤其是高温对动植物造成了危害，经常被称为"热污染"。

其他的影响包括水生动物撞击滤网或通过系统造成的死亡，或者被为控制不想要的水藻所使用的化学制剂毒杀。然而，环境的影响是混合复杂的。温水对各种鱼类具有吸引力，会促成其数量的增长。

许多核电厂不得不采用冷却塔来将废热处理到大气中。实际上，双曲面形冷

---

1 美国 1gal=3.79L。译者注。

却塔(图17.8)很常见，很多人都将其误认为是反应堆。

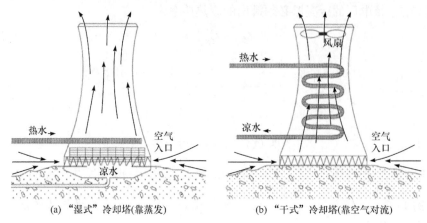

(a) "湿式"冷却塔(靠蒸发)　　(b) "干式"冷却塔(靠空气对流)

图 17.8　冷却塔

资料来源: Clark, 1969

冷却塔本质上是一个依靠自然对流或机械风箱提供气流的大型热交换器。在"湿式"冷却塔中，如图17.8(a)所示，内表面保持饱和湿气，依靠蒸发提供冷却。这种设计模式对水的需求量过多。在"干式"冷却塔中，如图17.8(b)所示，与汽车中的散热器相似，依靠对流来冷却，需要更多的表面积和气流，因此其更大、更昂贵。一种"湿/干混合式"冷却塔在寒冷天气用来减少蒸汽呈羽毛状散布，同时在炎热天气用来保存水分。水价的上涨可能促使工业越来越多地倾向于干冷技术的利用。反应堆冷却方法间的关系突出了 Dominion Energy 公司面临的问题，因为它必须考虑其位于弗吉尼亚州北安娜核电厂的另外一座反应堆。

从湖中抽取水并返回湖中，这是一次通过系统，其温度对于野生生物太高，因此需要一个或多个冷却塔。因为蒸发会损失水，所以遭受干旱区域的反应堆不得不减小功率。

例17.7　对于一个电功率为1000MW，使用湿冷的核电厂，计算其水的损耗或需要的补充量。从1.4节中可知，气化潜热 h_{fg} 为2258J/g。由于"湿式"冷却塔中约80%的热量排出是通过蒸发冷却进行的，那么流失到大气中的水量为

$$m_{L} = \frac{0.8Q_{W}}{h_{fg}} = \frac{(0.8)(2.03 \times 10^9 \, W)}{(2258 \, W \cdot s/g)(10^3 \, g/kg)} \approx 719 \, kg/s$$

这相当于冷凝器冷却水质量流量的 1.8%。在例 17.6 中，冷凝器冷却水的质量流量为 $4.05 \times 10^4 \, kg/s$。

废热被看作是宝贵的资源，如果它能以合适的方式使用，可以减少对石油和

其他燃料的需求。一些实际的或潜在的废热用途如下：①区域供暖，欧洲一些地方，整个城镇的家庭、办公室和工厂的供暖就是采用这种方式；②产鱼，温水可以用来刺激鱼所需食物的生长；③延长植物生长期，对于寒冷的气候，在早春季节用热水来温暖土壤将帮助农作物在更长的周期内生长；④生物处理，更高的温度有益于水的处理和水的溶解；⑤脱盐淡化，从海水或苦水中脱盐(详见 24.8 节)；⑥生产氢气，使用专用的反应堆或热电联供源来使氢气分离(详见 24.9 节)。

上述每一项应用都有价值，但存在两个问题：①热的需求是季节性的，因此系统必须能够避开夏天，或者涉及的建筑物必须通过设计允许空调运行；②热量远远超过了任何能够找到并合理的用途。有人说，核电厂废热足以给美国所有的家庭供热。如果在核电厂实用距离范围内的所有家庭都能以这种方式供热，还将有大量未利用的废热。

世界上有一些反应堆已经被设计或改造成既适于发电，又能将热用于空间加热或生产蒸汽。例如，瑞士 Beznau 核电厂被设计成区域供暖，给半径 13km 范围内的六个城镇五千户家庭提供 70MW 热功率。热电联产(combined heat and power, CHP)已应用于上述系统中。可以看到(参见习题 17.11)，对于一个热效率为三分之一的反应堆，如果将其涡轮蒸汽的一半转移到其他有用的地方，其利用效率将翻倍。当然这里忽略了在运行条件下的任何调整造成的损失。同样的情况，称为同时发热发电，提升了生产蒸汽供内部使用的设施效率。尤其是在持续提供废热的同时，产生蒸汽的锅炉与汽轮机相连发电。

典型的蒸汽用户是精炼厂、化工厂和造纸厂。通常，同时发热发电是电能或机械能以及有用的热能中几个同时存在的产物，但它被看作是节约燃料的一种方式。例如，以石油为燃料的系统，消耗一桶(bbl)石油能够产生 750kW · h 电，而一个生产蒸汽的系统消耗两桶(bbl)石油能够产生 8700lbm 蒸汽[1]，但是同时发热发电只需要 2.4 桶(bbl)石油就能同时提供这两样产物。

17.6 小 结

反应堆中裂变能的主要传送方式为热传导和对流。燃料芯块中的径向温度分布近似为抛物线形。通过对流从燃料表面到冷却剂的传热速率直接正比于温度差。反应堆允许的功率水平受局部过热点温度的限制。沿通道流动的冷却剂吸收热能并将其转移到包含热交换器(压水堆)、驱动发电机的汽轮机、蒸汽冷凝器和各种泵的外部回路。由于热效率的内在限制，发电厂释放出大量的废热。典型地，一

---

1 bbl, 桶, 液量单位, 在美国 1bbl = 119L；lbm, 磅质量单位,1lbm=0.4536kg。译者注。

天十亿加仑的水量必须流经蒸汽冷凝器以限制环境的温升。当河流、湖泊不可用或不够时，需要通过冷却塔来散热。废热潜在的有益用途包括区域供暖和(海水)淡化。一些核设施生产和分配蒸汽和电力。

17.7 习　　题

17.1 设燃料芯块的半径为 R，证明温度随轴向距离的变化遵循：

$$T_F(r) = T_S + (T_0 - T_S)[1 - (r/R)^2]$$

式中，T_0、T_S 分别为中心和表面的温度。当 $r=0$ 和 $r=R$ 时，检验公式给出的结果是正确的。

17.2 解释循环燃料反应堆的优点，该堆燃料溶解于冷却剂中。它有哪些缺点呢？

17.3 如果一个半径为 0.6cm 的二氧化铀燃料芯的功率密度为 500W/cm³，那么流过燃料棒表面的热流密度为多少？如果燃料棒的表面温度和冷却剂的温度分别为 300℃和 250℃，那么传热系数 h 必须为多少？

17.4 一个压水堆运行的热功率为 2500MW，冷却水的质量流量为 15000kg/s。如果冷却水的进口温度为 275℃，其出口温度是多少？

17.5 一个动力堆正常运行时，其冷却剂的温度为 500℉，压力为 1500psia。如果出现了一个裂缝且压力下降至 500psia。冷却剂的温度必须降低多少度才能避免出现闪蒸效应(总体沸腾)？

17.6 一个压水式转换堆和一个快中子增殖堆的热效率分别为 33%和 40%。

① 对于 900MW 的电功率，这两种堆的废热量各是多少？

② 从压水式转换堆转为快中子增殖堆，获得了百分之几的改进？

17.7 如下图所示，水从冷水池中抽出，返回时其温度升高了 14℃，带走的废热为 1500MW。

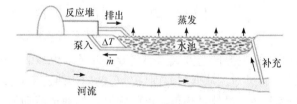

所有的热量都是通过水池的蒸发耗散掉，热量的吸收为 2258J/g。

① 从邻近的河流中提供的补充水量必须为多少千克每秒？② 其占循环流入冷凝器的百分比是多少？

17.8 一种粗略的近似算法认为，每兆瓦装机容量需要 1～2 英亩的湖泊冷却。

① 如果保守地使用后半部分的数据，那么一个电功率为 1000MW 的核电厂需要多大面积的湖泊冷却？

② 假设热效率为 35%，每小时平方米有多少焦耳的能量从水中耗散掉？能量从水中耗散掉的速率是多少(以 $J/(h \cdot m^2)$ 为单位)？

17.9 一个反应堆的废热功率为 2030MW，为了 100% 耗散掉废热，每天必须蒸发掉多少加仑水？

17.10 证明：为了耗散 1kWh 的能量必须蒸发约 1.6kg 的水。

17.11 一个电厂依靠输入热量 Q 产生的功率，包括有用的蒸汽功率 S 和电功率 E。①推导总效率 η' 的公式，用一般的效率公式 $\eta = E/Q$ 和用作蒸汽的废热份额 x 来表示；②证明：如果 $\eta = 1/3, x = 1/2$，则 $\eta' = 2/3$；③当 $\eta = 0.4$ 且 $x = 0.6$ 时，求 η'。

17.12 证明：对于正弦功率分布，比值 q'_{max}/q'_{avg} 等于 $\pi/2$。

17.13 对于均匀功率分布，使用例 17.1～例 17.3 中反应堆的相关数据，计算通过反应堆四分之三位置处的燃料中心线温度。

17.14 一个热堆以密度为 $10g/cm^3$、天然丰度的 UO_2 为燃料，受到通量率为 $10^{14}n/(cm^2 \cdot s)$ 的中子照射，试计算其体积释热率。

17.15 ①对式(17.2)进行必要的积分得到式(17.3)；②通过对整个燃料芯块进行再积分，证明：如果燃料的导热系数为温度的函数，那么线功率密度为

$$q' = 4\pi \int_{T_S}^{T_0} k \, dT \tag{17.14}$$

17.8 上 机 练 习

17.A 如果用作反应堆燃料棒的 UO_2 的导热系数随温度而变化，式(17.14)说明线功率密度 q' 是 k 关于温度 T 积分值的 4π 倍。①计算机程序 CONDUCT 可以计算从 0 到 T 的积分值。使用该程序证实当温度达到 UO_2 的熔点 2800℃ 时，积分值为 93W/cm。②当最高温度 $T_m = 2800℃$，表面温度 $T_S = 315℃$ 时，计算线功率密度。

17.B 对于变化的导热系数，反应堆内燃料棒的温度分布可以通过对 k 关于温度的积分来计算(练习 17.A)。在 TEMPPLOT 程序中，对于一个半径为 R_0 的燃料芯块，可以通过指定最大允许的中心温度以及期望的表面温度，计算出线功率密度。若将半径 R 作为温度 T 的函数，也可以用该程序得到 R 的值。试用典型的输入值测试程序，如取 $R_0 = 0.5cm$，$T_m = 2300℃$，$T_S = 300℃$，画出其结果的温度分布。

参 考 文 献

Clark, J.R., 1969. Thermal pollution and aquatic life. Sci. Am. 220 (3), 18–27.

延 伸 阅 读

Becker, M., 1986. Heat Transfer: A Modern Approach. Plenum Press.Uses spreadsheet techniques and analytic methods.

Becher, B., Becher, H., 2006. Cooling Towers.MIT Press.

Cheremisinoff, N.P., Cheremisinoff, P.N., 1981. Cooling Towers: Selection, Design and Practice.Ann Arbor Science.

El-Wakil, M.M., 1978.Nuclear Heat Transport.American Nuclear Society.

Hill, G.B., Pring, E.J., Osborn, P.D., 1990. Cooling Towers: Principles and Practice, third ed. Butterworth-Heinemann.

Incropera, F.P., DeWitt, D.P., 2001. Introduction to Heat Transfer, fourth ed. John Wiley and Sons.

Kays, W.M., Crawford, M.E., 2005.Convective Heat and Mass Transfer, fourth ed. McGraw-Hill.

Keenan, J.H., Keyes, F.G., Hill, P.G., Moore, J.G., 1992. Steam Tables: Thermodynamic Properties of Water Including Vapor, Liquid, and Solid Phases with Charts. Krieger Publishing Co. Reprint of a classic work.

Lahey, R.T., Moody, F.J., 1993. The Thermal-Hydraulics of a Boiling Water Nuclear Reactor, second ed. American Nuclear Society.Emphasizes understanding of physical phenomena.

Minkowycz, W.J., Sparrow, E.M., Murthy, J.Y., 2006. Handbook of Numerical Heat Transfer.John Wiley&Sons.

Todreas, N.E., Kazimi, M.S., 1990. Nuclear Systems I: Thermal Hydraulic Fundamentals; Nuclear Systems II:Elements of Thermal Hydraulic Design. Hemisphere Publishing Corp. Advanced but understandable texts on thermal analysis; comprehensive coverage with many numerical examples.

Tong, L.S., Weisman, J., 1996. Thermal Analysis of Pressurized Water Reactors, third ed. American Nuclear Society. Graduate-level book with principles, engineering data, and new information.

U.S. Nuclear Regulatory Commission (NRC), Steam Generator Tube Issues.www.nrc.gov/reading-rm/doc-collections/fact-sheets/steam-gen.html. Background information from the NRC.

Virtual Nuclear Tourist, Steam Generators and Cooling Towers.www.nucleartourist.com. Diagrams and descriptions from Joseph Gonyeau.

核 电 厂

本章目录

    核电厂将反应堆产生的热转化成电。利用传统的蒸汽轮机驱动发电机,反应堆和其他设备共同组成了核蒸汽供应系统(nuclear steam supply system, NSSS)。非核蒸汽供应系统设备,如涡轮发电机和冷凝器等,构成了核电厂配套设施。在本章中,先了解反应堆的重要特征,比较几个概念,然后集中关注具体类型反应堆的组成和结构。

18.1　反应堆类型

尽管中子链式裂变反应唯一的必要条件是有足量的裂变同位素，仍有很多种材料的组合和布置可以用来建造一个可运行的核反应堆。1942 年第一座反应堆开始运行以来，已设计并测试了几种不同类型或概念的反应堆，就像使用了各种不同类型的发动机一样，如蒸汽机、内燃机、往复式发动机、旋转发动机、喷气式发动机等。但用经济性、可靠性、满足性要求等标准衡量，只有少数几个是最合适的。通过个别反应堆的实践经验使得人们最终选择了几个最适合描述反应堆性能的标准术语，如经济性、可靠性以及满足运行要求的能力。

与不同反应堆类型能够区分的明显特征相对应，反应堆大致的分类一直在演变，以下小节列出了这些特征。

18.1.1　目的

正在运行或建造的大多数反应堆主要用于产生大量的商业电力。其他反应堆则是为培训或辐射研究服务，还有许多是为舰船或潜水艇提供驱动力。同一概念堆型在其不同的发展阶段，目的也各不相同。例如，增殖型反应堆，先会建造一个原型堆来测试其可行性，然后建造一个示范堆来评估其商业潜力。

18.1.2　中子能量

快中子反应堆是指反应堆中绝大多数中子的能量范围在 $0.1\sim1\mathrm{MeV}$，低于但接近裂变释放的中子能量。中子仍然能维持在较高的能量是由于反应堆中只含有相对很少的中子慢化材料。相比之下，热中子反应堆包含了大量的中子慢化材料，大部分中子能量小于 $0.1\mathrm{eV}$。

18.1.3　慢化剂和冷却剂

在一些反应堆中，可以使用一种物质实现两种功能：既能帮助中子慢化，又能带走产生的热量。其他的反应堆则使用一种材料来作为慢化剂，另外一种材料作为冷却剂。最常用的几种慢化剂和冷却剂材料如下。

(1) 慢化剂：轻水、重水、石墨、铍。

(2) 冷却剂：轻水、二氧化碳、氦、液体钠。

冷却剂的状况可作为进一步的鉴定。压水堆提供高温水给热交换器以产生蒸汽，但是沸水堆可直接提供蒸汽。反应堆环境周围的材料要承受辐射损伤。例如，水会发生辐射分解，也会产生中子感生放射性。前者的机制在 5.6 节已研究过，归因于β粒子和γ射线。流过或在反应堆周围的水常遭受中子照射。

例 18.1 O-16 的同位素丰度为 99.8%，$^{16}O(n, p)^{16}N$ 反应的快中子平均截面为 0.02mb。根据表 3.2，N-16 发射能量为 6.1MeV、7.1MeV 的 γ 射线：

$$^{16}_{8}O + ^{1}_{0}n \longrightarrow ^{1}_{1}p + ^{16}_{7}N$$
$$^{16}_{7}N \xrightarrow{7.1s} ^{0}_{-1}\beta + ^{16}_{8}O + \gamma \tag{18.1}$$

^{16}N 的半衰期为 7.1s，穿透力强的 γ 射线因 ^{16}N 的衰变而被延时发射。在此情况下，水就成了一个远离反应堆的光子源。另外，β 粒子可引起辐射分解。

18.1.4 燃料

铀中 U-235 的含量是变化的，从天然铀(约为 0.7%)到低浓缩铀(3%～5%)，直到高浓缩铀(约为 90%)，不同浓度的铀被各种不同的反应堆所采用。具体采用的浓度取决于存在何种吸收材料。裂变同位素 ^{239}Pu 在含有大量 U-238 的反应堆中产生和消耗。钚作为快中子增殖堆的燃料，可以作为热堆的燃料进行回收利用。少数反应堆采用丰富的 Th-232 作为燃料，用来产生易裂变核素 U-233。

燃料可能有各种不同的物理形态，如一种金属，或与另外一种金属，如铝组成的合金，或是化合物，如氧化物(UO_2)或碳化物(UC)。表 18.1 比较了几种燃料的性质。尽管金属铀的导热系数 k 最高，导致燃料温降较小，但它的熔化温度(熔点)也最低。此外，金属铀要经历冶金学相变，在 1234℉ 时从 α 相到 β 相，在 1425℉ 时从 β 相到 γ 相，使其不适于在动力反应堆中使用。UC 的导热系数较高，仅次于金属铀，但是碳化物非常容易与水发生反应，会导致燃料包壳失效。相比之下，氧化物显示了对水较好的抗腐蚀性。尽管较低的导热系数 k 会造成较高的燃料温度，但其陶瓷燃料的熔点是最高的。

表 18.1 反应堆燃料性质

原料	密度/(g/cm³)	导热系数 k/(Btu/h·ft·℉)	比热/(Btu/lbm·℉)	熔化(解链)温度/℉
铀(金属)	19.0	约 20	0.04	2070
碳化铀	13.0	约 12	0.035	4200
二氧化铀	10.5	约 2	0.059	4980
二氧化钍	10.0	约 3	0.058	5970

资料来源：El-Wakil, 1978。

18.1.5 布置

在大多数现代反应堆中，将燃料与冷却剂隔离开，称为非均匀布置。也可以选择同性质的燃料与慢化剂混合布置，或者燃料与冷却剂混合布置。熔盐堆是典型的混合布置反应堆。

18.1.6 结构材料

反应堆由各种不同的金属提供支撑，容纳裂变产物并提供导热功能。主要的例子有铝、不锈钢和锆合金。

18.2 动力反应堆

通过重点分析 18.1 节关于反应堆的一个或多个特征，可清楚地认识到反应堆的概念和类型。

一些被广泛使用或有前景的动力反应堆类型如下：

(1) 压水堆(pressurized water reactor，PWR)，一种利用轻水作为慢化剂-冷却剂的热中子堆。水的压力为 2200psi(150bar)，温度为 610℉(320℃)。燃料为非均匀布置的低浓缩的铀燃料。

(2) 沸水堆(boiling water reactor，BWR)，除了冷却剂的压力和温度较低(压力为 1000psi，70bar；温度为 550℉，290℃)外，其余与压水堆类似。

(3) 高温气冷堆(high temperature gas-cooled reactor，HTGR)，使用石墨作为慢化剂，氦气作为冷却剂(压力为 600psi，40bar；温度为 1400℉，760℃)。

(4) 加拿大重水铀反应堆(Canadian deuterium uranium，CANDU)，又称为"坎杜堆"使用重水作为慢化剂，天然铀作燃料，可以在运行时装卸燃料。

(5) 液态金属快增殖堆(liquid metal fast breeder reactor，LMFBR)，无慢化剂，使用液体钠作为冷却剂，采用钚作燃料，周围包裹着天然铀或贫化铀。

表 18.2 详述了前面五种主要动力反应堆材料最重要的特征。本章将重点介绍轻水堆(light water reactors，LWRs)，如压水堆和沸水堆。以不幸的切尔诺贝利核电站 4 号机组(在 21.8 节出现)为例，对大功率管式反应堆(reactor Bolshoi Moschnosti Kanalynyi，RBMK)进行描述，该堆本质上是一种压力管式石墨慢化沸水反应堆。其他类型的反应堆包括镁诺克斯(Magnox)反应堆和英国先进的气冷反应堆(advanced gas-cooled reactor，AGR)，以及几个经过测试后被抛弃的概念堆(Murray，2007)。

表 18.2 动力反应堆材料

反应堆 主要参数	压水堆 (PWR)	沸水堆 (BWR)	加拿大重水铀反 应堆(CANDU)	高温气冷堆 (HTGR)	液态金属快 增殖堆(LMFBR)
燃料组成	UO_2	UO_2	UO_2	UC, ThC_2	PuO_2, UO_2
浓度	3% U-235	2.5% U-235	0.7% U-235	约 10% U-235	15 wt%[1] Pu-239
慢化剂	水	水	重水	石墨	无

续表

反应堆 主要参数	压水堆 (PWR)	沸水堆 (BWR)	加拿大重水铀反 应堆(CANDU)	高温气冷堆 (HTGR)	液态金属快 增殖堆(LMFBR)
冷却剂	水	水	轻水或重水	氦气	液体钠
包层	锆合金	锆合金	锆合金	石墨	不锈钢
控制组件	B_4C 或 Ag-In-Cd 棒	B_4C 叶片	慢化剂水平	B_4C 棒	钽或 B_4C 棒
容器	钢	钢	钢	钢筋混凝土	钢

1.wt%为质量分数。

数据来源：El-Wakil, 1978。

阿贡国家实验室以"四代"的概念来描述动力反应堆的演变过程。

早期原型堆(1965 年之前)，如希平港(Shippingport)、德累斯顿(Dresden)、费米 I(Fermi I)、镁诺克斯(Magnox)，构成了第一代反应堆。

如今，大量的核电厂由第二代商业动力反应堆(1965～1995 年)构成，包括沸水堆、压水堆、坎杜堆、RBMK 堆和 VVER 堆(一种压水堆设计)。

第三代反应堆(1995～2030 年)，包含先进的轻水堆和改进的设计，如先进的沸水堆(advanced boiling water reactor，ABWR)，ACR1000(一种先进的 CANDU)，AP600/1000(美国西屋公司开发的非能动型轻水堆，功率约为 600/ 1000MW)，欧洲先进压水堆或改进的非能动反应堆(European or evolutionary passive reactor，EPR)，以及经济简化型沸水堆(economic simplified boiling water reactor，ESBWR)。

第四代反应堆(2030 年之后)，反应堆在性质上发生革命性的变化，其目的是在可持续性、安全性、可靠性和经济性方面取得重大进展。

表 18.3 给出了世界范围内的动力反应堆现状。在美国，运行着 68 座压水堆和 35 座沸水堆。所有在运行的气冷堆都位于英国，而所有石墨慢化堆和唯一的液态金属快中子增殖堆则在俄罗斯。图 18.1 展示了位于加利福尼亚海岸的暗黑峡谷核电厂，该厂位于加州圣路易斯奥比斯波县，由太平洋燃气电力公司负责运行。

表 18.3 世界范围内的动力反应堆现状

反应堆类型	正在运行		正在建造	
	机组数目	净发电功率/MW	机组数目	净发电功率/MW
压水堆(轻水)	271	250650	85	89239
沸水堆(轻水)	83	78059	6	8056
气冷堆	15	8025	1	200
重水堆	48	23945	7	4492

续表

反应堆类型	正在运行		正在建造	
	机组数目	净发电功率/MW	机组数目	净发电功率/MW
石墨堆	15	10219	0	0
液态金属冷却堆	1	560	4	1516
总计	433	371458	103	103503

资料来源: 澳大利亚统计局, 2013 年。

图 18.1　加利福尼亚海岸的暗黑峡谷核电厂

资料来源: 太平洋燃气电力公司

暗黑峡谷核电厂建设有两座西屋公司设计的压水堆核电厂,分别于 1985 年和 1986 年投入运行。

遵守许可证规则在任何核设施的运作中都起着重要作用。动力反应堆的设计是为了抵御高温的影响、移动冷却剂的侵蚀和核辐射。由于其良好的性能,选用了建筑材料。制造、测试和操作都遵循严格的程序。

动力反应堆被设计成能承受高温、流动冷却剂引起的腐蚀和核辐射等影响。应挑选性能良好的建造材料。加工、测试和运行都必须受严格的规程管理。

动力反应堆的仪器仪表和控制(instrumentation and control,I&C)系统的作用:①提供反应堆连续不断的状态信息,包括中子通量、功率水平、功率分布、温度、水的高度等，并控制燃料棒的位置；②如果超过预设的限值，提供自动停堆的指令；③报告组件偏离正常或失效。传统上，仪器仪表和控制系统是模拟件，包括传感器、反馈电路和显示设备。设备更新促使工业上将其转为数字化的仪器仪表和控制系统，包括计算机软件和基于微处理器的硬件。

18.3 核电厂经济学

核电厂几乎完全用于满足电力系统的基本负荷，即电网。发电成本可以分为三个组成部分，并且可以以每千瓦时(kWh)为基础来进行归一。首先是设施的建造成本，包括设备、土地和贷款利息等。其次是运行和维护(operating and maintenance，O&M)费用，如工资、保险、税收和耗材等，这些支出在核电厂全寿命期内是持续不断的。最后是核燃料的费用，包括铀材料本身、浓缩和加工装配等(参见 15.4 节)。众所周知，相对于其他发电技术，核电厂的投资成本很高，但燃料费用较低。仅就核电厂而言，美国联邦政府额外收取了 0.1 美分/千瓦时，指定用于乏燃料的处置。

核电厂热效率 η_{th} 和燃料的费用 F_C($/kg)直接影响电力的成本：

$$e_F = F_C/(\eta_{th}B) \tag{18.2}$$

式中，B 是燃料燃耗。燃耗描述燃料中的热能含量，以兆瓦·天每吨铀(或重金属)为单位，或者简单地以 MWd/MTU 表示。

运行和维护成本包括可变费用和固定费用。设备维护和耗材是与电能生产成比例的可变费用，而员工工资和日常支出构成固定费用。资本成本 F_B 按年进行分摊。如果知道每年的运行和维护成本($/a)，那么总发电量成本为

$$e = \frac{F_B I + O\&M}{P_e CF(8760h/a)} + \frac{F_C}{\eta_{th}B} \tag{18.3}$$

式中，CF 是电厂容量(负荷)因子。F_B/P_e($/kW)是比较发电厂建设成本的通用指标。

例 18.2 一台耗资 20 亿美元建造的 1000MW 核电机组达到了 90%的容量(负荷)因子，燃耗为 30000MWd/MTU。燃料费用为 1025$/kg，O&M 费用为 $6\times10^7$$/a。使用式(18.3)计算水平固定收费率为 17%/a 的发电成本是

$$e = \frac{(2\times10^9)(0.17\$/a) + (60\times10^6\$/a)}{(1000\times10^3kW)(0.9)(8760h/a)} + \frac{(1025\$/kg)(10^3kg/MT) + (1d/24h)}{(0.33)(30000\times10^3kWD/MTU)}$$

$$\approx 0.0431\$/kWh + 0.0076\$/kWh + 0.0043\$/kWh \approx 5.5\pi\cancel{c}/kWh$$

以上的总成本细分为三个组成部分，结果表明资本部分最高，燃料部分最低。

容量(负荷)因子是动力反应堆和电力工业运营整体性能的一个重要参数，指在间歇时间过程中产生的电能与同一时期在净额定功率 P_e 下应该产生的电能之比：

$$\text{CF} = \int_0^T \frac{P(t)\mathrm{d}t}{(P_e T)} \tag{18.4}$$

计算中包括了加燃料停堆和任何其他停运时间。美国 3 年期的 CF 值从 1974～1976 年的 59%上升到 2001～2012 年的 90%。关于单个反应堆和趋势分析的数据，见美国核学会(ANS，2013)和新墨西哥大学(日期不详)报告。

例 18.3 一座电功率为 1GW 的核电厂以 90%的电力运行 6 个月，然后离线维护一个月。之后，该厂在今年余下的时间里恢复 100%的电力供应，则今年的容量(负荷)因子是

$$\text{CF} = \frac{(6\text{mon})(0.9\,P_e) + (5\text{mon})P_e}{(12\text{mon})P_e} \approx 0.867(\text{或}87\%)$$

18.4 轻水反应堆

用于生产热能并将其转化为电能的大型反应堆比 16.1 节中描述的 Godiva 装置复杂得多。为了说明，可以先认识一下现代压水堆的部件及其功能。图 18.2 给出了反应堆结构各部件的尺寸和说明。在典型压水堆中装载的新燃料由许多圆柱形的芯块组成。每个芯块直径约为 3/8in(约 1cm)、长约 0.6in(约 1.5cm)，内装低富集度(3% U-235)的氧化铀(UO_2)。烧结是一种高温-高压工序。通过对 UO_2 粉末进行烧结压制，使其在芯块中的密度达到理论上的 95%左右。

芯块被填充到壁厚为 0.025in(约 0.6mm)的锆合金管中，有效长度为 12ft(约 360cm)，并密封形成燃料棒(或销)。锆合金管是用来给芯块提供支撑的，同时作为包容放射性裂变产物的包层，并保护燃料避免与冷却剂相互作用。如图 18.3 所示，大约 200 根燃料棒被组装成一束，称为燃料元件或燃料组件，其单边宽约为 8in(约 20cm)。大约 180 个燃料组件组装在一个近似圆柱形的阵列中，形成反应堆堆芯。该结构安装在外径约 16ft(约 5m)、高度为 40ft(约 12m)、壁厚达 12in(约 30cm)的钢制压力容器的支架上。

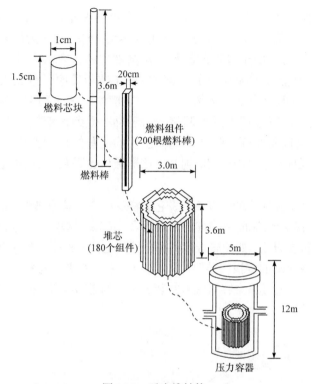

图 18.2　反应堆结构

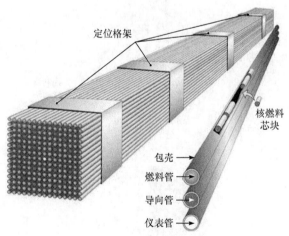

图 18.3　压水堆燃料组件

资料来源: 感谢能源部 OCRWM 提供(绘图未按比例)

控制棒由碳化硼或镉、银、铟合金组成，可用来改变吸收中子的能力。对于压水堆，控制棒被插入到空的燃料棒空间并与驱动机构实现磁连接。当磁铁电流中断时，控制棒通过重力进入堆芯。压力容器内充满轻水，这些轻水既用作中子慢化剂，又作为冷却剂去除裂变产生的热量，同时还作为反射层，即围绕在堆芯周围有助于防止中子逃逸的材料。水溶液中还含有溶入其中的化合物——硼酸(H_3BO_3)，其能强烈吸收中子，吸收的中子数与硼原子数成正比，从而抑制堆芯中子的增殖(即反应堆"毒物")。"可溶毒物"一词常用来指代硼酸，其浓度可以在反应堆运行过程中进行调整。由于燃料逐渐被消耗，为了维持反应堆临界，硼酸含量也需要逐渐降低。混凝土生物屏蔽体包围着压力容器和其他设备，以防止核反应产生的中子和γ射线。该屏蔽体也是放射性物质释放的一道附加屏障。

前面只提到了反应堆的主要部件，它们将反应堆与其他热源，如烧煤的火炉区别开来。实际的系统要比前面描述的复杂得多。正如压水堆压力容器(图 18.4)所示，动力堆包含了很多设备，如使多根燃料棒分开的定位格架(图 18.3)、堆芯支撑结构、指引冷却剂有效流动的围板、导架、密封装置、控制棒驱动结构、中子探测设备所需的导管和导线、通过压力容器底部并装入特定的燃料组件、固定容器头部并保持运行高压的螺栓等。

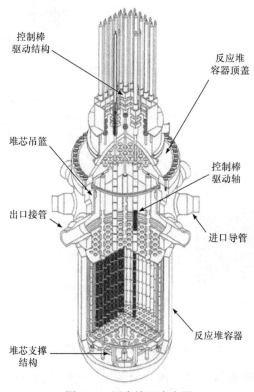

图 18.4　压水堆压力容器
资料来源：感谢美国核学会提供

图 18.5 显示了压水堆系统流程图。一回路冷却剂通过入口管嘴流入反应堆容器，然后迅速改道向下，水进入到堆芯底部。在吸收裂变产生的热能后，冷却剂流出反应堆容器并通过分流的热管道系统抵达蒸汽发生器。一旦热能被传输到二回路系统，水产生蒸汽，反应堆冷却剂泵又将一回路中的水通过分叉的冷管道系统返回到反应堆容器。

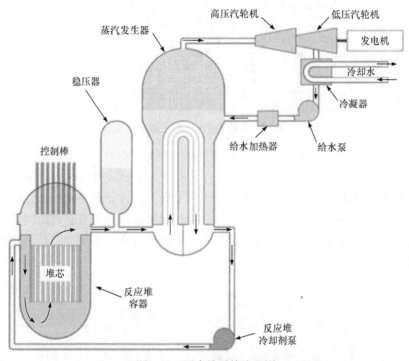

图 18.5 压水堆系统流程图

核电厂包含了多种多样的一回路循环，每个反应堆配有 2 对、3 对或 4 对蒸汽发生器和反应堆冷却剂泵。每台冷却剂泵消耗几兆瓦电力，在启动时用来逐渐加热冷却剂，使其在临界值前达到工作温度。在压水堆中，一个单独的稳压器用来保证系统中的压力在一个期望的值，以阻止堆芯大部分冷却剂的沸腾。其使用了多个浸入的电加热器和一个水喷淋系统的组合来控制压力，设计建造了一个包围反应堆压力容器的混凝土安全壳，用来防止放射性物质泄漏到周围环境中。

除了燃料组件结构和控制单元外，沸水堆堆芯与压水堆类似。如图 18.6 所示，沸水堆密封燃料组件包含的燃料棒约为压水堆组件的四分之一，由十字形控制棒分隔开来。控制棒从堆芯底部向上插入，通过液压进行驱动。穿过堆芯后，没有蒸发的水必须再循环回堆芯底部。这是通过再循环泵实现的，这些泵给位于反应堆压力容器内部边缘的多个喷嘴供水。

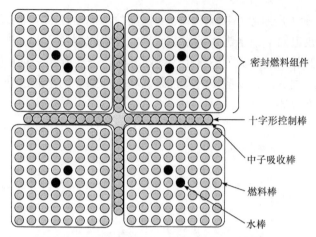

图 18.6　带中央控制棒的四个沸水堆密封燃料组件

图 18.7 提供了一个沸水堆系统的流程图。给水从堆芯顶部上方一定高度进入反应堆容器。再循环泵与喷射泵的联合作用将液态水从底部压入反应堆堆芯。饱和蒸汽由位于堆芯上方的汽水分离器和蒸汽干燥器进行处理，除去水分后输送到高压汽轮机中。这个设备在堆芯之上，是控制棒从底部进入堆芯的原因之一。另一个原因是上部密度较低的蒸汽与堆芯较低区域的液态水相比，能提供的慢化能力较小。

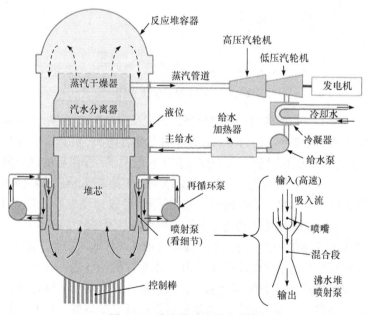

图 18.7　沸水堆系统的流程图

压水堆和沸水堆是当今核电站的主要支柱，表 18.4 比较了这两类反应堆的典型参数。沸水堆堆芯和反应堆压力容器都比较大，但压水堆具有较高的功率密度。这种堆芯功率密度不是测定体积的发热率，而是相对于有效的堆芯体积 V_R：

$$PD = Q_R / V_R \qquad (18.5)$$

另一个相关的量是比功率，为反应堆功率与燃料金属质量 m_U 之比，即 $SP = Q_R / m_U$。

表 18.4　压水堆和沸水堆的典型参数比较

特性参数	压水堆	沸水堆
功率：热/电/MW	3600/1200	3600/1200
反应堆容器：高度/直径/ft	45/15	73/21
堆芯高度/直径/ft	145/139	148/144
堆芯体积/L	36000	64000
燃料组件数	200	800
燃料元件阵列	17×17	8×8
燃料质量/kg-U	96000	138000
燃料燃耗/(MWd/MTU)	35000	28000
反应堆冷却剂流量/(LBM/hr)	$135×10^6$	$100×10^6$
反应堆冷却剂压力/psia	2250	1040
冷却剂温度：堆芯入口/出口/℉	555/620	530/547
平均线性功率密度/(kW/ft)	5.4	6.1
平均堆芯功率密度/(kW/L)	100	56
平均热流密度/(Btu/hr·ft²)	190000	160000
比功率/(kW/kg-U)	37.5	26.1
最高熔覆温度/℉	655	560
最高燃料中心线温度/℉	3500	3400

例 18.4　利用表 18.4 的数据，压水堆的堆芯寿命可由燃耗估算：

$$T = \frac{Bm_U}{Q_R} = \frac{(35000\,\text{MWd})/(96000\,\text{kg})}{(3600\,\text{MW})(1000\,\text{kg/MT})} \approx 933\,\text{d}$$

虽然这可能意味着持续运行 2.5a，但将在 20.6 节中看到燃料组件在较短时间的多个燃料周期中使用。

18.5　其他二代堆

表 18.3 显示，虽然轻水反应堆在全世界反应堆数量上占主导地位，但仍有大量的重水反应堆。在核电发展的最初几年，铀浓缩设施稀有。此外，在当时，单一铀浓缩工厂的产能远远超过了一个核电机组的需要。这种状况促使了使用天然铀的反应堆发展，特别是拥有铀资源，却没有铀浓缩技术的国家。然而，使用天然铀达到临界状态则需要重水或石墨作为慢化剂。尤其是加拿大，对这一世界市场的需求做出了回应。

加拿大利用该国境内开采的铀建立了重水工业。加拿大原子能有限公司(Atomic Energy Canada Ltd., AECL)提供重水反应堆用于国内部署和出口。加拿大的重水慢化反应堆已非常成功地运行了多年。坎杜堆在压力管中使用天然铀或极低浓缩铀，并允许在操作过程中加燃料。因此，获得非常高的容量(负荷)因子是可能的。坎杜堆一回路系统类似于压水堆，重水或轻水冷却剂在高压下将热量从反应堆传到 U 形管式蒸汽发生器，坎杜堆系统流程图如图 18.8 所示。

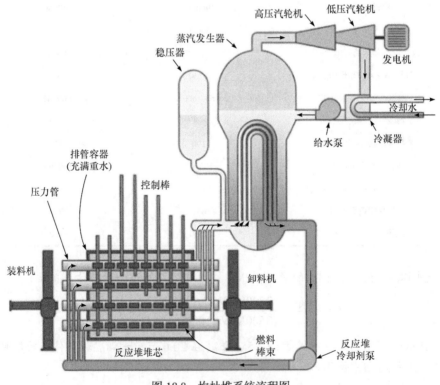

图 18.8　坎杜堆系统流程图

然而，圆柱形燃料棒束明显不同，因为它们被放置在压力管中，重水(或轻水)冷却剂通过压力管流动。在压力管的周围是一个大型的水平水箱，称为排管容器，内含重水慢化剂。因为慢化剂保持在低压下，排管容器不需要像生产压水堆型反应堆压力容器一样的专业制造设备。

英国在商业电力上使用气冷反应堆(gas-cooled reactors，GCRs)已有很长的历史。事实上，位于科尔德霍尔的 Magnox 型反应堆是世界上第一座全面的核电站，从 1956 年开始向电网输送 60MW 的电力。然而，科尔德霍尔反应堆具有双重用途：发电和生产钚。Magnox 系列反应堆的名字来源于镁合金包壳材料，其在 100～400psi 压力下采用 CO_2 作冷却剂，石墨作慢化剂，天然铀作燃料。为了达到更高的工作温度，下一代的先进气冷反应堆采用不锈钢包壳，这就需要使用浓缩铀。虽然早期的气冷反应堆使用 CO_2，但在高温下运行则需要切换为另一种在高温下不会分解的冷却剂，如氦。

在美国，通用原子公司设计并建造了两个高温气冷堆。桃花谷 1 号堆是一座电功率为 40MW 的原型堆，运行于 1966～1974 年。圣·符伦堡示范电站采用较新的技术，将电功率提高到 330MW。将钍和全浓缩铀燃料球涂覆在六边形石墨块的钻孔内。反应堆的热量被传送到 12 台蒸汽机上。氦冷却剂循环器曾经因为密封不严造成了泄漏，从而在很大程度上对核电厂反应堆的利用率产生了严重的负面影响。值得注意的是 HTGRs 39%的热效率和 100000MWd/MTU 的燃耗明显大于前面描述的其他反应堆。

例 18.5 计算 1200MW 高温气冷堆中的冷却剂流量，使用与圣·符伦堡反应堆相同的堆芯进出口温度，即分别为 406℃和 785℃。对于一个效率为 39%的工厂，所需反应堆功率为

$$Q_R = P_e/\eta_{th} = (1200\text{MW})/(0.39) \approx 3077\text{MW}$$

取氦的比热 c_p 为 $5.19\text{kJ/kg}\cdot℃$，则冷却液流量率为

$$\dot{m}_R = \frac{Q_R}{c_p(T_{C,out} - T_{C,in})} = \frac{(3077\text{MW})(1000\text{kJ/MW}\cdot\text{s})}{[5.19\text{kJ/(kg}\cdot℃)](785℃ - 406℃)} \approx 1564\text{kg/s}$$

这相当于 12.4×10^6lbm/h，与提供等效电功率的轻水反应堆相比要小一个数量级。

18.6 第三代(+)反应堆

《新建核电厂战略计划》(NEI, 1998)已出版，最新版本的日期为 1998 年。这

份文件强调了业界对鼓励新建核电厂的承诺。该计划确定了实现目标的若干组成部分。其中包括核电厂持续的安全性和可靠性，包含 NRC 设计认证在内的稳定的许可证发放、清晰明确的用户要求、成功的首堆工程、处理高放废物和低放废物的进展、充足的核燃料供应、加强政府的支持以提高公众的接受程度。

执行该计划的第一个重要步骤是制定一份先进轻水反应堆用户要求文件(EPRI, 1999)。它提供了关于以下关键特性的政策声明，如系统简化、安全边际、对人为因素的关注、建造能力和可维护性设计及良好的经济性。明确说明了两个不同的概念：①从现有设计中获益的大输出(1300MW)进化设计；②安全更依赖于固有过程，而不是机械电气设备的中型输出(600MW)非能动设计。数值规范包括 5 年期内工作人员的低辐射照射量(小于 100mrem/y)，24 个月为基础的换料，以及在 60 年设计寿命期内要求极高的、87%的平均可用率。对在设计、维护和操作方面实现标准化的手段进行了分析，同时也分析了所带来的好处：

(1) 施工时间和费用的减少是由于采用了通用的做法；

(2) 在几个工厂使用相同的设备，既经济又安全；

(3) 标准化的管理、培训和操作程序将提高效率和生产力。

开发了旨在满足美国核工业目标的先进反应堆设计。本节剩余部分将介绍其主要的竞争者。

通用电气公司拥有一座先进沸水堆，设计电功率为 1300MW(Wolfe et al., 1989)。先进沸水堆通过内置的泵(置于压力容器内的再循环泵)来循环冷却剂，减少贯穿反应堆压力容器的管道数量。其他非能动安全特性包括使用自然循环冷却的安全壳。对核电站采用概率风险评估(probabilistic risk assessment, PRA)，分析表明其对公众的危害可以忽略不计。3900MW 先进沸水堆设计于 1997 年 5 月，并获得了 NRC 的初步认证。四个先进沸水堆已在日本建成，其他的在日本和中国建设中。

美国西屋公司设计了一种先进的非能动型(advanced passive, AP)反应堆，其功率水平较低，为 600MW(Tower et al., 1988)，即 AP600。主要设计目标是简单性和增强安全性。这种设计大大减少了管道、阀门、泵和电缆的数量。AP600 有许多用于安全的非能动过程，如使用重力、对流、冷凝和蒸发。例如，一个大型蓄水池用于紧急冷却，另一个用于安全壳冷却。

AP1000 具有与 AP600 相同的设计目标和实现方法。同样采用了重力、对流、燃烧和蒸发等非能动过程，并提供了蓄水池。对 AP600 的改变仅限于较高功率所需的变化。采用模块化结构，以尽量减少成本和时间。估算出的堆芯损伤频率小于 NRC 要求的 1/250。西屋公司双环路设计的关键参数(Schulz, 2006)如下：①净输出电/热功率为 1117MW/3400MW；②17×17 燃料组件数为 157；③冷却剂峰值

温度为 321℃(610℉)；④反应堆容器内径为 399cm(157in)；⑤运行成本为
3.5cents/kWh。

西屋公司的所有权经历了几个阶段，其中包括英国核燃料公司将该公司出售
给日本东芝公司(Toshiba)。

在法国核电经验的基础上，阿海珐开发的是 1600MW 进化动力反应堆
(evolutionary power reactor，EPR)，其前身是欧洲压水堆(European pressurized
reactor)。与传统的压水堆相比，除了稍高的热效率，EPR 可以利用完全由混合
氧化物燃料(mixed oxide fuel，MOX)组成的堆芯。根据欧洲监管机构的规定，EPR
在反应堆压力容器下面使用了一个熔融堆芯捕集器。由于法国有超过 75%的电
力来自核电站，EPR 具有独特的负荷跟踪能力。功率从 25%提高到 60%，功率
增长率为 2.5% P_e/min，高于 60%时为 0.05P_e/min。共建设四个 EPR：两个在中
国、一个在芬兰、一个在法国，在 2014～2016 年内投入商业运营。

例 18.6 计算欧洲先进压水堆的功率从 25%提升到 100%满功率需要的时间。
使用两个功率范围的最大递增率得到：

$$t = \frac{60\% - 25\%}{2.5\%/\text{min}} + \frac{100\% - 60\%}{5\%/\text{min}} = 22\,\text{min}$$

尽管工厂有这样的性能，但可以想象，频繁的循环操作可能会导致损耗，从
而降低部件的预期寿命。

NRC 目前正在对通用-日立核能公司的经济简化型沸水堆、欧洲先进压水堆
和三菱重工的美国先进压水堆的设计认证申请进行审查。在国际舞台上，韩国电
力技术株式会社正在韩国建造四个 APR-1400 核电机组，在阿拉伯联合酋长国另
外四个机组已经开始建造。APR-1400 是从美国燃烧工程公司的 System 80+的核
蒸汽供应系统进化而来的。

18.7 小型模块化反应堆

虽然最初的原型堆和海军反应堆都很小，但在商业电力发展的鼎盛时期，反
应堆的规模尺寸迅速增长。对小型模块化反应堆(small modular reactors，SMRs)重
新产生兴趣的原因多种多样。小型模块化反应堆被设想为在专门的设施中制造，
运输到核电厂现场，并安装在由一个或多个机组灵活组成的动力部分(常规岛+核
岛，少数辅助厂房)中，其优点是简单、安全、长寿命和防扩散。小型模块化反应
堆还可以提供供热应用，如集中供热和海水淡化。

大型反应堆传统上得益于规模经济方面的考虑,这意味着式(18.3)分母中的净额定功率 P_e 增加,以降低总的发电成本。然而,较小的反应堆代表企业机构的投资较小,并提供了增加发电容量较小增量的能力。例如,小型模块化反应堆可能更适合偏远地区和新兴经济体国家,它们的电力需求不在 1GW 范围内。此外,小型模块化反应堆与 2008 年经济大衰退后的环境更加契合。在该环境下,电力增长率受到阻碍,投资资本的可得性较低。

一些概念性的小型模块化反应堆设计正在竞相展开。其 SMRs 输出功率在

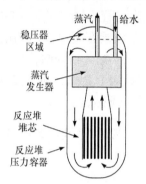

300MW 以下,许多设计的一个共同特点是其构造均为一体化压水堆(integral pressurized water reactor, iPWR)。iPWR 的目的是将整个反应堆冷却剂系统安置于反应堆压力容器范围内,如图 18.9 所示。这些高的反应堆压力容器将堆芯设置在底部,蒸汽发生器靠近顶部以便建立自然循环冷却能力。利用烟囱效应可以实现自然循环,其中反应堆的加热降低了冷却剂的密度,使其上升,一旦在蒸汽发生器中去除热量,增加的密度会导致冷却剂受重力作用而下降到堆芯入口。反应堆压力容器的上穹顶起稳压器的作用。

图 18.9 小型模块化反应堆

东芝-西屋公司(Toshiba-Westinghouse)的 4S 设计采用了不同的方法。所谓 4S,就是英文"super-safe, small and simple"的缩写,意思是超级安全、小型和简单。这是一种钠冷快堆。4S 设计的一个特点是 30 年内不需要现场再加燃料。小型模块化反应堆实现方法的另外一个版本是俄罗斯计划建造的 30MW 船载压水堆,即所谓的浮动核电站,可以抛锚停在需要动力的地点。

一个领先的竞争者是巴威公司(Babcock & Wilcox,B&W)设计的 530MW 的 mPower 小型模块堆。2013 年 4 月,能源部签署了一项合作协议,在 5 年内提供 2.26 亿美元的成本分摊资金用于 mPower 小型模块堆的开发和许可认证。田纳西河流域管理局(Tennessee Valley Authority,TVA)作为潜在的主企业机构,已经确定在克林奇河建设多达 4 个反应堆。TVA-B&W 团队预计将在 2015 年向 NRC 申请建筑许可。该 mPower 小型反应堆计划使用富集度为 5%的铀燃料,其堆芯寿命超过 4 年。反应堆冷却剂一体化压水堆容器内的压力保持在 2050psi,其直径为 13ft(约 4.0m),高度为 83ft(约 25m)。825psi 压力下产生的蒸汽将包括 50℉的过热蒸汽。单个机组的电输出功率在空气冷却和水冷凝器冷却条件下分别为 155MW 和 180MW。

例18.7 比较 mPower 模块的空气冷却模式与水冷凝器冷却模式的热效率:

气冷： $\eta_{th} = (155\text{MWe})/(530\text{MWt}) \approx 0.29$

水冷： $\eta_{th} = (180\text{MWe})/(530\text{MWt}) \approx 0.34$

随着水冷和水的同时使用，效率有了显著提高。

18.8 第四代反应堆

为了进一步改进反应堆技术，美国能源部发起了一项名为"第四代核能系统"的新型核系统设计研究。对这项研究作出贡献的是第四代核能系统国际论坛(generation IV international forum，GIF)。该论坛是由阿根廷、巴西、加拿大、法国、日本、韩国、南非、瑞士、英国和美国 10 个国家以及欧盟组成的高级政府代表组成的。在 2002 年题为"第四代核能系统技术路线图"的报告(DOE/ GIF，2002)中很好地阐述了长期目标。这些目标如下：

(1) 可持续核能，重点是废物管理和资源利用。

(2) 具有竞争力的核能，寻求低成本的电力和其他产品，如氢。

(3) 安全可靠的系统，包括预防和应对事故。

(4) 防扩散和实物保护，包括控制材料和防止恐怖行为。

在一系列反应堆系统中有六个被确定为具有研究和发展前景的堆型，具体如下。

(1) 气冷快堆(gas-cooled fast reactor，GFR)：氦气冷却，快中子谱，封闭燃料循环以对燃料进行后处理和嬗变长寿期锕系元素。

(2) 铅冷快堆(lead-cooled fast reactor，LFR)：铅或铅铋冷却剂，快中子谱，封闭燃料循环，金属燃料，堆芯寿命长。

(3) 熔盐堆(molten salt reactor，MSR)：熔融的钠、锆或铀的氟化物作循环冷却剂，允许添加锕系元素，石墨慢化剂，热中子谱。

(4) 钠冷快堆(sodium-cooled fast reactor，SFR)：钠冷却剂，快中子谱，封闭高温冶金燃料循环，混合氧化物燃料。

(5) 超临界水冷堆(supercritical-water-cooled reactor，SCWR)：快中子谱或热中子谱，运行于水的临界点(22MPa，374℃)以上，热效率高。

(6) 超高温反应堆(very-high-temperature reactor，VHTR)：热中子谱，循环方式为一次通过，柱状高温气冷堆或球床式高温气冷堆，效率高，适用于工艺用热。

美国核电领域在反应堆类型的选择上已经绕了一个大圈，又回到原点。石墨曾作为芝加哥、汉福德、橡树岭和布鲁克海文的反应堆慢化剂。除了桃树底和圣弗伦堡的反应堆外,轻水反应堆此后就一直占据主导地位。但就未来而言,石墨慢化反应堆似乎非常有希望取而代之。

最近对两个概念进行了研究。它们都使用包覆颗粒作为燃料,通过氧化铀、碳化硅和石墨层来保留裂变产物。两者都使用氦气作为冷却剂且在高温下工作。

第一种是由南非 Eskom 公司发起的球床模块化反应堆(pebble bed modular reactor,PBMR)。在球床模块化反应堆中,包覆颗粒被固定在直径约为 6cm 的球体中。反应堆堆芯将含有约 45 万个这样的小球,这些球将流经反应堆容器并受到辐照。关于该反应堆的信息见 PBMR 网站[1]。

第二种是由通用原子公司设计的气体透平–模块型氦冷反应堆(gas turbine modular helium reactor,GT-MHR)。堆芯由直径为 36cm 的六角形石墨块棱柱组成。棱柱上穿有孔,孔中含有直径为 1.25cm 的混合了石墨黏结剂的涂覆颗粒棒,并有用于氦冷却剂流动的孔。关于该反应堆的完整描述详见 Nuclear News 的一篇文章 (LaBar et al., 2003)。

2005 年的"能源政策法案"要求建立下一代核电站(next-generation nuclear plant,NGNP)。它规定下一代核电站应该位于爱达荷州国家实验室,并且要有能力制氢(见 24.9 节)。独立技术审查小组(Independent Technology Review Group,ITRG)的任务是选择最有前途的反应堆概念,并评估其对研发出一个原型反应堆的要求。从最初的六种堆型中选出的是超高温反应堆,据说它能满足安全、经济、防扩散、减少废物和燃料使用等方面的所有要求。2012 年初,基于一个商业事例,在球床式高温气冷堆上选择了棱柱状堆芯。

ITRG 指出了几项要求:①开发高温氢气设备;②解决中间换热器的作用,将反应堆与氢气单元隔离;③确定两个部件适当的动态耦合;④成功制造燃料芯核;⑤研制高性能氦汽轮机。图 18.10 显示了耦合的反应堆和氢气单元。涂覆颗粒燃料元件必须在制氢所需的 900~950℃的氦气温度下工作。初步设计特点如下。

(1) 冷却剂进口/出口温度:640℃/1000℃;

(2) 热功率:600MW;

(3) 效率:>50%;

(4) 氦气流量率:320kg/s;

(5) 平均功率密度:6~10MW/m³。

其他细节见能源部路线图(DOE/GIF,2002)和独立技术审查小组对特征和不确定性的评估(ITRG,2004)。

---

1 www.pbmr.co.za/。

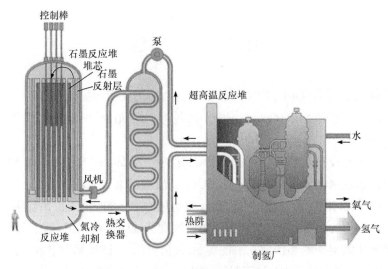

图 18.10 带氢气处理装置的超高温反应堆

资料来源: DOE/GIF, 2002

例 18.8 使用超高温反应堆设计数据可计算出堆芯体积约为

$$V_R = Q_R / \text{PD} = (600\text{MW}) / (8\text{MW/m}^3) = 75\text{m}^3$$

假设图 18.10 是按比例绘制的，堆芯高度大约是直径的三倍，这样

$$V_R = \pi(D/2)^2 H = \pi(D/2)^2 3D$$

$$D = \sqrt[3]{4V_R / (3\pi)} = \sqrt[3]{4(75\text{m}^3) / (3\pi)} \approx 3.2\text{m}$$

于是堆芯高度 $H = 3D = 9.6\text{m}$。

超高温气冷堆燃料完整性测试计划在 2020 年左右完成。如果试验成功，到二十一世纪中叶许多超高温气冷堆将用于制氢。除了避免使用石油外，反应堆还将大大有助于减少温室气体的排放，并有助于缓解全球气候变化。

18.9 小 结

反应堆按用途、中子能量、慢化剂与冷却剂、燃料、布置和结构材料分类。主要的动力反应堆类型包括压水堆、沸水堆、高温气冷堆和液态金属冷却快中子增殖堆。截至 2012 年底，美国有 103 座在运行的反应堆，美国以外有 340 座。一些发展演化的反应堆概念，如 AP1000，正在争夺如今的市场。前期成本较低的小型模块式反应堆也在竞争中。超高温反应堆被认为是下一代核能系统的最佳选择。

18.10 习   题

18.1 计算核反应① $^{16}O(n, p)^{16}N$ 和② $^{17}O(n, p)^{17}N$ 的反应阈能。

18.2 当堆芯存水量为 15000kg, 快中子通量为 $10^{16}n/(cm^2 \cdot s)$ 时, 计算 ^{16}N 的稳态产率。

18.3 利用外部技术文献, 计算由 $^{17}O(n, p)$ 反应产生的 N-17 衰变产生的排放量。为什么在水中该反应可能不如 $^{16}O(n, p)$ 反应那么受关注呢?

18.4 一座 2200MW 的先进核电厂预计建造成本为 5000\$/kW, 估计年度运行与维修费用为 89\$/kW。如果预计的燃料费为 2\$/(MW · h), 对于每年 15% 的平准化固定费率和预期 92% 的容量(负荷)因子, 试计算发电成本。

18.5 在核反应堆中使用铀, 计算每年节省的石油。该堆的额定功率为 1000MW, 效率为 0.33, 容量(负荷)因子为 0.8。注意, 每天燃烧一桶石油相当于 71kW 热能(见习题 24.3)。以 90 美元/桶的价格计算, 每年节省的石油值多少美元?

18.6 ① 在 18.4 节所述的压水堆反应堆内, 有多少个独立的燃料芯块?
② 假定氧化铀的密度为 $10g/cm^3$, 求堆芯中铀和 ^{235}U 的总质量(以 kg 为单位)。
③ 使用表 15.2 数据计算初始的燃料费用是多少?

18.7 压水堆的堆芯包括 180 个方形燃料组件, 长度为 4m, 宽度为 0.2m。①计算堆芯的体积和等效圆柱的半径。②如果每个组件有 200 根燃料棒, 装填的芯块直径为 0.9cm, 那么堆芯二氧化铀的体积分数大约是多少?

18.8 对于热效率为 50% 的高温气冷堆, 与燃耗相同的第二代轻水堆相比, 燃料质量节省的百分比是多少?

18.9 在 3 年的时间里, 一个核电机组由于换料停堆而被关闭了两次, 时间分别持续了 32 天和 45 天, 但除此之外都在满功率运行, 求 3 年期内的容量因子。

18.10 计算表 18.4 中沸水堆预计的堆芯寿命。

18.11 使用表 18.4 中的数据, 估计: ①压水堆和②沸水堆中燃料棒的数量。

18.12 如果 UO_2 的理论密度为 $10.97g/cm^3$, 计算典型的、富集度为 3.5w/o、烧结的燃料芯块中 U-235 的原子密度。

18.13 空气冷却的 mPower 模块堆发电的燃料成本比使用水冷却的燃料成本高百分之几?

参 考 文 献

American Nuclear Society (ANS), 2013.15th Annual Reference Issue.56 (3), 69.

Electric Power Research Institute (EPRI), 1999. Advanced Light Water Reactor Utility Requirements Document,Vols. 1-3, Palo Alto, CA.

El-Wakil, M.M., 1978.Nuclear Heat Transport.American Nuclear Society.

Independent Technology Review Group (ITRG), 2004. Design Features and Technology Uncertainties for the Next Generation Nuclear Plant. Idaho National Laboratory.

LaBar, M.P., Shenoy, A.S., Simon, W.A., Campbell, E.M., 2003. The gas turbine-modular helium reactor.Nuclear News.46 (11), 28.

Murray, R.L., 2007. Nuclear reactors. In: Ohmer, K. (Ed.), Kirk-Othmer Encyclopedia of Chemical Technology. John Wiley & Sons.

Schulz, T.L., 2006. Westinghouse AP1000 advanced passive plant. Nuclear Engineering and Design. 236, 1547–1557.

Tower, S.N., Schulz, T.L., Vijuk, R.P., 1988. Passive and simplified system features for the advanced Westinghouse 600 MWe PWR. Nuclear Engineering and Design. 109, 147–154.

Nuclear Energy Institute (NEI), 1998. Strategic Plan for Building New Nuclear Power Plants, Washington, DC.

U.S. Department of Energy (DOE)/Generation IV International Forum (GIF), 2002.A Technology Roadmap for Generation IV Nuclear Energy Systems.DOE Report.www.gen-4.org/Technology/ roadmap.htm. Describes the six most promising systems.

University of New Mexico, CSEL Nuclear Engineering Wall Charts. http://econtent.unm.edu/cdm/ search/collection/nuceng. Nuclear power plant diagrams from the famous *Nuclear Engineering International* series of wall charts.

Wolfe, B., Wilkins, D.R., 1989. Future directions in boiling water reactor design. Nuclear Engineering and Design. 115, 281–288.

延 伸 阅 读

American Nuclear Society, Outage Management, 2007. Nucl.News, vol. 50, no. 4.

Blake, E.M., 2013. U.S. Capacity Factors: A Very Small Decline. Nuclear News.56 (6), 30.

CANTEACH, https://canteach.candu.org/.Comprehensive educational and reference library on CANDU technology.

Cochran, R.G., Tsoulfanidis, N., Miller, W.F., 1993. Nuclear Fuel Cycle: Analysis and Management, second ed. American Nuclear Society.

Foster, A.R., Wright Jr., R.L., 1983. Basic Nuclear Engineering, fourth ed. Allyn and Bacon.

Karady, G.G., Holbert, K.E., 2013. Electrical Energy Conversion and Transport: An Interactive Computer-Based Approach, second ed. Wiley.

Knief, R.A., 1992. Nuclear Engineering: Theory and Technology of Commercial Nuclear Power. Taylor & Francis.

Nero Jr., A.V., 1979. A Guidebook to Nuclear Reactors.University of California Press.

Pebble Bed Modular Reactor (PBMR), www.pbmr.co.za/. Use "Read more" features for details of the program.

Stephenson, R., 1958. Introduction to Nuclear Engineering, second ed. McGraw-Hill.

Virtual Nuclear Tourist, www.nucleartourist.com. Comprehensive coverage of nuclear power by Joseph Gonyeau; explore links in Table of Contents.

World Nuclear Association, Nuclear Power Reactors.www.world-nuclear.org/info/Nuclear-Fuel-Cycle/Power-Reactors/.

World Nuclear Association, Small Nuclear Power Reactors.www.world-nuclear.org/info/Nuclear-Fuel-Cycle/Power-Reactors/Small-Nuclear-Power-Reactors/. Information on small and medium reactor concepts worldwide.

World Nuclear Association, Thorium.www.world-nuclear.org/info/Current-and-Future-Generation/Thorium/.

反应堆理论简介

本章目录

　　对中子行为的详细处理为更有效地设计反应堆提供了一种手段。本章在推导出中子扩散方程后，将展示其在所关注的反应堆三维问题上的应用，确定扩散方程与反应堆临界性之间的量化关系。通过增加增殖因数，反应堆的布置将燃料和慢化剂从物理上分离开来。下一代和小型模块式反应堆的设计激发了人们对这些研究产生新的兴趣。本章重点讨论稳态条件，具有时间依赖性的反应堆行为是第20章将要重点介绍的内容。

19.1　扩 散 方 程

　　首先考虑中子数。中子的产、出和中子数的守恒在反应堆设计中具有重要意义。类似于放射性衰变，基本的中子平衡为

$$变化率 = 产生 - 损失 \tag{19.1}$$

　　中子的产生来自中子源，或裂变反应；中子的损失则是由于吸收和泄漏。因

此式(19.1)可改写为

$$\mathrm{d}n/\mathrm{d}t = 产生 - 吸收 - 泄漏 \tag{19.2}$$

除了满足热工水力和安全方面的限制外，反应堆设计的目的是尽量减少非燃料材料对中子的泄漏和吸收，并最大限度地利用裂变产生的中子。

中子吸收速率可简单地表示为 $\Sigma_a\phi$。产生率取决于物理状况，说明中子可能由某些任意中子源 S 产生，如 Cf-252。在一个运行的反应堆内，源项不可避免地发生裂变，因此中子的产生率为 $\nu\Sigma_f\phi$。对于一维问题，泄漏率是中子流对位置的导数，即 $\mathrm{d}j/\mathrm{d}x$。代替这三个项中的每一项，并将其限制在稳态条件下，即当 $\mathrm{d}n/\mathrm{d}t = 0$ 时，给出中子连续性的一个表达式：

$$0 = \nu\Sigma_f\phi - \Sigma_a\phi - \mathrm{d}j/\mathrm{d}x \tag{19.3}$$

但不巧的是，式(19.3)中有两个因变量：中子通量 ϕ 和中子流密度 j。为了解决这个问题，可以利用 Fick 定律(Fick's law)。

回想一下 4.7 节，Fick 定律描述了中子如何从高密度区域扩散到低密度区域。在一维几何条件下，根据 Fick 定律，中子流密度和中子通量有如下关系式：

$$j = -D\,\mathrm{d}\phi/\mathrm{d}x \tag{19.4}$$

式中，D 为扩散系数，$D = \lambda_{\mathrm{tr}}/3$。扩散过程是中子通过优先的前向散射实现的。将 Fick 定律引入中子连续性关系就得到了中子扩散方程：

$$\frac{\mathrm{d}^2\phi}{\mathrm{d}x^2} + \frac{\nu\Sigma_f - \Sigma_a}{D}\phi = 0 \tag{19.5}$$

为了简化表达式的写法，将通量系数表示为 B^2。这个二阶线性微分方程的形式类似于立柱进行强度分析时的载荷，因此该系数被称为曲率。B^2 的特殊表示称为材料曲率，这是由于它可以纯粹使用描述反应堆组成的量来计算：

$$B_{\mathrm{m}}^2 = (\nu\Sigma_f - \Sigma_a)/D \tag{19.6}$$

在一般中子源 S 的情况下，扩散方程可以写成：

$$\frac{\mathrm{d}^2\phi}{\mathrm{d}x^2} - \frac{\Sigma_a}{D}\phi = \frac{-S}{D} \tag{19.7}$$

式(19.7)也可用于研究无源情况下的中子扩散过程，特别是比值 D/Σ_a 等于中子扩散面积 L^2。回想一下扩散面积的物理意义，由于 L^2 是中子从起源到被吸收的直线距离平方的平均值的六分之一($\overline{r^2} = 6L^2$)，通常称 L 为扩散长度：

$$L = \sqrt{D/\Sigma_a} \tag{19.8}$$

例 19.1 比较 $^{12}\mathrm{C}$ 中的平均自由程与扩散长度。采用例 4.7 的结果，碳的扩

散系数约为

$$D = \lambda_{tr}/3 = 2.7\,\text{cm}/3 = 0.9\,\text{cm}$$

根据表 4.2 提供的截面数据以及 C-12 的原子密度 $N_C = 8.3 \times 10^{22}\,\text{cm}^{-3}$，有关宏观截面如下：

$$\Sigma_s = N\sigma_s = (8.3 \times 10^{22}\,\text{cm}^{-3})(4.7 \times 10^{-24}\,\text{cm}^2) \approx 0.39\,\text{cm}^{-1}$$

$$\Sigma_a = N\sigma_a = (8.3 \times 10^{22}\,\text{cm}^{-3})(0.0035 \times 10^{-24}\,\text{cm}^2) \approx 0.00029\,\text{cm}^{-1}$$

可见在碳中，散射反应占主要，因此平均自由程(mfp)为

$$\lambda = 1/\Sigma_s = 1/0.39\,\text{cm}^{-1} \approx 2.6\,\text{cm}$$

相比之下，热中子的扩散长度为

$$L = \sqrt{D/\Sigma_a} = \sqrt{(0.9\,\text{cm})/0.00029\,\text{cm}^{-1}} \approx 56\,\text{cm}$$

中子迁移的直线飞行距离 r(均方根)可以粗略估计：$r \approx L\sqrt{6} = (56\,\text{cm})\sqrt{6} \approx 137\,\text{cm}$。散射截面与吸收截面的比可以用来估算中子在被吸收前散射的次数。具体到本例中，$\Sigma_s/\Sigma_a = 0.39\,\text{cm}^{-1}/0.00029\,\text{cm}^{-1} \approx 1345$。说明散射引起的中子扩散总长度为 $1345\lambda = 3497\,\text{cm}$，也就是 λ_a。因此，平均自由程可以用来计算穿越的总路径长度，而扩散长度用来估计中子从起始位置到迁移后位置的净向量长度。

19.2　扩散方程求解

由 19.1 节推导出的扩散方程可以用于确定整个反应堆的中子通量分布。虽然已知反应堆内部存在能量从 eV 到 MeV 的中子，但为了保证解析法可以很容易地解出方程，通常把所有的中子看作是一个单一的能群。在热堆情况下，假定中子处于低能，而快堆中的所有中子都被认为是高能的。

考虑放置在真空中的无限大平板形可裂变材料，如图 19.1 所示。从逻辑上，人们会期望中子的最高通量发生在平板的中心,由于在真空中没有材料的情况下，从侧面泄漏的中子不能被散射回平板中。这也说明中子通量在板的边缘近似等于零。因此，建立起两个边界条件。

(1) 中心处 $(x = H/2)$ 的通量最大：$\phi(H/2) = \phi_{max}$；
(2) 边缘处 $(x = 0, H)$ 的通量为 0：$\phi(0) = 0 = \phi(H)$。
这些边界条件可应用于解一维平板的一维扩散方程：

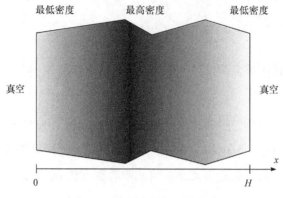

最低密度   最高密度   最低密度

真空   真空

图 19.1   无限大平板形可裂变材料

$$\mathrm{d}^2\phi\big/\mathrm{d}x^2 + B^2\phi(x) = 0 \tag{19.9}$$

聪明的读者会发现，这个常微分方程的解是正弦函数，即 $\phi(x) = \phi_{\max}\sin(Bx)$ ，利用边界条件揭示了 $B = \pi/H$ 。当 B^2 只依赖于系统的物理尺寸时，称为几何曲率 B_g^2 。

类似的但更复杂的推导导致在圆柱状反应堆中，轴向中子通量行为有相同的函数形式。因此，在前面已描述了轴向功率分布(图 17.3)，使用正弦函数的原因也是如此。

一维平板的计算结果可推广到三维平行六面体形状，其通量分布为

$$\phi(x,y,z) = \phi_\mathrm{C}\sin(\pi x/a)\sin(\pi y/b)\sin(\pi z/c) \tag{19.10}$$

式中， $0 \leqslant x \leqslant a, 0 \leqslant y \leqslant b$ 且 $0 \leqslant z \leqslant c$ 。用每个方向的中点值进行替换表明，中心处的通量 ϕ_C 也是最大值。具有正弦通量曲线的平行六面体反应堆形状如图 19.2 所示，图中 $\phi(y)$ 为 y 方向上的通量，为一条正弦曲线。求解球和圆柱体的扩散方程，得到表 19.1 所列的结果。

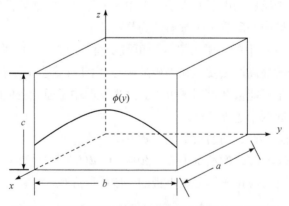

图 19.2   具有正弦通量曲线的平行六面体反应堆形状

表 19.1　裸堆特性

几何(尺寸)	通量剖面(坐标系的原点在几何体的中心)	几何曲率 B_g^2
平行六面体($a \times b \times c$)	$\phi(x, y, z) = \phi_C \cos\left(\dfrac{\pi x}{a}\right) \cos\left(\dfrac{\pi y}{b}\right) \cos\left(\dfrac{\pi z}{c}\right)$	$\left(\dfrac{\pi}{a}\right)^2 + \left(\dfrac{\pi}{b}\right)^2 + \left(\dfrac{\pi}{c}\right)^2$
球形(半径 R)	$\phi(r) = \dfrac{\phi_C R}{\pi r} \sin\dfrac{\pi r}{R}; 0 \leqslant r \leqslant R$	$\left(\dfrac{\pi}{R}\right)^2$
圆柱体(半径 R；高度 H)	$\phi(r) = \phi_C \cos\left(\dfrac{\pi z}{H}\right) J_0\left(\dfrac{2.405r}{R}\right)$ *	$\left(\dfrac{\pi}{H}\right)^2 + \left(\dfrac{2.405}{R}\right)^2$

* J_0 是第一类零阶的 Bessel 函数。

这里主要强调的是反应堆的形状。虽然大多数反应堆可以近似为一个令人满意的圆柱体，但球形和平行六面体反应堆也并不少见。

　　例 19.2　将圆柱形反应堆中的最大通量与高度四分之一和半径一半的位置进行比较。使用表 19.1 中指定的坐标系，在 $r = R/2$, $z = -H/4$ 处的通量：

$$\phi(R/2, -H/4) = \phi_{max} \cos(-\pi/4) J_0(2.405/2) = 0.474 \phi_{max}$$

式中，Bessel 函数 J_0 的值是在电子表格软件中使用内置函数查到的。

　　通量(或功率)分布是针对裸堆，即真空或空气等包围着堆芯。如果没有直接靠近堆芯的材料，中子就会从反应堆泄漏出来。实际轻水反应堆包括各种其他结构要素，如图 19.3 所示。金属部件，如堆芯吊篮和热防护层，包围堆芯将泄漏的快中子散射回反应堆内。更轻的元素，如穿过反应堆容器内部的冷却剂，趋向于将泄漏的热中子散射回堆芯。在这两种情况下，材料的作用如同一个中子反射层。

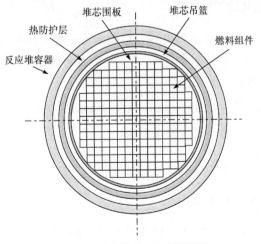

图 19.3　压水堆堆芯布置顶视图

反射层不仅能够保存中子，还有助于在堆芯面上获得相较于正弦分布更为均匀的功率分布。增殖反应堆不使用中子反射层，而是在堆芯外围放置一层增殖性材料，以生产更多的裂变材料。

考虑无泄漏概率公式和扩散区的定义，得出以下公式：

$$\mathcal{L} = \frac{1}{1+L^2 B^2} = \frac{\Sigma_a}{\Sigma_a + DB^2} \tag{19.11}$$

根据式(19.9)，曲率与二阶导数成正比，即 $d^2\phi/dx^2 = -B^2\phi$。因此，扩散方程可以写成：

$$-DB^2\phi + (\nu\Sigma_f - \Sigma_a)\phi = 0 \tag{19.12}$$

式中，等号左边从左到右的术语依次为泄漏、产生和吸收。将式(19.12)与无泄漏概率进行比较，揭示了 $\mathcal{L}$ 就是以下比值：

$$\mathcal{L} = \frac{\text{中子吸收}}{\text{中子吸收和泄漏}} \tag{19.13}$$

式(19.13)进行一个简单的代数变换即可给出泄漏与吸收之间的关系：

$$\frac{\text{中子泄漏}}{\text{中子吸收}} = \frac{1-\mathcal{L}}{\mathcal{L}} = \frac{DB^2}{\Sigma_a} = L^2 B^2 \tag{19.14}$$

对于慢化剂中稀释的燃料浓聚物，均匀混合物的扩散系数和 Fermi 年龄 τ 基本上就是慢化剂的扩散系数和 Fermi 年龄 τ，这是由于散射是由后者主导的。吸收截面受到燃料的重大影响，扩散面积为(见习题 19.7)

$$L^2 = L_M^2(1-f) \tag{19.15}$$

式中，L_M 是纯慢化剂的扩散长度。

例 19.3 计算一个功率为 200kW、边长为 1m 的立方体式反应堆的中子泄漏情况。反应堆由例 19.1 中的石墨组成，U-235 被随机灌入至密度 $N_{235} = N_C/1000$，燃料的宏观吸收截面：

$$\Sigma_a^F = N_{235}\sigma_a^{235} = (8.3\times10^{19}\text{cm}^{-3})(680.9\times10^{-24}\text{cm}^2) \approx 0.0565\text{cm}^{-1}$$

用氚代替碳，则混合物的扩散面积为

$$L^2 = \frac{D}{\Sigma_a^F + \Sigma_a^M} = \frac{0.9\text{cm}}{(0.0565+0.00029)\text{cm}^{-1}} \approx 16\text{cm}^2$$

立方体反应堆的几何曲率为

$$B_g^2 = 3(\pi/a) = 3(\pi/100\text{cm})^2 \approx 0.00296\text{cm}^{-2}$$

平均通量可以从热功率中得到

$$\phi_{\text{avg}} = \frac{P}{w\Sigma_{\text{f}}V} = \frac{(200 \times 10^3\,\text{W})(3.29 \times 10^{10}\,\text{fission/W}\cdot\text{s})}{(8.3 \times 10^{19}/\text{cm}^3)(582.6 \times 10^{-24}\,\text{cm}^2)(100\text{cm})^3} \approx 1.36 \times 10^{11}\,\text{n}/(\text{cm}^2\cdot\text{s})$$

穿过堆芯总的中子吸收速率为

$$R_{\text{a}} = \Sigma_{\text{a}}\phi_{\text{avg}}V = [(0.0565 + 0.00029)\text{cm}^{-1}](1.36 \times 10^{11}\,\text{n}/\text{cm}^2\cdot\text{s})(100\text{cm})^3 \approx 7.7 \times 10^{15}\,\text{n/s}$$

因此，中子泄漏率为

$$R_{\text{L}} = R_{\text{a}}L^2B_{\text{g}}^2 = (7.7 \times 10^{15}\,\text{n/s})(16\text{cm}^2)(0.00296\text{cm}^{-2}) \approx 3.7 \times 10^{14}\,\text{n/s}$$

19.3 反应堆临界

虽然上述关系描述了整个堆芯的中子通量水平，但对于堆芯临界，必须满足第 16 章的下列条件：

$$k_{\text{eff}} = k_\infty \mathcal{L} = k_\infty \big/ (1 + L^2B^2) \tag{19.16}$$

用代数方法处理这一问题，并求解曲率产额：

$$B^2 = \frac{1}{L^2}\left(\frac{k_\infty}{k_{\text{eff}}} - 1\right) \tag{19.17}$$

k_∞ 的简单双参数表示可以扩展为

$$k_\infty = \eta f = \frac{\nu\Sigma_{\text{f}}^{\text{F}}\Sigma_{\text{a}}^{\text{F}}}{\Sigma_{\text{a}}^{\text{F}}\Sigma_{\text{a}}^{\text{T}}} = \frac{\nu\Sigma_{\text{f}}}{\Sigma_{\text{a}}} \tag{19.18}$$

式中，表示燃料(F)和所有材料(T)的上标已在最右边的表达式中去除，这是由于燃料是可裂变材料，而 Σ_{a} 可以清楚地表示所有吸收材料。因此曲率可以表示为

$$B^2 = \frac{1}{L^2}\left(\frac{k_\infty}{k_{\text{eff}}} - 1\right) = \frac{\Sigma_{\text{a}}}{D}\left(\frac{\nu\Sigma_{\text{f}}/\Sigma_{\text{a}}}{k_{\text{eff}}} - 1\right) \tag{19.19}$$

扩散方程的早期版本假定存在临界。考虑到临界条件，利用式(19.19)中的曲率关系，有效增殖因子可以被纳入稳态扩散方程：

$$\frac{\mathrm{d}^2\phi}{\mathrm{d}x^2} + \frac{\nu\Sigma_{\text{f}}/k_{\text{eff}} - \Sigma_{\text{a}}}{D}\phi = 0 \tag{19.20}$$

上述结果都基于所有的中子具有相同的能量，使得 k_∞ 可以表示为 ηf。因此，对于热堆，如 D 和 L^2 等的系数将由低能截面计算出来。对于快堆，其参数在 1MeV 左右获得。

几何曲率和材料曲率之间的关系提供了一种可供选择的方法来评估系统的临界度：

$$\begin{cases} 次临界(k_{\text{eff}} < 1): & B_{\text{g}}^2 > B_{\text{m}}^2 \\ 临\quad界(k_{\text{eff}} = 1): & B_{\text{g}}^2 = B_{\text{m}}^2 \\ 超临界(k_{\text{eff}} > 1): & B_{\text{g}}^2 < B_{\text{m}}^2 \end{cases} \tag{19.21}$$

首先，超临界可能听起来像是要发生核事故，但除非最初的 k_{eff} 超过 1，否则在一段很短的运行时间后，系统将会由于燃料的消耗而达不到临界。

例 19.4   最小临界体积是曲率的函数。例如，考虑一个球体，其几何曲率 $B_{\text{g}}^2 = (\pi/R)^2$，因此临界半径 $R = \pi/B$，则球型堆芯的最小临界体积为

$$V = \frac{4}{3}\pi R^3 = \frac{4}{3}\pi\left(\frac{\pi}{B}\right)^3 \approx \frac{130}{B^3}$$

对于圆柱体和立方体也可以导出类似的表达式(习题 19.10)。虽然超出了本书的范围，但最小尺寸的临界圆柱形反应堆的高度与直径之比为 0.924。

为了更准确的估计，材料的曲率可以用徙动面积 M^2 而不是 L^2 来计算。徙动面积结合了中子在减速与扩散期间飞行的距离：

$$M^2 = L^2 + \tau = L_{\text{M}}^2(1-f) + \tau \tag{19.22}$$

除了使用 M^2 计算 B_{m} 外，一个单一的表达式也可以代表快中子泄漏和热中子泄漏的综合效应，因此总的无泄漏概率为

$$\mathcal{L} = \mathcal{L}_{\text{t}}\mathcal{L}_{\text{f}} \approx \frac{1}{1 + M^2 B_{\text{g}}^2} \tag{19.23}$$

这些替换被称为修正的单群理论，当 $\tau > L^2$ 时，尤其适用于水慢化反应堆。

例 19.5   可以用式(19.18)来确定例 19.3 中反应堆的临界条件。对于完全富集的堆芯，可用双参数表示 k_{∞}：

$$k_{\infty} = \eta f = \frac{\nu\Sigma_{\text{f}}}{\Sigma_{\text{a}}} = \frac{(2.42)(8.3\times10^{19}\,\text{cm}^{-3})(582.6\times10^{-24}\,\text{cm}^2)}{(0.0565 + 0.00029)\text{cm}^{-1}} \approx 2.06$$

这一巨大的倍增系数表明了稀释裂变材料浓度的有效性。利用习题 19.5 的结果、式(19.22)和表 4.4 中的 Fermi 年龄，求出材料曲率为

$$B_{\text{m}}^2 = \frac{k_{\infty}-1}{L^2 + \tau} = \frac{2.06-1}{16\,\text{cm}^2 + 364\,\text{cm}^2} \approx 0.0028\,\text{cm}^{-2}$$

该反应堆处于次临界状态，习题 19.8 中要求计算临界尺寸。

19.4　非均匀反应堆

虽然反应堆理论更容易应用于燃料和慢化剂的均匀混合堆芯，但大多数反应堆实际上是将两者分开，有时甚至将冷却剂都分开。非均匀反应堆以轻水反应堆为例，其中慢化剂-冷却剂在被包壳密封的燃料芯块外部流动。燃料元件的形状通常是六角形的，有时也采用三角形或如图 19.4 所示的正方形排列。距径比(栅距与棒径之比 p/d)对分析反应堆的中子学和热工水力学都很重要。

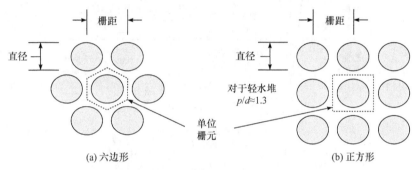

图 19.4　反应堆非均匀栅格排列

正如人们预期的那样，就达到最大的倍增系数而言，有一个最佳的慢化剂与燃料的比率。距径比 p/d 是调节慢化剂与燃料原子数之比的直接方法。当 p/d 超过 k_{eff} 达到对应的最大值时，反应堆被认为是过度慢化的；同样地，较小的 p/d 值则提供了一个欠慢化的反应堆。由于稳定性因素，反应堆被设计成适度慢化的，特别是实现负反应性反馈系数，这是第 20 章的内容。

例 19.6　由于水中的主要慢化物质是氢，计算 $p/d=1.32$ 的正方形栅格的氢铀原子数比。参考图 19.4(b)中的正方形单位栅元，单燃料棒及其相关冷却剂的燃料体积比为

$$\frac{V_{\text{M}}}{V_{\text{F}}} = \frac{p^2 - \pi(d/2)^2}{\pi(d/2)^2} = \frac{4}{\pi}\left(\frac{p}{d}\right)^2 - 1 = \frac{4}{\pi}(1.32)^2 - 1 \approx 1.22$$

对于一根原子密度 $N_{\text{F}}=2.3\times10^{22}/\text{cm}^3$ 燃料棒，被原子密度 $N_{\text{M}}=3.3\times10^{22}/\text{cm}^3$ 的水所包围，则氢铀原子数比为

$$\frac{N_{\text{H}}}{N_{\text{U}}} = \frac{2N_{\text{M}}V_{\text{M}}}{N_{\text{F}}V_{\text{F}}} = \frac{(2)(3.3\times10^{22}\,\text{cm}^{-3})}{(2.3\times10^{22}\,\text{cm}^{-3})}(1.22) \approx 3.5$$

燃料的非均匀性倾向于增加系统的倍增系数。这种影响可以借助图 19.5，用

四因子公式来解释。图 19.5 列举了中子在高能、共振能量和热能区上的相互作用，同时也详细描述了这些相互作用发生的位置。由非均匀性引起的重要变化发生在热中子利用因子 f、快中子裂变因子 ε 和共振逃逸概率 p。

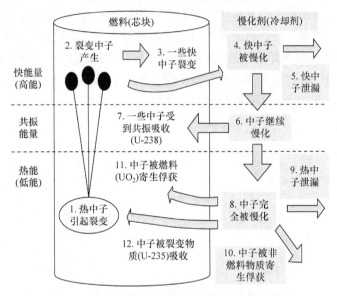

图 19.5 非均匀轻水堆燃料中四因子公式的描述

热中子利用因子描述了中子在燃料中的吸收情况，并与总吸收量进行了比较。随着燃料芯块内的强热中子吸收，燃料中的平均低能中子通量 ϕ_F 小于慢化剂中的平均低能中子通量 ϕ_M。这一差距产生了一个热(中子)不利因子，$\zeta = \phi_M/\phi_F$。非均匀反应堆的热中子利用因子为

$$f_{het} = \frac{\Sigma_a^F \phi_F V_M}{\Sigma_a^F \phi_F V_F + \Sigma_a^M \phi_M V_M} = \frac{\Sigma_a^F}{\Sigma_a^F + \Sigma_a^M \zeta (V_M/V_F)} \tag{19.24}$$

对于均匀的燃料-慢化剂混合物，$f_{hom} = \Sigma_a^F / (\Sigma_a^F + \Sigma_a^M)$。由于 $\phi_M > \phi_F$，非均匀排列的燃料利用率($f_{het} < f_{hom}$)下降了。

快中子裂变因子解释了由快中子引起的额外裂变。在均匀反应堆中，稀释的燃料浓度说明携带的快中子更可能一开始就与慢化剂原子相互作用，并在接触另一个燃料原子之前被慢化。相反，燃料芯块中一个新释放的快中子如果被释放到一个富含裂变物质的区域，就可以在外部慢化剂减慢中子之前引起快中子裂变。因此，非均匀排列增加了快中子裂变因子($\varepsilon_{het} > \varepsilon_{hom}$)。

非均匀性最显著的影响是共振逃逸概率的提高。图 19.5 提供了对非均匀燃料的自屏蔽效应的理解。中子在慢化剂中的慢化说明与燃料物理分离时中子能量会

减少，从而导致中子不被共振吸收的概率更高。此外，即使在共振能量下的中子会散射到燃料中，也只有芯块边缘的燃料才有助于吸收，因此只有燃料原子的很小一部分参与了共振俘获。相反，在均匀情况下，所有燃料都可以参与共振吸收。因此，非均匀结构极大地提高了共振逃逸概率($\wp_\text{het} > \wp_\text{hom}$)。

　　总的来说，倍增系数得益于非均匀的设计($k_{\infty,\text{het}} > k_{\infty,\text{hom}}$)。作为一个例证，如果芝加哥堆的天然铀和石墨(见 8.3 节)是一种均匀的混合物，CP-1 不可能达到临界。在计算中，图 19.4 中的非均匀单位栅元可以转换为具有相同体积分数(V_M 和 V_F)的圆形等效栅元，甚至被均匀化，以保持中子的特性。

　　例 19.7　将图 19.4(a)中的六边形划分为 6 个高度 $h = p/2$ 的等边三角形。因为等边三角形每边的长度为 $b = 2h/\sqrt{3}$，所以三角形的面积为

$$A_\text{t} = bh/2 = h^2/\sqrt{3} = p^2/(4\sqrt{3})$$

当六边形面积为 $A_\text{h} = 6A_\text{t}$ 时，具有等效面积的圆形栅元的半径为

$$r = \sqrt{A_\text{h}/\pi} = 0.525p$$

19.5　多群扩散理论

对于相对简单的基础研究，单群扩散理论为反应堆中子学提供了一个合理的描述。更精确地描述热中子反应堆可以使用双群扩散理论，该理论中的一个方程表示热中子群，另一个方程表示快中子群。如图 19.6 所示，快中子的来源是热中子诱导的裂变，而热中子群的来源是被慢化了的快中子。在推导双群扩散方程时，最重要的变化是必须考虑群间的中子散射。在稳态条件下，耦合微分方程组为

$$\begin{cases} \underbrace{D_1 \text{d}^2\phi_1/\text{d}x^2}_{\text{快中子泄漏}} + \underbrace{\nu\Sigma_\text{f}^2\phi_2}_{\text{快中子泄漏}} - \underbrace{\Sigma_\text{a}^1\phi_1}_{\text{快中子吸收}} - \underbrace{\Sigma_\text{s}^{1\to2}\phi_1}_{\substack{\text{快中子到热中子}\\\text{向下散射}}} = 0 \\ \underbrace{D_2 \text{d}^2\phi_2/\text{d}x^2}_{\text{热中子泄漏}} + \underbrace{\Sigma_\text{s}^{1\to2}\phi_1}_{\substack{\text{快中子到热中子}\\\text{向下散射}}} - \underbrace{\Sigma_\text{a}^2\phi_2}_{\text{热中子吸收}} = 0 \end{cases} \tag{19.25}$$

式中，"1" 和 "2" 分别表示快中子群和热中子群。从热中子群到快中子群的增能散射的可能性可以忽略不计。向下散射截面被称为慢化截面。

　　双群扩散理论还具有将四因子公式的所有参数和非泄漏概率结合起来的能力。快中子裂变因子和共振逃逸概率从单速扩散方程中略去。共振俘获效应减少了热中子源项，这是由快中子慢化引起的。同样，由热中子裂变产生的快中子源项可以通过包含快中子引起的裂变来增强。忽略很小的快中子吸收，双群扩散方程变为

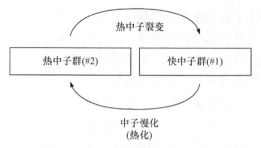

图 19.6 双群扩散理论中的互换

$$\begin{cases} D_1 \mathrm{d}^2\phi_1/\mathrm{d}x^2 - \Sigma_\mathrm{s}^{1\to2}\phi_1 = -\varepsilon v\Sigma_\mathrm{f}^2\phi_2 \\ D_2 \mathrm{d}^2\phi_2/\mathrm{d}x^2 - \Sigma_\mathrm{a}^2\phi_2 = -\wp\Sigma_\mathrm{s}^{1\to2}\phi_1 \end{cases} \tag{19.26}$$

式中，源项被有意移到方程的右侧以作强调。

例 19.8 证明双群扩散理论公式提供了一个完整的临界关系。首先，从式(19.9)中可知，二阶导数的数值是 $-B^2\phi$，$v\Sigma_\mathrm{f}^2$ 项可以用 $\eta f \Sigma_\mathrm{a}^2$ 取代。将双群扩散方程置于矩阵形式可得

$$\begin{bmatrix} D_1 B^2 + \Sigma_\mathrm{s}^{1\to2} & -\varepsilon\eta f \Sigma_\mathrm{a}^2\phi_2 \\ -\wp\Sigma_\mathrm{s}^{1\to2} & D_2 B^2 + \Sigma_\mathrm{a}^2 \end{bmatrix} \begin{bmatrix} \phi_1 \\ \phi_2 \end{bmatrix} = \begin{bmatrix} 0 \\ 0 \end{bmatrix} \tag{19.27}$$

对于非无效解，矩阵行列式必须为零，得到：

$$1 = \frac{\eta f \varepsilon \Sigma_\mathrm{a}^2 \wp \Sigma_\mathrm{s}^{1\to2}}{(D_1 B^2 + \Sigma_\mathrm{s}^{1\to2})(D_2 B^2 + \Sigma_\mathrm{a}^2)}$$

由于已知 Fermi 年龄 τ 是由一个类似于扩散面积的表达式表示的，特别是 $\tau = -D_1/\Sigma_\mathrm{s}^{1\to2}$，则出现了临界关系：

$$k_\mathrm{eff} = 1 = \frac{\eta f \varepsilon \wp}{(1 + \tau^2 B^2)(1 + L^2 B^2)} = k_\infty \mathcal{L}_\mathrm{f} \mathcal{L}_\mathrm{t} \tag{19.28}$$

描述方程数目的增加导致了多群扩散理论的出现。如同双群扩散理论一样，当考虑中子可能散射进入某一群中或从某一群中散射出来时，必须为每个能量群建立一个扩散方程，因此平衡方程为

$$\mathrm{d}n/\mathrm{d}t = 产生 + 内散射 - 外散射 - 吸收 - 泄漏 \tag{19.29}$$

中子被分置于 G 个离散的能量区间中，计算机的计算能力也在解决该问题上发挥了作用。分析求解多组方程的挑战出现在处理空间导数项。求解导数 $\mathrm{d}^2\phi/\mathrm{d}x^2$ 的步骤包括将形状按等间距 $\mathrm{d}x$ 划分为离散点，如 $x_0, x_1, x_2, \cdots, x_N$。在与感兴趣的位置相邻的点，可以对通量进行泰勒级数展开：

$$\phi(x_{i+1}) = \phi(x_i) + \Delta x \frac{d\phi}{dx}\bigg|_{x_i} + \frac{(\Delta x)^2}{2}\frac{d^2\phi}{dx^2}\bigg|_{x_i} + \cdots$$

$$\phi(x_{i-1}) = \phi(x_i) - \Delta x \frac{d\phi}{dx}\bigg|_{x_i} + \frac{(\Delta x)^2}{2}\frac{d^2\phi}{dx^2}\bigg|_{x_i} - \cdots$$
(19.30)

将式(19.30)中的表达式相加，得到所需通量的二阶导数公式：

$$\frac{d^2\phi}{dx^2}\bigg|_{x_i} \approx \frac{\phi(x_{i+1}) - 2\phi(x_i) + \phi(x_{i-1})}{(\Delta x)^2}$$
(19.31)

这种方法在每个 x_i 位置上都建立了一个耦合的有限差分方程。在多个能群与空间位置选择数之间，结合成的代数方程集形成了一个需要数值求解的越来越大的矩阵。

上机练习 19.A 采用 MPDQ 程序，利用两个中子能群来说明通量随位置变化的影响。

例 19.9　用四个能量群(G=4)来描述一个一维平板问题。该平板被划分为 N=10 个等宽段，使得第 1 和第 11 点位于板的边缘。如果边上的通量设置为零，即 $\phi(x_0) = 0 = \phi(x_{10})$，则可以在 N−1=9 个位置上建立有限差分方程。因此，矩阵总的大小是 $G \cdot (N$−1$)$ 的平方，即在这种情况下为 36×36。

19.6　小　　结

本章从中子平衡和 Fick 定律的应用出发，导出了扩散方程。在适当的边界条件下，可以用扩散方程求出裸反应堆的通量分布。比较几何和材料曲率提供的确定临界条件的方法。通过增加中子群组中能群划分的数量，用扩散理论可以获得更高的精度。

19.7　习　　题

19.1　完成从中子连续性表达式(19.3)和 Fick 定律关系式(19.4)导出中子扩散方程(19.5)所需的步骤。

19.2　通过求 $\phi(x)$ 的二阶导数并将其代入式(19.9)，证明 $\phi(x) = \phi_{\max}(x)\sin(Bx)$ 是平板几何扩散方程的解。

19.3　用洛必达法则证明裸球形反应堆中心的最大通量是 ϕ_C。

19.4　在简单的堆芯(如半径为 R 的裸铀金属球)中，中子通量会随位置而发生变化，如表 19.1 所示。计算并绘制半径为 10cm、中心通量 $\phi_C = 5 \times 10^{11}/(cm^2 \cdot s)$ 的堆芯的通量分布。

19.5 证明由式(19.6)给出的材料曲率可以用下式来表示

$$B_m^2 = (k_\infty - 1)/L^2 \tag{19.32}$$

19.6 在 $p/d=1.1$ 的六边形晶格中，计算慢化剂与燃料的体积比。

19.7 证明均质燃料慢化剂混合物的扩散面积可以用式(19.15)来表示。

19.8 对于例 19.3 中的石墨-铀混合物，计算立方体、球体和圆柱体反应堆的最小物理尺寸和最小临界燃料质量。

19.9 计算平行六面体反应堆中最大容积产热率与平均容积产热率之比，即 q_{max}^m / q_{avg}^m。

19.10 针对立方体和圆柱体反应堆，分别导出最小临界体积的表达式作为曲率的函数。

19.11 使用表 4.4 中的数据，计算轻水、重水和石墨的徙动面积。

19.12 比较 550MW 的小堆芯与 3500MW 的大动力堆芯的无泄漏概率，二者的功率密度分别为 80kW/L 和 100kW/L。每个圆柱形反应堆的高径比 H/D 均为最佳，且中子扩散面积 $L^2=1.9cm^2$。

19.13 求栅距为 p 的正方形栅格的等效单元半径。

19.14 在一维(1D)、二维(2D)和三维(3D)矩形几何中，沿每个轴用 5 个能量群、12 个区间确定对应不同维度情况扩散理论计算的矩阵尺寸。

19.8　上　机　练　习

19.A 经典计算机代码 PDQ 的一个微型版本称为 MPDQ。通过求解差分方程，可计算无反射平板堆芯中临界控制吸收体的数量。运行该程序，并比较选择线性函数或正弦函数作为快中子通量函数试验得到的结果。

延 伸 阅 读

Duderstadt, J.J., Hamilton, L.J., 1976. Nuclear Reactor Analysis.John Wiley & Sons. A thorough treatment.

El-Wakil, M.M., 1962.Nuclear Power Engineering.McGraw-Hill.

Faw, R.E., Shultis, J.K., 2008. Fundamentals of Nuclear Science and Engineering, second ed. CRC Press.

Glasstone, S., Sesonske, A., 1994. Nuclear Reactor Engineering, fourth ed. Reactor Design Basics, vol. 1. Chapman and Hall.

Graves, H.W., 1979. Nuclear Fuel Management.Wiley.

Lamarsh, J.R., Baratta, A.J., 2001. Introduction to Nuclear Engineering, third ed. Prentice-Hall.

随时间变化的反应堆行为

本章目录

反应堆的运行涉及功率水平的变化和伴随的瞬时状态变化。最初用增殖因数来描述中子数和反应堆功率之间的依赖关系，增殖因数依次受温度和控制棒吸收体的影响。接下来研究燃耗、裂变产物毒性和动力堆控制等过程。本章将做如下安排，先介绍最快的作用机制，然后分析持续时间较长的现象。

20.1 中子数增长

正如 16.2 节所介绍的，中子在反应堆中的增殖可以用增殖因数 k 来描述。最初一个中子产生 k 个中子，它们将会依次产生 k^2 个中子。这种行为在原理上同复利或人口呈指数增长类似。事实上，k 可以小于、等于或大于 1，然而不同的 k 值将导致完全不同的结果。

反应堆中子总数是几何级数的和，即 $1+k+k^2+\cdots$。对于 $k<1$，这是个有限值，等于 $1/(1-k)$；对于 $k>1$，总数是无穷大(也就是中子无限增加)。因此，无论燃料和其他材料如何排列，其有效增殖因数都需要确保安全。一个经典的测量包括向已有的中子源中逐步添加少量的燃料，以确保足够的计数率。每一步都需要测量没有增加燃料时的热中子通量 ϕ_0 和增加燃料后的热中子通量 ϕ。理想情况下，对于一个具有确定的非裂变中子源的次临界系统，在稳态条件下，增殖因数 k 有以下关系：

$$\phi/\phi_0 = 1/(1-k) \tag{20.1}$$

当 k 接近 1 时，临界条件下，通量大幅度增加。另外，倒数比：

$$\phi_0/\phi = 1-k \tag{20.2}$$

随着 k 接近于 1，ϕ_0/ϕ 接近于 0。根据铀的质量或燃料组件的数量，绘制这一测量结果的通量比，可以越来越准确地预测临界点，如图 20.1 所示。燃料添加量总是低于使系统达到临界状态所预期的量。

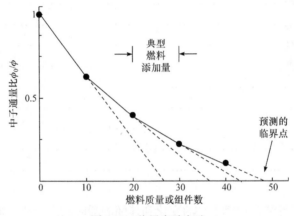

图 20.1 临界实验方法

例 20.1 在装载 30 个和 40 个燃料组件时，测得的通量比 ϕ_0/ϕ 分别为 0.226 和 0.101，如图 20.1 所示。这两个最近的装载步骤之间的斜率首先由下式所决定：

$$m = \frac{\phi_{40}/\phi_0 - \phi_{30}/\phi_0}{N_{40} - N_{30}} = \frac{0.101 - 0.226}{40 - 30} \approx -0.0125$$

将这两个测量值外推到水平轴上，可以估计达到临界所需的燃料组件总数：

$$N_C = N_{40} - (\phi_{40}/\phi_0)/m = 40 - (0.101)/(-0.0125) \approx 48$$

因此，应该在下一步添加 8 个或更少的燃料组件，而不是先前惯常装载的 10 个组件。

20.2 反应堆动力学

本节研究反应堆对增殖变化的时间依赖性。对于每个中子，在一个生命周期

的时间长度 l，中子数的增益 $\delta k = k-1$。因此，n 个中子在无穷小时间 dt 中的增益为

$$dn = \delta k \, n \, dt / l \tag{20.3}$$

式(20.3)可以看作是一个微分方程。对于常数 δk，可得

$$n = n_0 \exp(t/T) \tag{20.4}$$

式中，T 是反应堆周期，指中子数增长为原来的 e 倍 $(e = 2.718\cdots)$ 所需要的时间：

$$T = l / \delta k \tag{20.5}$$

当应用于人类时，式(20.4)表示繁殖频率越高，后代越多，人口增长速度越快。由于通量和功率与中子浓度成正比(也就是 $\phi = nv$ 且 $P = w\Sigma_f V\phi$)，它们在初始条件下也表现出相同的 $e^{t/T}$ 响应。

在典型的热堆中，瞬发中子的寿命非常短，约为 10^{-5}s，因此，如果 $\delta k < 0.02$，那么它的周期就很短，为 0.0005s。根据式(20.4)，瞬发中子的增长将非常迅速，如果持续下去，将在一转眼的时间内消耗掉所有的燃料原子。在热反应堆中，快中子的速度下降得很快，使得中子在扩散过程中耗费了其绝大多数寿命。因此，可以用中子在慢化剂中的速度和平均自由程 $\lambda_{a,M}$ 来估算其在无限大反应堆中的寿命：

$$l = \frac{\lambda_{a,M}}{v} = \frac{1}{v\Sigma_{a,M}} \tag{20.6}$$

一个有限的反应堆通过无泄漏概率使其寿命变短。

例 20.2　对于某轻水堆，水的宏观截面是 0.022/cm。在 20℃时的中子寿命为

$$l = \frac{1}{v\Sigma_{a,M}} = \frac{1}{(2.2\times10^5\,\text{cm/s})(0.022/\text{cm})} \approx 2.1\times10^{-4}\,\text{s}$$

一个奇特而幸运的事实是大自然为反应堆提供了一个内在的控制，因为 δk 在 $0\sim0.0065$。回想一下，大约有 2.5 个中子从裂变中释放出来。其中约 0.65% 是某些裂变产物放射性衰变的结果，因此被称为缓发中子。有几种不同的放射性核素造成了这些缓发中子，但通常情况下，根据它们的不同组分和半衰期分成六组。表 20.1 列出了 U-235 中热中子裂变时缓发中子发射体的核素的份额和半衰期。考虑到这些同位素的产额，它们的平均半衰期约为 8.8s(见习题 20.1)，对应的平均寿命为

$$\tau = t_H / \ln 2 = 8.8\,\text{s}/\ln 2 \approx 12.7\text{s}$$

即放射性同位素衰变所需的平均时间。虽然缓发中子很少，但它们的存在大大延长了周期，减缓了中子数的增长速度。缓发中子对反应堆瞬变的影响类似于资金

的增长，如银行里的投资项目。想象一下，银行将每天的利息寄给一个客户，该客户不得不通过将利息返回到银行来进行再投资。这种"支票在邮寄中"的过程将导致资金增加得更为缓慢。

表 20.1　U-235 中热中子裂变时缓发中子的六组数据

组 i	份额 β_i	半衰期 $t_{H, i}/s$
1	0.000247	54.51
2	0.001385	21.84
3	0.001222	6.00
4	0.002645	2.23
5	0.000832	0.496
6	0.000169	0.179

然后，为了理解这个效应的数学表达，假设 β 是所有缓发中子的份额，U-235 的 β 值为 0.0065；$1-\beta$ 则是立即发射的，被称为瞬发中子的份额。它们只需很短的时间 l 就会出现，而缓发中子则需要一段时间 $l+\tau$。因此，平均延迟时间如下：

$$\bar{l} = (1-\beta)l + \beta(l+\tau) = l + \beta\tau \tag{20.7}$$

现在由于 β=0.0065，且 τ=12.7s，它们的乘积约为 0.083s，大大超过了中子增殖周期，其周期仅为 10^{-5}s。因此，平均延迟时间可以被看作是有效裂殖时间(中子每代时间)：

$$\bar{l} \approx \beta\tau \tag{20.8}$$

当 δk 远小于 β 时该近似值有效。

例 20.3　设 $\delta k = 0.001$，取 $\bar{l} = 0.083\text{s}$，则反应堆的周期为

$$T = \bar{l}/\delta k = 0.083\text{s}/0.001 = 83\text{s}$$

应用指数公式可以算出，在 1s 内中子数只增加很少一点：

$$n/n_0 = \exp(t/T) = \exp(1\text{s}/83\text{s}) \approx 1.01$$

另外，如果 δk 大于 β，即使是缓发中子，仍然能产生非常快的响应。如果所有的中子都是瞬时的，一个中子会得到 δk 的增益，但因为缓发中子实际上出现得很晚，所以它们不能对瞬时反应做出贡献。显然 δk 近似为 $\delta k - \beta$，设循环时间为 l，则可将反应堆周期 T 按两个区间汇总如下：

$$T \approx \begin{cases} \dfrac{\beta\tau}{\delta k}, & |\delta k| < \beta \\[3mm] \dfrac{l}{\delta k - \beta}, & \delta k > \beta \end{cases} \tag{20.9}$$

然而，对于一个大的负反应性插入，如在反应堆停堆(紧急停堆)期间发生，周期为−80s。

虽然缓发中子份额 β 是一个很小的数，但通常只有当 $\delta k < \beta$ 时，才认为 δk 小；而当 $\delta k > \beta$ 时，则认为 δk 大。图 20.2 显示的是几个不同反应性值时，反应堆功率的增长情况。反应性 ρ 定义为 $\delta k/k$ (见式(16.2))。这些曲线是由全部缓发中子发射产生的。由于 k 接近 1，$\rho \approx \delta k$。得出以下结论：只要 δk 保持在 β 值以下，中子群或反应堆功率的增长率就比预期的小得多；但如果 δk 大于 β，则会出现快速增长。对于直接依赖于 β 的反应堆响应，反应性通常取 ρ/β 的比值并以\$和¢来表示(1\$=100¢)。当 $\rho = \beta$ 时，反应性为 1\$。

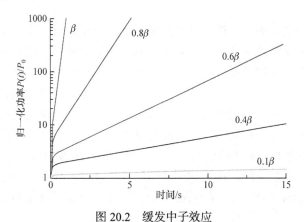

图 20.2　缓发中子效应

例 20.4　在一个运行功率为 150MW 的临界 U-235 反应堆中引入了 2%的负反应性，由此产生的反应堆周期为

$$T = \frac{\beta\tau}{\rho} = \frac{\beta\tau}{-0.02\beta} = \frac{12.7\text{s}}{-0.02} = -635\text{s}$$

5min 后，反应堆功率降至：

$$P(t) = P(0)e^{t/T} = (150\text{MW})\exp[(300\text{s})/(-635\text{s})] \approx 93.5\text{MW}$$

一直用 U-235 的 β 值作为例子，但应该指出，其有效值取决于反应堆的大小和燃料类型(如 Pu-239 的 β 值只有 0.0021)。同时，中子循环时间取决于主要中子的能量。快中子反应堆的 ℓ 值比热中子反应堆小得多。

用点动力学方程可以更精确地描述中子浓度。采用等效单组缓发中子模型，可得到中子种群增长分析的一个简化版本。表 20.1 所列的六组缓发中子先驱核被替换为平均寿命 τ=12.7s 的等效单组缓发中子辐射源，有效中子寿命 $\overline{\ell}$ = 0.083s，等效单组缓发中子衰变常数 λ=0.0785s^{-1}，总缓发中子份额 β=0.0065。中子数 n 的

微分方程和等效单组缓发中子浓度 C 为

$$dn/dt = n(\rho - \beta)/\bar{l} - \lambda C$$
$$dC/dt = n\beta/\bar{l} + \lambda C \tag{20.10}$$

在上机练习 20.A 和 20.B 中，演示了中子群随时间的增长，这是由于它依赖于反应性。等效单组缓发中子用于 20.A，六组缓发中子用于 20.B。时间间距非常宽的时间常数或本征值，有利于刚性系统的数值求解。

20.3 反应性反馈

缓发中子提供的固有核控制是通过适当的反应堆设计来支持某些负反馈效应实现的。这些负反馈效应会因反应堆功率的增加而导致中子增殖系数减小。随着额外热量的输入，温度升高，负反应性倾向于关闭反应堆。设计选择包括燃料棒的尺寸和间距以及冷却水中可溶硼的含量。最重要的反应性反馈机制是燃料和慢化剂温度的影响。对于稳定的反应堆运行，反应性反馈应该是负的。

温度效应之一是简单的热膨胀。慢化剂加热，膨胀，原子密度降低，中子平均自由程和泄漏增加，而热吸收减少。在早期均相水溶液(水均匀)反应堆中，这是保证停堆安全的主要效应。在非均相水溶液反应堆中，往往会产生相反的效果，即溶解的硼含量随水分密度的降低而降低。因此，还需要其他的效应来增加慢化剂的膨胀效应。

共振的多普勒展宽过程提供了所需的反馈。图20.3演示了一个反应性反馈回路。燃料温度的升高会引起铀原子的运动更大，它有效地拓宽了铀的中子共振截面曲线，如图4.9所示。对于U-238含量较高的燃料，其增殖随温度的升高而减小。多普勒效应是瞬发的，这是由于它对燃料温度响应；而慢化剂效应是缓发的，这是由于热量需要从燃料转移到冷却剂。多普勒术语的使用来自源和观察者之间有相对运动时，声或光的频率变化类比。

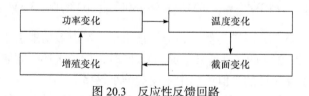

图 20.3　反应性反馈回路

这些影响量可以用如下公式来表示

$$\rho = \alpha \, \Delta T \tag{20.11}$$

式中，反应性 ρ 与温度变化 ΔT 成正比；温度系数 α 应为负数。另一种关系是

$$\rho = \alpha_P \, \Delta P / P \tag{20.12}$$

即正比于负功率系数 α_P 和功率变化分数 $\Delta P/P$。

例 20.5 如果 $\alpha = -10^{-5}/°C$，若温升 $20°C$，则反应性为

$$\rho = \alpha \, \Delta T = (-10^{-5}/°C)(20°C) = -0.0002$$

在压水堆中，如果 $\alpha_P = 0.012$，则 2%的功率变化将使反应性达到：

$$\rho = \alpha_P \Delta P / P = (-0.012)(0.02) = -0.00024$$

温度效应导致反应堆对扰动的响应有显著差异。图 20.2 忽略了这些影响，因此功率呈指数增长。但如果将燃料和慢化剂反应性反馈效应包括在内，如图 20.4 所示，则功率值逐渐趋于一个常数。

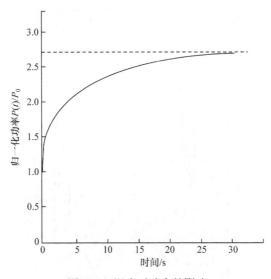

图 20.4 温度对功率的影响

上机练习 20.C 为探讨温度反应性反馈对反应堆瞬态行为的影响提供了机会。

20.4 反应堆控制

尽管反应堆对 $\delta k < \beta$ 区域中子增殖的增加相对不敏感，而且温升提供了稳定性，但在反应堆设计和运行中提供了额外的保护。如 18.4 节所述，压水堆的部分控制由硼溶液(H_3BO_3)提供。化学补偿剂平衡了过量的燃料装载，并随着燃料在反应堆使用期间逐渐消耗，这种长期控制将在 20.6 节中讨论。此外，由易燃毒物，如碳化硼(B_4C)和氧化钆(Gd_2O_3)组成的棒材，在堆芯寿命开始时控制过高的反应

性，降低对化学补偿剂的初始要求。

反应堆还配备了几组可移动的中子吸收材料棒(控制棒)，如图 20.5 所示。中子吸收材料棒有三个主要用途：①允许临时增加增殖系数，使反应堆达到所期望的功率水平或调整功率；②使堆芯的通量和功率形状发生变化，通常力求均匀；③在发生异常行为时，手动或自动关闭反应堆。为了确保关闭作用的有效性，在运行中有几组中子吸收材料棒(即安全棒)一直保持着从反应堆中抽出的状态。在压水堆中，它们由电磁铁支持运行，电磁铁在电流中断时释放安全棒，而在沸水反应堆中是通过液压的方法从压力容器底部进行驱动。

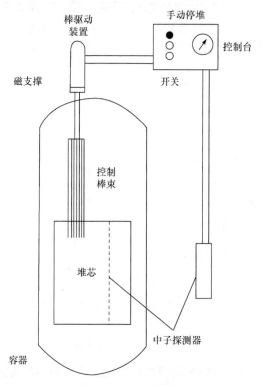

图 20.5　反应堆控制

控制棒和安全棒的反应性价值，作为插入到堆芯的深度函数，可以通过比较技术来测量。假设临界反应堆中的控制棒被轻微地拔出一个很小的距离 δz，测量由此导致的中子数上升的周期 T。

利用近似公式 $T \approx \beta \tau / \delta k$，可以导出 δk 与 δz 的关系。通过调节可溶硼的浓度，使反应堆恢复到临界状态。因此，操作可以通过控制棒位置的更多移动而重复进行。本实验既求出了控制棒的反应性价值与位置之间的函数关系，又通过求和得到控制棒总的反应性价值 ρ_T。图 20.6 显示了控制棒反应性价值在无端部反射层的理想情况下的校正曲线。它指出在反应堆中控制棒运动的影响在很大程度上取决于尖端的位置。控制棒反应性价值的积分是总插入深度 z 的函数：

$$\rho(z) = \rho_{\mathrm{T}}\left(\frac{z}{H} - \frac{1}{2\pi}\sin\frac{2\pi z}{H}\right) \tag{20.13}$$

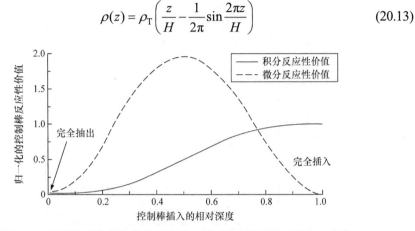

图 20.6　控制棒反应性价值在无端部反射层的理想情况下的校正曲线
控制棒的反应性价值取决于其在没有反射的反应堆堆芯中的插入量

在反应堆理论中找到了图 20.6 中曲线变化的基础。该理论指出，添加吸收体对反应堆的反应性效应近似取决于被干扰的热中子通量的平方。因此，如果控制棒被完全插入或完全抽出，使得尖端在低通量区域移动，则增殖的变化实际上为零。在反应堆中心，运动产生了很大的影响。当棒尖靠近堆芯中心时，微分反应性价值在这种简单的情况下是平均值的两倍，即

$$(\delta\rho/\delta z)_{z=H/2} = 2(\delta\rho/\delta z)_{\mathrm{avg}} \tag{20.14}$$

总反应性价值的估算也可以用落棒技术进行。控制棒可以从堆芯外的位置下降到完全进入的位置。中子通量从初始值 ϕ_0 到最终值 ϕ_1 非常快速的变化如图 20.7 所示。然后，根据式(20.15)计算反应性价值：

$$\rho/\beta = (\phi_0/\phi_1) - 1 \tag{20.15}$$

其结果在某种程度上取决于探测器的位置。

人们研制提供了一种仪器系统，用于检测过高的中子通量和相应的功率水平，以发出要求反应堆自动停堆或紧急停堆的信号。如图 20.5 所示，独立的中子探测器既位于堆芯内，也位于反应堆压力容器外。计算机处理来自堆芯中子探测器的数据以确定功率分布是否可接受。这种要求紧急停堆或者保护的逻辑是独立于控制系统的。

压水堆控制程序通常设法保持一个合理的、恒定的反应堆冷却剂系统平均温度，以维持恒定的冷却剂体积，并避免不得不补偿由于慢化剂温度变化引起的反应性波动。与只使用控制棒进行短期反应性调整的压水堆不同，沸水堆也可以利

用再循环流速的变化来控制功率。

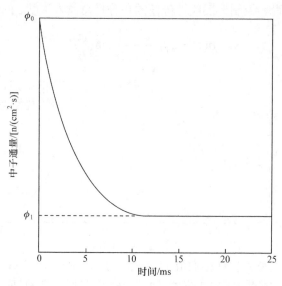

图 20.7   落棒法测量反应性时中子通量随时间的变化

20.5   裂变产物毒物

在正常的反应堆运行过程中，随着燃料的燃烧，裂变产物开始积累。裂变产物中的中子吸收对控制要求有影响。最重要的裂变产物毒物是氙的放射性同位素 ^{135}Xe，其对 0.0253eV 中子的吸收截面为 2.65×10^6b。次要的裂变产物毒物是 ^{149}Sm，其吸收截面 σ_a=41000b。这些核素在反应堆中起着毒物的作用，从而降低堆芯的增殖因子。裂变产物中毒发生的时间比燃料和慢化剂温度效应长(约为小时量级)。

^{135}Xe 直接产生于裂变以及 ^{135}Te 和 ^{135}I 的衰变，它们本身就是裂变产物。^{135}Te 的半衰期很短(t_H=19s)，认为它包含于 ^{135}I(t_H=6.57h)中。^{135}I 总的裂变产额较高，$\gamma_I = 0.061$，说明每一次裂变得到的 ^{135}I 原子数为 6.1%。考虑裂变产生、放射性衰变和中子的吸收，^{135}Xe 和 ^{135}I 浓度的变化速度可以描述为

$$\mathrm{d}N_{Xe}\big/\mathrm{d}t = \left(\gamma_{Xe}\,\Sigma_f - \sigma_a^X\,N_{Xe}\right)\phi + \lambda_I N_I - \lambda_{Xe} N_{Xe}$$
$$\mathrm{d}N_I\big/\mathrm{d}t = \gamma_I\,\Sigma_f\,\phi - \lambda_I N_I \tag{20.16}$$

式中，$\gamma_{Xe} = 0.003$。

裂变产物毒物引起的负反应性为

$$\rho_{Xe} = \frac{-\Sigma_a^{Xe}}{\Sigma_a^F + \Sigma_a^M} = \frac{-\Sigma_a^{Xe}\,f}{\Sigma_a^F} \tag{20.17}$$

在高中子通量稳定运行的条件下，如果不考虑衰变，则 ^{135}Xe 的产率等于中子吸收消耗。因此：

$$N_{Xe}\sigma_a^{Xe} = N_F \sigma_f^F (\gamma_I + \gamma_{Xe}) \tag{20.18}$$

例 20.6　当 U-235 的 σ_f/σ_a 比为 0.86 时，Xe-135 的吸收率是燃料本身的 0.055 倍：

$$\frac{R_a^{Xe}}{R_a^F} = \frac{\overline{\phi}N_{Xe}\sigma_a^{Xe}}{\overline{\phi}N_F\sigma_a^F} = \frac{N_F\sigma_f^F(\gamma_I+\gamma_{Xe})}{N_F\sigma_a^F} = \frac{\sigma_f^F(\gamma_I+\gamma_{Xe})}{\sigma_a^F} = (0.86)(0.061+0.003) \approx 0.055$$

如果将 Xe-135 的放射性衰变（t_H=9.14h）包括在内，这一系数约为 0.04(见习题 20.7)。这两个值都可以得出结论：随着 Xe-135 的生产，一个大的负反应性引入。如果使用后一个值，并假设热中子利用率为 0.7，则氙的反应性价值为

$$\rho_{Xe} = \frac{-\Sigma_a^{Xe} f}{\Sigma_a^F} = \frac{-R_a^{Xe} f}{R_a^F} = -(0.04)(0.7) \approx -0.028$$

这相当于 $-0.028/0.0065 \approx \$-4.3$！

上机练习 20.D 是计算 ^{135}Xe 对中子吸收随时间的变化，该题可利用 XETR 程序进行。

20.6　燃　料　燃　耗

从核燃料中产生能源的独特之处在于，必须在任何时候都有非常多的燃料存在，才能使链式反应继续下去。相反，即使汽车油箱是空的也可以运行。反应堆燃料与其他参量(如消耗、功率、中子通量、临界度和控制)之间存在着微妙的关系。

第一个也是最重要的考虑因素是能源生产，这与燃料消耗直接相关。为了说明情况，做如下简述：即假设消耗的燃料仅是 U-235 且反应堆在一定功率水平下连续稳定的运行。因为每个燃烧的原子都伴随有能量的释放，所以可以计算出在给定时间内必须消耗燃料的量(也就是被中子吸收转化为 U-236 或裂变产物)。反应堆的总功率水平在式(16.14)中与平均中子通量成正比。然而，在反应堆中经历燃料消耗，其中子通量必须及时增加，这是由于功率也与燃料含量 N_F 成正比。

例 20.7　分析一个简化的压水堆的燃料利用率，该反应堆使用 20w/o(质量分数)的燃料，以 100MW 电功率或 300MW 总功率运行，如同在试验堆或推进堆中一样。初始燃料为 1000kg 铀，装入单一区域。应用经验法可估算出每兆瓦一天的热能消耗 1.3g U-235，假设所有裂变都是由 U-235 引起的。在一年内，U-235 的消耗量为

$$m_C = (1.3g/MW\cdot d)(300MW)(365d) \approx 142kg$$

可以得到，原来 200kg 的 U-235 已被大量消耗，最终的富集度约为 6.8w/o：

$$\omega = \frac{m_{235}}{m_U} = \frac{(200-142)kg}{(1000-142)kg} \approx 0.0676$$

需注意，U-238 的吸收损失被忽略，但在这种情况下共计约 2kg。假设运行一年后安装了一个全新的堆芯，如果按照 15.4 节所述方法计算，不包括制造和运输的燃料费用为

$$(1000kg \cdot U)[(44\$/kg \cdot U_3O_8)(47.932)/(0.848kg \cdot U/kg \cdot U_3O_8) + (10\$/kg \cdot U) +$$
$$(100\$/kg \cdot SWU)(38.315kg \cdot SWU)] \approx \$6330000$$

其中大部分是为了浓缩。产生的电量为

$$E_e = P_e T = (10^5 kW)(8760h/a) = 8.76 \times 10^8 kWh$$

这使得燃料的单位成本为 $(\$6.33 \times 10^6)/(8.76 \times 10^8 kWh) \approx 0.0072\$/kWh$，即大约每千瓦时的用电成本为 0.7 美分。

如图 20.8 所示，大型动力反应堆中的燃料组件根据不同的富集度分为 3 个不同的区域。反应堆定期停堆，以便移出、重新布置和装载燃料。每个运行周期称为一个燃料循环，通常持续 18～24 个月。在燃料更换和倒料而定期停堆期间，需要做大量的维护工作。充分考虑经济效益，需要谨慎和完整的停运管理，以尽量减少反应堆不发电的时间。停工时间已降低至 3 周，更换一台蒸汽发电机需要几个月。电厂运营商通过多个机组错开反应堆停运时间。

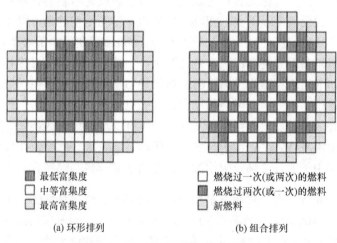

图 20.8 堆芯中燃料组件的装载模式

环形地带性图案及周边的内散射(棋盘)与环形的组合排列

因为在运行周期内不添加燃料，所以必须在开始时安装要燃烧的燃料量。首

先，将达到临界所需的铀量装入反应堆。如果添加了过量的燃料，很明显，除非采取补偿措施，否则反应堆将是超临界的。在压水堆中，过量的燃料反应性会因包含控制棒、含硼溶液和可燃毒物棒而降低。循环开始时所需的控制吸收剂的量与供发电用的过量增加燃料的量成正比。

例 20.8 如果燃料中的 U-235 从 3%降到 1.5%，慢化剂中初始硼原子的密度约为 $0.0001×10^{24}\text{cm}^{-3}$。为了比较，水分子的数量是每立方厘米 $0.0334×10^{24}$ 个。硼含量通常以百万分之一 ppm(即每克稀释剂所含添加剂的微克)来表示。设硼和水的分子量分别为 10.8 和 18.0，所需的硼浓度为

$$\frac{m_{\text{B}}}{m_{\text{H}_2\text{O}}} = \frac{N_{\text{B}}M_{\text{B}}V/N_{\text{A}}}{N_{\text{H}_2\text{O}}N_{\text{H}_2\text{O}}V/N_{\text{A}}} = \frac{(0.0001\text{cm}^{-3})(10.8\,\text{g/mol})}{(0.0334\text{cm}^{-3})(18.0\,\text{g/mol})}\left(\frac{\text{ppm}}{10^{-6}}\right) \approx 1800\text{ppm}$$

反应堆达到满功率、运行温度和压力都是通过调整控制棒的位置来实现的。当反应堆运转且燃料开始燃烧时，硼的浓度在不断减少。到循环结束时，多余的燃料已经消失，所有可用的控制吸收剂都被去除，反应堆也因为换料而停堆。忽略某些裂变产物吸收和钚生产的影响，燃料和硼的变化趋势如图 20.9 所示。该图表示反应堆功率保持不变时，燃料含量随时间线性减少。这种操作的特点是反应堆在电力系统中提供基本负荷，电力系统也包括化石燃料发电厂和水电站。

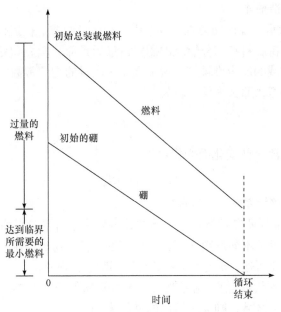

图 20.9　功率堆燃料消耗过程中的反应堆控制

从图 20.9 中可以看出，只要在开始时添加更多的 U-235，反应堆周期就可以

增加到所需的时间。然而，这种增加是有限度的。首先，增加过量的燃料越多，控制棒或可溶毒物的控制作用就必须越大。其次，辐射和热效应对燃料和包壳材料的影响随着寿命的增加而增加。从铀质量中提取的总热能 E 包括所有裂变同位素，即燃耗，以每吨铀的兆瓦天数(MWd/t)表示：

$$B = E/m_\mathrm{U} \tag{20.19}$$

例 20.9 计算一座总功率为 3000MW 的动力堆运行 1 年的燃耗值，该堆初始装载的燃料为 2800kg 的 U-235。设铀的浓度为 0.03，则铀含量为 2800/0.03 ≈ 93000kg 或 93t。年能量产出为 (3000MW)(365d) ≈ 1100000MWd 时，计算其燃耗为

$$B = \frac{E}{m_\mathrm{U}} = \frac{1.1 \times 10^6 \,\mathrm{MWd}}{93\mathrm{t}} \approx 12000 \,\mathrm{MWd/t}$$

如果反应堆的燃料是天然铀或少量浓缩铀，则钚的产生往往会延长循环时间。易裂变的 Pu-239 有助于维持临界状态，并提供了部分功率，还形成了少量质量数较高的钚同位素 Pu-240、易裂变的 Pu-241(半衰期为 14.4 年)和 Pu-242。这些同位素和高 Z 的元素称为超铀材料或锕系元素(图 2.1)，它们是很重要的燃料、毒物或核废料(见习题 20.13)。考虑到钚和堆芯燃料的管理，典型的平均燃耗实际上是 30000MWd/t。可取的做法是寻求这个量更大的值，以延长周期，从而尽量减少燃料、后处理和制造成本。

如图 20.8 所示，现代动力堆的堆芯由三个区域组成。在运行周期开始时，反应堆堆芯将包含新燃料和部分燃烧的燃料；最后是部分燃烧和完全燃烧的燃料。对于具有 n 个区域的反应堆堆芯，设 k_i 是 i 区燃料的增殖常数，并假定整个堆芯上的功率几乎相等，那么平均 k 值为

$$k = \sum_{i=1}^{n} k_i \tag{20.20}$$

可以发现 k_i 随燃耗 B 的变化而变化：

$$k_i = k_0 - aB \tag{20.21}$$

式中，k_0 是初始倍增系数；a 是常数。

保持反应堆临界所需控制棒吸收体的数量取决于对堆芯平均增殖因数 k 的评估。图 20.10 显示了不同燃料区域数的反应堆运行，初始控制棒吸收体随区域数呈倒数变化。如前所述，n 越大，初始控制棒吸收体越小。

通过一个小的代数运算(见习题 20.15)可知燃料的卸料燃耗取决于区域的数量。设 $B(1)$ 为一个区域，则 n 个区域的燃耗为

$$B(n) = (2n/(n+1))B(1) \tag{20.22}$$

区域数

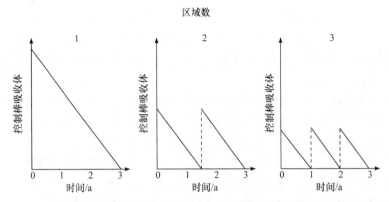

图 20.10　不同燃料区域数的反应堆运行，初始控制棒吸收体随区域数呈倒数变化

因此，$B(2) = (4/3) B(1)$，$B(3) = (3/2) B(1)$ 等。对于非常大的 n，对应于同加拿大反应堆一样的连续加燃料，燃耗结果是 $B(1)$ 的两倍。

20.7　小　　结

缓发中子对反应堆控制的重要性怎么强调也不为过。反应堆的固有安全控制由负反应性反馈机制提供。控制棒允许快速停堆。在反应堆中加入过量燃料，最初是为了补偿运行周期中的燃耗，通过可调节的控制吸收剂保持临界状态。必须考虑裂变产物，如 Xe-135 的吸收，以及与热效应和辐射效应有关的限制。

20.8　习　　题

20.1 使用表 20.1 证明总缓发中子份额 β 为 0.0065，加权平均半衰期约为 8.8s。

20.2 ①^{235}U 所吸收的热中子核裂变产生的中子总数是否为 2.42？有多少是缓发的？有多少是瞬发的？②如果反应堆有正的反应性 β 或比 β 更大的反应性，则称其为瞬时临界，解释这个术语的意思；③对于瞬发中子寿命为 $5×10^{-6}$s 的反应堆，如果反应性为 0.013，反应堆周期是多少？④如果反应性为 0.0013，反应堆周期是多少？

20.3 一个反应堆运行在 250MW 的功率水平上。控制棒被移除使反应性达到 0.0005。注意到这个值比 β 小得多，计算其功率达到 300MW 所需的时间，忽略任何温度反馈。

20.4 快中子循环时间 l 的测量是在 EBR-I 上进行的，这是第一个发电反应堆。用两种不同的方法计算它的值：①用 β/l，称 $l = 1/(\nu\Sigma_a)$ 为 Rossi-α，其值为

1.74×10^5/s，β为 0.0068；②用粗略公式 $l=1/(\nu\Sigma_a)$ 计算，平均能量为 500keV 的中子。在此能量下，σ_γ=0.12barn，σ_f=0.12barn。注意 N_U= 0.054×10^{24}cm^{-3}，能量 E= 0.0253eV 的中子速度 ν = 2200m/s (感谢 Busch 教授提供该习题及其答案)。

20.5 在最初将燃料装入反应堆的临界实验中，一个反应性价值为 0.0036 的燃料元件突然掉进了一个已经临界的堆芯中。如果温度系数为-9×10^{-5}/℃，在正的反应性被抵消之前，系统的温度会超过室温达到多高？

20.6 当热功率从 2500MW 提升到 2800MW 时，由多普勒效应引起的反应性为 -0.0025。估计这一效应对反应堆功率系数的贡献。

20.7 ① 考虑 ^{135}Xe 的产生、吸收和衰变，证明其平衡方程为

$$N_X(\phi\sigma_a^X + \lambda_X) = \phi N_F \sigma_f^F (\gamma_I + \gamma_X)$$

② 如果通量 $\phi = 2\times10^{13}$ cm$^{-2}\cdot$s^{-1}，计算 λ_X 以及在 ^{135}Xe 和燃料中的吸收率之比。

20.8 在 10000ft^3 的反应堆冷却剂系统中，硼的初始浓度为 1500ppm。要达到 1600ppm 的新值，应该添加多少体积的硼浓度为 8000ppm 的溶液？

20.9 在习题 20.8 所描述的反应堆中，硼含量从 1500ppm 调整到 1400ppm。纯净水被泵入，然后将混合的冷却剂和毒物分两步抽出。500ft^3/min 的泵在每一步操作中应该运行多长时间？

20.10 临界实验中几个燃料添加步骤的计数率如下：

燃料组件数	计数率/cpm
0	200
50	350
100	800
125	1600
140	6600
150	20000

在每次燃料添加结束时，估计组件的临界数量是多少？添加量是否总是小于使(堆芯)排列达到临界的数量？

20.11 当控制棒从其末端位于临界反应堆中心的位置升高 4cm 时，功率以 200s 的周期上升。给定 β =0.008 和 τ =13s，估算控制棒位移产生的 δk 和校正曲线 $\Delta k/\Delta z$ 的斜率。如果堆芯高度为 300cm，估算控制棒的反应性价值。

20.12 测量控制棒位置移动时，高度为 24in 的研究堆的功率上升周期。从这些周期中，得到了 $\Delta\rho_i/\Delta z_i$ 反应性的斜率值，单位为%/in，如下所示：

i	$z_i \rightarrow z_{i+1}$	$\Delta\rho_i/\Delta z_i$	i	$z_i \rightarrow z_{i+1}$	$\Delta\rho_i/\Delta z_i$
1	$0 \rightarrow 3$	0.02	9	$12 \rightarrow 12.5$	1.02
2	$3 \rightarrow 5.5$	0.16	10	$12.5 \rightarrow 13$	1.03
3	$5.5 \rightarrow 7.5$	0.38	11	$13 \rightarrow 14$	1.08
4	$7.5 \rightarrow 9$	0.68	12	$14 \rightarrow 15$	1.02
5	$9 \rightarrow 10$	0.83	13	$15 \rightarrow 16.5$	0.95
6	$10 \rightarrow 11$	0.89	14	$16.5 \rightarrow 18.5$	0.77
7	$11 \rightarrow 11.5$	0.96	15	$18.5 \rightarrow 21$	0.40
8	$11.5 \rightarrow 12$	0.98	16	$21 \rightarrow 24$	0.11

① 绘制微分反应性价值对平均位置 $\bar{z}_i = (z_i + z_{i+1})/2$ 的关系图；

② 使用简单的数值积分来绘制积分反应性价值与 z 的关系图；

③ 当控制棒的末端从底部升高 16in 时，估算其积分反应性价值。

20.13 一座反应堆装载了 90000kg 铀，其中 ^{235}U 的丰度比为 3w/o。该堆一年实际运行的功率约为其额定总功率 3000MW 的 75%。①应用经验法则，即 1.3g/(MW·d)——每天每兆瓦功率需消耗 1.3 ^{235}U，求 ^{235}U 的消耗量。燃料的最终浓度是多少？②如果 1/3 能量来自钚，^{235}U 的最终浓度将是多少？

20.14 ①证明 1MW/t=1W/g；②由于大多数核电厂有基础负荷，功率是恒定的，通量和裂变原子的浓度也同样如此，证明燃耗可由下述公式给出：$B = w\sigma_f N_{235}(0)\phi_0 t/\rho_U = w\sigma_f N_{235}(0)N_A\phi_0 t/(N_U M_U)$；③对于初始原子浓度 $N_{235}(0)/N_U = 0.03$，中子通量 $\phi_0 = 2\times 10^{13}/(\text{cm}^2 \cdot \text{s})$ 的三年燃料循环，计算燃耗 B。

20.15 为了在运行周期结束时保持临界状态，动力反应堆必须具有平均倍增系数 k_F。对于单一区域的堆芯，k_F 与燃耗 B 有关，如下式所示：

$$k_F = k_0 - aB$$

式中，a 是常数，因此卸料燃耗是

$$B(1) = (k_0 - k_F)/a$$

对于一个两区域的堆芯，有

$$k_F = (k_0 - aB)/2 + (k_0 - 2aB)/2 = k_0 - (3/2)aB$$

卸料燃耗为 $2B$ 或 $B(2) = (4/3)B(1)$，继续分析，计算 $B(3)$ 和 $B(4)$。将结果与文中引用的公式进行比对。

20.16 对于一个稳定不变的中子源 S，证明次临界倍增介质中的中子数为 $S/(1-k)$。

20.9　上机练习

20.A 采用程序 OGRE(单群反应堆动力学)求解单群点动力学方程。①绘制不同反应性值(如 0.0001、0.0005 和 0.001)的中子群的时间响应图；②将微分方程求解器从"ode45"改为"ode15s",并重试反应性为 0.0001,解释结果的差异。

20.B 程序 KINETICS 求解了中子和缓发中子发射体随时间变化的方程,得到了中子群随时间变化的函数。使用了 6 个缓发中子发射体,忽略了反馈。试输入各种不同的反应性值——正值、负值和零;相对于 $\beta=0.0065$,可以取比它小的值进行计算,也可以取比它大的值进行计算。

20.C 温度反馈对反应堆时间响应的影响可以用程序 RTF(反应堆瞬态反馈)来估计。RTF 求解简单的微分方程,解释功率和温度随时间的变化率。反应性存在负温度系数,根据温差提取功率。①运行程序 RTF,以了解对于使用铀燃料,功率、温度和反应性如何随时间变化;②研究将反应堆燃料从铀改为钚的影响,钚中子寿命仅为 0.04s,而铀为 0.083s,将所有其他因素与①项相同。

20.D 反应堆中氙的数量随时间而变化,特别是当中子通量发生较大变化时,如在堆启动或关闭时。用程序 XETR(氙瞬态)求解微分方程,得到 ^{135}I 和 ^{135}Xe 的含量。①运行程序并研究堆启动后,浓度和反应性 ρ 随时间的变化趋势;②将在①部分启动后计算长时间内获得 ^{135}I 和 ^{135}Xe 的浓度作为初始浓度,并将流量设置为零来模拟反应堆突然关闭。请记录并讨论氙随时间的变化趋势。

延 伸 阅 读

Duderstadt, J.J., Hamilton, L.J., 1976. Nuclear Reactor Analysis.John Wiley & Sons.Thorough treatment.

Graves, H.W., 1979. Nuclear Fuel Management.Wiley.

Lamarsh, J.R., Baratta, A.J., 2001. Introduction to Nuclear Engineering, third ed. Prentice-Hall.Classic textbook.

反应堆安全和安保

　　众所周知，在运行了一段时间的反应堆中积累的裂变产物构成了潜在的辐射危险源。需要保证在整个操作周期内保持燃料的完整性，且放射性物质的释放可以忽略不计。这意味着在所有条件下都需要限制反应堆的功率水平和温度并确保冷却的充分性。幸运的是，链式裂变反应的物理特性提供了固有的安全性。此外，材料的选择和布置以及对操作方式的限制也提供了第二级保护。尽量减少事故发生的概率以及在事故发生时尽量减小辐射释放程度的装置和结构是第三道防线。最后，核电厂建在远离人口密度高的中心区域可以得到进一步的保护。

　　本章将研究为防止放射性物质向周围环境释放而采取的预防措施，并讨论安全理念。接着研究三起著名的核事故——三哩岛(Three Mile Island，TMI)事故、切

尔诺贝利事故和福岛核事故。后两起事故被归类为国际核安全和辐射事件等级
(international nuclear and radiological event scale，INES)上的重大事故(7级)，而三
哩岛事故被认为是 5 级。

虽然本章的重点是与反应堆有关的安全，但 INES 也包括放射性事件。工业
和医疗放射源发生了很多事件。例如，1987 年在巴西戈亚尼亚发生了一起 INES
5 级事故。一家医院的一枚 1375Ci 的铯-137 放射性治疗设备因安全措施不当，被
盗且被拆除，最终导致 4 人死亡(IAEA，1988)。

21.1 安 全 考 虑

简单地说，反应堆安全的准则就是通过努力尽量减少核电厂运行对个人和社
会的负面影响。防止放射性物质的释放则成为一个基本目标。由于大多数放射性
核素存在于燃料中，因此基本策略是防止燃料过热。防止燃料熔化并不是唯一的
考量。在水冷堆中，高温会引起放热的锆水反应等现象：

$$Zr + 2H_2O \longrightarrow ZrO_2 + 2H_2 \tag{21.1}$$

从 1600℉(871℃)开始，包层氧化反应将具有延展性的锆转变为具有脆性的二
氧化锆。对于每千克锆，反应生成 0.5m³ 的氢气和 6500kJ 的热量。用于轻水反应
堆的紧急堆芯冷却系统验收准则(LWRs；10 CFR 50.46)指出，计算出的燃料元件
包层的最高温度不应超过 2200℉(1204℃)。

反应堆设计者考虑了各种各样的情况，在这些情况下，放射性物质的控制措
施可能会受到损害。意外可能是由于不加控制的正反应性插入而引发的，也可能
是由于冷却系统故障或是反应堆所在场地发生的自然灾害(主要包括大风、洪水、
龙卷风和地震等自然现象)。

还须防止在一些情况下出现临界事故：①浓缩铀或钚的化学处理；②将燃料
储存在容器阵列或燃料组件中；③反应堆启动时燃料组件的初装。

在加工厂对核燃料进行的数百次危险实验和操作中，发生了严重的临界事故，
包括辐射暴露事故和数起死亡事故。早期采取的预防措施较少(McLaughlin et al.，
2000；Koponen，1999)。1999 年，日本的东海村(Tokaimura)核燃料加工厂发生了
一起事故，原因是过量的浓缩铀被增加到处理容器中。随后发生了不受约束的裂
变反应，持续了几乎一天的时间,两名工作人员很快受到致命的剂量照射(IAEA,1999)。

例 21.1 在日本的东海村现场边界测量到的中子剂量率和γ剂量率分别为
4.0mSv/h 和 0.84mSv/h 左右。美国的非职业人员剂量限值为 100mrem，那么可进
入现场的时间为

$$D = \frac{D}{\dot{D}} = \frac{(100\,\mathrm{mrem})(1\,\mathrm{mSv}/100\,\mathrm{mrem})}{4.0\,\mathrm{mSv/h}+0.84\,\mathrm{mSv/h}} \approx 0.2\mathrm{h} = 12\mathrm{min}$$

21.2　安　全　保　障

保障安全的系统可分为三类。

(1) 固有的：基于固有的物理原理。

(2) 非能动的：不需要动力或主动启动，但可以有可能出故障的组件，从而使该方法无效。

(3) 工程的：动力操作，必须主动启动。

安全机制的例子包括负反应性反馈(固有的)、自然循环和重力馈送冷却(非能动的)、数字反应堆保护系统和应急柴油发电机(工程的)。为了提高安全性，更新的反应堆设计试图用固有的和非能动的特性取代工程系统。

反应堆产生的几乎所有放射性物质都出现在燃料元件中，因此采取了非常多的预防措施以确保燃料的完整性。燃料加工厂在生产化学性质相同、尺寸和形状相同、U-235 浓度相同的燃料芯块时要小心。如果反应堆中使用了一个或多个裂变材料含量极高的燃料芯块，就会导致其局部功率过大和温度过高。含有燃料芯块的金属管有足够的厚度来阻止裂变碎片并提供必要的机械强度来支撑芯块柱，同时能在高温下经受水流的侵蚀或水的腐蚀。此外，管子还必须承受由外部慢化剂-冷却剂和内部裂变产物气体造成的变化的压差。一种在热堆中通常被选作低能中子吸收和抗化学作用、抗熔化和辐射损伤的包层材料为锆合金，这是一种含锆量约为 98%的合金，还含有少量的锡、铁、镍和铬。管子通过挤压成形以避免接缝，并且使用特殊的制造和检查技术来确保没有缺陷，如积垢、划痕、孔或裂纹等。

每个反应堆对操作参数都有一套特定的限制，以确保对可能造成危险的事件进行保护。其中典型的是反应堆总功率的上限，它是由遍及堆芯各处的温度决定的。另一个参数是峰值功率与平均功率之比，该比值与热点和燃料完整性有关。保护是通过限制允许的控制棒位置，限制反应堆不平衡(堆芯下半部与上半部的功率之差)，限制反应堆倾斜(违反了整个堆芯功率的对称性)，限制反应堆冷却剂最高温度、冷却剂最小流量、一回路系统最大和最小压力等参数来实现的。超过某个限制会导致安全棒插入而停堆。保持冷却剂的化学纯度以最大限度地减少腐蚀，限制一回路冷却系统允许的泄漏率，以及持续观察冷却剂中的放射性水平，都可作为预防放射性物质释放的进一步措施。

因此，保护燃料使其避免将裂变产物释放到冷却剂中是反应堆运行的一个重要约束条件。对 U-235 的富集度必须做出正确的选择。运行的功率水平、换料的间隔时间，以及对新的和部分燃烧过的燃料的布置都要考虑成本。

在前面的段落中提到为了安全而使用的物理特征和规程，这些都是从多年的经验演变而来的。很多设计和操作经验已被转化为广泛使用的标准，这是对可接受的工程实践的描述。专业技术学会、工业组织和联邦政府合作完善了这些有用的文件。它们代表着广泛的一致意见，是通过仔细研究、写作、审查和由合格的从业人员讨论达成的。数以百计的科学家和工程师参与了标准的制定。

美国国家标准协会(American National Standards Institute，ANSI)提供了一种保障。在这种保障下，标准被编写和发布，供反应堆设计师、制造商、建设者、公用事业和监管机构使用[1]。积极参与标准制定的协会是美国核学会(American Nuclear Society，ANS)、健康物理学会(Health Physics Society，HPS)、美国机械工程师学会(American Society of Mechanical Engineers，ASME)、电气和电子工程师学会(Institute of Electrical and Electronics Engineers，IEEE)和美国测试与材料学会(American Society for Testing and Materials，ASTM)。

在核设施的分析、设计、制造、建造、测试和运行整个过程中，都需要充分的质量控制(quality control，QC)，包括对序列中的所有步骤进行仔细的文件检查。此外，还实施了质量保证(quality assurance，QA)程序，以验证质量控制是否得到适当执行。只有当 QA 程序令人满意地履行其功能时，NRC 才有可能颁发许可证。在核电厂使用期间，NRC 会定期检查核电厂的运行情况，以确认核电厂所有者是否遵守安全法规，包括在核电厂技术规范和安全分析报告中做出的承诺。组件和系统的详尽测试程序须在核电厂完成。

此外，在美国，与安全有关的要求具有法律地位，这是由于核系统的所有安全方面都受到联邦法律的严格管制，并由 NRC 管理。

21.3　核管理委员会

联邦政府通过授权 NRC 审批管理所有类型的核设施，从多个反应堆的核电站到单个实验室的同位素研究。NRC 的核反应堆管理办公室要求申请反应堆许可证的人提交一份详细的安全分析报告和一份环境评价报告。在早期的两个许可程序中，编入 10 CFR 50 方法，这些文件为签发建设许可证提供了依据，当核电厂完工时，提供运行许可证。为了简化流程并消除过程中的不确定性，新的 10 CFR 52 方法在标准化设计的基础上使用了将建设许可证和运行许可证合并的程序，对合并许可证进行一次听证。在这两种情况下，许可证程序都涉及以下几个步骤：NRC 工作人员审查应用；反应堆保障咨询委员会(Advisory Committee on Reactor

[1] www.ansi.org。

Safeguards, ACRS)进行独立的安全评估；由原子安全与审批委员会(Atomic Safety and Licensing Board, ASLB)在拟建的核电厂附近举行公开聆讯；测试核电站操作人员的资格。除了完成笔试外，操作人员还会在工厂的模拟器上进行测试，并了解设备的位置和操作情况。NRC 和联邦应急管理署(Federal Emergency Management Agency, FEMA)合作，为由企业、州政府和当地政府制定的应急响应程序设定标准。五位 NRC 专员就许可证发放和设施运行做出最后决定。

　　一旦核电厂获得许可，核反应堆管理办公室就会进行监督。核操作须接受驻地视察员持续不断的检查和来自 NRC 地区办事处视察组的定期检查。对操作人员的培训须持续进行，一次轮班培训，另一次轮班管理核电厂。核电厂周围半径10 英里区域应对应急计划开展定期演习。核电站必须及时向 NRC 报告异常事件。表 21.1 列出了 NRC 的应急等级，这些级别按照与公众的风险和放射性释放的关系确定。NRC 在任何时候都有一名核工程师值班，接听电话并视需要采取必要的行动。工作人员定期审查所有事件。多年来，NRC 实施了一个名为"被许可人绩效的系统评估"的项目。一种新的替代方法是反应堆监督程序，它包含对三个方面执行情况的监测：反应堆安全、辐射安全和安全保障(防范安全威胁)。这个过程注意到人员表现、安全文化和纠正措施。核电厂向 NRC 提供一份执行指标的报告。核电厂会因不遵守规定而被罚款。如有必要，NRC 有权关闭核电厂。

表 21.1　NRC 的应急等级

事件分类	安全水平	放射性释放
异常事件通知	潜在的削弱	无人预料
警告	实际或潜在的本质上的削弱	限制在 PAGs 的小部分
现场区域紧急	核电厂功能实际或可能的主要故障	除非靠近现场边界，预计不会超过 PAGs
全体紧急	实际或迫在眉睫的堆芯事故	预计超出 PAGs

注：PAGs 为环境保护局保护行动指南。

　　NRC 的主要参考文献是"联邦法规法典"第 10 章，能源[1]。该书每年更新的主要部分：第 20 部分，辐射防护标准；第 50 部分，生产和利用设施的国内许可；第 60 部分，在地质储存库中处置高水平放射性废物；第 61 部分，放射性废物土地处置的许可证要求；第 71 部分，放射性材料的包装和运输；第 100 部分，反应堆场地标准。第 50 部分包含了附录，包括一般设计、质量保证、紧急预案、紧急

[1] www.nrc.gov/reading-rm/doc-collections/cfr/。

核心冷却系统和防火。10 CFR 61 中 NRC 许可的设施和 DOE 场址的标准包括全身 25mrem 的年剂量限制，或甲状腺 75mrem 的剂量限制，或公众任何其他器官 25mrem 的剂量限制。

其他 NRC 参考文献是"监管指南(Reg. Guides)"，每一条指南都由许多页的说明组成。监管指南不具备法律的重要性，而是提供符合法律要求的方向。人们可以在 NRC 的网站上[1]下载关键的指南。

NRC 的政策和做法经历了一个转变。传统上，对符合性的评估是基于确定性的设计信息，这些信息涉及工程数据和分析。它也是规定的性质，提供了对核设施的详细说明(如涵盖一般设计标准的 10 CFR 50 附录 A)。1995 年，NRC 采用了风险通知规则。概率风险评价(见 21.5 节)用于确定安全方面最需要注意的领域。NRC 也赞同基于性能的想法，提供了执行目标，但企业可以决定如何实现这些目标。这些方法的组合被称为风险指引的基于性能规则。关于各种管制办法的定义和讨论载于 1999 年的 NRC 白皮书(NRC，1999)。

一个需要付出很大努力来执行条例的例子是"维护规则"，这是 NRC 在 1996 年对结构、系统和部件关于维护执行的监测期望所做的简短声明。概率风险评价未获授权，但需要界定安全意义的范围。核工业对此提出了详细的指导文件。

NRC 可以通过谈判将其部分权力下放给各州。签署协议的州可以为辐射和放射性材料的使用者(即设施，而不是核燃料循环)制定自己的管理条例。然而，这些条例必须与 NRC 的规定相一致，并且不应比 NRC 的严格程度低。

NRC 除了审批和监管活动外，还开展了一项与辐射防护、核安全和放射性废物处置有关的广泛的研究项目。一部分研究是内部的；另一部分研究是通过承包商提交给 NRC 的。由于许多核电站申请延长许可证，并有新的反应堆申请许可证，NRC 的工作量大幅增加。

核材料安全和保障监督办公室负责与国际原子能机构(用于保障目的裂变材料)进行互动交流并向其报告有关情况。

21.4 应急堆芯冷却和安全壳

反应堆的设计特点和操作程序：在正常情况下，微量的放射性物质会进入冷却剂，并从一回路中流出。在知道可能存在异常的情况下，假定可能发生的最糟糕的事件，称为设计基准事故。备用保护设备具有工程安全功能，用来使事故造成的影响可以忽略不计。冷却剂丧失事故(loss of coolant accident, LOCA)是通常假定的一种情况，在这种情况下，主冷却剂管道会以某种方式断裂，使得泵不能

---

1 www.nrc.gov/reading-rm/doc-collections/reg-guides。

让冷却剂循环通过堆芯。虽然在这种情况下，使用安全棒会立即降低反应堆的功率，但衰变的裂变产物会持续提供热量。热量会使温度升高到燃料和包壳的熔点以上。在严重的情况下，燃料包壳会被损坏，大量的裂变产物被释放出来。为防止熔化，在轻水反应堆中会提供一个应急堆芯冷却系统(emergency core cooling system，ECCS)。该系统包括能够注入和循环的冷却水、使温度下降的辅助泵。在向 NRC 申请核电厂运营许可证时，需要对热产生和传热过程进行详细的分析(见 10 CFR 50 附录 K)。可以通过对一些示意图的研究来理解一个典型应急堆芯冷却系统的运行。

典型的压水堆系统包括反应堆容器、一回路冷却剂泵和蒸汽发生器，它们都位于安全壳内，如图 21.1 所示。系统通常有一个以上的蒸汽发生器和泵(为了容易看清楚，这些没有显示)。

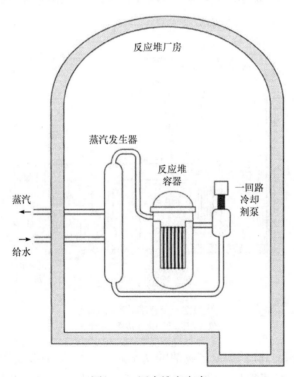

图 21.1　压水堆安全壳

在图 21.2 中显示了构成工程安全系统的辅助设备——应急堆芯冷却系统。首先，如果一个小的泄漏导致容器压力从约 2250psi(155bar)的正常值降至约 1500psi(100bar)，则高压注入系统开始工作。从含硼水储存箱中提取水，并通过入口冷却管线将水导入反应堆。其次，堆芯淹没水箱也称安全注入箱，在发生大的管道破裂事故时，通过单独的喷嘴将含硼水输送到反应堆。这样的破裂会导致容器压力降低，安全壳压力增加。当容器压力达到约 600psi(40bar)时，安全注入箱止回阀打开，水通过箱内氮气压力进入堆芯。如果一回路压力下降到约 500psi(35bar)，低压注入泵就开始从含硼水储存箱中输送水到反应堆中。换料水储存箱通常是一个大的含硼水储存箱。当这个水箱几乎空了时，水泵就会以安全壳地坑为水源，从中吸取溢出的水，继续流经冷却器，去除裂变产物产生的衰变热。再次，一个专设安全设施为安全壳喷淋系统，也会在安全壳的压力增加约 4psi 以上时投入使用。它从含硼水储存箱或安全壳地坑中抽取水，并将其从位于反应堆上方的一组喷嘴中排出，以提供一种安全壳内蒸汽凝结的方法。最后，反应堆厂房的应急冷却装置用来降低释放出来的蒸汽温度和压力。反应堆安全壳隔离阀关闭不必要的管道系统，以防止放射性物质扩散到安全壳外。

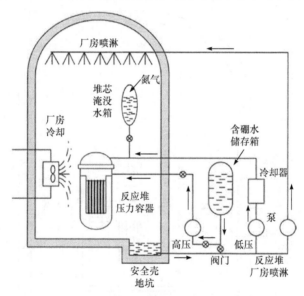

图 21.2　应急堆芯冷却系统
包括高压、低压和反应堆厂房喷淋

可以估计需要去除的裂变产物热的功率大小。对于以 U-235 为燃料的反应堆，如果以功率 P_0 运行了很长一段时间后关闭了，则与积聚的裂变产物衰变相关的功率 $P_f(t)$，可由经验公式给出：

$$P_f(t) = P_0 A t^{-a} \tag{21.2}$$

在反应堆关闭后超过 10s 的时间内，衰变近似可用 $A=0.066$ 和 $a=0.2$ 来表示，t 以 s 为单位。此函数如图 21.3 所示。

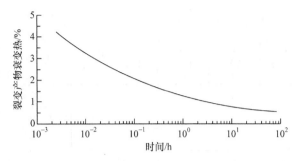

图 21.3　反应堆关闭后的衰变热

例 21.2　计算在 10s 时，裂变产物产生的热量是反应堆功率的 4.2%：

$$P_f(10s) = P_0(0.066)t^{-0.2} = P_0(0.066)10^{-0.2} \approx 0.042P_0$$

到一天结束时，裂变产物产生的热量已经下降到反应堆功率的 0.68%，这仍然是一个非常大的功率。例如，总功率为 3000MW 的反应堆的总衰变热为

$$P_f(1d) = 0.0068P_0 = (0.0068)(3000\,MW) \approx 20\,MW$$

应急堆芯冷却系统必须能够将锆合金包壳的表面温度限制在规定值(如 2200°F)内，以防止发生重大化学反应，并在假设的事故发生后长期保持冷却。

钢筋混凝土反应堆厂房的作用是对可能从反应堆释放出来的裂变产物提供安全壳，该设计是为了承受内部压力和非常小的泄漏率。反应堆厂房位于一个被称为禁区的区域内，其半径约为 500m，核电厂的选址距离人口中心必须在几千米以上。

在爱达荷州瀑布进行了一系列"失流试验(loss of flow tests，LOFT)"，以检查与冷却剂丧失事故/应急堆芯冷却系统相关的数学模型和计算机代码的充分性。采取双头冷却剂管破裂的方式测定注入水的抗逆流和抗水蒸气的能力。测试结果表明，达到的峰值温度低于预期，表明计算方法是谨慎稳妥的。

21.5　概率风险评价

1975 年公布了反应堆安全广泛调查的结果。这份文件被称为反应堆安全研究、WASH-1400，或拉斯马森报告(以其主要作者命名)。这项研究(NRC, 1975)涉及 60 名科学家，花费了数百万美元。使用的技术是概率风险评价，这是一种分析反应堆系统的正式方法。其目的是找出堆芯损坏、安全壳破裂或放射性物质释放等不希望发生的事件发生的可能性，并确定可能的原因。首先是调查所有的设备或过程中可能出现的故障。流体系统的流程图和电气系统的电路图可作为参考。事件树是将一个初始事件与成功或失败相联系的逻辑图。图 21.4 显示了一个简单事件树。每个分支都有成功和失败的概率。主要逻辑图是故障树，它是集合论的

一种形式，利用布尔代数从数学上对原因和结果进行跟踪。

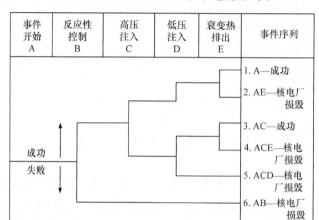

图 21.4　简单事件树(以文献 Breeding et al., 1985 相同的名字命名)

　　图 21.5(a)显示了一个简单的高压注入系统，应用这个概念来进一步说明故障树和概率风险评价。

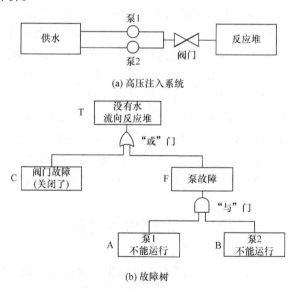

图 21.5　概率风险评价图的简单例子

　　泵和/或阀门的故障阻止冷却水到达反应堆。在图 21.5(b)中，故障树图显示了两种门类型："与(∩)"需要两个或两个以上事件同时发生才会导致失败；"或(∪)"只需要一个事件就会导致失败。把符号 A、B、C、F 和 T 标注在各种事件上，以便在数学处理中使用。注意，如果事件 A 和 B 同时发生，事件 F 才发生，用布尔代数表示为一个交集：

$$F = A \cap B \tag{21.3}$$

同时，如果事件 C 或 F 发生，事件 T 就会发生，表示为一个并集：

$$T = C \cup F \tag{21.4}$$

按照理论(如 WASH-1400 附录(NRC，1975))推导事件 T 发生的概率可以用事件 C 和 F 发生的概率来表示，即

$$P(T) = P(C) + P(F) - P(C \cap F) \tag{21.5}$$

将式(21.3)代入式(21.4)，并注意到因为 A、B 和 C 是独立事件，所以概率 $P(A \cap B)$ 和 $P(C \cap A \cap B)$ 只是这些独立事件概率的乘积。因此

$$P(T) = P(C) + P(A)P(B) - P(A)P(B)P(C) \tag{21.6}$$

通过将式(21.6)与高压注入系统失效概率的表述进行比较，就可以看出布尔代数的优点。高压注入系统失效概率是阀门和泵的个别故障概率之和减去阀门和泵同时失效的概率，而式(21.6)已经将其包括在内。

例 21.3 为进行数值说明，设事件概率 $P(A)$ 和 $P(B)$ 均为 10^{-3}，$P(C)$ 为 10^{-4}。将数值代入式(21.6)可得

$$P(T) = 10^{-4} + (10^{-3})^2 - (10^{-3})^2 (10^{-4})$$

这表明顶部事件主要是阀门失效的概率。假定都是罕见的事件，三种概率的乘积可以忽略。数值结果证实了两种看法：故障树可以揭示潜在的弱点、安全设备中的冗余是有益的。计算的图形可以包含在图 21.4 的简单事件树中。

关于故障树的几本优秀读物列在本章最后的延伸阅读部分。在这些参考文献中讨论的重要主题包括：维恩图，用于将交集和并集的关系形象化；与事件序列相关的条件概率；更新失效概率数据的贝叶斯定理；公共模式故障，即环境、设计和制造等单一原因，可能会导致多个组件失效。

概率风险评价的最终目标是估计给人们带来的风险，用一个最简单的原则来计算：

$$风险 = 频率 \times 后果 \tag{21.7}$$

对于反应堆，频率是指反应堆每年运行预计发生事故的次数，其后果包括伤亡人数，无论是直接的还是潜在的，以及财产损失。概率风险评价技术是用来确定哪些设备或操作的变化对确保安全是最重要的，并为应急方案提供指导。

例 21.4 2009 年，美国人口普查局报告了 1080 万起机动车事故，造成 35900 人死亡。平均每起事故的死亡人数如下：

$$后果 = \frac{风险}{频率} = \frac{35900死亡人数/年}{10.8 \times 10^6 事故/年} \approx 0.032死亡人数/事故$$

对于一个拥有 3.068 亿人口的国家来说，个人风险就变为

$$\frac{35900死亡人数/年}{306.8 \times 10^6人} \approx 1.17 \times 10^{-4} 死亡人数/(人 \cdot 年)$$

近年来，对包括反应堆操作和放射性同位素处理在内的核活动的监管发生了变化。目前，监管是风险指引并基于性能的，而不采用以前规定的方法。正如美国核学会的立场声明(ANS，2004)中所讨论的，"风险指引"意味着在确定安全挑战的优先次序时使用概率，而"基于性能"则使用可测量的安全参数。更完整的解释载于核管理委员会的出版物(Apostolakis et al.，2012；NRC，1999)。

如果发生在核电厂的事故有可能向大气释放放射性物质，就会引发一系列警报或警告公众的反应。在美国，核管理委员会和联邦紧急管理署在提供要求和监测准备状态测试方面进行合作。每个核电站及其所在的州都必须有应急计划并定期进行演习，类似于在实际事故情况下采取的行动。在这样的演习中，会通知州和地方官员，并派出一个由许多组织组成的应急小组，做出协调一致的反应。这个应急小组包括辐射防护人员、警察和消防部门、公路巡逻人员、公共卫生官员和医疗反应人员。同时设立了指挥所，负责指挥协调。另外，还应将天气观测与辐射状况相关联，以评估公众可能遭受的辐射照射。官方通告是通过广播和电视发出的，警报声响起，建议公众在家中或其他建筑物内躲避。在极端情况下，将敦促人们撤离受影响地区。

如果发生涉及反应堆、燃料运输或废物运输的实际事故，遭受损失的公众成员可以得到赔偿。1957 年国会通过了"价格-安德森法案"，制定了有利于核工业发展的核保险条例。该法案于 2005 年延长了 20 年。核电厂须向民营公司购买保险，总计 3 亿美元。一旦发生事故，将评估所有反应堆的负债总额，使其达到约 100 亿美元。该法案对核工业有利，却被批评为不公平，是由于任何多余的成本都将由政府和纳税人承担。

21.6　三哩岛事故及经验教训

1979 年 3 月 28 日凌晨 4 点,宾夕法尼亚州哈里斯堡附近的三哩岛 2 号(Three Mile Island Unit 2，TMI-2)反应堆发生事故。少量的放射性物质被释放，在整个地区引起了巨大的恐慌。由于反应堆只运行了三个月，裂变产物库存量大大低于最高值。图 21.6 简要回顾了三哩岛上发生的事故以及由此带来的反应堆安全方面的改进。

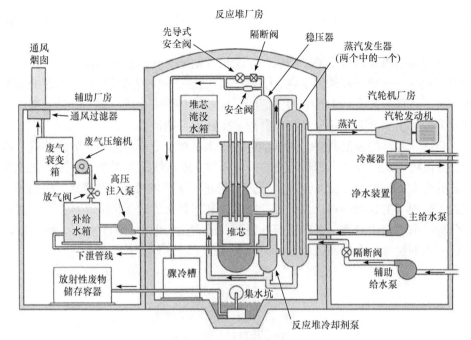

图 21.6　三哩岛压水堆核电厂

　　事故发生后约 2 分钟，由于反应堆冷却剂系统(reactor coolant system，RCS)压力降低，高压应急堆芯冷却系统(emergency core cooling system，ECCS)启动。操作人员认为稳压器充满了水(即"变固体")，在 2~3 分钟后手动显著减少了 ECCS 的流量。当一回路冷却剂沸腾时，堆芯就变热并暴露了出来。堆芯内的沸腾加剧了操作人员的困惑，形成的蒸汽气泡代替了水进入到稳压器中，从而提高了稳压器的液位水平，显示出稳压器内有很多的冷却剂，导致操纵员关闭了 ECCS 和泵。衰变热造成了主要燃料的损坏，包括熔化和产氢。RCS 处于饱和条件下，反应堆冷却剂泵因为缺乏液态水被关闭。从安全壳水坑中收集的骤冷槽释放出约 8000gal 的水被抽到辅助厂房中，在那里，放射性废物罐被装满，直到安全隔膜被吹开，水被溅到地面上，释放出放射性气体。第二个释放点是一回路冷却剂中溶解的气体，它通过排放管线被移除并放置在补给水箱中。补给水箱里的气体被转移至有泄漏的废气储罐系统。

　　放射性氙和氪(稀有气体)以及少量的放射性碘通过了通风过滤器，且在安全壳外被检测到。基于假定在场址边界的户外连续暴露 11 天估计，对于任何人辐射剂量都不到 100mrem。对 50mile 以内的人，其平均受照剂量估计仅为 11mrem，少于医用 X 光所致剂量。由于宾夕法尼亚州长的警告，许多人，特别是孕妇，离开了该地区几天。卫生、教育和福利署公布的估计数字表明，在该地区 200 万人的一生中，从统计数字上看，只有一人是因受到辐射死于癌症(32.5 万人死于其他原因)。

三哩岛事故是由以下原因造成的：①设计缺陷——水控制不足和仪表不足；②设备故障——稳压器阀门卡住；③操作员失误——特别是关闭应急堆芯冷却系统和泵。一部分人会认为这一事件证明了反应堆是不安全的；另一部分人则注意到，即使发生了堆芯损坏，也没有释放多少放射性物质。

启动三哩岛的恢复程序。用微型电视摄像机对反应堆压力容器的内部进行检查，摄像机与从顶部插入的长电缆的一端相连。损坏情况如图 21.7 所示，比原先想象的要大。堆芯上方 5ft 的部分不见了，掉进了下面的部分，在容器下面的部分找到了凝固了的熔融燃料。设计了特殊的处理工具来提取受损的燃料。通过测量和分析采取了谨慎措施，以确保碎片残骸在回收过程中不会达到临界。燃料被转移到一系列始终安全的圆筒中进行储存和装运。

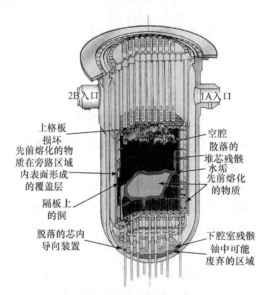

图 21.7　TMI-2 反应堆堆芯最终状态图(后附彩图)
资料来源：感谢美国核管理委员会提供

美国总统吉米·卡特对这起事故非常关注。他在三哩岛设立了总统事故委员会(以其主席、达特茅斯学院院长 Kemeny 的名字命名为 Kemeny 委员会)，由没有核工业关系的、有从业资格的人员组成。在其报告中提出了许多的建议(Kemeny et al.，1979)，包括需要为核工业加强操作人员和监督人员的培训，制定本行业的优秀标准，并进行性能评估。关于 Kemeny 委员会的见解见参考文献 Eytchison (2004)。通过与企业领导人合作，许多建议得到了执行。三哩岛事故最重要的结果之一是核工业组织——核电运行研究所(Institute of Nuclear Power Operations，

INPO)的形成。该组织审查美国核电厂的所有方面，并提出改进建议。有关 INPO
的功能将在 21.7 节介绍。三哩岛 2 号反应堆事故发生后不久，NRC 要求企业公
司采取纠正措施，以提高安全性。为了满足 NRC 的期望，该行业进行了一项名为
"工业界退化堆芯规则制定"的研究。其目的是提供关于反应堆安全的记录良好的
数据库。结论是裂变产物释放量远低于 WASH-1400(21.5 节)的预测值。这一差异
促进了对放射性源项，即在发生事故时放射性物质释放的新研究。

　　NRC 赞助的第二项研究载于报告《BMI-2104》(Gieseke et al.，1983，1984)。
新的计算机代码由 Battelle 纪念研究所应用于所有过程，在《反应堆安全研究》上
给出了改进。结果发现风险取决于安全壳的设计。其他的研究是由美国核能学会
和美国物理学会进行的。总的结论是，由于安全壳壁对粒子的阻挡，源项较低。

　　图 21.8 显示了一个反应堆的例子，即 Surry 核电厂，从 WASH-1400 到 BMI-2104
的改善。图中下面一条曲线的解释如下：早期死亡的概率约为 5×10^{-7}/(堆·年)。然
而，潜在癌症死亡的概率更大，约为 3.4×10^{-3}/(堆·年)。这仍然对应于一个预测，
即美国 100 多座反应堆每年死亡人数少于一人。许多人误解了反应堆安全分析人
员使用的术语(如每年有 10^{-6} 次伤害的可能性)。Rasmussen 在以他的名字命名的
报告(21.5 节)中评论"对于大多数人，罕见的事件是一生中只发生一次的事件，如
哈雷彗星，概率为 10^{-2}。如果百年一遇的概率是 10^{-4}，则更加难以置信。"

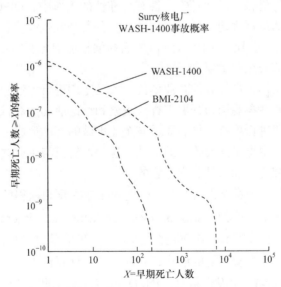

图 21.8　Surry 核电厂的分布函数，显示了早期死亡人数的概率

资料来源：改编自 Silberberg 等(Silberberg et al., 1986)

　　例 21.5　根据图 21.8，如果从 Surry 核电厂选择更多的死亡人数(如 200 人)，
那么每个反应堆年死亡概率为 10^{-10} 人。与单一死亡概率相比，概率下降了约(5×

10^{-7})/10^{-10}=5000 倍。

当在制定应急计划需要使用源项的调查结果时，从受损核电厂周围的大片地区疏散人员是一种不恰当的行为。1985～2001 年，NRC 开展了一项名为 "单个电厂审查(Individual Plant Examination，IPE)" 的项目，以查找漏洞并报告这些漏洞。概率风险评价是实现这一目标的唯一途径。结果没有发现重大问题。

21.7 核电运行研究所[1]

许多组织为核能发电的安全性和有效性作出了贡献，其中贡献最大的是运营公司本身。同时，有一个组织提供了一个需要特别关注的优秀激励措施，这个组织就是 INPO，它是该行业的自律组织。INPO 的目标是促进核电厂运行的安全性和可靠性达到最高水平。

INPO 总部设在美国乔治亚州的亚特兰大，是由运营核电厂的电力公司创建的，拥有许多从工业界借调来的雇员。公司的领导人认识到企业需要积极对安全负责，而不仅仅是遵守 NRC 的规定。所有拥有核电厂的企业机构都是 INPO 的成员，这是一个民间的非营利性组织。该组织的工作计划涵盖美国以外的核系统供应商和企业。在促进核电厂运行安全性和可靠性的工作中，INPO 有四个基础程序。它评估企业的运行表现，分析工厂事件，分发经验教训信息，评估培训并提供认证，同时给会员公司以帮助。INPO 没有扮演核能倡导者的角色，但认识到优秀的性能对公众信心至关重要。

对 INPO 的工作人员和其他企业单位的人员定期进行评估。他们参观一个设施需为期两周，并在参观期间开展审查、观察和讨论活动。对日常的操作和维护程序以及管理实践进行检查。最后通过与企业坦诚的互动形成一份评估报告，该报告既肯定强项，也指出需要改进的领域。这种评价只与企业共享，用于提高其运行性能。自由交流的能力是非常重要的。

有关运行事件的数据是由 1980 年成立的 INPO 项目获得的，该项目被称为 "重要事件评价和通报网络(significant event evaluation and information network，SEE-IN)"。它旨在分享经验。INPO 接收来自企、事业单位以及其他来源的报告，研究他们是否可能是严重问题的前兆，并在一个以计算机为基础的通信系统 "核网络(nuclear network)" 上发送信息。INPO 也准备正式的文件，包括描述最重要事件的 "重大事件报告(significant event reports，SERs)" 和关键议题全面回顾的 "重要运行经验报告(significant operating experience reports，SOERs)"。后一份文件就

────────────────
1 感谢 Philip McCullough 提供关于 INPO 的信息。

放射防护、培训和维护实践等领域的解决办法提出了建议。

关于核电厂设备的庞大信息被收集并输入到 INPO 的数据库——"设备性能信息交换(equipment performance information exchange,EPIX)"中。对涉及的事件和事件包括的设备故障进行了报告和分析,找出了产生故障的根本原因,并提出了防止今后出现问题的方法。源源不断的信息往来于 INPO,使整个行业不断更新设备性能。具有特别价值的是企业单位能够通过使用 EPIX 快速获取有关解决设备问题的信息。

在人员培训方面,INPO 管理着美国国家核培训学院。该学院的目标是确保核工作人员有足够的知识和技能,并提升核工人的专业精神。INPO 发布关于课堂和模拟器培训的指导方针,审查公用事业单位为主管人员、轮班技术顾问、操作人员、维修人员和技术人员设置的培训计划。它还管理由独立的国家核认证委员会完成的认证工作。该学院提供研讨会、会议、培训课程和报告,目的都是为了提高工人、监管者和管理人员的工作表现。

持续发展以满足核工业不断变化需求的援助方案有助于成员企业改善核业务。通过援助访问、工作会议、讲习班、技术文件和人员借调等方式,INPO 促进了成员之间对成功方法的比较和交流。INPO 通过仔细观察一套量化的性能指标来衡量在实现卓越方面的成功趋势。例如,生产电力的工厂可用性、工业安全、安全系统性能、燃料可靠性、计划外自动紧急停堆、辐射照射量和放射性废物的体积。在董事会和咨询委员会的投入下,INPO 协助其根据压水堆和沸水堆的差别,制定合适的行业目标。

INPO 欢迎其他国家的企业机构成为参与者,他们可从信息交流中得到收获,但不受评估或认证。其他国家经常委派联络工程师担任 INPO 工作人员。核能方面的国际合作是由一个名为世界核运营者协会(World Association of Nuclear Operators,WANO[1])的联盟组织推动的。该组织在亚特兰大、巴黎、莫斯科和东京设有中心,在伦敦设有协调中心。它建立了绩效指标,便于各组织之间的沟通、比较和仿效。INPO 是美国驻 WANO 的代表,使得其信息可在全球范围内获得。WANO 亚特兰大中心与 INPO 位于一处。只要有可能,WANO 就会帮助有经济和社会问题的国家维持稳定的核电运行。

INPO 的活动被认为是独立的,是对 NRC 活动的补充。该行业支持和监督 INPO,但赋予它执行其建议的权力,从而通过同行评审进行自我监管。人们普遍认为,INPO 的活动极大地促进了世界各国安全水平的提高。

---

1 www.wano.info。

21.8 切尔诺贝利事故

1986 年 4 月 26 日凌晨 1 点 23 分，在苏联乌克兰基辅附近的切尔诺贝利[1]核电站 4 号机组发生了一起非常严重的反应堆事故。反应堆发生了爆炸，在反应堆外壳厂房的屋顶上炸开了一个洞，受损核燃料中的大量放射性物质被释放到大气中。此次事故对工人和公众的辐射照射量无法确切知道，但剂量超过了早期核武器试验放射性沉降物的影响。许多工人死亡，附近的城镇被污染，据估计，公众的集体剂量增加了患癌症的风险。许多人从附近的普里皮亚特镇撤离。苏联的农业受到破坏，几个欧洲国家禁止从苏联进口粮食。

切尔诺贝利反应堆的型号为 RBMK-1000。图 21.9 显示了该反应堆系统，该系统用于普通的工业建筑中，而不是专用的安全壳结构中。RBMK 设计是从俄罗斯的国防反应堆改进而来的，具有在线加燃料的能力。堆芯为圆柱形，高为 7m、直径为 12m。作为慢化剂的石墨块中间穿孔，通过垂直的孔来容纳压力管。每根管都含有多根微浓缩的二氧化铀燃料棒，采用沸腾轻水作冷却剂。类似于许多燃煤发电厂，蒸汽鼓将蒸汽从离开堆芯的冷却剂中分离出来，并将液体成分再循环回反应堆。

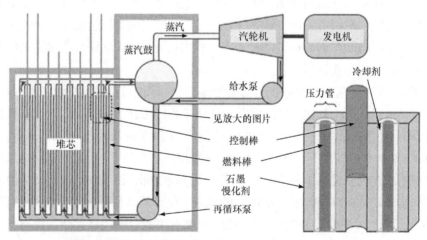

图 21.9　切尔诺贝利 RBMK 石墨慢化轻水冷却反应堆系统

当时正在进行一项在紧急情况下有关汽轮机惰走期间供电能力的实验。一个独立小组规划了这项实验。操作员完成测试是有压力的，这是由于下一个可用的维护期已经超过一年。功率从 3200MW 减少到约 700MW，并且操作员允许其降

---

[1] 乌克兰更喜欢拼写成 "Chornobyl"，但会使用更熟悉的形式。

低至 30MW。此时，中子通量太低，不足以烧完累积的氙-135。吸收体的增加使得提高功率变得非常困难，只能达到 200MW。操作员违反了操作规程，绝大多数控制棒为了保持临界状态而被拔出。冷却剂流量减少到能产生蒸汽空隙的值。蒸汽气泡的形成减少了堆芯区的水容积，从而减少了水对中子的吸收，同时提高了中子通量。因此，过度慢化的 RBMK 有一个正的、无效的反应系数。与轻水反应堆相比，其减少的水容积也说明有较少的慢化剂存在。蒸汽空隙的形成引发的正反应性反馈使得功率激增至 30000MW——正常操作水平的 10 倍。功率不能降低是由于控制棒离得太远，无法产生效果。从实验开始到反应失控大约为 1min。堆芯的物理性解体终止了链式裂变反应。

例 21.6　切尔诺贝利反应堆在事故中经历了两个峰值功率。多普勒燃料温度系数 $\alpha_F = -1.1 \times 10^{-5}/℃$，使第一个峰停止。利用缓发中子份额 $\beta = 0.0042$，燃料温度的升高可通过下式，从补偿 2.5 美元正反应性的插入来进行估算：

$$\Delta T_F = \frac{\rho}{\alpha_F} = \frac{-(2.5)(0.0042)}{-1.1 \times 10^{-5}/℃} \approx 950℃$$

过量的能量摧毁了燃料，造成蒸汽压力的建立，并使冷却剂管破裂。化学反应包括蒸汽、石墨、锆和燃料，产生的热量使燃料蒸发。蒸汽和氢气爆炸将反应堆厂房的屋顶炸掉，释放出约 $8 \times 10^7 Ci$ 活度，包括铯-137、碘-131、稀有气体和其他裂变产物。放射性烟云穿过了欧洲的几个国家，并在全球范围内都检测到了放射性物质的存在。粮食作物由于污染而不得不丢弃。

共有 203 名操作人员、消防人员和急救人员因辐射病住院治疗，其中 31 人死亡。他们的受照剂量从 100rem 到高达 1500rem。成千上万的人被疏散，其中许多人被迫永久迁移。事故付出了巨大的代价，无疑也带来了很大的痛苦。共有 135000 人从 30km 范围内撤离，其中 45000 人来自普里皮亚特镇。在疏散区的大多数人受到的辐射剂量不到 25rem。在估计总剂量为 160 万人·雷姆的情况下，癌症死亡人数将在接下来的 70 年里增加 2%。苏联以外地区的辐射要少得多，仅为天然本底辐射的几倍。

1986 年，在被损坏的反应堆周围建立了一个称为石棺的结构，以防止未来放射性物质的释放。有证据表明情况出现了恶化，可能里面有雨水渗漏。因此，设计了一个新的、拱形的封闭掩体，可以覆盖在现有石棺之上。该掩体于 2015 年完成。

该事故的若干影响值得注意：①RBMK 型反应堆本质上是不安全的，应逐步淘汰；②需要修订反应堆安全哲学和实践，更多地注意人为因素和安全系统；③应加强国际合作和信息交流；④反应堆事故具有全球意义；⑤轻水堆的用户需要检查设备和实践，尽管该类反应堆的负功率系数和坚固的安全壳使其安全得多；

⑥应继续监测切尔诺贝利事故的后果。

　　事故导致的一个结果是美国和俄罗斯之间讨论并确立了一组联合研究项目。这些项目都推动了数据库、计算机程序和俄罗斯核安全研究计划的发展。类似于三哩岛后 INPO 的形成，WANO 的成立是针对切尔诺贝利事故做出的反应。

　　在切尔诺贝利事故十周年、十五周年和二十周年之际，人们对该事故进行了回顾以评估后果。1999 年指出，辐射持续存在，对植物和动物有害。人们遭受严重痛苦，对此焦虑不安。2001 年提出了多达 20 项的一系列经验教训，重点是财政和社会影响。在 2006 年，人们注意到出现了成千上万的早期甲状腺癌，通过治疗一般能成功康复。人口中癌症的总死亡率估计为百分之几。

21.9　福岛核事故

　　2011 年 3 月 11 日，日本东北部海岸线上的福岛第一核电站发生了多机组事故。下午 2 点 46 分，一场里氏 9.0 级的大地震发生在距东海岸 180km 的地方，导致当时正在运行的 1 号、2 号和 3 号机组自动关闭。地震对附近的电力系统造成了破坏，导致场外电力的缺失，但现场柴油发电机已开始为这三个沸水堆的衰变热散热系统等设备提供电力。

　　地震发生大约一个小时后，一场高达 14～15m 的海啸淹没了核电站。由此造成的水浸没，使应急柴油发电机和其他所需的配电设备无法操作。随着现场和外部电力的中断，核电站发生了大停电。此时，只有 3 号机组的直流电池在给仪器和控制系统供电，但没有足够的功率提供给泵等大型设备。虽然核裂变过程在核电站紧急停堆时已经停止，但裂变产物的衰变热仍需要大的排热系统。以下事件的细节和时间因机组而异，但系列冷却操作的总体缺失是相似的。

　　图 21.10 描述了 1～4 号机组中沸水堆系统的倒置灯泡型主安全壳，该系统于 20 世纪 70 年代开始运行。1 号机组包含一个无源隔离冷凝器(isolation condenser，IC)系统，但是在海啸到来之前它被关闭了。在 2 号机组和 3 号机组中，反应堆堆芯隔离冷却(reactor core isolation cooling，RCIC)系统起重要作用。RCIC 泵由反应堆的蒸汽驱动，当正常的冷却水供应中断时提供补充水。液态水从环形的湿井中抽到反应堆，而通过 RCIC 蒸汽轮机流出反应堆的蒸汽在湿井中被冷凝以卸压。然而，这个系统正常工作所必需的电池最终被耗尽。此外，这一封闭系统没有能力将其热量耗散到环境热损失机制之外。

　　没有散热(如当反应堆隔离泵停止时)，反应堆内的冷却剂压力随着衰变热继续产生蒸汽而增加。开启安全阀以排放蒸汽降低反应堆压力。没有更多的水流入反应堆，容器中的液面就会下降，堆芯的顶部也不会再浸没在液体中。于是，包

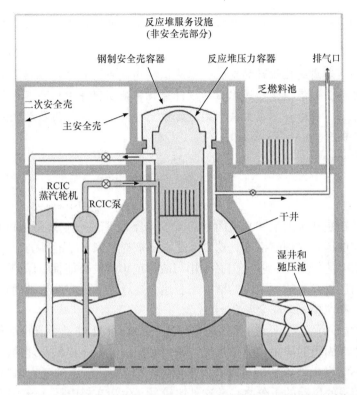

图 21.10　福岛通用电气公司具有 Mark I 安全壳的沸水堆和堆芯隔离冷却系统

壳和燃料开始过热,将气体裂变产物和氢气释放到反应堆容器中,最终进入湿井,然后进入干井大气。在接下来的几天里,1 号、3 号和 2 号机组(按顺序)相继发生了堆芯损坏。

蒸汽和释放出来的气体推高了主安全壳内的压力。为了不让安全壳破裂,操作人员降低了系统的部分压力,从而导致将放射性裂变产物和氢气排放到反应堆厂房的上层。易燃氢气爆炸,破坏了 1 号、3 号和 4 号机组供电线(service level)的钢制框架结构。3 号机组的氢气经历了回流,迁移到以前卸燃料的 4 号机组。2 号机组的弛压池被损坏,造成放射性物质的大量释放。

福岛核事故独立调查委员会(NAIIC, 2012)对政府、监管机构和电力公司的行为表示谴责,甚至认为事故是一起人为灾难。核泄漏期间,在距机组 1km 的地方测量到的辐射剂量率为 1.2rem/h。总体而言,福岛的放射性物质排放量比切尔诺贝利小约一个量级。距离厂址 20km 以内的居民被疏散。2013 年 5 月,联合国原子辐射效应科学委员会得出结论(UNIS, 2013),"福岛第一核电站核事故带来的辐射照射,并没有造成任何直接的健康影响。未来,在普通公众和绝大多数工人中不太可能对健康产生任何影响。"然而,世界卫生组织(WHO, 2013)指出"在受影响最严重的地区，在某些年龄和性别组中，某些癌症的终生风险可能略高于基准比率。"

例 21.7 考虑进化设计的变化，以降低福岛核事故的可能性。甚至在福岛核事故发生之前，经济简化型沸水堆的设计者就将弛压湿井中水的库存量提高到反应堆堆芯之上，使冷却水在失去电力时能被重力输送。这是用被动方法代替主动抽水的一个例子。

21.10 安全哲学

安全问题是技术因素和心理因素的微妙结合。不管在任何装置或过程的设计、建造和操作中提供的预防措施，这个问题总是被提出来："安全吗？"。答案不可能是绝对的"是"或"不是"，但必须用与故障或事故的可能性、保护系统的性质以及故障的后果有关的更含糊的措辞来表达。这导致了更多的哲学问题，如"有多安全？"和"想要多安全？"。

为了尝试回答这些问题，核管理委员会于 1986 年通过了所谓的安全目标，是为了让核电厂周边的居民们免于担忧。条例上提出"……提供合理的保证……美国核电厂不会发生严重的核事故。"设计和操作应使核事故的死亡风险不超过已知的和已接受的风险的千分之一。这种比较是与生活在核电厂 1mile 以内的人遭遇其他常见事故的风险以及与生活在 10mile 之内的人因各种原因产生癌症的风险进行比较。

人类的每一次努力都伴随着个体遭受损失、损害或危险的风险。在高速公路上驾驶汽车的行为，或在家里打开电器的行为，甚至在洗澡的过程中，都会承受某种风险。每个人都同意消费者应该受到保护，以免遭受其控制之外的危害，但却并不清楚应该如何去把控。例如，一个荒谬的限制是，全面禁止所有交通运输，这将确保不会有人在包括汽车、火车、飞机、船只或宇宙飞船的事故中丧生。很少有人会接受这样的限制。人们很容易提出应该提供合理的保护，但不同人之间的"合理"一词有不同的含义。利益必须大于风险的概念是有吸引力的，只是很难评估一项没有经验或统计数据的创新风险。现有的事故或事故数量非常少，需要许多年才能积累足够的统计数据，利益也不能明确界定。一个经典的例子是使用一种能确保许多人的粮食供应得到保护的农药，但对某些敏感的个人会造成有限的危险。对于受影响的人，风险完全掩盖了利益。增加安全措施不可避免地伴随着设备或产品成本的增加，为增加保护而付费的能力或意愿在人们之间的差别很大。

因此，安全问题显然属于社会-经济-政治结构和进程的范围，它与个人自由和通过管制措施保护公众的根本冲突密切相关。要求采取一切可能的行动来提供安全是很专横的，而那些由于明显的功利而疏忽安全，不需要努力提高安全性的主张，也同样不可取。在这些极端观点之间，仍然有可能寻找到令人满意的解决办法，并将技术技能与责任结合起来评估后果。最重要的是提供可以理解的信息，让公众及其代表根据这些信息作出判断，并就投入力量和资金的适当水平做出明智的决定。

由于认识到运行和维护费用是发电的一项主要支出，企业单位更加重视维护和维修过程的效率。他们把精力集中在减少换料停运所需的时间上，并取消了计划外的反应堆停堆，以提高利用率。必须谨慎地采取这些行动，以确保安全没有受到危害。显然，每一项旨在加强安全的额外监测装置、安全设备或特别程序都会增加产品成本。随着性能的提高，很难找到需要进一步改进的领域。但无论是来自政府还是行业的监管机构，都会积极推荐新的安全举措。在极限情况下，不断上升的成本可能会在这个行业无法进行下去。从另一个角度来看，给设施增加过多的复杂性可能会对安全起反作用。

上述分析表明应将更多的注意力放在制定优先事项并降低除安全敏感领域以外的其他领域的成本。一个更重要的目标仍然是使这个国家的每一台核设施都达到统一的优秀标准。

例 21.8　这个例子可以说明人类对风险的认识。2008 年，美国国内与交通事故相关的死亡人数为每 1 亿英里 1.3 人，而全世界则为每 1 亿公里 0.01 人。事实上，全球只有 439 人死于空难，而美国则有 37400 人死于机动车事故。一个单一的事件，如飞机失事可能导致大量的伤亡因而成为媒体更加关注的问题。随后，即使死亡的概率非常低，个体也会感觉乘飞机旅行的风险更高。

21.11　核 安 保

保护核设施不受敌对行动的影响一直被认为是重要的，但 2001 年 9 月 11 日 (9/11)美国遭受的恐怖袭击促使人们有必要采取重大行动加强安全。

1979 年，NRC 定义了设计基础威胁(design basis threat, DBT)，它涉及攻击者的数量、武器能力以及根据收集到的情报可能采取的行动方式。一个来自地面的威胁被假定是由一个装备精良、训练有素的自杀组织使用车辆和爆炸物造成的。

核工业花费了十多亿美元来加强核电厂的安全保障，包括改进安保人员的训练和武装，增加物理障碍，改善侵入监视和检测，加强进入控制，建立工厂计算机系统的保护制度以及改进工厂雇员的背景检查。

NRC 要求进行一项名为"武力对抗演习"的创新。在工厂中，人们扮演攻击者和响应者的角色进行演习，并对演习效果进行评估。在美国的核电厂，大约有 8000 名保安人员可用来对付地面威胁。在三个标有业主控制区、保护区和重要区域之间设置了物理屏障，如图 21.11 所示。业主控制区通常对应于由外围墙划定的发电厂场址边界。进入核电厂周围的保护区被双重围栏进一步限制了。最里面的区域是重要区域，至少包括反应堆控制室和乏燃料池。21.4 节的禁区面积是基于放射剂量考虑的，而这三个区域是从人身保护方面来界定的。

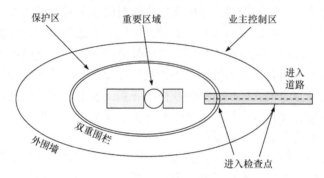

图 21.11　核设施人身保护区

9/11 之后，有人开始关注飞机攻击核设施的可能性。2002 年，美国电力研究所(Electric Power Research Institute，EPRI)编写了一份关于这种影响的报告(NEI, 2002)。选定的飞机是波音 767，机翼跨度为 170ft，比典型的反应堆安全壳直径 140ft 还要大。近地飞行在精确度上存在困难，因此假定时速为 350mile/h。安全壳由约 4ft 厚的钢筋混凝土组成，该设计使其不受飓风、龙卷风、地震和洪水等自然灾害的影响。它的曲面可以防止飞机完全撞击，保守的假设是给出最大的力。结果表明，安全壳没有破裂，因此飞机的任何部分都没有进入安全壳。该报告还得出结论，针对空袭，燃料储存池、干式储存装置和船运桶是安全的。目标将非常接近地面，飞机只能猛烈掠过突然的俯冲。

9/11 委员会(美国遭受恐怖袭击国家委员会)也讨论了这一问题。2004 年 7 月的报告得出结论认为，有足够的保护措施防止飞机撞击。

21.12　小　　结

防止放射性裂变产物和燃料同位素的释放是安全设施的最终目的。反应堆部件的设计和建造尽量减少失效的可能性。安装应急堆芯冷却设备，以减少事故发生时的危险。许可证由 NRC 管理，NRC 希望核电厂使用概率安全风险评估。

1979 年在三哩岛 2 号机组发生的事故对反应堆堆芯造成了非常大的破坏，但几乎没有释放出放射性物质。这一事件刺激核工业做出了许多提高反应堆安全性的变化。1986 年在苏联切尔诺贝利发生了一起严重的事故，由于一次未经授权的实验，发生了爆炸和火灾，同时释放了大量的放射性物质。附近的城市被疏散，很多人死亡，许多人遭受了大量的辐射剂量。2011 年，日本福岛第一核电站发生了多座反应堆熔毁事故。由于地震和海啸造成的台站停电，放射性物质的释放非常严重。但从长远来看，该事故对健康的影响预计要小于切尔诺贝利事故。

最终，人们会意识到，没有一项技术是完全没有风险的，这是由于大坝会垮掉，风力涡轮机也会失灵，甚至太阳能集热器材料的生产和安装也会导致意外的死亡事故。

9/11 事件后，核电厂的安全得到了极大的加强。一项研究表明，恐怖分子的飞机不构成威胁。

21.13 习 题

21.1 现代压水堆容器(参见图 18.4)的安全性在二十世纪五十年代希平港反应堆压力容器(参见图 8.2)的基础上做了怎样的改进？

21.2 证明：在锆水反应中，1kg 金属锆被氧化产生 $0.5m^3$ 的氢气。

21.3 从安全的角度来看，哪一种反应堆安全壳更可取？圆柱形还是球形？

21.4 指出以下示例属于哪种安全类型(主动的、固有的或是非能动的)：
① 柴油发电机；② 注入高压冷却剂；③ 注入低压冷却剂；④ 自然水循环；
⑤ 功率释放阀；⑥ 负反应性反馈系数。

21.5 一根 4m 高的反应堆控制棒完全从堆芯中抽出需要多长时间？计算时忽略所有摩擦和浮力的影响。(注意：$s=g_0t^2/2$，$g_0=9.81m/s^2$)

21.6 利用式(21.2)计算停堆后一天、一周、一月、一年这四个不同时刻裂变产物功率与反应堆功率之比。

21.7 考虑储水箱失效的概率，针对图 21.5(a)扩展概率风险评估。①画出故障树；②假如储水箱失效的概率为 10^{-5}，计算顶层时间发生的概率。

21.8 假设反应堆堆芯熔化的概率为 3×10^{-4}/(堆·年)，计算 100 座反应堆在 20 年的时间内发生一起堆芯熔化事故的概率。

21.9 对于切尔诺贝利 4 号反应堆所经历的第二次功率偏移，总功率在 0.2s 内以大致恒定的速率从 200MW 增加到 1300MW。
① 计算由 190t 铀组成的 UO_2 燃料中每单位质量的能量沉积；
② 如果 UO_2 的比热和熔化热分别为 350J/(kg·℃)和 245kJ/kg，燃料会熔化吗？

21.10 当一个大的正反应性被添加到一个快堆装置中时，其功率先上升到峰值，然后下降，并跨越初始功率水平。这是负温度效应导致的结果。上升和下降所需的时间大致相同。如果中子寿命是 4×10^{-6} s，由反应性为 0.0165 产生的能量脉冲大约持续多少时间？假设峰值功率是初始功率的 103 倍，见下图。

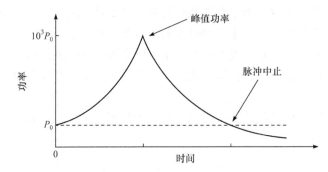

21.11 在一个单独的图中，绘制出一个总功率为 3000MW 的核反应堆在紧急停堆后的第一个 10 分钟裂变产物衰变热和裂变功率的变化曲线。

21.12 计算三哩岛 2 号反应堆(TMI-2)事故发生后的前 2.5 小时内产生的总衰变热。

21.13 如果主冷却剂管道发生故障的概率是 1 万个运行年中发生 3 次，那么世界各地运行的轻水反应堆和重水反应堆在 40 年寿命期内，预计总共会发生多少次故障(参见表 18.3)？

21.14 计算通量率为 10^{16} n/(cm^2 · s)时，中子在体积为 1 cm^3 的下列物质中的吸收率。
① 液态水(ρ=0.75 g/cm^3)；② 气态水(ρ=0.033g/cm^3)；③ 固体石墨。

参 考 文 献

American Nuclear Society(ANS), 2004. Risk-Informed and Performance-Based Regulations for Nuclear Power Plants. American Nuclear Society Position Statement, www.ans.org/pi/ps/docs/ps46.pdf.

Apostolakis, G., Cunningham, M., Lui, C., Pangburn, G., Reckley, W., 2012.A Proposed Risk Management Regulatory Framework, NUREG-2150.U.S. Nuclear Regulatory Commission.

Breeding, R.J., Leahy, T.J., Young, J., 1985.Probabilistic Risk Assessment Course Documentation. Volume 1: PRA Fundamentals, NUREG/CR-4350/1; SAND-85-1495/1.

Eytchison, R.M., 2004. Memories of the Kemeny Commission. Nuclear News 47 (3), 61–62.

Gieseke, J.A.,Cybulskis, P.,Denningm, R.S.,Kuhlman,M.R.,Lee, K.W.,Chen, H., 1983, 1984. Radionuclide Release Under Specific LWR Accident Conditions, BMI-2104, Vols. I, II and III. Battelle Columbus Laboratories.

International Atomic Energy Agency (IAEA), 1988.The Radiological Accident in Goiaˆnia, STI/PUB/ 815.

International Atomic Energy Agency (IAEA), 1999. Report on the Preliminary Fact Finding Mission Following the Accident at the Nuclear Fuel Processing Facility in Tokaimura. IAEA, Japan.

Kemeny, J., Babbitt, B., Haggerty, P.E., Lewis, C., Marks, P.A., Marrett, C.B., et al., 1979. The Need for Change: The Legacy of TMI. Report of the President's Commission on the Accident at Three Mile Island, Washington, D.C.

Koponen, B.L. (Ed.), 1999. Nuclear Criticality Safety Experiments, Calculations, and Analyses—1958 to 1998: Compilation of Papers from the Transactions of the American Nuclear Society. Golden Valley Publications.

McLaughlin, T.P., Monahan, S.P., Pruvost, N.L., Frolov, V.V., Ryazanov, B.G., Sviridov, V.I., 2000. A Review of Criticality Accidents: 2000 Revision. LA-13638.Los Alamos National Laboratory. www. orau.org/ptp/Library/accidents/la-13638.pdf. Includes Russian information and the more recent Japanese accident.

National Diet of Japan Fukushima Nuclear Accident Independent Investigation Commission (NAIIC), 2012. The Official Report of the Fukushima Nuclear Accident Independent Investigation Commission.

Nuclear Energy Institute, 2002. Deterring Terrorism: Aircraft Crash Impact Analyses Demonstrate Nuclear Power plant's Structural Strength. http: //www.nei.org/corporatesite/media/filefolder/ EPRI_Nuclear_Plant_Structural_Study_2002.pdf. Summary of EPRI study; conclusion that fuel is protected.

Silberberg, M., Mitchell, J.A., Meyer, R.O., Ryder, C.P., 1986.Reassessment of the Technical Bases for Estimating Source Terms, NUREG-0956.U.S. Nuclear Regulatory Commission.

United Nations Information Service, 2013. No immediate health risks from Fukushima nuclear accident says UN expert science panel. UNIS/INF/475.http://www.unis.unvienna.org/unis/en/pressrels/ 2013/unisinf475.html.

U.S. Nuclear Regulatory Commission (NRC), 1975. Reactor Safety Study:AnAssessment of Accident Risks in U.S. Commercial Nuclear Power, WASH-1400 (NUREG-75/014). Often called the Rasmussen Report after the project director, Norman Rasmussen; the first extensive use of probabilistic risk assessment in the nuclear field.

U.S. Nuclear Regulatory Commission (NRC), 1999.Risk-Informed and Performance-Based Regulation, NRC white paper, SRM 1998-144.

World Health Organization, 2013. Health Risk Assessment from the Nuclear Accident After the 2011 Great East Japan Earthquake and Tsunami Based on a Preliminary Dose Estimation.

延 伸 阅 读

Atomic Energy Commission, 1943–1970. Criticality Accidents.www.cddc.vt.edu/host/atomic/ accident/critical.html.

Bourash, M., 1998. Understanding Risk Analysis, A Short Guide for Health, Safety, and Environmental Policy Making. American Chemical Society and Resources For the Future. www. rff. org/rff/ Publications/upload/14418_1.pdf. A good qualitative discussion of risk, including history, perceptions, methodology, and limitations.

Dickinson College's Three Mile Island website, www.threemileisland.org.

Farmer, F.R., 1977. Nuclear Reactor Safety.Academic Press.

Fullwood, R.R., Hall, R.E., 1988. Probabilistic Risk Assessment in the Nuclear Power Industry: Fundamentals and Applications. Pergamon Press.

Golding, D., Kasperson, J.X., Kasperson, R.E., 1995. Preparing for Nuclear Power Plant Accidents. Westview Press. Critical of existing emergency plans, use of PRA, source term analysis, and warning systems; sponsored by Three Mile Island Public Health Fund.

Gonyeau, J., The Virtual Nuclear Tourist. www.nucleartourist.com. All about nuclear power.

Henley, E.J., Kumamoto, H., 1992. Probabilistic Risk Assessment. IEEE Press.

Institute of Nuclear Power Operations (INPO), 2011.Special Report on the Nuclear Accident at the Fukushima Daiichi Nuclear Power Station, INPO report 11–005.

International Atomic Energy Agency (IAEA), Consequences of the Chernobyl Accident.www-ns.iaea.org/appraisals/chernobyl.htm (select link to "Fifteen Years after the Chernobyl Accident").

International Atomic Energy Agency (IAEA), In Focus Chernobyl.www.iaea.org/NewsCenter/Focus/Chernobyl.Status and recommended actions.

International Atomic Energy Agency (IAEA), Department of Safety and Security.www-ns.iaea.org/publications/default.htm. Links to downloadable publications.

Knief, R.A., 1985. Nuclear Criticality Safety: Theory and Practice. American Nuclear Society.Methods of protection against inadvertent criticality, with an appendix on the Three Mile Island recovery program.

Lewis, E.E., 1977. Nuclear Power Reactor Safety.John Wiley & Sons.

Lewis, E.E., 1996. Introduction to Reliability Engineering.John Wiley & Sons.

Marples, D.R., 1986. Chernobyl and Nuclear Power in the USSR.St. Martin's Press.A comprehensive examination of the nuclear power industry in the U.S.S.R., the Chernobyl accident, and the significance of the event in the U.S.S.R. and elsewhere, by a Canadian specialist in Ukraine studies.

Mazuzan, G.T., Walker, J.S., 1984. Controlling the Atom: The Beginnings of Nuclear Regulation 1946–1962.California University Press. Written by historians of the Nuclear Regulatory Commission, the book provides a detailed regulatory history of the Atomic Energy Commission.

McCormick, N.J., 1981. Reliability and Risk Analysis: Method and Nuclear Power Applications. Academic Press.

Michal, R., 2002. Zack Pate: His WANO career. Nucl.News.45 (9), 25.

Nuclear Energy Institute, Safety & Security.www.nei.org (select "Key Issues").

Nuclear News, 2002. Nuclear plant damage from air attacks not likely. Nucl.News.45 (8), 21.

Pennsylvania State University Library, TMI-2 Recovery and Decontamination Collection.http://www.libraries.psu.edu/psul/eng/tmi.html. TMI-2 Cleanup Highlights Program (24-min QuickTime video).

Pershagen, B., 1989. Light Water Reactor Safety. Pergamon Press.

Randerson, D. (Ed.), 1984. Atmospheric Science and Power Production.U.S. Department of Energy.Third versionof book on estimation of concentrations of radioactivity from accidental releases.

Rogovin, M., Frampton Jr., G.T., 1980. Three Mile Island: A report to the commissioners and the public, vols. I and II. Nuclear Regulatory Commission, NUREG/CR-1250, Parts 1–3.

Technology for Energy Corp, 1984.IDCOR Nuclear Power Plant Response to Serious Accidents.Technology for Energy Corp.

U.S. Government Printing Office, Code of Federal Regulations, Energy, Title 10, Parts 0–199. United States Government Printing Office(annual revision). All rules of the Nuclear Regulatory Commission appear in this publication: *www.nrc.gov/reading-rm/doc-collections/cfr/*.

U.S. Nuclear Regulatory Commission (NRC), 1983. PRA Procedures Guide: A Guide to the Performance of Probabilistic Risk Assessments for Nuclear Power Plants, vols. 1 and 2. Nuclear Regulatory Commission,NUREG/CR-2300. A comprehensive 936-page report prepared by the American Nuclear Society and the Institute of Electrical and Electronic Engineers; issued after the Three Mile Island accident, it serves as a primary source of training and practice.

U.S. Nuclear Regulatory Commission (NRC), 1987. Report on the Accident at the Chernobyl Nuclear Station,NUREG-1250. Compilation of information obtained by DOE, EPRI, EPA, FEMA, INPO, and NRC.

U.S. Nuclear Regulatory Commission (NRC), A Short History of Nuclear Regulation, 1946–1999. www.nrc.gov/about-nrc/short-history.html. The first chapter is drawn from Mazuzan and Walker (1984).

U.S. Nuclear Regulatory Commission (NRC), www.nrc.gov (select "About NRC>Organization & Functions" or "About NRC>How We Regulate").

U.S. Nuclear Regulatory Commission(NRC), NRC Regulatory Guides. www.nrc.gov/reading-rm/doc-collections/reg-guides (select from list of 10 divisions).

U.S. Nuclear Regulatory Commission (NRC), New Reactors.www.nrc.gov/reactors/new-reactors.html (select "Combined License Applications").

U.S. Nuclear Regulatory Commission (NRC), Reactor License Renewal.www.nrc.gov/reactors/operating/licensing/renewal.html(select "Status of, Current Applications").

U.S. Nuclear Regulatory Commission (NRC), 10 CFR Part 50—Domestic Licensing of Production and Utilization Facilities. www.nrc.gov/reading-rm/doc-collections/cfr/part050 (select "Appendix K to Part 50—ECCS Evaluation Models" for regulation on emergency core cooling system).

U.S. Nuclear Regulatory Commission(NRC), Backgrounder on the Three Mile Island 2 Accident.www.nrc.gov/reading-rm/doc-collections/fact-sheets/3mile-isle.html. Account of the accident with diagram, references, and glossary by NRC.

Vesely, W.E., Goldberg, F.F., Roberts, N.H., Haasl, D.F., 1981. Fault Tree Handbook. NUREG-0492, Nuclear Regulatory Commission.www.nrc.gov/reading-rm/doc-collections/nuregs/staff/sr0492.A frequently cited tutorial containing fundamentals and many sample analyses.

Wackerly, D.D., Mendenhall III, W., Scheaffer, R.L., 1996. Mathematical Statistics with Applications, fifth ed.Wadsworth Publishing Co. Popular textbook on basic statistics.

Walker, J.S., 2004. Three Mile Island: A Nuclear Crisis in Historical Perspective. University of California Press.The most authoritative book on the accident; a scholarly but gripping account, it details the accident, the crisis situation, the heroic role of Harold Denton, the aftermath, and the implications.

Wolfson, R., 1993. Nuclear Choices: A Citizen's Guide to Nuclear Technology. MIT Press.Nuclear power and nuclear weapons, with comments on the accidents at TMI and Chernobyl.

Wood, M.S., Schultz, S.M., 1988. Three Mile Island: A Selectively Annotated Bibliography. Greenwood Press.

World Association of Nuclear Operators (WANO), www.wano.info/.

核能推进与远程发电

本章目录

对于必须长距离行驶而又无法进行燃料补给的运载工具,核过程是紧凑能源的最佳选择。最成功的应用是给海军舰艇的推进提供动力,尤其是潜艇和航空母舰。人们已经对飞行器和火箭用的反应堆进行了研发,反应堆可用于未来的空间任务中。除了使用反应堆进行大规模发电外,放射性同位素也可用于提供较小的电力需求和基本的加热,使用 ^{238}Pu 的热电发电机能为星际宇宙飞船提供可靠的电力能源。

22.1 海军推进反应堆[1]

裂变的发现引起了美国海军对可能将核能用于潜艇推进的兴趣。当前核潜艇舰队的发展,在很大程度上要归功于海军上将 Rickover。他是一个传奇人物,因为他以坚定的决心、坚持质量和个性化的管理方法而闻名。1946 年,他带往橡树岭学习核技术的团队在"爱达荷大瀑布"指导建造了核潜艇陆基原型样机和第一

---

1 感谢美国海军退役指挥官 Marshall R.Murray 为本章节提供的信息。

艘核动力潜艇——"鹦鹉螺号"。在这个项目的历史记载中,"鹦鹉螺号"这个名字之前曾被用于潜艇,在 Verne[1]的科幻小说中也曾被用作船只的名称。他们的努力开辟了压水堆的发展。

核动力潜艇的主要优点是它能够在不添加燃料的情况下高速长距离行驶。由于反应堆发电不需要氧气,它可以保持下潜。阿贡国家实验室对潜艇热中子堆进行了研究,研发工作在美国西屋电气公司的贝蒂斯实验室进行。

"鹦鹉螺号"核动力潜艇的反应堆采用轻水慢化、锆合金包壳的高浓缩铀堆芯。1955 年进行了海上第一次试验。它创造的纪录包括:平均速度为 20kn(1kn=1.852km/h)、1400 英里的航行,第一次在水下穿越北极冰帽,并且第一次装料的航程就超过了 62000 英里。其后的"梭尾螺号"再现了 Magellan 环游世界的经历,但最终沉没了。"鹦鹉螺号"于 1980 年退役,现陈列在康涅狄格州格罗顿的一个博物馆里。

美国的核舰队是在冷战时期建立起来的,拥有 100 多艘核动力潜艇、多艘航空母舰和几艘巡洋舰。第一艘航空母舰是"企业号",1961 年部署,2012 年停用。它有 8 个反应堆(4 个螺旋桨轴各 2 个)、85 架飞机和 5830 人。图 22.1 显示了由船员们在甲板上排列出爱因斯坦著名的质能方程。之后,又建造了另外几艘航空母舰,每艘只有两个反应堆。

图 22.1　美国海军核动力航空母舰"企业号"
飞行甲板上的水手们用排成的队形拼写出爱因斯坦质能方程($E=mc^2$)
随行的船只是美国军舰"长滩号"和"班布里奇号"
资料来源:美国海军

攻击型潜艇的设计是为了搜寻和摧毁敌方潜艇和水面舰艇。1995 年下水的"海狼星号"潜艇由一个反应堆提供动力,装备了战斧巡航导弹。弹道导弹潜艇是

---

1 Verne,法国作家,现代科幻小说奠基人。译者注。

国际冲突的威慑力量，如俄亥俄级携带 24 枚远程三叉戟战略导弹。当潜艇在水下时，这些武器可以通过压缩空气进行弹射，出水面后火箭发动机就启动了。由于陈旧报废和战略武器裁减，美国核动力舰艇的数量正在逐渐减少(见 27.3 节)。

　　潜艇的核蒸汽供气系统可以采用多种结构形式，图 22.2 给出了典型的海军推进系统。蒸汽能直接驱动与汽轮机齿轮传动的螺旋桨。另外，汽轮发电机将电力供给电动机以驱动螺旋桨、蓄电池和机械泵等设备。

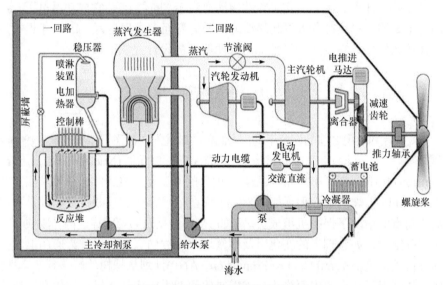

图 22.2　典型的海军推进系统

　　例 22.1　"鹦鹉螺号"核动力潜艇号称其装载的轴功率为 13400hp[1]。假设潜艇平均速度为 17 节 [2]，第一次堆芯装载持续运行的时间为

$$T = d/v = (62000\text{mile})/\big[(17\text{knot})(1.15\text{mile}/(\text{h}\cdot\text{knot}))\big] \approx 3170\text{h}$$

　　如果热效率为22%，则132d的^{235}U燃料消耗量为

$$m = (P/\eta_{\text{th}})T(1.30\,\text{g/MW}\cdot\text{d})$$
$$= \frac{(13400\text{hp})(132\text{d})(1.30\,\text{g/MW}\cdot\text{d})}{(0.22)(1\text{hp}/745.7\text{W})(10^6\,\text{W/MW})} \approx 7.8\text{kg}$$

　　商业核能在两方面从海军的核计划中受益：一是业界受到压水堆成效的示范；二是企业和供应商已获得一大批高度熟练的专业人才，他们多为退役军官和士兵。

---

　　1 hp, horsepower 马力，功率单位，近似等于 746.1W，本例取 745.7W。

　　2 节(速度单位，n mile/h，1n mile=1842m(赤道)，1n mile=1861m(两极)，平均取 1n mile=1851.5m。1mile=1609m，因此 1knot ≈ 1.15mile。公式中的 62000mile 是指"鹦鹉螺号"核动力潜艇第一次核装载的航程就超过了 62000mile。公式中的 132d 是指 3170h 换算为天数约为 132d。译者注。

美国只建造了第一艘核动力商船，"NS 萨凡纳号"。它的反应堆是由 Babcock & Wilcox 公司设计的。它能够运载货物和乘客，在 20 世纪 60 年代运营了几年，对许多国家进行了友好的访问[1]。在南卡罗来纳州海军博物馆展出后，"NS 萨凡纳号"作为国家纪念标志于 1994 年迁至弗吉尼亚。

几艘由核反应堆驱动的破冰船是由苏联建造的，并继续在遥远的北方用于远征巡航。俄罗斯最新、最强大的破冰船是"胜利 50 年号"，于 2006 年服役。

1962 年，日本下水了一艘实验性核动力商船"睦仁号"。它成功通过了几次严格的海上试验，并且在台风引起的波涛汹涌的海面上表现良好。1995 年退役后被安置在博物馆内，它的成功经验为另外两艘船的设计提供了依据[2]。

22.2　空间反应堆

在太空计划出现之前的许多年里，人们曾尝试开发一种飞行器反应堆。1946 年，美国空军在橡树岭启动了一个名为核能推进飞行器(Nuclear Energy for the Propulsion of Aircraft，NEPA)的项目。该项目的基础是，核武器运载要求超音速远程(12000mile)轰炸机中途无须加油。一个现在依然存在的重要技术问题是如何在不造成超重的情况下保护机组成员。正如 Hewlett 等(1974)所描述的，该项目存在许多不确定性，如管理上的变化以及频繁地改变方向。该项目作为通用电气公司下的飞机核推进(Aircraft Nuclear Propulsion，ANP)计划从橡树岭转移到辛辛那提。这些工作因以下几个原因而终止：①需要比预期大得多的飞机；②化学燃料喷气发动机性能的提升；③采用洲际弹道导弹携带核武器。虽然已经获得了一些有用的技术信息，但该项目却从未接近其目标。

1961 年，随着 Kennedy 总统实现载人登月的目标，太空计划得到了新的推动。其他直观的任务包括对行星的载人探索和最终的移民定居。对于需要大动力的长途航行，核燃料由于质量轻，使反应堆成为电力和推进的合理选择。一个被广泛研究的方法是离子推进，由一个反应堆提供所需的电能，以加速产生推力的离子。第二种方法涉及一个气态核心反应堆，其中铀和气体的混合物会被裂变反应加热并作为推进剂喷出。另一个更奇异的想法是在安装在太空船上的一个平板旁边爆炸小型核武器，利用爆炸反应产生了重复的推力。

带有热电转换系统的裂变反应堆是在 1955～1970 年由原子能委员会开发的。它的承包商——原子国际(Atomics International)公司实施了核辅助动力系统(Systems

---

1 美国海事管理局，NS Savannah。https://voa.marad.dot.gov/Programs/NSSavannah/Library.aspx?m=1.历史、退役和保存。

2 日本原子能研究所。http://jolisfukyu.tokai-sc.jaea.go.jp/fukyu/tayu/ ACT95E/06/0601.htm.规范和历史。

for Nuclear Auxiliary Power，SNAP)计划。其中最成功的是 SNAP-10A，这是美国第一个也是唯一一个在太空飞行的反应堆(Voss，1984)。研究人员建立了两个系统：一个在地球进行测试；另一个进入轨道。它们的燃料是能在高温下(810K)工作的浓缩铀和氢化锆组成的合金。冷却剂为高效传热的液态钠钾(NaK)。液态钠钾在反应堆和一个产生 580W 电力的热电转换器系统的回路间循环流动。单系统的总质量为 435kg。太空版于 1965 年由阿吉纳火箭发射，并由遥控装置启动。它在轨道上运行了 43 天，直到因航天器的电气故障而意外关闭。地面版令人满意地运行了一万小时。Bennett(2006)提供了更多的细节。另一个成功的反应堆 SNAP-8，使用汞作为冷却剂，在朗肯循环中转换得到 50kW 的电力。Angelo 等(1985)撰写的书中介绍了反应堆的更多细节。

在太空计划中受到最多关注的核系统是固体堆芯的核火箭。图 22.3 所示的热核火箭系统是一个相对简单的装置。氢作为推进剂被压缩成液体储存在容器罐内。当穿过带有石墨慢化剂和高浓缩铀燃料的反应堆的孔时，液氢会被加热到高温变成气体。在被提议的飞行器中，氢将作为推进剂通过喷嘴排出。

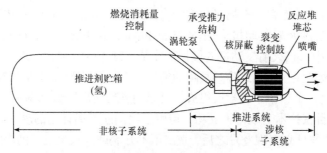

图 22.3　热核火箭系统

以液体形式储存的氢在固体堆芯中被加热，并作为推进剂喷出

资料来源: 感谢 Bennett (2006)

利用核火箭进行太空飞行是有利的，其原因从推进机制上就可以看出。基本火箭方程与飞行器速度 v、燃料排放速度 v_f 以及火箭的满载质量 m_0 和空载质量 m 相关：

$$v = v_f \ln(m/m_0) \tag{22.1}$$

或逆关系：

$$m/m_0 = \exp(-v/v_f) \tag{22.2}$$

飞行器加有效载荷的质量为 $m_0 - m$。化学系统的燃烧产物是相对分子质量较大的分子，而核反应堆可以加热轻氢气。因此，对于给定温度，核的 v_f 要大得多，而 m 更接近 m_0(即所需燃料较少)。

若想逃离地球或绕地球运行的轨道，就需要在宇宙飞船上进行对抗重力的工

作。垂直飞行的逃逸速度 v_e 为

$$v_e = \sqrt{2g_0 r_E} \tag{22.3}$$

式中，g_0 是地球表面的重力加速度，为 32.174ft/s^2 或 9.80665m/s^2；r_E 是地球的半径，约为 3959mile 或 6371km。

例 22.2 将地球的参数代入式(22.3)中，发现逃逸速度为

$$v_e = \sqrt{2g_0 r_E} = \sqrt{(2)(9.807 \times 10^{-3})\,\mathrm{km/s^2}(6371\mathrm{km})} \approx 11.2\,\mathrm{km/s}$$

其大约是 36700ft/s 或 25000mile/h。

洛斯·阿拉莫斯的漫游者项目是在考虑到载人火星任务的情况下启动的。以氢作为推进剂，飞行时间将大大减少，这是由于它的比冲量约为典型化学燃料的两倍。比冲量 I_{SP} 是以给定的推进剂流速所提供的输出力来衡量火箭效率的一种方法，就是燃料在空间的排放速度，即 $I_{SP}=v_F$。一系列名为 Kiwi、NRX、Pewee、Phoebus 和 XE-Prime 的反应堆在内华达州的核火箭开发基地进行了建造和试验。其使用的是碳化铀燃料、石墨慢化剂和直流式氢冷却剂。氢冷却剂以液态进入，气态流出。在核火箭发动机应用(Nuclear Engine for Rocket Vehicle Application，NERVA)项目中，核火箭发动机的最佳性能是持续 12min 输出 4000MW 功率。图 22.4 描述了液氢注入回热式冷却喷嘴的情况，液氢从该喷嘴进入堆芯入口进行加热。控制鼓由一个铍中子反射层组成，可以向外旋转以降低功率水平(Esselman，1965)。该项目在技术上取得了成功，但由于美国航天局计划的改变，于 1973 年终止。在阿波罗计划实现登月之后，做出了不开展载人火星飞行的决定。据判断，放射性同位素发电机和太阳能发电将满足未来的空间需求。

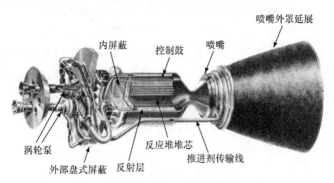

图 22.4 NERVA 热力学核火箭发动机
资料来源：感谢美国宇航局提供

随后启动了各种空间反应堆的研发计划，以提供电力(如 SP-100 将是 100kW～1MW 的反应堆)。大多数项目最后被取消了。美国宇航局计划的 21 世纪远程任务

包括从月球基地、小行星和绕地球运行的太空站回收资源以及最终的载人火星任务。这些活动需要数兆瓦范围内的核能供应。

22.3 放射性同位素能源

SNAP 计划包括标记为偶数的装置——反应堆，以及标记为奇数的基于放射性同位素的装置。反应堆能产生大量电力，而基于放射性同位素的装置输出是非常有限的。除了为太空设计的系统外，放射性同位素还作为导航浮标、远程气象站和心脏起搏器的动力源。装有心脏起搏器的人，其配偶每年的辐照剂量估计为 10mrem。当由于燃料输送或可操作性方面出现问题而不可能使用化学燃料的动力装置时，同位素电源是非常实用的，甚至可在陆地应用，但是成本很高。

化学燃料用于航天飞机等航天器的发射和返回。在诸如星际探索等长期任务中，需要多年持续地为控制和通信系统提供电力，这就需要核能。放射性同位素电源(radioisotope thermoelectric generator，RTG)已经发展起来并成功应用于许多星际探索任务中。它使用一种长寿命的放射性同位素来提供热能，进而转化为电能。该电源具有许多显著优势：①轻巧、紧凑，很容易装进航天器内；②使用寿命长；③能连续发电；④对环境影响，如太空的寒冷、辐射和陨石等的抵抗力强；⑤不依赖于太阳，允许访问遥远的行星。

用于驱动 RTG 的同位素是 ^{238}Pu，其半衰期为 87.74 年，发射出能量为 5.5MeV 的 α 粒子。该同位素来源于由反应堆中子辐照产生的基本稳定的同位素 ^{237}Np(半衰期为 2.14×10^6 年)。后者是 ^{237}U 的衰变产物，^{237}U 是一种半衰期为 6.75 天的 β 发射体，产生于 ^{236}U 的中子俘获或 ^{238}U 的(n,2n)和(γ,n)反应。^{238}Pu 的高能 α 粒子和相对较短的半衰期赋予同位素较高的比活度，为 17Ci/g，以及有利的功率质量比，为 0.57W/g(参见习题 22.1)。放射性同位素的比功率可由下式求出：

$$SP = SA \cdot E_d \tag{22.4}$$

式中，SA 是式(3.14)定义的比活度；E_d 是每次衰变时释放的能量。

例 22.3 根据表 3.2，Co-60 释放出 0.318MeV 的 β 射线和总能量为 2.505MeV 的两条 γ 射线。β 射线的平均能量约为其最大值的三分之一，每次衰变的能量 $E_d \approx$ (0.318MeV)/3+2.505MeV ≈ 2.611MeV。使用例 3.4 中的比活度，Co-60 的比功率为 SP = $SA \cdot E_d = (4.19 \times 10^{13} \text{ Bq/g})(2.611 \text{MeV/decay})(1.602 \times 10^{-13} \text{ J/MeV}) \approx 17.52 \text{ W/g}$

SP 取决于能量转换方法，并不是所有能量都可以回收利用。例如，γ 射线会穿透薄材料。

为了帮助敏感电子元器件维持在最适宜的温度下工作,有时还需提供小型 Pu-238 源(2.7g,1W)——放射性同位素加热装置。这些放射性同位素加热装置被用于探索遥远行星的任务中,也安装在探索火星[1]表面的"旅居者号"小型飞行器,以及"精神号"和"机遇号"飞行器上,每个飞行器载有 8 个放射性同位素加热装置。

其他可用于远距离无人值守热源的同位素是以氟化锶(SrF_2)形式存在的裂变产物 ^{90}Sr 和以氯化铯(CsCl)形式存在的裂变产物 ^{137}Cs。如果这两种同位素是通过燃料后处理提取,以减少放射性废物中的热和辐射,那么许多期望的应用都必将成为现实。

最早将 ^{238}Pu 用于供电的是 20 世纪 60 年代初的子午导航卫星。随后的使用包括 1972 年发射的"先锋 10 号"和 1973 年发射的"先驱者 11 号"。这些航天器的任务是探索木星。最后一次接收到来自"先锋 10 号"的无线电信号是在 2003 年 1 月 22 日。在太空中飞行了 30 多年后,这艘宇宙飞船离地球有 76 亿英里。它是由一个初始功率为 160W 的 RTG 和几个 1W 的同位素加热装置提供动力。这两艘宇宙飞船已经离开了太阳系。

典型的 RTG 是在"阿波罗-12"任务中发送到月球的。它为一组名为阿波罗月球表面实验包(Apollo lunar surface experimental package,ALSEP)的科学仪器提供动力,用于测量磁场磁力、尘埃、太阳风、离子和地震活动。放射性同位素发电机的示意图如图 22.5 所示。碲化铅热电偶被放置在二氧化钚(PuO_2)和铍壳之间。这台被称为 SNAP-27 发电机的有关数据列于表 22.1 中。

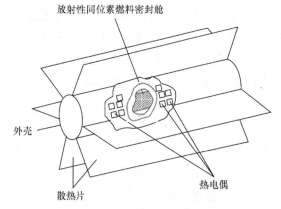

图 22.5　放射性同位素发电机

SNAP-27 用于"阿波罗-12"任务

---

1 美国宇航局,火星漫游者。http://mars.jpl.nasa.gov/MPF/mpf/rover.html.装备了 RTG。

表 22.1 放射性同位素发电机 SNAP-27

性能	参数	性能	参数
系统质量/kg	20	热功率/W	1480
^{238}Pu 质量/kg	2.6	电功率/W	74
放射性活度/Ci	44500	电压/V	16
密封舱温度/℃	732	工作范围/℃	$-173\sim121$

例 22.4 使用表 22.1 的数据，SNAP-27 发电机的热电转换效率为

$$\eta_{th} = P_e / Q_{th} = (74\,W)/(1480\,W) = 0.05$$

与核电厂相比，5%的效率实在是相形见绌，但放射性同位素动力装置必须是紧凑的，而且对于星载应用，设备的质量必须受到限制。

SNAP-27 发电机也用于其他几项"阿波罗"任务，1969～1977 年数据被传回到地球。对于 1975 年的"海盗"任务，较小的 SNAP-19 发电机为火星登陆车提供动力，登陆车送回了那颗行星表面的照片。

一种名为"数百瓦(multihundred watt，MHW)"的供电模式为两艘由美国宇航局喷气推进实验室设计和运行的"旅行者号"航天器提供了全部电力。它们是在 1977 年夏天发射，1979 年到达木星，1980 年末到达土星，并于 1981 年初发回土星卫星和光环的照片。"旅行者 1 号"随后被发射出太阳系，进入深空。利用罕见的三颗行星连成一线的机会，"旅行者 2 号"于 1986 年 1 月被重新定向访问天王星。在太空中飞行 9 年后，电源的可靠性对飞行任务至关重要。距离太阳 18 亿英里的光线有限，因此照片需要长时间曝光并要求航天器具有很强的稳定性。通过向"旅行者 2 号"发送无线电信号，航天器上的计算机被重新编程以允许非常小的纠正推力(Laeser et al., 1986)。科学家们根据"旅行者 2 号"回传的数据发现了几颗天王星的新卫星，其中一些卫星的引力稳定了行星的环。"旅行者 2 号"于 1989 年到达海王星，然后进入外层空间。MHW 发电机采用硅锗作为热电材料，而不是碲化铅；每台发电机都比 SNAP-27 更重，功率也大得多。"林肯实验卫星"LES8、LES9 也使用了类似的电源，卫星之间可以相互通信，也可以与船只和飞机通信。

1990 年 10 月，"伽利略号"宇宙飞船向木星发射时使用了一种更大的热源，称为通用热源(general purpose heat source，GPHS)。其在飞行途中拍摄了小行星"Gaspra"和"艾达"的照片，观察了"鞋匠-利维 9 号"彗星对木星表面的影响，并飞越了木星的卫星——"木卫一"和"木卫二"。穿过木星的大气层时，一个电池动力的探测仪器放下来。美国宇航局提供了图片和进一步的信息。对这颗遥远

行星的研究，补充了由太阳能供电的"Magellan 号"探测器所获得的金星附近的信息。"木卫二"的照片显示出液态海洋似的冰面。当宇宙飞船进入木星的稠密大气层时，飞行任务就结束了。

1990 年 11 月发射的"尤利西斯号"航天器也是由 GPHS 提供动力。这是美国和欧洲之间的一项合作任务，研究太阳风——一种来自太阳的粒子流以及恒星的磁场。"尤利西斯号"不得不与木星会合，利用木星的引力将航天器从黄道(行星运动的平面)中带出，以穿过太阳的极区。

"卡西尼号"宇宙飞船于 1997 年向土星及其卫星"土卫六"发射，它通过三个 RTG 来驱动仪器和计算机，每台都含有约 10.9kg 的二氧化钚(PuO_2)。初始的总电功率是 888W。除了无线电电源外，还使用 RTG 来保持电子元器件的温度。通过"卡西尼号"宇宙飞船，科学家们获得了行星环不同寻常的景象。搭载在"卡西尼号"宇宙飞船上的"惠更斯号"探测器也在 2004 年底分离，并于 2005 年成功登陆到"土卫六"——"泰坦"上。可在美国宇航局的网站上找到该飞船及其装载仪器的细节。

配置 246W 电功率的通用热源和放射性同位素电源(GPHS-RTG)的宇宙飞船"新地平线号"于 2006 年发射，它在 2015 年经过木星到达冥王星，并在 2016～2020 年到达柯伊伯带。在那里，其会遇到许多行星体[1]。

未来用于更遥远距离航天任务的电源，须有数千瓦的功率、高的转化效率，且利用不同原理实现的能源供给。在动态同位素动力系统(dynamic isotope power system，DIPS)中，同位素源加热有机液体——道氏热载体 A[2]，通过工作流体的朗肯热力学循环，使蒸汽驱动涡轮发电机发电。在地面测试中，动态同位素动力系统连续运行 2000h 无故障。所有 RTG 的细节都在 Angelo 等(1985)的书中详细给出。

太空应用电源的成功推动了一项开发核动力人造心脏的计划。它包括一个 Pu-238 热源、一个活塞发动机和一个机械泵。随着电池供电的可植入人工心脏技术的出现，这项研究计划被暂停，且不太可能恢复。

22.4 未来核空间应用

在空间中使用核过程的程度取决于对空间计划的投入规模。多年来，美国对太空计划的热情大不相同。1957 年苏联人造地球卫星的发射引发了一系列的活动，Kennedy 总统关于将人送上月球的提议为太空计划的发展注入了新的动力。由于发射任务已常规化，并且新的全国性的社会问题日益突出，公众的支持已经

---

1 Johns Hopkins 大学应用物理实验室。新视野。http://pluto.jhuapl.edu.冥王星和柯伊伯带之旅。

2 商标名，一种换热剂。译者注。

减弱。1986 年的"挑战者号"的悲剧导致人们对美国宇航局失去信心，也使新任务的计划受挫。

1989 年，Bush 总统宣布了一项名为"太空探索倡议"(Space Exploration Initiative，SEI)的新计划，其中包括返回月球并在那里建立一个基地，然后是对火星的载人旅行。综合小组的一份报告(Synthesis Group，1991)讨论了 SEI 计划的合理性和战略。该项目一个涉核的计划是有可能从月球表面开采氦-3。氦-3 可用于聚变反应堆，如 26.5 节所述。但国会没有批准 SEI 计划。美国宇航局开展的无人驾驶航天器(如火星探路者)等更适度的活动取代了该计划。数以百万计的人在电视上观看了遥控的"旅居者"小型飞行器对火星表面的考察。

Bush 总统重振了火星任务的前景。第一步是返回月球。目标是探索科学知识，为在那里建立一个基地做准备，并获得与人类探访火星相关的经验。但是，通过何种方式运载尚未确定。最初考虑的是 NERVA 型核火箭；随后，提出了利用离子提供推力的电推进；之后又提出利用物质-反物质湮没产生的能量。然而，美国宇航局表示，火星任务只会在 2037 年左右实施。一些人认为，载人飞行到(火星和木星轨道间绕太阳运转的）小行星上会更容易且更便宜。

无论以何种方式向火星运载人或货物，都可以推测出最初的无人驾驶飞行器将用于运载货物而不是人。这些货物包括一个栖息地和一个能够在火星表面提供电力的反应堆等物资。时间测算和持续时间都是载人飞行的重要因素。飞往火星大约需要 160 天，允许有 550 天用于科考，直到行星在正确的位置返回，这又需要 160 天的时间。因此，只有核能才能满足这样的时间安排。在火星轨道与行星表面之间上、下，需要化学火箭。人类将在火星上进行地质学和微生物学研究，进一步调查生命形成的可能性。火星上产生的燃料——甲烷(CH_4)和液氧来自大气中稀薄的二氧化碳(CO_2)和从地球带来的氢气(H_2)。

为了给在月球上处理材料提供动力，可以使用一个小型反应堆。潜在的资源包括水、氧和氢。在足够的热量下，覆盖在月球表面上的细尘(浮土)可形成固体用于建筑和进行辐射屏蔽。氦-3 作为聚变反应堆的燃料，可以回收运回地球。

轨道的计算可以用程序 ORBIT 进行，在上机练习 22.A 中描述。

1986 年"挑战者号"航天飞机事故引起了人们对安全的更多关注。它还提出了一个问题，即执行任务是否需要使用机器人来代替人类。其优点是保护人们不受伤害；缺点是丧失了应付异常情况的能力。宇航员所经历的危险包括地球大气层外高水平的宇宙辐射、小型陨石对航天器的可能影响、长期失重的衰弱效应。如果是核动力运载工具，宇航员还要经历来自反应堆的辐射。如果反应堆被用作运输动力，为了避免在任务失败的情况下发生裂变产物污染大气层的可能性，只有当反应堆安全到达地球轨道上才可以启动。

对于使用放射性同位素的电源，用铱包裹 ^{238}Pu 并用碳纤维将系统封装起来，降低了放射性物质释放的可能性。放射性同位素用于空间飞行任务，必须进行类似于动力反应堆的风险分析。

在未来，电力推进可能会被使用。带电粒子向后排放以产生向前推力。它的优点是推进剂质量很小，可以允许较大的有效载荷或更短的飞行时间。有几种可能的技术：①电热，包括电弧射流和电阻射流(其中推进剂是电加热的)；②静电，使用离子加速器；③电磁的，如同轴磁性等离子体装置。

电推进与热推进的区别在于推进剂的推力与流量之比，即比冲量 I_{SP}。例如，航天飞机发射器有一个很大推力的同时也有很高的流量，其 I_{SP} 约为 450s。电力推进的推力很小，但流量也很低，使得 I_{SP} 达到约 4000s。

几十年来，核能用于空间推进的前景一直不明朗。最近的一项进展是 "Prometheus" 计划，该计划旨在使用核反应堆作为动力源，利用排出氙离子产生的推力来驱动离子发动机。该发动机于 2003 年在地面上成功试验。速度预计可达每小时 20 万英里，是航天飞机的 10 倍。该系统最初是为了探索木星的冰卫星，但是任务被转移到了地球的卫星上[1]。后来，由于其他方法得到支持，便做出了暂停或可能放弃 "Prometheus" 计划的决定。然而，离子发动机的概念将被保留。2007 年向小行星 "灶神星" 和 "谷神星" 发射的 "黎明号" 飞船上就装载了太阳能离子发动机，而不是 RTG，但它的探测器是独一无二的。21 个探测器测量从小行星上反射回来的宇宙射线、γ 射线和中子，提供有关成分的信息。

展望未来，科学家考虑通过引入改变大气并最终允许生命正常存在的化学物质来使火星仿地成形[2]。然而，这一愿景只能存在于载人星际旅行中，为人类实现向太阳系外的行星移民铺平了道路。一些有行星的恒星的发现支持了这个想法。

空间核应用的未来将取决于人类在空间的成就和愿望。就本性而言，人类对未知世界充满了探索和了解的欲望，并且有些人认为星际移民计划是可取的或必要的。太空探索的支持者列举了它的许多附带好处。其他人则提醒地球上还有很多需要关注和投入资金的严重问题。如何平衡这些观点仍然是政治进程中需要解决的一个问题。

22.5 小 结

核反应堆已成为潜艇和航空母舰推进的动力来源。对用于飞机和火箭的反应堆也已经进行了试验，而且用于未来空间飞行任务的反应堆也正在研发中。使用 Pu-238 的热电发电机为阿波罗计划中的月球探险、"旅行者号""伽利略号""木卫二""卡西尼号" 等航天器的星际旅行提供了电力。

---

1 请注意，目前的网站主要参考原计划。2005 年的账户，请搜索"美国宇航局的普罗米修斯"。

2 尤指在科幻小说中，在外星球创建仿地球的生存环境，以使人类能够生存。译者注。

22.6　习　　题

22.1 ①Pu-238 的半衰期为 87.7a，α粒子的能量为 5.5MeV，证明其产生的比活度为 17Ci/g，比功率为 0.57W/g；②对于一个效率为 0.5%、200μW 的心脏起搏器，试确定所需钚的质量和活度。

22.2 注意到重力与 R^2 成反比，离心加速度平衡了绕轨道运行质量为 m 的物体引力，即 $mv^2/R = GmM/R^2$。①证明卫星在地球上高度为 h 处的速度 $v_S = r_E$ $\sqrt{g_0/(r_E + h)}$，其中 g_0 为地球表面的重力加速度，r_E 为地球的半径；②计算在地球上方 100mile 处轨道上的航天飞机的速度；③推导出一个求地球同步(24h)通信卫星的速度的公式，h 分别以英里和公里为单位。

22.3 如果火箭推进剂的排气速度为 11000ft/s(3.3528km/s)，那么初始质量的百分之多少必须是垂直逃离地球的燃料？

22.4 假设只有β粒子的能量是可回收的，分别计算以下放射源的比功率①Co-60；②Cs-137；③Sr-90 和 Y-90 处于长期平衡状态。

22.5 SNAP-10A 动力系统的总效率为 1.6%。计算：①反应堆功率；②总质量为 5.173kg 的铀的比功率。

22.6 地球上有关太阳的常数:距离太阳约 150×10^6km 处的太阳光强为 1.353kW/m²。计算在以下行星表面对应的太阳光强：①火星($r=228 \times 10^6$km)；②土星($r=1.43 \times 10^9$)；③海王星($r = 4.50 \times 10^9$km)。

22.7 计算"卡西尼号"动力系统的热电效率。

22.8 一台使用 ^{238}Pu 的放射性同位素电源，需要为 24 年的任务提供 100W 的电力。当转化效率为 4%时，求初始装载的 Pu 活度和 PuO_2 质量。

22.9 "NS 萨凡纳号"核动力商船的反应堆为 74MW，加载一次燃料能以 20kn 的速度航行 560000km。①计算满足这些技术要求所消耗的 ^{235}U 质量；②如果一桶柴油释放的热量为 5.8×10^6Btu[1]，则计算提供相同动力所需的柴油量。

22.7　上 机 练 习

22.A 火箭飞船的初始速度决定了它是返回地球，还是进入地球轨道，或是逃往外层空间。对于起点和切线速度的不同输入值，程序 ORBIT 计算飞船的位

---

1 Btu(British thermal unit)〔物理〕英制热量单位(1 磅水的温度上升华氏 1 度所需要的热量，等于 1055.06 焦耳或 0.252 千卡)。译者注。

置以及它与地球中心的距离。①尝试 100mile/min 和 290mile/min；②探索不同的起点和速度。对计算结果进行评论。

22.B 火星之旅很可能是在围绕地球运行轨道上组装的航天器上进行，高度约为100mile(160.9km)。①用习题 22.2 中 v 的公式求出其初始速度。它的运行周期，也就是旋转一周所需要的时间是多少？②使用第 1 章中的计算机程序 ALBERT 计算飞船(和宇航员)在这个速度下增加的质量分数。

参 考 文 献

Angelo Jr., J.A., Buden, D., 1985. Space Nuclear Power. Orbit Book Co. A definitive textbook.

Bennett, G., 2006. Space nuclear power: opening the final frontier. In: Fourth International Energy Conversion Engineering Conference and Exhibit, San Diego, CA. www.fas.org/nuke/space/bennett0706.pdf. A spectacular paper.

Esselman, W.H., 1965. The NERVA nuclear rocket reactor program.Westinghouse Engineer. 25 (3), 66–75.

Hewlett, R.G., Duncan, F., 1974. Nuclear Navy 1946–1962. University of Chicago Press.

Laeser, R.P., McLaughlin, W.I., Wolff, D.M., 1986. Engineering Voyager 2's encounter with Uranus. Sci. Am.255 (5), 36–45.

Synthesis Group, 1991. America at the Threshold: Report of the Synthesis Group on America's Space ExplorationInitiative. NASA. An illustrated description of the proposed goals and plans for the space trips to the moonand Mars.

Voss, S.S., 1984. SNAP Reactor Overview, AFWL-TN-84-14. Air Force Weapons Laboratory, Kirtland AirForce Base, NM.

延 伸 阅 读

Adams, R., 2011. Why did the NS Savannah fail? Can she really be called a failure? Atomic Insights.www.atomicinsights.com. (search for article using title).Additional information on NS *Savannah*.

Anderson, U.S.N., Commander, W.R., Blair Jr., C., 1959. Nautilus-90-North. World Publishing Co. An account by the chief officer of the nuclear submarine *Nautilus* of the trip to the North Pole.

Angelo Jr., J.A., 2001. Encyclopedia of Space and Astronomy.Facts on File.

El-Genk, M.S. (Ed.), 1994. A Critical Review of Space Nuclear Power and Propulsion, 1984–1993. AIP Press.Includes papers on radioisotope generators and nuclear thermal propulsion.

Gugliotta, G., 2007. Can we survive on the Moon? Discover. 28 (3), 32.

Laeser, R.P., McLaughlin, W.I., Wolff, D.M., 1986. Engineering Voyager 2's encounter with Uranus. Sci. Am.255(5), 36. Discusses the power problem caused by decay of Pu-238 in RTGs.

Miner, E.D., 1990.Voyager 2's encounter with the gas giants.Phys.Today 43 (7), 40.

Nautilus Museum, www.ussnautilus.org.History, tour, and links.

NavSource Naval History, Photographic history of the U.S. Navy, http://navsource.org/. Specifications, histories, and photographs.

Rockwell, T., 1992. The Rickover Effect: How One Man Made a Difference.Naval Institute Press. Describes the key role Admiral Rickover had in the United States Navy's nuclear submarine program and the first nuclear power plant.

Simpson, J.W., 1994. Nuclear Power from Underseas to Outer Space.American Nuclear Society.History of the development of the nuclear submarine *Nautilus*, the first commercial nuclear power plant at Shippingport, and the nuclear thermal rocket engine, NERVA.

U.S. Department of Energy (DOE), 2011.DOE/NE-0071, Nuclear Power in Space.DOE. Review of all missions by Department of Energy.

U.S. Department of Energy, Office of Science, RTG History.www.osti.gov/accomplishments/rtg.html. Links to many documents.

放射性废物处置

含有放射性原子且没有价值的材料归类为放射性废物。它们可能是天然物质，如含有 Ra 和 Rn 同位素的铀矿石残渣；带有 Co 和 Pu 等元素的同位素的中子俘获产物；带有大量不同种类的放射性核的裂变产物。放射性废物也可能是国防、商用发电厂运行及其支撑燃料循环或机构研究和医药应用而产生的副产物。废物的放射性成分可能会发射α粒子、β粒子、γ射线，以及在一些情况下发射中子。从贮存和处置的立场，其从几天到几千年不等的半衰期令人担忧。

使放射性原子变为中性非常困难，因而核过程的利用对工人和社会具有潜在危害，必须解决放射性材料的持续安全管理问题。通过何种方法来实现这一任务正是本章的主题。

23.1　核燃料循环

如图 23.1 所示，核燃料循环产生放射性废物。该流程图以采矿为始，以废物处置为终。图中显示了一次通过式循环和再循环两种模式，有时也称为开式循环和闭式循环(这种分类并不完全准确)。

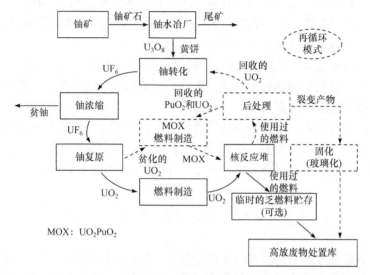

图 23.1　核燃料循环

美国采用一次通过式循环模式(实线表示)；其他一些国家采用再循环模式(虚线表示)，用以结束燃料循环后段

铀矿石中的铀元素含量非常低，其质量分数约为 0.1%。铀水冶厂采用机械和化学方法处理矿石，生产主要成分为 U_3O_8(八氧化三铀)的黄饼，并产生大量称为尾矿的残渣。尾矿中仍含有铀衰变链的子产物，特别是 ^{226}Ra(1600 年)、^{222}Rn(3.82 天)和一些钍同位素。对尾矿的处置是将其堆成大堆放置在水冶厂附近，在上面覆盖一层泥土覆盖层以减慢惰性氡气的释放速率并以此阻止过度的空气污染。严格来讲，尾矿是废物，但是它们被单独处理。

例 23.1　从矿石品位 G 为 6%的 U_3O_8 中获得 100kg 铀，需要开采的矿石质量为

$$m_{ore} = \frac{m_{U_3O_8}}{G} = \frac{m_U}{G}\left(\frac{3M_U + 8M_O}{3M_U}\right) = \frac{(100\ \text{kg-U})[3(238)+8(16)\ \text{kg-}U_3O_8]}{(0.06\ \text{kg-}U_3O_8/\text{kg-ore})[3(238\text{kg-U})]} \approx 1965\text{kg}$$

相应的铀水冶厂尾矿质量为

$$m_{mtail} = m_{ore} - m_{U_3O_8} = m_{ore}(1 - G) = (1965\text{kg})(1 - 0.06) \approx 1847\text{kg}$$

同位素浓缩厂在从 U_3O_8 到可用的六氟化铀(UF_6)的转化中会产生相对少量的轻微放射性材料。将 ^{235}U 浓度从 0.7w/o 提升到 3～5w/o 的分离过程中也产生少量废物。它确实产生了大量含有约 0.3w/o ^{235}U 的贫铀尾矿。贫铀被储存起来，并可作为增殖材料用于未来增殖反应堆。尽管有再循环处理，但在涉及从 UF_6 到 UO_2 的转化和燃料组件加工的燃料生产过程中仍产生了大量废物。^{235}U 的半衰期比 ^{238}U 短，故轻度浓缩燃料比天然铀更具放射性(见习题 23.1)。

反应堆运行会产生含放射性材料的液体和固体，其来源有两种：一种是金属的中子活化，产生铁、钴、镍的同位素；另一种是从燃料管道中逃逸的裂变产物，或是燃料管道表面的铀残渣产生的裂变产物。

除有大量接近天然浓度的铀残渣外，反应堆中子辐照产生的乏燃料中还含有高度放射性的裂变产物和各种钚同位素。根据美国现行的做法，使用后的燃料将被储存、包装和掩埋处置。

其他一些国家将对乏燃料进行后处理。正如图 23.1 中虚线所区别的，回收铀送回同位素分离设施再浓缩，然后将钚与轻度浓缩或贫化的铀燃料混合，生产出 UO_2-PuO_2 混合氧化物(MOX)燃料。因此，仅有裂变产物需要处置。

23.2 废 物 分 类

出于管理和控制的目的，相关机构制定了放射性废物分类表。一种分类方法是按照来源将废物分为国防废物和非国防废物。最初的废物来自第二次世界大战中生产武器材料的汉福德反应堆。以湿法贮存方式存放在大型地下水罐中。在随后多年中，出于两个原因对这些国防废物中的一部分进行了加工：①将废物固定在稳定形式；②分离两种中等半衰期同位素——^{90}Sr(29.1 年)和 ^{137}Cs(30.1 年)，剩下相对不活泼的残渣。其他国防废物由生产核武器钚、氚储备的反应堆的常年运行和潜艇反应堆乏燃料后处理而产生。

非国防废物包括前文中工业和社会机构的商用核燃料循环产生的废物。工业废物来自使用同位素的制造商和制药企业。社会机构包括大学、医院和研究实验室。

另一种方法是按照材料的类型和放射性水平对废物分类。第一种类别是反应堆运行产生的高放废物(high-level waste, HLW)。它们是乏燃料后处理过程中从其他材料里分离出来的裂变产物，因具有高放射性而得名。

第二种类别是乏燃料，其中残留有易裂变同位素，实际上不应称为废物。尽管如此，美国普遍把这类用过的燃料存放在高放废物处置库中，因而它常被认为是高放废物。

第三种类别是超铀废物(transuranic wastes, TRU)，它是含有钚和更重的人造同位素的废物。任何超铀材料引起的比活度达到 100nCi/g 的材料都被归为 TRU，其主要来源为核武器制造厂。

尾矿是铀矿石加工的残渣。除残余铀外，其主要放射性元素为 ^{226}Ra(1600 年)和 Th(7.54×10^4 年)。NRC 的规定要求，尾矿堆要有阻止氡气释放的覆盖层。

例 23.2　估算 1t 品位为 5%的 U_3O_8 矿石中的 ^{226}Ra 活度。首先,矿石中的 ^{238}U 质量为

$$m_{238} = \omega_{238}m_{ore}G[3M_U/(3M_U+8M_O)]$$
$$= (0.9928)(1t)(0.05)\{(3)(238)/[(3)(238)+(8)(16)]\}$$
$$\approx 0.0421t = 42.1kg$$

式中，^{238}U 的质量分数 ω_{238} 由习题 15.11 所得。如果 ^{238}U 和 ^{226}Ra 存在长期平衡，那么

$$A_{226} = A_{238} = (\lambda n)_{238} = \frac{\ln2}{t_H}\frac{m_{238}N_A}{M_{238}}$$

$$= \frac{\ln2(42.1\times10^3\,g)(6.022\times10^{23}\,atom/mol)}{(4.468\times10^9\,a)(3.1558\times10^7\,s/a)(238g/mol)} \approx 5.24\times10^8\,Bq$$

地球化学和铀矿床中核素迁移的不同将打破长期平衡。

第四种类别是低放废物(low-level waste，LLW)，其官方定义是无法归于任何其他类别的材料。大体积惰性材料中的低放废物仅有少量放射性，因此通常放置在近地表处置场。低放废物的名字具有误导性：低放废物的活度达 1Ci，可与以前的高放废物相比。

其他两类是放射性材料和天然放射性材料。放射性材料包括天然放射性材料(如开采磷酸盐的副产品)或加速器产生的放射性材料及其子体。这两类材料有轻微的放射性，但不受 NRC 管制。

还有其他用于特定目的的类别，例如，治理措施废物，源自对能源部原先使用的设施的清污；混合低放废物，其具有低放废物的特征，但也含有危险有机化学品或重金属，如铅或汞。环境保护局(Environmental Protection Agency，EPA)网站对混合低放废物有详尽的描述[1]。

多年来，"无须监管关注(below regulatory concern，BRC)"类别适用于具有微量放射性、可无限制排放的废物。由于在该类别上无法达成一致，NRC 在 1990 年左右放弃了这个类别。

从改编自世界核协会网页的表23.1中可以得出关于燃料循环和核废物的一些

---

1 http://www.epa.gov/radiation/mixed-waste。

看法。17.5～27t 乏燃料可与燃烧 300 万吨煤相比，后者伴随有 700 万吨 CO_2 排放 (参见例 24.3)。

表 23.1　1000MW 反应堆的典型年度物料平衡

物料参数	第 1 种情况	第 2 种情况
燃料浓缩度/(w/o%)	4	5
燃耗/(MWd/t)	45000	65000
供应和卸载的燃料(UO_2)/t	27	17.5
浓缩铀/t	24	15.6
浓缩 UF_6/t	35	23
贫化 UF_6/t	253	191
铀矿石和尾矿/t	20000～400000	

资料来源：世界核协会，http://world-nuclear.org/info/Nuclear-Fuel-Cycle/Introduction/Nuclear-Fuel-Cycle-Overview/。

23.3　乏燃料贮存

反应堆乏燃料管理需要非常注意机械装卸，以避免组件的物理损坏并将人员的辐射暴露降至最低。在压水反应堆为期 18 个月的典型运行周期的末期，将反应堆容器的顶盖移至一旁。容器上方的整个空间充满硼水，从而允许在浸没时将燃料组件取出。一件未屏蔽的组件表面的辐射水平达数百万雷姆每小时。使用可移动起重机将重约 600kg(1320lb) 的单个组件从堆芯中取出，转移到邻近建筑的充水贮存池中。图 23.2 显示了乏燃料贮存池底部的燃料组件格架的排列。大约三分之

图 23.2　乏燃料贮存池底部的燃料组件格架的排列(后附彩图)
来源：美国核管理委员会，http://www.flickr.com/people/nrcgov

一的堆芯被移除；重新布置留在堆芯中的燃料，以便在下一个循环中满足功率分布要求；新燃料组件被插入到空缺的空间。40ft 深的贮存池中的水充当了去除裂变产物剩余热的屏蔽和冷却介质。为了确保燃料的完整性，由过滤器和净化器控制乏燃料池中水的纯度，并用冷却器保持水温。

例 23.3　应用 21.4 节的衰变热公式来估算用过的燃料能量释放和源强。在关闭 3 个月(7.9×10^6s)后的某一时刻，一座 3000MW 反应堆全部乏燃料的衰变功率为

$$P = 0.066\,P_0 t^{-0.2} = (3000\text{MW})(0.066)(7.9 \times 10^6)^{-0.2} \approx 8.26\text{MW}$$

如果假设释放的典型粒子的能量为 1MeV，这相当于 14×10^9Ci 的活度：

$$A = \frac{P}{E_d} = \frac{(8.26 \times 10^6 \text{ J/s})}{(1\text{MeV/decay})(1.602 \times 10^{-13} \text{ J/MeV})} \approx 5.2 \times 10^{19}\text{Bq}$$

贮存设施由垂直的不锈钢格架组成，格架支撑并分离燃料组件以避免临界(由于单个组件的倍增因子 k 非常接近)。大部分反应堆在设计时希望仅需将燃料保存数月来进行放射性"冷却"，随后将组件运至后处理工厂。在维修时可能需要从反应堆中卸载全部燃料，但反应堆存储设施仅能容纳约两个装满的堆芯。

美国放弃了乏燃料后处理，这就要求公用事业机构就地存储全部的乏燃料，并等待联邦政府依据 1982 年的《核废物政策法案》(Nuclear Waste Policy Act, NWPA)接收燃料进行处置。提高贮存池的存储能力是采取的第一个行动：减少组件之间的间距，并加入中子吸收材料来抑制中子倍增。对于一些反应堆，这并非是解决燃料累积问题的妥善方案，因而开始研究替代的贮存方法。有几种方法：第一种方法是将乏燃料运至公用事业系统中一座新工厂的存储池。第二种方法是工厂增加更多的水池或是为商业组织在另一个中心位置建造水池。第三种方法是使用 NWPA 允许政府设施拥有的、数量有限的贮存库。第四种方法是燃料棒压实，该方法是将燃料棒束折叠后放到容器中并再次放入水池，这样可以减少一半的体积。第五种方法是将许多干组件存储在大型密封防水桶中。一种派生的方法是将完整的组件以干法贮存在大型地下室里。干法贮存是一种有利的选择方案。理想的解决方案是使用同一容器进行贮存、运输和处置。由 DOE 接收乏燃料是另一种可能的合作方式。

例 23.4　每年需要处置的乏燃料中的材料数量非常少。典型 PWR 燃料组件的尺寸为 0.214m×0.214m×4.06m，体积为 0.186m³。如果从一个典型反应堆中卸载 60 个组件，则每年的乏燃料体积为 11.2m³ 或 394ft³。对于 100 个美国反应堆，将是 39400ft³，假设燃料组件能紧密放置，那么将以不到 10in 的高度填满一个标准足球场(300ft×160ft)。

例 23.5 令裂变产物质量等于裂变燃料质量(1.11g/MWd 热能，参见 6.4 节)，则可估算裂变产物数量。对于一座以 3000MW 运行的反应堆，裂变产物为 3.3kg/d 或每年：

$$\dot{m}_{FP} = (1.11g/MWd)(3000MW)(365d/a) \approx 1200kg/a$$

如果密度为 $10^4 kg/m^3$，那么每年的体积为

$$\dot{V}_{FP} = \dot{m}_{FP}/\rho = (1200kg/a)/(10^4 kg/m^3) = 0.12m^3/a$$

这相当于一个边长为 50cm 的立方体。这个数字正是这一说法的出处：一张办公桌下的空间足以放置一座反应堆一年所产生的废物，即使经后处理后，废物的实际体积将比这大得多。

乏燃料组件的详细构成由它受到的照射量(按 MWd/t 计算)决定。33000MWd/t 的燃耗相当于以 $3 \times 10^{13}/(cm^2 \cdot s)$ 的平均热中子通量运行 3 年。图 23.3 显示了新的核燃料在 33000MWd/t 燃耗下使用前后的代表性构成。易裂变材料含量仅由 3.3%

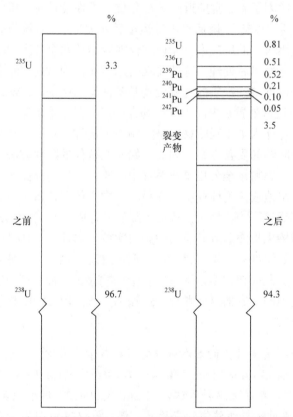

图 23.3　新的核燃料在 33000MWd/t 燃耗下使用前后的代表性构成

感谢巴特尔出版社提供(Murray, 2003)

变为 1.43%，^{238}U 含量只有轻微减少。仅消耗 2.5% 的 ^{235}U 产生了 3.5% 的裂变产物，说明 Pu 对裂变过程有显著贡献(参见习题 23.7)。

23.4　运　　输

联邦运输部和 NRC 制定了放射性材料运输条例(10CFR71)。具体要求包含了容器建造、记录和辐射限制。采用的三条原则如下：

(1) 包装要起到防护作用；

(2) 危害越大，包装越坚固；

(3) 设计分析和性能测试要确保安全。

相关部门针对从免防护到乏燃料之间的放射性水平制订了容器分类表。对于源自反应堆工艺用水的低放废物，屏蔽罐由外部钢筒、铅衬里和内部密封容器组成。对于乏燃料，要求采取防护措施避免：①工人和公众的直接射线照射；②放射性液体排放；③内部构件过热；④临界。图 23.4 所示的通用电气 IF-300 运输罐，包括一个长 5m(16.5ft)、直径为 1.6m(5ft)的不锈钢罐。当满载 7 个 PWR 或 17～

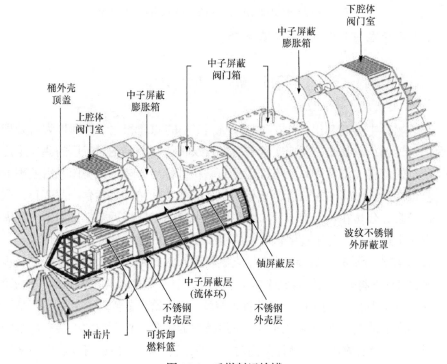

图 23.4　乏燃料运输罐

来源：感谢通用电气公司提供

18 个 BWR 组件时，该罐重达 64000kg。罐内有阻止临界的硼管、屏蔽γ射线的重金属，以及冷却燃料，并提供额外防护所需的水。当运输罐装载在火车上时，还可附加便携式风冷系统。运输罐经过设计能够承受通常的温度、湿度、震动和冲击条件。因此，运输罐经设计以满足模拟交通事故真实条件的四条性能规范：①能经受从 30ft(约 10m)高度自由跌落到坚硬地面；②从 40in(约 1m)高度跌落撞击一根直径为 6in(约 15cm)的针状物；③在 1475℉(约 800℃)的火中暴露 30min；④在水中完全浸没 8h。相关部门采取了一些极端试验对设计规范进行了增补。在一项试验中，载有运输罐的拖挂式卡车以 84mph 的速度与一堵实心水泥墙相撞。碰撞只损坏了散热片；运输罐不会发生放射性泄露。

公众对发生事故和严重破坏的可能性以及应急响应能力不足表达了关切。监管机构认为难以预防事故发生，因而要求所有容器能够承受事故的破坏。此外，监管机构正努力确保警察和消防部门熟悉放射性材料运输业务、国家放射办公室的可用资源和由国家实验室提供后援的应急响应计划。

例 23.6 车辆驾驶室的限值为 2mrem/h(10CFR71.47)，司机达到最大年职业照射量需要：

$$T = D / \dot{D} = (5000\text{mrem}) / (2 \text{ mrem/h}) = 2500\text{h}$$

这相当于在一个历年中每天驾驶 7h。

23.5 后 处 理

从乏燃料中分离其组分(铀、裂变产物和钚)的物理和化学处理称为后处理。按照防卫计划，联邦政府国家实验室对来自汉福德和萨凡纳河工厂的武器生产反应堆用过的燃料，以及海军反应堆用过的燃料进行后处理。在美国，后处理的商业经验很有限。1966～1972 年，核燃料服务公司在纽约西谷运营一家工厂。联合通用核子服务公司在位于南卡罗来纳州巴恩韦尔的工厂接近完工，但由于国家政策，它从未运营过。为了理解该政治决定，需要先回顾后处理的技术现状。

如图 23.4 所示的运输罐运达后，乏燃料被卸载并存储在水池中等待进一步衰变。随后机械剪将燃料组件剪成约 3cm 长的小块，从而使燃料芯块露出。小块落入并浸没在装有硝酸的篮子内，二氧化铀被溶解，剩下锆合金包壳。"切断—浸取"操作所得的水溶液进入溶剂萃取过程。设想类似的实验：将石油加入装有盐水的容器中摇匀。当混合物沉淀且液体分离时，一些盐转入石油中(即将其从水中萃取出来)。在普雷克斯流程(plutonium and uranium recovery by extraction，PUREX)[1]中，使用煤油稀释的有机化合物磷酸三丁酯(tributyl phosphate，TBP)作为溶剂。在如图 23.5 所示的填料塔中，含水材料和有机材料正在逆流换热，机械振动帮助材料接触。

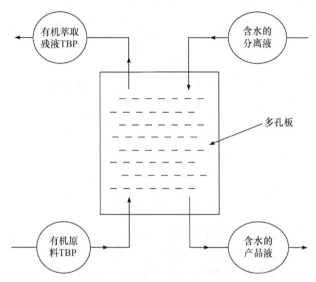

图 23.5　PUREX 的溶剂萃取

图 23.6 是 PUREX 核燃料后处理过程的流程图，如图所示，乏燃料组分被分离。乏燃料的存放时间决定了 ^{239}Np(半衰期为 2.355d)的数量。存放一个月后，同位素将几乎消失。三种硝酸盐溶液中含有铀、钚和一系列裂变产物化学元素。这种铀中的 ^{235}U 含量比天然铀略高，它不是闲置就是在同位素分离过程中被重新浓缩。钚被转化为氧化物后与铀氧化物混合形成混合氧化物(mixed oxide，MOX)，部分或全部作为反应堆燃料。燃料制造厂采取预防措施避免工人受到钚的照射。

在后处理中，应特别关注特定的放射性气体，包括半衰期为 8.04d 的 ^{131}I、半衰期为 10.76a 的 ^{85}Kr 和半衰期为 12.32a 的氚，它们是变为三种粒子过程中的偶发裂变产物。经适当的保存期，碘浓度将大大降低。长寿命的氪不易处理，因为它是惰性气体，不易通过化合方法转化为其他易贮存的物质。有两种可行的处置方式：①经高烟囱排放到大气中稀释；②在极低温度下用多孔介质(如木炭)将其吸收。氚的危害相对较小，含氚的水和正常水一样。

除了铀和钚能用于再循环外，后处理还有几个优点：

---

1 PUREX 为萃取回收钚铀流程。

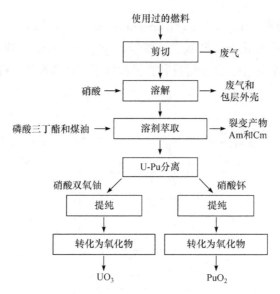

图 23.6　PUREX 核燃料后处理过程的流程图

(1) 将一些长寿命的超铀材料(除钚以外)分离后用中子辐照,可实现额外的放能并使其嬗变成有用的种类或无害的形式，达到废物处置的目的。

(2) 很多有价值的裂变产物(如 ^{85}Kr、^{90}Sr 和 ^{137}Cs)可用于工业方面或用作食品辐照源。

(3) 去除中等半衰期放射性核素将降低热负载,从而可以更加紧密地放置地下废物罐。

(4) 从裂变产物中能够回收具有经济和国家战略价值的稀有元素。从后处理中得到的产物(如铑、钯和钌)能够避免因政治原因而导致的国外供应中断。

(5) 萃取铀后,待处置废物的体积将更小。

(6) 即使不再循环,仍可将回收的铀储存起来以备将来用作增殖反应堆包层。

法国、英国、德国、日本和苏联这几个海外国家都运营着后处理设施,并从上述优点中获益。

后处理的一个重要方面是经后处理获得的钚能直接用作核武器材料。由于担心核武器在国际上扩散,Carter 总统在 1977 年 4 月禁止了商业后处理。人们相信美国禁止后处理将为其他国家树立一个榜样。拥有丰富的铀和煤炭储备的美国并没有做出真正的牺牲,并且资源匮乏的国家认识到充分利用铀符合他们的最佳利益,因而禁止后处理并没有效果。由于含有大量能够以自发裂变的形式发射中子的 ^{240}Pu,因而公认高燃耗动力反应堆运行中产生的 Pu 不适合生产武器。况且,这些国家能够通过同位素分离产生高浓缩铀这一完全不同的途径获得核武器生产能力。禁令阻止了 AGNS 工厂投入运行。Reagan 总统在 1981 年解除了该禁令,但由于政府政策的不确定性和缺少重大近期经济利益的证据,工业界对采用后处理的尝试持谨慎态度。尽管如此，DOE 预料：为了确保对按预期数量增长的核电厂的稳定燃料供应及促进废物处置(将在第24章中讨论)，商业后处理终将复兴。

例 23.7　一个美国家庭的年均用电量约为 11000kWh。对于 33000MWd/t 的燃耗，图 23.3 显示裂变产物占乏燃料质量的 3.5%。如果电能 E_e 全部来自核能，那么每个家庭每年造成的裂变产物质量为

$$m_{FP} = \frac{0.035\,E_e}{B\eta_{th}} = \frac{(0.035\text{g-FP/g-U})(11\text{MWh})(1\text{d}/24\text{ h})}{(33000\text{MWd/t-U})(0.33\text{MWe/MWt})(1\text{t}/10^6\text{g})} \approx 1.5\text{g}$$

替代的抗扩散再循环方法正处于发展中，该方法将使一些国家或恐怖分子更难接近钚。作为生产纯钚的 PUREX 的替代方案，UREX+流程将包括其他锕系元素：镎、镅和锔。元素混合物将再次循环，从而将废物燃尽并获得最大能量。

23.6　高放废物的处置

含有大量裂变产物的废物处理方法依赖于所选取的循环。如第 23.5 节所述，燃料经后处理后，第一步是将放射性残渣固化。一种流行的方法是将潮湿的废物化学品与类似耐热玻璃的玻璃粉混合，在熔炉内将混合物加热至熔融形式，然后将液体倒入被称为罐的金属容器中。固化废物形式方便存储、运输和处置。预计玻璃固化体废物的耐水浸出时间能够长达几百年。

如果不对燃料进行后处理，那么有几种选择。一种选择是将完整的燃料组件放在容器内；另一种选择是将燃料棒合成一体，如将它们紧密地绑在一起放在容器内。如果需要，可用熔化的金属(如铅)填充。"接下来应该怎么处理废物容器"，已成为大量关于可行性、经济性和社会环境影响的研究主题。下面是一些提出和研究过的设想：

(1) 用航天飞机和宇宙飞船将核废料货包送入太空。为防止其因意外再次进入地球大气层时被气化，需要对核废料进行包裹和保护。由此将增加核废料货包的质量，导致成本过高。

(2) 将废物容器放置在南极冰盖，放在适当的地方或是将冰融化使其落到底部岩石上。但是，成本和环境的不确定性排除了这种方法。

(3) 将废物容器储存在地下几英里深的洞内。对现有钻井技术而言，该方法不切实际。

(4) 将废物容器投入海中，让其穿入海洋底部的沉积层。虽然只是方案，但存在明显的环境顾虑。

(5) 挖一个几千英尺的垂直竖井，然后向四周挖掘水平隧道。在隧道地面上

钻洞以放置废物罐，如图 23.7 所示，或是将废物货包放置在隧道自身的地面上。后者是当前美国高放废物处置项目的首选技术。

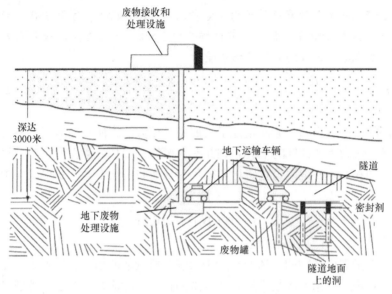

图 23.7   基于地质放置的核废物隔离

    高放废物或乏燃料的处置库设计采用了多层屏障的方法。第一层是废物固化体，可能是玻璃固化体废物、人造物质或氧化铀燃料，它们自身能抑制裂变产物扩散并抗化学腐蚀。第二层是经选择能与周围材料相容的废物容器。废物容器的金属可选择钢、不锈钢、铜和镍合金。第三层是一层黏土或其他填料，主要用于防止水进入废物容器。第四层是水泥或石头回填材料。第五层也是最后一层，是地质介质。根据其在高温(如裂变产物衰变产生)下的稳定性来挑选介质。这种介质具有降低水流流速和强过滤作用的孔结构和化学特性。

    处置库必须保证几千年的安全。它的设计目的是必须防止供水污染，避免给公众带来辐射剂量。乏燃料中的放射性来自裂变和活化产物。图 23.8 显示了放射性比活度的 14 个主要贡献者。裂变产物中的放射性核素可分为以下几类：

    (1) 短半衰期核素，最长约 1 个月，如 ^{133}Xe(5.24d)和 ^{131}I(8.04d)。这些核素会在发生事故的情况下引发问题，并且产生热量和辐射，影响燃料处理，但是对废物处置并不重要。燃料的贮存时间足以使它们衰变至可以忽略的水平。

    (2) 中等半衰期核素，最长为 50a，它决定了对处置介质的加热，如 ^{144}Ce(286.4d)、^{106}Ru(1.020a)、^{134}Cs(2.065a)、^{147}Pm(2.62a)、^{85}Kr(10.76a)、T(12.32a)、^{241}Pu (14.4a)、^{90}Sr(29.1a)和 ^{137}Cs(30.1a)。

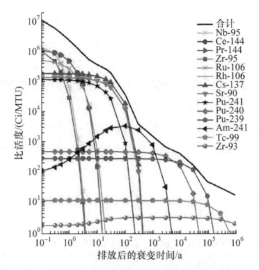

图 23.8 浓缩度为 3.2w/o、燃耗 33000MWd/MTU 的 PWR 乏燃料的比活度(后附彩图)

注意 Ru-106 和 Rh-106、Ce-144 和 Pr-144 的曲线相互覆盖

资料来源：ORNL/TM-8061 (Croff et al., 1982)

(3) 能存在成千上万年的长寿命同位素，它决定了废物处置库的最终表现。重要的例子有 ^{226}Ra(1600a)、^{14}C(5715a)、^{79}Se(2.9×10^{5}a)、^{99}Tc(2.13×10^{5}a)、^{237}Np(2.14×10^{6}a)、^{135}Cs(2.3×10^{6}a)和 ^{129}I(1.7×10^{7}a)。这些同位素的子体产物会增加放射性危害，如源自 ^{226}Ra(相应地源自接近稳定的 ^{238}U)的 ^{210}Pb(22.6a)。

在美国许多地区发现了几种候选类型的地质介质。第一类是岩盐，独特的存在方式使其具有抗水侵入的稳定性，因而多年以前它就被确认为适合的介质。它在高温和压力下具有自密封能力。第二类是致密的火山玄武岩。第三类是凝灰岩，一种压缩的、融凝的火山灰。作为处置库的候选地，分别在得克萨斯州、华盛顿州和内华达州发现了这三类岩石的广阔矿床。还有一类是结晶岩石，其中一例是在美国东部发现的花岗岩。

下面是处置库效果的一个简化模型：有一条小而连续的水流经过安置的废物。容器将在几百年内溶解掉，然后废物固体化体也许在超过 1000 年的时间里缓慢释放。化学品迁移比水流要慢得非常多，这使得转移的实际消耗时间长达万年。所有的短半衰期和中等半衰期的材料将在这段时间内衰变完。由于地质介质的过滤作用，长半衰期放射性核素的浓度会大大减少。性能评估过程的更多细节参见文献(SNL，2008)。

在本章的一组上机练习中介绍了处置库或处置设施中放射性废物行为的数学建模。在 23.A 中学习了一种简单的带有衰变的活动脉冲，在 23.B 中展示了通过分散实现的脉冲展宽。

DOE 的民用放射性废物管理办公室(Office of Civilian Radioactive Waste

Management，OCRWM)负责执行 NWPA，涉及废物基金管理、处置库选址和贮存设施设计。为了在美国建立一个高放废物处置库，国会制定了计划和时间表。NWPA 要求在全国寻找可能的场址，选择其中少数进行更进一步的调查，然后从地质学、水文学、化学、气象学、地震潜力和可到达性等方面评定一处或多处场址。

核废物基金为联邦政府执行的废物处置项目提供资金。核电消费者要支付 0.001$/kWh 的费用，由电力公司收取。这仅增加了大约 2%的核电成本。到 2012 年，该基金持有的资产超过 320 亿美元。人们对国会将部分基金用作其他目的的事实表示担忧。

例 23.8 当 480kg-U 的单个压水堆燃料组件达到 45000MWd/MTU 的燃耗时，联邦政府将实现财政收入：

$$\frac{(0.001\$/kWh)(45000MWd/MTU)(0.48MTU)(0.33kW/kW)}{(1d/24h)(1MW/1000kW)} \approx 171072\$$$

NWPA 提出一项名为有监测可回收贮存系统的研究，该系统将作为乏燃料进入处置库处置前的中转待运中心。但无人承接此事。NWPA 提出使用内华达武器试验场作为乏燃料贮存区的临时性措施。

1987 年国会裁定应当终止在得克萨斯州和华盛顿州的场址研究并批准内华达州成为处置库推荐场址，地点位于内华达核武器试验基地附近的尤卡山。由于来自内华达州的法律质疑，该计划被推迟了数年，但在 DOE OCRWM 的监管下于 1991 年开始了地址评定。为了测试选址是否合适，研究人员挖掘了一个探索性研究设施，其中包括一条直径为 10m，长为 5m 的隧道。特性调查包括加热到 300℃的影响和水流向下穿过岩石的影响。根据一份生存能力评估文件可知，尤卡山具有沙漠性气候(年降水量仅约为 7in)、含深层地下水(2000ft)的不饱和带、稳定的地质构造、极低的邻近人口密度，适合作为场址。DOE 发布了一份参考设计文件(RDD)(OCRWM, 2000)，部分特征如下：

(1) 内华达州拉斯维加斯西北 100mi(160km)；
(2) 10200 个货包，70000t 乏燃料和其他废物；
(3) 地下水平隧道(巷道)；
(4) 巷道直径为 18ft(5.5m)，间隔为 92ft(28m)；
(5) 放置水平面位于地表下约 1000ft(305m)；
(6) 废物货包可保存 21 个 PWR 或 44 个 BWR 燃料组件。

多重工程屏障包括废物固化体(UO$_2$)、金属燃料棒包壳、由特殊的耐腐蚀镍合金 C-22[1]制成的包装容器、使水偏离的水滴护罩、提供支撑的 V 形槽，以及底部

---

1 镍合金 C-22 的标称百分比：56 Ni, 22 Cr, 13 Mo, 3 Fe, 2.5 Co, 3 W, 0.5 其他。

由不锈钢和火山岩组成的、旨在使水流变缓的管道内底。图 23.9 显示了多重工程屏障的推荐设计图。

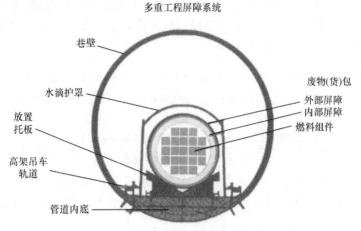

图 23.9　多重工程屏障的推荐设计图

　　DOE 提议用专用火车将乏燃料和高放废物运到尤卡山。这是卡车的替代方案，估计需要 3500 车次，少于卡车的运输量。

　　1998 年的一些电子邮件信息暗示水侵渗的相关质量保证数据存在弄虚作假，这一情况于 2005 年 3 月被揭露，该计划因此遭受质疑。美国国会、DOE、美国地质勘探局和联邦调查局开展了调查，并反复进行了某些测量作为证实处置库安全性的必需校正活动。如《核新闻(2006)》中所述，该调查于 2005 年完成。

　　美国环境保护署(EPA)开发的安全标准(40 CFR 191)将用于 NRC 的许可证颁发和管理(10 CFR 60)。EPA 设置了因放射性材料释放导致的公众最大附加辐射剂量的限度。确定了两个期限：①到 10000 年，为 15mrem/a；②到一百万年，为 350mrem/a，略低于美国 20 世纪 80 年代早期(参见 10.2 节)的平均水平。基于逻辑分析，EPA 做出了选择：保护免受废物处置危害的时间长度为 10000 年。对两种放射性进行了比较。第一种是像在地下发现的天然铀一样的放射性，放射性活度保持常量(参见习题 23.1)；第二种是乏燃料因裂变产物和活化产物的衰变逐渐降低的放射性。假设当两个数字相等时，废料所引起的辐射剂量不大于由最初的铀所引起的辐射剂量。计算表明时间约为 1000 年，采用的安全系数为 10(进一步的细节参见 Moghissi, 2006)。基于废物产生的最大辐射可能出现在 10000 年以后的情况，故设定了更长的时间期限。

　　EPA 勉强制定了适用于一百万年时间的规定，注意到在 2001 年时还不能对如此长的时间期限做出可靠的估计(EPA, 2001)。美国核协会在 2006 年的一份带有背景信息的财务状况表(ANS, 2006)中陈述"……超过 10000 年的推算不科学合理……"

2008 年 DOE 把尤卡山的许可证申请递交至 NRC。DOE 可证明处置库能满足 EPA 制定的标准，并将制定一份用火车将乏燃料从反应堆运至最终目的地内华达州的计划。运输中的处置库的法定顶盖为 70000t 重金属。规划的掩埋开始日期是 2020 年。出于对核工业的顾虑，《核废物政策法案》要求 DOE 自 1998 年起开始接收乏燃料，但 DOE 并未遵守。

例 23.9 评估 70000t 重金属的能力对于 103GW 的现有美国动力反应堆容量来说是否充分。如果平均燃料燃耗为 45000MWd/MTU，假定容量因子为 90%，那么存在充足的空间可供使用：

$$T = \frac{(70000t)(45000MWd/MTU)(0.33MWe/MWt)}{(103 \times 10^3 \, MW)(0.90)(365d/a)} \approx 30.7a$$

这个结果表明处置库可能已预定满了。事实上，在 2011 年，美国审计署 (Government Accountability Office，GAO)报道乏燃料的现有全国存量为 65000t，并以 2000t/a 的速度在增长。

2010 年，Obama 总统提出终止对尤卡山处置库的资金资助，DOE 必然会向 NRC 提出撤回许可证申请。正如 GAO 在 2011 年的一份报告中陈述"DOE 做出终止尤卡山处置库项目的决定是出于政策原因，而不是技术或安全原因。"目前，政治上的争论仍在继续，但尤卡山仍然是美国法律上唯一指定的高放核废物处置库。

随后，美国"核未来"政府科学顾问团队下属的蓝丝带委员会被赋予评估核燃料循环后端的任务。它的报告(BRC，2012)提出了八条建议，包括发展一种共同认可的、为未来废物管理设施选址的方法，鼓励迅速努力发展地质处置和统一贮存设施。该建议意在避免事不关己的反对者。

由于联邦政府没有履行法律职责对用过的核燃料进行处置，核电厂等公共事业单位将其上诉至联邦法庭要求救济。到目前为止，法庭已经判给他们十亿美元用于赔偿存储乏燃料的费用。

在尤卡山建立处置库的进展一直很慢，完成日期被再三推迟。这个计划的困难和不确定性已经促使人们考虑替代方案。一种是辐照乏燃料中的特定放射性同位素，从而消灭问题同位素。例如，对早期加热有贡献的 ^{137}Cs 和 ^{90}Sr，在长期危害中占主要地位的 ^{237}Np、^{99}Tc 和 ^{129}I。这些仅占废物流的约 1%。如果将它们去除，剩余废物的安全保证期仅需约 100 年，而不是乏燃料所需的 10000 年。

在洛斯·阿拉莫斯国家实验室(LANL)的组织下，一个名为废物的加速器嬗变 (accelerator transmutation of wastes，ATW)的研发项目已开展多年。这个项目首先通过高温冶金处理对乏燃料进行后处理，其采用了一体化快中子堆技术(参见 25.4 节)。随后在一个带有加速器(用以引发散裂反应)的次临界系统(参见 9.7 节)中辐照主要裂变产物——锕系元素和可能的钚。将一束 100MW 的质子束射向一个熔铅靶，靶周围的液体中含有需要烧掉的同位素，液态铅带走热量用于发电。估计大约 15 个这样的燃烧炉就足以处理美国的乏燃料。在 1999 年为 ATW 的进一步发展制定了路标(Van Tuyle et al., 2001)。然而，LANL 关于 ATW 的散裂研究被暂停了，ATW 项目被 DOE 融入了氚的加速器生产项目(accelerator production of tritium, APT，参见 27.6 节)并最终放弃。虽然目前缺少对 ATW 的研究兴趣，但它在更远的未来仍有发展的可能性。

23.7　低放废物的产生、处理和处置

包括核电厂和燃料制造厂在内的核燃料循环产生的低放废物体积占每年低放废物体积的近三分之二。剩下的低放废物来自使用或供应同位素的公司和社会机构(如医院和研究中心)。

本节阐述了低放材料的产生方式，产生废物的物理和化学过程，需要处理的数量，采取的处理方法和处置方法。

在核反应堆一回路中，流动的高温冷却剂侵蚀和腐蚀内部金属表面。悬浮的反应产物或溶解的材料在堆芯中受到中子轰击。类似地，堆芯金属结构吸收中子，部分表面被冲走。通常通过(n, γ)反应产生如表 23.2 所列的活化产物。此外，包壳的轻微渗漏以及在制造时遗留在燃料棒上的铀沉淀产生的辐射，导致水中出现少量的裂变产物和超铀元素。涉及的同位素与高放废物所需关注的同位素类似。

表 23.2　反应堆冷却剂中的活化产物

同位素	半衰期/a	发射的辐射	母同位素
^{14}C	5715	β	^{14}N[①]
^{55}Fe	2.73	X	^{54}Fe
^{60}Co	5.27	β、γ	^{59}Co
^{59}Ni	7.6×10^4	X	^{58}Ni
^{63}Ni	100	β	^{62}Ni
^{94}Nb	2.4×10^4	β、γ	^{93}Nb
^{99}Tc	2.13×10^5	β	^{98}Mo, ^{99}Mo[②]

① (n, p)反应；② β衰变。

一回路冷却剂的放射性水渗漏是不可避免的，因而会导致工作区域沾染。此外，放射性的设备必须取出维修。出于上述原因，要求工人穿着复杂的防护衣，使用多种材料防止沾染扩大。其中大部分被沾染的设备和材料无法被清除干净并再次使用。沾染的干燥垃圾包括纸张、破布、塑料、橡胶、木材、玻璃和金属。这些可能是可燃性的，也可能是不燃性的，可能是可压实的，也可能是不可压实的。避免惰性材料被放射性材料沾染是减少废物的一项重要技术。采用合适的方

法减少废物的体积是核电厂的现代趋势。在1980~1998年,通过多种方法的联合,核工业将低放废物的体积减小至1/15以下。然而,由于资金成本趋向于与废物体积无关,处置成本并没有成比例的下降。

  焚烧是一种流行的技术,焚烧后的气体经过滤后排放,高度减容的灰烬中含有大部分的放射性。第二种方法是压实,用巨大的压力来减容,并使废物在处置之后的进一步扰动中更加稳定,能极大减容的超级压实机深受欢迎。第三种方法是磨碎和切碎,然后将废物与黏合剂(如水泥或沥青)混合形成稳定的固体。

  核电厂中的水净化要求水重复利用或是安全地排放至外界,导致了多种湿废物。它们的形式有溶液、乳浊液、浆液及无机和有机材料污泥。水净化采用过滤和蒸发这两种重要的物理过程,使用多孔介质作为过滤器清除液体中的悬浮粒子。过滤器收集固体残渣,它可能是一次性滤筒或是在回流冲洗后可重复使用。图23.10显示了核电厂用于净化水和收集低放废物的过滤器装置。蒸发器是一种带有加热表层的简单容器,液体从其上面流过,排出蒸汽,将沉淀物留在底部。图23.11显示了用于浓缩低放废物的自然循环蒸发器。

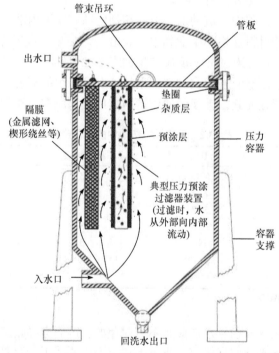

图 23.10 核电厂用于净化水和收集低放废物的过滤器装置
来源:感谢 ORNL 提供

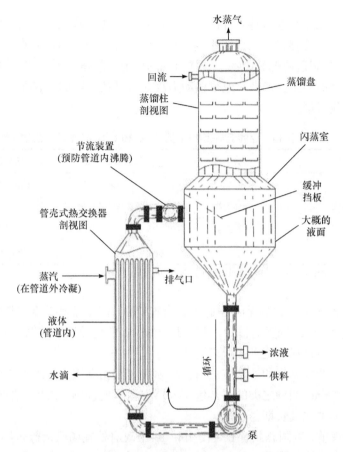

图 23.11 用于浓缩低放废物的自然循环蒸发器
来源: 感谢 ORNL 提供

离子交换是湿低放废物的主要化学处理方法。含有废物产物离子的溶液与诸如沸石(铝硅酸盐)或合成有机聚合物之类的固体接触。在这个混合床体系中，液体向下流经混合的阴离子和阳离子树脂。正如 Benedict 等(1981)讨论的，在顶部收集到的离子向下移动，直至整个树脂床饱和，于是一些离子出现在废水中，这种情况被称为"穿透"。离子交换的去污因子可高达 10^5。Na_2SO_4 溶液流经树脂床将离子从树脂中提取出来称为洗脱过程，使树脂得以再生。其产生的废物溶液少于以往，但很可能仍比交换器多。究竟是将树脂洗净重复利用还是丢弃，取决于离子交换剂材料的成本。

表 23.3 显示了来自社会机构和工业的低放废物的信息。社会机构包括医院、医学院、大学和研究中心。正如第 13 章中讨论的，在医学诊断和治疗以及研究人类、其他动植物的生理机能的生物学研究中，使用了示踪药物和生化药剂。学校利用研究型反应堆和粒子加速器生产放射性材料，用于物理、化学、生物和工程

领域的研究。工业制造各种各样的产品：射线照相源；辐照源；放射性同位素热电发生器；放射性测量计；自照明刻度盘、时钟和记号；静电消除器；烟雾报警器；避雷针。在制造业低放废物中经常出现的放射性核素有 ^{14}C、T、^{226}Ra、^{241}Am、^{210}Po、^{252}Cf 和 ^{60}Co。未来对退役核动力反应堆低放废物的处置非常重要，将在 23.9 节中单独讨论。

表 23.3　社会机构和工业的低放废物(根据 NRC 10 CRF 61 的环境影响声明改编)

燃料制造厂	社会机构	工业低放废物	特殊低放废物
垃圾	液体闪烁瓶	垃圾	同位素生产装置
工艺废物	液体废物	放射源和特殊的核材料*	氚的制造
	生物废物		加速器靶
			密封源，如镭

* 特殊的核材料(special nuclear material，SNM)包括 ^{233}U、^{235}U、浓缩 U 和 Pu。

　　虽然在 23.2 节中根据排除法定义了低放废物，但由于其活度非常低，可以进行近地表处置。出于处置的目的，只有少量的、非常轻微沾染的例子可以被忽略；而一些高放射性材料不能采用浅表掩埋。

　　多年来，低放废物的处置方法与废渣填埋实践相类似。将废物装在诸如纸板箱、木盒和 55gal 圆桶之类的各类包装容器中运至处置场，放置在地沟中，然后用土掩埋，不关注其长期稳定性。

　　泄漏发现前，美国总共有 6 个商用和 14 个政府处置场已运行多年，位于纽约州西谷、伊利诺伊州谢菲尔德和肯塔基州马克西弗拉茨的三个处置场被关闭。存在的问题之一是沉降，货包磨损和进水带入的东西将导致处置场地面出现局部空洞，水充满空洞使情况恶化。另一个问题是浴缸效应，水进入地沟且无法迅速排出，导致水中物体漂浮起来并暴露在外。

　　剩余三个位于华盛顿州斯兰奇、内华达州贝蒂和南卡罗来纳州巴恩韦尔的处置场处理全国所有的低放废物。这些处置场表现得更好，部分原因在于其设计了地沟，从而可以大量排水。尽管如此，处置场的管理者开始关注废物生产者的生产实践，并试图减少废物接收量。这种形势促使国会在 1980 年通过了《低放废物政策法案》，随后是 1985 年的《低放废物政策法案修正案》。这些法律将废物的管理职责下放至各州，但是推荐区域性处置。相应地，部分州达成了州际协议，仅余几个州自主处理。这些年来，各州的联盟开始趋向改变。

　　同时，NRC 发展了一条控制低放废物管理的新规定。联邦条例第 61 部分法典第 10 条(10 CFR 61)要求生产者按照同位素类型和比活度(Ci/m^3)对废物进行包装。在 10 CFR 61 中定义了 A 级、B 级和 C 级废物，并提高了法定安保水平。大于 C 级的废物不适合近地表处置，因而由 DOE 将其等同于高放废物管理。上机练习 23.C 描述了一个基于指定废物的半衰期和浓度确定其适当等级的初级专家系统。

对废物稳定性的要求随放射性含量的增加而提高。对伴随废物出现的液体量设定了限制，并且为了在设施运行期间和关闭之后保护公众，推荐使用更坚固、更耐久的包装容器。

法规 10 CFR 61 要求慎重选择处置场的地质学、水文学和气象学特性，减少对工人、公众和环境的潜在辐射危害。努力避免水与废物接触，履行 25mrem 的公众全身年辐射剂量限值等规范。处置场在关闭后要执行制度监管期为 100 年的监测。为保护无意闯入者，在另外 500 年内要对处置场进行测量。无意闯入者是指可能在这片土地上盖房或挖井的人。一种方法是将具有更高放射性的材料深埋藏在地沟中；另一种方法是在废物上铺设一层水泥。

为了减少公众观点对废物处置设施的限制，可以采用替代技术。这些观点包括：第一，限制剂量应该接近于零，甚至真正为零。第二，担心意外事件可能会改变预先分析的系统。第三，对地下水流认识不足因而无法制作出所需精度模型。第四，对设施的分析、设计、建造和运行中可能存在人为误差。这些意见很难驳斥，因此在一些州和州际协议范围内，为了使公众能够接受废物处置设施而通过了关于额外保护的法规。下面是一些考虑替代浅地表掩埋的概念：

(1) 地下储藏室处置，包含一道以墙(如水泥)的形式存在的防迁移屏障。它拥有防水的排水槽、黏土顶层和水泥顶板，多孔的回填料和用于水泥结构的排水垫。

(2) 地上储藏室处置，利用屋顶的斜面和周围的土壤帮助溢流，用这种屋顶替代泥土覆盖层。

(3) 竖井处置，使用水泥作为盖和墙，是地下储存室的一种变体，更加易于建造。

(4) 模块化的水泥罐处置，包含一个双重容器和水泥外层，在浅地表场处置。

(5) 矿洞处置，包括一个深入地下的垂直竖井，其底部有向四周伸出的廊道，类似于规划用于后处理过程的乏燃料和高放废物的处置系统。它仅适用于最具放射性的低放废物。

(6) 中等深度处置，除更大的地沟深度和覆盖层厚度外，其他类似于浅地表处置。

(7) 土堆水泥掩体处置，在法国采用，兼有几种有利特征。特别地，较高放射性活度的废物被装在水泥地下结构中，而较低放射性活度的废物被放置在一个有水泥和黏土盖子的土堆中；用岩石或植物覆盖以阻止降水侵蚀。

每个州际协议都是从以 LLRWPA 和 10 CFR 61 为依据的调查开始着手，包括选址过程、地质评估和设施设计。推荐设施的特性取决于位置：对于沃德谷的加利福尼亚沙漠，浅地表掩埋足以；而对位于湿润的东南部的北卡莱罗纳州，还要额外的屏障和包装容器。然而，由于以抗议、诉讼、政治作为和不作为，以及偶尔的暴力等形式出现的一致反对，建立低放废物处置能力建设的进展非常缓慢。因此，虽有卓越的计划和顽强的努力，以及准备工作中几百万美元的花费，政治和管理因素阻止了美国大部分项目成为现实。2013 年起，仅有位于汉福德西北部和南卡罗来纳州巴恩韦尔的处置场接收低放废物，犹他州的能源解决方案公司(EnergySolutions)[1]接收某些材料(A 级)。在美国审计署(GAO, 2008)2004 年的一份报告中对形势进行了全面审查。虽然注意到缺少处置设施，但政府会计办公室并不非常担心。Pasternak(2004)在加州放射性材料管理论坛上强烈反驳了这一观点。他预测服务成本会提高，生物医学研究和医学用途会缩减。

23.8 国防场所的环境恢复

第二次世界大战和冷战的遗留了大量的放射性废物和许多国防场所的沾染。武器生产比环境保护更重要，这样做带来了需耗费几十年时间和成百上千亿美元的清理工作。

亟待解决的问题之一是汉福德的地下储存罐的降解情况，罐中存储着后处理提取钚时产生的废物残渣。这些单壁储存罐已经泄漏，人们担心其会污染附近的哥伦比亚河。相关部门已经加工了部分废物以提取宝贵的 ^{137}Cs 和 ^{90}Sr，并已成功地把储存罐内的东西稳定住以避免引发氢爆炸。氢是由水的辐解作用和有机溶剂分解产生的。理想情况下，全部废物都将转移到双层储存罐中或在玻璃中固化。南卡罗来纳州生产钚和氚的萨凡纳河工厂还有类似储存罐。

超铀废物(TRU)包括被少量钚沾染的材料和设备。它们已被储存或暂时掩埋了一些年，主要位于汉福德、爱达荷瀑布、洛斯·阿拉莫斯、橡树岭和萨凡纳河。按计划这些废物将掩埋在新墨西哥州卡尔斯巴德附近的一个处置库，即开放于1999 年的废物隔离中间试验工厂(Waste Isolation Pilot Plant, WIPP)。它的地质介质为盐，而盐具有以下两个优势：盐的存在证明没有水；盐在压力下具有可塑性和自封性。TRU 被装入 55gal 的圆桶里，然后装在一个装有多个圆桶的圆柱罐中运至 WIPP。废物掩埋在地表以下近 2160ft(658m)处。WIPP 在 DOE 的监管下建造，由全国研究理事会提供咨询，EPA 管理。圣地亚国家实验室完成性能评估。各个机构的作用详见 NRC 的相关文件。

DOE 提出的美国国防项目用地的环境恢复这一课题极具挑战性。公认这些场所无法完全去污。作为替代，一片区域完成实际清理后将开展"管理工作"，包括

---

1 EnergySolutions 是为爱克斯龙电力公司 Zion 核电厂提供退役服务的公司。总部设在盐湖城，也是世界上最大的低放核废料处理公司。译者注。

对特定地点进行长期的隔离、监测和维护。为了保护公众和环境，DOE 环境管理 (Environmental Management，EM)项目发起了新的、高效的放射性材料处理技术研究。EM 项目的任务是"完成对 50 年来核武器发展和政府资助的核能研究产生的环境遗产的安全清理[1]。"

23.9　核电厂退役

退役是海军术语，意为退出服役(如一艘船)，用于指在核电厂有效寿命结束时采取的行动。这个过程从关闭反应堆开始，以按照保护公众的方式处置放射性部件结束。处置被拆除的反应堆的低放废物将是未来几十年中的一个重要问题。

第一个行动是除去和处置乏燃料。对于怎么处理核电厂的剩余物有几种可用的选择。NRC 正式认定的选项有：①安全贮存或封存，这将影响某些去污措施，核电厂将关闭并随后接受长期监测和守护，也许遥遥无期；②埋葬，在放射性最强的设备周围放置水泥和钢的保护屏障，将其密封以阻止放射性释放，并接受监测；③去污或直接拆除，在去污后销毁，全部材料将送至低放废物处置场；④延迟拆除，与前面的情况相同，但为了减少个人辐射量而延迟几年拆除。

如果假定设施最终必须解体，上述多种选项之间的区别将变得模糊。这更像是"何时"的问题。除实质上废弃的设施产生的美学冲击外，结构材料的有限寿命还带来了潜在环境问题。

反应堆长期运行将导致中子活化，特别是反应堆容器和它内部的不锈钢部件。系统内其他设备的沾染包括同样在低放废物处置中关注的同位素。采用各种技术去污，如用化学品清洗、刷洗、喷砂清理和超声波振动等。采用乙炔火炬和等离子体电弧将构件剪裁至易处理的尺寸。这类操作将导致工人暴露在辐射中，因而需要使用大量预先计划的专用保护装置并增加额外的工作。这将产生非常大体积的废物。由于放射性太强，一些废物不能送到低放废物处置场处置，但它又没资格送到高放废物处置库处置。^{60}Co 在最初 50 年中占首要地位，此后需要关注的同位素是半衰期为 76000a 的 ^{59}Ni 和半衰期为 24000a 的 ^{94}Nb。

NRC 要求核电厂拥有者准备许可证终止计划并预留退役资金。NRC 开发了一套标准估价程序。成本因装置而异，但不会低于 3 亿美元。该成本仅为整个反应堆寿命周期内发电量价值的一小部分，它由电力的消费者负担。NRC 提供了退役反应堆的相关数据[2]。

一种尚未充分研究的选项是"完整"退役，即将系统的高放射性区域封锁起

1 http://energy.gov/em/office-enviromental-management。

2 http://www.nrc.gov/reading-rm/doc-collections/fact-sheets/decommissioning.html。

来，无须监测。低成本和低辐射暴露是其优点。最终，将所有无法使用的零件替换之后给核电站重新颁发许可证，可能是最佳解决方案。

在 21 世纪的最初 25 年间，有许多反应堆需要退役。行动的决定因素包括反应堆延寿的成功程度、许可证更新，以及公众对核电厂的诸如低放废物之类的材料处置的普遍看法。

23.10 小   结

放射性废物的来源非常多，包括核燃料循环，以及社会事业机构对同位素和辐射的有益使用。

乏燃料含有铀、钚和高放射性的裂变产物。在美国，用过的燃料正在持续累积，等待开发高放废物处置库。在废物必须被隔离的多个世纪里，一套包括包装材料和地质介质的多重屏障系统将为公众提供保护。将废物放置在地下深处的矿洞中的处置方法受到了支持。在其他国家，燃料组件后处理允许材料的再循环和处置少量体积的固化废物。废物运输采用了经设计能够承受严重事故的包装罐和包装容器。

低放废物来自研究和医疗程序，以及反应堆场所的各种活化和裂变源，通常可采用近地表掩埋的处置方式。^{60}Co 和 ^{137}Cs 是需特别关注的同位素。在美国，通过州际协议建立区域性处置场通常不成功。未来反应堆的退役将增加大量低放废物。国防场所去污时间长、成本高。在废物隔离中间试验工厂处置超铀废物。

23.11 习   题

23.1 ① 比较天然铀和轻微浓缩燃料的比活度(Bq/g)，包括 ^{234}U 的影响。天然铀密度为 18.9g/cm^3，三种同位素的半衰期和原子丰度百分比如下表。

同位素	半衰期/a	天然原子丰度百分比	浓缩后的原子丰度百分比
^{235}U	7.038×10^8	0.7204	3.0
^{238}U	4.468×10^9	99.2742	96.964
^{234}U	2.455×10^5	0.0054	0.036

② 每种情况下，由 ^{234}U 引入的比活度在总的比活度中的占比是多少?

23.2 使用表中数据①分别计算美国压水堆的功率容量、沸水堆的功率容量和轻水反应堆总功率容量[1]；②估算美国动力反应堆每年产生的固体放射性废物

---

1 指压水堆和沸水堆的功率容量之和。译者注。

的总量。

反应堆类型	数量	平均功率/MW	废物/[m³/(GW·a)]
压水堆	69	949.33	23.2
沸水堆	35	929.31	91.5

23.3 来自加工厂的一批放射性废物中含有下表中的同位素。计算衰变常数(单位为 s^{-1})和裂变产额(单位为%)的乘积作为同位素的相对初始放射性活度。使用放射性活度的等式(如 $A_n=A_{n+1}$),计算放射性活度连续曲线何时相交。

同位素	半衰期	裂变产额/%
^{131}I	8.04d	2.9
^{141}Ce	32.50d	6.0
^{144}Ce	284.6d	6.1
^{137}Cs	30.1a	5.9
^{129}I	1.7×10^7a	1.0

23.4 求某废物溶液中钚的残留量。溶液中 ^{239}Pu 的初始浓度为 100ppm(μg/g),若要使溶液达到临界,需要蒸发多少水(假设容器非常大,中子泄漏可忽略)?对于 H,σ_a=0.032;对于 Pu,σ_f=752,σ_a=1022,ν=2.88。

23.5 如果空气中 ^{85}Kr 的最高容许浓度为 $1.5 \times 10^{-9} \mu$Ci/cm³,每年的反应堆产率为 5×10^5Ci,那么烟囱出口处的安全稀释空气体积流率(单位为 cm³/s 和 ft³/min)是多少?就公众防护而言,讨论这些数字的含义。

23.6 ①一个 3000MW 拥有 180 个燃料组件的反应堆,计算它在关闭一天后单个燃料组件的衰变热;②热发生率再降低 1/2 需要多长时间?

23.7 作为图 23.3 中数字的补充,裂变产物数据(单位为%)如下:^{238}U,0.16;^{235}U,1.98;^{239}Pu,1.21;^{241}Pu,0.15。①计算总功率中由各种可裂变同位素引起的百分比;②假设在反应堆的 180 个燃料组件中,每年要移除其中的三分之一,每个燃料组件初始含有 470kg U,那么 60 个燃料组件中所含的裂变产物的质量是多少?③如果按照 3000MW 满载运行,已知 1MWd 有 1.11g 燃料发生裂变,那么整个反应堆每年产生的裂变产物的质量是多少?④从②和③中推导容量因子(实际能量/额定能量)。

23.8 假设高放废物应安全存放足够的时间进行衰变,用以将浓度降低 10^{10} 倍。①这需要多少个半衰期?②对于 ^{90}Sr 是多少年?对 ^{137}Cs 或 ^{239}Pu 呢?

23.9 在 55gal 圆桶内装有发射 1MeV γ 射线的同位素,其以 100μCi/cm³ 的活度均匀分布。以辐射防护为目的,估算表面的放射性通量,将容器作为一个相等体积的水的球体处理，并且忽略怎么形成。①证明半径 R 的表面γ通量为 $SRP_e/3$，其中 P_e 为逸出概率，S 为源强，单位为 Bq/cm³。②衰减系数为 μ，$x=\mu R$，用下式计算半径 R 处的γ通量：

$$P_e = [3/(8x^3)][2x^2 - 1 + (1 + 2x)\exp(-2x)]$$

23.10 使用例 23.2 的结果，计算 ^{226}Ra 的质量。与矿石中 ^{238}U 的质量相比，^{226}Ra 的质量怎么样？

23.12 上 机 练 习

23.A 如果掩埋的放射性废物由于地面水渗入而恒速溶解，它将像一个矩形脉冲一样释放出来。当脉冲以一定的有效速度在地下蓄水层中迁移时，核素数量因衰减而减少。WASTEPULSE 程序及时显示这种运动。加载并运行该程序，尝试距离、速度和半衰期的各种组合。

23.B 由地下水造成的废物放射性核素输运涉及带有阻滞的流动(由于在孔隙中的阻塞)。一个称为弥散的过程导致它在前进时环绕着一个初始矩形脉冲。计算机程序 WTT 给出了空间中一点在不同时间的污染物浓度数值。使用缺省值运行该程序，然后改变诸如弥散度之类的单个参数来观察效果。

23.C NRC 在联邦条例 10 第 61 能源部分第 55 节(10 CFR 61.55)中指定了一个低放废物分类表。存在的放射性核素种类及其浓度决定了运输的货物是 A 级、B 级还是 C 级。计算机程序 LLWES(低放废物专家系统)提供了一个为给定废物分类的简单方法。该程序也说明了专家系统，它由工人提问，专家解答。加载并运行该程序，然后从输出数据中学习 NRC 的规定。①在全部材料范围内，挑选一些同位素，然后指定一个比活度值，确定其分类。注意显著提高或降低浓度的影响。②为什么认为半衰期为 162.8d 的 ^{242}Cm 是一种长寿命放射性核素？

参 考 文 献

American Nuclear Society, 2006. The EPA Radiation Standard for Spent-Fuel Storage in a Geological Repository, Position Statement ANS-81-2006.

Benedict, M., Pigford, T.H., Levi, H.W., 1981. Nuclear Chemical Engineering, second ed. McGraw-Hill.

Blue Ribbon Commission on America's Nuclear Future (BRC), 2012. Report to the Secretary of Energy.

Croff, A.G., Liberman, M.S., Morrison, G.W., 1982. Graphical and Tabular Summaries of Decay Characteristicsfor Once-Through PWR, LMFBR, and FFTF Fuel Cycle Materials, ORNL/TM-

8061.Oak Ridge NationalLaboratory.

Investigation closes on project's questionable QA records, 2006. Nucl.News.49 (7), 52–53.

National Research Council, 1996b.The Waste Isolation Pilot Plant. National Academies Press.

Moghissi, A.A., 2006. The origin of the EPA's 10,000-year time frame for the high-level waste repository. Nucl.News. 49 (2), 41–42.

Murray, R.L., 2003. Understanding Radioactive Waste, fifth ed. Battelle Press. An elementary survey intended toanswer typical questions by the student or the public.

Office of Civilian Radioactive Waste Management (OCRWM), 2000. Reference Design Description for a Geologic Repository, Revision 3.

Pasternak, A., 2004. Cal Rod Forum's Alan Pasternak: time is running out for a permanent LLW solution. Nucl.News. 47 (13), 22–26 – interview on disposal facilities.

Sandia National Laboratories (SNL), 2008.Total System Performance Assessment Model/Analysis for the LicenseApplication, Vols. I, II and III.

U.S. Environmental Protection Agency (EPA), 2001.Public Health and Environmental Radiation Protection Standards for Yucca Mountain, NV, 40 CFR 197.

U.S. Government Accountability Office (GAO), 2008. Low-Level Radioactive Waste: Status of Disposal Availabilityin the United States and Other Countries. GAO-08-813 T. Previous status reports include RCED-99-238(1999) and GAO-04-604 (2004).

Van Tuyle, G., et al., 2001. A roadmap for developing ATW technology: system scenarios & integration. Progr.Nucl. Energ. 38 (1–2), 3–23.

延 伸 阅 读

American Nuclear Society (ANS), Nuclear Fuel Cycle and Waste Management.www.new.ans. org/pi/ps/. ANS position statements and background information.

Bebbington, W., 1976.The reprocessing of nuclear fuels. Sci. Am..235, 30.

Berlin, R.E., Stanton, C.C., 1989. Radioactive Waste Management.John Wiley & Sons.Many tables, charts, anddiagrams on all types of nuclear wastes.

Birk, S.M., 1997. Performance Assessment and Licensing Issues for United States Commercial Near-SurfaceLow-Level Radioactive Waste Disposal Facilities.Korean Institute of Nuclear Safety Workshop.

Carleson, T.E., Chipman, N.A., Wai, C.M. (Eds.), 1995. Separation Techniques in Nuclear Waste Management.CRC Press.Describes many processes in various areas of the world.

Cochran, G.R., Tsoulfanidis, N., 1999. The Nuclear Fuel Cycle: Analysis and Management, second ed. AmericanNuclear Society.

Cohen, B.L., 1983. Before It's Too Late: A Scientist's Case for Nuclear Energy. Plenum Press. Includes data anddiscussion of radiation, risk, and radioactive waste; a powerful statement by a strong advocate ofnuclear power.

Croff, A.G., Wymer, R.G., Tavlarides, L.L., Flack, J.H., Larson, H.G., 2008. Background, Status, and Issues Related to the Regulation of Advanced Spent Nuclear Fuel Recycle Facilities. U.S. Nuclear Regulatory Commission, NUREG-1909.

Frankena, F., Frankena, J.K., 1991. Radioactive Waste as a Social and Political Issue: A Bibliography. AMS Press.Inclusive of pro- and anti-nuclear references on several technical aspects.

Gephart, R.E., Lundgren, R.E., 1998. Hanford Tank Cleanup: A Guide to Understanding the Technical Issues.Battelle Press.

International Atomic Energy Agency (IAEA), 1986.Methodology and Technology of Decommissioning Nuclear Facilities. IAEA Technical Reports Series, No. 267.

Kittel, J.H. (Ed.), 1989. Near-Surface Land Disposal, Radioactive Waste Management Handbook, Vol. 1. Harwood.

League of Women Voters Education Fund, 1993.The Nuclear Waste Primer. Lyons, Burford. Brief and elementary information.

Moghissi, A., Godbee, H.W., Hobart, S.A. (Eds.), 1986.Radioactive Waste Technology.American Society of Mechanical Engineers (sponsored by ASME and the American Nuclear Society).

Murray, R.L., 1986. Radioactive waste storage and disposal.Proc. IEEE.74 (4), 552.A survey article that coversall aspects.

National Research Council, 1996a. Nuclear Wastes: Technologies for Separations and Transmutation. National Academy Press.

National Research Council, 2001.Improving Operations and Long-Term Safety of the Waste Isolation Pilot Plant.National Academies Press.www.nap.edu/catalog.php?record_id=10143.

National Research Council, 2006.Improving the Regulation and Management of Low-Activity RadioactiveWastes. National Academies Press. www.nap.edu/catalog.php?record_id=11595. Study by a NationalResearch Council committee on the feasibility of reducing long-lived isotopes by reprocessing followed byneutron irradiation.

Noyes, R., 1995. Nuclear Waste Cleanup Technology and Opportunities.Noyes Publications.Survey of thenational problem and available technologies based on government reports.

Office of Civilian Radioactive Waste Management, use http://archive.org/ to view webpages from www.ocrwm.doe.gov prior to 2009.Comprehensive discussion of Yucca Mountain Repository and waste transportation.

Platt, A.M., Robinson, J.V., Hill, O.F., 1985. The Nuclear Fact Book.Harwood Academic Publishers. A largeamount of useful data on wastes is included.

Resnikoff, M., 1983. The Next Nuclear Gamble: Transportation and Storage of Nuclear Waste. Council on Economic Priorities.Written by an opponent and critic of nuclear power.

Stewart, D.C., 1985. Data for Radioactive Waste Management and Nuclear Applications.John Wiley & Sons.

U.S. Department of Energy, Science @ WIPP.www.wipp.energy.gov/science/index.htm. Physics and biology research underground.

U.S. Environmental Protection Agency (EPA), EPA's WIPP Program.www.epa.gov/radiation/wipp.

U.S. Environmental Protection Agency (EPA), Mixed Low-Level Waste.Environmental Protection Agency.www.epa.gov/radiation/mixed-waste.

U.S. Environmental Protection Agency (EPA), About Yucca Mountain Standards. www. epa. gov/ radiation/yucca/about.html. The EPA radiation standard for spent-fuel storage in a geological repository.

U.S. Government Accountability Office (GAO), 2011. Commercial Nuclear Waste: Effects of a Termination of theYucca Mountain Repository Program and Lessons Learned. GAO-11,229.

U.S. Government Printing Office, 1946.Atomic Energy Act of 1946. In: Public Law 585, 79th Congress, August.

U.S. Government Printing Office, 1954.Atomic Energy Act of 1954. In: Public Law 703, 83rd Congress, August 30.

U.S. Government Printing Office, 1957.Price-Anderson Act. In: Public Law 85–256, 85th Congress, September 2.

U.S. Government Printing Office, 1970.National Environmental Policy Act of 1969. In: Public Law 91–190, 91stCongress, January 1.

U.S. Government Printing Office, 1980.Low-Level Radioactive Waste Policy Act (of 1980). In: Public Law99–240, 96th Congress, December 22.

U.S. Government Printing Office, 1983.Nuclear Waste Policy Act of 1982. In: Public Law 97–425, 97th Congress,January 7.

U.S. Government Printing Office, 1986.Low-Level Radioactive Waste Amendments Act of 1985. In: Public Law99–240, 99th Congress, January 15.

U.S. Nuclear Regulatory Commission, Decommissioning of Nuclear Power Plants.www.nrc.gov/reading-rm/doccollections/fact-sheets/decommissioning.html. Regulations and history from NRC.

U.S. Nuclear Regulatory Commission, 1982.Nuclear Waste Policy Act as Amended.www.nrc.gov/about-nrc/governing-laws.html. Various governing legislation.

U.S. Nuclear Regulatory Commission, 1982. Final environmental impact statement on 10 CFR Part 61:Licensing requirements for land disposal of radioactive waste, vols. 1–3. U.S. Nuclear Regulatory CommissionNUREG-0945.

U.S. Nuclear Regulatory Commission, 2002. Radioactive Waste: Production, Storage, Disposal. Nuclear Regulatory Commission.www.nrc.gov/reading-rm/doc-collections/nuregs/brochures/br0216/r2/br0216r2.pdf. Milltailings, low, and high-level waste.

U.S. Nuclear Regulatory Commission, 2003.Standard Review Plan for License Termination. www.nrc.gov/reading-rm/doc-collections/nuregs/staff/sr1700. NRC requirements for decommissioning.

WM Symposia, Inc, Proceedings of the Symposium on Waste Management. WM Symposia, Inc. An annual event with a collection of papers on all aspects of radioactive waste around the world.

Zacha, N.J., 2007. Low-level radioactive waste disposal: are we having a crisis yet? Nucl.News. 50(9), 29.

核能的未来

本章目录

核能主要用于供电,高资金成本使核电机组更适合基本负荷生产。可再生能源的使用正在全世界范围内增长,但因为风和阳光是间歇性能源来源,所以大部分可再生能源无法提供可调度的电力,即按需供电。世界范围内的电力需求增长提高了核能的地位。第 24.8 节介绍除供电外,反应堆还可用于生产氢和海水淡化。

历史上人们直接使用燃料满足全部的能源需求,但电力已日益成为能源的最终使用形式。《国际能源机构(IAE)世界能源展望 2012》预测:到 2035 年,世界电力需求的增长几乎是世界总能源消费增长的两倍。最终将由经济决定燃料类型。本章无法对复杂多变的能源形势做出全面而详尽的记述。

　　未来核能可能采用几种形式：转换堆、先进转换堆、增殖反应堆、锕系燃烧堆、加速器和几种各具可行性和实用性水平的聚变装置。例如，先进燃烧堆可以利用快中子裂变和嬗变消灭超铀元素。增殖反应堆和聚变反应堆将在随后的章节中介绍。

24.1　电力成本的构成

　　经济是选择特定能源来源的背后驱动力。就发电而言，可以考虑多种能源来源，包括核能、煤、天然气、水电等。图 24.1 显示了 DOE 对 1950～2040 年美国燃料发电量的回顾与预测。

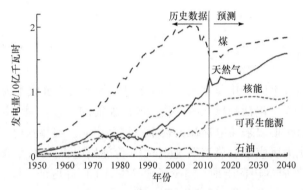

图 24.1　美国燃料发电量(1950～2040 年)
来源：DOE EIA，2012，2013c

　　美国传统上由核电厂和燃煤电厂提供基本的电力负荷。由于与全球变暖有关的 CO_2 排放问题，燃煤电厂受到越来越多的监督。高压水砂破裂法和水平钻孔法的使用释放出巨大的天然气和石油储量，预计到 2030 年，美国将成为石油净输出国。天然气的 CO_2 排放比煤低，且具有效率和价格优势，使其成为新发电厂的优先选项。燃料成本波动，水力压裂可能造成地下水污染，以及出口贸易全面展开时的天然气最终定价，上述问题仍然没有答案。

　　消费者利益在于向家庭输送可靠电力的单位成本。2013 年 5 月，美国平均住宅用电成本是 12.4 美分/千瓦时(DOE EIA，2013e)。其包含三个典型部分：发电(55%)、输配电(32%)和管理(13%)。这表明电力的产生或母线成本大约为 7¢/kWh。

　　核电和煤电成本的比较存在多方面的不同。通常核电和煤电的成本基本相同，但在各国之间存在很大变化，煤电和核电的成本之比在 0.8～1.7。发电成本受到煤的燃料成本和核电的投资成本支配。因此,全球的、国家的或区域的成本差异取决于到煤田的距离和贴现率。例如,在日本和很多欧洲国家,进口煤的成本较高,故核电相对便宜。另一因素是国家的监管环境和对清洁空气或核能安全的强调程度。由于设备的高度复杂性和监管者严格的安全要求,核电厂的运营与维护成本通常很高。20 世纪 70 年代早期到 80 年代早期,由于高利率和高通胀,化石能源电厂和核电厂的资金成本都很高,鉴于核电厂从根本上更加昂贵并且建造时间长,因而核电厂的成本上升更大。表 24.1 给出了四个时期美国已投入商业运行的核电机组的建造成本变化趋势。

表 24.1　核电机组的建造成本

时期*	单位的数量	平均成本/($/kW)
1971～1974	13	313
1975～1976	12	460
1977～1980	13	576
1982～1984	13	1229

* 在此期间内,单位进入商业运行(DOE EIA, 1984)。

核电厂资金成本的变化非常大,大型核电厂的装机资金成本为 5530$/kW,详见表 24.2,这代表了包括利息在内的建造电厂所需的资金。因为设备成本高而燃料成本低,所以长期以来核电被视为资本密集型产业。典型核电厂的主要组成部分和成本百分比为反应堆和蒸汽系统(50%)、汽轮发电机(30%)、剩余核电厂配套设施(20%)。额外成本包括土地,建设场地开发,工厂许可证发放和管理,操作员培训,建造期间的利息、税以及不可预见费。

表 24.2　发电厂资金和运行成本的估算(DOE EIA, 2013b)

发电厂技术	额定容量/MW	隔夜资金成本/($/kW)	年度固定运营与维护成本/($/kWa)	可变运营与维护成本/($/MWh)
带碳捕集的先进煤粉电站	1300	4724	66.43	9.51
先进天然气联合循环	400	1023	15.37	3.27
双机的核电机组	2234	5530	93.28	2.14
向岸风	100	2213	39.55	0
离岸风	400	6230	74.00	0
太阳能热力	100	5067	67.26	0

续表

发电厂技术	额定容量/MW	隔夜资金成本/(\$/kW)	年度固定运营与维护成本/(\$/kWa)	可变运营与维护成本/(\$/MWh)
光伏	150	3873	24.69	0
地热(双闪蒸)	50	6243	132.00	0
城市固体废物	50	8312	392.82	8.75

来源：DOE EIA, 2013b。

　　对资金成本组成还需更进一步观察。公用事业不受违反规定的影响，其在无竞争情况下为指定区域服务。作为交换，由州政府公共委员会调整公用事业电力收费价格。当公用事业决定在其系统内增加一家核电厂时，它通过销售固定利率的债券和向投资者支付股息的股票筹集资本。这些报酬、所得税和资产折旧加在一起给出的收费率可能高达 20%。在施工期内，自始至终都要支付投资资本的利息。截至 1985 年美国核电厂投入运行所需的平均总时间约为 13 年，而在 1972 年，这只需不到 6 年时间，因此施工期的长短对控制核电厂的造价很重要。图 24.2 显示了 1970~2010 年核电厂施工期的变化趋势。

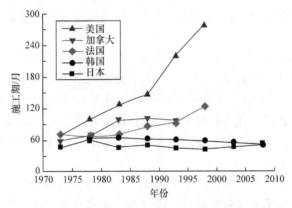

图 24.2　1970~2010 年核电厂施工期的变化趋势(IAEA, 2012a; 2006)

　　出于一些原因，核电厂从收到建造许可证到投入商业运行需要很长时间。在部分案例中，核电厂施工进展顺利，然而相关机构出台了新的强制条例，要求大范围修改核电厂设计。其他案例中，因公众利益团体干预而导致核电厂延长许可证的审批延期。其余案例中，核电厂管理不善。

　　例 24.1　用表 24.2 中的数据估算核电厂发电的主要成本(不含燃料价格)。如果平均年度固定支出率为 10%，容量因子为 95%，应用式(18.3)给出一个资金和无燃料的运营与维护综合成本：

$$e = \frac{F_B I + \mathrm{O\&M}}{P_e \mathrm{CF}(8760\mathrm{h/a})} = \frac{(5530\$/\mathrm{kW})(0.1/\mathrm{a}) + (93.28\$/(\mathrm{kW \cdot a}))}{(0.95)(8760\mathrm{h/a})} + \frac{2.14\$/\mathrm{MWh}}{1000\ \mathrm{kW/MW}}$$

$$\approx 0.080\$/\mathrm{kWh}$$

根据例 15.6，包括燃料成本则需增加 0.0037\$/kWh。

24.2　核能的停滞

个人、商业和工厂活动导致了电力日常基础需求的变化。它还随季节变化，当大量取暖或使用空调时将出现用电高峰。公用事业必须做好满足用电高峰的准备，避免电压下降(如局部暂时限电)或轮流停电。现有的兆瓦容量必须慎重地留有余量或储备，如 15%。最后，国家经济状态和新制造业的发展速度决定了电力需求的长期趋势。公用事业必需持续计划未来，预测何时需要新电厂以满足电力需求或取代老旧过时的装置。

新建电厂需要很长时间，因此预测时需要充分考虑未来。然而，由于诸如国外能源供应中断、经济状态改变、监管环境发生重大变化等不可预见的事件或趋势，预测非常容易出错。如果对电力需求估计过低，使得在需要时电厂没有做好准备，消费者将面临电力短缺；但如果估计过高而造成产能过剩，消费者和股东必须承担额外费用。

在 20 世纪最后几十年间，核能的增长和最终停滞充分说明了这一情况。虽不能将这一情况归结于任何单一原因，但人们能指出很多影响因素。核能在军事应用的成功发展和人们相信(将军事应用)转变为和平用途相对容易和直接，因而人们对核能持乐观态度。在研究和测试了几种反应堆概念后，美国选择了轻水反应堆。随后的实践表明，达到相同安全水平，重水堆或气冷堆所需的复杂性和成本要比轻水堆低得多。

在第二次世界大战后的经济繁荣时期，电力需求以每年近 7%的速度增长。新燃煤发电厂满足了大部分的增长。1957 年，在宾夕法尼亚州希平港启动了第一个商用动力反应堆，并且两家财团开发了新的、更大的反应堆设计。其中一些是定价非常合适的交钥匙电厂，因而对公用事业具有吸引力。在 20 世纪 60 年代，大量订单发给了四家主要供应商：西屋电气、通用电气(GE)、巴布科克·威尔科克斯公司(B&W)和燃烧工程公司。直至 20 世纪末，电力需求保持良好的增长，并且核电站的预期建设时间约为 6 年，正是基于这个预测产生了上述订单。

那时的预测是乐观的。例如，在 1962 年和 1967 年年末，原子能委员会(AEC)预测了以下核电装机容量[1]：1970 年核电装机容量为 10GW，1980 年核电装机容

---

1 民用核能——给总统的报告-1962(和 1967 增补)，美国原子能委员会。

量为 95GW，2000 年核电装机容量为 734GW。

乐观的理由是预期美国经济将继续增长，电力会替代其他燃料，并且核能将满足很大部分的需求，到 2000 年达到 56%。但结果是到 20 世纪 80 年代末期，核电装机容量实际只达到 95GW 水平；再过 10 年也仅达到 100GW。是什么原因导致预测和现实间的巨大差异？首先是核电厂的建造时间越来越长，为基础资金成本增加了大量的利息成本。如表 24.1 所示，20 世纪 70 年代的通货膨胀迫使建造成本显著增加。核电厂十分复杂并且从材料选择到最终测试的每个阶段都有质量保证要求，因而通胀对核电厂的影响尤其严重。

1973 年的中东石油危机导致能源成本普遍上涨，加剧了美国国家经济衰退，并促使公众采取节约措施。电力需求的年增长率跌至 1%，因而许多反应堆的订单被取消。然而当时大量反应堆正处于完工前的不同阶段，如果那时能完工，多年内将无须新建反应堆。一些已经完成了近 80% 的反应堆最终得以建成，剩余只完成了 50% 或更少的反应堆则完全停建。严酷的事实是，对于一个已投资了 5 亿美元的核电厂，放弃比完成它更加便宜。

例 24.2　对于恒定的百分比增长率 r，数值翻一倍所需的时间为

$$T_d = \ln2/(r/100\%) \tag{24.1}$$

第二次世界大战后，按照 7% 的电力增长率，翻一倍所需的时间为

$$T_d = \ln2/[(7\%/\text{a})/100\%] \approx 9.9\text{a}$$

中东石油危机后 1%/a 的速率将翻一番所需的时间延长至 69a。

当环境保护运动兴起和消费者利益保护更具有影响时，核能仅刚刚起步。核能反对派组成复杂。早期激进分子反对其称为军事-工业综合体的核工业。由于涉及武器和商业动力两个方面，核能容易成为攻击目标。这些人在哲学上倾向分散当局权力和回归更加简单的生活方式，因而其将利用可再生能源作为反核的理由。害怕辐射危害和担心核武器增长的人们也愿意加入反对者行列。通过干预许可证发放过程中的任何可能之处，组织有序的反对力量阻止或延迟反应堆建设。出于公平考虑，NRC 对核能反对者持开放态度。很多案例的实际结果是核电厂建设延期并导致成本增加。随后高昂的成本又成为反对核能的额外论据。反对组织的声明使普通民众的意愿摇摆不定，并变得怀疑或忧虑。20 世纪 70 年代，公众对政府的不信任因越南战争的伤痛而变得更加严重。水门事件使公众对国家领导力丧失信心。随着工业化学品影响动植物生存以及废物管理不善的情况被揭露出来，如"拉夫运河事件"[1]，公众变得更加敏感。由于核电厂废物有辐射性，公众认为

---

1 拉夫运河位于美国纽约州，是 20 世纪初为修建水电站而挖的一条运河。1942 年，美国胡克公司购买了这条大约 1000m 长的废弃运河用于倾倒 800 万 t 各种废弃物。此后，纽约市政府在填埋后的运河上兴建了大量的住宅和一所学校。随后填埋的有毒物质渗出地表，对当地居民的健康造成了极大的损害，这被称为拉夫运河事件。译者注。

其比普通工业废物更加危险。政府和工业界不能有效处理核废物，加重了公众担忧。各国政府基于不同方法而对政策和计划进行的调整，被归咎为无知。

20世纪80年代，电力需求开始再次增长，但在那时，其他阻碍公用事业管理部门重启建设项目的因素开始发展。早期国家公用事业由垄断控制，因而可以轻易将成本转嫁给消费者，并能持续降低电力成本。当经济衰退时，电力成本增长，而且消费者采取节约措施，因而电力销售收入降低。

为了提高公众防护水平，NRC增加了规章与指导原则的数量和细节，通常会要求改动设备或安装额外设备。媒体大量关注核电厂设计、安装、测试、成本超支、劣质工艺和管理失误上的错误事例，进一步降低了投资者和普通民众的信心。

在这一时期，公用事业委员会(Public Utilities Commissions，PUCs)变得更加重要。这些国家管理机构承诺保护消费者的利益。他们对核电厂的成本上升感到担心，并且不允许公用事业将成本转嫁给消费者，因此公司及其股东的利润减少了。在设施竣工后采取了"慎重复查"的措施。PUCs会这样提问，如"明智的人应该承担这些成本还是取消这个项目？"相关的标准测试会提问："真的需要这些设施吗？"或"是不是应该建造更便宜的电厂？"公用事业经费由于诸多原因被驳回。一些成本不合理，如采取更好的项目管理就能避免的成本超支。其他属于判断失误，但是只有在事后才能知道。例如，决定建造一座发电厂，结果建成后超出了实际需求。在很多事例中，即使是管理部门管辖之外的公用事业经费依然会遭拒绝。由于这些不愉快的经历，公用事业主管对任何新的、大规模的、长期的承诺日益谨慎。比起因未能预料并满足电力需求而招致批评，避免政府财政灾难更重要。

从积极的方面，到21世纪初有超过100个反应堆正在运营中，贡献了美国全部电力的近20%，并且没有危害大众，其成本远低于燃油发电厂和很多燃煤发电厂。但实际情况是核电厂成本急剧增加。公用事业发现其提高价格以满足经营成本的要求仅获得少量支持。1978年之后，美国有30年时间没有新增反应堆订单。

1979年的三哩岛事故(21.6节)沉重打击了美国核电工业。虽然放射性释放量极少并且无人受伤，但严重损害了核电形象。媒体的注意力偏重该事件的意义和当地居民大幅提升的恐惧心理。事故后随即出现的明显混乱和对核电厂设计、建造及运营中过失的揭露，引发了全国上下对所有反应堆安全性的顾虑。

1986年的切尔诺贝利事故(21.8节)引发了国际关注，其对欧洲公众舆论的影响力可能比美国更大，这在一定程度上是由于欧洲在地理上更加接近事发地。美国人通常认为苏联在缺乏充分预防措施的情况下运行切尔诺贝利反应堆，从根本上该反应堆比轻水反应堆更不稳定且缺少完整的安全壳。虽然如此，切尔诺贝利事故的阴云仍然笼罩核工业。

2011年福岛反应堆熔毁事故发生在世界经济衰退之际，核能复兴伊始之时，令人又回想起三哩岛事件。

24.3 核能的"文艺复兴"

21 世纪美国重燃对核能的兴趣，被描绘成一次"文艺复兴"，形势与前二十年的停滞状态截然不同。许多公用事业企业申请更新反应堆许可证，四个新动力反应堆已经开始建设，也是 25 年来新建的第一批反应堆。特别地，两台 AP1000装置计划在 2020 年前分别在美国东南部的沃格特勒和夏季工厂投入商业运行。此外，田纳西河流域管理局已经恢复了先前取消的 Watts Bar 2 机组，该机组计划于2015 年完工。

对核能持新态度的原因包括：①对日益增长的化石燃料工厂碳排放导致全球变暖的忧虑；②认识到国外石油供应的不确定性是国家的弱点；③核能相较于其他能源来源具有良好的经济性；④预期电力需求将增长，但可再生能源无法满足。

这几年在私营部门的捐赠支持下，美国正在发展一个能够将 DOE、NRC、EPA和其他联邦机构的活动整合在一起的综合能源项目。随着国会通过名为《1992 能源政策法案》(公法 102-486)的法律，这些倡议达到了高潮。该法案规定了能源效率目标和标准，推动替代燃料，规定了关于电动汽车的新研发，重组电力生产，指导了放射性废物处置，成立铀浓缩公司，简化了核电厂许可证发放流程。本质上，该法律确认了保留和推广核能作为广泛的混合能源来源一部分的国家承诺。

《2005 能源政策法案》有许多与核能相关的条款。第一是能源借款担保基金，它是一种可供核能和其他来源的可持续能源使用的保险。担保金高达项目成本的80%，并且允许长期偿还。第二是在 8 年时间里对 6000MW 新容量给予 1.8¢/kWh的减税。例如，如果一座 1000MW 的电厂有 750MW 的配额，在确定限度内，它可以要求(0.75)(1.8)=1.35¢/kWh。第三是 Price-Anderson 法案[1]期限延长 20 年，它提供的保险责任范围包括核事故。法案要求电厂购买 3 亿美元的私营保险作为主要保证金。接下来它们必须为每个反应堆支付 9580 万美元的费用。美国有超过100 个反应堆，费用总额超过 100 亿美元。第四是如果因 NRC 或诉讼发生延误，新电厂应有后备支持。对于第一批的两个新电厂，100%的保证金高达每个电厂 5亿美元，下一批四个电厂的保证金为 50%。第五是要求 NRC 采取支持反恐的行动。第六是批准了近 30 亿美元用于"核研发"和"氢计划"，包括设立用于发电

---

1 1957 年由美国国会通过，它是 1954 年通过的原子能法案的修正案。该法案的主要内容是如果发生了"不平常的核事件"，将对公众提供无过错保护，使公众得到赔偿。同时，如果发生了核事故，核电厂将承担有限的赔偿责任。

和产氢的下一代核动力厂计划(见 18.8 节)。

在几十年中，压水式反应堆类型和沸水反应堆类型的轻水反应堆都表现得非常好。但如果不采取行动，美国许多反应堆将因许可证到期而关闭。很多人相信继续将核能作为混合能源来源的一部分符合社会最佳利益。但要做到这点，公众、公用事业、管理机构和金融界必须认同核能。这意味着需要树立对反应堆安全性和经济性的信心。

国会出于经济理由将核反应堆系统的寿命定为 40 年，并优先终止处在安全边缘的反应堆和因保养维修而导致电力断供期过长的反应堆。需要处理的问题包括：①难以寻找备用部件；②蒸汽发生器的腐蚀和堵塞；③电气系统的损耗；④沉淀物累积带来的高放射性水平；⑤管道腐蚀；⑥中子轰击对反应堆容器焊接点造成的辐射损伤。第⑥条可能与受压热冲击有关，脆化材料的温度变化导致压力容器破裂。将燃料放置在接近地面的、低中子产生率的地方是一种有益的解决方法。

NRC 准许将运营许可证延长 20 年。颁发许可证时必须特别注意反应堆部件和系统潜在的老化效应，以及减轻该效应的方法。这样做的目的是判定核电厂在延长期内能否安全运行。多个核电厂已申请并获准许可证延期。此外，数个核电厂完成了设备改造，功率提升了 20%。

核能自身可以非常好地遵循顺次的实现模式。转换堆燃烧 ^{235}U 产生热能。因为对浓缩度有要求且需要处置乏燃料，所以转换堆的铀使用效率较低。相比之下，增殖反应堆有利用大部分铀的潜力，从而大幅增加了铀的有效供给。因为几乎所有物质中蕴含的能量皆可再生，所以也可开发低铀含量的来源，包括极低品位的矿石和海水中的铀。为了维持充足的铀供应，应该考虑将转换堆运行中累积的乏燃料贮存起来，而不是以废物掩埋的方式永久处置。当后处理成为增殖反应堆预期部署中的一个步骤时，其缺乏经济性的传统观点变得不再重要。在晚些时候，当石油和煤变得非常昂贵时，就应该根据铀的价值审核乏燃料的贮存成本。最终，使用氘和氚作为燃料的聚变可能成为现实，聚变反应堆将结束裂变反应堆的有效寿命并将其取代。

24.4　世界能源消费

从遥远的过去到现在，能源消费变化显著。原始人类燃烧木头煮食和取暖。在过去几千年，大部分有记载的历史中，人类和动物的肌肉、驱动帆船和风车的风以及水力是仅有的其他能量来源。19 世纪工业革命开始用煤来驱动蒸汽机和火车。水电站和燃煤电厂产生的电力是 19 世纪晚期的一项革新。直到 20 世纪，石油和天然气才成为主要的能源来源。使用核能仅有大约 50 年的历史。

考虑未来必须了解当下。表 24.3 显示了世界不同地区的能源消费。值得特别关注是，人均消费量悬殊。由于生产率、个人收入和生活水平趋向于与能源消费相关，故这些数据对世界许多地区的人类状况具有显著意义。消费和生产的比值数据证实：中东凭借石油成为主要能源供应商，而欧洲十分依赖进口能源。

表 24.3　世界不同地区的能源消费(2010)

地区	消费/10^{15}Btu	人均消费量/10^6Btu[1]	消费/生产
非洲	16.3	16	0.44
北美	118.3	260	1.16
中、南美洲	26.9	57	0.88
欧洲	83.8	138	1.85
欧亚大陆	42.8	149	0.61
中东	28.7	135	0.41
亚洲和大洋洲	193.6	51	1.26
世界	510.6	74	1.00

来源：DOE EIA, 2013d。

1Btu，英国热量单位，为在 1 个标准大气压上将 1 磅水加热 1 华氏度所需的热量。1Btu=1055J。

表 24.4 显示了按照地区主要能源来源得出的电力生产分析数据。可以看到中东、非洲或中、南美洲的核能最少。亚洲的核能主要在日本、韩国和中国。

表 24.4　世界总的净发电量(2010，10 亿 kWh)

地区	核能	水能	其他*	化石能	总计
非洲	12.8	104.8	6.1	508.8	632.5
北美洲	898.7	644.9	196.2	3227.2	4967.0
中、南美洲	20.5	686.6	49.5	339.8	1096.4
欧洲	892.8	615.8	331.9	1781.7	3622.2
欧亚大陆	248.3	241.8	5.1	929.4	1424.6
中东	0	17.6	0.3	795.2	813.1
亚洲和大洋洲	547.1	1090.8	163.0	5891.2	7692.1
世界总和	2620.2	3402.3	752.1	13473.3	20247.9

*非水可再生能源：地热、风、太阳、潮汐、波浪、生物质和废弃物。
来源：DOE EIA, 2013d。

图 24.3 是对世界未来能源消费类型的预测，包括核能在内的所有类型能源消

费均持续增长。核能在避免气体排放方面具有优势，因而最终会被大众接受，而预测也许没有充分考虑这一情况。同样，液体曲线没有考虑石油价格的大幅增长。最后，可能乐观估计了可再生能源的快速增长。

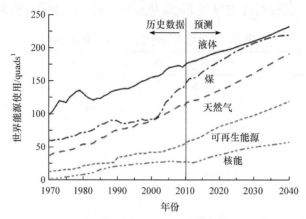

图 24.3　世界未来能源消费类型的预测(1970～2040 年)
来源：DOE EIA, 2013a

表 24.5 显示了世界人口数据。人口出生率定义为每名妇女生育的儿童数。可以看到不发达地区的人口出生率最高。图 24.4 所示参数对预测未来人口趋势至关重要。四种增长预测均涉及人口出生率，而人口出生率随国家和时间而变化。在高增长条件下，到 2050 年世界人口将达到将近 110 亿。预计发达国家人口稳定。

表 24.5　世界人口数据(2010)

地区	居民人口/百万	人口出生率	平均寿命/a
非洲	1031	4.88	55.6
北美洲	347	2.02	78.4
拉丁美洲和加勒比海	596	2.30	73.5
亚洲	4165	2.25	70.3
欧洲	740	1.54	75.3
大洋洲	37	2.47	76.8
世界	6916	2.53	68.7

资料来源：UN, 2013。

一个看似必然的结论是，每一种可能的能源都应放在其发展过程中的合适位置上使用。有效利用不同的能源来源可以将运输系统罢工或国际突发事件对生活

---

1 夸德(quad)，能耗的单位，$1quad=10^{15}Btu$。

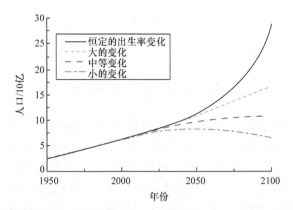

图 24.4　过去的世界人口和预测的世界人口增长(1950～2100 年四种出生率情况)
资料来源：UN, 2013

的破坏降至最低。使用几种能相互替代的能源来源可以降低发生国家间冲突的可能性，多种措施中还包括广泛采取节约措施。

节约提供了一种有效增加能源供应的方法。经验表明，生活方式的改变和技术进步为发达国家节省了大量燃料。例如，在冬季降低供暖温度，更换油耗更低更小型的汽车，增加建筑物隔热层，采用节能的家用器件和工业发动机，以及电子控制的制造业。美国汽车向大型化发展是一个错误方向。节约仍然有巨大潜力，它有保护资源、减少污染物排放和增强工业竞争力等诸多益处。最后，这一概念有限地适用于不发达国家，这些国家需要更多而不是更少的能源。

对环境、公众健康和安全的保护继续约束能源技术的发展。环境运动强调了发展对热带雨林生态造成的破坏，工业废料对大气、水和土地的危害，以及濒危或珍稀野生物种栖息地的丧失。机动车和燃煤电厂排放物引起的空气污染给城市带来了问题。鲜为人知的是燃煤电厂在正常运营情况下的放射性排放量要远远大于核电厂。核电厂反应堆堆芯融化及随后的密封失效会造成重大人员伤亡，但这种严重事故发生的概率极低。相比之下，采煤或开采近海石油造成的死亡时常发生。煤和石油燃烧排放物会加重肺部问题，缩短人类寿命。

1973 年石油禁运期间对从生产国到消费国的发货量设定了限额，这令世界清醒过来。除节约外，它引发了一次扩大使用诸如太阳、风、生物质和油页岩在内的替代能源来源的突发运动。能源危机的解除减少了寻找替代能源的压力，于是随着油价下跌，汽车旅行增加了。通常，能源的使用受当前经济状况支配。如果价格高，就节省使用能源；如果价格低，就随意使用能源而不考虑未来。最后，无论如何，当资源变得越来越稀有和昂贵时，必须将能源使用量降到最低，即使是用于社会福利也不例外。如果没有发现新的能源，或是没有可用的可再生能源，生活品质将退化，人类将退回到古代状态。

可以应用上机练习 24.4 中的 FUTURE 程序来检验各种假定世界状态以及与能源相关行为的影响。

24.5　核能与可持续发展

纵观历史，环境或人类福利极少受到关注。欧洲国家有组织地从墨西哥、南美洲和非洲开采宝贵的资源，沿途摧毁文化。在对美国西部的扩张中，人们清除广袤的森林以开拓农田。候鸽灭绝，野牛濒临灭绝。美国奴隶制一直盛行至 1865 年。直到第二次世界大战后，欧洲国家丧失殖民地，非洲国家和印度才获得自治。

Carson(1962)所著的 *Silent Spring* 一书激励了 20 世纪 60 年代的环境运动。Hardin(1968)的 *The tragedy of the commons* 揭露了过度使用资源的危害。两个世纪之前，Malthus(1798)曾预言人口的指数增长将超过食物供应的线性增长从而导致普遍饥荒。*The Limits to Growth*(Meadows et al.，1972)中曾预测文明在与人口持续增长相关的各种压力下崩溃，通过使用该书中精密的计算机模型，这一看法再次受到关注。

最终，美国在 20 世纪 70～80 年代主办了几次关于全球性问题及潜在解决方案的国际会议。"可持续发展"的概念由此而来。很多关心世界现状的国际组织非常赞同该说法。这一术语的初始定义是"……在不损害未来一代满足自身需求的能力的情况下，满足当前需要"(UN，1987)。正如 Reid(1995)指出的，这个说法可以解释为维持一切正常(需求)或是要求厉行缩减。不过它通常意味着在提高发展中国家人民生活水平的同时，保护自然和生物资源，提高能量效率和避免污染。理想情况下，所有目标都能实现。这个主题很广泛，涉及很多政府、文化和经济形势间的相互影响。为强调这一议题，达成协定并筹划战略，联合国主办了多次会议。1992 年在里约热内卢举行的地球峰会是一次著名会议，它包括 21 项议事日程和一份 2000 个行动建议的清单。随后在 1997 年进行了结果评估。一个"观察"组织监督此后的进展。约翰内斯堡在 2000 年举办了另一次地球峰会，随后在2012 年重返里约举行 20 周年纪念会议。

非政府组织(Nongovernmental Organizations，NGOs)正在推进可持续发展目标。不幸的是，战争、艾滋病流行、干旱和饥荒，以及疾病使落实目标的努力受挫。鉴于半个多世纪的失败，有人也许会悲观并怀疑是否有希望实现渴望的进步；有人也许会乐观，因为这个概念能够团结各方共同努力并最终实现突破。

改善经济条件是解决人口失控和持续贫困的潜在方法。然而，富裕国家和贫穷国家之间的差距依然存在并且看不到改善。对中、南美洲热带雨林破坏所带来的环境问题的忧虑使这个问题变得更加复杂。没有容易的解决方案，但有一些看起来合理的原则。环境保护至关重要，但不应该妨碍发展中国家的人民改善生活的希望。显而易见，财富的简单共享将导致均贫。替代方式是发达国家以投资和技术转让的方式增加援助，并且必须在承认受援国人民应该主导该改善计划的原则下进行。

可以采用两种方式引进技术：①提供能满足受援国急迫需求并且与其现有操作和维护设备能力相匹配的装置；②提供设备和培训，并对能够使国家快速工业化的精密技术进行监管。对于上述两种方式，都能轻易找到支持和反对的论据。为了提供直接救济并且增进国家独立的希望，可能需要同时采用这两种方式。

发达国家限制向一些发展中国家转让核技术，意图阻止其获得核武器能力。新兴国家对丧失获得核动力的机会感到愤怒。

可持续发展的一个主要目标是改善发展中国家的人类健康状况。如果关于诊断和治疗的核医学得以普及，就能极大地改善人类健康状况，特别是非洲人民。对于无法负担进口煤、石油和天然气的国家，引进核能提供广泛的电力供应，能够在提高人体舒适度的同时促进无污染工业和商业的发展。可以建设核电站并利用其余热淡化海水，为人类消费提供安全的水源。为了实现上述想法，需要一种无须常规轻水反应堆的高资金成本、维护量少且非能动安全的反应堆。

美国核动力工业包括使用反应堆的电力企业、设备制造商和供应商，以及服务组织。该工业坚信经济增长需要核动力发电的持续支持。领导人注意到核动力不会造成污染和潜在的全球变暖，并且有助于保障能源安全。核动力工业界相信，节约能源和使用可再生能源非常可取，但无法满足长期能源需求，尤其是考虑到不断增长的人口和环境保护的需要。

24.6　温室效应与全球气候变化

温室效应是地球变暖的过程之一。短波长的阳光能够轻易穿过大气层中的水汽和气体，如二氧化碳。阳光的能量被地球表面吸收，其发射的长波红外辐射被水汽和气体阻挡。这种效应是自然温度提高近30℃的原因。图24.5显示了这种效应的能量流。

有充分证据表明：截至2013年5月，空气中的二氧化碳含量由工业化前的200ppm水平提高至接近400ppm(DOE EIA，2013)。由于与太阳活动、火山灰和移动洋流有关的天然涨落，那段时期内的气温变化量不太确定。

温室气体包括水汽(H_2O)、二氧化碳(CO_2)、甲烷(CH_4)、一氧化二氮(N_2O)和氟氢碳在内的天然和人造物质，其随工业化和生物质燃烧的增长而增加。如果不采取行动，预计到21世纪末，全球气温可能增长1~4℃。这种全球变暖的后果包括干旱、暴风雨和洪水在内的更多恶劣天气；热带疾病发病率提高；两极附近的冰融化导致海平面上升，淹没沿海城市。

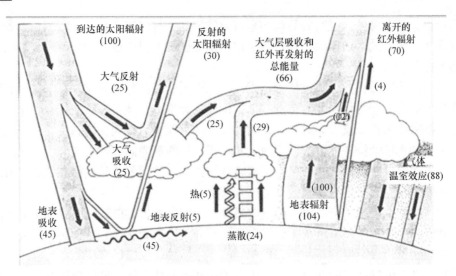

图 24.5　与温室效应有关的地球辐射能量平衡(数字为入射阳光的百分比)

资料来源: Schneider, 1992

为缓解国际社会的担忧,各国于 1997 年 12 月制定了京都议定书,协议书要求所有国家按照各自不同的百分比减少碳排放。希望美国能够在 1990 年水平的基础上降低 7%。很多国家已签署了该协定书,但只有少数国家批准。

欧洲绿党代表故意将核能排除在京都议定书之外。核能署的一份报告(OECD NEA, 2002)对这种忽略提出了批评。该报告指出全世界现有核电厂减少了近 17% 的 CO_2 排放。

来自超过 100 个国家的科学家对有关全球变暖的观察数据近期趋势、调查以及建模结果的研究和评估做出了贡献。其成果供世界气象组织(World Meteorological Organization, WMO)和联合国环境规划署(United Nations Environment Programme, UNEP)共同发起的政府间气候变化专门委员会(Intergovernmental Panel on Climate Changes, IPCC)使用。IPCC 的使命是评估有关全球变暖起因、影响以及适应和缓解选项的所有信息。

IPCC 在 2007 年发布的一份由几部分组成的关于气候变化科学的报告中强调了一个严重的、潜在的世界性问题。一个关键发现是确定人类活动是全球变暖的原因。评估了气温提升的大小和海平面上升量,海平面上升将迫使低地国家几百万人口迁移。预测了北极冰的减少,以及热浪和热带风暴的增加。从水、生态系统、食物、海岸和健康这几个类别描述了其对世界各部分的影响。建议了适应和缓解全球变暖的选项。减少 CO_2 排放是最显而易见的解决方案。最后,鉴于发达国家反对限制 CO_2 排放,预计发展中国家的 CO_2 排放量将增加。因此,希望提高能源使用效率,特别是车辆的,并且考虑碳俘获和碳固存。报告提及但并未强调核动力是电力的一种替代来源。IPCC 在 2013～2014 年发布第五次评估报告。

出于一些原因，全球变暖问题存在争议。一些人相信潜在后果非常严重，急需立即采取行动。他们认为等待通过研究获取另外证据会太迟。其他人担心为了满足京都议定书的目标而大幅减少能源生产可能会导致世界性的经济破坏。美国已表示反对给予发展中国家低排放量限制，认为京都议定书不公平并且如果其生效将严重影响美国经济，美国国会当场拒绝批准协定书。一些人从科学角度认为 CO_2 增加和全球气温上升之间并没有真正的关联；对云的作用或海洋的碳吸收缺乏适当考虑令趋势模型不充分；计算机模型不能正确重现过去的历史。

核工业希望公众注意到核反应堆在提供电力时，其生命周期内的二氧化碳或其他温室气体的排放量最低，如图 24.6 所示。这为核电厂持续运行、重新颁发许可证延寿和建造新核电厂提供了理论基础。世界核协会估计核能发电比燃煤发电每年减少 26 亿吨 CO_2 排放量(WNA，2012)。除减少温室气体排放外，Kharecha 等(2013)推断"全球核能阻止了平均 184 万起与空气污染有关的死亡"，否则这些将因燃烧化石燃料而发生。

许多报告、书籍和网页提供了大量关于气候变化问题的阅读材料(见本章结尾的延伸阅读)。

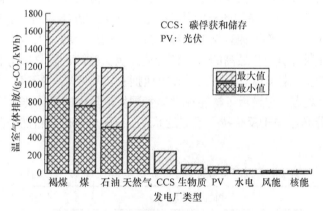

图 24.6 选定发电厂生命周期内的温室气体(CO_2 等效量)排放
资料来源：Weisser, 2007

例 24.3 烟煤的近似特征包括高热值为 27330kJ/kg(表 24.6)和碳含量为 65%。热效率为 40% 的 1000MW 燃煤电厂年燃料需求为

$$\dot{m}_F = \frac{P_e}{\eta_{th}HV} = \frac{(1000\times10^3\,\text{kW})(3.1558\times10^7\,\text{s/a})}{(0.40)(27330\,\text{kJ/kg})(10^3\,\text{kg/tonne})} \approx 2.89\times10^6\,\text{t/a}$$

燃烧 12kg 碳产生 44kg 二氧化碳，则二氧化碳排放量为

$$\dot{m}_{CO_2} = \omega_C \dot{m}_F \frac{M_{CO_2}}{M_C} = \left(\frac{0.65\text{t-C}}{\text{t-coal}}\right)\left(\frac{2.89\times10^6\,\text{t-coal}}{a}\right)\left(\frac{44\text{t-}CO_2}{12\text{t-C}}\right)$$

$$\approx 6.88\times10^6\,\text{t-}CO_2/a$$

700万 t/a 的 CO_2 排放量，不含如二氧化硫(SO_2)、氮氧化物(NO_x)等其他排放物，相比之下 1000MW 核电厂的乏燃料质量为 28t/a(习题 24.4)。

表 24.6 标准美国燃料能源值

化石燃料	高热值
烟煤	27330kJ/kg=11750Btu/lbm
原油	42100kJ/kg=5.8×10^{6}Btu/barrel
干燥天然气	57450kJ/kg=1021Btu/ft^3

资料来源：Culp, 1991。

24.7 国 际 核 能

虽然美国带头研究和发展了核能，但是其应用在世界其他地方扩展得更快。这有两个原因：①很多国家没有煤和石油的天然能源来源；②一些国家，如法国，有国有或国家强力支持的核能体系。另外，世界核能的使用分布非常不均衡。

表 24.7 考察了世界各国的核能状态，它是核能状态改变的一个简介。观察该表可得出几条结论。美国拥有接近全球四分之一的反应堆。人口约为美国五分之一的法国拥有到目前为止最高的人均核能使用量。非洲大陆只有南非的一个小型核计划作为代表；南美洲只有阿根廷和巴西拥有核反应堆。图 24.7 提供了世界核活动的另一个观点，它显示了核能在世界各国发电量中的百分比占比。表 24.7 和图 24.7 中的分布趋向于反映技术发展的状态，它随可利用的自然资源和公众接受程度变化。

表 24.7 世界各国的核能状态(截至 2012 年 12 月 31 日)

国家	运营中的核反应堆		在建的核反应堆	
	数量	额定容量/MW	数量	额定容量/MW
阿根廷	2	935	1	692
亚美尼亚	1	375	0	0
白俄罗斯	0	0	2	2400
比利时	7	5885	0	0
巴西	2	1901	1	1275
保加利亚	2	1906	0	0
加拿大	19	13472	0	0
中国	21	16542	44	44440

续表

国家	运营中的核反应堆		在建的核反应堆	
	数量	额定容量/MW	数量	额定容量/MW
捷克共和国	6	3678	0	0
芬兰	4	2716	1	1600
法国	58	63130	1	1600
德国	9	12058	0	0
匈牙利	4	1889	0	0
印度	20	4391	7	4894
伊朗	1	915	0	0
日本	50	44104	3	3002
墨西哥	1	1300	0	0
荷兰	1	487	0	0
巴基斯坦	3	725	2	600
罗马尼亚	2	1300	2	1240
俄罗斯	33	23643	11	9610
斯洛伐克	4	1816	2	810
斯洛文尼亚	1	666	0	0
南非	2	1800	0	0
韩国	23	20697	5	6600
西班牙	7	7068	0	0
瑞典	10	9303	0	0
瑞士	5	3238	0	0
土耳其	0	0	4	4600
乌克兰	15	13107	3	2850
阿联酋	0	0	4	5600
英国	16	9213	0	0
美国	103	103198	10	11690
合计	432	371458	103	103503

来源：ANS, 2013。

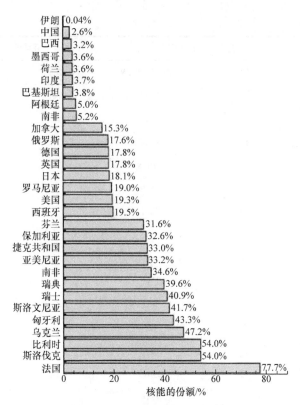

图 24.7 核能占发电量的份额(2011 年)
来源：IAEA，2012b

表 24.7 也显示了几个国家特别是白俄罗斯、土耳其和阿联酋，正在建设他们的第一座动力反应堆。开始核能计划的其他国家有孟加拉国、约旦、波兰、沙特阿拉伯和越南，以及重新参与的立陶宛。预期中国、印度、俄罗斯和韩国的核能增长最为强劲，如图 24.8 所示。人口众多的中华人民共和国已经着手一个雄心勃勃的核能计划。

下面挑选几大洲的一些国家，对其核规划简要综述如下。

24.7.1 西欧

法国是核能在欧洲的主要用户。缺少化石燃料资源并且作为对 1973 年石油危机的回应，法国通过产生和使用核动力保障能源安全。法国近 80% 的电力来自其 58 座反应堆。由法国电力(EdF)一家公司供应电力，因此即使增加了大量设备，它仍能获利并减少负债。EdF 将低成本的电力销往其他国家，如使用英吉利海峡海底电缆将电力输往英国销售。法国电力系统的全部支持服务有反应堆设计和建

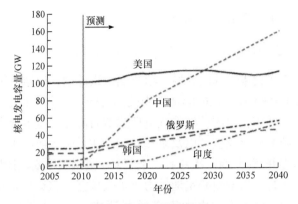

图 24.8　核电发电容量

来源：美国能源部，能源信息管理局，DOE EIA, 2013

造，燃料供应和包括阿格[1]的(核燃料)后处理设施在内的废物管理，均由阿海珐集团(原先的法马通公司)独家提供。巴黎综合理工学院提供操作员和管理员的培训，故不同单位间的一般性培训是互通的，增强了反应堆操作的安全性。反应堆采用标准化设计，并且系统归国家所有，因而法国能够避免美国颁发许可证和建造的问题，建造一座核电厂仅需六年。多年来，核电在法国只受到些许反对，部分是由于在强调能源对国家经济必要性的同时，国家为当地社区提供了有吸引力的便利设施。PBS 电视节目[2]讨论了为什么法国人喜欢核动力。2007 年，在弗拉芒维尔[3]开始建造一台 1600MW 的欧洲动力堆。

随着 1990 年德国统一，前东德的核能计划因安全方面的考虑而暂缓。剩余核电厂的运行非常成功，其容量因子很高，一些电力可供出口。尽管如此，反核政党仍积极反对。作为对福岛事故的回应，八座反应堆于 2011 年 8 月退役。而且，剩余九座反应堆将在 2022 年 12 月前逐步关停。使用风能不仅是对电网的挑战，更招致了业界对动力质量问题的怀疑；并且，一些地方因噪声和美观方面的考虑反对使用风能。

多年来，英国国家机构和商业组织一直合作良好。1990 年，核工业以英国能源公司收购国有工厂的方式实现私有化。1995 年，Sizewell B 压水式反应堆投入运营。它以高度现代化的计算机管理系统为特色。在随后几十年的运营中，老式的镁诺克斯型反应堆逐步淘汰。另一种核电厂是气冷反应堆。英国在 Sellafield 维持着核燃料后处理工厂，它为日本提供服务。政府赞同并支持增加新的核能装机

---

1 阿格(La Hague)，法国地名。

2 Jon Palfreman, "Why the French Like NuclearEnergy," www.pbs.org/wgbh/pages/frontline/shows/reaction/readings/ french.html。

3 弗拉芒维尔，位于法国诺曼底。译者注。

量以避免碳排放并提供能源安全保障。

24.7.2 东欧和苏联

在 20 世纪 80 年代末，苏联开始一项核能扩张计划，计划每年增加约 10%的电力，以增加约 100000MW 核电容量作为长期目标。预计使用集中式工厂将带来标准化设计，并且采用专家团队将使核电厂建造时间缩短至 5 年内。由于切尔诺贝利事故极其不利的公众反应，以及东欧政治变化带来的经济压力，这项规划好的计划失去了动力并直到 2000 年左右才恢复。几座压水堆或在计划中，或在建设中，或即将投入运行。俄罗斯坚定地致力于扩大核能。它运行着几个石墨慢化轻水水冷反应堆。同等数量的电力来自俄罗斯水-水压水堆(voda voda energo reactors，VVERs)，并且还有几座更新的反应堆即将上线。除国内建设外，俄罗斯正在积极从事核能出口业务。

1991 年苏联解体和独联体建立引起了反应堆新的国家分布。苏联原先的几个成员国和盟国依赖苏联的设计和技术援助，这些仍然拥有反应堆的国家为亚美尼亚、保加利亚、捷克共和国、匈牙利、罗马尼亚、斯洛文尼亚和乌克兰。

有人担忧东欧的政治和经济形势会导致更多反应堆事故。通常认为东欧和独联体的许多反应堆不如西欧和美国的反应堆安全，并且在很多案例中，其维护和操作实践也不如西欧和美国那样严密。出于安全性考虑，这些国家鼓励关闭一些旧反应堆，但是考虑到电力需求的重要性，这一行为受到了抵制。美国和其他国家正在对苏联成员国提供技术建议和经济援助，"一处反应堆失败就是处处失败"这一原则是理由之一，这反映出公众对反应堆事故的极端敏感性。

24.7.3 远东

在 2011 年 3 月前，日本是远东地区核能的主要使用者。政府和工业界承诺提供一份安全的核计划。从 1991 年的 33GW 核电容量开始，日本希望在 2000 年达到 50GW，2010 年达到 72.5GW。即使反应堆建设周期较短，只略多于 4 年，但这些目标仍未完全达到。日本通过使用浓缩、制造、后处理和废物处置设施来实现成为本质上的能源独立国家这一目标。后处理的合理性更多在于确保稳定的燃料供应，而不在于经济性。通过回收钚并在轻水反应堆或更好的快增殖堆中将其燃尽，日本避免了钚的大量储备。福岛事故(参见 21.9 节)导致日本动力反应堆的大规模关闭，工厂在重新运营前要进行强制检查，以及对核能未来地位的全国性讨论。日本对核能的未来存在相当大的矛盾心理。日本先前的几次核事故已抑制了扩大核能的热情。在快增殖反应堆 MONJU 上发生过钠泄漏，并且后处理工厂发生过起火和爆炸。1999 年，在操作员向容器注入过量浓缩铀后，发生了一场临界事故。虽然没有依据表明邻近地区发生过污染，但有一名工人死于辐射暴露。

在最近几十年中，韩国生产力有了极大提高。由于完全依赖进口油气，韩国正在扩大核计划，其反应堆中有四座是 CANDU 堆，其余是西屋公司、美国 ABB 集团燃烧工程公司和法马通公司的压水堆。更新的反应堆将采用韩国技术设计和建造，并将用于出口。

中国的情况与其他很多国家不同。它有极大的电力需求，且人均消费量只有美国的百分之几。中国的主要能源来源是煤，这导致了严重的环境问题。中国正在外国公司的帮助下扩大使用核电，但是增加的电力对于巨大的人口和能源需求而言只是最低限度的。300MW 的秦山-1 压水式反应堆由中国自主设计和建造，其他由加拿大、法国和俄罗斯(VVERs)提供。更多的反应堆正在建设或规划中。

24.7.4　其他国家

印度有两座沸水堆和几座装机容量约 200MW 的加压重水反应堆，其他反应堆正在建设。印度快堆实验装置以钍包层的 Pu-U 碳化物为燃料，尝试利用当地大量的钍储备。

伊朗拥有一座完整的 VVER 动力反应堆，并正在使用离心机浓缩铀。因为确信其有制造核武器的野心，所以对伊朗采取了国际制裁以促使其放弃铀浓缩活动。

由于各国的国情具有唯一性，世界各国的核能使用率存在巨大差异。在一些国家，公众意见是主要因素；在一些国家，则是资金不足；在一些国家，特别是发展中国家，缺少技术基础是主因。对于一些拉丁美洲国家，大量的国家债务是限制。尽管存在问题，各国的核能总量仍在持续缓慢增长。

24.8　海水淡化

在世界范围内，有些地区亟需饮用淡水和工业淡水。具有讽刺意味的是，很多缺水地区位于海边。有含盐地下水的内陆地区也将从淡化装置中受益。应用核热去除盐分是一种前景良好的解决方案。通过使用位于哈萨克斯坦的快堆和位于日本的轻水反应堆，已经积累了超过 100 堆年的利用核能脱盐的经验。哈萨克斯坦阿克套[1]的反应堆在运行多年后关闭，其独特性在于它是快增殖堆且使用废热进行水的淡化。

反应堆应用有两种模式：①仅发热；②电力和废热。第一种模式需要的设备和维护更少，因而更简单；第二种模式的优点在于能提供电力来源。

在上述任一模式中，对淡化过程做出贡献的是来自热交换器的蒸汽。有两种将热用于淡化设备的通用技术。第一种是蒸馏，盐水中的水与蒸汽加热的表面接触后

---

1 阿克套，里海著名的港口城市，哈萨克斯坦第六大城市。

蒸发从而与盐分离。这种技术有两个版本：多级闪蒸(multistage flash distillation，MSF)和多效蒸馏(multieffect distillation，MED)。第二种是反渗透(reverse osmosis，RO)，利用具有压力差的多孔薄膜分离水和盐。已经测试了两套采用该方法的子设备，其必须进行预处理以保护薄膜。

图 24.9 是装有多效蒸馏装置的核电厂。用原先被排放到外界的冷凝器废热在中间回路中将水蒸发，低压蒸汽依次使海水蒸发，从而将纯水从海水中分离出来。这个过程在随后的效应中持续进行，除使蒸发的淡水冷凝外，它还为下一阶段提供压力依次降低的热源。

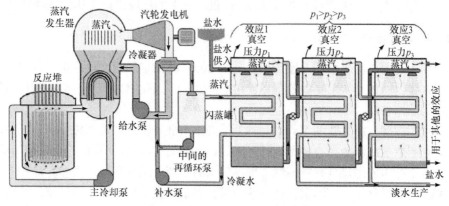

图 24.9　装有多效蒸馏装置的核电厂

例 24.4　海水淡化系统的一个关键性能参数是单位热功率产生的淡水体积 V/Q。假设没有热损耗，可根据能量守恒估算其最大值，水温由 20℃升至 100℃ 时，气化所需的热量为

$$Q = m(c_p\Delta T + h_{fg}) = \rho V(c_p\Delta T + h_{fg})$$

$$V/Q = 1/[\rho(c_p\Delta T + h_{fg})]$$

$$= 1/\{(1\ \text{g/cm}^3)[4.186\ \text{J/(g}\cdot\text{℃})(100-20\ )\text{℃} + 2258\text{J/g}]\}$$

$$\approx 3.86\times10^{-4}\text{cm}^3/\text{J} = 3.86\times10^{-10}\text{m}^3/\text{J}$$

对于一座 1000MW、废热 2000MW 的核反应堆，最大日产量为

$$\dot{V} = \dot{Q}_{cond}(V/Q) = (2000\times10^6\ \text{J/s})(3.86\times10^{-10}\ \text{m}^3/\text{J})(86400\text{s/d})$$

$$\approx 6.67\times10^4\text{m}^3/\text{d}$$

根据 IAEA 的数据，世界上有 12500 座工厂每天生产约 2300 万 m^3 脱盐水，平均每座工厂为 1840m^3/d。如果要使全球的水产量加倍，需要最少$(2.3\times10^7\text{m}^3/\text{d})/$ $(6.67\times10^4\text{m}^3/\text{d}) \approx 345$ 座反应堆。

IAEA 正在几个国家积极推广核能淡化的概念，并出版了一本帮助成员国做出决策和实施项目(IAEA, 2002)的指南。IAEA 开发了一个名为 DEEP 的计算机程序用以分析装置的经济因素。它对 MSF、MED 和 RO 的概念进行了描述。Megahed(2003)的一篇综述性文章介绍了核能淡化的历史和未来可能性，并介绍了加拿大、中国、埃及、韩国和俄罗斯的工作。

24.9　氢　经　济

早在 1973 年 *Science* 期刊上的一篇文章(Winsche et al., 1973)中就讨论了核能和氢燃料之间的潜在联系。氢可以储存和携带，被视为是电的替代品。人们对使用氢气取代石油、天然气或者煤产生了兴趣。这主要受到以下因素影响：①国外原油和天然气供应的不确定性；②燃烧气体的污染对健康和环境的冲击；③二氧化碳排放量增长对全球变暖的潜在影响。氢气的优点之一是它的燃烧产物只有水。

氢有益于改善低等级的石油来源，但它最大的应用是作为燃料电池通过化学反应产生电。为避免因承受高压引发的容器过重问题，可用金属氢化物的形式储氢，氢气密度与液体相近，加热至约 300℃会释放气体。人们正在研究用特殊表面或纳米结构储氢。

氢的产生方式至关重要。目前，主要通过加工天然气或煤获得氢，两种来源都会产生不希望有的产物，如 CO_2。如果能够成功分离 CO_2 将会解决产氢问题。

核反应堆能以两种方式提供作为能量载体的氢(氢本身不作为能量来源)。采用核电厂电力电解水是较为简单的技术。高温气冷堆产生的热量足以交替引发更为高效的热化学反应。在众多可能的反应中，以下系列反应最具前景，发生反应所需的温度已在式中标出：

$$2H_2SO_4 \longrightarrow 2SO_2 + 2H_2O + O_2 (800℃)$$

$$2HI \longrightarrow I_2 + H_2 \ (450℃) \tag{24.2}$$

$$I_2 + SO_2 + 2H_2O \longrightarrow 2HI + H_2SO_4 (120℃)$$

因为硫和碘可以再循环，净反应为

$$2H_2O \longrightarrow 2H_2 + O_2 \tag{24.3}$$

其所需能量仅为燃烧氢的热量。

铀裂变作为反应堆能量的主要来源并不产生二氧化碳或其他气体，并且相较于风能或太阳能，其能够提供更加持续和可靠的热能或电力供应。氢燃料的大规模商业应用需要基础设施，特别是车辆运输方面。

氢用于交通的方式有两种：在内燃机中燃烧和作为燃料电池的来源。燃料电池是一种利用氢和氧生成水的反应(电解水的逆反应)产生电力的能量转化装置。燃料电池能为电动机提供动力，从而驱动汽车或卡车。多聚物交换薄膜燃料电池 (polymer exchange membrane fuel cell, PEMFC)是最常用的类型，它由阳极、阴极、薄膜和催化剂组成。

为了获得技术成功，要求车载氢储量应满足 300mi 的汽车行驶里程。装有极低温压缩气体的气罐很可能会因沉重、昂贵且结构复杂而不便使用，其替代物还在研究中。使用具有反常量子效应的超薄金属合金薄膜是一种可能性，镁等轻便金属，氢化物和碳纳米结构也在考虑中。为了获得商业成功，氢能源汽车必须具备在普通加气站加注燃料的能力。

关于"氢经济"的信息可以在文献和因特网上查阅。*Physics Today* 期刊上的一篇文章(Crabtree et al., 2004)强调了为了获得突破需要加强基础研究。全国研究理事会(NRC，2004)的一个委员会出版了一本 256 页的书。在因特网上也可以查到 DOE 氢计划的介绍[1]。*Nuclear News* 上的三篇文章(Forsberg et al., 2005, 2003, 2001)提供了核能所需的技术细节和计算结果。

例 24.5 估算使用反应堆制氢取代汽油作为运输工具燃料带来的影响。假设有一座 H_2 生产效率为 50%，功率为 600MW 的反应堆，其有效热功率为

$$\dot{Q}_{th} = \varepsilon \dot{Q}_{Rx} = (0.5)(600MW) = 300MW$$

如前文所述，硫-碘过程导致水分解为组分气体。燃烧热 ΔH_C 为 142MJ/kg，氢密度为 0.09kg/m³，得到生产率为

$$\dot{V}_H = \frac{\dot{Q}_{th}}{\Delta H_C \rho_H} = \frac{(300MJ/s)(86400s/d)}{(142MJ/kg)(0.09kg/m^3)} \approx 2.03 \times 10^6 \, m^3/d$$

如果用氢取代燃烧热为 45MJ/kg，密度为 730kg/m³ 的汽油，则汽油的等效体积为

$$\dot{V}_{gas} = \frac{\dot{Q}_{th}}{\Delta H_C \rho_{gas}} = \frac{(300MJ/s)(86400s/d)}{(45MJ/kg)(730kg/m^3)(3.7854 \times 10^{-3} m^3/gal)} \approx 2.08 \times 10^5 \, gal/d$$

因此，H_2 产品的价值取决于汽油的价格。

24.10 小 结

仅一章篇幅无法充分介绍世界能源形势。世界能源的未来尚不明朗，因为乐观和悲观的预测并存。世界人口仍在过度增长，不发达国家的增长率最高。增长

1 http://www.hydrogen.energy.gov。

中的电力使用将伴随对大规模发电的需求，如核能发电。核能可以在实现可持续
发展和减轻国际能源紧张方面发挥重要作用。未来的目标包括利用核能淡化海水
以及生产用于交通运输的氢，两者都能够帮助阻止全球变暖和减少进口石油需求。
这些年来，其他国家反应堆的增加平衡了美国规划和在建反应堆的减少。在社会/
政治层面，针对核能各个方面的反对力量对政治家的活动具有显著影响。在某些
国家，政府和工业界之间的冲突导致了核能的停滞或让位。

24.11　习　　题

24.1 地球海洋体积为 $1.37 \times 10^{18} m^3$(AAE, 1980)。如果海水中氢元素的含氘量为
1/6400，那么海水中含有多少千克氘？氘的有效热值为 $5.72 \times 10^{14} J/kg$(参见
习题 26.4)，假设世界年能源消费量约为 300EJ 不变，那么氘可供使用多少年？

24.2 一个方案提出到 2050 年将世界各国的生活水平提高到北美国家标准。一个
要素就是大幅增加除美国和加拿大以外国家的人均能源供给。假设图 24.4
中的中等增长情况是合适的，人口将由 69 亿增长至 96 亿。世界能源生产
必须增加几倍？如果电力份额保持不变，需要额外运行多少个容量因子为
90% 的 1000MW 反应堆(或等效的燃煤发电厂)以满足需要？

24.3 在文献中可以找到许多不同的能量单位。下面是一些有用的等效：1bbl(oil)=
5.8×10^6Btu，1quad=10^{15}Btu，1Q=10^{18}Btu，1exajoule(EJ)=10^{18}J。①计算每
天产生 1GW 热动力需要消耗多少桶(bbl)石油；②证明 quad 和 EJ 基本相
等；③世界每年约 500EJ 的能源消费量相当于多少 quads？多少 Q？④如果
一次原子核衰变产生 1MeV 能量，那么产生 1EJ 需要多少次衰变？

24.4 计算 1 座热效率为 33%、燃料消耗为 45GWd/t 的 1000MW 的核电厂，每年
产生的乏燃料质量。

24.5 用表 24.6 中的数据确定①1t 煤；②1bbl 石油；③1000ft³ 天然气，与 1kg 天
然铀(每个原子均发生裂变)裂变能的能量比值。

24.6 推导倍增时间公式(24.1)，考虑其增长过程类似逆向的放射性衰变。

24.7 计算 2008 年大衰退之前的倍增时间，当时美国年电力增长率为 2%。

24.8 使用表 24.2 中的数据，假设容量因子为 95%，平均年度固定支出率为 10%，
计算①燃煤；②天然气；③地热；④市政固体垃圾电站的综合资金成本和
运行与维护成本。

24.9 如果汽油成本为 4$/gal，计算一个制氢效率为 45% 的 1000MW 反应堆生产
的 H_2 年度总值。

24.12 上 机 练 习

24.A 计算机程序 FUTURE 考虑了全球区域和发展水平、能源技术的混合、能源效率、资源限制、人口、污染和其他因素。使用了 Goldemberg(1996)中的方法和数据，探索菜单，做出选择或插入数字，观察回应。

参 考 文 献

Academic American Encyclopedia, 1980.Arete, Princeton, vol. 14.p. 326.

American Nuclear Society (ANS), 2013.15th Annual Reference Issue 56 (3), 69.

Carson, R., 1962. Silent Spring. Houghton Mifflin Company.

Committee on Alternatives and Strategies for Future Hydrogen Production and Use, National Research Council (NRC), 2004. The Hydrogen Economy: Opportunities, Costs, Barriers, and R&D Needs. National Academies Press.

Crabtree, G.W., Dresselhaus, M.S., Buchanan, M.V., 2004. The hydrogen economy.Physics Today 57 (12), 39-44. http://dx.doi.org/10.1063/1.1878333.

Culp, A.W., 1991. Principles of Energy Conversion, second ed. McGraw-Hill.

Forsberg, C.W., Peddicord, K.L., 2001. Hydrogen production as a major nuclear energy application.Nuclear News. 44 (10), 41–44.

Forsberg, C.W., Pickard, P.L., Peterson, P., 2003. The advanced high temperature reactor for production of hydrogen or electricity.Nuclear News.46 (2), 30.

Forsberg, C.W., 2005. What is the initial market for hydrogen from nuclear energy? Nuclear News 48 (1), 24–26.

Goldemberg, J., 1996. Energy, Environment and Development.Earthscan Publications.Facts, figures, and analyses of energy planning, taking account initially of broad societal goals.

Hardin, G., 1968. The tragedy of the commons. Science 162 (3859), 1243–1248.

Intergovernmental Panel on Climate Change (IPCC), 2007.www.ipcc.ch-select Full Report or Summary for Policymakers on one or more of these: "The AR4 Synthesis Report," "The Physical Science Basis," "Impacts,Adaptation and Vulnerability," "Mitigation of Climate Change."

International Atomic Energy Agency (IAEA), 2002.Status of Design Concepts of Nuclear Desalination Plants.IAEA-TECDOC-1326, www.iaea.org/NuclearPower/Desalination/.

International Atomic Energy Agency (IAEA), 2006.Nuclear Power Reactors in the World.IAEA.

International Atomic Energy Agency (IAEA), 2012a.Nuclear Power Reactors in the World.IAEA.

International Atomic Energy Agency (IAEA), 2012b. Energy, Electricity and Nuclear Power Estimates for the Period up to 2050, 2012 ed.

Kharecha, P.A., Hansen, J.E., 2013. Prevented mortality and greenhouse gas emissions from historical and projected nuclear power. Environmental Science & Technology 47 (9), 4889–4895.

Malthus, T.R., 1798. An Essay on the Principle of Population. Johnson, London.

Meadows, D.H., Meadows, D.L., Randers, J., Behrens III, W.W., 1972. The Limits to Growth: A Report for The Club of Rome's Project on the Predicament of Mankind. Universe Books. An attempt to predict the future; conclusion: the world situation is very serious; influential in its time.

Megahed, M.M., 2003. An overview of nuclear desalination: history and challenges. International Journal of Nuclear Desalination 1 (1), 2–18.Inaugural issue of magazine with all articles on the topic.

Organisation for Economic Co-operation and Development (OECD) Nuclear Energy Agency (NEA), 2002.Nuclear Energy and the Kyoto Protocol.OECD NEA.www.nea.fr/html/ndd/reports/2002/nea3808.html.

Reid, D., 1995. Sustainable Development: An Introductory Guide. Earthscan Publishers.A thoughtful and informative book that describes the issues candidly.

Schneider, S.H., 1992. Introduction to climate modeling. In: Trenbeth, K.E. (Ed.), Climate System Modeling.Cambridge University Press.

United Nations, 1987. Report of the World Commission on Environment and Development, General Assembly Resolution 42/187, December 11.

United Nations (UN), 2013. World Population Prospects: The 2012 Revision.

U.S. Department of Energy, Energy Information Administration (EIA), 1984.Survey of Nuclear Power Plant Construction Costs.DOE/EIA-0439(84).

U.S. Department of Energy, Energy Information Administration (EIA), 2012.Annual Energy Review 2011.DOE/EIA-0384(2011).

U.S. Department of Energy (DOE) Energy Information Administration (EIA), 2013a.International Energy Outlook 2013.DOE EIA.www.eia.gov/forecasts/ieo/.1990 through 2040.

U.S. Department of Energy (DOE) Energy Information Administration (EIA), 2013b.Updated Capital Cost Estimates for Utility Scale Electricity Generating Plants.

U.S. Department of Energy, Energy Information Administration (EIA), 2013c.Annual Energy Outlook with Projections to 2040.DOE/EIA-0383(2013).

U.S. Department of Energy (DOE), Energy Information Administration, 2013d.International Energy Statistics.www.eia.gov/ies.

U.S. Department of Energy (DOE), Energy Information Administration (EIA), 2013e. Electric Power Monthly with Data for May 2013.

Weisser, D., 2007. A guide to life-cycle greenhouse gas (GHG) emissions from electric supply technologies.Energy 32 (9), 1543–1559.

Winsche, W.E., Hoffman, K.C., Salzano, F.J., 1973. Hydrogen: its future role in the nation's energy economy.Science 180 (4093), 1325–1332.

World Nuclear Association (WNA), 2012.Uranium, Electricity and Climate Change.http://www.world-nuclear.org/info/Energy-and-Environment/Uranium,-Electricity-and-Climate-Change/.

延 伸 阅 读

Balzhiser, R.E., Gobert, C., Guertin, D.L., Dircks, W.J., Dunkerley, J.C., Pettibone, S.P., 1999. An AppropriateRole for Nuclear Power in Meeting Global Energy Needs. Atlantic Council www.acus.org.

Bodansky, D., 2003. Nuclear Energy: Principles, Practices, and Prospects, second ed. Springer/AIP Press.

Carbon, M.W., 1997. Nuclear Power: Villain or Victim? Our Most Misunderstood Source of Electricity.Pebble Beach Publishers.

Committee on Future Nuclear Power Development, Energy Engineering Board, National Research Council, 1992.Nuclear Power: Technical and Institutional Options for the Future. National Academies Press. A study by acommittee of the National Research Council of ways to preserve the nuclear fission option; an analysis of nuclear power's status, obstacles, and alternatives.

Congressional Research Service Reports, https://opencrs.com/ (search "Climate Change").

Cravens, G., 2007. Power to Save the World: The Truth About Nuclear Energy. Alfred A Knopf. A former skeptic embraces nuclear power.

Foratom, European Nuclear Forums. www.foratom.org. A trade association for the nuclear energy industry in Europe.

Gore, A., 2007. An Inconvenient Truth: The Crisis of Global Warming. Viking.

Herbst, A.M., Hopley, G.W., 2007. Nuclear Energy Now: Why the Time Has Come for the World's Most Misunderstood Energy Source. John Wiley & Sons.

Hoffmann, T., Johnson, B., 1981. The World Energy Triangle: A Strategy for Cooperation. Ballinger. A thoughtful investigation of the energy needs of the developing world and assessment of ways developed countries can help to their own benefit.

International Atomic Energy Agency (IAEA), Power Reactor Information System (PRIS). www.iaea.org/pris/(select "country name, plant").

International Energy Agency, 2013.Redrawing the Energy Climate Map.

International Nuclear Power Plants, www.radwaste.org/power.htm.

Kahn, H., Brown, W., Martel, L., 1976. The Next 200 Years: A Scenario for America and the World. William Morrow. Contrast of pessimism and optimism.

Middlebury College, The 1970s Energy Crisis.http://cr.middlebury.edu/es/altenergylife/70's.htm. Effects of the oil embargo.

Nuclear Energy Agency, www.oecd-nea.org/. Nuclear Arm of the Organisation for Economic Co-operation and Development (OECD), based in Paris, with 28 member countries, mainly in Europe, North America, and the Far East.

Nuclear Energy Institute (NEI), 1997. Source Book: Soviet-Designed Nuclear Power Plants, fifth ed. NEI www.nei.org/Master-Document-Folder/Backgrounders/Reports-And-Studies/Source-Book-Soviet-Designed-Nuclear-Power-Plants. Program histories and situations; advantages and deficiencies of designs; actions being taken to upgrade.

Nuclear Engineering International, www.neimagazine.com. Dedicated to nuclear matters around the world.

Nuclear Engineering International, 2012.World Nuclear Industry Handbook.Nuclear Engineering International.

Nuclear Power Corporation of India, Ltd., www.npcil.nic.in.Performance data for all plants.

Ott, K.O., Spinrad, B.I., 1985. Nuclear Energy: A Sensible Alternative. Plenum Press. Titles of sections: Energy and Society, Economics of Nuclear Power, Recycling and Proliferation, Risk Assessment, and Special Nuclear Issues Past and Present.

Palfreman, J., Why the French like nuclear energy.Frontline, PBS.www.pbs.org/wgbh/pages/frontline/shows/reaction/readings/french.html.

Pearce, D., 1998. Economics and Environment: Essays on Ecological Economics and Sustainable Development.Edward Elgar. A collection of papers by a distinguished author.

Putnam, P.C., 1953. Energy in the Future. Van Nostrand. A classic early study of plausible world demands for energy over the subsequent 50 to 100 years, sponsored by the U.S. Atomic Energy Commission; includes alarge amount of data and makes projections that were reasonable at the time; written before the development of commercial nuclear power and before the environmental movement got under way, the book is quite out of date but is worth reading for the thoughtful analysis.

Reynolds, A.B., 1996. Bluebells and Nuclear Energy.Cogito Books. Includes a discussion of new reactor designs.

Rhodes, R., 1993. Nuclear Renewal: Common Sense About Energy. Penguin Books.Assessment of risks; programs of France and Japan.

Schneider, M., Froggatt, A., 2013.World Nuclear Industry Status Report.

Singer, S.F., 1998. Hot Talk Cold Science: Global Warming's Unfinished Business. Independent Institute, Mycle Schneider Consulting.

Singer, S.F., 1999. Global Warming's Unfinished. Independent Institute.

United Nations, 1992. Earth Summit in Rio de Janeiro, 1992. www.un.org/geninfo/bp/enviro.html. Agenda 21 adopted.

United Nations, 1997.Earth Summit+5.www.un.org/esa/earthsummit.Special Session of the General Assembly to review and appraise the implementation of Agenda 21.

United Nations, 2002. Earth Summit 2002. http://earthsummit2002.org. Johannesburg (Rio+10).

U.S. Department of Energy (DOE) Energy Information Administration (EIA), 2013.International Energy Outlook 2013. DOE EIA.www.eia.gov/ieo. Comprehensive data from DOE Energy Information Administration on production and consumption by type, country and region, and year.

U.S. Department of Energy (DOE), Hydrogen and Fuel Cells Program.www.hydrogen.energy.gov. Links to subjects of production, delivery, storage, manufacturing, etc.

The Virtual Nuclear Tourist, www.nucleartourist.com. Large amount of information about domestic and foreign reactors.

Waltar, A.E., 1995. America the Powerless: Facing Our Nuclear Energy Dilemma. Cogito Books. Poses issues and states realities.

Weinberg, A.M., 1985. Continuing the Nuclear Dialogue: Selected Essays.American Nuclear Society.Selected and with introductory comments by Russell M. Ball. Dr. Weinberg was a pioneer and philosopher in the nuclear field; writings span 1946–1985.

World Nuclear Association, www.world-nuclear.org (click on "Information Library" , select "Country Profiles").

World Nuclear Association (WNA), 2012.Uranium, Electricity and Climate Change.World Nuclear Asso-ciation.http://world-nuclear.org/info/Energy-and-Environment/Uranium,-Electricity-and-Climate-Change/.

Worldwatch Institute, 2008. State of the World 2008: Innovations for a Sustainable Economy. Worldwatch Institute.www.worldwatch.org.

Wuebbles, D.J., Edmonds, J., 1991. Primer on Greenhouse Gases.Lewis Publishers.An update of a Department of Energy report tabulating gases and their sources with data on effects.

增殖反应堆

本章目录

每次反应释放出巨大能量是裂变过程最重要的特征。另一个重要事实是在 ^{235}U 这类燃料中，每吸收一个中子就会释放两个以上的中子。因此，只需释放一个中子即可维持链式反应，多余的中子就能从可裂变材料 ^{238}U 和 ^{232}Th 中生产对应的易裂变材料 ^{239}Pu 和 ^{233}U。6.3 节详细介绍了核反应产生新同位素的情况。如果中子损耗足够小，产生的新燃料就可能等于甚至多于消耗的燃料，这个过程称为增殖。按照再循环的次数可分为几种燃料循环。在一次通过式循环中，所有乏燃料都当作废物丢弃。在部分再循环中，分离出的钚和低浓缩铀结合形成混合氧化物燃料供再循环使用。极限和理想情况下，增殖循环中的所有材料皆可再循环。人们持续关注采用一定程度的再循环减少放射性废物并完全利用燃料能源价值的研究。

本章将①研究增殖因子与增殖的关系；②描述 LMFBR 的物理性质；③研究铀燃料资源和需求的一致性。

25.1　增殖的概念

将大量可裂变材料转化为有用的易裂变材料的能力关键取决于增殖因子 η 的大小，即燃料吸收一个中子所释放的中子数。如果每次裂变产生 ν 个中子，燃料中的裂变与吸收之比为 σ_f / σ_a，则每次吸收的中子数量为

$$\eta = \nu \frac{\sigma_f}{\sigma_a} \tag{25.1}$$

这个数值比 2 大得越多，增殖的可能性就越大。图 25.1 表示了引发裂变的中子能量和裂变中子平均数 $\bar{\nu}$ 之间的函数关系。

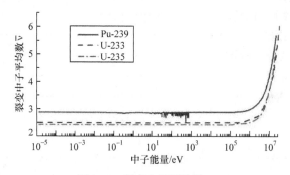

图 25.1　裂变中子平均数 $\bar{\nu}$

ν 和 σ_f / σ_a 比值均随中子能量的增加而增大，因此快堆的 η 值大于热堆。表 25.1 在能量差别很大的热中子和快中子范围内比较了主要易裂变同位素的 η 值。从表中可以看出，0.07 或 0.11 个中子很可能因结构材料、慢化剂和裂变产物毒物的吸收而损耗，故在热堆中使用 ^{235}U 和 ^{239}Pu 更难实现增殖。使用 ^{239}Pu 的快堆是比使用 ^{233}U 的热堆更具前途的增殖反应堆。^{239}Pu 对中子的吸收包括裂变和俘获两种情况，后者产生同位素 ^{240}Pu。^{240}Pu 俘获一个中子产生易裂变同位素 ^{241}Pu。

表 25.1　主要易裂变同位素的 η 值

同位素	中子能量	
	热中子	快中子
^{235}U	2.07	2.3
^{239}Pu	2.11	2.7
^{233}U	2.30	2.45

用转换比(conversion ratio,CR)衡量将可裂变同位素转换为易裂变同位素的能力，其定义为

$$CR = \frac{\text{产生的易裂变原子}}{\text{消耗的易裂变原子}} \tag{25.2}$$

易裂变原子由可裂变原子的吸收效应产生；消耗包括裂变和俘获。

可以比较不同系统的 CR 值。第一是仅以 ^{235}U 为燃料的燃烧器，没有可裂变材料，CR=0。第二是可忽略共振俘获的高热反应堆，它需要持续供应和消耗天然铀(99.27%的 ^{238}U 和 0.72%的 ^{235}U)燃料。^{239}Pu 一经产生即被去除，这时 CR 是 ^{238}U 和 ^{235}U 的吸收之比，因为它们所受通量相同，所以 CR 可简写为宏观截面之比 $\Sigma_a^{238}/\Sigma_a^{235}$。

例 25.1　使用表 4.2 中的反应截面和天然铀的原子丰度(忽略 ^{234}U)，则第二个反应堆的 CR 值为

$$CR = \frac{\Sigma_a^{238}}{\Sigma_a^{235}} = \frac{\gamma_{238}N_U\sigma_a^{238}}{\gamma_{235}N_U\sigma_a^{235}} = \frac{(0.9927)(2.68\ b)}{(0.00720)(98.3+582.6\ b)} \approx 0.543$$

第三，当 CR 为何值时，天然铀的铀同位素和产生的 ^{239}Pu 能够完全消耗？容易证明(习题 25.6)CR 值等于 ^{238}U 的同位素分数(即 0.9927)。

第四，从图 16.5 所示的中子循环中可以推导出一种更加普遍的关系。该图表明每产生一个中子，就有 $\varepsilon L_f(1-\wp)$ 个中子通过共振吸收被俘获。对于给定的通量 ϕ，单位体积的中子产生率为 $\nu\Sigma_f\phi$。^{238}U 总吸收率与 ^{235}U 裂变率的比值为

$$CR = \frac{\Sigma_a^{238}\phi + \nu_{235}\Sigma_f^{235}\phi\varepsilon L_f(1-\wp)}{\Sigma_a^{235}\phi} \tag{25.3}$$

在临界反应堆运行之初，即 Pu 产生之前，式(25.3)可简化为

$$CR = \frac{\Sigma_a^{238}}{\Sigma_a^{235}} + \eta_{235}\varepsilon L_f(1-\wp) \tag{25.4}$$

式中，η_{235} 是纯 ^{235}U 的对应值(即 2.08)。

例 25.2　在例 25.1 中，天然铀反应堆 $L_f=0.95$，$\wp=0.9$，$\varepsilon=1.03$，则

$$CR = \frac{\Sigma_a^{238}}{\Sigma_a^{235}} + \eta_{235}\varepsilon L_f(1-\wp) = 0.543 + (2.08)(1.03)(0.95)(1-0.9) \approx 0.747$$

减少快中子泄漏和提高共振俘获有利于可裂变同位素到易裂同位素的转化过程。通过习题 25.7 的计算可以得到简单的替代公式：

$$CR = \eta_{235}\varepsilon - 1 - l \tag{25.5}$$

式中，l 是 ^{235}U 每次吸收中因泄漏和非燃料吸收而损耗的中子总数。

如果可以用极低成本获得无限量的铀供应，那么提高 CR 值就没有特别的优势，仅需将热堆中的 ^{235}U 燃尽，然后将剩余的 ^{238}U 丢弃即可。铀的成本随着可开采量的下降而增加，因而希望能够同使用 ^{235}U 一样使用 ^{238}U。同样，钍矿也值得开发。

当 CR 大于 1 时，同在快增殖反应堆中的一样，它被改称为增殖比(breeding ratio，BR)，增殖增益(breeding gain，BG)表示燃烧一个原子产生的额外钚：

$$BG = BR - 1 \tag{25.6}$$

钚的质量积累到与反应堆系统所需初始易裂变燃料质量相等并能为新增殖提供燃料所需的时间称为倍增时间(doubling time，DT)。一次循环中钚的储存量越小且 BG 越大，则倍增完成得越快。引入术语"比装载量"，表示系统中钚的质量与输出电功率之比，科学家正在尝试使其达到 2.5kg/MW。同时，长期的燃料照射(如 100000MWd/t)可以有效降低燃料制造成本。BG 值达到 0.4 被视为优秀，但若仅为 0.2 也是非常令人满意的。

25.2　同位素的生产与消耗

增殖反应堆的性能涉及很多可裂变同位素和易裂变材料。除 ^{235}U 和 ^{238}U 外，还有短寿命的 ^{239}Np (2.356d)和 ^{239}Pu (2.411×10^4a)、^{240}Pu (6561a)、^{241}Pu (14.325a)、^{242}Pu (3.75×10^5a)，以及多次中子俘获产生的 Am 和 Cm 的同位素。如图 25.2 所示，链式反应的概念显而易见。为了求出指定时刻出现的任意核素的数量必需解一系列关联方程，每个方程的一般类型为

$$变化率 = 产生率 - 消除率 \tag{25.7}$$

除了在包括吸收(消耗或燃耗)在内的情况下，"消除"比"衰变"更为常见外，这与式(3.15)类似。

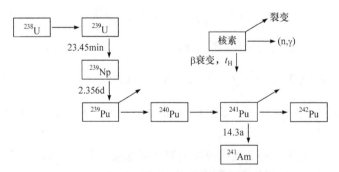

图 25.2　俘获和衰变反应引起钚的同位素产生

可以用微分方程说明平衡方程的求解方法。考虑一个简化的核素三组分系统：^{235}U、^{238}U 和 ^{239}Pu。因为它们的放射性半衰期都比在反应堆中的辐照时间长，所以可忽略其放射性衰变。然而，在衰变和燃耗之间进行类比是很方便的。^{235}U 的损耗方程为

$$\frac{dN_{235}}{dt} = -\phi N_{235}\sigma_a^{235} \tag{25.8}$$

如果假设通量 ϕ 为常量，则微分方程的解为

$$N_{235}(t) = N_{235}(0)\exp(-\phi\sigma_a^{235}t) \tag{25.9}$$

对于 ^{238}U，类似的方程解为

$$N_{238}(t) = N_{238}(0)\exp(-\phi\sigma_a^{238}t) \tag{25.10}$$

忽略 ^{239}U 和 ^{239}Np 的衰变时间，^{239}Pu 的增殖方程为

$$\frac{dN_{239}}{dt} = \phi N_{238}\sigma_\gamma^{238} - \phi N_{239}\sigma_a^{239} \tag{25.11}$$

式中，只能通过 ^{238}U 的俘获而不是通过裂变来产生 ^{239}Pu。假设当反应堆装载燃料时已经存在钚，其数量为 $N_{239}(0)$，则方程的解为

$$N_{239}(t) = N_{239}(0)\exp(-\phi\sigma_a^{239}t) + \frac{N_{238}(0)\sigma_\gamma^{238}[\exp(-\phi\sigma_a^{239}t) - \exp(-\phi\sigma_a^{238}t)]}{\sigma_a^{238} - \sigma_a^{239}}$$

$$\tag{25.12}$$

等号右边第一项为初始 ^{239}Pu 的燃耗；第二项为净产生和净消耗。需注意这些方程在形式上与 3.4 节中涉及母子放射性过程的方程相似。

直接计算原子核的数量很简单，但在改变诸如反应堆功率、中子通量或不同核素的初始比例之类的参数后，计算费时费力。为使这样的计算更加容易，请参阅上机练习 25.A，其中应用了 BREEDER 程序。

在快增殖反应堆中，反应截面随能量迅速变化，因而采用中子单群模型不足以对反应堆中的过程进行分析。对倍增的精确计算需要使用几个中子能群，通过裂变向能群提供中子，通过慢化和吸收去除中子。在上机练习 25.B 中，采用了 16 个群运行计算，并用 FASTRX 程序分析了一个简单的快堆。

25.3 快增殖反应堆

液态金属快增殖反应堆(liquid metal fast breeder reactor，LMFBR)已在世界范围内成功运行。1951 年，位于爱达荷瀑布的实验增殖反应堆-Ⅰ(EBR-Ⅰ)是美国第一座用于发电的动力反应堆。1963～1994 年，其下一代实验增殖反应堆-Ⅱ(EBR-Ⅱ)被用于

测试设备和材料。闭式燃料循环是它的一个重要特征，循环中乏燃料会被去除、化学处理和再制备。科学家设计了独特的搬运设备以便在高放射性条件下完成上述操作。1969 年 9 月，EBR-Ⅱ达到了 62.5MW 的设计功率(Stevenson，1987)。

底特律附近的 Fermi Ⅰ 反应堆是第一座商用 LMFBR。它于 1963 年开始运行，但因冷却剂流动路径堵塞而被损坏，并且修复后只进行了短暂的运行。

位于华盛顿州里奇兰的 400MW 快通量试验装置(fast flux text facility, FFTF)现已关闭，它不发电，但是提供了关于燃料、结构材料和冷却剂性能的宝贵数据。经过多年设计和建设，美国政府取消了名为克林奇河增殖堆项目(Clinch River Breeder Reactor Project，CRBRP)的示范快动力反应堆。在放弃 CRBRP 之前，在美国曾有大量争议。停止该项目的一个争议是仅占约五分之一发电成本的燃料价格增长不会导致转换反应堆关闭或确保其转向更新的技术，除非燃料价格长期增长。这个政治性决定将发展增殖堆的领导权由美国转移至其他国家。

法国与其他欧洲国家合作，获得了发展商业发电增殖堆的主动权。1200MW 的 Shperphenix 是一座全尺寸的池型增殖堆，其建得到了意大利、联邦德国、荷兰和比利时的部分支持(Vendreyes，1977)。由于钠渗漏和公众的强烈反对，该反应堆于 1998 年永久关闭。它的前身是 233MW 的 Phenix，在 1974~2009 年曾作为一个研究平台运行。

随着 Shperphenix 中止运行，发展增殖堆的领导权再次转移，这次转移到了日本，它的 280MW 池型钠冷堆 MONJU 于 1993 年投入运行。它是日本长期计划的一部分，即从 2020 年开始建设一批增殖堆。1995 年，反应堆发生钠泄漏并关闭。对增殖堆重燃的兴趣促进了 MONJU 的重启。

世界上现存最大的 LMFBR 是俄罗斯 Beloyarsk 电厂的 BN-600。1981 年开始供电以来，它是该国运行得最成功的反应堆。表 25.2 列出了它的一些相关特征。俄罗斯的 Beloyarsk 4 接近于完工，它属于更大的 BN-800 型。

表 25.2　BN-600 液态金属快增殖反应堆(Beloyarsk 3 号机组，俄罗斯)

项目	参数
发电功率(净)	560MW
钠冷却剂温度	377℃，550℃
堆芯燃料高度	1.03m
堆芯直径	2.05m
容器高度，直径	12.6m，12.86m
燃料(w/o^{235}U)	UO$_2$ (17, 21, 26)
燃料棒外径	6.9mm
包壳	不锈钢
包壳厚度	0.4mm

续表

项目	参数
组件间距	9.82cm
每个组件燃料棒的根数	127
组件的数量	369
B₄C 棒的数量	27
平均功率密度	413kW/L
循环周期	5.3 月

来源：国际核工程，2012。

使用液态钠作为冷却剂确保了在快堆中只有少量中子被慢化。钠元素在 $208°F(98℃)$ 熔化，在 $1618°F(883℃)$ 沸腾，并具有优良的热传导特性。由于其具有如此高的熔点，含钠的管道必须进行电加热和隔热处理以预防结冰。^{23}Na 吸收中子产生寿命为 15h 的 ^{24}Na，冷却剂因此具有放射性：

$$\ce{^{23}_{11}Na + ^{1}_{0}n -> ^{24}_{11}Na} \tag{25.13}$$

钠与水或空气接触将导致严重的火灾并伴随有放射性扩散，应谨慎防范。可采用中间热交换器以避免发生上述事件。在中间热交换器中，热量从带有放射性的一回路钠传递到没有放射性的二回路钠。

反应堆芯、泵和热交换器有两种可行的物理布置。图 25.3 的池型 LMFBR-A 与热反应堆系统类似，然而在图 25.4 的池型 LMFBR-B 中，所有组成部件都浸没在液态钠池中。两种构想各有利弊，但均可实用。

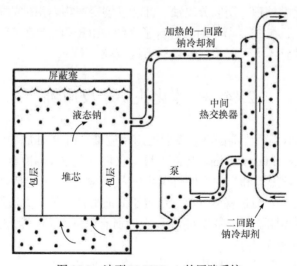

图 25.3　池型 LMFBR-A 的回路系统

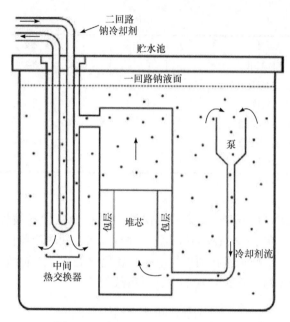

图 25.4 池型 LMFBR-B 的回路系统

　　为了在新可裂变材料生产中获得 BR 最大值，需要至少一个燃料区。增殖反应堆的中子增殖芯块由 MOX 燃料，即铀钚混合物组成。环绕着芯块的是天然/贫化氧化铀包层或增殖包层。在早期设计中，包层用作均匀芯块的反射层，但现代设计包含了芯块内外的包层环，以补偿系统的不均匀性。预计新配置也能提高安全性。

　　部署增殖反应堆需要钚的再循环。这需要核燃料后处理，包含对辐照后的燃料进行物理和化学处理，用以分离铀、钚和易裂变产物。用过的核燃料的后处理与废物处置相关，在 23.5 节中对其进行了介绍。由于担心钚的转移，美国放弃了商业后处理，并且不太可能重启现代动力反应堆。

25.4　一体化快中子反应堆

　　在 CRBRP 取消后，美国继续发展增殖反应堆。EBR-Ⅱ成功延伸出一体化快中子反应堆(integral fast reactor，IFR)项目。它是一个与高温冶金工艺相结合的快增殖反应堆，全部燃料和产物将保留在系统内。其燃料循环包括燃料制造、发电、后处理和废物处理。通过将钚分离作业置于高放射性环境的方法解决了核武器扩散问题。反应堆燃烧了原子序数 89 及以上的所有锕系元素，其无须增加额外燃料且预期使用寿命为 60 年。

　　IFR 的燃料为金属，如导热系数远高于氧化铀陶瓷的 U、Pu 和 Zr 的合金。因此，在相同功率下运行时，其燃料棒中心的温度低于传统反应堆。反应堆冷却剂为在常压下工作的液态钠，无腐蚀性。反应堆位于水池中，良好的自然对流冷却环境解决了冷却剂损耗问题。

EBR-Ⅱ上的实验证明 IFR 具有固有安全性。在一次测试中，当反应堆全功率运行时切断了冷却系统的动力。池型容器内的对流冷却代替了冷却系统，芯块温度只是略微上升。反应堆达到次临界后自行关闭。

采用闭式燃料循环且使用钚燃料的 IFR，将消除公众对乏燃料仓库变成"钚地雷"的担心——反应堆级钚在未来某天发生低威力爆炸。IFR 具有优良的防核扩散性能，与传统核电厂百分之几的铀消耗相比，IFR 能从根本上把铀完全消耗掉。

通过超铀元素再循环，废物中仅含有储存期相对较短的裂变产物。采用 IFR 将不再需要额外的废物仓库。IFR 较为简单，因而有望降低反应堆系统造价。水冷反应堆不再需要大部分的复杂系统，并且同位素分离工厂常年运行所产生的贫铀中含有大量的 ^{238}U，因此 IFR 的基础燃料成本基本为零。

IFR 是经验和数据的来源，也是 21 世纪先进快堆的起点。它具备其他反应堆的共同优点，不排放导致气候变化的温室气体。

尽管继续研发 IFR 具有很多潜在效益，但美国国会仍于 1994 年终止资助。2001年 Stanford 在一次问答会中提到"善意但所知甚少的人民……使如此之多的行政官员和立法委员相信 IFR 有核扩散的风险，因而终止项目。"鉴于已建立的广泛知识基础以及 IFR 必须解决很多已知核能问题的承诺，IFR 的概念仍可能再次兴起。

先进液态金属反应堆(advanced liquid metal reactor, ALMR)或创新小型模块化动力反应堆(power reactor innovative small modular, PRISM)是 IFR 的商业产物，阿贡国家实验室和通用电气公司参与了上述项目。PRISM 是第四代闭式燃料循环反应堆设计。

虽然全世界的注意力主要集中在使用 U 和 Pu 的液态金属冷却快增殖堆上，但是将来某一天其他增殖反应堆概念也可能实现商业化。使用 Th 和 ^{233}U 的热增殖反应堆始终具有吸引力。将 Th 作为可裂变材料(Perry et al.，1972)可以获得有利的 CR 值。在热堆中，中子轰击 ^{232}Th 产生易裂变的 ^{233}U，参见 6.3 节。然而，这会导致特殊的辐射危害。^{233}U 吸收两个中子产生半衰期为 69a 的 ^{232}U，^{232}U 衰变成 ^{208}Tl 的过程中会发射一个 2.6MeV 的γ光子。拥有巨大 Th 储量的印度对 ^{233}U 增殖循环格外感兴趣。为了验证可行性，最初的希平港堆芯被改造成使用 ^{232}Th-^{233}U 的轻水增殖反应堆，并在 1977~1982 年运行(Freeman et al.，1989)。

橡树岭的熔盐反应堆实验是对这类反应堆的延伸实验，它是 20 世纪 60 年代飞机核项目的副产物(参见 22.2 节)。该反应堆验证明以锂盐、铍盐和锆盐作为铀氟化物和钍氟化物溶剂的燃料循环概念是可行的。图 25.5 是采用燃烧 Pu 和少量锕系元素的闭式燃料循环系统的第四代熔盐反应堆。当混合物燃料流经低中子泄漏的堆芯区时，达到临界状态。其他设想有铀和钍燃料颗粒悬浮在重水中；含铍的高温气冷石墨慢化堆内部的(n，2n)反应提高了中子增殖。

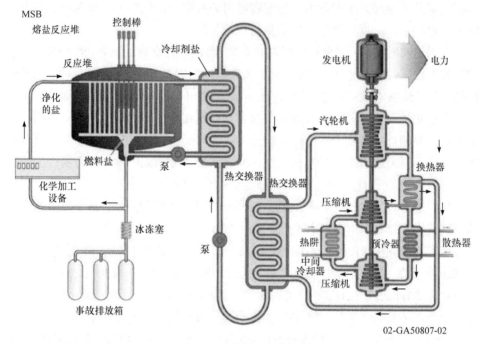

图 25.5　第四代熔盐反应堆
来源：感谢 DOE 提供，DOE，2002

25.5　增殖和铀资源

　　从有效利用铀产生动力的角度，用增殖堆取代转换堆更好。与转换堆百分之几的铀利用率相比，增殖堆能利用几乎全部的铀。可以从两个不同方面看其影响。首先，天然铀的需求将减少为原来的 1/30，在降低燃料成本的同时减少了铀矿开采对环境的影响。其次，燃料供应的期限将延长 30 倍，即低价燃料的使用期限从 80 年延长至 2400 年。然而还不清楚何时真正需要合格的增殖堆。一种过于简单的回答是"当铀变得非常昂贵时。"这种情况尚未迫在眉睫，因为多年来铀供大于求，并且所有分析均表明，增殖堆的建造和运营成本比转换堆更加昂贵。这种趋势到 21 世纪某个时候才有望逆转。采用核能的速度慢于预期,资源消耗率也更低,导致发展商业增殖堆的紧迫性降低。另一个关键因素是美国和苏联大批过剩的武器钚可以 MOX 的形式作为燃料使用。

经济合作与发展组织核能署和 IAEA 在红皮书(IAEA/OECD NEA，2011)中报告了截至 2011 年的铀资源数据。按照铀的成本(低于 40\$/kgU、80\$/kgU、130\$/kgU 和 260\$/kgU)给出了铀储量。在表 25.3 中按照可靠资源(reasonably assured resources，RAR)和推定资源(inferred resources，IR)列出了主要国家的铀储量。在成本低于 130\$/kgU 的情况下，世界铀资源总储量为 5320600t。该表也给出了主要国家用户的年度铀需求量。全球每年的总需求量为 63005t。假设燃料需求不变，这些资源可使用 84 年。

表 25.3　铀的需求和资源　(单位：kt)

国家	年度需求 (2010 年)	国家	可靠铀资源 130\$/kgU
美国	19.140	澳大利亚	1661.6
法国	8.000	哈萨克斯坦	629.1
日本	6.295	俄罗斯	487.2
俄罗斯	4.500	加拿大	468.7
朝鲜*	4.200	尼日尔	421.0
中国	3.900	南非	279.1
德国	2.800	巴西	276.7
乌克兰	2.480	纳米比亚	261.0
加拿大	1.600	美国	207.4
瑞典	1.580	中国	166.1
西班牙	1.390	乌克兰	119.6
英国	0.985	乌兹别克斯坦	96.2
比利时	0.925	蒙古国	55.7
捷克共和国	0.885	坦桑尼亚	36.7
印度	0.735	约旦	33.8
芬兰	0.455	阿根廷	18.5
巴西	0.450	马拉维	12.3
匈牙利	0.435	中非共和国	12.0
墨西哥	0.405	瑞典	10.0
斯洛伐克共和国	0.370	斯洛文尼亚	9.2
南非	0.290	斯洛伐克共和国	9.0
保加利亚	0.255	印度尼西亚	8.4
斯洛文尼亚	0.210	土耳其	7.3

续表

国家	年度需求 (2010 年)	国家	可靠铀资源 130$/kgU
瑞士	0.210	葡萄牙	7.0
罗马尼亚	0.190	罗马尼亚	6.7
阿根廷	0.120	日本	6.6
巴基斯坦	0.075	意大利	6.1
亚美尼亚	0.065	加蓬	4.8
荷兰	0.060	墨西哥	2.8
合计	63.005	合计	5320.6

来源：IAEA/OECD NEA，2011。

* 原文为 Korea，未明确是朝鲜还是韩国，或是两者合称。

使用全球数据掩盖了分布问题。表 25.3 列出了在"需求"和"资源"类排名靠前的一些国家，可以看到悬殊惊人。澳大利亚和哈萨克斯坦作为主要的潜在铀供应国，不在使用国名单中。然而，第二大使用国——法国的铀资源几乎为零。因此，必然存在大量的进出口贸易以满足燃料需求。未来可能会出现一个 "OUEC" [1] 垄断集团，代替石油输出国组织(OPEC)。换而言之，这意味着为了确保不间断的核能生产，一些国家在发展增殖反应堆方面会比其他国家感兴趣得多。

表 25.4 是美国铀产量的相关数据，其中不包含磷酸盐和铜开采的副产品、铀同位素分离过程产生的大量贫铀储备。这些材料和天然铀一样宝贵，可用作包层材料来生产钚。美国主要的储备从大到小依次位于怀俄明州、新墨西哥州、科罗拉多州、得克萨斯州(滨海平原)和俄勒冈州-内华达州边界附近。铀浓度最高的估算附加资源(estimated additional resources, EAR)位于犹他州和亚利桑那州。大部分矿石产自砂岩；2012 年有大约 11 个铀矿在运营。1970 年代中期，人们预计核能将快速增长，然而自那时起地面钻孔勘探活动持续减少。

表 25.4　美国铀产量的相关数据

项目	数据
U_3O_8 的预测储量低于 30$/lb 和低于 100$/lb	51.8 百万磅和 304 百万磅
U_3O_8 的年铀矿产量	4.335 百万磅
总的矿场和来源	12
就业人数	1196
总的费用	352.9 百万美元
铀(U_3O_8)浓缩物的平均成本	49.63$/lb

资料来源：(美)能源信息管理局，2013。

---

1 作者假设了一个铀输出国组织(Organization of Uranium Exporting Countries，OUEC)。译者注。

因为预计未来化石燃料的枯竭将导致能源短缺，所以核学界有非常多的观点倾向将转换反应堆产生的乏燃料储存起来而不是作为废物掩埋。如果采用这一策略，则可以回收乏燃料中的钚。钚将作为新一代快增殖反应堆的初始装料，再生铀作为包层材料。

核电厂的燃料成本因铀的含能量非常高而相对较低，约为运营成本的 5%。然而，如果供应不足导致库存短缺，燃料价格可能会大幅上升。

1980 年左右，U_3O_8 的价格达到 46\$/lb 的峰值，但在随后几十年间跌至 2000 年的仅 7\$/lb。原因在于出现了二次来源，如库存品的贫化产物和释放出的武器铀。少量的二次燃料来自再循环、对分离后尾矿的再浓缩和多余的钚。预计未来几年替代品将减少。随着美国出现核能复兴，以及法国、印度、韩国和中国等国也在扩大核能力，铀价可能会上涨。事实上，美国支付的平均价格已经从 2001 年的 10\$/lb 升至 2012 年的 55\$/lb。

铀的勘探和开采将因铀需求量的增长而增加，但将受限于人才缺乏。据说有充足的资源，但在稳定的价格结构建立之前，回收投资可能会很慢。

最后，在发现新资源和可用的核燃料之间有很长的时间延迟，部分原因在于监管混乱和公众反对。在参考文献 Price(2006) 和 Combs(2006) 中深入讨论了这些问题。

出于几种原因，无法预测快增殖反应堆的应用速度。全尺寸商业增殖反应堆资金成本和运营成本尚未完全确定。存在良好的轻水反应堆以及国家对低浓缩铀或 MOX 的购买能力，往往会延缓安装增殖堆。可以想象：由于燃料资源限制，增殖堆能在 21 世纪取代传统转换反应堆。增殖堆可为充分开发核聚变、太阳能和地热能等替代能源争取时间。在第 26 章中，将考虑聚变的前景。

25.6 再循环和增殖

"循环"是指核燃料的管理模式，有以下几类：一次通过式，即目前美国在商业上采用的做法，将用过的燃料储存或掩埋；再循环，再次加工乏燃料，重新使用某些产物；闭式循环，所有材料保留在一个系统内，包括核处理和化学处理，并将很多不想要的放射性同位素燃尽；增殖，可产生不少于初始燃料的易裂变材料。各种运行模式所需设备明显不同；就安全、安保和各种相关运行成本而言，各种运行模式导致的结果也不相同。

在第二次世界大战后的 1945～1970 年，反应堆研发处在起步阶段，人们认为铀的储量有限，特别是就核能的预期增长而言，因此有必要通过后处理将 ^{238}U 转换为 ^{239}Pu。但核能增长并未出现，因而导致铀过剩。Carter 总统中断了后处理，后由 Reagan 总统恢复，但与此同时，工业界认为这一过程太过昂贵。

Wilson(1999)对后处理和增殖作了令人信服的论述：可能 50～100 年后，铀矿成本过高将导致对后处理与增殖的需求增加。然而，他提出了另一个继续进行后处理的环境原因，即反对高放射性废物的地下处置。增殖循环通过后处理可以减少废物体积并消除很多决定仓库特性[1]的长寿命放射性同位素。

需要维持一个包括数据和方法的信息库和具有知识和技能的人才队伍，这是另一个从核、物理和化学方向继续开展关于再循环和后处理的相关研究、发展、测试和部署工作的重要理由。在职业生涯中积累了大量经验的核科学家、工程师和技师在不断退休，故保持人才队伍尤其重要。基于上述想法，考察了具有未来前景的活动。

第四代规划中的两种概念是铅冷快堆(lead-cooled fast reactor，LFR)和钠冷快堆(sodium-cooled fast reactor，SFR)，如 18.8 节所述。复兴的 IFR 在再循环和增殖这两个特征上都有所变化。在取消前，IFR 被认为非常成功。它有希望完全利用铀并取代只有百分之几利用率的轻水反应堆。有断言称：这种反应堆系统本质上具有使核能用之不竭和满足人类长期能源需求的潜力。

IFR 是采用钠冷却剂、金属燃料和高温冶金化学处理的闭式循环反应堆。燃料具有高放射性，因而转移与扩散实际上是不可能的。该系统具有燃烧对废物仓库特性起重要影响的同位素(Pu、Np、Am 和 Cm)的潜力。剩余废物的半衰期相对较短且数量少，故无须额外的仓库。依靠这种运行模式，IFR/先进快堆(advanced fast reactor，AFR)型系统能够处理多余的武器钚、现有乏燃料、同位素分离所积累的铀，并最终处理天然铀。

Hannum 等(2005)在一篇关于快堆研发的论文中以有力的实例比较了一次通过式循环、钚再循环和完全再循环。阿贡国家实验室的 Finck(2005)对美国国会的证词中深入论述了再循环的价值；Chang(2002)充分描述作为 IFR 的延伸，发展 AFR 的需求。Lightfoot 等(2006)分析了核燃料储备和使用。最后，美国核学会 2005 年发表了一份标题为《快堆技术：通往长期能源可持续发展的道路》的立场声明(ANS，2005)。

25.7 小　结

如果中子增殖因子 η 大于 2 且中子损失降至最低，就能实现增殖，即产生的燃料量大于消耗量。CR 衡量了反应堆系统将可裂变材料(如 ^{238}U)转化为易裂变材料(如 ^{239}Pu)的能力。完全转换要求 CR 值接近 1。使用液态钠且 BR 值大于 1 的快

---
*

1 长寿命放射性同位素的种类和数量决定了存储仓库辐射防护水平的高低。译者注。

增殖堆已建成并运行,但取消了一些发展项目。俄罗斯的一座大型增殖堆在持续运行。世界各国铀资源的储量和需求量差距悬殊。增殖堆的应用可以将裂变能的选择由几十年延长至几个世纪。

25.8 习 题

25.1 CR 和 BG 的最大可能值是多少?

25.2 一种先进转换堆能将供给的天然铀利用 50%。假设使用了所有的 ^{235}U 和 ^{239}Pu,则 CR 值必须为多少?

25.3 请解释为什么使用天然铀包层是增殖反应堆的一个重要特征?

25.4 如果 $v = 2.98$,$\sigma_f = 1.85$,$\sigma_\gamma = 0.26$,$l = 0.41$,请计算快 ^{239}Pu 反应堆的 η 和 BG 值(无须考虑快裂变因子 ε)。

25.5 当 BR = 1.20 时,运行一座只使用钚的快增殖反应堆需燃烧多少千克燃料才能积累额外 1260kg 的易裂变材料?如果反应堆功率为 1250MW,那么需要多长时间(分别用天和年作单位)?注意 1MWd 约需 1.3g 钚。

25.6 ①证明如果要消耗铀燃料反应堆中全部的 ^{235}U、^{238}U 和 ^{239}Pu,那么需要 CR=γ_{238};②所用的铀必须为天然丰度,是正确的吗?

25.7 ①用图 16.5 中的中子循环,为 l 推导一个同式(25.5)一样的公式,注意 $\eta = \eta_{235} \Sigma_a^{235} / \Sigma_a^U$;②计算 l 的值并证明替代公式给出的答案与例 25.2 中的 CR=0.747 相同。

25.8 ①计算 ^{23}Na(n, γ) 的反应阈能;②^{24}Na 的衰变产物是什么?

25.9 OECD 估算在 260\$/kgU 条件下的确定铀资源为 7.096Mt,那么按照世界 2010 年的世界需求量可以供应多少年?

25.9 上 机 练 习

25.A 成功的增殖反应堆的易裂变材料产生量应大于消耗量。用上机程序 BREEDER 检验这种可能性,该程序允许使用从武器材料组件的早期临界实验中推导出的 ^{235}U、^{238}U 和 ^{239}Pu 反应截面或是更多适用于动力反应堆设计的现代反应截面。①运行程序,改变参数,以探索趋势;②使用关于两种反应截面的选项作为普通输入:^{235}U 摩尔分数为 0.003(贫铀),钚体积分数为 0.123,快通量为 $4.46 \times 10^{15} \text{cm}^{-2} \cdot \text{s}^{-1}$;③讨论对于趋势的观察结果并使用假定的反应截面解释该结果。

25.B FASTRX 程序用洛斯·阿拉莫斯国家实验室准备的经典的 16 组 Hansen-Roach 反应截面解出了快增殖堆的中子平衡方程。可以在报告《反应堆物理常数》(Reactor Physics Constants，ANL-5800，1963 年，第 568 页)中找到这些输入数字。根据菜单运行程序，观察输入数据和计算结果。使用在上机练习 16.A 中获得的数据计算纯 ^{235}U 的情况，将其计算结果与采用 CRITICAL 程序获得的结果进行比较。

参 考 文 献

American Nuclear Society (ANS), 2005. Fast reactor technology: A path to long-term energy sustainability. ANS Position Statement, ANS-74-2005.

Chang, Y. I., 2002. Advanced fast reactor: A next-generation nuclear energy concept. Am. Phys. Soc. Phys. Soc. 31 (2), 3–6. http: //www. aps. org/units/fps/newsletters/2002/april/a1ap02. html.

Combs, J., 2006. Jeff Combs: Comments on the global nuclear fuel market. Nucl. News 49 (3), 30–34.

Finck, P. J., 2005. Hearing on nuclear fuel reprocessing before the house committee on science, energy subcommittee(June 16). http: //www. gpo. gov/fdsys/pkg/CHRG-109hhrg21711/html/CHRG-109hhrg21711. htm.

Freeman, L. B., Beaudoin, B. R., Frederickson, R. A., Hartfield, G. L., Hecker, H.C., Milani, S., Sarber, W. K., Schinck, W. C., 1989. Physics experiments and lifetime performance of the light water breeder reactor. Nucl. Sci. Eng. 102 (4), 341–364.

Hannum, W. H., Marsh, G.E., Stanford, G.S., 2005. Smarter use of nuclear waste. Sci. Am. 293 (6), 84-91. www.nationalcenter.org/NuclearFastReactorsSA1205.pdf.

International Atomic Energy Agency (IAEA)/OECD Nuclear Energy Agency (NEA), 2011. Uranium: Resources,Production and Demand. IAEA/OECD NEA. www.iaea.org/OurWork/ST/NE/NEFW/Technical_Areas/NFC/uranium-production-cycle-redbook.html. A biennial publication; the "Red Book."

Lightfoot, H. D., Manheimer, W., Meneley, D.A., Pendergast, D., Stanford, G. S., 2006. Nuclear Fission Fuel Is Inexhaustible. IEEE EIC Climate Change Technology.

Nuclear Engineering International, 2012. 2012 World Nuclear Industry Handbook. Nuclear Engineering International.

Perry, A. M., Weinberg, A. M., 1972. Thermal breeder reactors. Ann. Rev. Nucl. Part. Sci. 22, 317–354.

Price, R. R., 2006. Will higher uranium prices restore domestic U. S. production? Nucl. News 49 (3), 25–29.

Stanford, G. S., 2001. Integral Fast Reactors: Source of Safe, Abundant, Non-Polluting Power. National Center for Public Policy Research. www.nationalcenter.org/NPA378.html. AFR predecessor.

Stevenson, C. E., 1987. The EBR-II Fuel Cycle Story.American Nuclear Society.

U.S. Department of Energy, 2002.A Technology Roadmap for Generation IV Nuclear Energy Systems, GIF-002-00.

U.S. Energy Information Administration (EIA), 2013.2012 Domestic Uranium Production Report.

DOE EIA. www. eia. gov/uranium/production/annual/.

Vendreyes, G. A., 1977. Superphenix: a full-scale breeder reactor. Sci. Am. 236, (3), 26–35.

Wilson, R., 1999. The changing need for a breeder reactor. In: The Uranium Institute Twenty-Fourth Annual International Symposium.

延 伸 阅 读

Cochran, T. B., 1974. The Liquid Metal Fast Breeder Reactor: An Environmental and Economic Critique. Resources for the Future Press.

Hannum, W. H. (Ed.), 1997. The technology of the integral fast reactor and its associated fuel cycle. Progr. Nucl. Energ. Special Issue. 31 (1–2).

International Atomic Energy Agency (IAEA), 1999. Status of liquid metal cooled fast reactor technology. IAEATECDOC-1083, www. iaea. org/inis/collection/NCLCollectionStore/_Public/30/023/30023917. pdf.

Judd, A. M., 1981. Fast Breeder Reactors: An Engineering Introduction. Pergamon Press.

Kang, J., von Hippel, F. N., 2001. U-232 and the proliferation-resistance of U-233 in spent fuel. Sci. Global Secur. 9 (1), 1–32.

U. S. Department of Energy (DOE)/Argonne National Laboratory. Advanced Fast Reactor, www. ne. anl. gov/research/ardt/afr/index. html.

U. S. Energy Information Administration (EIA), 2010. U. S. Uranium Reserves Estimates. DOE EIA. www. eia. gov/cneaf/nuclear/page/reserves/ures. html.

Waltar, A. E., Reynolds, A. B., 1981. Fast Breeder Reactors. Pergamon Press.

Wirtz, K., 1976. Lectures on Fast Reactors.American Nuclear Society.

World Information Service on Energy (WISE). Uranium Project, www. wise-uranium. org. Includes a nuclear fuelsupply calculator and listings of organizations handling fuel.

Zaleski, C. P., 1985. Fast breeder reactor economics. In: Ott, K.O., Spinrad, B.I. (Eds.), Nuclear Energy: A Sensible Alternative. Plenum Press.

聚变反应堆

本章目录

　　与产生裂变能的裂变反应堆相比，允许可控释放聚变能的装置称为聚变反应堆。如第 7 章所述，聚变过程中潜在的有效能极大。虽然尚未在实践基础上证明可控热核能的可能性，但是近年来取得的进展给人以鼓舞——聚变反应堆能够在 21 世纪投入运行。在本章中，将回顾核反应类型的选择，研究可行性和实用性的必要条件，并描述已测试装置的物理性质[1]。

26.1　聚变反应的比较

　　如 7.1 节所述，D-D、D-T 和 D-^{3}He 是轻同位素聚合放能的主要核反应，每种反应各有优劣。D-D 反应使用的氘是一种丰富的天然燃料，它可通过同位素分离法从

1　感谢 John G. Gilligan 对本章的建议。

水中提取。但这两种可能性基本相等的反应[1]产生的能量较低(4.03MeV 和 3.27MeV)。反应率是粒子能量的函数，D-D 情况下的反应率比 D-T 低。如图 26.1 所示，与仅含有反应截面一个参数的变量相比，依赖于反应截面和粒子速度的反应率$\overline{\sigma v}$更有意义。

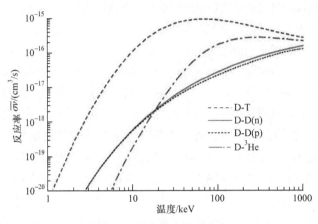

图 26.1　聚变反应的反应率

当乘以粒子密度后，$\overline{\sigma v}$值(反应截面与速度乘积的麦克斯韦分布的平均值)表示单位体积的聚变速率

D-T 反应产生一个氦离子和一个能量如下所示的中子：

$$^2_1\text{H} + {}^3_1\text{H} \longrightarrow {}^4_2\text{He}\,(3.5\ \text{MeV}) + {}^1_0\text{n}\,(14.1\ \text{MeV}) \tag{26.1}$$

D-T 反应截面大并且能量输出可观。与 D-D 反应的 48keV 相比，D-T 反应的理想点火温度仅为 4.4keV(图 7.2)，使得采用 D-T 反应更易实现实用化聚变。然而，其缺点是需要人造同位素氚。根据以下两种反应，可通过锂的中子俘获产生 T：

$$\begin{aligned}
{}^6_3\text{Li} + {}^1_0\text{n} &\longrightarrow {}^3_1\text{H} + {}^4_2\text{He} + 4.8\ \text{MeV} \\
{}^7_3\text{Li} + {}^1_0\text{n} &\longrightarrow {}^3_1\text{H} + {}^4_2\text{He} + {}^1_0\text{n} - 2.5\ \text{MeV}
\end{aligned} \tag{26.2}$$

与裂变反应堆类似，中子可以来自增殖循环的 D-T 聚变过程。因此，液态锂能够同时用作冷却剂和增殖包层。D-T 反应产生一个作为副产品的中子，这是聚变装置的一个局部缺点。14.1MeV 中子的轰击能够轻易毁坏墙体材料，因而需要频繁更换墙体。同样，中子俘获导致建筑材料具有放射性。虽然存在工程和运行困难，然而通过无中子反应获得足够高的能量将是一个重大科学挑战。

锂的可获取量不如氘丰富，因而限制了 D-T 反应的使用。综上所述，D-T 聚变反应堆最有可能第一个投入运行，并且它的成功可能会推动 D-D 反应堆的发展。

1　指 ${}^2_1\text{H} + {}^2_1\text{H} \longrightarrow {}^3_1\text{H} + p + 4.03\ \text{MeV}$ 和 ${}^2_1\text{H} + {}^2_1\text{H} \longrightarrow {}^3_2\text{He} + n + 3.27\ \text{MeV}$ 这两种反应。译者注。

26.2 实用聚变反应堆的必要条件

将聚变发展成一种新能量来源必须完成几个层次的工作。第一层次是实验室的实验工作，证明可在单个粒子尺度上实现这个过程，并测量反应截面和产额；第二个层次是测试各种装置和系统以实现输出能量不小于输入能量的目标，并了解这些过程的科学基础；第三个层次是建造和运行净功率为兆瓦级的装置；第四个层次是改进设计和结构以使这种动力来源具备经济竞争力。第一个层次的工作已经实现了一段时间，第二个层次的工作进展顺利并极有望成功，第三个层次和第四个层次留待21世纪完成。

氢弹是聚变能的首次应用，可以想象在地下深处的热核爆炸能为发电提供热源，但环境问题和国际政治形势排除了这种方式。因此，发展了两种方法及相应装置。一种方法是加热点燃被电场力和磁力约束在一起的等离子体，即磁约束聚变(magnetic confinement fusion，MCF)；另一种方法是用激光束或带电粒子束轰击燃料靶丸来压缩和加热材料从而点火，即惯性约束聚变(inertial confinement fusion，ICF)。上述方法必须满足特定条件才能视为成功。

第一个条件是达到 D-T 反应 4.4keV 的理想点火温度。第二个条件涉及聚变燃料粒子数量密度 n 和反应的约束时间 τ，称为劳森判据，通常表示为

$$n\tau \geqslant \begin{cases} 10^{14}\ \text{s/cm}^3, & \text{D-T反应} \\ 10^{16}\ \text{s/cm}^3, & \text{D-D反应} \end{cases} \tag{26.3}$$

对于 MCF，通过判断等离子能量和功率可以得到类似公式。假定每立方厘米的粒子数为 n_D 个中子、n_T 个氚核和 n_e 个电子。再者，使重粒子总数为 $n = n_D + n_T$，反应核数量相等 $n_D = n_T$，且为电中性 $n_e = n$。聚变燃料粒子的反应率为 $n_D n_T \sigma v$(参见 4.4 节)，若每次反应的能量输出为 E，聚变功率密度与离子数密度的平方成正比：

$$p_f = n^2 \sigma v E / 4 \tag{26.4}$$

功率损耗率可以表示为内能 $(n_e + n_D + n_T)\,(3kT/2)$ 和约束时间 τ 的商，即

$$p_l = 3nkT / \tau \tag{26.5}$$

使功率相等并求解：

$$n\tau = \frac{12kT}{\sigma v E} \tag{26.6}$$

例 26.1 对于 D-T 反应，在 $kT = 4.4$ keV 的理想点火能量下，图 26.1 中的 $\overline{\sigma v}$ 值近似为 $10^{-17}\,\text{cm}^3/\text{s}$，令 σv 等于 $\overline{\sigma v}$。将聚变能 $E = 17.6$ MeV 代入式(26.6)得

$$n\tau = \frac{12kT}{\sigma v E} = \frac{(12)(4.4\ \text{keV})(10^{-3}\,\text{MeV/keV})}{(10^{-17}\,\text{cm}^3/\text{s})(17.6\ \text{MeV})} \approx 3 \times 10^{14}\ \text{s/cm}^3$$

这个结果在量级上是正确。无论如何，劳森判据只是凭借研究和发展来表明聚变过程的一种粗略经验方法。评估实际系统需要详细分析和实验测试。ICF 必须满足类似条件，达到足够的离子温度。劳森判据的形式稍有不同，它将压缩燃料小丸的密度 ρ 和半径 r 联系起来：

$$\rho r > 3 \text{ g} / \text{cm}^2 \tag{26.7}$$

为了利用其加热效应，半径需大于 α 粒子的射程。

例 26.2　假定 D 和 T 的液态混合物是半径为 1mm 的球体，密度为 0.18g/cm³，按照因子 $C=2500$ 被压缩，因为质量为常数，所以压缩率定义为 $C = \rho_{\text{final}} / \rho_{\text{initial}} = V_{\text{initial}} / V_{\text{final}}$。因此，密度增加至：

$$\rho_{\text{final}} = \rho_{\text{initial}} C = (0.18 \text{ g/cm}^3)(2500) = 450 \text{ g/cm}^3$$

相反地，半径减少至：

$$C = \frac{V_{\text{initial}}}{V_{\text{final}}} = \frac{(4/3)\pi r_{\text{i}}^3}{(4/3)\pi r_{\text{f}}^3}$$

$$r_{\text{f}} = r_{\text{i}} / \sqrt[3]{C} = (1 \text{ mm}) / \sqrt[3]{2500} \approx 0.0737 \text{ mm}$$

最终密度和半径符合要求，即

$$\rho r = (450 \text{ g/cm}^3)(0.00737 \text{ cm}) \approx 3.3 \text{g/cm}^2 > 3 \text{g/cm}^2$$

有趣的是，因子变成乘积 $n\tau$ 后，两类聚变反应的数值差异很大。对于 MCF，典型值为 $n = 10^{14} / \text{cm}^3$ 和 $\tau = 1 \text{s}$；而对于 ICF 则为 $n = 10^{24} / \text{cm}^3$ 和 $\tau = 10^{-10} \text{s}$。

分析聚变反应堆涉及很多其他物理参数和工程参数。在上机练习 26.A 中讨论了一系列有用的计算公式和方法。

可以用能量输出和能量输入之比 Q 衡量聚变实用化的进展。定义等离子体的四个阶段：第一阶段，输入能量必须大于输出能量，$Q < 1$；第二阶段，盈亏平衡阶段，聚变能量等于输入能量，$Q = 1$；第三阶段，对于运行的聚变电厂，Q 远大于 1(如 10)；第四阶段，等离子体经点火后在没有外部输入的情况下自行加热燃烧，且 Q 无穷大。

26.3　磁约束装置

人们设计了很多复杂的 MCF 装置，用以产生等离子体和提供必要的电场和磁场来实现对放电的约束。可以考察其中部分装置来说明各种可能的方法。

首先考虑一根简单的放电管，它由一根带有两个电极的充气玻璃圆柱构成，如图 26.2(a)所示，与熟悉的日光灯管类似。电势差加速电子，引起原子激发和电离。已建立的等离子体离子密度和温度比聚变所须的要低很多个量级。如图 26.2(b)所示，在放电管外缠绕载流线圈可以减少电荷向腔壁扩散并损失的趋势。这样产生了一个沿放电管轴向的磁场，电荷沿着像拉长的弹簧线圈形状的螺旋路线移动。该运动类似离子在回旋加速器(9.4 节)或质谱仪(15.1 节)中的运动。

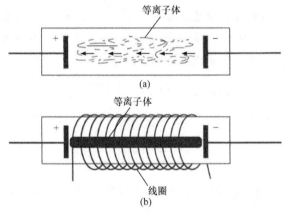

图 26.2　电荷放电

在典型磁场和等离子体温度条件下，电子运动半径为 0.1mm 量级，重离子运动半径接近 1cm 量级(见习题 26.1)。为进一步提高电荷密度和稳定性，增大沿放电管方向的电流以利用箍缩效应，其现象是当两根电线通过相同方向电流时会产生电磁吸引力。沿放电管长度方向移动的每个电荷形成一股微小电流，电流间的引力对放电过程进行约束。

上述两种磁效应都不能阻止电荷沿放电管方向自由移动，在放电管两端会损失离子和电子。为解决这个问题，人们尝试了两种方法。一种方法是在接近放电管终端处缠绕额外的载流线圈以增强此处的磁场，迫使电荷回到弱场区域(即被反射)。这种磁镜装置并非完全反射。另一种方法是将真空室及缠绕其上的线圈弯曲成八字形从而产生无接头环带磁场。仿星器是这种结构的早期版本，它无须内部电流来实现等离子体约束，因而至今仍被认为是一个有利的系统，其能够连续运行而不是脉冲式运行。

一种完全不同的解决电荷损失问题的方法是在一根被称为环形室线圈的环形管内产生放电，如图 26.3 所示。苏联科学家在 1960 年左右成功研制出第一台环形聚变装置，称为托卡马克(tokamak)，即环形真空室磁线圈(toroid-chamber-magnet-coil)的俄文首字母缩写词。该放电管没有终端，因而线圈产生的磁场线是连续的。

电荷沿环行线路自由运动而不发生损耗。尽管如此，环形磁场在管子横截面上是变化的，导致粒子向管壁微弱迁移。使一股电流穿过等离子体，产生一个角向磁场以阻止这种迁移，磁力线环绕着电流并趋向于抵消引起迁移的电场。垂直磁场也用于稳定等离子体。

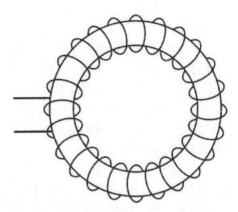

为了将 MCF 装置中的等离子体加热至所需的高温，设计了许多提供热能的方法。第一种方法是电阻(欧姆)加热，已应用于托卡马克装置。环形室线圈中的变化电流在等离子体内感应出电流。

图 26.3　环形室线圈中的等离子体约束

电阻为 R 时，电流功率为 I^2R。不含杂质原子的"干净"氢等离子体的电阻率与铜相等。杂质使电阻率增大四倍以上。出于稳定性考虑，可接受的欧姆加热量存在限值。

第二种方法是中性粒子注入。事件顺序如下：①由氢同位素组成的气体被电子束电离；②产生的氢离子和氘离子通过真空室时被近 100kV 的电压加速到高速；③离子穿过氘气并通过电荷交换转换为定向中性原子；④剩余慢离子被磁场排出，而中性粒子自由穿过磁场将能量传给等离子体。

第三种方法是使用微波，在一定程度上类似其在烹饪上的应用。由射频发生器提供能量，它通过传输线连接到紧邻等离子体腔室的天线上。微波进入腔室并消失，将能量传给电荷。如果频率合适，能够实现微波和电子或离子的固有圆周频率之间的谐振耦合。如 9.1 节所述，电子回旋加速器射频或离子回旋加速器射频这一说法源自一个带电量为 q，质量为 m 的电荷在场强为 B 的磁场中的角频率，它正比于 qB/m。

因为聚变反应燃烧氘-氚燃料，所以新燃料必须以气体或离子束流或液态/固态粒子的形式注入等离子体中。最后一种方法似乎最佳，尽管热等离子体有可能在放电之前就摧毁小丸。从小丸表面脱离出的粒子似乎形成了一层保护云。由约 10^{20} 个原子组成，以 $80\,\mathrm{m/s}$ 移动的压缩液态氢气小丸以每秒 40 个的速度注入。

采用电磁学的数学理论推导使电荷形成稳定排布的磁场形状。然而，任何干扰都能改变磁场进而影响电荷迁移，导致磁场不稳定，从而有可能破坏磁场结构。由于存在电荷，对上述行为的分析比一般的液体流动要复杂得多。在液体或气体中，当雷诺数达到一个确定值时，湍流开始出现。在自身带有电场和磁场的等离子体中，需要很多额外的无量纲数。例如，等离子体气压和磁压之比 β、平均自由程和等离子体尺寸之比、离子轨道和德拜长度(测量电场对电荷云的穿透)。人们已能很好地理解几种不稳定性，如"扭曲型"和"腊肠型"，并且可以通过确定某些条件对其进行修正。

由于存在各种各样的材料工程问题，等离子体稳定性还不足以确保聚变反应堆实用化。D-T 反应产生的 14MeV 中子会造成等离子体真空室内衬的辐射损伤。另外，当等离子体瓦解时，电场力导致失控的电子轰击腔室壁并产生大量的热。选择合适的材料，从而将对直接面向等离子体部件的影响降至最小，并降低部件的更换频率。例如，石墨纤维复合材料，类似航天飞机重返大气层时表面保护的材料。其他可能的室壁材料有碳化硅、铍、钨和锆(最后一种金属或许可以由一种不吸收中子的同位素浓缩得到)。材料挥发为真空室内衬提供了一定的自我防护，能量被蒸汽屏蔽层吸收。

最终的实用化聚变反应堆需要一套产氚系统。可以考虑一种由氟、锂和铍(Li_2BeF_4 称为 flibe)组成的熔盐替代液态锂用于增殖包层。铍的(n, 2n)反应将增强氚的增殖。另一种可能性是使用氧化锂(Li_2O)陶瓷。

在世界各地的研究机构中建造了许多托卡马克装置。著名的例子如下：

(1) 在普林斯顿的托卡马克聚变试验反应堆(tokamak fusion test reactor, TFTR)，现已关闭，它曾经达到非常高的等离子体温度。

(2) 英格兰阿宾顿的 Culham 聚变能中心的联合欧洲环(joint European torus，JET)，是几个国家合作的结晶，它采用了 D-T 反应。图 26.4 展示了 JET 的内部空间，其中一个人作为参照标尺。

图 26.4　Culham 聚变能中心的托卡马克聚变反应堆——欧洲联合环的内部
来源：感谢欧洲联合环提供

(3) 日本的 Torus-60(JT60 的升级)用于研究等离子体物理。国家聚变科学研究所也运行着一台被称为新式仿星器的大型螺旋装置。

　　(4) 通用原子公司位于圣地亚哥的 DⅢ-D 装置是 DoubletⅢ 的改进版。它除了起分流偏滤器[1](一种从聚变反应中去除杂质的磁选法)的作用以外，还涉及对湍流、稳定性和相互作用的科学研究。

　　(5) 麻省理工学院的 Alcator C-Mod，一台高综合性能的紧凑型装置。

　　人们还对托卡马克装置以外的设想开展了研究。普林斯顿等离子体物理实验室在进行国家球形环面实验[2]时，在实验中一个洞穿过了球形等离子体。2008 年 DOE 取消了国家紧凑型仿星器实验[3]，该实验中的真空室为八字形。

26.4　惯性约束装置

　　另一种实现实用化聚变的方法是 ICF，它将非常小的氘氚混合物小丸作为高密度气体或冰状物使用，使用激光或高速粒子加热小丸。小丸起到小型氢弹的作用，爆炸并将其能量传给腔壁和冷却介质。图 26.5 显示了一枚带有一些小球的 25

图 26.5　用于激光聚变的含有 D-T 气体的小球
来源：LANL 提供，No.CN 76-6442

---

1 分流偏滤器也称偏滤器。译者注。

2 http://www.pppl.gov/nstx。

3 http://ncsx.pppl.gov。

分硬币。小球直径约为 0.3mm。大量激光束或离子束从不同方向瞄准小丸以产生热核反应。一台称为驱动器的设备将一个纳秒级的能量脉冲输送给小丸。其机制为初始能量从微球体表面蒸发物质，其方式类似于进入地球大气层时航天器表面的烧蚀。离开小球的粒子围绕球面形成一团等离子体，这样能吸收更多能量。引导电子穿过球面并对球面加热导致更多烧蚀。当粒子离开表面时，它们给球内物质一个反冲力，如同用逸出气体推进航天火箭一样。冲击波向内传播，将 D-T 混合物压缩到正常密度和温度的成千上万倍。在中心区，一个能量约为 1keV 的火花点燃了热核反应。燃烧的锋面在前进中消耗 D-T 燃料，并伴随有 α 粒子的向外运动。能量由中子、带电粒子和电磁辐射共享，最终全部能量将以热能的形式回收。一致的数据为：1mgD-T/小丸、5MJ 驱动能量、能量增益(聚变驱动)约为 60、频率为每秒 10 发。

在另一种间接加热方法中，激光或离子轰击被称为黑腔靶的小丸腔壁，产生驱动小丸靶的 X 射线。除了能量效率高之外，该方法的另一个优点是对 X 射线辐照的焦点不敏感。

在一系列微爆中释放出的能量将沉积在一层液体(如锂)中，锂在容器表面不断循环，然后流出到热交换器中。将聚变反应和金属壁隔离有望减少材料损坏量。另一种候选的腔壁保护器是液态铅和 Li₂BeF₄。这样可能不需要经常替换腔壁或是安装特殊抗腐蚀涂层。图 26.6 展示了激光聚变反应堆的布置示意图。

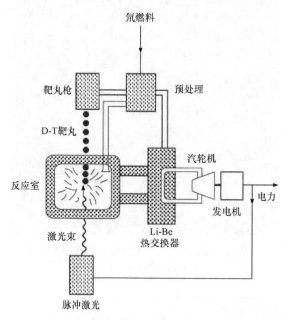

图 26.6　激光聚变反应堆的布置示意图

美国在多地开展了 ICF 研究工作。

(1) 劳伦斯·利弗莫尔国家实验室(LLNL)在 1985～1999 年运行了 Nova 装置。它采用了 10 束独立的钕玻璃激光束,可在 1ns 脉冲内传输 40kJ 波长为 351nm 的光。这是第一台超过劳森判据的 ICF 装置。一个综合性网站上讨论了该实验[1]。LLNL 同样是国家点火装置(national ignition facility, NIF)所在地。该装置有两个目的:一是为美国 ICF 研究计划提供关于靶物理的信息;二是代替地下试验的真实装置(参见 27.5 节)模拟热核武器内部状况。NIF 在一个燃料靶丸上聚焦了 192 束激光,其设计允许采用直接或间接加热。在成功测试了一条名为 Beamlet 的束线后,Beamlet 被转移到圣地亚国家实验室。

(2) 罗切斯特大学激光工程实验室(LLE)运行着 OMEGA 装置,其获得了惊人的成功,如图 26.7(b)所示。同样,LLE 还研究了磁场对 ICF 的影响效应。

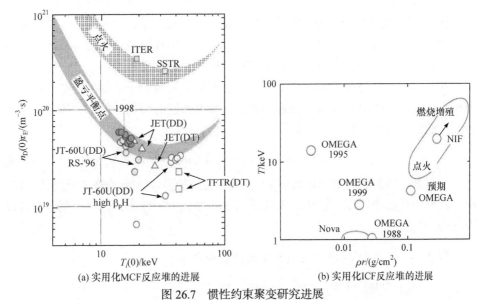

(a) 实用化 MCF 反应堆的进展   (b) 实用化 ICF 反应堆的进展

图 26.7 惯性约束聚变研究进展

来源: (a) 感谢日本原子能研究所提供,感谢 Robert Heeter;(b) 感谢劳伦斯·利弗莫尔国家实验室提供,感谢 John Soures 和 Alan Wootton

(3) 圣地亚国家实验室首次用它的粒子束聚变加速器证明了可以采用质子束加热靶。这台设备被改造为 "Z 装置" 加速器,它利用脉冲电流产生强大的箍缩效应(见 26.3 节)。放电产生的能量加速电子产生 X 射线,X 射线加热 DT 小囊。其功率曾达近 300TW 水平[2]。

(4) 劳伦斯·伯克利国家实验室测试了加速重离子(如钾)作为 ICF 驱动源的方法。

---

1 https://www.llnl.gov/str/Remington.html。

2 www.sandia.gov/pulsedpower。

(5) 通用原子公司为其他实验室提供惯性约束聚变靶——球丸和黑腔靶。

(6) LANL 拥有一台准分子(激发的分子)激光装置 Aurora。随后它的一台准分子激光装置 Mercury 可产生近 50J 的能量。

国家实验室、大学和公司已经开展了许多概念性惯性聚变反应堆设计，以强调研发的必要性。这些设计旨在实现与裂变反应堆相当的功率输出，包括激光驱动和离子驱动两类装置。例如，HIBALL-Ⅱ(威斯康星大学)、HYLIFE-Ⅱ 和 Cascade(Livermore)、Prometheus(Douglas)、OSIRIS 和 SOMBRERO(Shafer)。这些设计要求的性能与迄今为止在实验室获得的性能之间仍有非常大的差距。

26.5 其他的聚变概念

1950 年正式开始聚变研究以来，有很多关于过程和系统的想法。一种是混合反应堆，其聚变核芯能产生 14MeV 中子，这些中子被铀或钍包层吸收产生新的易裂变材料。它作为实现纯聚变的跳板被提出来，但似乎不受关注。

在近 100 种有轻核参与的聚变反应中，有些不涉及中子。如果能够利用无中子反应，则可以解决活化设备维修和放射性废物处置的问题。例如，质子轰击储量丰富的硼同位素，核反应式如下：

$$\ _1^1\text{H} + _5^{11}\text{B} \longrightarrow 3_2^4\text{He} + 8.68\text{MeV} \tag{26.8}$$

一方面，因为硼的原子序数 $Z = 5$，反应物间的静电排斥是 D-T 反应的五倍，所以其反应截面小得多，反应需要非常高的温度；另一方面，硼元素很丰富且以 ^{11}B 同位素为主。

例 26.3 反应的 Q 值由表 A.5 中的数据确定：

$$Q = \Delta mc^2 = (m_{\text{H-1}} + m_{\text{B-11}} - 3m_{\text{He-4}})c^2$$
$$= [1.007825 + 11.009305 - (3)(4.002603)](931.49) \approx 8.68\text{MeV}$$

库仑势能阈值为

$$E_{\text{C}} = \frac{(1.2\ \text{MeV})Z_{\text{H-1}}Z_{\text{B-11}}}{A_{\text{H-1}}^{1/3} + A_{\text{B-11}}^{1/3}} = \frac{(1.2\ \text{MeV})(1)(5)}{(1)^{1/3} + (11)^{1/3}} \approx 1.86\text{MeV}$$

例 7.2 中 D-T 反应的 E_{C} 为 0.44 MeV。

另一种无中子反应是利用稀有同位素 ^3He：

$$\ _1^2\text{H} + _2^3\text{He} \longrightarrow _2^4\text{He}(3.6\text{MeV}) + _1^1\text{H}(14.7\text{MeV}) \tag{26.9}$$

D-^{3}He 之间的静电力是 D-T 的两倍，但是由于两种反应产物均带电，更有利于回收能量。采用这种反应可以把 D-D 反应的中子数量降至最低，减少中子对真空室壁的轰击。因此 D-^{3}He 聚变反应堆可以永久使用原装腔壁，避免经常替换腔壁，同时大大减少了中子活化产生的放射性废物。

采用该反应的主要困难在于缺乏 ^{3}He。^{3}He 的一种来源是大气，但按照空气体积计算，He 仅有 5ppm，而 ^{3}He 含量仅占 He 的百万分之一点四。在反应堆内，中子轰击 D 是一个理想的来源。核武器中 T 的衰减能够提供每年几千克的来源，但这不足以支撑一个电网。地球大气圈外的 ^{3}He 来源很丰富，但难以开发。对月球岩石的研究表明：太阳风对月球表面经年累月地轰击导致月球表面的 ^{3}He 含量很高。月球表面的 He 中，^{3}He 浓度达到了 140ppm。有建议认为应该在月球建立采矿、精炼和同位素分离工序设施，利用航天器运输设备和产品。能量回报率估计可达 250 倍，聚变的燃料成本将为 1.4¢/kWh，总的可用能量约为 10^7GW·a。如果低成本的太空旅行能够实现，将可以从木星和土星的大气中获取几乎无限量的 He。

一种在物理理论上很异乎寻常，但是在技术上可能很简单的聚变过程涉及 μ子，它是一种质量为电子的 210 倍、半衰期为 2.2μs 的负带电粒子。μ子能取代氢原子中的电子，但是其轨道是正常的 $0.53×10^{-10}$m 的 1/210(参见习题 26.7)。可用加速器产生 μ子并将其引向氘氚化合物(如 LiH)组成的靶。μ子束流与氘核和氚核发生相互作用，形成 DT 分子，μ子在其中起着与电子相同的作用。然而，现在原子核之间已经足够接近以至于部分原子核将融合在一起，释放出能量并让 μ子进入另一个分子。在 μ子衰变之前能够发生几百次聚变事件。这个体系似乎不需要复杂的电场和磁场或是大型真空设备。尽管如此，涉及 μ子的聚变过程尚未经充分检验，因而无法对它的可行性和实用性得出结论。

1989 年两名研究人员报道了令人震惊的消息：他们实现了冷聚变，即室温下的核聚变。这个实验受到媒体极大关注，若该现象为真，则实用化聚变即将实现。他们的设备由一个带有金属钯阴极的重水电解槽组成，电解槽可以吸收大量的氢。他们声称施加电压将引起巨大的放能。其他人试图证实这个实验，但都失败了，因此人们认为冷聚变不存在。低能核反应可能会在一定条件下释放大量的化学储能，因此对它的研究还在继续。

一项尚未确定影响的科学突破是发现了在比液氮高得多的相对高温下具有超导特性的材料。使用超导磁场的聚变装置会更节能。

26.6　聚变的前景

对受控热核过程的研究已经在几个国家实验室、大学和商业组织进行了 50

多年。研究结果包括对核过程更好的理解、计算复杂磁场的能力、发明和测试了许多装置和设备,并且收集了大量实验数据。在这段时间内,已经有了一种接近盈亏平衡的方法,但进展非常缓慢,持续了不仅仅是几年而是几十年。这有多方面的原因。首先并且很可能最重要的是,从科学和工程的立场看聚变都是一个极其复杂的过程。其次是政策决定(例如,揭示问题的真正层面,要强调基础等离子体物理学而不是建造大型设备)。就 ICF 而言,与武器有关的美国安全保密等级阻止了研究信息的自由国际交流。最后是资助资金的分配不一致。

图 26.7(a)显示了实用化 MCF 反应堆的进展。该图指出由数量密度 n 和约束时间 τ 乘积得到的劳森判据是离子温度 T(以能量单位 keV 表示)的函数。图上还注明了盈亏平衡点和点火的目标。尽管已经实现了盈亏平衡,但接近点火还有非常长的路要走。图 26.7(b)显示了实用化 ICF 反应堆的进展。该图将离子温度与 26.2 节中讨论的密度和半径的乘积联系在一起。预计 OMEGA 将接近点火,NIF 将实现点火。

研究人员一再预言再过 20 年就能实现实用化的聚变。"逃避的 20 年"这个数字是有可能实现的,有两件事为此提供了支持。第一件事是发现了一种新的托卡马克电流。如前所述,变化的外部磁场在等离子体内部感应出电流。因为外部磁场不能无限制增强,所以必须停止并重新启动。在 1971 年,有预测认为在等离子体内有另一种电流,但是直到 1989 年才在几个托卡马克装置上证实"靴带"电流[1]的存在,其占总电流的 80%,因而从根本上允许装置持续工作。

第二件事是 1997 年末在聚变放能上取得的突破。为了避免放射性氚污染设备的难题,大部分聚变研究采用 D-D 反应而不是 D-T 反应。在英格兰的 JET 装置上,T 作为中性束流注入等离子体中。在该装置上实现了一系列的记录:最终达到了 21MJ 的聚变能量,峰值功率为 16MW,聚变功率和输入功率之比为 0.65,大大超过了 D-D 反应所得的结果。

1985 年,多年来在托卡马克装置性能上取得的进展促进了一项名为国际热核聚变实验堆(international thermomuclear experimental reactor,ITER)的大型设备计划,其目的是证明能够用核聚变发电。科学家将研究聚变电厂所需的条件。欧盟、日本、中国、印度、韩国、俄罗斯和美国(在 1999 年退出但于 2001 年重新加入)参与了该项目。由日本牵头,ITER 建在法国南部的卡达拉奇。2006 年 11 月 21 日,签署协议成立 ITER 国际组织。

当 Q 值大于 10 时,预计托卡马克装置的输出功率将大于输入功率。采用的技术包括超导磁铁、耐热材料、用于放射性成分的远程处理系统,以及利用锂产氚。2001 年完成了该设计,特征包括大致为椭圆形的巨大等离子体体积、吸收中子能量的包层,以及一个提取带电粒子和氦灰烬能量的分流偏滤器。ITER 的参数如下。

等离子体大半径: 6.2m   等离子体小半径: 2.0m

---

1 靴带电流也称扩散驱动电流或自举电流。译者注。

磁场：12T	等离子体电流：15MA
聚变功率：500MW	燃烧时间：>400s
功率增益：>10	温度：$1.5 \times 10^8 ℃$

计划时间表要求 2020 年第一次产生等离子体，运行时间约为 20 年。预计建设成本为 130 亿欧元(1 欧元约为 1.3 美元)，在 20 年中另需 50 亿欧元。ITER 拥有一个综合性的网站[1]。

聚变示范堆(DEMO)是在预期 ITER 成功的基础上提出的一个核聚变电厂。预计它的能量输出与现有裂变电厂相当，并能生产自身所需的氚。

对磁聚变的研发大都聚焦在托卡马克装置模式上，但有可能用到托卡马克以外的磁约束概念。虽然美国参与并支持了 ITER 计划，但仍在继续探索其他概念。DOE 的聚变能科学计划提供了研究基金并接受来自聚变能科学顾问委员会(Fusion Energy Science Advisory Committee，FESAC)的建议。在创新约束概念(Innovative Confinement Concepts，ICC)会议中讨论了替代方案。对典型会议项目的考察，揭示了聚变科学与技术的多样化[2]。

短期内似乎还没有实用化的聚变反应堆，除非出现意外突破或是一个能彻底改变前景的全新想法。研究人员还需要深入了解离子体过程，并且需要花费大量时间研究、发展和测试具有竞争力的发电系统。

鉴于不确定是否能够获得经济的聚变动力，继续在受控聚变领域推进充满活力而昂贵的研究项目是否明智不时受到质疑。Herman(1990)在聚变先驱者 Spitzer 指导下做出的声明是一个非常好的回答，"有 50%的概率获得一个能持续使用十亿年的能源，值得我们投入巨大的热情"。

26.7　小　　结

发展中的聚变反应堆将利用受控聚变反应提供能源。在众多可能的核反应中，有可能首先采用涉及氘和氚(由锂的中子吸收产生)的核反应。产生净能量的 D-T 反应堆必须超过约 4.4keV 的点火温度，其 $n\tau$ 乘积大于 10^{14}s/cm^3。其中，n 是燃料粒子数量密度，τ 是约束时间。研究人员测试了几个实验装置，涉及电场和磁场约束下的放电(等离子体)。托卡马克装置是一种有前途的聚变装置，它在环形结构下实现了磁约束。通过国际联合，正在法国建造一个名为 ITER 的大型聚变装置。关于惯性约束聚变的研究也在进行中，它用激光束或带电粒子引发微型 D-T 小丸爆炸。如果能在月球开采氦，一种涉及 D 和 ^{3}He 的无中子反应将实用化。

---

1 www.iter.org。

2 Innovative Confinement Concepts Workshops, www.iccworkshops.org/.Conferences。

26.8 习　题

26.1 在场强为 B 的磁场中，一个带电量为 q，质量为 m 的粒子的运动半径 R 可表示为 $R = mv / qB$，在 x-y 平面内的旋转动能为 $(1/2)mv^2 = kT$。如果 B 为 10Wb/m^2，kT 为 100keV，则电子和氘核的运动半径分别是多少？

26.2 证明对于使用氘、氚和锂-6 的聚变反应堆，有效的核反应为

$$\begin{matrix}2\\1\end{matrix}\text{H} + \begin{matrix}6\\3\end{matrix}\text{Li} \longrightarrow 2\begin{matrix}4\\2\end{matrix}\text{He} + 22.4 \text{ MeV}$$

26.3 证明"在 D-T 反应中，^{4}He 粒子将拥有 1/5 的能量"这一说法。

26.4 ①假设在 D-D 聚变反应中燃料消耗为 0.151 g/MWd(习题 7.3)，则释放的能量为多少 J/kg？当因子为多大时，该值大于或小于裂变的相应值；②如果重水的成本为 100$/kg，则每千克氘的成本是多少？③1kWh=$3.6\times10^6$J，计算①和②中的热能成本为多少¢/kWh。

26.5 证明 ^{7}Li(n, nt)反应的 Q 值为–2.5MeV。

26.6 对于 D-^{3}He 反应，计算全部的阈能。注意根据习题 7.2，Q=18.35MeV。

26.7 ①氢的最小电子轨道的半径公式为

$$R = \frac{h^2 \varepsilon_0}{\pi m Z e^2} \qquad (26.10)$$

基本常数在表 A.2 中，证明 R 为 0.529×10^{-10}m；②证明 μ 子的剩余能量 105.66MeV 是电子剩余能量的大约 207 倍；③在 μ 子素原子中，μ 子对于氢的轨道半径是多少？④H$_2$ 和其他由氢同位素构成的化合物中的化学键长度都约为 0.74×10^{-10}m，估计在分子中 μ 子取代电子位置的化学键；⑤与 D 核和 T 核的半径(见 2.6 节)相比，在④条件下的距离如何？

26.9 上机习题

26.A 计算机程序 FUSION 描述了等离子体分析和聚变反应堆分析中所需要的特定参数和函数的小模块。所考虑的性质有理论的聚变反应截面、麦克斯韦分布和特征速度、90°离子散射的碰撞参数、德拜长度、回旋和等离子体频率、磁场参数、电导率和热导率。模块的文件名为 MAXWELL、VELOCITY、DEBYE、IMPACT、RADIUS、MEANPATH、TRANSIT 和 CROSSECT。利用提供的菜单和示例输入数字探究这些模块。

参 考 文 献

Herman, R., 1990. Fusion: The Search for Endless Energy. Cambridge University Press.

McNally Jr., J. R., Rothe, K. E., Sharp, R. D., 1979. Fusion Reactivity Graphs and Tables for Charged Particle Reactions. ORNL/TM-6914.

延 伸 阅 读

Fowler, T. K., 1997. The Fusion Quest. Johns Hopkins University Press. Highly readable, nonmathematical treatmentof both MCF and ICF.

Fusion Power Associates, http://fusionpower.org. Source of information on latest technical and political developments; select Fusion Library.

General Atomics Fusion Energy Research, https: //fusion. gat. com/global/Home (select various links).

Harms, A. A., Schoepf, K. F., Miley, G.H., Kingdon, D. R., 2000. Principles of Fusion Energy. World Scientific.

International Thermonuclear Experimental Reactor (ITER), www. iter. org. Full description of the project and the device.

Joint European Torus (JET), www. efda. org/jet/. Located in the U.K.

Laboratory for Laser Energetics, www. lle. rochester. edu. Information on OMEGA and research projects.

Lawrence Livermore National Laboratory (LLNL), National Ignition Facility Project. https: //lasers. llnl. gov. Photos, videos, and explanations.

Lawrence Livermore National Laboratory (LLNL), Nova Laser Experiments and Stockpile Stewardship. www. llnl. gov/str/Remington. html. Relationship of NIF to weapons tests.

Lindl, J. D., 1998. Inertial Confinement Fusion: The Quest for Ignition and Energy Gain Using Indirect Drive. AIP Press, Springer-Verlag.

National Compact Stellarator Experiment (NCSX), http: //ncsx. pppl. gov.

National Spherical Torus Experiment Upgrade (NSTX-U),http: //nstx-u. pppl. gov/.

Niu, K., 1989. Nuclear Fusion. Cambridge University Press.Treats both magnetic confinement by tokamaks and inertial confinement by lasers and ions.

Pfalzner, S., 2006.An Introduction to Inertial Confinement Fusion. Taylor & Francis/CRC Press.

Raeder, J., Bunde, R., Danner, W., Klingelhofer, R., Lengyel, L., Leuterer, F., et al., 1986.Controlled Nuclear Fusion: Fundamentals of Its Utilization for Energy Supply. John Wiley & Sons.

Sandia National Laboratories, Pulsed Power Technology. www. sandia. gov/pulsedpower.

Stacey, W.M., 1984. Fusion: An Introduction to the Physics and Technology of Magnetic Confinement Fusion.John Wiley & Sons.

U.S. Department of Energy, Office of Science, Fusion Energy Sciences. http: //science. energy. gov/fes/.

核 武 器

　　本书的主要目的是论述核能和平而有益的应用。讨论核能军事用途的尝试是一种冒险,由于这个话题易引发强烈情感,并且无法公平对待涉及的复杂问题。然而,忽略这个话题将产生误解,似乎本书想要暗示核能无害。因此,出于以下三个目的,本书将回顾关于核爆炸及其用途的一些重要事实和观点:

　　(1) 核动力和核武器之间的区别。

　　(2) 识别涉及核过程军事用途的技术情况和战略问题。

　　(3) 表明对核材料控制的持续性需求。

　　本章将介绍核爆炸、核武器扩散和核保障、裁军,以及核武器材料处置的选项。

27.1　核动力与核武器

在很多人心中，反应堆和核弹没有区别，致使公众过度畏惧核动力。另一些人相信国外在商业核动力上的发展将提升其核武器能力。基于这些看法，一些人甚至赞成解散美国国内的核工业并禁止美国商业参与国外市场。

回顾第二次世界大战的历史将帮助澄清这一情况。1942 年 Fermi 小组建造的第一座反应堆，既是为了证实自持链式反应是可行的，也是为了测试一台能为强大武器生产钚的装置。建造在华盛顿州汉福德的钚生产反应堆正是以这项实验为基础。它们为新墨西哥州阿拉莫戈多的第一次原子弹试验以及后来在长崎投下的原子弹提供了材料。这些反应堆产生热量但并未发电，其设计是为了生产 ^{239}Pu。近期，南卡罗来纳州萨凡纳河工厂的反应堆生产了用于制造武器的钚。

在第二次世界大战期间，橡树岭的同位素分离生产设施生产出浓缩到近 90% 的 ^{235}U。这种称为橙色合金[1]的材料被用来制造在广岛使用的核弹。随后，浓缩设施用于为轻水动力反应堆提供 3%～5% 的 ^{235}U 燃料。这种燃料在制成棒状并用水适当慢化后能够达到临界，但不能用于制造核武器。在反应堆中，如果燃料没有充分冷却，裂变热会损坏包层，而且在最坏情况下，燃料会熔化。随之而来的燃料与水的化学反应和核爆炸毫无相似之处。因此，可以肯定地说，反应堆不会像核弹一样爆炸。

反应堆乏燃料中含有大量的 ^{238}U，部分 ^{235}U、^{239}Pu、^{240}Pu 和 ^{241}Pu，以及一些裂变产物(图 23.3)。如果化学分离这种反应堆级的钚并制成核武器，^{240}Pu 自发裂变中子的存在将促使核弹过早爆炸和低效爆炸，因此高燃耗乏燃料是一种低劣的核弹材料来源。从专用研究型反应堆获取武器级钚的可能性更高，其低中子照射水平可阻止 ^{240}Pu 累积。另一种有利的方法是采用特别设计的同位素分离法获取近乎纯净的 ^{235}U。

尽管如此，也可以类似地采用核燃料循环利用技术方法生产核武器材料。如图 23.1 所述，可以调整浓缩设施来生产浓缩度大于 5% 的 ^{235}U，并且在后处理阶段转移纯化的钚。尽管法律(42 USC 2077)禁止美国商业发电核动力反应堆充当生产反应堆，但在 1963～1987 年运行的汉福德 N-反应堆却是一座生产-发电双用途工厂。另外，位于英国 Carder Hall 的镁诺克斯合金反应堆同时生产钚和发电。

27.2　核　爆　炸

现代核武器的详细结构依然保密，只公开了定性描述。本节将利用公开资料

---

1 美国在第二次世界大战时期对高浓缩铀的代号。

来源(Serber，1992；Rhodes，1986；Glasstone et al.，1977)进行下面关于最早期版本核武器的讨论。

首先，已经使用了两种核装置：①采用钚或高浓缩铀的裂变爆炸(原子弹)；②聚变或热核爆炸(氢弹)。这涉及前面章节中的反应。接下来，可以通过两种不同过程产生爆炸裂变链式反应：采用枪式技术或内爆法。图27.1简化了枪式系统，将一个高浓缩铀制成的塞子射入一个空心的铀圆柱体内以产生超临界质量。天然铀反射层将材料暂时结合在一起。第一枚枪式原子弹被命名为"小男孩"。枪式技术不适于使用钚的核武器。^{240}Pu自发裂变释放中子，将引发过早的、无效的爆炸。图27.2展示了另一种替代方法——内爆法：用做成透镜形状的烈性化学炸药将钚金属球压缩至超临界状态。该方法也使用铀反射层。这种武器在战争中使用过的第一个版本名为"胖子"。

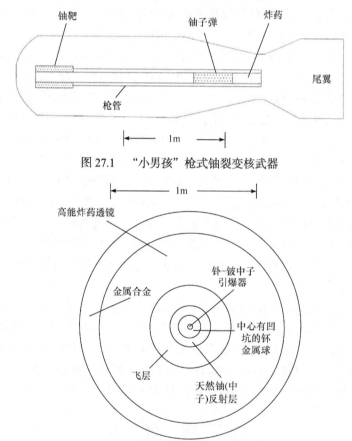

图27.1 "小男孩"枪式铀裂变核武器

图27.2 "胖子"内爆型钚裂变核武器

这两种装置都需要提供初始中子。例如，Po-Be源，(α，n)反应，类似于卢瑟福实验(4.1节)：

$$\begin{aligned}
{}^{210}_{84}\text{Po} &\xrightarrow{138.4\text{d}} {}^{206}_{82}\text{Pb} + {}^{4}_{2}\alpha \\
{}^{4}_{2}\alpha + {}^{9}_{4}\text{Be} &\longrightarrow {}^{12}_{6}\text{C} + {}^{1}_{0}\text{n}
\end{aligned} \tag{27.1}$$

超临界物质的剩余反应性导致能量迅速增大，于是累积的能量将材料炸开，这一过程称为解体。在内爆情况下，当裂变材料被压缩后，表面和体积之比增加导致大量中子泄漏，但平均自由程的缩短减少了泄漏。后一种效应占主要地位，使增殖净正增长。在一些网站上可以找到核武器的更多细节，如原子档案[1]和核武器档案[2]。

根据报告 ANL-5800(AEC，1963)可知，无反射的球形钚组件的临界质量约为16kg，然而高浓缩铀(93.5%)球体的临界质量约为49kg。增加一层 1in 厚的天然铀反射层，两者的临界质量将分别减少至 10kg 和 31kg。具有完整反射层的铀的临界质量随 ${}^{235}\text{U}$ 的浓缩度迅速变化，如表 27.1 所示。值得注意的是，由浓缩度小于10%的 ${}^{235}\text{U}$ 组成装置的总质量，对于武器而言大到不切实际。通过学习上机练习27.A 能够评估增大铀密度对内爆临界质量的影响。

表 27.1 ${}^{235}\text{U}$ 和 U 的全反射临界质量和浓缩度的比较

% ${}^{235}\text{U}$	${}^{235}\text{U}$ /kg	U /kg
100	15	15
50	25	50
20	50	250
10	130	1300

紧凑多用途现代热核武器的详细资料是保密的，但可以描述 1952 年南太平洋的 Ivy/Mike 投射，即第一次氢弹爆炸中涉及的过程。它包括作为聚变燃料的重氢，涉及两种也用于聚变反应堆的反应：

$$\begin{aligned}
{}^{2}_{1}\text{H} + {}^{2}_{1}\text{H} &\longrightarrow {}^{3}_{1}\text{H} + {}^{1}_{1}\text{H} \text{ or } {}^{3}_{2}\text{He} + {}^{1}_{0}\text{n} \\
{}^{2}_{1}\text{H} + {}^{3}_{1}\text{H} &\longrightarrow {}^{4}_{2}\text{He} + {}^{1}_{0}\text{n}
\end{aligned} \tag{27.2}$$

以下是 *Dark Sun*(Rhodes，1995)书中的相关描述。如图 27.3 所示，这个称为"香肠"的装置是一个长 20ft、直径为 6ft 8in 的空心钢制圆柱体。空腔内有铅衬。一个钚和浓缩铀的初级球位于空腔的一端，内爆引发其裂变。空腔中心是装有液态氘的圆柱形容器，很像一个大热水瓶。氘容器轴线上是一根称为"火花塞"的钚棒，它是次级裂变源。氘容器被天然铀飞层环绕。最后，空腔内衬有聚乙烯。

核爆炸的过程如下：雷管放电引爆初级的烈性炸药外壳。铀反射层和壳体气

---

1 www.atomicarchive.com。

2 http://nuclearweaponarchive.org。

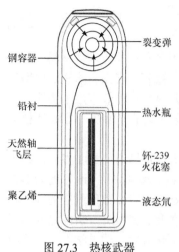

钢容器

铅衬

天然铀
飞层

聚乙烯

裂变弹

热水瓶

钚-239
火花塞

液态氘

图 27.3　热核武器
改编自 Rhodes, 1995

化并压缩中心的钚球, 同时在内部起爆一个钋-铍源释放中子。聚乙烯被超临界火球产生的 X 射线加热成等离子体后, 辐射 X 射线加热铀飞层。加热的氘释放出中子和高能 α 粒子, 于是火花塞内发生裂变。产生的氚与氘发生聚变反应。另外的能量和辐射来自反射层 ²³⁸U 的快中子裂变。由此产生的爆炸产生了一个深 200ft、跨度为 1mi 的弹坑。

在后来的武器版本中, 聚变组件由氘化锂 (LiD)组成。裂变中子与 ⁶Li 发生如下反应:

$$^{6}_{3}\text{Li} + ^{1}_{0}\text{n} \longrightarrow ^{3}_{1}\text{H} + ^{4}_{2}\text{He} + 4.8 \text{ MeV} \quad (27.3)$$

产生的氚引发氘氚反应。其他热核装置以氘作为主要爆炸材料。

核爆炸有三种放能方式。第一种是冲击波效应, 冲击波从爆炸发生地通过空气、水、岩石向外传播。第二种是周围材料被加热后产生的热辐射, 其典型温度为 6000℃。第三种是核辐射, 主要由中子和γ射线组成。这三种方式的能量占比分别约为 50%、35%和 15%。除了 X 射线、γ射线和中子外, 还有大量来自裂变产物的放射性沉降。

用化学爆炸的等效吨数衡量武器的能量威力。依照惯例, 1t TNT(三硝基甲苯)相当于 10⁹cal 的能量。第一颗原子弹的威力为 20000t。"侏儒"实验在地下爆炸了一个更小的 3kt 装置, 其产生了一个巨大的洞, 如图 27.4 所示。Ivy/Mike 的爆炸威力为 10.4Mt。曾报道过 50Mt 装置的实验, 爆炸能量在微秒量级的极短时间内释放出来。

图 27.4　"侏儒"聚变爆炸产生的地下洞穴
注意在中心附近站立的人
来源: 感谢能源部劳伦斯·利弗莫尔国家实验室提供

例 **27.1** 确定 10kt 威力核装置的中子和γ光子的净产额。当放能为 190MeV/裂变时，^{235}U 爆炸需要:

$$R_f = \frac{(10^4\,t)(10^9\,cal/t)(4.184\,J/cal)}{(190\,MeV/fission)(1.602 \times 10^{-13}J/MeV)} \approx 1.4 \times 10^{24} fission$$

每次裂变释放 ν 个中子，但是仅需一个中子产生链式反应，根据 6.3 节，每次裂变产生约 7 个 1MeV 的瞬发γ光子。

核爆炸辐射效应在几千米距离范围内非常剧烈。表 27.2 表明在不同威力下 500rem 中子辐照剂量所覆盖的距离。

表 27.2　不同威力下 500rem 中子辐照剂量所覆盖的距离

威力/t	半径/m
1	120
2	450
10000	1050
1000000	2000

例 **27.2** 估算地面发生 10kt 核爆炸后，1km 范围内的瞬发γ射线通量。如果空气衰减可以忽略，依据式(11.5)给出的简单点源模型有

$$\Phi = \frac{S}{4\pi r^2} = \frac{(7\,\gamma/fission)(1.4 \times 10^{24} fission)}{4\pi(10^5\,cm)^2} \approx 7.8 \times 10^{13}\,\gamma/cm^2$$

文献中提到了特殊的装置设计，其中包括中子弹，它是一种用于导弹的小型热核弹头。中子弹在距离地表约 2km 的高度爆炸后，只有轻微的冲击波效应，但却能产生致命的中子剂量。1978 年美国取消了中子弹的研发。

通过对聚变弹材料的特殊配置，可以加强特定的辐射种类并指向选定的目标。例如，第三代核武器可以产生大量致命的γ射线或用来破坏固态电子电路的电磁脉冲。更多关于裂变弹和聚变弹的详图和描述可以查阅 Hansen(1988)的书。

在地球表面互相发射核导弹将增加空气中的悬浮颗粒。一部分是爆炸产生的尘埃；另一部分来自森林火灾和其他易燃物被加热点燃产生的烟。结果导致到达地表的阳光量减少，大气层冷却(NRC, 1994)。一些研究者称此情形为"核冬天"，他们预测将发生严重的气候改变并伴随农业减产。这种发生在 19 世纪早期的效应主要是由坦博拉火山喷发导致。已有大量关于大气层冷却的研究，但科学家对这种效应的影响程度存在分歧。最初的理论由于没有适当考虑自我修正过程而受到批评，自我修正过程包括增长的降水量将易于驱散尘埃和烟。

27.3　核战争的预防

受到相互猜忌、恐惧以及核武器技术进步的刺激，美国和苏联在第二次世界大战之后开始了核军备竞赛。两个超级大国都试图达到甚至超越对方的军事能力。

1945 年时，美国无疑具有核武器优势，但到 1949 年，苏联拥有了自己的原子弹。经大量争论后，美国着手利用热核聚变发展氢弹(超级炸弹)，并在 1952 年重新处于优势。1953 年，苏联再次赶上。在随后的多年里，两国都制造了数量庞大的核武器。如果双方都针对军事和民用目标开展全面战争，将有数亿人死亡。

两大强国采取核威慑政策来预防这一悲剧，这意味着每个国家都维持足够的力量以报复并毁灭首先发动核战争的国家。由此产生的僵局在术语上称为确保互相摧毁(MAD，一个合适的缩写)[1]。除非一国发展了数量庞大的高精度导弹并能在首轮打击中完全摧毁另一国的报复能力，否则这种恐怖的平衡是能够维持的。

核弹头的投放方式有三种：①由轰炸机携带，如美国的 B-2 和 B-52；②从陆地基地发射的洲际弹道导弹(intercontinental ballistic missile，ICBM)；③从"鹦鹉螺号"之后版本的核动力潜艇上发射的导弹。

ICBM 由火箭推进，但在重力作用下可以在高空大气中自由飞行。核弹头由再入飞行器携带。ICBM 可携带多枚弹头(多弹头分导重返大气层运载工具 multiple independently targetable reentry vehicle，MIRV)，每枚弹头都有不同的目的地。

另一种选择是巡航导弹，即一种无人驾驶喷气飞机。巡航导弹可以贴地飞行，采用观测沿途地形并与内置地图和全球定位系统(global positioning system，GPS)遥测进行比较的方式导航，并通过计算机控制保持飞行高度(Tsipis，1977)。

核武器有两种用法。一种是战术的，即轰炸有限的、特定的军事目标；另一种是战略的，包括大规模轰炸城市和工业场所意图摧毁敌方和降低敌方士气。大多数人担心任何战术使用都会逐步升级为战略使用。

多年来超级大国拥有几千枚核弹头，每枚核弹头的威力在 0.02~20Mt TNT 当量。全部这些武器足以摧毁 750000km^2 的区域，破坏每个国家的机能，如制造、运输、食品生产和卫生保健。民事防御计划将减小核武器的破坏，但一些人认为这易于招致攻击。

核武器的国际性最早出现在第二次世界大战，当时盟国相信德国在原子弹制造上进展顺利。1945 年美国使用两枚原子弹摧毁了广岛和长崎，向世界警告了核战争的后果。国际社会投入很多年时间用以探寻双边/国际协定或条约，试图降低

1　确保互相摧毁，英文原文 mutual assured destruction，其缩写 MAD 在英文中有疯狂之意。译者注。

核战争对人类的潜在危险。核武器试验产生的放射性尘埃的增长推动美国、苏联和英国于 1963 年首先签署了《有限禁试条约》(Limited Test Ban Treaty，LTBT)。LTBT 禁止在大气层、水下或外层空间进行核试验，此后缔约国将核试验转至地下。可是，该条约没有控制核军备扩张。

1968 年，在日内瓦达成了《不扩散核武器条约》(Non-Proliferation Treaty，NPT)的国际协定。NPT 于 1970 年生效，其目标包括阻止核武器扩散，但允许和平的核能技术转让。条约中承认现有五个在 1967 年前进行过核试验的国家(中国、法国、俄罗斯、英国和美国)为有核武器国家(nuclear weapon state，NWS)，其他国家为无核武器国家(non-nuclear weapon state，NNWS)，该内容稍有争议。条约主要条款规定：①禁止获得或生产核武器；②接受位于维也纳的 IAEA 规定的核保障。该条约涉及全球范围内技术与政治之间的密切关系，以及迄今尚未实现的某种程度的合作。条约中存在某些含糊之处，没有提及核过程的军事应用，如潜水艇推进或核爆炸在工程项目中的应用，没有规定不遵守条约的强制性惩罚，并且最终 IAEA 的职权也不清晰。已有 5 个 NWS 和将近 200 个 NNWS 签署了该条约。著名的拒绝签约国包括印度、以色列和巴基斯坦，人们认为或相信上述国家拥有核武器。1995 年，NPT 被无限期延长。朝鲜曾是签约国，但于 2003 年退出，从而成为首个退约国。

NWS 可以拒绝向 NNWS 提供信息和设施，以此减缓或阻止核扩散。然而，这样做暗示了对潜在接受者缺乏信任。NNWS 能够轻易地引用例子来说明 NWS 是多么不可靠。例如，NPT 要求彻底核裁军。

在 23.5 节已经讨论了 Carter 总统尝试阻止核扩散。他曾希望通过禁止在美国进行商业乏燃料后处理来阻止其在国外使用。美国政府的一贯政策是禁止向国外出售敏感设备和材料，即可用于核武器制造的所谓两用技术。如果政策扩展到合法的核动力技术转让，出于一些原因可能会适得其反。国际关系恶化，使得美国政府丧失其在核项目上原本应有的影响力。感觉到不公，可能会增强一个国家拥有核武器能力的决心，并促使其为进一步实现该目标寻找其他盟国。

美苏之间的《限制战略武器条约》(Strategic Arms Limitation Talks，SALT)谈判始于 1969 年，1972 年签约。SALT Ⅰ 规定了战略核武器的上限并因此趋向实现力量平衡。尽管如此，它并未提及导弹的持续改进。它规定每个国家只允许保卫其首都和另一个地点，从而限制了反弹道导弹(antiballistic missile，ABM)防御系统的发展。

美苏两国领导人于 1979 年达成的 SALT Ⅱ 协定，涉及对包括 MIRV 在内的发射器和导弹类型的详细限制。它着重于保留双方核查履约情况的能力。美国国会从未批准这一条约，谈判就此中断。

1983 年，Reagan 总统发起了一项核导弹探测与拦截计划。该研发工作称为战略防御倡议(Strategic Defense Initiative, SDI)，因其涉及太空故很快成为众所周知的 "星球大战" 计划。这个数十亿美元的计划提出和研究了多种装置，包括地球卫星武器平台、X 射线激光束、小型战术核弹以及可以摧毁来袭导弹的小型高速物体——"智能卵石"。SDI 计划之所以存在争议，技术上在于其可行性，政治上在于落实该计划的政治智慧。尽管如此，一些人相信它对结束冷战仍产生了有利的影响。

持续多年的谈判促成了 1988 年的《美苏关于销毁中程和中短程导弹条约》，依据条约美苏的一些导弹在对方国家视察组的监督下顺利销毁。在 Reagan-Bush 时代，美苏举行了两轮削减战略武器对话(Strategic Arms Reduction Talks, START)，使用 "削减" 取代 "限制" 具有重要意义。到 2001 年，两国根据 START I 条约[1]将各自的核弹头数量从 10000 枚减少到 6000 枚。涉及洲际导弹和 MIRV 的 START II 条约[2]要求，到 2007 年底两国将各自的战略核弹头数量削减至 3000～3500 枚。随着 2003 年俄罗斯和美国正式批准《削减进攻性战略武器条约》(Strategic Offensive Reduction Treaty, SORT)，核裁军取得了更大的进展：该条约要求到 2012 年底将两国核弹头的数量降至 1700～2200 枚。2011 年批准的新 START 要求到 2018 年 2 月将核弹头数量降至 1550 枚。

随着军备削减的进展，"星球大战" 计划变得不再重要并大幅缩减。裁减几千枚核弹头对世界安全而言是重要一步，但现有核武器仍足以保证相互摧毁。苏联的解体将 ICBMs 留在了新独立的国家：乌克兰、白俄罗斯和哈萨克斯坦，但它们达成协议将这些武器转移至俄罗斯。国内经济、政治和民族关系紧张使对核武器的控制变得困难。苏联的武器科学家和工程师可能由于经济原因而移居至寻求核能力的国家(如伊朗和朝鲜)，这种情况同样值得担忧。

称为《合作减少威胁》(Cooperative Threat Reduction, CTR)的美国法律为帮助俄罗斯控制其核武器提供资金和技术。该法案也因发起的参议员而被称为《Nunn-Lugar-Domenici 法案》，其目的是对核武器负责，确保其安全，并为处置核武器做准备。特别重要的是为国外数以千计的前武器专家提供工作。其成果包

---

1 START I Treaty, Treaty between the United States of America and the Union of Soviet Socialist Republics on the Reduction and Limitation of Strategic Arms, 《美苏关于削减和限制进攻性战略武器条约》，简称美苏《第一阶段削减战略武器条约》。

2 START II Treaty, Treaty between the United States of America and the Union of Soviet Socialist Republics on the Limitation of Offensive Strategic Arms, 《美苏关于限制进攻性战略武器条约》，简称美苏《第二阶段限制战略武器条约》。

括使大约 7610 枚核弹头失效并裁减了约 300t 浓缩铀。根据 Turpen(2007)的说法，仍然还有很多工作要做。

国际政治变化的另一副产品是美国向俄罗斯购买已拆除的核武器中的高浓缩铀，并将其混合成低浓缩铀用于动力反应堆。该计划称为"兆吨转兆瓦"，要求 5 年内每年输送 10000kg 高浓缩铀，随后 15 年内每年输送 30000kg 高浓缩铀，总计 500t。4.5%浓缩度的低浓缩铀由俄罗斯 TENEX 公司提供，美国浓缩公司接收。该项目于 2013 年 12 月完成，共有约 19000 枚核弹头被永久销毁。该项目还包括稀释美国库存的部分高浓缩铀。由此产生了以下效益：俄罗斯的财政利益，将武器级核材料转变为和平用途，降低了美国扩大同位素分离能力的必要性。上机练习 27.B 考虑了对高浓缩铀稀释到反应堆级铀的过程的计算，并研究了美国从俄罗斯购买高浓缩铀的花费。

计划将美国的大量武器级高浓缩铀(160t)转为海军舰艇反应堆使用。将另外 20t 高浓缩铀与天然铀混合，使其浓度适合商业动力反应堆使用。能源部国家核安全局采取的这些行动，将使恐怖分子难以获得高浓缩铀。

2006 年美国和俄罗斯达成一项协定：每个国家将额外的 34t 武器级钚转变为无法使用的形式。美国正在萨凡纳河修建一个生产动力反应堆使用的混合氧化物燃料的制造工厂。混合氧化物燃料由约 5%的 PuO_2 和 95%的乏 UO_2 组成。虽然已经完成了一半以上的建设工作，但工厂可能会因成本超支而无法建成。

27.4 防止核武器扩散和核保障

本节主要讨论核武器扩散并寻找预防扩散的方法。由于世界各地政治不稳定性和暴力活动的增加，近年来减少核材料的扩散已变得更加重要。

为了预防核扩散，可以设想在核材料处理方法上设置各种各样的技术限制，但可以肯定的是，即便如此，决意拥有核武器的国家依然能获得核材料。国际社会还可以建立政治制度，如条约、协议、中心设施和视察体系，但是上述每一项都会受到规避或取消。最后必然会得出这样的结论：防止核武器扩散的措施仅能减少扩散的机会。

现在讨论具有革命或犯罪意图的组织使用核材料的风险。从组织良好、力图推翻现行制度的大型政治单位开始，可以定义一系列的此类组织。使用武器进行破坏可能会使人民远离该组织，但是威胁使用核武器可能会带来这些组织所要求的一些变化。其他组织包含恐怖分子团体、罪犯和精神变态者这类几乎没有什么可以失去的人，因此更加倾向于使用武器。幸运的是，这类组织通常缺少财政和技术资源。

尽管防止核扩散存在困难，但人们普遍相信应该大力降低核爆炸的风险。于是，在图 27.5 中考虑了可行的措施。

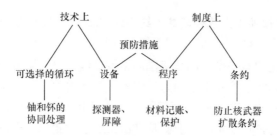

图 27.5　防止核扩散的措施

防止核材料转移涉及很多对防止盗用、抢劫和劫持之类犯罪行为的模拟。首先考虑在核工厂工作的破坏分子取出少量裂变材料，如浓缩铀或钚。保持准确记录是一种预防措施，在选定的工艺步骤中(如乏燃料溶解器或储存区)确定材料平衡。对于期初存货，有新入的材料就增加，有取出的材料就扣除。这一结果和期末存货之间的差额就是不明材料量(MUF)：

$$MUF=期初存货-期末存货+转入量-转出量 \tag{27.4}$$

一旦 MUF 数值很大就会引发调查。理想情况下，责任制度会随时跟踪所有材料，但是这样的细节难以做到。可以采用对记录和报告的一致性进行视察，并与现有材料的独立测量结果进行比对的方法。

通常做法是限制有权接触核材料的人员数量并仔细挑选具有良好品行的、可靠的人员。类似地，也要限制有权接触记录的人员数量。通过篡改记录掩盖钚的转移极易被发现。仅仅 10kg 钚的不符合记录就会使足以制造一件武器的核材料被转移。可以采用各种人员的身份识别技术提高安全性，如带照片的证件、访问口令、签名、指纹、声纹和视网膜扫描。

使用常规手段就可以防止入侵者，如区域照明充足、警卫力量、防盗警报、视频监视和入口关卡。人们考虑了更多特殊的方案来延迟、阻挡或击退进攻者，包括释放某些能够降低攻击者效率的气体，或释放烟来降低能见度，以及使用令人迷失方向的光或难以忍受的声级。

通过探测特征辐射可以发现核材料的非法移动，这与机场使用的金属探测大体类似。当然，γ射线发射体容易被发现。可以通过观测瞬发中子辐射产生的缓发中子来探测裂变材料，称为有源探询技术。

在战略核材料的运输中，使用装甲车或装甲卡车，并配有押运员或护送队以及远程监视。在劫持事件发生时，交通工具可以自动失效。

27.5　IAEA 视察

在 1968 年《不扩散核武器条约》签署不久，IAEA 建立起一套世界性的核保障体系。它应用于所有原始材料(铀和钍)和特种易裂变材料(钚和 ^{233}U)。IAEA 视察的主要目的是发现将大量核材料由和平用途转向军事用途的行为。1970 年以后,开发了大量用于监测的便携式无损检测设备。使用γ射线和中子探测器测定铀的浓缩度和乏燃料中的钚含量。详见表 27.3,IAEA 认为 25kg 高浓缩铀或 8kg 钚足以制造一件核武器,该表以能否直接用于核装置为标准对易裂变材料进行了分类。

表 27.3 **IAEA 的重要数量**

用法	材料	重要数量
直接用途材料	Pu(<80% ^{238}Pu)	8kgPu
	^{233}U	8kg^{233}U
	HEU(≥20% ^{235}U)	25kg^{235}U
间接用途材料	U(<20%^{235}U)包括低浓缩铀、天然铀和贫铀	75kg^{235}U(或 10t 天然铀或 20t 贫铀)
	Th	20t Th

来源: IAEA 核保障术语表, 2001 版。

1991 年在联合国安全理事会支持下,IAEA 对 Saddam 领导下的伊拉克核武器计划进行了调查,凸显了 IAEA 的作用。在未经申报的情况下,伊拉克从他国进口了大量的铀,并订购了军民两用设备。据 IAEA 视察员透露,此类设备已用于建造新版电磁铀同位素分离器(15.1 节)、离心机、反应堆和生产钚武器的后处理设备。在海湾战争结束后,为了支持现场调查,IAEA 在奥地利的实验室开展了实验室研究。视察员采集样本中的 ^{235}U 浓缩度高达 6%。粒子能谱测量结果证实存在 ^{210}Po,它是内爆式核武器引爆器的组成部分。经过 1991 年海湾战争以及随后的联合国制裁,伊拉克大部分的核能力已被摧毁。美国假定伊拉克仍然拥有大规模杀伤性武器(如生物、化学和核武器),从而导致 2003 年美国入侵伊拉克。

从长远看,IAEA 担心的是用于将废物与生物圈隔离的乏燃料仓库,在将来也许会成为提取钚的"钚矿",也可能成为用于制造核爆炸的易裂变材料来源。

一些其他国家被认为或怀疑有或曾经有核武器计划。在 Jones 等(1998)和 Morrison 等(1998)列出的名单中,最突出的国家是以色列、印度、巴基斯坦、朝鲜、伊朗、伊拉克和南非。印度宣称其 1974 年的核装置爆炸是一次"和平的核爆炸"。

1996 年的《全面禁止核试验条约》(Comprehensive Test Ban Treaty,CTBT)谋求达成不"进行任何核武器试验爆炸或其他任何核爆炸"的国际协定。这意味着包括地下试验以及大气、水中或太空,甚至是和平目的的试验,但不包括惯性聚变装置的爆炸或任何恐怖分子武器的破坏。条约需要一个监测与视察体系核查履约情况，也需要帮助起草文件或是拥有核动力反应堆/研究型反应堆的 44 个国家批准才能正式生效。很多国家已签署条约，但并未全部批准。条约似乎得到了美国民众支持，但是有人宣称当有些国家违反条约时，若美国接受该条约将限制自身的防卫能力。1999 年，美国参议院以微弱优势否决了 CTBT[1]。

27.6 氚 的 生 产

在冷战时期，DOE 及其前身储备了大量武器材料，尤其是氚和钚。作为氢弹材料之一的同位素 ^3H——氚，由萨凡纳河工厂的重水反应堆生产。该反应堆因安全考虑而关闭。一个整修旧反应堆的计划已经开始，并且启动了一个名为新生产反应堆的发展计划为持续供应氚的生产能力提供支持。该计划设计了重水反应堆和高温气冷堆这两种反应堆。随着国际紧张形势的缓解，美国确定氚供应将足以维持 20 年并暂停设计新型反应堆。维持的武器能力水平决定氚的需求量。在一个拥有更少数量核弹头的方案中，从拆卸的核武器中回收利用氚将提供充足的来源。然而，美国随后还是决定需要一种替代供应用以维持储备，因为氚的半衰期为 12.3a，相当于一年损失 5.5%(习题 27.7)，所以 DOE 资助了基于动力反应堆和基于粒子加速器的两项生产技术研究。

在 LANL 一项名为加速器产氚(APT)的项目中，开展了氚的替代来源研究，质子被 1000ft 长的直线加速器加速至 1GeV 后轰击钨靶产生散裂中子，^3He 吸收中子后产生 ^3H。由于 2004 年后 LANL 停止资助 APT 项目，该加速器改用于基础物理研究。随后，LANL 决定支持反应堆路线。

在常规反应堆中子轰击产生动力的过程中涉及可燃毒物燃料棒。这些作为主控装置辅助设备的燃料棒含有一种热中子截面很高的同位素(如 B-10)，该同位素迅速燃尽并允许更大的初始燃料装载量。能源部建议用适量的 ^6Li 燃料棒取代硼燃料棒。这些靶棒由锆合金、铝化锂和不锈钢的同轴圆柱组成。热中子截面为 940b 的 ^6Li 吸收一个中子产生氚和一个 α 粒子(见式(4.8))。TVA 反应堆上的实验表明，氚产量充足并且反应堆能安全运行。2003 年，TVA 的 Watts Bar 反应堆开始生产超过 15 年来的首批美国氚。2005 年，辐照后的燃料棒通过船运至萨凡纳河区的一个新工厂中进行储存和提取。虽然 TVA 经营商业动力反应堆，但作为一个准政府机构，其有义务许可氚的产生。可以理解的是，上述核动力和核武器材料的混合管理受到了批评。

---

1 www.ctbto.org。

27.7 武器级铀和钚的管理

在冷战期间，美国和苏联积累了大量的高浓缩铀和武器级钚。作为 START 条约的一部分，一项拆除计划已经开始，将以某种方式处置维持核威慑所需量以外的过量材料。估计有总计 100t 钚和 200t 高浓缩铀需要处置，两国数量大体相等。用天然铀或贫铀可以很容易地稀释浓缩铀以生产低浓缩度的燃料，有助于满足现在和将来动力反应堆的需求。钚不易处理，因为没有可作为稀释剂的钚同位素，所以钚储备易被转移至可能使用或威胁使用这些材料以达到目的的国家或组织。

公众应主要关注纯净的钚而不是乏燃料中的钚。后者需经特殊设备提取，且其产物因存在 ^{240}Pu 而不适用于武器。钚远不是一些人所宣称的"人类已知的最危险物质"，但它具有高度辐射毒性，其相关操作中都需要特殊的预防措施。钚的使用增大了放射性污染的可能性，正如曾在能源部下属的不同地点，特别是科罗拉多州洛基弗拉茨(Rocky Flats)发生过钚材料相关的放射性污染。

钚管理有几种可能。一些人认为应该根据 21 世纪某个时期对钚能源价值的需求预期来储存它。设想一个类似诺克斯堡的储存设施，在那里黄金和白银受到保护。除防盗外，长期存储还需要防止化学降解和意外的临界状态。一个由杰出博学人士组成的美国国家科学院(National Academy of Sciences，NAS)小组确定了三种主要的选项(NRC，1994)：

(1) 将带有高度放射性污染物的钚玻璃化以阻止其转移和加工。其产生的玻璃固化体可当作乏燃料处理并放置在地下贮存库中，这将使钚开采丧失吸引力。

(2) 同氧化物一样，将钚和适量的氧化铀混合形成混合氧化物作为动力反应堆的燃料使用。这样可以消除钚，是更加有益的用途。其缺点为存在摄入放射性材料的风险，因此加工和制造成本远高于铀。这种方法需要发展合适的燃料制造工厂。一些国家，尤其是法国、英国、比利时和日本，正在准备和使用混合氧化物，但是美国缺乏经验和意愿使用混合氧化物，已放弃了乏燃料后处理的选项。

(3) 将钚放置在一个深的地下钻孔中。其虽可行，但此种想法缺乏有力支持。

NAS 小组也审查了利用加速器驱动的次临界系统燃烧钚的选项，其得出的结论认为包括后处理的潜在需求在内，存在太多的不确定性。NAS 建议并行实施选项(1)和选项(2)，这也是能源部采用的策略。多余的武器级钚被存储在 DOE 的几个地点，其中绝大部分在萨凡纳河和汉福德。大部分钚存放在深洞，如球形核武器芯，但在汉福德还有一些 12ft 长的燃料棒。最终，所有的钚将储存在同一个地点以提高安全性，降低贮存成本。

已应用一项名为"乏燃料标准"的规范来指导以固化和掩埋的方式处置钚的行为。例如，钚应该像商业反应堆乏燃料一样无法用于武器。

预计燃烧选项将包括一次通过式燃料循环。只需相对很少的商业反应堆就能在合理的时间内耗尽 50t 多余的钚。确定完成任务所需的时间和反应堆数量的组合，是一个简单的算术问题，见习题 27.3。

无论最终采用哪种处置方法，都必须坚持极其仔细的程序和记录，并采取专门严密的预防措施阻止不择手段的人获得核材料。NAS 报告敦促美国和俄罗斯达成协定，并通过 IAEA 建立机制以确保两国履行承诺。这将减少双方对一方可能回收钚并重新装备核武器的共同忧虑。

当人们认识到核爆炸所能造成的巨大破坏后，必须采取所有可能的措施阻止其发生。除继续努力减少军备储备、保护可行的条约和使用技术提供保护外，还迫切需要消除在世界上引发冲突的不利社会、经济和文化条件。

27.8 小　　结

虽然动力反应堆乏燃料中含有 Pu，但它和核武器使用的 Pu 的等级不同。早期原子弹使用 ^{235}U 和 Pu，但威力更加巨大的现代核武器是基于氢同位素的聚变。陆基洲际弹道导弹和潜基导弹构成了美国和苏联军火库的主体。国际社会持续努力阻止核武器的进一步扩散。为了国际社会的利益，应该避免使用核武器。

27.9 习　　题

27.1　^{235}U 金属组件的临界质量与系统密度成反比。如果在正常密度 18.5g/cm³ 情况下，一个球体的临界质量为 50kg，那么要使一个 40kg 的装置达到临界，应通过压缩使其半径减少多少？

27.2　有一个建议：在地下深处爆炸聚变武器，用管道将空腔产生的热传到地表产生和输送电力。假设没有能量损失，一个 100kt 的装置需要发射多少次才能产生 3000MW 的热能？或者每年需要消耗多少件这种武器？

27.3　在 30a 内消耗 50t Pu，需要多少商业反应堆？假设参数如下：反应堆功率为 1200MW；效率为 0.33；容量因子为 0.85；每年更换 60 个燃料组件，燃料辐照 3a 的燃耗为 45000MWd/t，三分之一的新燃料含有 2.5%Pu 的 MOX。

27.4　假设每个动力反应堆每年需要 50t 4%的 ^{235}U，若将 20t 90%的 ^{235}U 与①0.7%的天然铀；②0.3%的 ^{235}U 混合，那么反应堆可以运行多少堆年？

27.5　在 500m 高度爆炸一件 22kt 的核武器。假设一次裂变产生 8 个 1MeV 的裂变γ光子和 3 个 2MeV 的瞬发中子，估计距离爆心投影点(即爆炸正下方)1500m 的γ光子通量和中子通量。忽略空气的衰减效应。

27.6 包括空气衰减的影响，计算在例 27.2 条件下的γ射线通量。

27.7 证明氚的衰减导致每年 5.5%的材料损耗。

27.8 计算 1μg ^{210}Po-Be 的中子发射率。

27.9 参考图 23.3，确定一家容量因子为 90%的 1000MW 发电厂产生 Pu 的年均质量。

27.10　上　机　练　习

27.A 通过第 25 章介绍的计算机程序 FASTRX，研究易裂变材料的内爆质量，其是计算纯 ^{235}U 金属装置的临界状态的中子多群法。①计算几种不同铀密度下的临界体积和质量，包括可以通过核弹头内爆达到的高于正常的密度。参数 UN 的建议值除 0.048 以外还有 0.036 和 0.060。②从①的结果中推导一个合适的 x 值作为以下临界质量公式中的金属密度函数：

$$M = M_0(\rho / \rho_0)^x$$

式中，M_0 是在通常密度 ρ_0 下的临界质量。

27.B 协议规定美国向俄罗斯购买浓缩度为 94w/o，并将其与天然铀混合生产 3w/o 的动力反应堆燃料。用计算机程序 ENRICH(第 15 章)为每千克高浓缩铀评估一个公平价格，假设混合在俄罗斯和美国进行。如果进口量为 10t/a，5a，随后 30t/a，15a，哪一种情况将耗费一半的储备？两种情况下的总花费各是多少？为了达到一个合适的数字，还需要什么额外的有用信息？

参 考 文 献

Committee on the Atmospheric Effects of Nuclear Explosions, National Research Council (NRC), 1985. The Effects on the Atmosphere of a Major Nuclear Exchange. National Academies Press.

Glasstone, S., Dolan, P. J. (Eds.), 1977.The Effects of Nuclear Weapons.third ed. U. S. Department of Defense and U. S. Department of Energy, U. S. Government Printing Office.

Hansen, C., 1988. United States Nuclear Weapons: The Secret History. Aerofax.Very detailed descriptions with many photos of all weapons and tests; diagram of H-bomb explosion on p. 22.

Jones, R. W., McDonough, M. G., 1998. Tracking Nuclear Proliferation: A Guide in Maps and Charts. Carnegie Endowment for International Peace.

Morrison, P., Tsipis, K., 1998. Reason Enough to Hope: America and the World of the Twenty-first Century. MIT Press. Recommends reduction of military forces and emphasis on Common Security.

National Research Council (NRC), 1994. Management and Disposition of Excess Weapons Plutonium: Reactor Related Options. National Academies Press. Describes options for Pu use and disposal with recommendation that two be carried along in parallel.

Rhodes, R., 1986. The Making of the Atomic Bomb. Simon&Schuster. Thorough, readable, and authoritative; this is regarded as the best book on the Manhattan Project.

Rhodes, R., 1995. Dark Sun: The Making of the Hydrogen Bomb. Simon & Schuster. Highly readable political and technical aspects; role of espionage; diagrams of H-bomb explosion on p. 506.

Serber, R., 1992.The Los Alamos Primer.University of California Press. A set of five lectures on the early (1943) state of knowledge on the possibility of an atom bomb, with extensive explanatory annotations; included are history, nuclear physics, and chain reactions.

Tsipis, K., 1977. Cruise missile. Sci. Am. 236 (2), 20–29.

Turpen, E., 2007. The human dimension is key to controlling proliferation of WMD. APS News. 16 (4), p. 8. Article discusses the activation of weapons facilities to peaceful production.

U.S. Atomic Energy Commission (AEC), 1963. Reactor Physics Constants, second ed. United States Atomic Energy Commission, ANL-5800. Data on critical masses in Section 7.2.1.

延 伸 阅 读

Atomic Archive, www. atomicarchive. com. Includes the history of the Manhattan Project.

Bernstein, J., 2007. Nuclear Weapons: What You Need to Know. Cambridge University Press. By an accomplished science writer.

Center for Arms Control, Energy and Environmental Studies, 2003. Treaty on Strategic Offensive Reductions (SORT). www. armscontrol. ru/Start/sort. htm. Status, comments, expert opinions.

Cochran, T. B., Arkin, W. M., Hoenig, M. M., 1988. Nuclear Weapons Databook. Vol. I, U. S. Nuclear Forces and Capability. Ballinger Publishing Co. Facts and figures on weapons and delivery systems.

CTBTO Preparatory Commission, Comprehensive Test Ban Treaty.www.ctbto.org/.Full text of treaty.

Domenici, P., 2004. A Brighter Tomorrow: Fulfilling the Promise of Nuclear Energy. Rowman & Littlefield.

Federation of American Scientists, WMD Resources. www. fas. org/nuke. Weapons of mass destruction.

Garwin, R.L., Charpak, G., 2001. Megawatts and Megatons: A Turning Point in the Nuclear Age. Random House.

Hansen, C., Swords of Armageddon. www.uscoldwar.com. History of post-1945 United States weapons development.

International Atomic Energy Agency. www. iaea. org (select "About Us" or "Our Work").

Kelly, C. C. (Ed.), 2007. The Manhattan Project: The Birth of the Atomic Bomb in the Words of Its Creators, Eyewitnesses, and Historians. Blackdog & Leventhal. An excellent selection of documents; see review in *Nuclear News*, 51 (7), 26–27.

Nolan, J. E., Wheelon, A.D., 1990. Third world ballistic missiles. Sci. Am. 263 (2), 34–40.

Nuclear Weapon Archive, http: //nuclearweaponarchive. org. (In NWFAQ by Carey Sublette select "8.0 The First Nuclear Weapons").

Pillay, K. K. S., 1996. Plutonium: requiem or reprieve. Radwaste Magazine 4 (3), 59–65.

Scheinman, L., 1985. The Nonproliferation Role of the International Atomic Energy Agency: A Critical Assessment. Resources for the Future. Explains, notes problems, and suggests initiatives.

Scheinman, L., 1987. The International Atomic Energy Agency and World Nuclear Order.Resources for the Future. History of origin of IAEA, structure and activities, and relationship to safeguards.

Schroeer, D., 1984. Science, Technology, and the Nuclear Arms Race. John Wiley & Sons.

Schwartz, S. (Ed.), 1998. Atomic Audit: The Costs and Consequences of U. S. Nuclear Weapons Since 1940. Brookings Institute Press.Highly critical of secrecy, carelessness, and waste of money.

Thaul, S., O'Maonaigh, H. (Eds.), 1999. Potential Radiation Exposure in Military Operations. National Academies Press. Information and recommendations.

USEC, Russian contracts: Megatons to megawatts. www.usec.com/russian-contracts. Transfer of HEU from Russia to the United States.

World Nuclear Association, Safeguards to Prevent Nuclear Proliferation. www. world-nuclear. org/info/Safety-and-Security/Non-Proliferation/Safeguards-to-Prevent-Nuclear-Proliferation/. Protocol and inspections.

Yadav, M. S., 2007. Nuclear Weapons and Explosions: Environmental Impacts and Other Effects. SDS.

参考信息和数据

表 A.1 希腊字母表

大写	小写	英文	大写	小写	英文
A	α	alpha	N	ν	nu
B	β	beta	Ξ	ξ	xi
Γ	γ	gamma	O	o	omicron
Δ	δ	delta	Π	π	pi
E	ε	epsilon	P	ρ	rho
Z	ζ	zeta	Σ	σ	sigma
H	η	eta	T	τ	tau
Θ	θ	theta	Υ	υ	upsilon
I	ι	iota	Φ	φ	phi
K	κ	kappa	X	χ	chi
Λ	λ	lambda	Ψ	ψ	psi
M	μ	mu	Ω	ω	omega

注：本表提供希腊字母大写和小写作为参考。

表 A.2 基本物理常数表

物理量	符号	数值
真空中光速	c	299792458m/s
基本电荷	e	$1.602176565 \times 10^{-19}$C
电子伏特	eV	$1.602176565 \times 10^{-19}$J
普朗克常数	h	$6.62606957 \times 10^{-34}$J·s $= 4.135667516 \times 10^{-15}$eV·s

续表

物理量	符号	数值
阿伏伽德罗常数	N_A	$6.02214129 \times 10^{23}$/mol
摩尔气体常数	R	8.3144622 J/(mol·K)
玻尔兹曼常数	$k = R/N_A$	$1.3806488 \times 10^{-23}$J/K = 8.6173324×10^{-5}eV/K
电子静止质量	m_e	$9.10938291 \times 10^{-31}$kg 或 0.510998928MeV/$c^2$
质子静止质量	m_p	$1.672621778 \times 10^{-27}$kg 或 938.272046MeV/$c^2$
中子静止质量	m_n	$1.674927352 \times 10^{-27}$kg 或 939.565379MeV/$c^2$
氘核静止质量	m_d	$3.34358348 \times 10^{-27}$kg 或 1875.612859MeV/$c^2$
原子质量单位	u	$1.660538922 \times 10^{-27}$kg 或 931.494061MeV/$c^2$
真空磁导率	μ_0	$4\pi \times 10^{-7}$N/A^2 = 12.566370···$\times 10^{-7}$N/A^2
真空介电常数	$\varepsilon_0 = 1/(\mu_0 c^2)$	8.854187817···$\times 10^{-12}$F/m

来源: Mohr, P.J., Taylor, B.N., Newell, D. B., 2012. CODATA recommended values of the fundamental physical constants:2010.arXiv:1203.5425v1 [physics.atom-ph]. Also available from the National Institute of Science and Technology (NIST), http://physics.nist.gov/constants。

表 A.3　换算系数

原系统中的单位	乘数	国际单位制(SI)
英亩(43560ft^2)	4046.9	平方米(m^2)
埃(Å)	0.1	纳米(nm)
大气压	1.013×10^5	帕斯卡(Pa)
巴	100	千帕(kPa)
靶恩	10^{-28}	平方米(m^2)
桶(42 加仑石油)	0.1590	立方米(m^3)
英制热单位 Btu	1055	焦耳(J)
热导率(Btu/h·ft)	1.7307	W/(m·℃)
卡路里(cal)	4.184	焦耳(J)
厘泊(cP)	0.001	帕斯卡·秒(Pa·s)
居里(Ci)	3.700×10^{10}	衰变/秒(dps)
天(d)	8.640×10^4	秒(s)

续表

原系统中的单位	乘数	国际单位制(SI)
度(°)	0.0174533	弧度(rad)
华氏度(°F)	℃=(°F−32)/1.8	摄氏度(℃)
电子伏特(eV)	$1.6022×10^{-19}$	焦耳(J)
英尺(ft)	0.3048	米(m)
平方英尺(ft²)	0.092903	平方米(m²)
立方英尺(ft³)	0.028317	立方米(m³)
立方英尺/分钟(ft³/min)	$4.7195×10^{-4}$	立方米/秒(m³/s)
加仑(gal)美制液体体积单位(231 in³)	$3.7854×10^{-3}$	立方米(m³)
高斯	10^{-4}	特斯拉(T)
马力(hp)(550 ft·lbf/s)	745.7	瓦特(W)
英寸(in)	0.0254	米(m)
平方英寸(in²)	$6.4516×10^{-4}$	平方米(m²)
立方英寸(in³)	$1.6387×10^{-5}$	立方米(m³)
千瓦时(kWh)	$3.600×10^{6}$	焦耳(J)
千克力(kgf)	9.80665	牛顿(N)
升(L)	0.001	立方米(m³)
微米(μm)	10^{-6}	米(m)
密耳(0.001in)	0.0254	毫米(mm)
英里(mi)	1609	米(m)
英里/小时(mi/h)	0.44704	米/秒(m/s)
平方英里(mi²)	$2.590×10^{6}$	平方米(m²)
磅，常衡制(lb)	0.4536	千克(kg)
磅力(lbf)	4.4482	牛顿(N)
磅力/平方英寸(psi)	6895	帕斯卡(Pa)
拉德(rad)	0.01	戈瑞(Gy)

续表

原系统中的单位	乘数	国际单位制(SI)
雷姆(rem)	0.01	希沃特(Sv)
伦琴(R)	2.580×10^{-4}	库仑/千克(C/kg)
美吨(2000 lb)	907.2	千克(kg)
吨(公制)	1000	千克(kg)
瓦时(Wh)	3600	焦耳(J)
恒星年(a)	3.1558×10^{7}	秒(s)

注：将英制或其他单位系统的数字换算为国际单位制的数字，乘以本表中的乘数。例如，0.0253 eV 热中子的能量乘以 1.6022×10^{-19}，得到能量为 4.0536×10^{-21} J。注意一些转换系数被四舍五入了。

来源: Mostly adapted from IEEE, 2011. IEEE/ASTM SI 10-2010 American National Standard for Metric Practice, IEEE。

表 A.4 元素的原子量和密度

原子序数	元素名	元素符号	原子量	密度/(g/cm³)
1	Hydrogen	H	1.00794	8.375×10^{-5}
2	Helium	He	4.002602	1.663×10^{-4}
3	Lithium	Li	6.941	0.534
4	Beryllium	Be	9.012182	1.848
5	Boron	B	10.811	2.37
6	Carbon	C	12.0107	1.70(石墨)
7	Nitrogen	N	14.0067	1.165×10^{-3}
8	Oxygen	O	15.9994	1.332×10^{-3}
9	Fluorine	F	18.9984032	1.58×10^{-3}
10	Neon	Ne	20.1797	8.385×10^{-4}
11	Sodium	Na	22.98976928	0.971
12	Magnesium	Mg	24.3050	1.74
13	Aluminum	Al	26.9815386	2.699
14	Silicon	Si	28.0855	2.33

原子序数	元素名	元素符号	原子量	密度/(g/cm³)
15	Phosphorus	P	30.973762	2.20
16	Sulfur	S	32.065	2.00
17	Chlorine	Cl	35.453	$2.995×10^{-3}$
18	Argon	Ar	39.948	$1.662×10^{-3}$
19	Potassium	K	39.0983	0.862
20	Calcium	Ca	40.078	1.55
21	Scandium	Sc	44.955912	2.989
22	Titanium	Ti	47.867	4.54
23	Vanadium	V	50.9415	6.11
24	Chromium	Cr	51.9961	7.18
25	Manganese	Mn	54.938045	7.44
26	Iron	Fe	55.845	7.874
27	Cobalt	Co	58.933195	8.90
28	Nickel	Ni	58.6934	8.902
29	Copper	Cu	63.546	8.96
30	Zinc	Zn	65.38	7.133
31	Gallium	Ga	69.723	5.904
32	Germanium	Ge	72.63	5.323
33	Arsenic	As	74.92160	5.73
34	Selenium	Se	78.96	4.50
35	Bromine	Br	79.904	$7.072×10^{-3}$
36	Krypton	Kr	83.798	$3.478×10^{-3}$
37	Rubidium	Rb	85.4678	1.532
38	Strontium	Sr	87.62	2.54
39	Yttrium	Y	88.90585	4.469

续表

原子序数	元素名	元素符号	原子量	密度/(g/cm³)
40	Zirconium	Zr	91.224	6.506
41	Niobium	Nb	92.90638	8.57
42	Molybdenum	Mo	95.96	10.22
43	Technetium	Tc	(97.9072)	11.5
44	Ruthenium	Ru	101.07	12.41
45	Rhodium	Rh	102.90550	12.41
46	Palladium	Pd	106.42	12.02
47	Silver	Ag	107.8682	10.5
48	Cadmium	Cd	112.411	8.65
49	Indium	In	114.818	7.31
50	Tin	Sn	118.710	7.31
51	Antimony	Sb	121.760	6.691
52	Tellurium	Te	127.60	6.24
53	Iodine	I	126.90447	4.93
54	Xenon	Xe	131.293	5.485×10^{-3}
55	Cesium	Cs	132.9054519	1.873
56	Barium	Ba	137.327	3.50
57	Lanthanum	La	138.90547	6.154
58	Cerium	Ce	140.116	6.657
59	Praseodymium	Pr	140.90765	6.71
60	Neodymium	Nd	144.242	6.90
61	Promethium	Pm	(144.9127)	7.22
62	Samarium	Sm	150.36	7.46
63	Europium	Eu	151.964	5.243
64	Gadolinium	Gd	157.25	7.90

续表

原子序数	元素名	元素符号	原子量	密度/(g/cm³)
65	Terbium	Tb	158.92535	8.229
66	Dysprosium	Dy	162.500	8.55
67	Holmium	Ho	164.93032	8.795
68	Erbium	Er	167.259	9.066
69	Thulium	Tm	168.93421	9.321
70	Ytterbium	Yb	173.054	6.73
71	Lutetium	Lu	174.9668	9.84
72	Hafnium	Hf	178.49	13.31
73	Tantalum	Ta	180.94788	16.65
74	Tungsten	W	183.84	19.3
75	Rhenium	Re	186.207	21.02
76	Osmium	Os	190.23	22.57
77	Iridium	Ir	192.217	22.42
78	Platinum	Pt	195.084	21.45
79	Gold	Au	196.966569	19.32
80	Mercury	Hg	200.59	13.55
81	Thallium	Tl	204.3833	11.72
82	Lead	Pb	207.2	11.35
83	Bismuth	Bi	208.98040	9.747
84	Polonium	Po	(209)	9.32
85	Astatine	At	(210)	10.0
86	Radon	Rn	(222)	9.066×10^{-3}
87	Francium	Fr	(223)	10.0
88	Radium	Ra	(226)	5.0
89	Actinium	Ac	(227)	10.07

续表

原子序数	元素名	元素符号	原子量	密度/(g/cm^3)
90	Thorium	Th	232.03806	11.72
91	Protactinium	Pa	231.03588	15.37
92	Uranium	U	238.02891	18.95
93	Neptunium	Np	(237)	—
94	Plutonium	Pu	(244)	—
95	Americium	Am	(243)	—
96	Curium	Cm	(247)	—
97	Berkelium	Bk	(247)	—
98	Californium	Cf	(251)	—
99	Einsteinium	Es	(252)	—
100	Fermium	Fm	(257)	—
101	Mendelevium	Md	(258)	—
102	Nobelium	No	(259)	—
103	Lawrencium	Lr	(262)	—
104	Rutherfordium	Rf	(265)	—
105	Dubnium	Db	(268)	—
106	Seaborgium	Sg	(271)	—
107	Bohrium	Bh	(270)	—
108	Hassium	Hs	(277)	—
109	Meitnerium	Mt	(276)	—
110	Darmstadtium	Ds	(281)	—
111	Roentgenium	Rg	(280)	—
112	Copernicium	Cn	(285)	—
113	Ununtrium	Uut	(284)	—
114	Flerovium	Fl	(289)	—

续表

原子序数	元素名	元素符号	原子量	密度/(g/cm³)
115	Ununpentium	Uup	(288)	—
116	Livermorium	Lv	(293)	—
117	Ununseptium	Uus	(294)	—
118	Ununoctium	Uno	(294)	—

原子量来源：Commission on Atomic Weights and Isotopic Abundances of the International Union of Pure and Applied Chemistry (IUPAC)(http://www.chem.qmul.ac.uk/iupac/AtWt/). The 2009 data are listed except for the 10 elements(i.e., H, Li, B, C, N, O, Si, S, Cl, and Tl) that have a range of weights, since a single 2007 value is more convenient for workingexamples and exercises. For some elements that have no stable nuclide, the mass number of the isotope with longest half-life islisted。

密度来源：Hubbell, J.H., Seltzer, S.M., 2004. Tables of X-ray mass attenuation coefficients and mass energy-absorptioncoefficients. National Institute of Standards and Technology.http://physics.nist.gov/xaamdi。

表 A.5 部分原子量和同位素丰度

粒子/同位素	原子量(u)	同位素丰度
电子	0.000548579911	—
质子	1.00727646676	—
α粒子	4.001506179144	—
中子	1.0086649157	—
H-1	1.00782503207	0.999885
H-2(D)	2.0141017778	0.000115
H-3(T)	3.0160492777	—
He-3	3.0160293191	0.00000134
He-4	4.00260325415	0.99999866
Li-6	6.015122795	0.0759
Li-7	7.01600455	0.9241
Be-9	9.0121822	1
B-10	10.0129370	0.199
B-11	11.0093054	0.801

续表

粒子/同位素	原子量(u)	同位素丰度
C-12	12.0000000	0.9893
C-13	13.0033548378	0.0107
C-14	14.003241989	—
N-13	13.00573861	—
N-14	14.0030740048	0.99636
N-15	15.0001088982	0.00364
N-16	16.0061017	—
N-17	17.008450	—
O-16	15.99491461956	0.99757
O-17	16.99913170	0.00038
O-18	17.9991610	0.00205
Na-23	22.989769281	1
Na-24	23.990962782	—
K-40	39.96399848	0.000117
Co-60	59.9338171	—
Kr-90	89.91951656	—
Rb-92	91.9197289	—
Cs-140	139.91728235	—
Ba-144	143.92295285	—
Ra-226	226.0254098	—
Th-232	232.0380553	1
U-233	233.0396352	—
U-234	234.0409521	0.000054
U-235	235.04392992	0.007204
U-236	236.0455680	—

续表

粒子/同位素	原子量(u)	同位素丰度
U-238	238.0507882	0.992742
Pu-239	239.0521634	—
Pu-240	240.0538135	—
Pu-241	241.0568515	—
Pu-242	242.0587426	—

原子量来源：①Wapstra, A.H., Audi, G., Thibault, C., 2003. The AME2003 Atomic Mass Evaluation（I）: Evaluation of input data, adjustment procedures. Nuclear Physics A 729, 129–336; and②Audi, G., Wapstra, A.H.,Thibault, C., 2003. The AME2003 Atomic Mass Evaluation（II）: Tables, graphs and references. Nuclear Physics A 729, 337-676. Complete data available at http://amdc.in2p3.fr/web/masseval.html。注意使用的转换系数是 931.49386 MeV/amu，而不是表 A.2 中的科学技术数据委员会(CODATA)数值。

同位素丰度来源：Berglund, M., Wieser, M.E., 2011.Isotopic compositions of the elements 2009 (IUPAC TechnicalReport). Pure Applied Chemistry, 83 (2), 397410。

表 A.6 光子质量衰减和质能吸收系数   (单位：cm²/g)

能量/MeV	干燥空气		水		水泥	铁	铅
	μ/ρ	μ_{en}/ρ	μ/ρ	μ_{en}/ρ	μ/ρ	μ/ρ	μ/ρ
0.001	3606	3599	4078	4065	3466	9085	5210
0.0015	1191	1188	1376	1372	1227	3399	2356
0.002	527.9	526.2	617.3	615.2	1368	1626	1285
0.003	162.5	161.4	192.9	191.7	464.6	557.6	1965
0.004	77.88	76.36	82.78	81.91	218.8	256.7	1251
0.005	40.27	39.31	42.58	41.88	140.1	139.8	730.4
0.006	23.41	22.70	24.64	24.05	84.01	84.84	467.2
0.008	9.921	9.446	10.37	9.915	38.78	305.6	228.7
0.01	5.120	4.742	5.329	4.944	20.45	170.6	130.6
0.015	1.614	1.334	1.673	1.374	6.351	57.08	111.6
0.02	0.7779	0.5389	0.8096	0.5503	2.806	25.68	86.36
0.03	0.3538	0.1537	0.3756	0.1557	0.9601	8.176	30.32
0.04	0.2485	0.06833	0.2683	0.06947	0.5058	3.629	14.36
0.05	0.2080	0.04098	0.2269	0.04223	0.3412	1.958	8.041

续表

能量 /MeV	干燥空气		水		水泥	铁	铅
	μ/ρ	μ_{en}/ρ	μ/ρ	μ_{en}/ρ	μ/ρ	μ/ρ	μ/ρ
0.06	0.1875	0.03041	0.2059	0.03190	0.2660	1.205	5.021
0.08	0.1662	0.02407	0.1837	0.02597	0.2014	0.5952	2.419
0.1	0.1541	0.02325	0.1707	0.02546	0.1738	0.3717	5.549
0.15	0.1356	0.02496	0.1505	0.02764	0.1436	0.1964	2.014
0.2	0.1233	0.02672	0.1370	0.02967	0.1282	0.1460	0.9985
0.3	0.1067	0.02872	0.1186	0.03192	0.1097	0.1099	0.4031
0.4	0.09549	0.02949	0.1061	0.03279	0.09783	0.0940	0.2323
0.5	0.08712	0.02966	0.09687	0.03299	0.08915	0.08414	0.1614
0.6	0.08055	0.02953	0.08956	0.03284	0.08236	0.07704	0.1248
0.8	0.07074	0.02882	0.07865	0.03206	0.07227	0.06699	0.0887
1	0.06358	0.02789	0.07072	0.03103	0.06495	0.05995	0.07102
1.25	0.05687	0.02666	0.06323	0.02965	0.05807	0.05350	0.05876
1.5	0.05175	0.02547	0.05754	0.02833	0.05288	0.04883	0.05222
2	0.04447	0.02345	0.04942	0.02608	0.04557	0.04265	0.04606
3	0.03581	0.02057	0.03969	0.02281	0.03701	0.03621	0.04234
4	0.03079	0.01870	0.03403	0.02066	0.03217	0.03312	0.04197
5	0.02751	0.01740	0.03031	0.01915	0.02908	0.03146	0.04272
6	0.02522	0.01647	0.02770	0.01806	0.02697	0.03057	0.04391
8	0.02225	0.01525	0.02429	0.01658	0.02432	0.02991	0.04675
10	0.02045	0.01450	0.02219	0.01566	0.02278	0.02994	0.04972
15	0.01810	0.01353	0.01941	0.01441	0.02096	0.03092	0.05658
20	0.01705	0.01311	0.01813	0.01382	0.02030	0.03224	0.06206

材料密度(ρ)：干燥空气为 0.001205g/cm³；水为 1.00g/cm³；水泥为 2.30g/cm³；铁为 7.874g/cm³；铅为 11.35g/cm³。

来源：Hubbell, J.H., Seltzer, S.M., 2004. Tables of X-ray mass attenuation coefficients and mass energy-absorption coefficients. National Institute of Standards and Technology.http: //physics. nist.gov/ xaamdi。

教材细节信息

B.1 如何有效利用这本书

本教材涵盖一年课程使用的材料。因此，如果作为一个学期的课程使用本书，教师可以根据特色课程从丰富的材料中挑选相关主题。剩余材料可供有一定基础的同学更深、更广地学习核能相关内容。使用本教材进行教学的教师，可登录 http://textbooks.elsevier.com 获取教师的支持材料(包括习题的完整答案和幻灯片)。

本书章节的丰富性促进了阅读材料的定制化。表 B.1 给出了一个一学期课程教学大纲示例(不包括考试)。

表 B.1　一学期课程教学大纲示例

周	范围
1	第 1 章；第 2.1～2.4 节
2	第 2.5～2.8 节；第 3.1～3.2 节
3	第 3.3～3.6 节
4	第 4.1～4.4 节
5	第 4.5～4.8 节
6	第 5 章
7	第 6 章
8	第 10 章；第 11.1～11.3 节
9	第 16 章
10	第 17 章
11	第 18 章

续表

周	范围
12	第 20.1～20.3 节，第 21.1～21.4 节
13	第 21.5～21.11 节
14	第 23 章

B.2　计算机程序

表 B.2 是本书的计算机程序列表，表中给出了关于 MATLAB 和 Excel 程序的标题、对应的上机练习题的编号，以及简短的功能说明。所有的计算机程序可以从网址：http://booksite.elsevier.com/9780124166547/下载。

表 B.2　本书上机练习题的相关程序

程序名	上机练习题	功能
ALBERT	1.A	Relativistic properties of particles
ALBERT	2.A	Properties of 1-MeV electron, proton, and neutron
BINDING	2.B	Semiempirical mass formula for B and M
DECAY	3.A	Radioactive decay, activity, graph
RADIOGEN	3.C	Parent-daughter radioactivity
MONTEPI	6.A	Monte Carlo estimate of pi (p)
ALBERT	9.A–B	High velocity particles in accelerators
EXPOSO	11.A	Gamma attenuation, buildup factors
NEUTSHLD	11.B	Fast neutron shielding by water
EXPOSO	11.C	Array of sources in an irradiator
RADIOGEN	11.D	Radon activity in closed room
STAT	12.A–C	Binomial, Poisson, Gaussian distributions
EXPOIS	12.D	Simulates counting data
COMPDIST	12.E	Graphically compare Gaussian distributions
RADIOGEN	13.A	Mo-Tc radionuclide generator
EXPOSO	13.B	Fixed gauge source measuring tank level
PREDPREY	14.A	Predator-prey simulation (requires LOTKAVOLT)
ERADIC	14.B	Application of sterile male technique

续表

程序名	上机练习题	功能
ENRICH	15.A–B	Material flows in isotope separator
CRITICAL	16.A	Critical conditions U and Pu assemblies
SLOWINGS	16.B	Scattering, absorption, and leakage
CONDUCT	17.A	Integral of thermal conductivity
TEMPPLOT	17.B	Temperature distribution in fuel pin
MPDQ	19.A	Criticality with space dependence
OGRE, OGREFUN	20.A	One-delayed-group reactor transient
KINETICS	20.B	Time-dependent behavior of reactor
RTF, RTFFUN	20.C	Reactor transient with feedback
XETR, XETRFUN	20.D	Xenon-135 reactivity transient
ORBIT	22.A	Trajectory of spacecraft from Earth
ALBERT	22.B	Mass increase of space ship
WASTEPULSE	23.A	Displays motion of waste pulse
WTT	23.B	Dispersion in waste transport
LLWES	23.C	Expert system, waste classification
FUTURE	24.A	Global energy analysis
BREEDER	25.A	Breeder reactor with cross section data choice
FASTRX	25.B	Fast reactor criticality, Hansen-Roach
FUSION	26.A	Fusion parameters and functions
MAXWELL	26.A	Calculates and plots a distribution
VELOCITY	26.A	Four characteristic speeds
DEBYE	26.A	Debye length of fusion plasma
IMPACT	26.A	Parameters for ionic collision
RADIUS	26.A	Cyclotron radius and other quantities
MEANPATH	26.A	Mean free path of charged particles
TRANSIT	26.A	Fusion plasma parameters
CROSSECT	26.A	Fusion cross section and reactivity
FASTRX	27.A	Critical mass as it depends on density
ENRICH	27.B	Blending Russian HEU material

B.3 部分习题答案

与以前的版本不同，本版本包括大部分习题的答案，但不是全部的，以便教师可以选择布置没有答案的作业。当提出多个类似的问题时，通常只给出问题①的答案。提醒同学和教师注意：因为一些常数已被更新，技术材料在扩展，以及误差被修正，对一些长期存在问题的解答已经改变，因而老版本的答案也应相应修改。

1.1 2400J

1.2 ①20℃；②260℃；③−459°F；④1832°F

1.3 22.5kJ

1.4 511m/s

1.5 149kW, 596kWh

1.6 $2×10^{20}$ Hz

1.7 ①证明；②$2.22×10^{-9}$g

1.8 $3.04×10^{-11}$J

1.9 $3.38×10^{-28}$kg

1.10 $3.51×10^{-8}$J

1.11 $8.67×10^{-4}$

1.12 证明

1.13 ①938.6MeV

1.14 931.49MeV

1.15 ①证明；②0.140, 0.417, 0.866

1.16 ①$6.16×10^4$Btu/lb；②$1.43×10^5$J/g；③3.0eV

1.17 推导

1.18 画图

2.1 $0.0828×10^{24}$/cm^3

2.2 $1.59×10^{-8}$cm, $1.70×10^{-23}$cm^3

2.3 2200 m/s

2.4 证明

2.5 3.116kJ/(kg·K)

2.6 2.1eV

2.7 $3.29×10^{15}$Hz

2.8 −1.51eV, $4.77×10^{-8}$cm, 12.1eV, $2.9×10^{15}$Hz

2.9 简述

2.10 证明

2.11 $8.7×10^{-13}$cm, $2.4×10^{-24}$cm^2

2.12 $9.54×10^{-14}$

2.13 0.030377amu, 28.3MeV

2.14 1784MeV

2.15 $1.47×10^{17}$kg/m^3, $9.9×10^{12}$kg/m^3, $1.89×10^4$kg/m^3

2.16 证明

2.17 $1.21×10^{14}$Hz, $2.48×10^{-4}$cm

2.18 $2.4×10^{15}$ Hz, $1.25×10^{-7}$m

2.19 ①M_{O-16} = 15.998

2.20 画图

2.21 画图

3.1 $7.30×10^{-10}$ /s, $2.19×10^{10}$Bq, 0.592 Ci

3.2 $3.66×10^{10}$Bq vs. $3.7×10^{10}$Bq

3.3 1.65 μg

3.4 $3.21×10^{14}$ Bq, $8.68×10^3$ Ci, $1.06×10^{14}$ Bq, $2.86×10^3$Ci

3.5 画图

3.6 画图

3.7 2.52×10^{20} atoms, 1.76×10^{-17}/s, 4440 dps, 4440Bq, 0.12 μCi

3.8 推导

3.9 推导

3.10 ①画图；②1.82 h, 氩-41

3.11 1616a, 镭-226

3.12 ①$3.56\times10^{14}$ Bq/g

4.1 证明

4.2 ①$^{14}_{6}$C；②$^{10}_{5}$B

4.3 4.2MeV

4.4 4.78MeV

4.5 3.95×10^{-30}kg, 3.55×10^5m/s, 1.3×10^{-3}MeV

4.6 1.90×10^7m/s, 2.39×10^7m/s, 7.5MeV, 11.8MeV

4.7 1.20MeV

4.8 1.46/cm, 0.68cm

4.9 1.70×10^7m/s, 4.12×10^4/cm^3

4.10 6×10^{13}/(cm^2·s), 0.02/cm, 1.2×1012/(cm^3·s)

4.11 0.207, 0.074, 88, 0.4cm

4.12 ①证明；②1932 barn

4.13 2.74×10^{12}/(cm^3·s), 1.48×10^{12}/(cm^3·s)

4.14 4.59×10^{-7}, 0.459

4.15 0.1852barn

4.16 0.504/cm, 0.099cm, 4.9%

4.17 1.9%

4.18 18.8 g/cm^3, 0.0482×10^{24}cm^{-3}, 0.0795 cm^{-1}, 0.328 cm^{-1}, 3.05 cm, 1.02 cm, 3.58 cm

4.19 $v_1 \approx -u_1$，$v_2 \approx 0$，粒子以原

4.20 证明，$\alpha = 0.98333$，$\xi = 0.00838$

4.21 证明

4.22 证明

4.23 ①-1.19MeV, 吸热

4.24 答案同例 4.6

5.1 0.0233, 42.8

5.2 1.45×10^{21}Hz, 2.07×10^{-13}m

5.3 ①0.245MeV；②证明；③$E' = E_0 / 2$

5.4 0.62MeV

5.5 0.0011cm

5.6 0.033×10^{24}/cm^3, 0.46/cm, 1.5cm

5.7 ① 0.289cm

5.8 0.39cm, 1.81×10^{-5}C/cm^3, 6.15×10^{-4} J/g

5.9 0.00218 MeV, 2206

5.10 8.16×10^{-14} J, 5.91×10^9 K

5.11 85.5%

5.12 41.8keV, 50keV

5.13 1.9%, 95.1%

5.14 ①0.075keV, 0.078keV；②0.249MeV, 0.256MeV

5.15 证明

5.16 ①0.00256MeV

6.1 6.53MeV

6.2 $^{100}_{38}$Sr

6.3 ①66.4MeV, 99.6MeV；②140, 93；③$0.96\times10^7$m/s, 1.44×10^7m/s

6.4 168.5MeV

6.5 ①2.299

6.6 1.0% U-235

速度弹回

6.7 0.0057g/d

6.8 8.09×10^6kg/d, 5.89×10^6kg/d, 5.18×10^6kg/d

6.9 ①1.22 n/(g · s)

6.10 ①1.19 g/(MW · d)

6.11 证明

7.1 0.0265amu, 24.7MeV

7.2 验证

7.3 0.453kg/d, 17620kg/d

7.4 ①$3.10\times10^6$m/s；②$2.7\times10^{17}$/cm³

7.5 9.3×10^5K

7.6 0.305MeV

7.7 ①0.476MeV

7.8 3.4×10^9K

8.1 样本

8.2 活动

8.3 Q=5.30MeV，E_C=2.62MeV

9.1 0.114V

9.2 ①4.70MV

9.3 2.5MHz

9.4 0.131μs

9.5 推导

9.6 0.183Wb/m²

9.7 ①1.96MeV/rev；②= 299791633m/s；③1.33tesla

9.8 214.7amu, 0.99999

9.9 746mA, 373MW

9.10 证明，5.2×10^{-11}

9.11 20.958μs, 9ps

9.12 ① ΔE(keV) $\approx$ [88.46 / R(m)] [E(GeV)]⁴ ；

②$8.8\times10^{-14}$；

③ $P \approx ae^2 / (6\pi\varepsilon_0 c^3)$

10.1 5.88×10^{10}ip/(cm³·s), 2.2×10^{-9}/s

10.2 200

10.3 1.67mrad, 3.34mrem, 6.7×10^{-4}

10.4 0.8%

10.5 400mrem, 4mSv

10.6 $1 / (1+t_H / t_B)$, 1/3

10.7 ①240mrem/a；②1000mrad/a

10.8 2.55\$/mrem

10.9 证明

10.10 ①14, 5

11.1 834mrem/a, 199mrem/a

11.2 45.3μCi

11.3 5×10^{-4}μCi/cm³

11.4 硼

11.5 257/(cm²·s)

11.6 0.33, 0.1, 1.7, 3.3, 0.05

11.7 (μCi/mL): 2.96×10^{-7}, 2.81×10^{-7},3.15×10^{-7}

11.8 ①7.60d, 94.6d, 69.6d

11.9 3.35×10^{-6}μCi/g

11.10 ①0.19mrem/a

11.11 0.085

11.12 ①0.017Bq/mL

11.13 ①0.24/(cm²·s)

12.1 ①$1.19\times10^{21}$/cm³；②$2.66\times10^{19}$/cm³

12.2 0.0165

12.3 6.0×10^5

12.4 0.30

12.5 10

12.6 ①n=1: $P(0)$=0.5, $P(1)$=0.5;

n=2: $P(0)$=0.25, $P(1)$=0.50,

$P(2)$=0.25; n=3: $P(0)$=0.125,

$P(1)$=0.375, $P(2)$=0.375,

$P(3)$=0.125。

②扔一次: $P(0)$=5/6,

$P(1)$=1/6; 扔两次: $P(0)$=25/36,

$P(1)$=10/36, $P(2)$=1/36

12.7 p=1/6; n=1, $\bar{x}$ =1/6 :

$P(0)$=0.846, $P(1)$=0.141;

n=2, $\bar{x}$ =1/3 : $P(0)$=0.717,

$P(1)$=0.239, $P(2)$=0.040

12.8 ①740cps, 4.44×10^4counts;

②211counts; ③$4\times10^{-8}$

12.9 ①证明; ②0.2907; ③0.2623

12.10 推导

12.11 ①ε_i = 0.948

12.12 ①0.24/(cm$^2\cdot$s), 8.0×10^{-5},

2.4 cps; ②0.3mrad/h

12.13 ①2.79MeV

12.14 证明

12.15 12%

12.16 482keV

12.17 0.262MeV

13.1 Fe-59

13.2 $^6_3\text{Li} + ^1_0\text{n} \longrightarrow ^3_1\text{H} + ^4_2\text{He}$;

$^3_1\text{H} + ^{16}_8\text{O} \longrightarrow ^{18}_9\text{F} + ^1_0\text{n}$

13.3 0.63mm

13.4 3.0s

13.5 3.15×10^8a

13.6 2358 年前

13.7 5.9×10^{-5}

13.8 $N_{\text{Rb}} / N_{\text{Sr}} = 1/[\exp(\lambda t)-1]$

13.9 讨论

13.10 讨论

13.11 11.97d

13.12 2.645a

13.13 4.33μg, 0.00745cm

13.14 Ir-192, Co-60, Cs-137

13.15 ①0.0871; ②0.1%

13.16 2.4×10^{-4}

13.17 14cpm

13.18 7.16cm

13.19 Am-241 和 Cs-137

13.20 477 keV

13.21 ①1060 γ/(cm$^2\cdot$s)

14.1 5mCi

14.2 241rad

14.3 89.8 kg

14.4 19500Ci, 289W

14.5 3.46×10^{13}/(cm$^2\cdot$s)

14.6 讨论

14.7 0.75cm

14.8 2.9m/min

14.9 4.5kGy

15.1 证明

15.2 1.0030

15.3 ③0.0304, 0.0314

15.4 9.59×10^4 kg, 7.66×10^4 kg-SWU

15.5 0.71%

15.6 195kg/d

15.7 488

15.8 证明

15.9 1.0030

15.10	0.422 kg/d, 0.578 kg/d
15.11	238.028909；99.283382, 0.711366, 0.005309
15.12	①$36.99 M，获益$25.9 M
15.13	①90.3A；②4.5MW；③否
15.14	①$2.5\times10^6$m/s^2, 2.55×10^5；②1.146
15.15	75
15.16	3.2%
16.1	①2.21
16.2	2.04×10^{10}/(cm^2·s)
16.3	①1.171, 1.033；②0.032
16.4	①1.851；②1.178；③2.206
16.5	①2.052；②是
16.6	$\rho>0, \rho=0, \rho<0$
16.7	0.0346
16.8	①3.58cm；②0.0987cm^{-2}；③0.441
16.9	①13.58cm^2；②0.361
16.10	①0.030/cm^2, 0.73
16.11	0.43
17.1	证明
17.2	讨论
17.3	150W/cm^2, 3W/(cm^2·℃)
17.4	303℃
17.5	30°F
17.6	①1830MW, 1350MW；②26%
17.7	①664 kg/s；②2.6%
17.8	①$8.09\times10^6$ m^2；②$8.26\times10^5$ J/(m^2·h)
17.9	20.5×10^6gal/d
17.10	证明

17.11	②证明；③0.76
17.12	证明
17.13	534℃
17.14	284W/cm^3
17.15	证明
18.1	①10.2 MeV
18.2	10^{17}/s
18.3	讨论
18.4	10.6 ¢/kWh
18.5	12.5 百万桶, 11.25 亿美元
18.6	①$8.64\times10^6$；②89700kg, 2691kg；③$91.9 M
18.7	①28.8m^3, 1.51m；②0.318
18.8	34%
18.9	93%
18.10	1073d
18.11	①55200
18.12	8.24×10^{20}/cm^3
18.13	17%
19.1	证明
19.2	证明
19.3	证明
19.4	画图
19.5	证明
19.6	0.33
19.7	证明
19.8	①$1.09\times10^6$cm^3, 35.3kg；②$8.78\times10^5$cm^3, 28.4kg
19.9	3.876
19.10	①161/B^3；②148/B^3
19.11	①684 cm^2
19.12	①0.9985

19.13 $0.564p$

19.14 ①55×55

20.1 证明

20.2 ①0.016, 2.40；③7.7×10^{-4}s；④63.8 s

20.3 30.3 s

20.4 ①3.9×10^{-8}s；②2.6×10^{-8}s

20.5 增加 40℃

20.6 −0.0208

20.7 ①证明；②2.1×10^{-5}/s, 0.039

20.8 156ft^3

20.9 1.43min

20.10 117, 138, 150, 152, 153；是

20.11 0.0195

20.12 ③9.0%

20.13 ①1.84w/o；②2.23w/o

20.14 ③29440MWd/t

20.15 $B(3)=(3/2)B_1$, $B(4)=(8/5)B_1$

20.16 证明

21.1 讨论

21.2 证明

21.3 讨论

21.4 ①、②、③、⑤主动的；④被动的；⑥固有的

21.5 0.90s

21.6 0.0068, 0.0046, 0.0034, 0.0021

21.7 1.11×10^{-4}

21.8 0.6 或 60%

21.9 ①600kJ/kg；②部分熔化

21.10 5.5ms

21.11 画图

21.12 20.5GJ

21.13 4.8

21.14 ①1.67×10^{14}/s

22.1 ①证明；②0.0718g, 1.23Ci

22.2 ①证明；②7.81km/s；③22284mi, 35855km

22.3 96%

22.4 ①0.71W/g

22.5 ①36.3kW

22.6 ①0.586kW/m^2

22.7 0.166

22.8 ①74200 Ci

22.9 ①60.7kg

23.1 ①25100Bq/g, 95800Bq/g；②49%, 85%

23.2 ①PWR 65500MW, BWR 32500MW, 合计 98000MW；②4496m^3

23.3 0~10 天 I-131；10~114 天 Ce-141；114 天~4.25 年 Ce-144；4.25~653 年 Cs-137；>653 年 I-129

23.4 98.7%

23.5 1.05×10^{13}cm^3/s, 2.22×10^{10}ft^3/min

23.6 ①0.113 MW；②31 天

23.7 ①4.6%, 56.6%, 34.6%, 4.3%；②987kg；③1215kg；④82%

23.8 ①33.219；②956a, 999a, 801ka

23.9 ①证明；②1.215×10^7 /(cm^2·s)

23.10 14mg

24.1 4.78×10^{16} kg, 910 亿 a

24.2 4.88, 9966

24.3 ①14120；③474quads, 0.474Q；④6.24×10^{30}

24.4 28t/a

24.5 ①0.337

24.6 证明

24.7 34.7a

24.8 ①0.074$/kWh

24.9 $457M

25.1 1.7, 0.7

25.2 0.986

25.3 讨论

25.4 2.61, 0.20

25.5 6300kg, 10.6a

25.6 ①证明；②不是

25.7 证明

25.8 ①0；②Mg-24

25.9 111a

26.1 0.1mm, 0.65cm

26.2 证明

26.3 证明

26.4 ①5.72×10^{14} J/kg, 0.116；②500$/kg；③0.0003 ¢/kWh

26.5 证明

26.6 0.888MeV

26.7 ①证明；②证明；③2.56×10^{-13}m；④3.58×10^{-13}m；⑤227 倍, 199 倍

27.1 0.57cm

27.2 每 1.61d, 227/a

27.3 8 座反应堆

27.4 ①10.4 a

27.5 7.65×10^{13}γ/cm^2, 1.9×10^{13}n/cm^2

27.6 3.7×10^{10}γ/cm^2

27.7 证明

27.8 1.6×10^{8}n/s

27.9 266kg

彩　　图

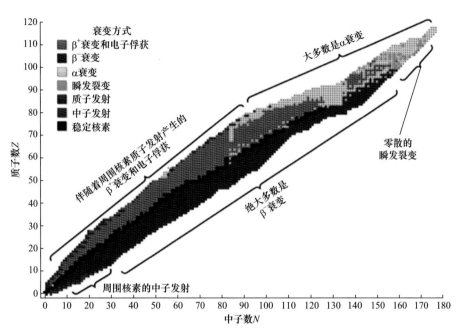

图 3.1　核素的稳定性与其衰变方式

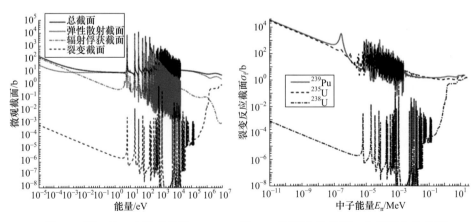

图 4.9　^{238}U 的 4 个微观截面

图 6.3　可裂变核素 ^{238}U 和易裂变核素 ^{235}U、^{239}Pu 的微观裂变截面

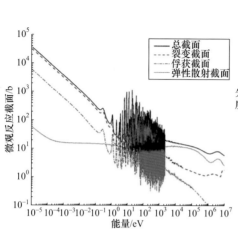

图 16.4　^{235}U 的微观反应截面

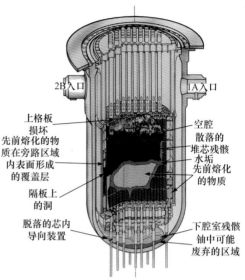

图 21.7　TMI-2 反应堆堆芯最终状态图
资料来源：感谢美国核管理委员会提供

图 23.2　乏燃料贮存池底部的燃料组件格
架的排列

来源：美国核管理委员会，http://www.flickr.com/
people/nrcgov

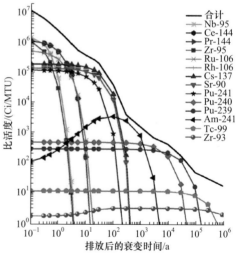

图 23.8　浓缩度为 3.2w/o、燃耗 33000MWd/
MTU 的 PWR 乏燃料的比活度

注意 Ru-106 和 Rh-106、Ce-144 和 Pr-144 的曲线相互覆盖
资料来源：ORNL/TM-8061(Croff et al., 1982)